최강 실무 엑셀왕의 우선순위 단축키

이것만 알면 정시 퇴근 OK!

데이터 편집

새 통합 문서 열기	Ctrl + N
저장	Ctrl + S
셀 내용 입력/수정	F2
복사	Ctrl + C
오려내기	Ctrl + X
붙여넣기	Ctrl + V
실행 취소	Ctrl + Z
다시 실행	Ctrl + Y
위 셀 복사	Ctrl + D
찾기	Ctrl + F
바꾸기	Ctrl + H
오늘 날짜 입력	Ctrl + ;
현재 시간 입력	Ctrl + Shift + ;
셀 안에서 줄 바꾸기	Alt + Enter
입력 취소/메뉴 닫기	Esc
필터 만들기	Ctrl + Shift + L
표 만들기	Ctrl + T
인쇄 미리보기	Ctrl + F2

셀 서식

셀 서식 대화상자	Ctrl + 1
굵은글꼴	Ctrl + B
기울임꼴	Ctrl + I
밑줄	Ctrl + U

셀 선택, 삽입

모두 선택	Ctrl + A
행열 삽입하기	Ctrl + Shift + +
행열 삭제하기	Ctrl + −
열 숨기기	Ctrl + 0
행 숨기기	Ctrl + 9
셀 범위 설정	Ctrl + Shift + 방향 키
아래 화면으로 이동	Page Down
왼쪽 화면으로 이동	Alt + Page Up
오른쪽 화면으로 이동	Alt + Page Down
이전 시트로 이동	Ctrl + Page Up
다음 시트로 이동	Ctrl + Page Down

1,000만
직장인 인증!
네이버 NO.1
서식 다운로드!
왕초보 최강
입문서

블랙러블리의

최강실무 엑셀왕

Mastering Excel for beginners

블랙러블리(김상수) 지음

진서원

블랙러블리의
최강 실무 엑셀왕

초판 1쇄 인쇄 2019년 8월 8일
초판 2쇄 발행 2021년 11월 22일

지은이 • 블랙러블리(김상수)
발행인 • 강혜진
발행처 • 진서원
등록 • 제2012-000384호 2012년 12월 4일
주소 • (03938) 서울시 마포구 월드컵로36길 18 삼라마이다스 1105호
대표전화 • (02) 3143-6353 / **팩스** • (02) 3143-6354
홈페이지 • www.jinswon.co.kr | **이메일** • service@jinswon.co.kr

편집진행 • 성경아 | **기획편집부** • 한주원, 오은희 | **표지 및 내지 디자인** • 디박스
인쇄 • 교보피앤비 | **마케팅** • 강성우 | **일러스트** • 배중열 | **베타테스터** • 강현식

ISBN 979-11-86647-32-5 13560
진서원 도서번호 18006
값 22,000원

SPECIAL THANKS TO

블로그에서 엑셀을 포스팅하고 책을 내기까지 평소 도움을 주신 블로그 이웃님들이 아니었다면 아마 엑셀을 더 자세하게 정리할 생각도 안 했을 것입니다.

책이 출간되기까지 아낌없는 지적과 평가에 깊은 감사를 드립니다. 모든 피드백을 다 싣지 못하는 아쉬움이 남습니다.

또한 엑셀교의 세계로 입문하실 이웃님들, 지금도 배우고 계신 많은 분들, 이 지면을 통해 감사와 응원의 인사를 보냅니다.

장가드님, 클레멘타인님, 췱산삼님, 알콩달콩님, kss7351님, 851howon님, 일월님, 민솔지효아빠님, 모닝님, 축복님, 노력의결과는일등당첨님, LuCky님, kjssm7179님, 뽕뽕든든님, dosl님, skylove님, 신이사님, 달려라산타님, 농군님, 프린스한님, 심원님, 대박맨님, 체리마루님.

모두 진심으로 감사드립니다.

왕초보 여러분, 엑셀교 입문을 환영합니다!

1주일 걸릴 일을 2시간 만에? 비밀은 최종병기 엑셀!

엑셀을 처음 접한 것은 공무원 시절 첫 근무지에서였습니다. 실험자료를 정리하는 업무를 맡았습니다. 가로 40열쯤의 자료를 입력하고 최대, 최소, 평균값을 계산하는 작업이었지요. 수작업으로 일일이 데이터를 정리했습니다. 그러다 보니 틀린 곳을 찾기가 힘들고, 단순 정리에 쏟는 시간이 절대적으로 많았습니다. 1주일을 매진하던 중 스프레드시트(엑셀이 나오기 전 사용하던 계산 프로그램)를 알게 되었습니다. 사무실 컴퓨터에 스프레드시트를 설치하고 데이터 입력부터 최대, 최소, 평균값을 뽑기까지 2시간이 채 걸리지 않더군요. 지금은 스프레드시트보다 더 진화한 엑셀이 있지요. 엑셀을 배우면 제일 좋은 것이, 일하는 시간을 줄일 수 있다는 것입니다. 그 후로 저는 업무를 빠르게 끝내고 남는 시간은 개인적인 공부에 할애할 수 있었습니다. 업무 능력이 느는 것은 당연했지요.

온라인에 배포한 엑셀 가계부, 실생활 밀착 경험이 실력의 원동력!

엑셀은 실생활에서도 매우 유용한 프로그램입니다. 개인적으로 엑셀 실력을 크게 키울 수 있었던 계기는 엑셀 가계부를 만들어 사용하기 시작한 것입니다. 어느 날 수입보다 지출이 많아서 고민하다가 엑셀로 6개월 정도 가계부를 작성하고 정리했습니다. 적자가 나던 원인을 찾자 가계부가 흑자가 되었습니다. 당시에 만든 엑셀 가계부가 온라인에서 인기를 끌었고 뿌듯한 성장을 경험했습니다. 이제 실무에서 엑셀과 함께 뛴 지 수십년이 되었습니다. 지금은 엑셀로 여러 가지 프로그램을 만들고 데이터를 분석하고 있습니다. 업무에 필요한 프로그램, 매출 분석용 보고서를 만들거나 취미 삼아 스포츠 기록을 분석하고 로또 자료를 분석합니다. 이 책의 맨 뒤 〈부록〉에는 여러분도 엑셀을 즐길 수 있도록 로또 당첨번호 추적기 사용법을 실었습니다. 업무를 넘어 취미생활로 엑셀을 즐겨보세요.

엑셀 고수도 쓰는 기능은 한정적, 팔방미인 기초 기능만 알아도 응용력 쑥쑥!

엑셀이 어렵게 느껴지는 이유는 배워야 할 기능이 너무 많다고 생각하기 때문입니다. 하지만 실무에서 사용하는 기능은 의외로 한정적입니다. 엑셀의 기초적인 기능만 잘 익혀도 무궁무진하게 활용할 수 있습니다. 1가지 기능만 잘 이해해도 복잡한 데이터 분석을 엑셀로 할 수 있지요. 많은 분들이 이 점을 간과합니다. 엑셀 강의나 블로그를 하면서 받은 질문들은 뜻밖에도 기초적인 기능에 관한 것이 많았습니다. 예를 들어 차트 삽입이 안된다면 셀 선택만 잘해도 해결할 수 있지요. 책을 집필하며 자주 사용하는 기초 기능만 뽑아 조합하고 응용할 수 있도록 만들었습니다. 엑셀의 셀도 몰라도 괜찮습니다. 저와 함께 첫 장부터 차근차근 배워나가면 되니까요.

핵심 탭 3개로 익히는 심플 학습법! 실무 문서로 실시간 현장 투입 OK!

이 책은 핵심 탭인 ① [파일] 탭, ② [홈] 탭, ③ [삽입] 탭만 추려서 기본 기능을 확실하게 익힌 다음 비슷한 예제를 반복하도록 이루어져 있습니다. 기본기를 익힌 뒤에는 실무에 바로 써먹을 수 있도록, 각 팀별로 현장에서 직접 경험하고 사용하는 실무 문서를 익힙니다. 팀별 업무 서식을 익히면 간단한 변형만으로 곧바로 현장에서 써먹을 수 있습니다. 기본 서식을 익힌 다음 필요한 기능만 변영해 익히는 것이 엑셀과 빠르게 친해지는 비결입니다. 엑셀은 어렵다는 편견을 버리고 〈준비마당〉부터 펼쳐보세요. 필수 기초 기능에 충실하되 따라하기 쉽도록 만들었으니, 이 책에 나온 내용만 제대로 알아도 동료들보다 일찍 퇴근할 수 있을 것입니다. 부족한 원고지만 방향을 잘 잡아주신 편집장님, 원고에 많은 신경을 써주신 다은님, 그리고 출판사의 직원 분들께 깊은 감사를 드립니다. 늘 변함없는 사랑을 보여주는 왕언니와 아이들에게도 고마움을 전합니다.

블랙러블리(김상수)

누구나 최강 실무 엑셀왕이 된다

내 입맛대로 서식 숫자만 바꿔도 엑셀 고수가 되는 신기한 책!

신입사원 엑셀왕

빠른 일처리로 눈도장 콱!

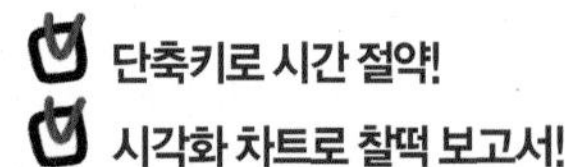

- 단축키로 시간 절약!
- 시각화 차트로 찰떡 보고서!
- 현장 실무 서식 뚝딱!

↓

준비마당

경력사원 엑셀왕

문제해결사 존재감 갑!

- 빅데이터 단숨 처리!
- 돌발문제 함수 해결!
- 중첩함수 업무자동화!

첫째~다섯째마당

프리랜서 엑셀왕

업무자동화로 인건비 절약!

- 나홀로 급여 계산!
- 경리 없이 세금 계산!
- 셀프 매출보고서 OK!

↓

둘째~다섯째마당

SOS
궁금한 점이 있다면?

최강 저자 블랙러블리에게 물어보세요!

저자 강의 일정도 확인해보세요!

저자 블랙러블리(김상수)가 운영하는 카페(cafe.naver.com/excelblack)에 접속해
'질문답변게시판'에 질문을 남겨주세요. 저자의 답변을 받아볼 수 있습니다!

- 자유게시판
- 엑셀초보정보
- 엑셀워드정보
- 엑셀함수정보
- 질문답변게시판
- 자료실

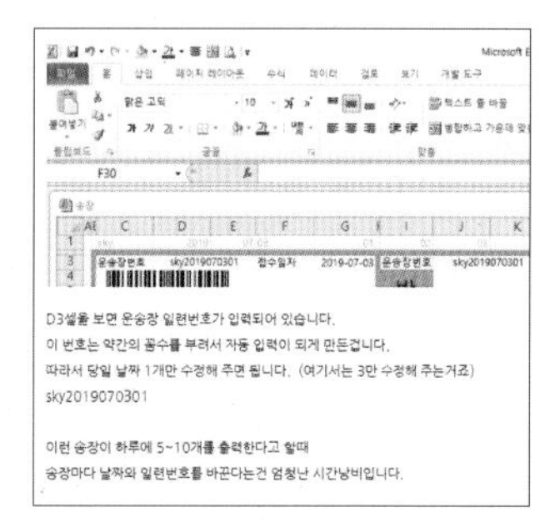

1. '질문답변게시판'에 질문을 올려주세요!
2. 저자 블랙러블리가 답변해줍니다!
3. 개정 내용 등 책에 대한 추가 정보도 확인할 수 있어요!

최강 실무 엑셀왕 비법 ①

업무직결 '문서 편집' 핵심 기능만 빠르게 익힌다!

- 엑셀 기능은 수백 가지, 정작 써먹는 건 3개 탭!
- ① [파일] 탭, ② [홈] 탭, ③ [삽입] 탭 기능만 알아도 OK!
- 문서 편집과 인쇄는 물론 차트, 도형, 표 서식까지!

업무직결 | 1 | [파일] 탭 53쪽

파일 저장과 인쇄만 알아도 초보 탈출! 업무 공유도 척척!

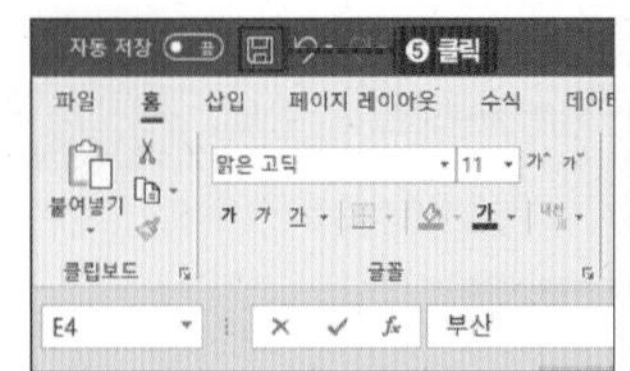

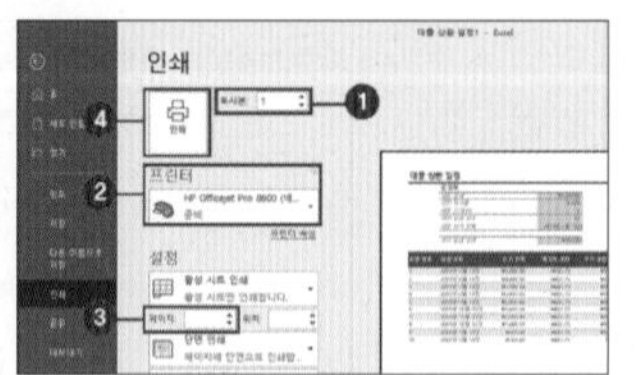

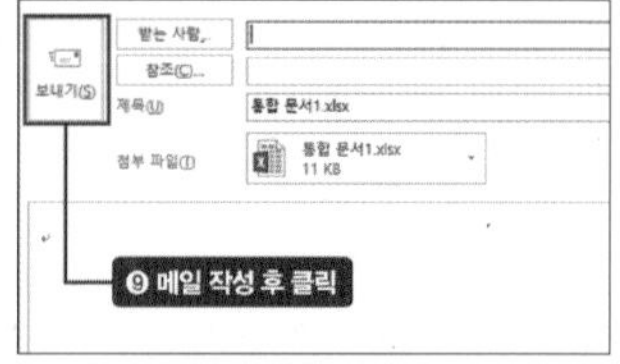

업무직결 | 2 | [홈] 탭 83쪽

오려내기, 붙여넣기부터 간단 함수까지! 문서 편집 핵심 탭!

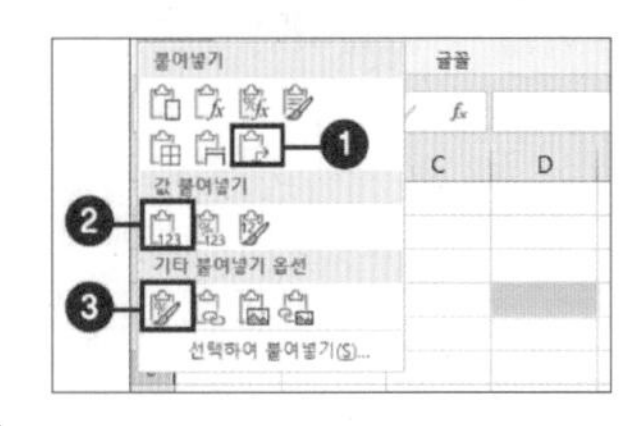

구분	가격	출고일
타입A	1,000	01월 01일
타입B	2,000	01월 01일
타입C	3,000	01월 01일
타입D	4,000	01월 04일

```
=SUM(A1:A2)
=AVERAGE(A1:A2)
=COUNTA(A1:A2)
=MAX(A1:A2)
=MIN(A1:A2)
```

업무직결 | 3 | [삽입] 탭 130쪽

한눈에 보이는 차트! 알록달록 도형! 데이터 시각화로 문서 편집 마무리!

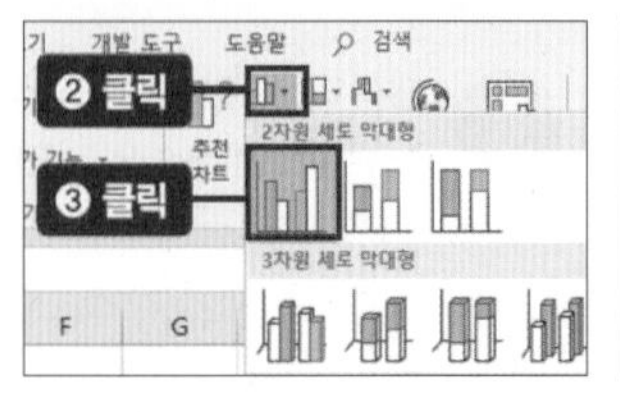

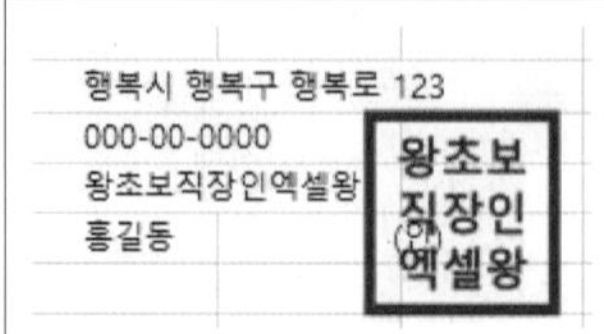

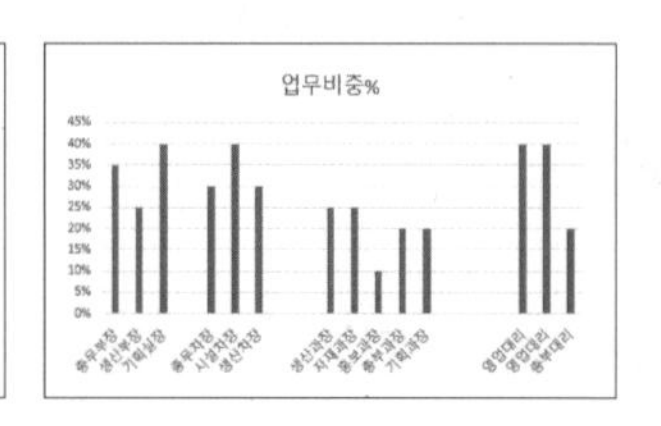

최강 실무 엑셀왕 비법 ②

업무직결 28개 '함수'만 빠르게 익힌다!

- 어렵고 잘 쓰지 않는 함수는 PASS!
- 컴활 자격증 시험에 자주 등장하는 함수 선별!
- 기초 연산, 빅데이터 분석, 업무자동화 함수만 알면 OK!

업무직결 | 1 | 기초 연산 함수

- **MAX** | 데이터 최댓값 구하기 290쪽
- **MIN** | 데이터 최솟값 구하기 290쪽
- **SUM** | 더하기 202, 260쪽

업무직결 | 2 | 빅데이터 분석 함수

- **AND** | 2가지 조건 만족하는 값 구하기 381쪽
- **CHOOSE** | 함수식에서 원하는 값만 뽑아내기 333쪽
- **COUNTA** | 데이터가 입력된 셀 개수 구하기 244쪽
- **COUNTBLANK** | 데이터가 없는 셀 개수 구하기 244쪽
- **COUNTIF** | 조건에 맞는 데이터 개수 구하기 249, 326쪽
- **COUNTIFS** | 여러 조건에 맞는 데이터 개수 구하기 326쪽
- **DATEDIF** | 데이터 간 기간 구하기 308쪽
- **IF** | 조건에 따라 원하는 값 구하기 236, 304쪽
- **LARGE** | 데이터 순위 뽑기 290쪽
- **LEFT, RIGHT, MID** | 데이터에서 원하는 글자만 뽑기 299쪽
- **RANK** | 데이터 순위별로 정리하기 313쪽
- **REPLACE** | 원하는 값을 자동으로 교체하기 397쪽
- **ROUND** | 원하는 자릿수까지만 표시하기 255쪽
- **SUMIF** | 조건에 맞는 데이터 합 구하기 366쪽
- **SUMIFS** | 조건들에 맞는 데이터 합 구하기 401쪽

업무직결 | 3 | 업무자동화 함수

- **FREQUENCY** | 데이터 구간 빈도수 구하기 385쪽
- **FIND** | 문자가 포함된 셀 주소에서 문자 찾기 377쪽
- **IFERROR** | 오류값을 원하는 값으로 바꾸기 377쪽
- **INDEX** | 원하는 위치의 데이터 뽑기 319쪽
- **MATCH** | 데이터 위치 구하기 319쪽
- **NUMBERSTRING** | 숫자를 한글/한자로 변환 209쪽
- **ROW** | 행 번호에 따라 값 나타내기 284쪽
- **VLOOKUP** | 원하는 데이터 뽑기 362쪽

최강 실무 엑셀왕 비법

대기업 직원도 몰래 쓰는 업무직결 서식 73!

국내
대기업,
관공서,
중소기업에서
사용하는
엑셀 서식 엄선!

1

경리 & 재무팀 엑셀왕

· 지출품의서
· 지출증빙서
· 견적서
· 일일자금운용표
· 일일거래내역서
⋮
↓
첫째마당

2

인사팀 엑셀왕

· 인사기록부
· 조직도
· 업무분장표
· 인사평가카드
· 월간교육참석현황
⋮
↓
둘째마당

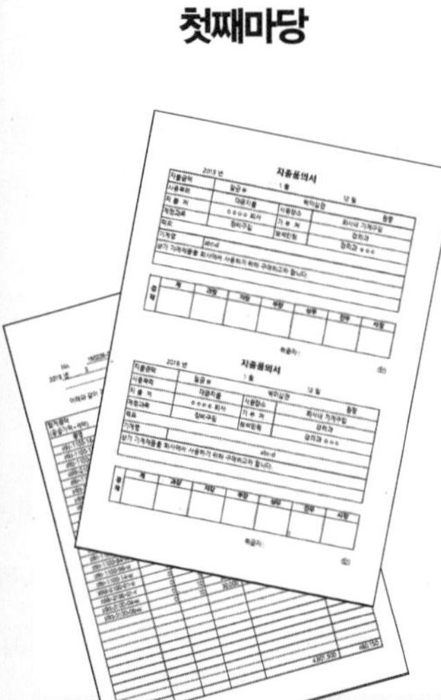

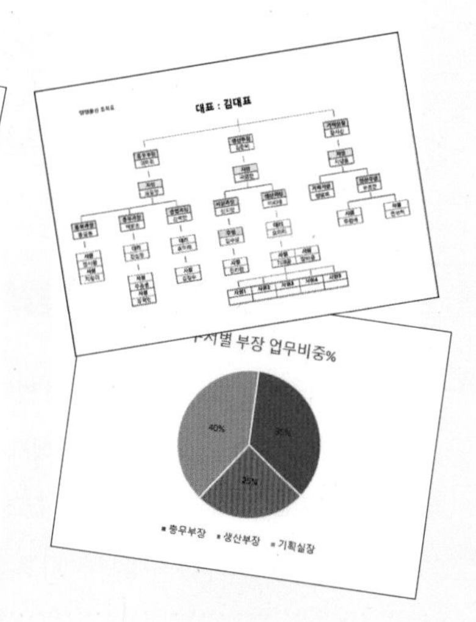

'5개 팀별 73개 서식' 왕초보도 숫자만 바꾸면 성과 창출!

- 완성 서식 미리보기로 학습 목표 UP!
- 3초 만에 이해되는 서식 제작 과정!
- 조금만 변형해도 OK! 최고의 기본 서식!
- 실무 활용도 100%! 서식 응용으로 초보 탈출 엑셀왕!

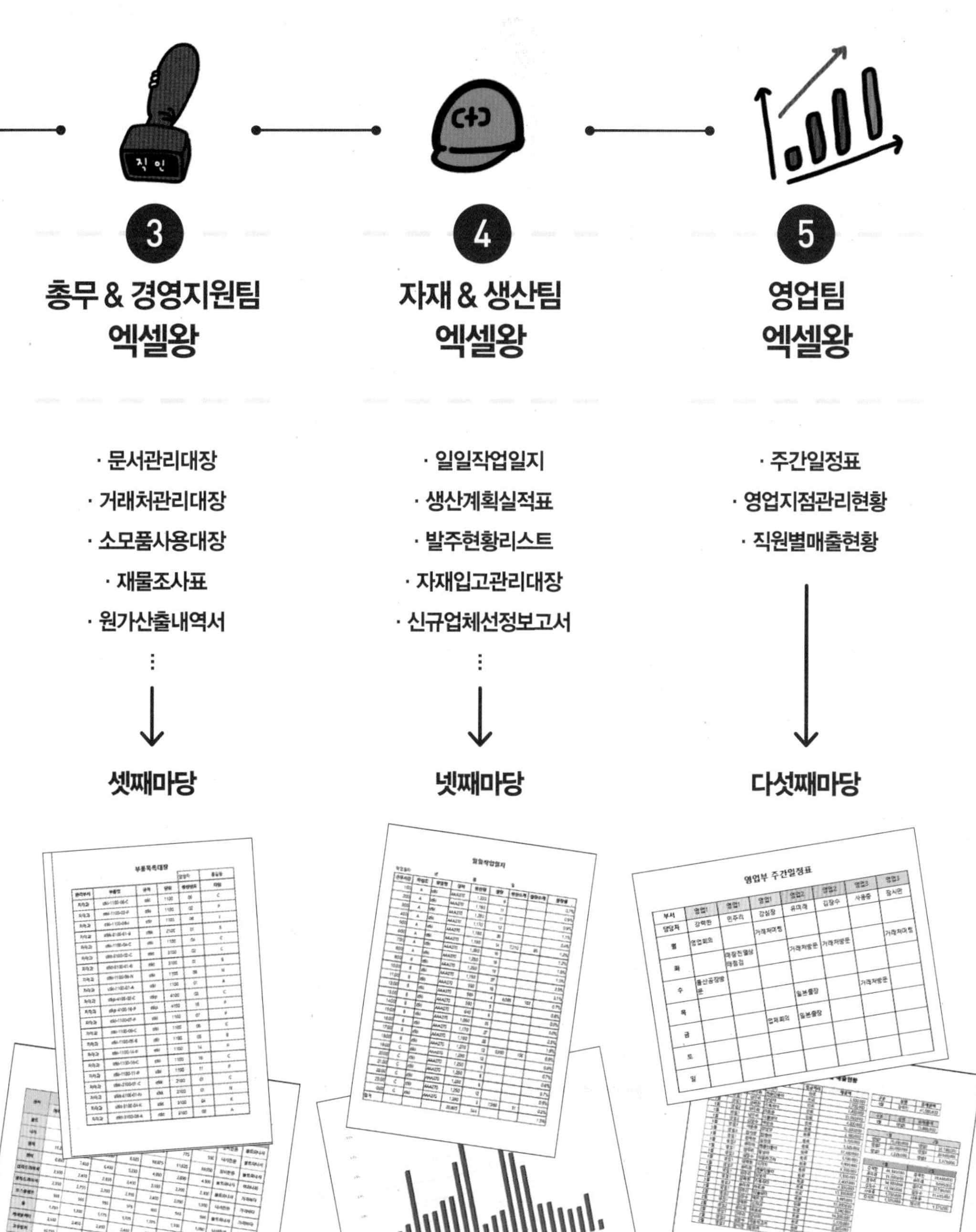

3 총무 & 경영지원팀 엑셀왕

- 문서관리대장
- 거래처관리대장
- 소모품사용대장
- 재물조사표
- 원가산출내역서

⋮

↓

셋째마당

4 자재 & 생산팀 엑셀왕

- 일일작업일지
- 생산계획실적표
- 발주현황리스트
- 자재입고관리대장
- 신규업체선정보고서

⋮

↓

넷째마당

5 영업팀 엑셀왕

- 주간일정표
- 영업지점관리현황
- 직원별매출현황

↓

다섯째마당

예제파일 쿠폰 사용법

쿠폰 속 비밀번호 입력하면 즉시 사용 OK!

저자가 운영하는 카페(cafe.naver.com/excelblack)에서 학습에 필요한 예제파일을 제공하고 있습니다. 예제파일을 다운받은 다음 쿠폰 속 비밀번호를 입력하세요. 5년간 업로드한 서식 중 가장 인기 있는 것만 추려놓았으니 요긴하게 써먹을 수 있을 겁니다.

1단계

저자 카페
(cafe.naver.com/excelblack)
자료실을 클릭한다.

2단계

〈준비마당〉~〈부록〉의
예제파일을 다운받는다.

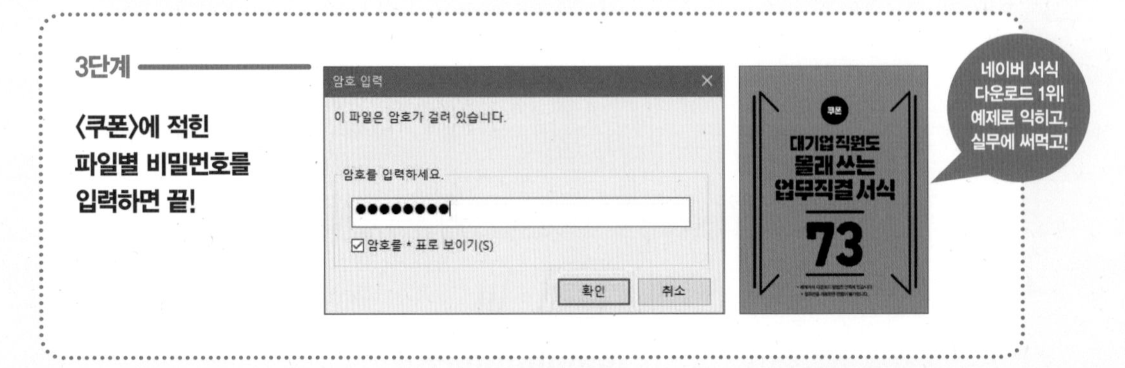

3단계

〈쿠폰〉에 적힌
파일별 비밀번호를
입력하면 끝!

차례

첫째
마당

$
₩

총무 & 경영지원팀 엑셀왕

넷째 마당 자재 & 생산팀 엑셀왕 338

쿠폰
대기업 직원도 몰래 쓰는 업무직결 서식
73

TIP 차례

(가나다순)

준 | 비 | 마 | 당

01 | 엑셀 실행하고 종료하기

02 | 엑셀 모양새 엿보기

03 | 모든 엑셀 작업이 시작되는 곳, 셀!

04 | 워드와 다르다! 엑셀의 마우스 사용법

05 | 엑셀 데이터는 문자와 숫자로 나뉜다

06 | 우선순위 기능부터 익히자! — [파일], [홈], [삽입] 탭

07 | 우선순위 엑셀 기능 ① [파일] 탭

08 | 우선순위 엑셀 기능 ② [홈] 탭

09 | 우선순위 엑셀 기능 ③ [삽입] 탭

10 | 인쇄의 기본 용지 방향

11 | 원하는 대로 인쇄 영역 지정하기

12 | 견적서 양식 만들고 출력하기

13 | 열 너비 다른 결재 칸 만들기

정시 퇴근 3배속 일처리!

엑셀 기본기 다지기

엑셀 실행하고 종료하기

엑셀 실행 아이콘을 찾아라!

엑셀 프로그램을 어떻게 작동시키는지 모른다면? 먼저 다음과 같이 해보세요. 화면 왼쪽 하단의 윈도( ) 아이콘을 클릭(❶)하면 자동으로 시작메뉴가 뜹니다. 시작메뉴에서 엑셀( ) 아이콘을 찾아 클릭(❷)하면 엑셀이 실행됩니다.

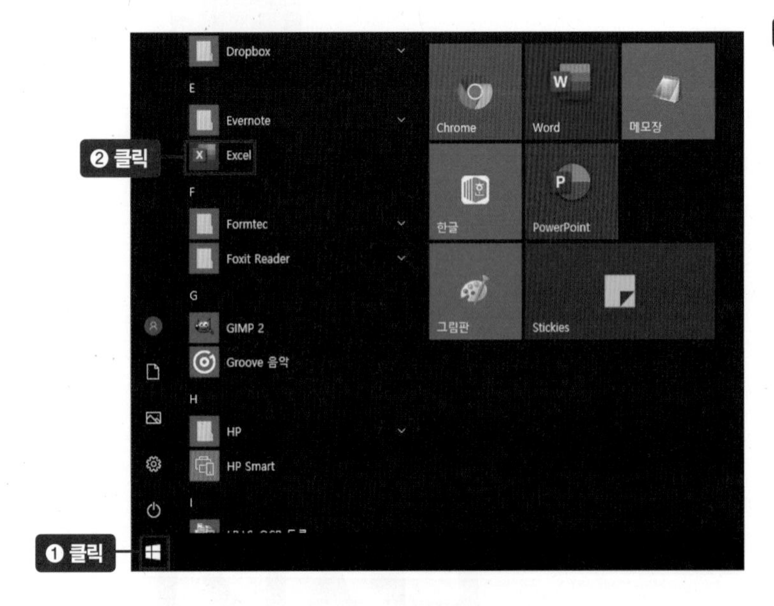

엑셀 아이콘 찾기

시작메뉴를 클릭하면 나타나는 메뉴는 알파벳순으로 정렬되어 있다. 알파벳 E에서 Excel을 찾아 클릭하면 된다. 윈도8 이하 버전에서는 [모든 프로그램] → [Microsoft office] 폴더에서 Microsoft Excel을 선택하면 된다.

엑셀을 빠르게 실행하려면? 바로가기 아이콘 만들기

매번 엑셀을 시작할 때마다 이 작업을 하는 것이 번거로우면 시작메뉴에 있는 엑셀 아이콘을 바탕화면이나 시작메뉴 옆 공간으로 드래그해 바로가기 아이콘을 만듭니다. 바로가기 아이콘을 클릭 또는 더블클릭하면 곧바로 엑셀이 실행됩니다.

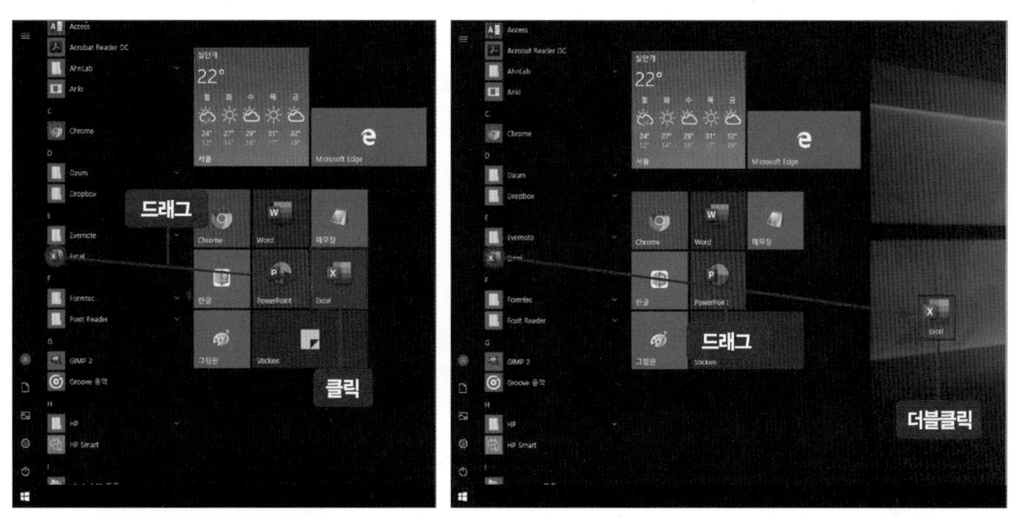

시작메뉴 옆 공간에 드래그해 바로가기 아이콘을 만든 경우 바탕화면에 드래그해 바로가기 아이콘을 만든 경우

엑셀 시작하기와 끝내기

엑셀 아이콘을 클릭(바탕화면의 엑셀 아이콘은 더블클릭)하면 다음과 같이 엑셀 화면이 나타납니다. 엑셀을 끝내고 싶으면 오른쪽 상단의 <닫기>(✕) 버튼을 클릭합니다.

tip

엑셀365 버전

이 책에서 사용한 엑셀은 엑셀365 버전이다. 엑셀365는 최신 프로그램으로 자동 업데이트된다. 메뉴 위치와 기본 기능은 이전 버전들과 거의 비슷하다.

엑셀을 실행했는데 다음과 같은 화면이 나타난다면?

최근에 사용한 문서와 새 문서의 추천서식 목록이 자동으로 나타나는 경우입니다. 새롭게 문서를 작성하고 싶다면 〈새 통합 문서〉를 클릭하거나 Esc 키를 누릅니다. 최근에 작업한 문서는 '최근 항목'에 뜨니까 여기서 곧바로 선택하면 편리합니다.

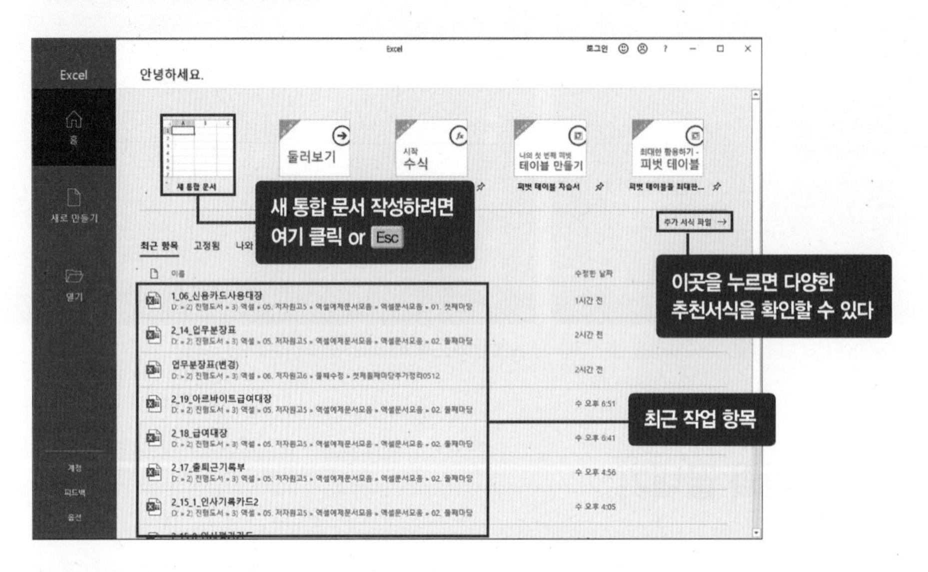

기본적인 추천서식 이외에도 원하는 서식을 '온라인 서식 파일 검색' 창에 입력하면 여러 서식을 다운받아 사용할 수 있습니다.

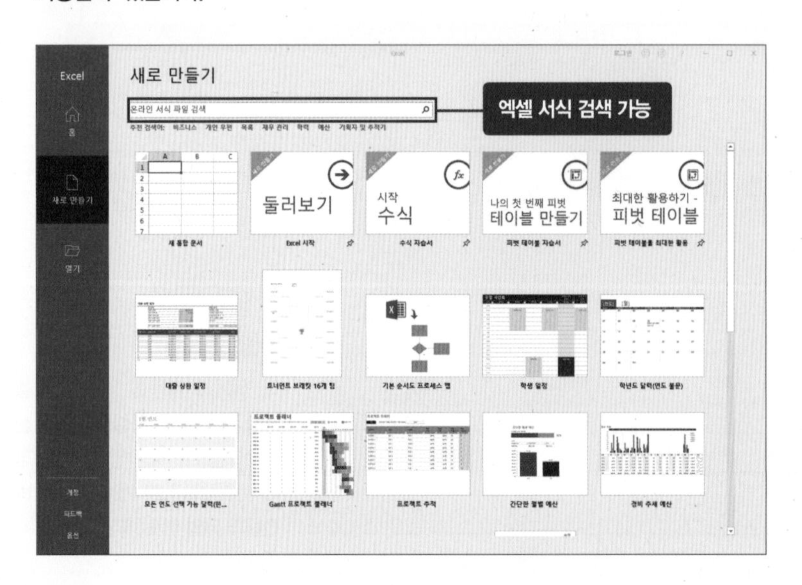

엑셀 모양새 엿보기

7개 구획별 엑셀의 핵심기능 살펴보기

엑셀을 실행하면 나타나는 화면입니다. 상단에서 하단으로 가면서 주요 메뉴를 살펴보겠습니다.

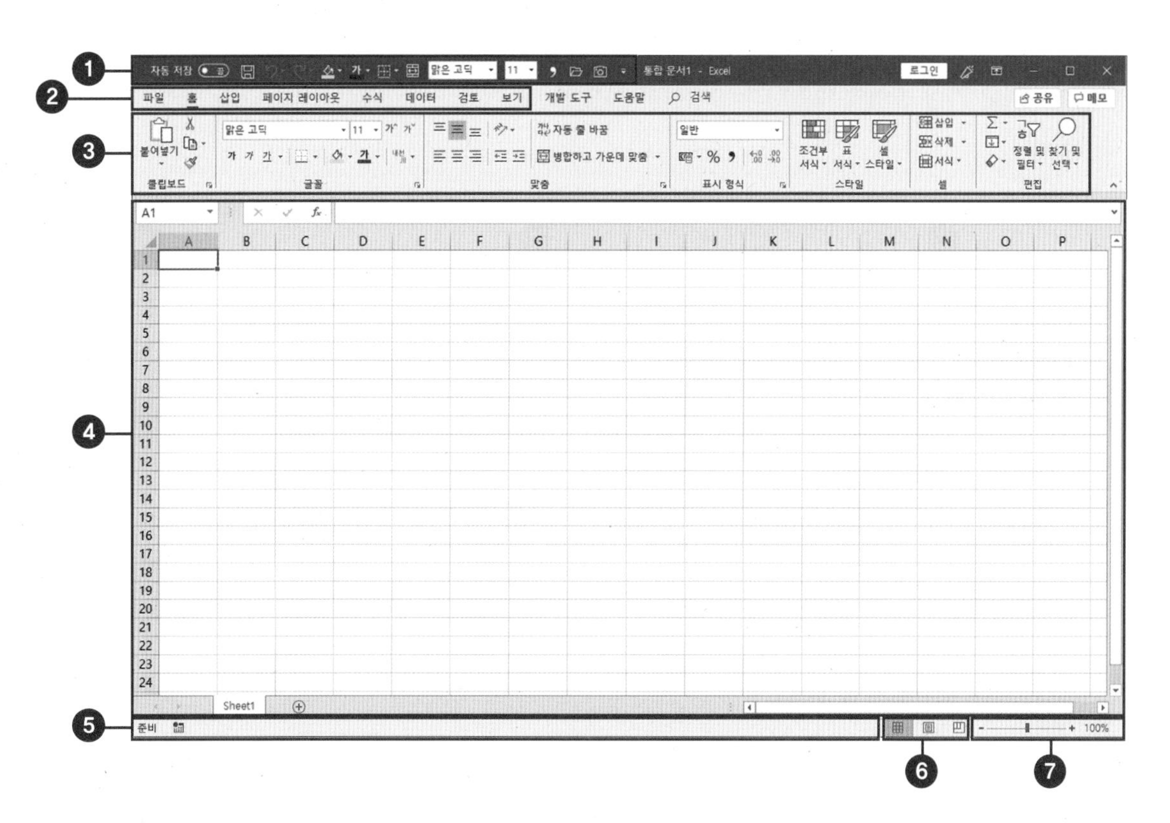

❶ **빠른 실행 도구 모음** : 엑셀에서 자주 사용하는 메뉴들을 사용자 편의로 모아두는 곳입니다.

❷ **8개의 탭** : 엑셀의 기본 탭은 8개입니다. 각 탭마다 세부적으로 사용할 수 있는 리본메뉴가 딸려 있습니다. 탭이 8개라도 복잡하게 생각할 필요는 없습니다. 엑셀에서 가장 많이 사용하는 탭은 [파일], [홈], [삽입] 3개니까요. 이 책에서도 07장부터 3개 탭 내용을 주력으로 설명하고 있습니다.

❸ **리본메뉴** : 각 탭을 선택하면 나오는 세부 메뉴입니다. 8개 탭에 속한 세부적인 기능이 나열되어 있습니다.

❹ **워크시트** : 우리말로 작업종이, 즉 실제로 엑셀의 각종 작업이 이루어지는 곳입니다. 세로줄 '열'(A, B, C…)과 가로줄 '행'(1, 2, 3, 4…)으로 이루어져 있습니다. 워크시트 내용은 아래에서 더 자세히 살펴봅니다.

❺ **상태 표시줄** : 현재 사용하는 워크시트 셀의 정보를 나타냅니다. 여러 셀을 동시에 선택하면 셀들의 평균, 개수, 합계 등이 나타납니다.

❻ **보기 옵션** : 워크시트 보기 방식을 변경하는 곳입니다. 문서를 작성하거나 인쇄할 때 나누어지는 구역을 확인할 수 있습니다.

❼ **화면 사이즈 조정** : 화면을 확대하거나 축소할 수 있습니다. 화면 비율은 퍼센트(%)로 확인할 수 있습니다.

엑셀에서 쓰는 커다란 작업종이, 워크시트!

워크시트는 엑셀에서 쓰는 커다란 작업종이로 이해하면 됩니다. 가로와 세로가 만나는 셀로 이루어진 커다란 가상 종이에 데이터를 입력해서 엑셀 문서를 만듭니다. 워크시트 내용을 자세히 살펴봅시다.

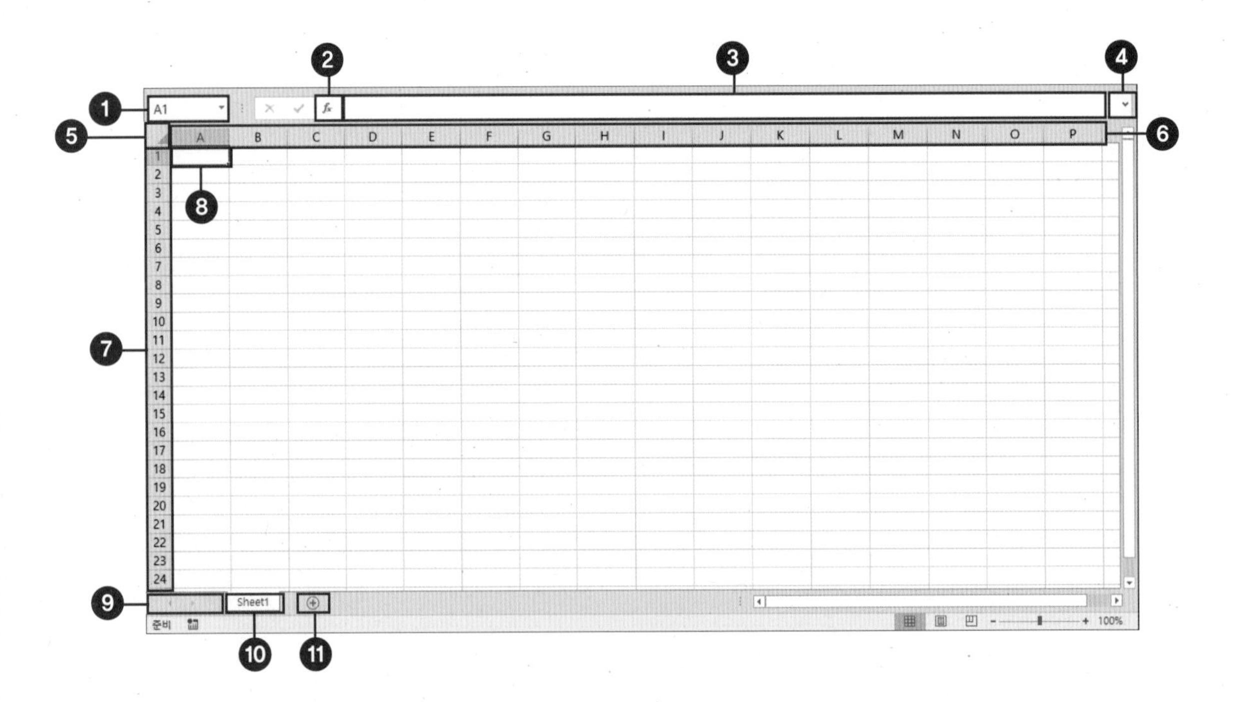

❶ **이름 상자** : 현재 선택된 셀의 주소가 나타납니다. 특정 셀을 빨리 찾아갈 때 사용하기도 합니다. **★ 이름 상자 자세한 내용은 36쪽 참고**

❷ **함수 마법사** : [함수 마법사] 대화상자를 실행하는 버튼입니다. 함수에 대한 간단한 설명이 나와 있어서 함수를 보다 쉽게 입력할 수 있습니다. **★ 함수 마법사 자세한 내용은 208쪽 참고**

❸ **수식 입력줄** : 일반적으로 셀의 데이터를 수정하는 것은 F2 키나 마우스 더블클릭으로 합니다. 하지만 수식이 길어지면 수식 입력줄에서 처리하는 것이 더 편합니다. 마우스로 해당 셀을 클릭하고 수식 입력줄을 클릭하면 데이터를 수정할 수 있습니다.

❹ **수식 입력줄 확장** : 긴 내용을 보거나 입력할 때 여기를 눌러 수식 입력줄을 확장할 수 있습니다.

❺ **워크시트 전체 선택** : 워크시트 셀 전체를 선택하는 버튼입니다.

❻ **열 머리글** : 알파벳으로 되어 있으며 수정할 수 없습니다.

❼ **행 머리글** : 숫자로 되어 있으며 수정할 수 없습니다.

❽ **셀** : 워크시트의 가장 작은 단위이자 가장 중요한 곳입니다. 셀 안에 데이터를 입력하고 여러 기능을 적용합니다.
★ 셀 자세한 내용은 〈준비마당〉 03장 참고

❾ **[시트] 탭 움직이기** : 시트는 워크시트의 줄임말로, 여러 개 만들 수 있습니다. [시트] 탭에서 활성화된 워크시트를 좌우로 옮겨다닐 때 사용합니다.

❿ **[시트] 탭** : 이곳에 각 워크시트의 이름이 나타납니다. 더블클릭하면 워크시트의 이름을 수정할 수 있습니다.

⓫ **새 시트 추가** : 새 워크시트를 추가합니다. 엑셀2010 이하 버전에서는 추가( ) 아이콘으로 표시되어 있습니다.

tip 기본적인 엑셀 단축키 6가지

엑셀의 단축키는 일반적으로 워드 프로그램에서 사용하는 단축키와 거의 비슷합니다. 단축키를 사용하면 작업 속도가 빨라집니다. 리본메뉴를 일일이 마우스로 클릭하지 않고 단축키를 암기한 상태에서 원하는 기능을 키보드로 적용하면 더 빠르게 문서를 처리할 수 있기 때문입니다. 책 맨 앞(3쪽)에 주요 단축키를 정리해두었으니 참고하세요.

- 셀 내용 수정 : F2
- 복사하기 : Ctrl+C
- 오려내기 : Ctrl+X
- 붙여넣기 : Ctrl+V
- 인쇄 미리보기 : Ctrl+F2 (Ctrl+P도 인쇄 단축키지만 한 손으로 작업하기에는 Ctrl+F2가 편하다)
- 입력 취소 : Ctrl+Z

모든 엑셀 작업이 시작되는 곳, 셀!

엑셀 기능은 셀 선택에서 시작!

엑셀을 사용하다 보면 실행 순서가 ① 셀 → ② 탭 → ③ 리본메뉴 → ④ 적용 완료로 흘러감을 경험하게 됩니다. 셀을 선택하고, 셀에 데이터를 입력한 다음, 탭을 펼쳐 리본메뉴에서 필요한 기능을 적용하기 때문이지요. 이 과정에서 각 탭의 리본메뉴 기능을 익히고, 워크시트에서 셀을 활용하는 요령을 알면 엑셀이 쉬워집니다. 셀을 이해하는 것이 엑셀을 이해하는 가장 중요한 포인트인 것이지요. 셀은 1부터 1048576까지의 행, A부터 XFD까지의 열이 있습니다.

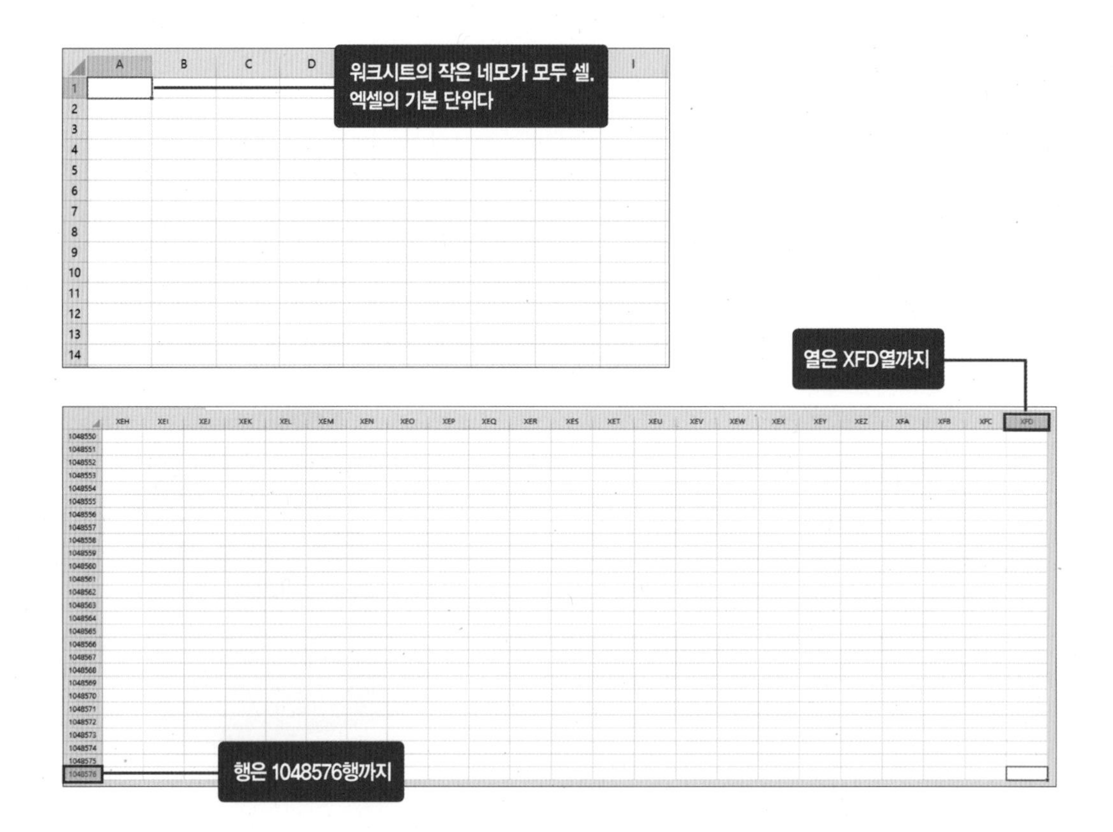

셀에도 주소가 있다! 셀 주소

수많은 셀! 내가 원하는 셀을 쉽고 빠르게 찾아가기 위해서는 셀의 위치, 즉 셀 주소를 알아야 합니다. 셀 주소는 열 머리글의 알파벳(A, B, C, D⋯)과 행 머리글의 숫자(1, 2, 3, 4⋯)를 조합해 만듭니다. 아래 화면의 셀은 C열과 5행이 교차하므로 셀 주소는 [C5]입니다.

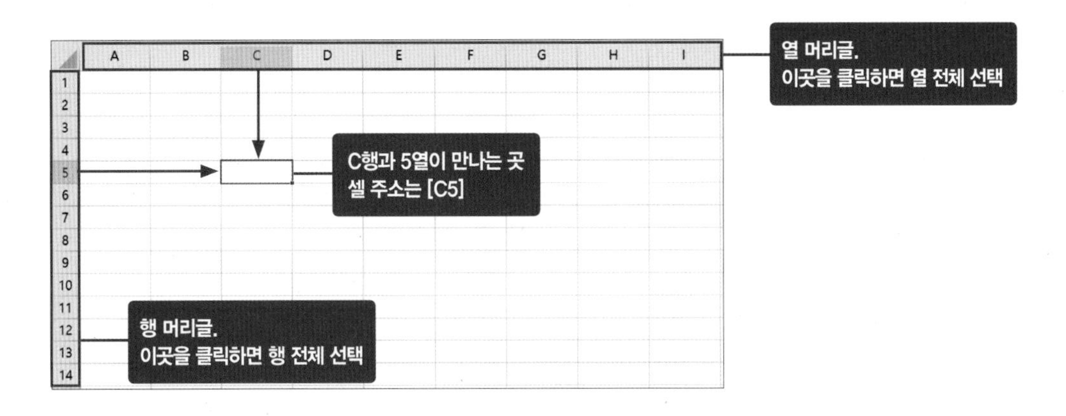

여러 셀을 한꺼번에 선택하면? 셀 범위

엑셀을 사용하다 보면 여러 셀을 한꺼번에 선택해 작업하는 경우가 많습니다. 여러 셀을 묶어서 구역을 나타낼 때 이를 '셀 범위'라고 합니다. [B2]와 [D8]을 마우스로 드래그해 범위를 잡으면 셀 범위가 됩니다. [B2]에서 [D8]까지 셀 범위를 [B2:D8]이라고 표기합니다. 이 방식은 함수를 사용할 때도 똑같이 적용되므로 꼭 기억해야 합니다.

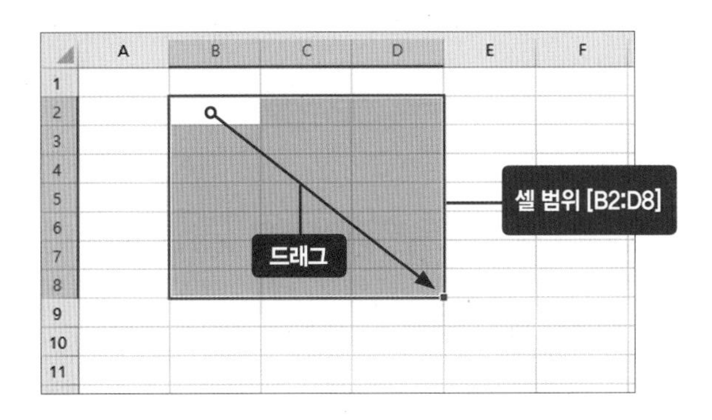

tip 셀 주소 활용! 멀리 떨어진 셀로 단번에 이동하기

많은 데이터를 편집하다 보면 원하는 셀이 한 화면에 보이지 않는 경우가 있습니다. [A1] 셀에서 멀리 떨어져 있는 [A100] 셀로 이동해봅시다.

① 이름 상자에 셀 주소 입력하기

화면 상단 이름 상자에 **A100**을 입력하고 Enter 키를 누릅니다. 셀포인터가 [A100] 위치로 이동한 것을 볼 수 있습니다.

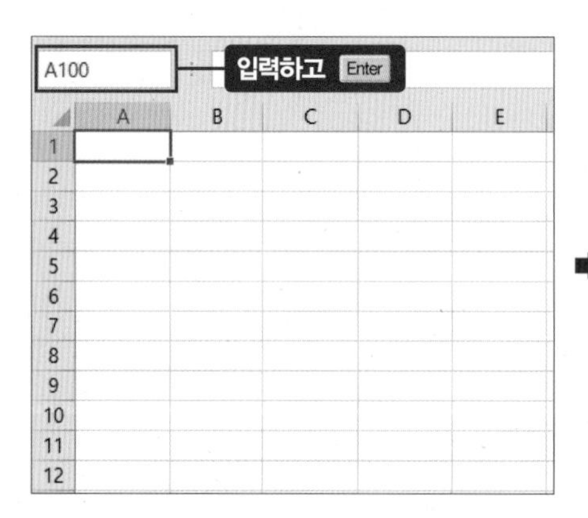

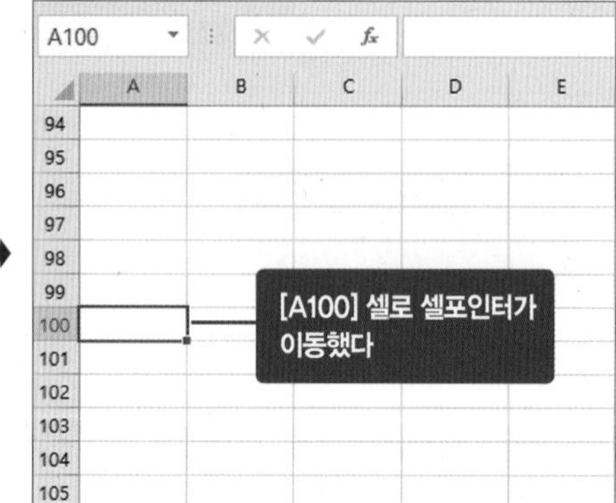

② [이동] 대화상자에 셀 주소 입력하기

이번에는 F5 키를 눌러 [이동] 대화상자를 엽니다. '참조'에 **A100**을 입력(❶)하고 〈확인〉을 클릭(❷)합니다. 역시 [A100] 셀로 이동한 것을 확인할 수 있습니다.

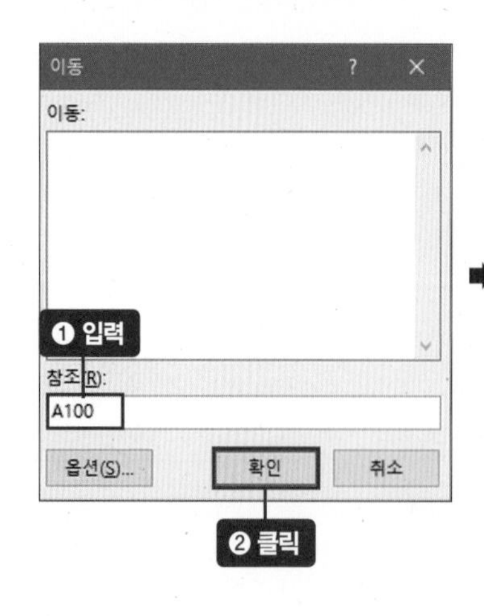

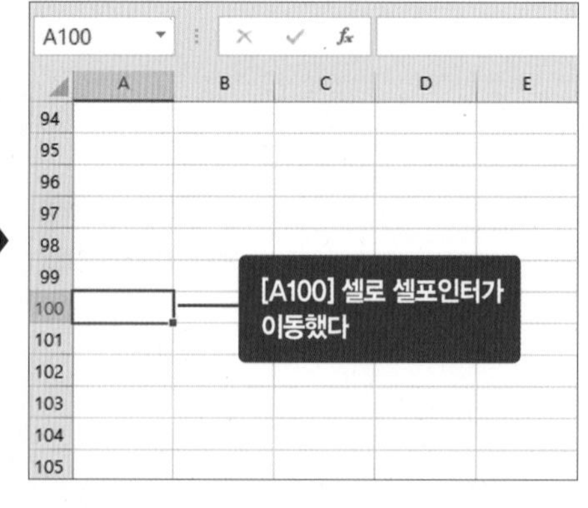

워드와 다르다!
엑셀의 마우스 사용법

기본적인 엑셀 마우스 사용법 5가지

엑셀은 워크시트 화면에서 계산을 기반으로 하는 프로그램으로, 워크시트 기본 단위인 셀 위에서 마우스 사용법과 단축키 사용법을 익혀야 합니다. 엑셀의 단축키 사용법은 워드 프로그램과 비슷한 점이 많지만, 마우스 사용법은 좀 다릅니다. 엑셀 마우스 사용법을 살펴보겠습니다.

1 | 클릭

마우스 왼쪽 버튼을 한 번 눌러 원하는 셀을 선택합니다.

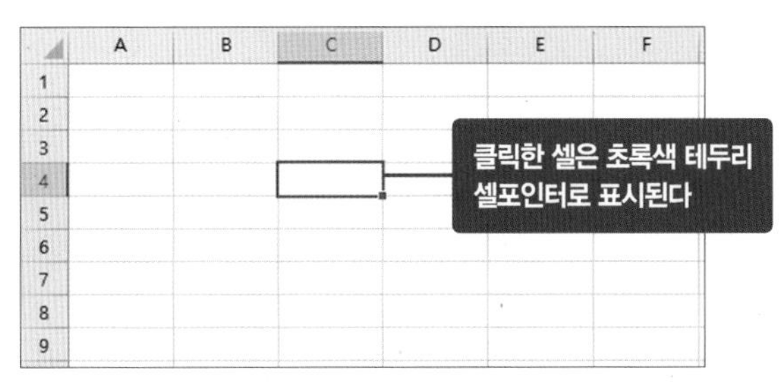

2 | 더블클릭

마우스 왼쪽 버튼을 두 번 눌러 셀 내용을 수정합니다.

셀 안에 깜박이는
커서가 생긴다

3 | 우클릭

원하는 셀 위에서 마우스의 오른쪽 버튼을 한 번 눌러 각종 도구창을 불러옵니다.

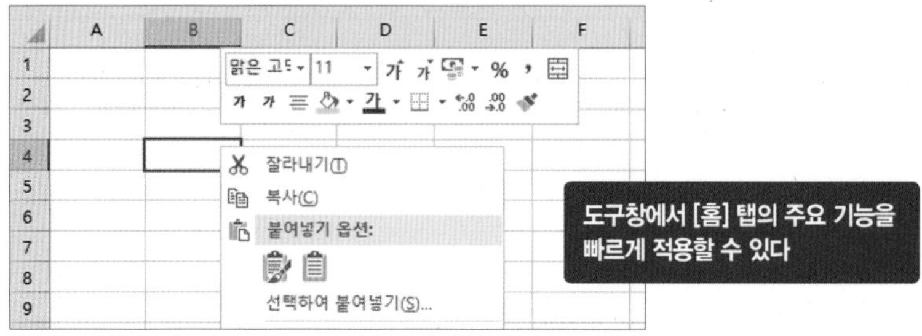

4 | 드래그

마우스를 누른 상태에서 드래그해 원하는 범위를 설정합니다.

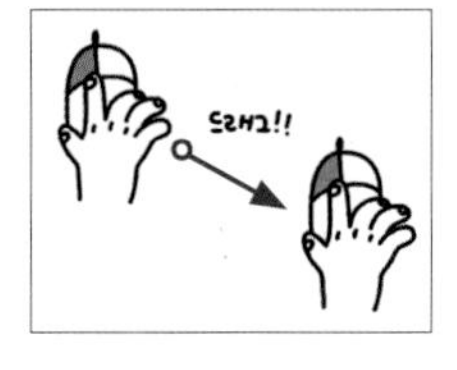

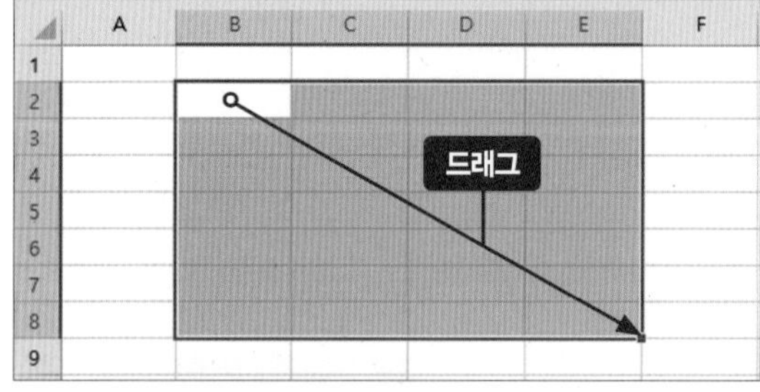

5 | 채우기 핸들 잡고 드래그

데이터를 입력한 셀 오른쪽 아래를 보면 네모난 점이 있습니다. 이 점이 채우기 핸들입니다. 채우기 핸들 위에 마우스 커서를 가져가 모양이 십자(✚)로 바뀌면 잡고 드래그해 자동으로 데이터를 채울 수 있습니다. 숫자 외에도 요일, 날짜 등 연속 데이터로 채울 수 있습니다.

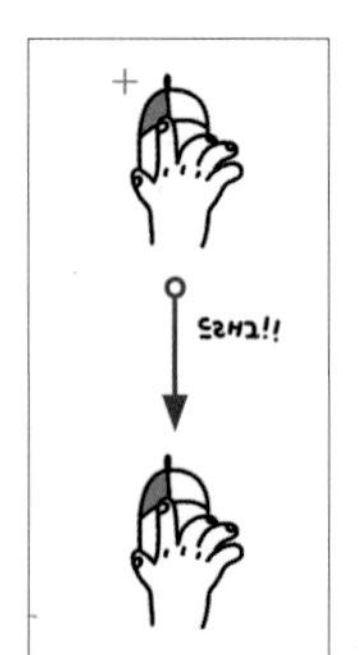

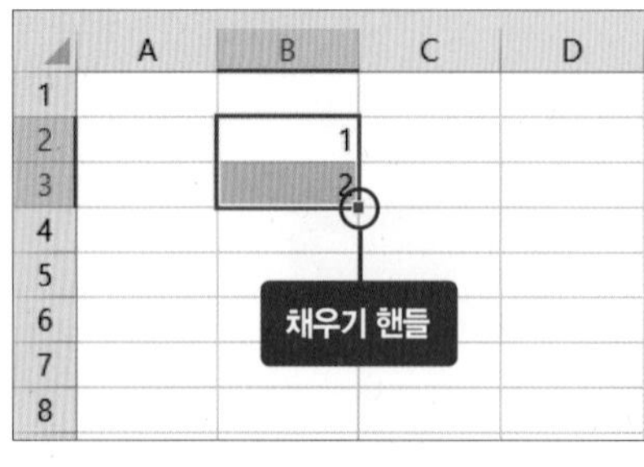

마우스 활용! 데이터 편집 기본기 다지기

1. 마우스로 셀 범위 설정하기

엑셀을 사용하다 보면 여러 셀을 한꺼번에 편집하는 경우가 많습니다. 이때 효율적으로 셀을 선택하는 방법을 익혀두면 작업 속도가 빨라집니다. 간단한 마우스, 키보드 조작으로 셀 범위를 설정하는 몇 가지 방법을 익혀보겠습니다.

마우스 드래그로 원하는 셀 범위를 선택합니다.

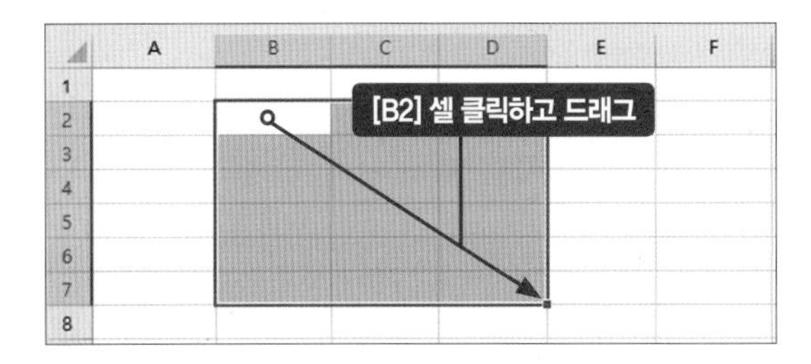

이번에는 셀 범위 시작인 [B2] 셀을 클릭(❶)한 다음 Shift 키를 누른 상태로 셀 범위 마지막인 [C7] 셀을 클릭(❷)합니다. Shift +클릭으로 넓은 셀 범위를 선택할 수 있습니다.

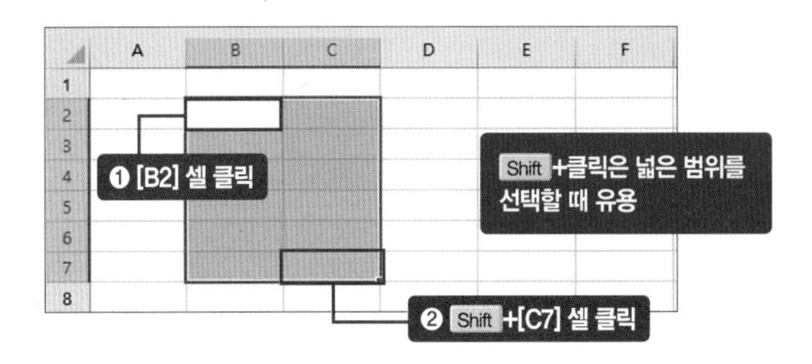

이번에는 Ctrl +클릭으로 원하는 셀들을 차곡차곡 선택합니다.

tip

셀 선택시 Shift, Ctrl 키 사용법

셀 범위 선택시 Shift 키는 연속된 셀을, Ctrl 키는 떨어져 있는 셀을 선택할 때 사용한다.

2. 열과 행 전체 선택하기

마우스로 하나의 열이나 행 전체를 선택할 수 있습니다. 주로 열과 행의 크기를 조정하거나 내용 전체를 삭제할 때 사용합니다.

열/행 머리글 클릭으로 열이나 행 전체를 선택합니다.

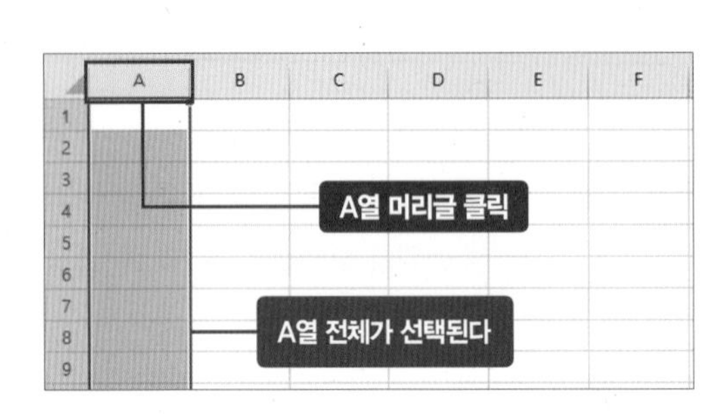

열/행 머리글을 드래그해 연속된 여러 개의 열이나 행을 선택합니다.

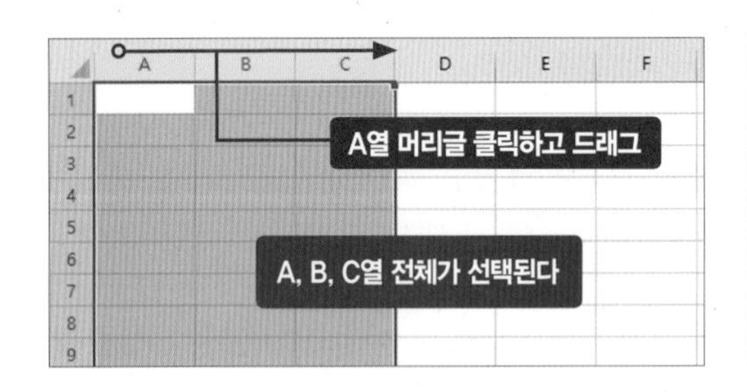

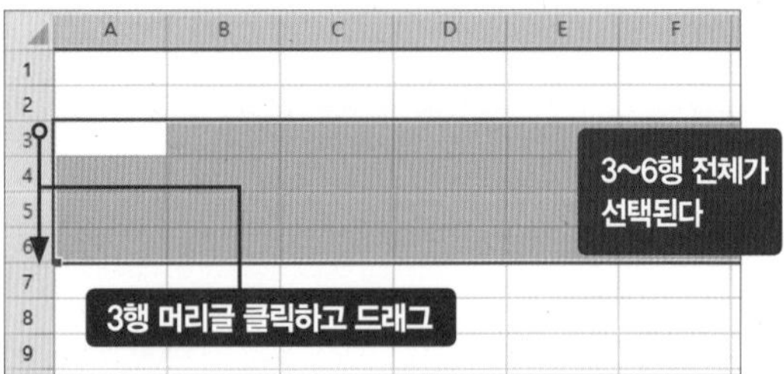

Ctrl 키를 누르고 떨어져 있는 열 머리글과 행 머리글을 선택합니다.

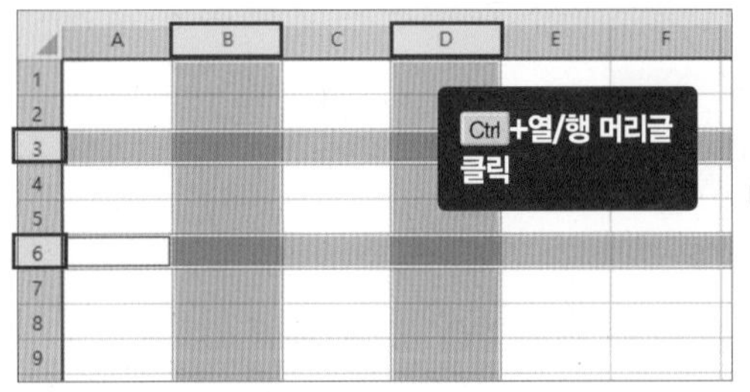

3. 열과 행 사이즈 조정하기

열/행 머리글 구분선 위에 마우스를 올리면 마우스 포인터가 화살표 달린 십자(+) 모양으로 바뀝니다. 이때 마우스를 클릭한 채로 드래그해 열이나 행의 크기를 조정합니다. 여러 열이나 행을 선택한 상태에서 동시에 크기를 조정할 수도 있습니다.

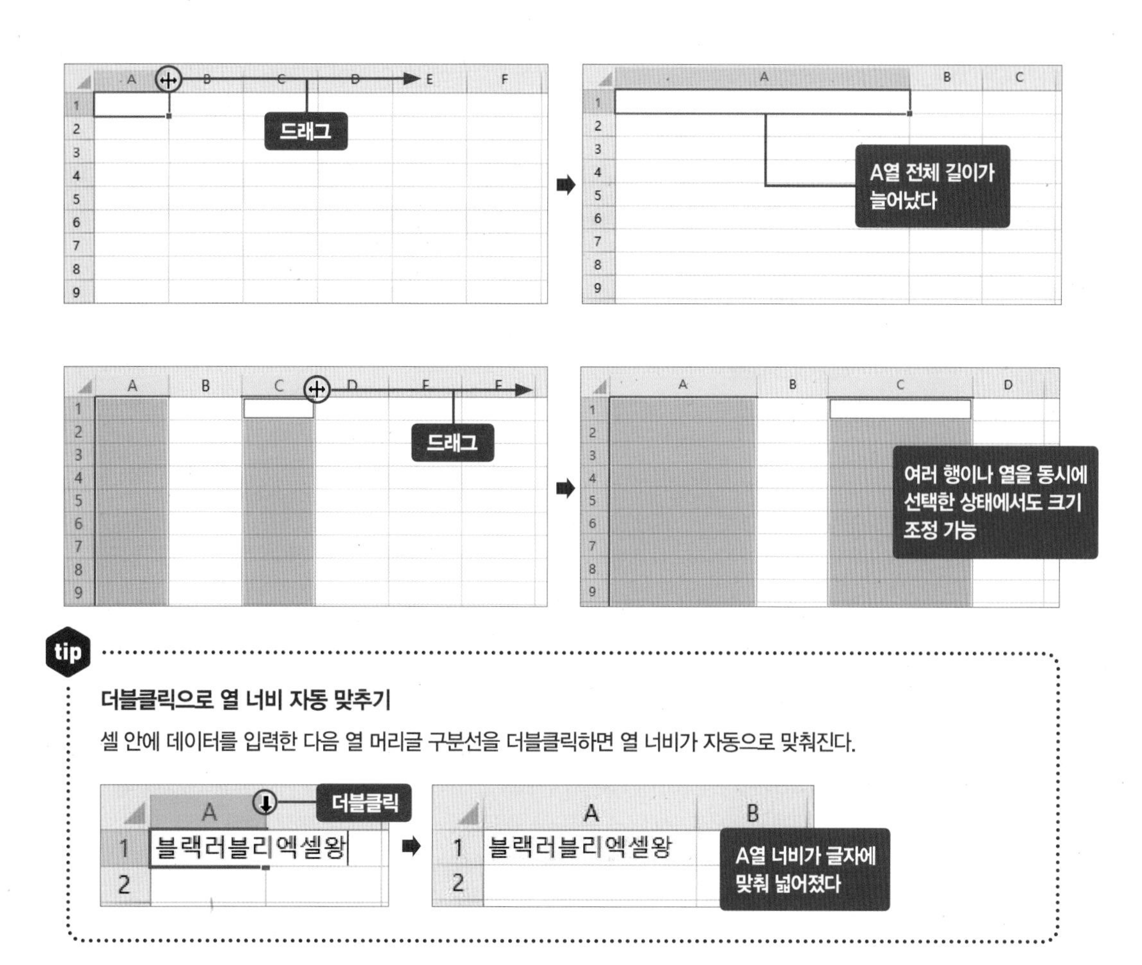

tip

더블클릭으로 열 너비 자동 맞추기

셀 안에 데이터를 입력한 다음 열 머리글 구분선을 더블클릭하면 열 너비가 자동으로 맞춰진다.

4. 채우기 핸들로 요일과 일련번호 자동 채우기

마우스를 이용해 자동으로 셀에 원하는 데이터를 채울 수 있습니다. 요일을 입력해보겠습니다. [A1] 셀에 월을 입력하고 마우스 커서를 셀 오른쪽 아래 채우기 핸들에 놓으면 커서가 십자(+) 모양으로 바뀝니다. 잡고 [A7] 셀까지 드래그하면 요일이 순서대로 채워집니다.

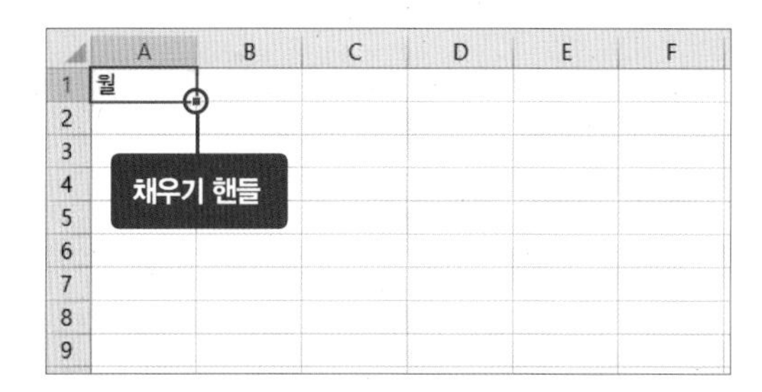

이번에는 자동으로 일련번호를 채워보겠습니다. 많은 양의 일련번호를 일일이 입력하면 시간도 오래 걸리고, 실수로 잘못된 번호를 입력할 수도 있습니다. [B1] 셀에 1을 입력하고 마우스를 셀 오른쪽 아래 채우기 핸들에 올리면 커서가 십자 (+) 모양으로 바뀝니다. 십자를 잡고 Ctrl 키를 누른 상태에서 [B5] 셀까지 아래로 드래그합니다. 비어 있던 셀에 1~5까지 일련번호가 채워집니다.

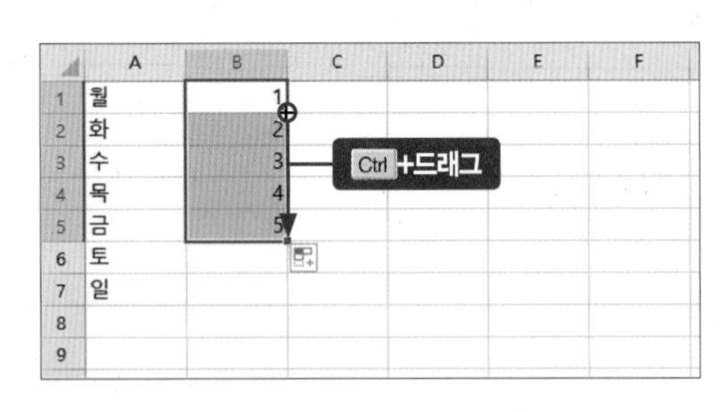

자동 채우기 핸들과 Ctrl

Ctrl 키를 누르고 자동 채우기 핸들을 드래그해야 숫자가 커지면서 입력된다. 그냥 자동 채우기 핸들을 드래그하면 숫자와 텍스트가 단순 복사된다. 예외적으로 사용자 지정 목록 데이터(요일 등)는 Ctrl 키를 누르지 않아도 된다.

자동으로 직급 채우기

채우기 목록에 새로운 항목을 추가해두면 원하는 데이터를 자동으로 입력할 수 있습니다. [파일] 탭 → 〈옵션〉을 클릭해 [Excel 옵션] 대화상자를 엽니다. [고급] → [일반] 영역의 〈사용자 지정 목록 편집〉 버튼을 클릭합니다. [사용자 지정 목록] 대화상자에서 〈새 목록〉을 클릭한 후 '목록 항목'에 **부장, 차장, 과장, 대리, 사원**을 입력(❶)하고 〈추가〉 버튼을 클릭(❷)합니다. 〈확인〉을 클릭(❸)해 대화상자를 닫습니다.
다시 워크시트로 돌아와 셀에 **부장**을 입력(❹)하고 채우기 핸들을 아래로 드래그(❺)합니다. 좀 전에 입력한 대로 차장, 과장 등 직급이 자동으로 채워집니다. 이렇게 데이터를 미리 등록해두면 직급별로 데이터를 입력할 때 빠르게 셀을 채울 수 있습니다.

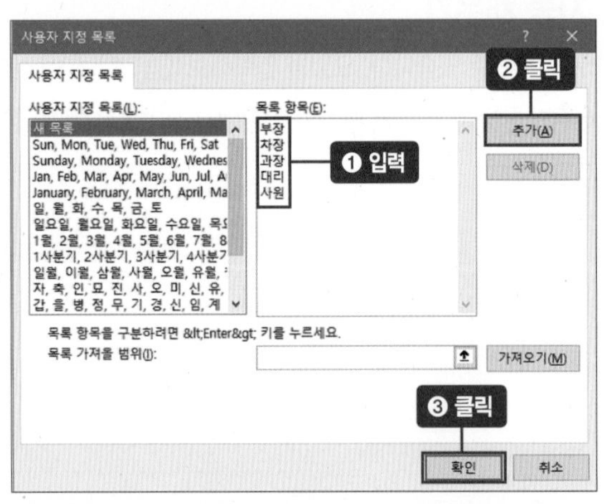

[파일] 탭 → 〈옵션〉 → [Excel 옵션] 대화상자 → [고급] → [일반] → 〈사용자 지정 목록 편집〉 버튼 클릭

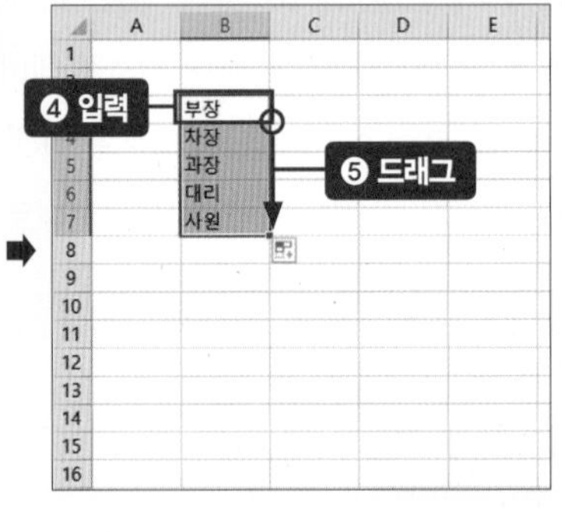

엑셀 데이터는 문자와 숫자로 나뉜다

문자는 왼쪽 정렬, 숫자는 오른쪽 정렬

이번 장에서는 엑셀 데이터 구성에 대해 살펴보겠습니다. 엑셀 데이터는 크게 문자 데이터와 숫자 데이터로 나뉩니다. 문자 데이터에는 한글, 영어, 한자, 특수문자, 기호가 포함되며, 숫자 데이터에는 숫자, 날짜, 시간, 통화, 백분율 등이 포함됩니다. 그리고 문자 데이터는 왼쪽에, 숫자 데이터는 오른쪽에 정렬됩니다.

문자 데이터 – 계산 불가능

새 통합 문서를 열어 아래 화면과 같이 [B2] 셀부터 데이터를 입력해보겠습니다. 문자 데이터에는 한글, 한자, 영어 등과 특수문자, 기호가 속합니다. 숫자와 문자가 섞여 있으면 문자 데이터로 인식됩니다. 문자 데이터는 셀의 왼쪽에 정렬되고 계산이 불가능합니다.

	A	B	C	D	E	F
1						
2		견적서				
3		見積書				
4		Excel				
5		☎				
6		10㎝				
7		2만5천원				
8		100퍼센트				
9						
10						

숫자에 문자가 하나라도 들어가면 문자 데이터로 인식해 계산 불가능

1 | 한자 변환하기

문자 데이터 중 한자 데이터 입력을 익혀보겠습니다. [B2] 셀과 [B3] 셀에 **견적서**를 입력합니다. 한글은 문자 데이터라 셀의 왼쪽에 정렬됩니다. 이제 [B3] 셀을 한자로 변환합니다. [B3] 셀 클릭(❶) → [검토] 탭 클릭(❷) → 한글/한자 변환(漢) 아이콘을 클릭(❸)합니다. [한글/한자 변환] 대화상자가 뜨면 '입력 형태'에서 <漢字>를 선택(❹)하고 <변환> 버튼을 클릭(❺)합니다.

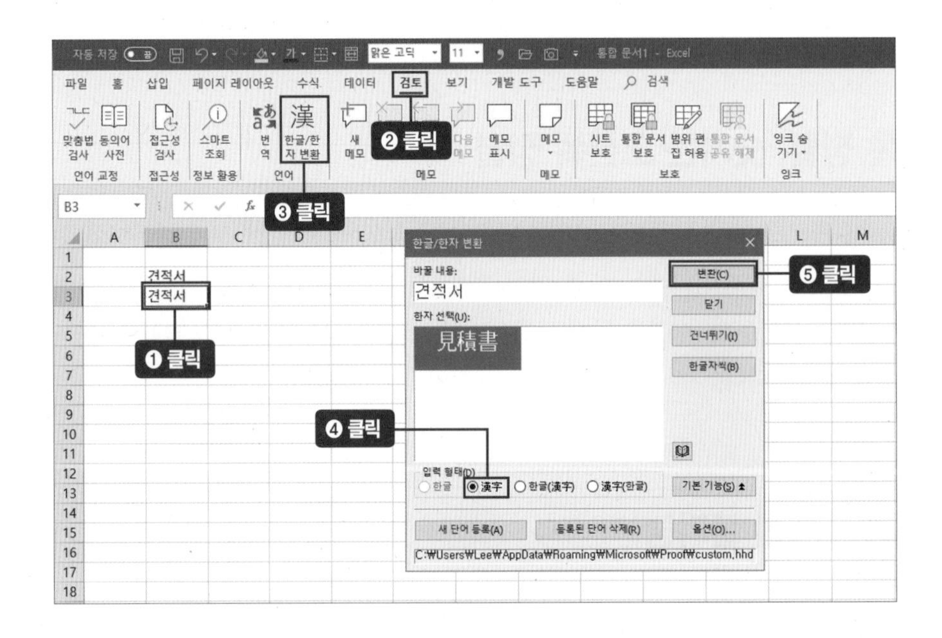

2 | 특수문자, 기호 입력하기

특수문자, 기호를 입력하려면 한글 자음을 입력한 후 키보드에서 한자 키를 누르면 됩니다. [B5] 셀에 전화기(☎) 모양을 입력해보겠습니다. ㅁ+한자 키(❶)를 누르면 특수문자 목록이 나타납니다. 키보드에서 Tab 키를 누르거나 목록 오른쪽 하단의 <펼침>(») 버튼을 클릭(❷)하면 더 많은 특수문자 목록이 나타납니다. 전화기 모양을 찾아 클릭(❸)합니다. ★ **기호 자세한 내용은 142쪽 참고**

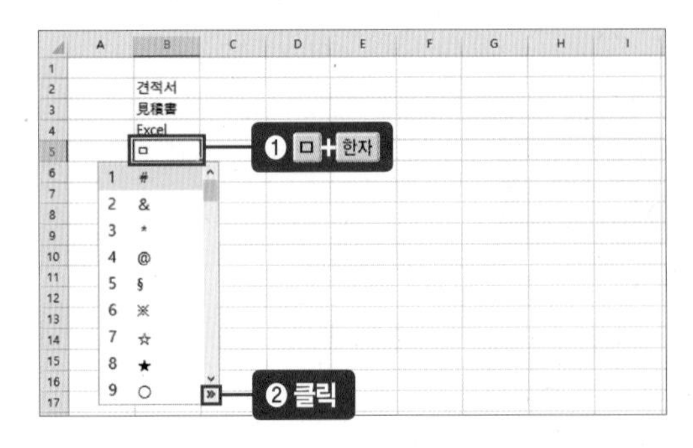

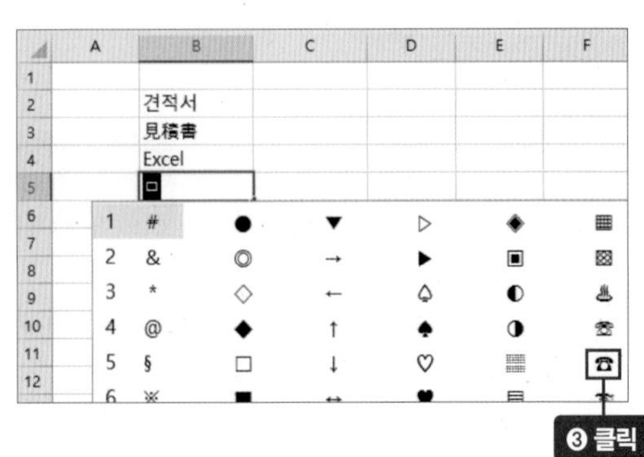

[B6] 셀에 '10㎝'를 입력하려면 **10**을 입력한 다음 ㄹ+한자 키(❹)를 누르고 '㎝'를 찾아 클릭(❺)합니다.

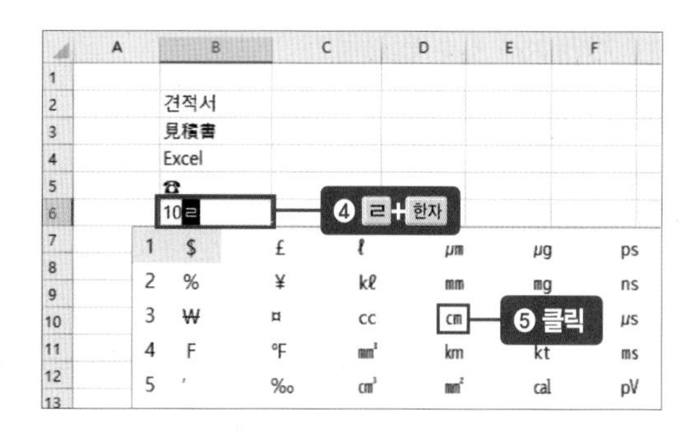

[삽입] 탭(❻) → 기호(Ω) 아이콘을 클릭(❼)해도 특수문자 입력이 가능합니다.

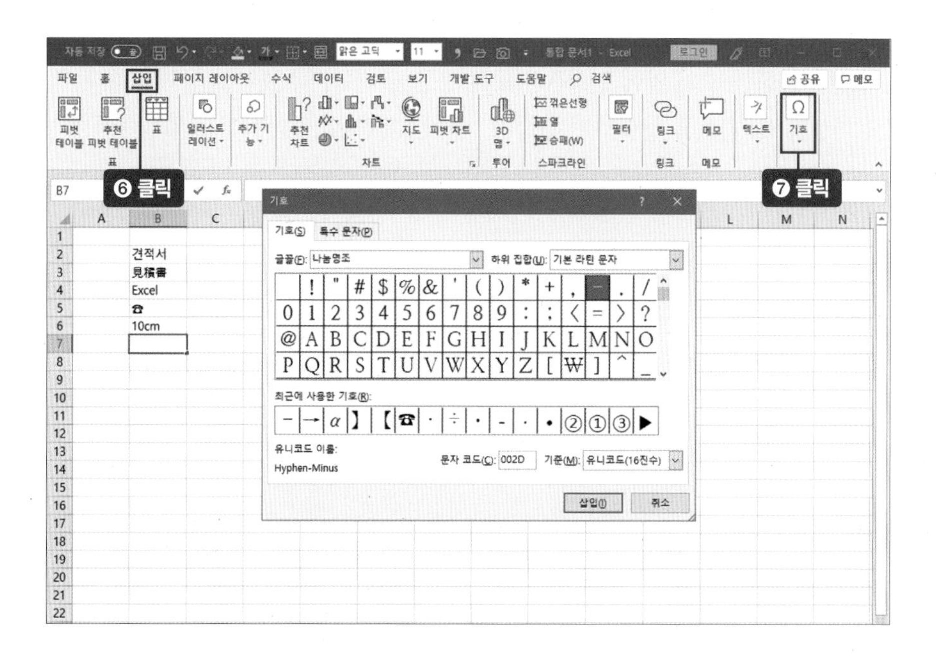

숫자 데이터 – 계산 가능

숫자 데이터는 숫자, 날짜, 시간, 통화, 백분율을 포함합니다. 계산이 가능한 데이터로, 셀의 오른쪽에 정렬됩니다. 단, 숫자에 문자 데이터가 하나라도 속해 있으면 전체를 문자 데이터로 인식해 계산이 불가능합니다. 숫자 데이터를 일부러 문자 데이터로 인식되도록 하려면 어퍼스트로피(')를 앞에 입력한 후 숫자를 입력합니다.

1 | 자연수와 소수 입력하기

셀에 자연수 또는 소수를 입력하면 숫자로 인식해 자동으로 오른쪽에 정렬됩니다.

2 | 기호를 포함한 숫자 입력하기

키보드로 입력할 수 있는 기호들을 이용해 숫자 데이터를 간편하게 입력합니다. 음수는 숫자 앞에 마이너스(-) 기호를, 통화는 숫자 앞에 원화(₩) 표시, 또는 달러화($) 표시를 입력합니다. 백분율은 숫자 뒤에 퍼센트(%) 기호를 입력하면 됩니다. 이 기호들은 숫자로 인식됩니다.

3 | 날짜 입력하기

날짜는 01-01같이 하이픈(-)이나 01/01같이 슬래시(/)로 구분해 입력합니다. 한글로 **01월 01일**이라고 적으면 문자 데이터로 인식하니 반드시 하이픈(-)이나 슬래시(/)를 사용해 **01–01** 혹은 **01/01**로 입력해야 합니다. 이렇게 입력하면 셀에는 '01월 01일'로, 수식 입력줄에는 '2019-01-01'의 형식으로 나타납니다. 단축키 Ctrl + ; 를 이용해 오늘 날짜를 간단히 입력할 수 있습니다.

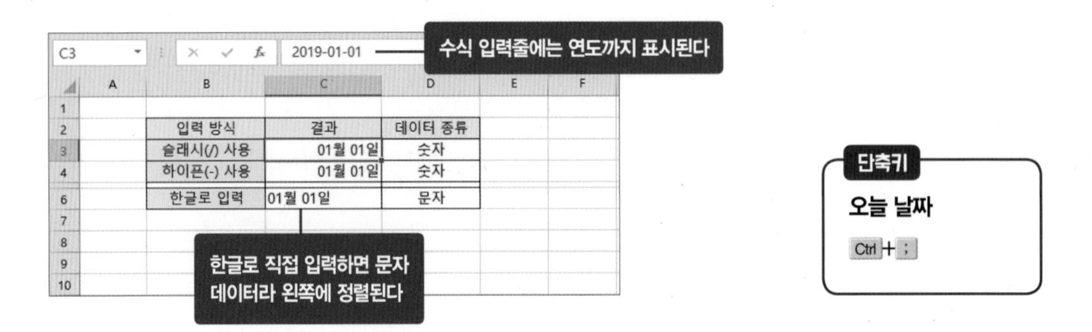

4 | 시간 입력하기

시간은 '시:분' 혹은 '시:분:초'같이 숫자를 콜론(:)으로 구분해 입력합니다. 단축키 Ctrl + Shift + ; 로 현재 시간을 간단히 입력할 수 있습니다.

	A	B	C	D	E	F
1						
2						
3		1:30				
4						
5		1:30:43				
6						
7						
8						
9						

단축키

현재 시간

Ctrl + Shift + ;

tip 우편번호, 전화번호 등 0으로 시작하는 숫자 입력하기

엑셀은 0으로 시작하는 숫자를 입력하면 앞자리 0은 의미 없는 숫자로 인식해 셀에 표시하지 않습니다. 하지만 우편번호, 전화번호 등을 정리할 때 앞자리 0은 꼭 필요합니다. 이럴 때는 키보드에서 어퍼스트로피 (')를 먼저 입력하고 숫자를 입력합니다. 그러면 문자 데이터로 인식해 셀의 왼쪽에 정렬됩니다. 아래 화면에서 [B2] 셀에는 **01234**를, [B4] 셀에는 **'01234**를 입력한 결과입니다.

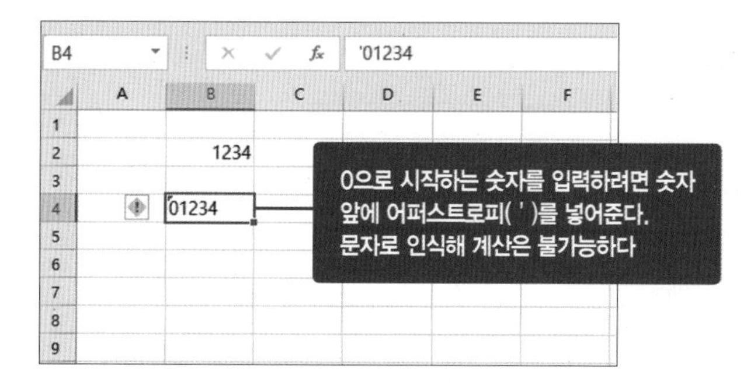

알아두면 더 좋고 몰라도 좋은, 엑셀의 다양한 도구창

셀을 선택한 다음 마우스를 우클릭하면 [셀 명령] 도구창이 나타납니다. [셀 명령] 도구창 외에도 마우스 우클릭으로 다양한 도구창을 열 수 있습니다. 도구창 종류는 다음과 같습니다. 하나씩 살펴봅시다.

① [셀 명령] 도구창 ② [셀 서식] 도구창 ③ [리본메뉴] 도구창
④ [시트] 도구창 ⑤ [자동 채우기] 도구창

① [셀 명령] 도구창

셀에서 마우스 우클릭하면 나타납니다. [셀 명령] 도구창에는 데이터 처리에 관한 주요 기능들이 모여 있어서 자주 사용합니다. [셀 명령] 도구창은 2가지 박스로 구성되어 있습니다. 상단의 작은 박스에는 주로 서식에 관련된 기능들이 모여 있고, 하단의 큰 박스에는 [홈] 탭의 주요 기능들이 모여 있습니다. [홈] 탭을 선택하면 나타나는 리본메뉴의 주요 기능(열과 행, 셀 삽입, 삭제, 붙여넣기 옵션, 메모 삽입, 셀 서식 등)이 여기에 담겨 있습니다.

[셀 명령] 도구창

❶ **잘라내기** : 열, 행, 셀 잘라내기
❷ **복사** : 열, 행, 셀 복사
❸ **붙여넣기 옵션** : 복사한 열, 행, 셀 붙여넣기
❹ **선택하여 붙여넣기** : 값만 붙여넣기, 서식만 붙여넣기, 행열 변경 등 다양한 기능 제공
❺ **삽입(복사한 후에는 '복사한 셀 삽입')** : 복사한 내용이나 빈 셀을 데이터 사이에 삽입
❻ **삭제** : 사용하지 않는 열, 행, 셀 삭제
❼ **새 메모** : 엑셀2019와 엑셀365에 새로 추가된 메모 기능으로, 엑셀 파일을 공유한 사람에게 대화 형식의 메모 남기기
❽ **새 메모** : 엑셀2007~엑셀2016에서도 지원한 포스트잇 모양의 메모 넣기
❾ **셀 서식** : [셀 서식] 도구창을 불러와 표시 형식, 맞춤, 글꼴, 테두리, 채우기, 보호 등의 기능 제공

② [셀 서식] 도구창

셀에서 마우스 우클릭했을 때 나타나는 [셀 명령] 도구창에서 〈셀 서식〉을 클릭하면 나타납니다. [셀 서식] 도구창에서는 셀의 각종 서식을 지정할 수 있습니다. 단위 표시, 통화, 회계, 날짜 등을 지정하고, 수학식의 위첨자나 아래첨자, 워트시트의 수식들을 보호하는 기능 등이 들어 있습니다. [셀 서식] 대화상자라고도 합니다.

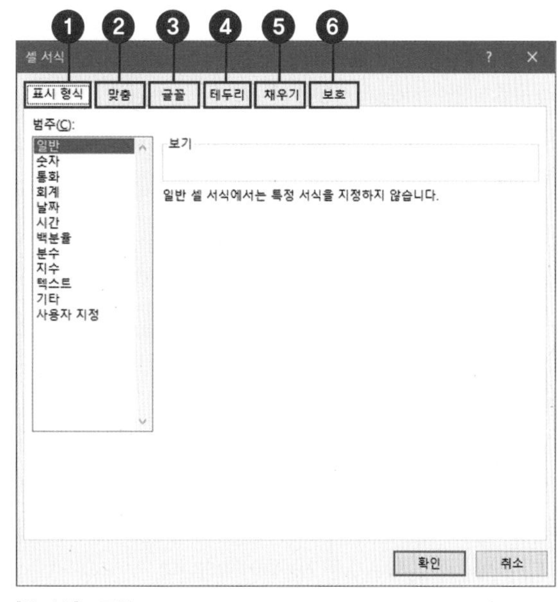

[셀 서식] 도구창

❶ **표시 형식** : [홈] 탭 리본메뉴의 표시 형식을 세밀하게 적용

❷ **맞춤** : 텍스트 맞춤에서 텍스트 각도까지 조정

❸ **글꼴** : 수식 작성에 필요한 위첨자, 아래첨자 지원

❹ **테두리** : 테두리 선 그리기에 필요한 기능 제공

❺ **채우기** : 배경색, 무늬색 지원

❻ **보호** : 잠금, 숨김 기능을 사용해서 워크시트 자료를 암호화하고 보호

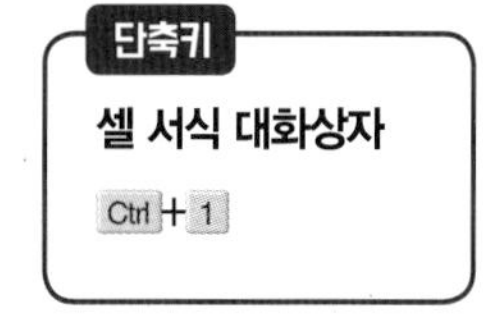

③ [리본메뉴] 도구창

앞에서 이미 살펴본 대로 리본메뉴는 8개 탭을 선택하면 각각 나타납니다. 리본메뉴 도구창에서 편의에 따라 빠른 실행 도구 모음을 지정할 수 있습니다. 리본메뉴의 아무 아이콘 위나 빈 곳에서 마우스 우클릭하면 '빠른 실행 도구 모음에 추가' 등 5개 메뉴가 담긴 도구창이 나타납니다.

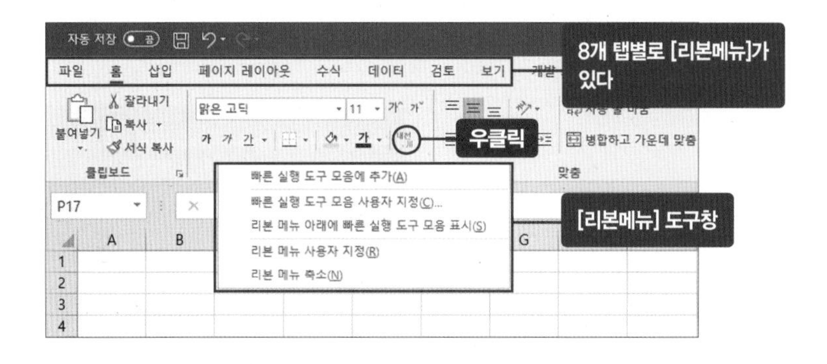

④ [시트] 도구창

워크시트 하단의 시트를 선택한 후 마우스 우클릭하면 [시트] 도구창이 나타납니다. 시트를 복사하거나 새로운 통합 문서로 옮길 수 있습니다.

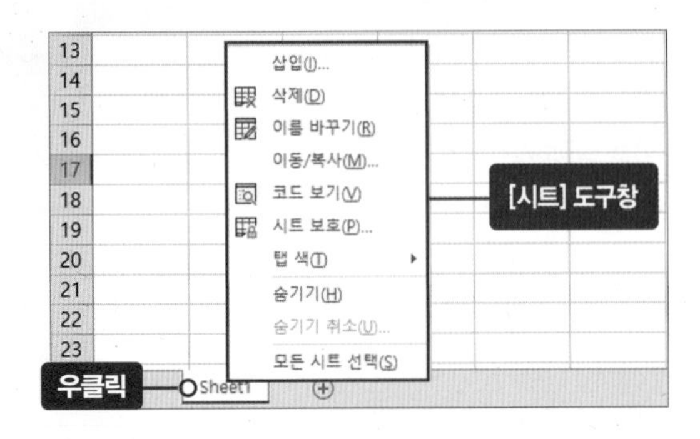

⑤ [자동 채우기] 도구창

셀을 선택하면 나타나는 오른쪽 하단의 자동 채우기 핸들을 마우스로 잡고 드래그한 다음 〈자동 채우기 옵션〉(아이콘)을 클릭하면 [자동 채우기] 도구창이 나타납니다. 연속된 숫자나 요일 등 채우기, 내용 외에 서식만 채우기 등 기능들이 있습니다.

[자동 채우기] 도구창

❶ **셀 복사** : 셀을 그대로 복사

❷ **연속 데이터 채우기** : 연속된 데이터로 채우기

❸ **서식만 채우기** : 내용 없이 테두리 선, 배경색 등 서식만 채우기

❹ **서식 없이 채우기** : 서식은 복사하지 않고 데이터만 채우기

❺ **빠른 채우기** : 수동으로 채운 셀 간의 규칙을 파악해 자동으로 나머지 셀 채우기

	A	B	C	D	E	F	G
1							
2		셀복사	연속 데이터 채우기	서식만 채우기	서식 없이 채우기	빠른 채우기	
3		1	1	1	1	1	
4		1	2	2	2	3	
5		1	3		3	5	
6		1	4		4	7	
7		1	5		5	9	
8		1	6		6	11	
9		1	7		7	13	
10		1	8		8	15	
11							
12							

수동으로 [F3] 셀에 1, [F4] 셀에 3을 입력한 다음 빠른 채우기를 하면 셀 간에 2씩 차이가 나는 규칙을 파악하고 자동으로 데이터가 채워진다

우선순위 기능부터 익히자!
— [파일], [홈], [삽입] 탭

핵심기능 모아놓은 3개 탭 – [파일], [홈], [삽입]

왕초보가 엑셀을 쉽게 배우는 방법 중 하나는 8개 탭 중에서 자주 사용하는 3개 탭을 제대로 이해하는 것입니다. 엑셀을 실행하면 나오는 8개 탭 중에서 가장 많이 사용하는 것은 [파일] 탭, [홈] 탭, [삽입] 탭입니다. 모든 탭의 기능을 다 외울 필요는 없습니다. 자주 사용하는 것 중심으로 기억해두세요. 다음 장부터 3개 탭을 순서대로 자세히 살펴보겠습니다.

[파일] 탭 미리보기

[파일] 탭을 클릭하면 오른쪽 아래 화면이 나타납니다. 파일 열고 닫기, 문서 보호하기, 옵션, 인쇄하기 등 문서 전반에 대한 내용을 담고 있습니다.

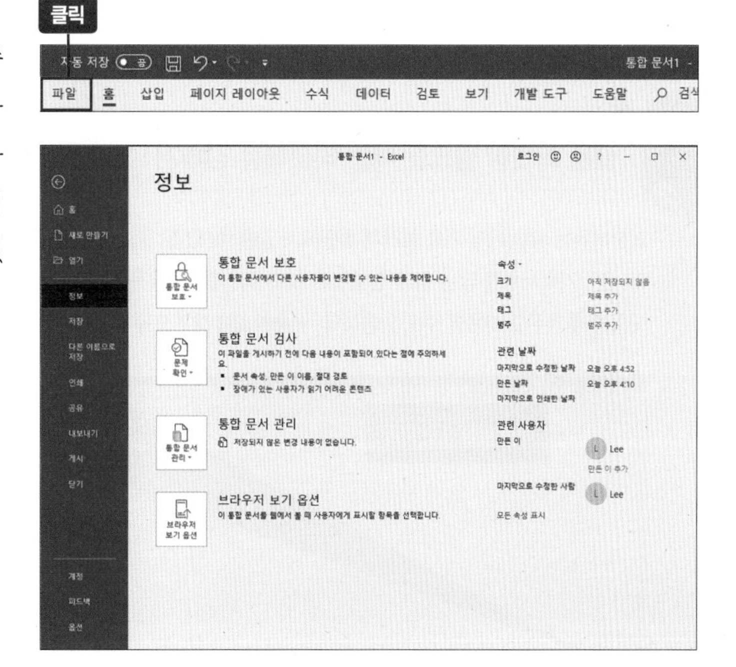

[홈] 탭 미리보기

문서 편집에 필요한 기능들이 모여 있습니다. 붙여넣기 옵션, 글꼴, 표시 형식 등을 정할 수 있습니다.

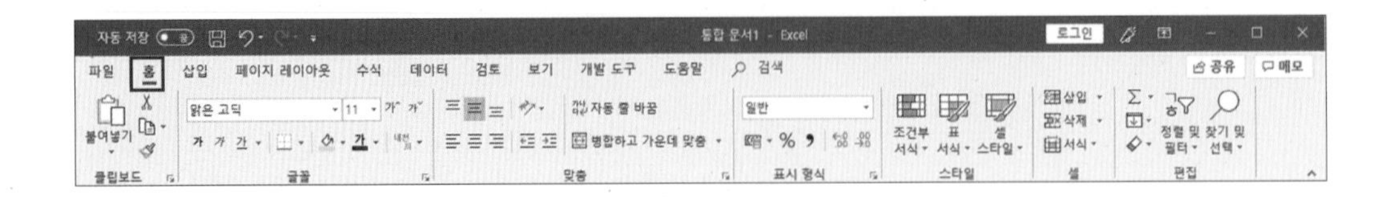

[삽입] 탭 미리보기

도형, 그림, 차트 등을 삽입해 데이터를 시각화할 수 있습니다. 하이퍼링크로 외부자료를 연결하거나 다양한 스타일의 텍스트 넣기, 특수기호 입력 등이 가능합니다.

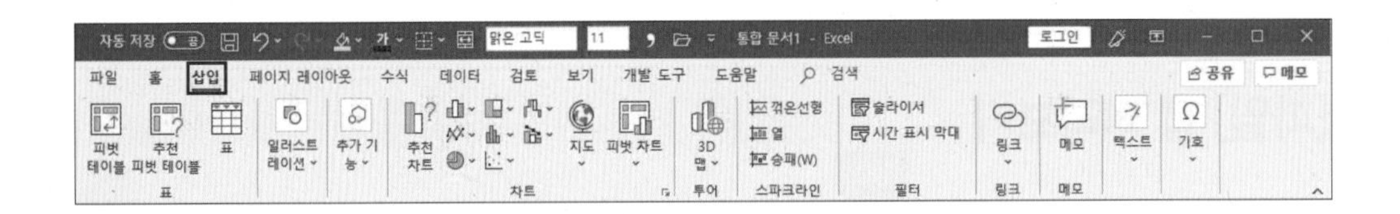

tip 넓은 화면이 필요할 때는 리본메뉴 감추기

리본메뉴는 Ctrl+F1 키를 눌러서 화면에서 감출 수 있습니다. 이 기능은 넓은 화면이 필요할 때 사용합니다. 연간기획서처럼 많은 양을 한꺼번에 보고 작업할 때 유용합니다. 필요한 기능만 일부 빠른 실행 도구 모음에 옮겨두고 사용할 수도 있습니다. ★ **빠른 실행 도구 모음 지정은 70쪽 참고**

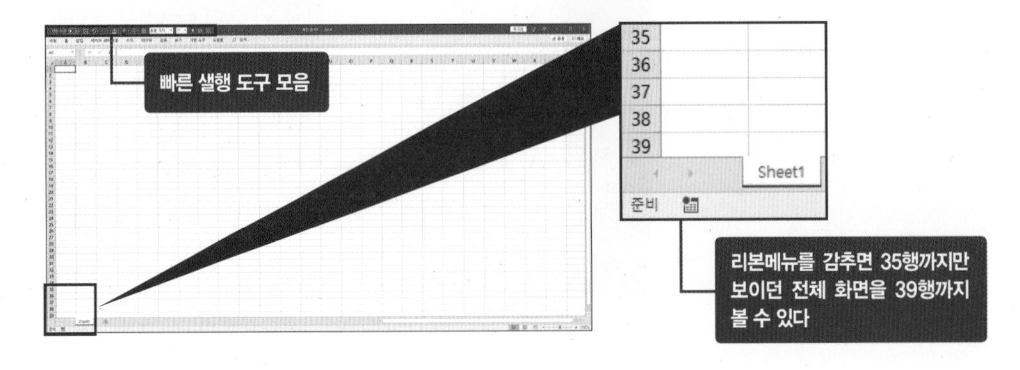

우선순위 엑셀 기능 ①
[파일] 탭

[파일] 탭에서 자주 쓰는 기능 – 저장, 열기, 인쇄

[파일] 탭에서 자주 사용하는 기능은 저장, 열기, 인쇄입니다. 만든 파일을 잘 저장해야 다음에 편리하게 꺼내 쓸 수 있습니다. 인쇄 역시 업무의 기본이기 때문에 잘 파악해야 합니다.

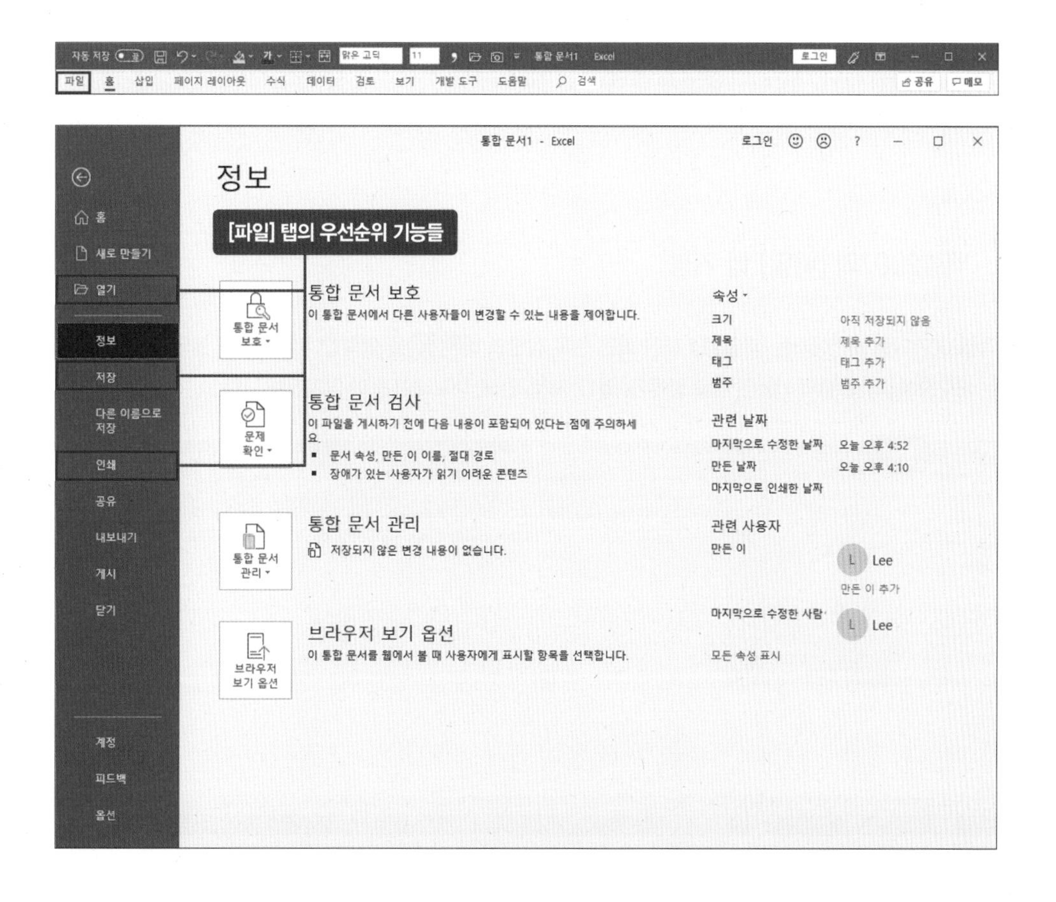

[파일] 탭 주요 기능 미리보기

1 | 저장

- **저장** : 문서를 처음 저장하거나 이미 저장된 문서에서 수정된 내용을 저장할 때 사용합니다.
- **다른 이름으로 저장** : 작업 중인 문서를 새로운 이름으로 따로 저장할 때 사용합니다. 원래 문서는 그대로 남고 다른 이름의 문서가 따로 생성됩니다.

2 | 열기

작업하던 문서를 불러와 이어서 작업할 때 필요합니다. 엑셀을 사용할 때는 원본 데이터를 다른 파일에서 가져오는 경우가 많아 열기 기능을 잘 익혀두어야 합니다.

3 | 인쇄

워드 프로그램은 용지 사이즈가 미리 정해져 있는 반면, 엑셀은 사용자의 편의에 따라 인쇄 영역을 조정할 수 있습니다. 필수 기능이지만 초보자에게 특히 헷갈리는 부분입니다.

tip

엑셀2007의 [파일] 탭 기능

엑셀2007 이하 버전에서는 [파일] 탭 대신 화면 왼쪽 상단의 버튼( )을 클릭합니다. 버튼을 눌러 나타나는 도구창에 [파일] 탭의 기능인 새로 만들기, 열기, 저장, 인쇄, 내보내기 등이 담겨 있습니다.

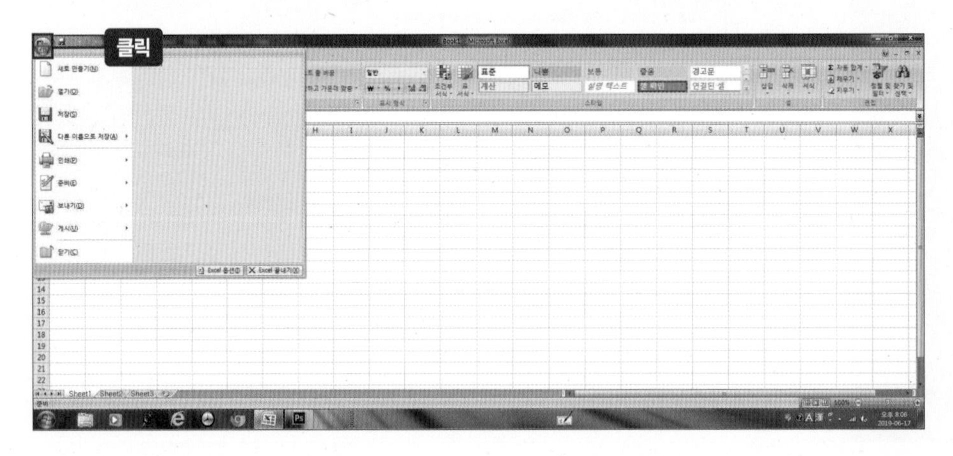

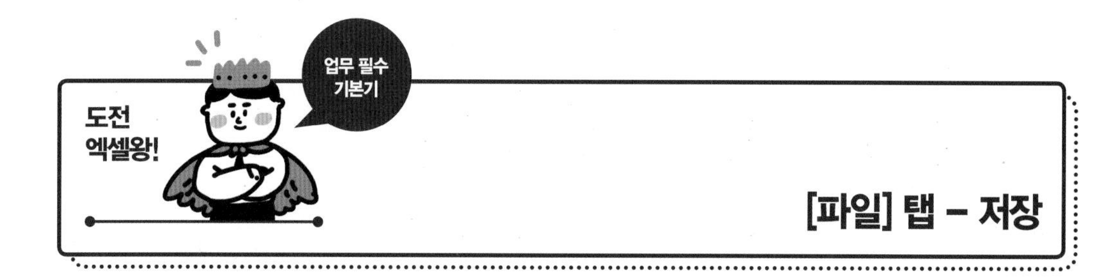

[파일] 탭 – 저장

1. 데이터 입력하기

왕초보들이 종종 저장을 어려워하는데, 기능이 어려워서가 아니라 폴더를 이해하지 못해서 어려움을 느끼는 경우가 많습니다. 엑셀 자료는 폴더를 따로 지정하지 않으면 대부분 [문서] 폴더에 저장됩니다.

[B4] 셀에 **서울**을 입력하고 Tab 키(❶)를 누릅니다. 나머지 지역도 아래 화면과 같이 입력(❷~❸)합니다. **부산**까지 입력하고 Enter 키(❹)를 누릅니다. 셀포인터는 Tab 키를 누르면 오른쪽 셀로, Enter 키를 누르면 아래쪽 셀로 이동합니다.

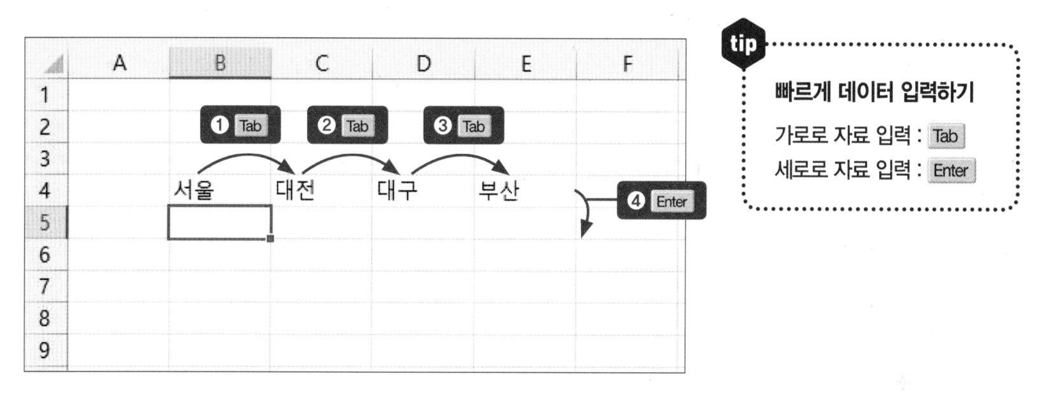

tip

빠르게 데이터 입력하기

가로로 자료 입력 : Tab

세로로 자료 입력 : Enter

2. 새로 만든 파일 저장하기

완성한 문서를 저장하기 위해 [빠른 실행 도구 모음]에서 저장(🖫) 아이콘을 클릭(❶)합니다.

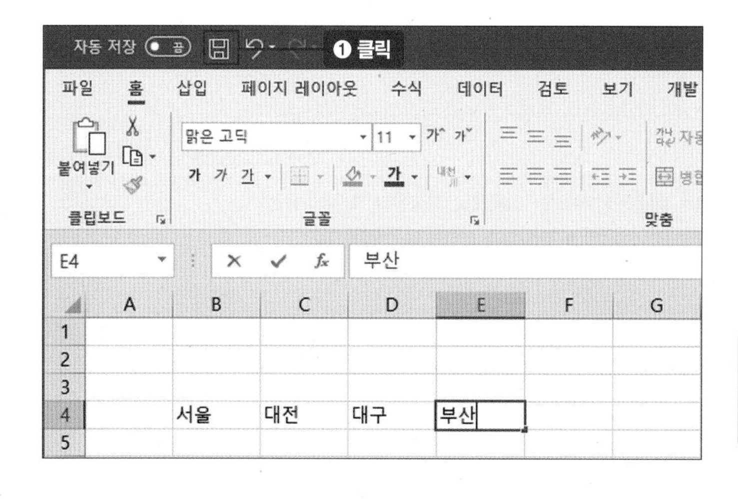

단축키

저장

Ctrl + S

[다른 이름으로 저장] 화면이 나타나면 〈찾아보기〉를 클릭(❷)합니다.

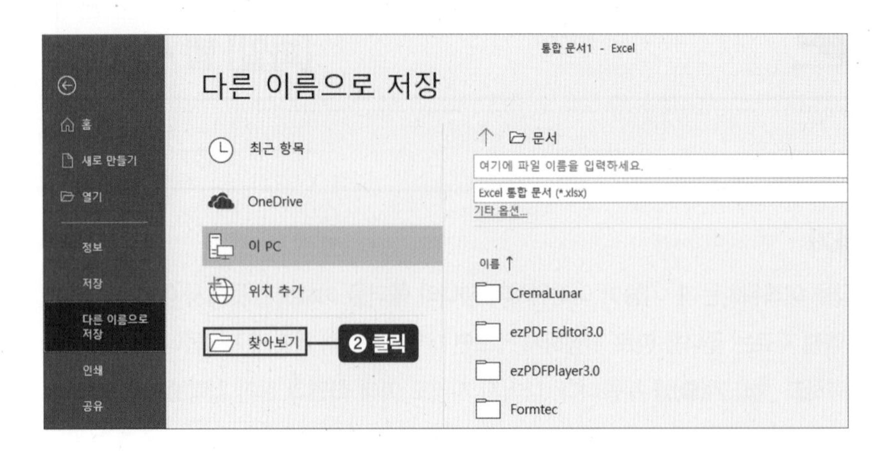

[다른 이름으로 저장] 대화상자가 나타납니다. 기본적인 저장 위치는 [문서] 폴더입니다. 파일 이름을 입력(❸)한 후 〈저장〉 버튼을 클릭(❹)합니다.

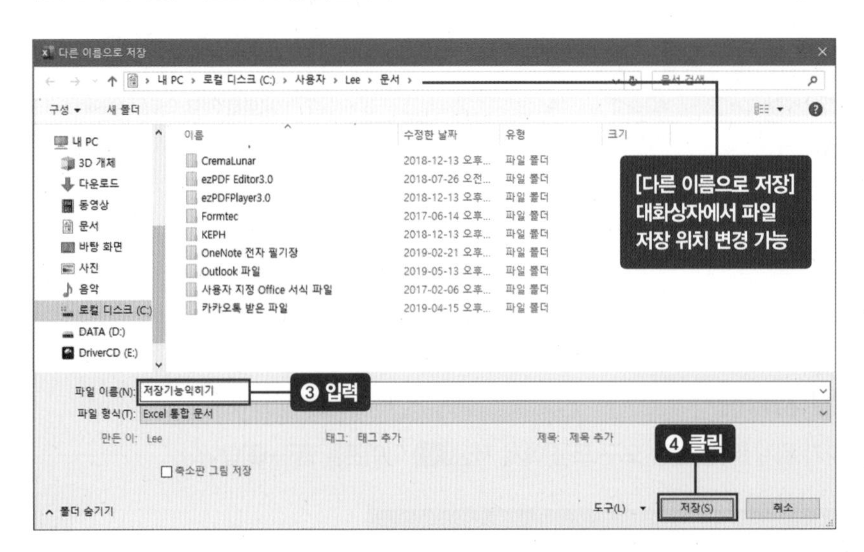

tip

파일 이름은 기억하기 쉽게 정하자

새 문서는 따로 이름을 정하지 않는 경우 '통합문서1'이라는 이름으로 저장된다. 파일 이름은 수정 날짜와 내용을 알아보기 쉽게 정하는 것이 좋다. ★ **파일 이름 정하는 법은 59쪽 참고**

예) 1월 20일_주간보고서.xlsx
주간보고서_0120.xlsx

3. 새로 만든 파일 확인하기

화면 상단 제목 표시줄에 파일 이름이 변경된 것을 확인할 수 있습니다.

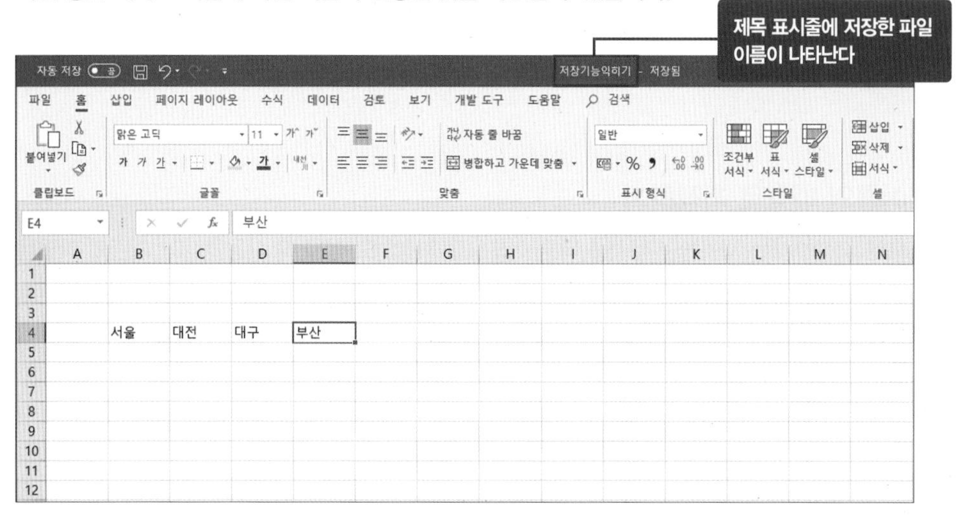

tip 변경 내용 저장하고 닫기

이미 저장된 문서를 다시 저장하는 경우에는 저장 경로를 또 설정하지 않아도 됩니다. 빠른 실행 도구 모음의 저장(💾) 아이콘만 눌러 변경 내용을 저장합시다. 만약 수정된 내용을 저장하지 않은 채로 〈닫기〉(✕) 버튼을 누르면 변경 내용 저장 여부를 묻는 대화상자가 나타납니다. 대화상자의 〈저장〉 버튼을 클릭하면 문서를 저장한 후 닫습니다.

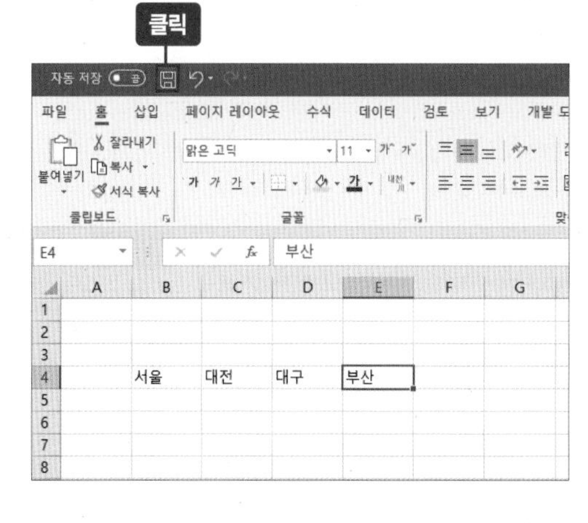

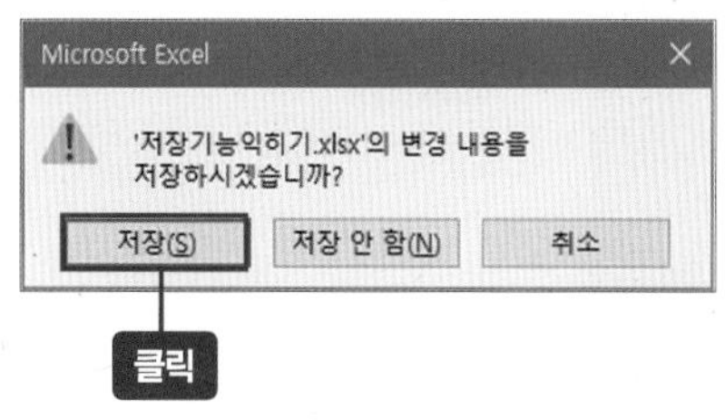

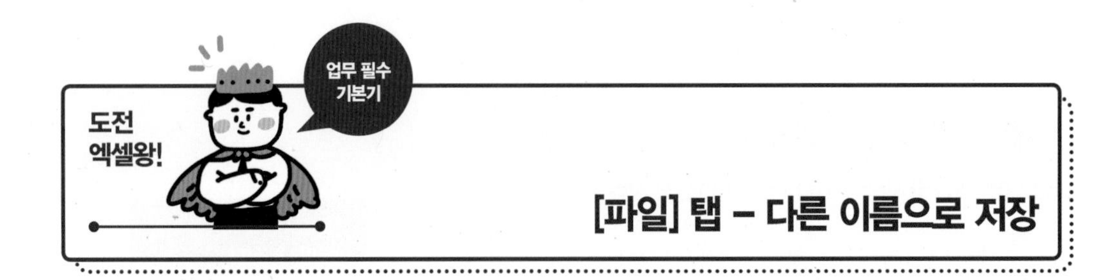

[파일] 탭 – 다른 이름으로 저장

1. 다른 이름의 파일로 저장하기

'다른 이름으로 저장하기'는 사용하던 문서를 다른 이름으로 저장하고 싶을 때 사용합니다. 기존의 파일은 그대로 두고 다른 이름의 파일이 하나 더 생깁니다. 예를 들어 파일 이름이 '1월 20일'인 문서를 열어서 '1월 21일'로 변경해 저장하고 싶을 때 필요한 기능이지요. 매주 만드는 주간보고용 문서를 불러와서 새로 저장할 때도 '다른 이름으로 저장'을 사용합니다.

[파일] 탭(❶) → 〈다른 이름으로 저장〉을 클릭(❷)합니다. 〈찾아보기〉를 클릭(❸)합니다.

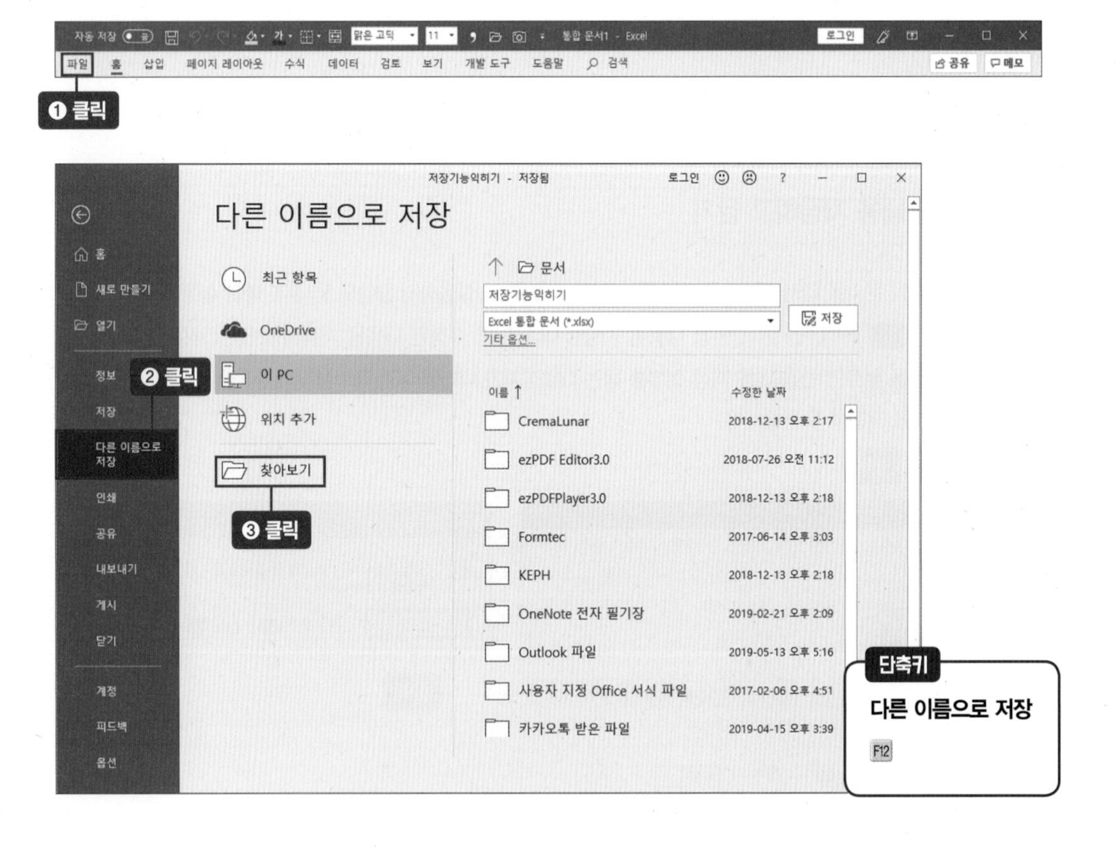

2. 저장할 폴더 정하기

파일 이름을 입력(❶)하고 〈저장〉 버튼을 클릭(❷)합니다.

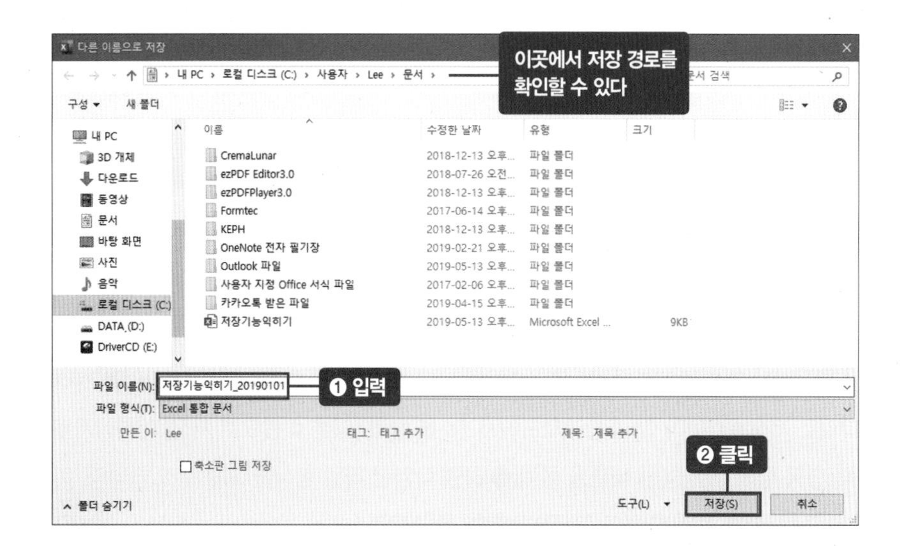

일머리 샘솟는 파일 이름 짓기

① 파일 이름은 알기 쉽게 만들어야 나중에 찾기 쉽다

〈예시〉

일간보고서_181001, 매출보고서_181001, 전략기획서_180731

주간보고_180930, 사업계획서_180114, 분기마케팅계획서_180630

② 날짜를 기준으로 파일 이름을 만든다

〈예시〉

2018년 10월 1일이면 '제목_181001'

2번째 문서면 '제목_181001-2'

위와 같이 파일 이름을 만드는 이유는 찾기 쉽게, 기억하기 쉽게 하기 위해서입니다. 또 다른 이유는 중복해서 파일을 저장하는 실수를 방지하기 위해서입니다. 같은 이름의 파일로 저장하면 실수로 중요한 자료를 덮어쓰기해버릴 수도 있습니다. 저장된 파일이 많으면 폴더를 나눕니다. 폴더 이름도 업무에 맞는 이름으로 날짜를 넣어 짓습니다.

엑셀2003 이전 버전, PDF 등 다른 파일 형식으로 저장

엑셀은 다양한 파일 형식으로 바꿔서 저장할 수 있습니다. 엑셀2003 이전 버전에서 호환되도록 변경하거나 PDF로 문서를 변환할 때 자주 사용합니다.

1. 엑셀2003 이전 버전 호환 문서로 저장하기

엑셀2003까지 xls였던 확장자가 엑셀2007부터 xlsx로 바뀌었습니다. 엑셀2003 이전 버전에서 파일을 열려면 확장자를 변경한 파일로 저장해주어야 합니다. 키보드에서 F12 를 눌러 [다른 이름으로 저장] 대화상자를 불러옵니다. '파일 형식' 항목 옆의 〈펼침〉(⌄) 버튼을 클릭(❶)하면 다양한 파일 형식을 고를 수 있습니다. 이 중 〈Excel 97 – 2003 통합 문서〉를 선택(❷)하고 〈저장〉 버튼을 클릭(❸)합니다.

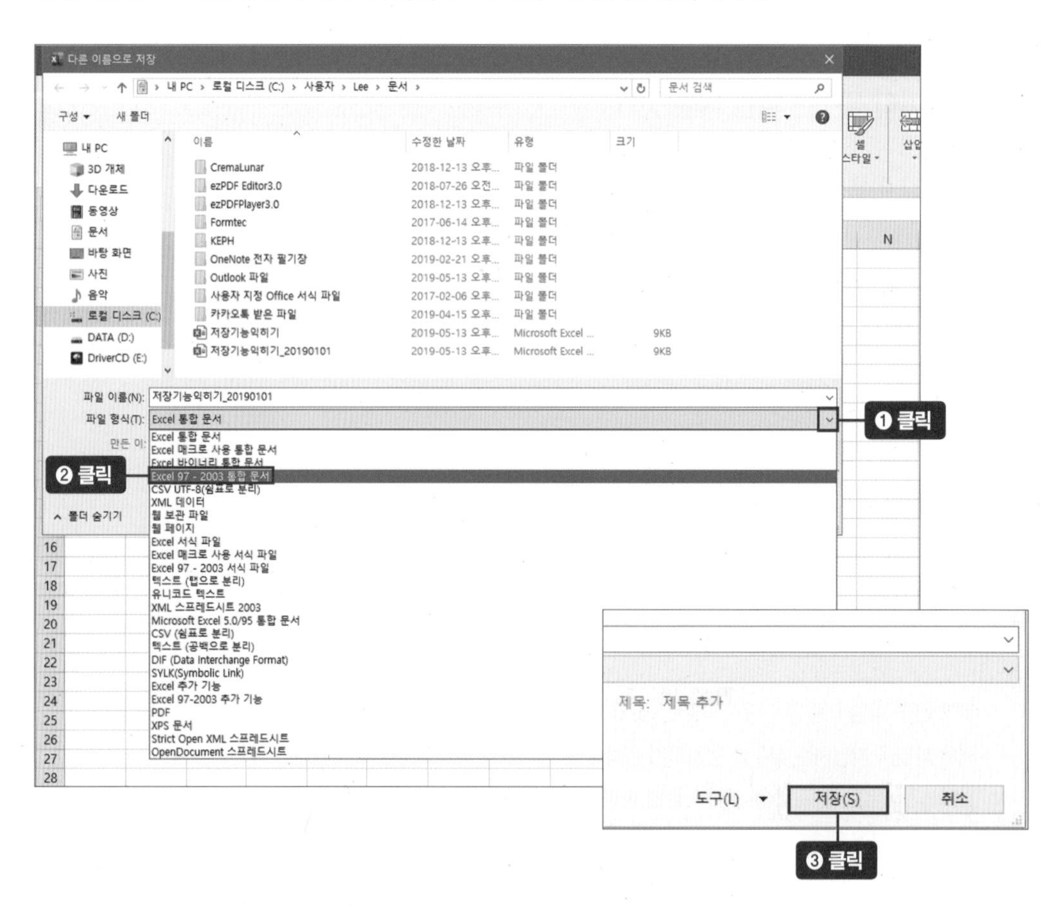

호환된 문서의 제목 표시줄에는 '호환성 모드'가 표시됩니다. 문서가 저장된 폴더에서는 아이콘이 다음과 같이 달라진 것을 확인할 수 있습니다.

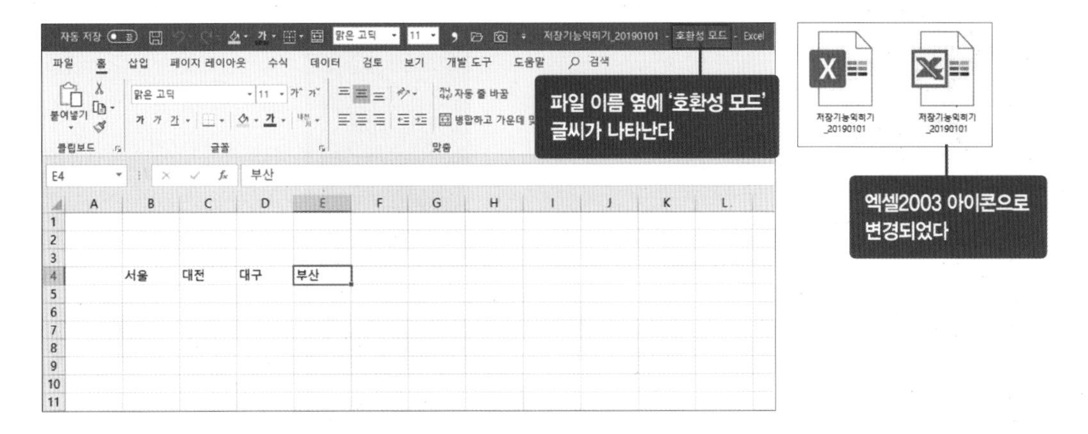

2. PDF로 변환해 저장하기

엑셀로 공문이나 계약서를 작성해 공유할 경우 PDF 파일로 변환해 전달하는 것이 좋습니다. PDF 파일은 수정이 불가능하기 때문이지요. 또한 엑셀 프로그램이 설치되어 있지 않은 컴퓨터에서도 문서를 확인할 수 있습니다. 키보드에서 F12 를 눌러 [다른 이름으로 저장] 대화상자를 불러옵니다. '파일 형식' 항목의 〈펼침〉(⌄) 버튼을 클릭(❶)해 PDF를 선택(❷)하고 〈저장〉 버튼을 클릭(❸)합니다.

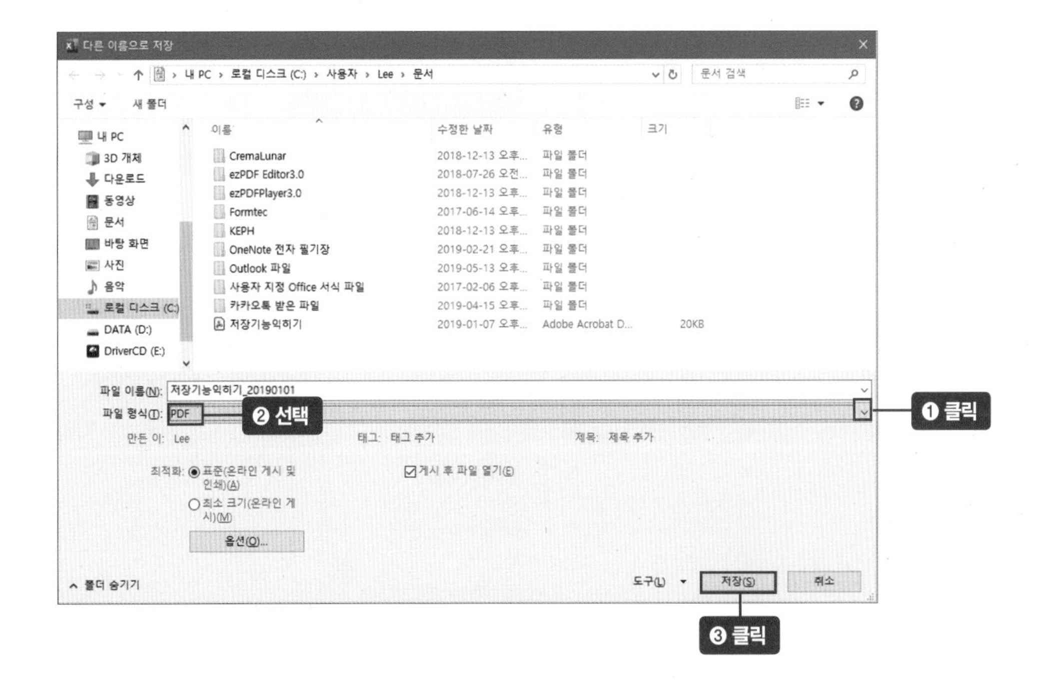

PDF 뷰어가 자동으로 실행되면서 PDF 파일로 저장된 것을 확인할 수 있습니다.

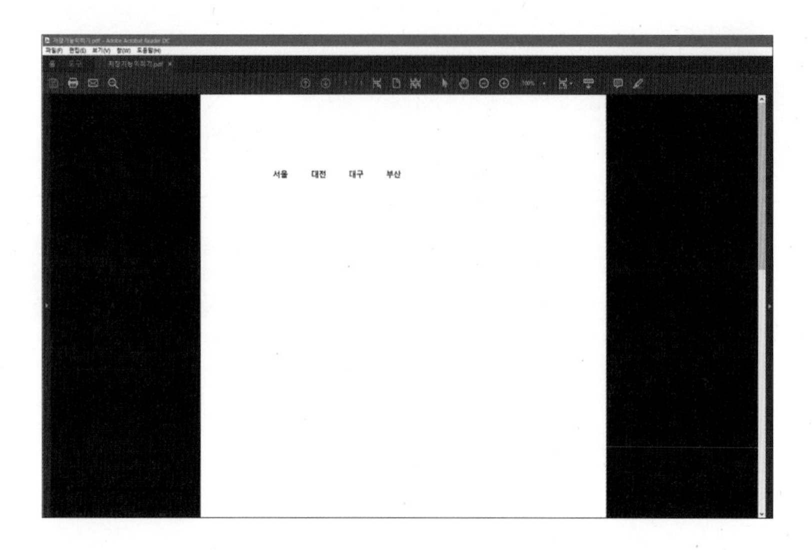

[파일] 탭 → 〈내보내기〉를 클릭해도 문서 형식을 변경해 저장할 수 있습니다.

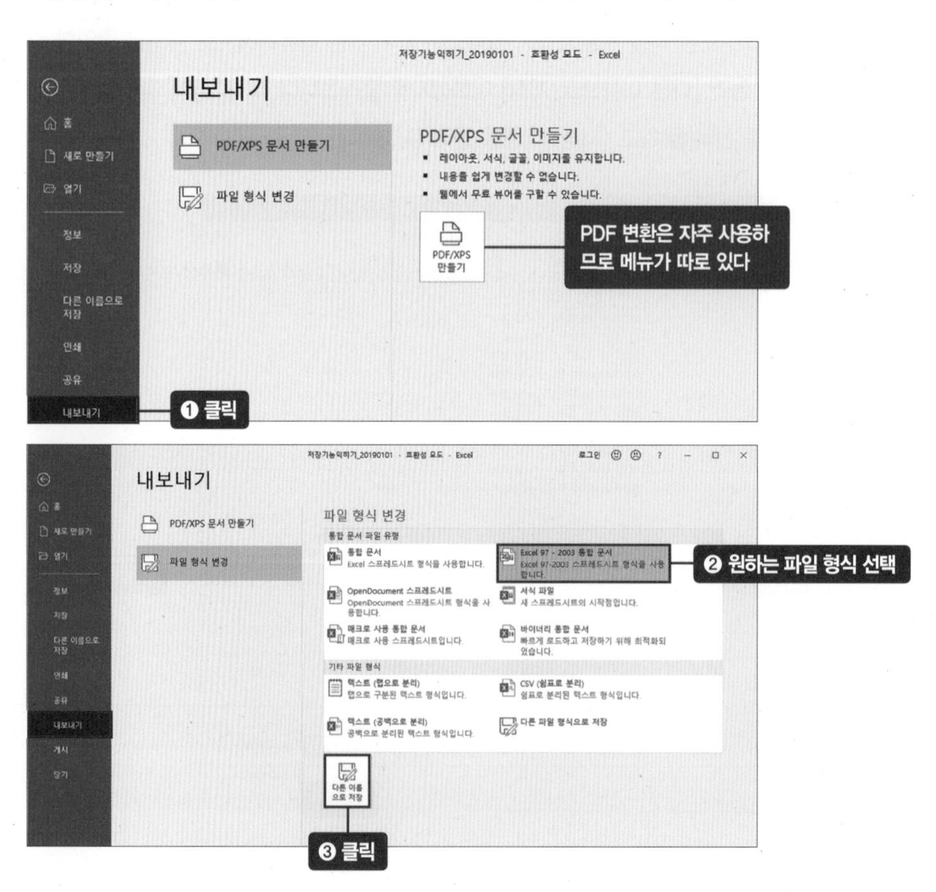

엑셀에서 이메일 첨부하거나 PDF로 보내려면?

엑셀에서 만든 문서를 이메일 첨부파일로 보내거나 PDF로 변환한 후 이메일에 첨부하는 경우가 많습니다. 이때는 MS오피스 아웃룩 메일을 등록해두면 편리합니다. 따로 인터넷을 열거나 로그인하지 않아도 업무 공유를 할 수 있어서 업무시간을 단축할 수 있습니다. 아웃룩 설치, 엑셀과 연결하는 방법은 다음과 같습니다.

화면 왼쪽 하단 윈도(■) 아이콘을 클릭(❶)해 시작메뉴를 엽니다. 아웃룩(Outlook) 아이콘을 찾아 클릭(❷)합니다. 윈도8 이하 버전은 [Microsoft Office] 폴더 → 〈Microsoft Outlook〉을 클릭합니다.

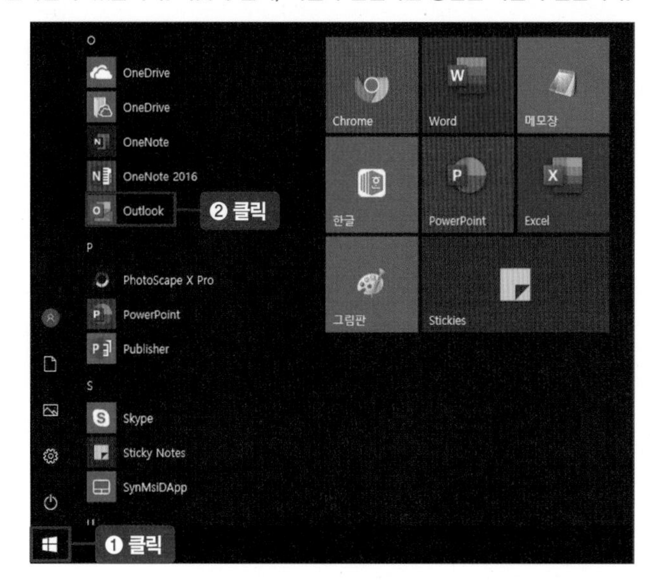

연동할 메일 주소를 입력(❸)하고 〈연결〉을 클릭(❹)하면 다음 화면으로 넘어갑니다. 메일 계정 비밀번호를 입력(❺)하고 〈연결〉을 클릭(❻)합니다. 오피스2010 이하 버전이라면 사용자 이름 입력란까지 채워줍니다.

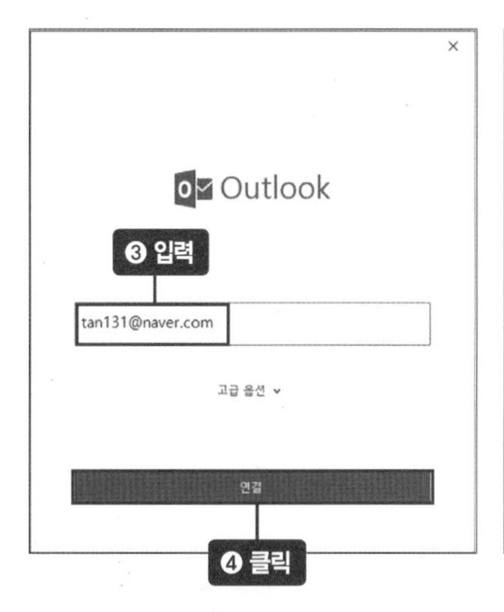

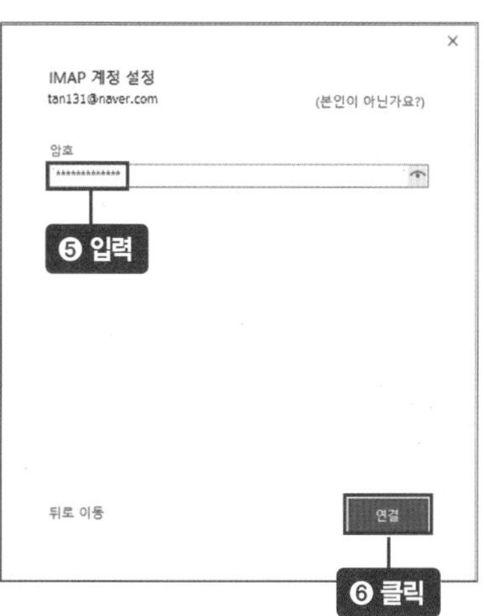

만약 계정 연동이 안될 때는 다음과 같이 합니다. 인터넷으로 연동하고자 하는 기존 메일(네이버, g메일 등) 접속 → 〈환경설정〉 → 〈POP3/IMAP 설정〉 → [POP3/SMTP 설정], [IMAP/SMTP 설정] 탭에서 〈사용함〉 선택 → 〈확인〉 클릭.

계정 추가 완료 화면이 뜨면 〈완료〉를 클릭(❼)해 마무리합니다. 아웃룩과 메일이 연동된 것을 확인할 수 있습니다.

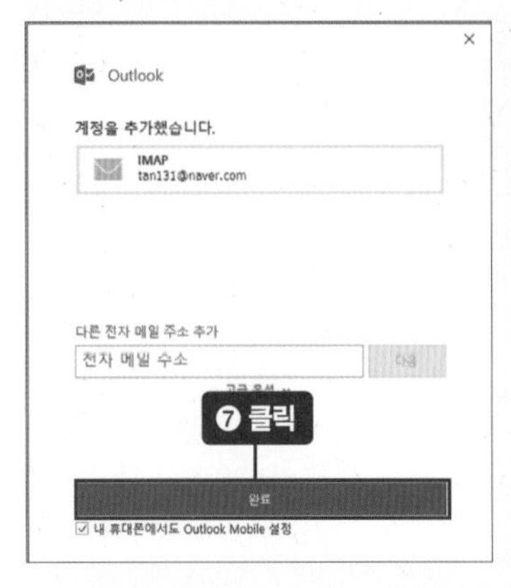

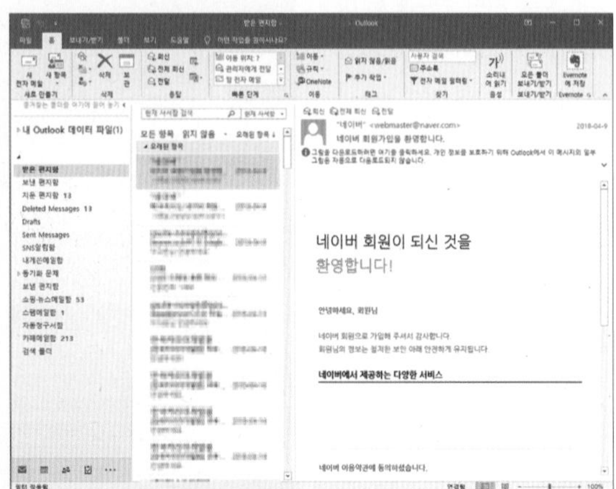

다시 엑셀로 돌아와 [파일] 탭 → 〈공유〉 → 〈전자메일〉에서 〈Excel 통합 문서〉, 〈PDF〉 중 하나를 선택(❽)합니다. 아웃룩 화면이 나타나면 받는 사람과 내용을 입력하고 〈보내기〉 버튼을 클릭(❾)합니다.

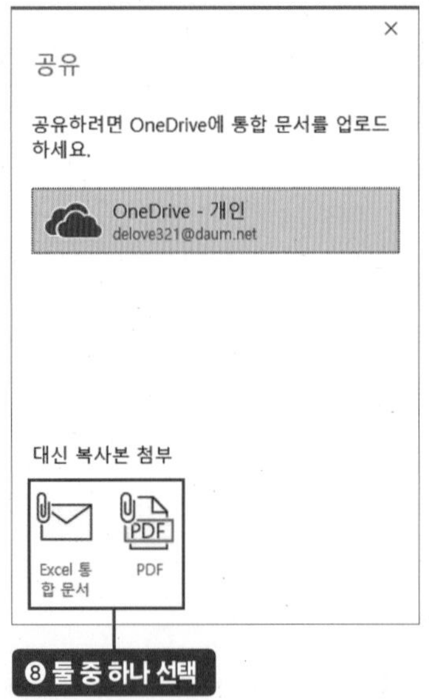

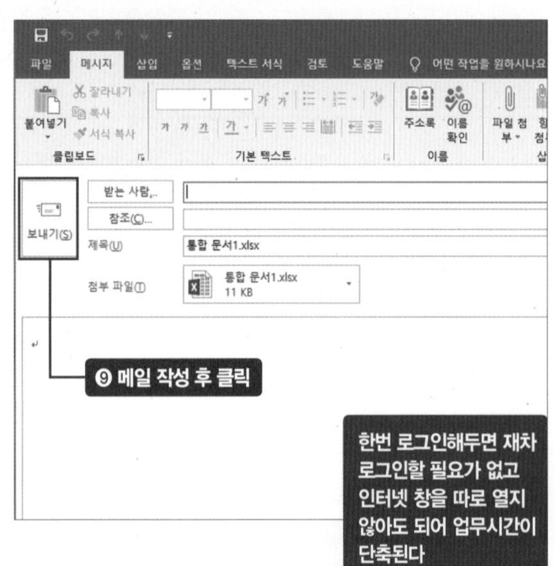

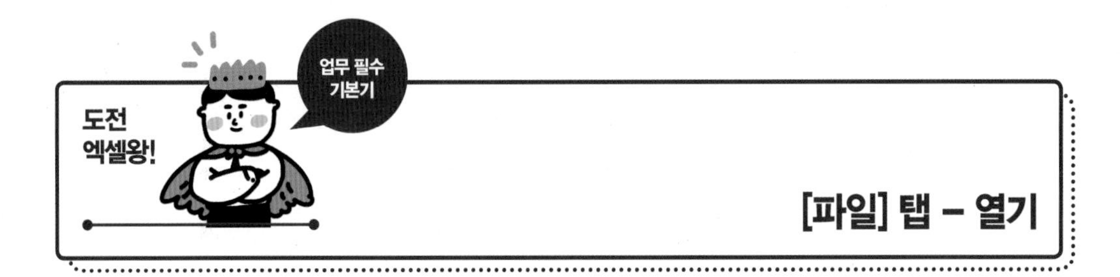

[파일] 탭 – 열기

1. 작업하던 문서 찾기

열기 기능은 작업하던 문서를 불러와 이어서 작업할 때 필요합니다. 『저장기능익히기.xls』라는 문서를 찾아서 열어보겠습니다. [파일] 탭(❶) → 〈열기〉를 클릭(❷)하고 〈찾아보기〉를 클릭(❸)합니다.

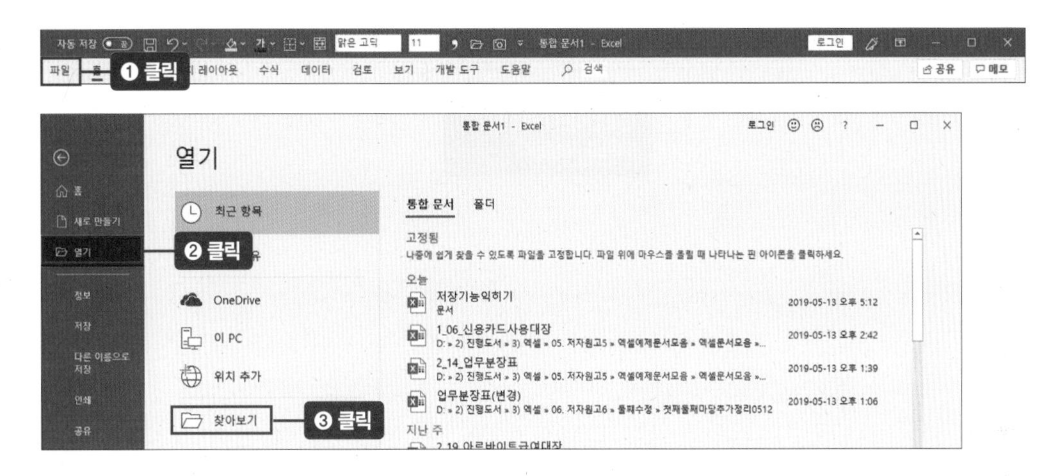

파일을 저장해둔 폴더를 찾습니다. 『저장기능익히기.xls』 파일을 [문서] 폴더에 저장했으므로 〈문서〉를 클릭(❸)합니다. 『저장기능익히기』를 더블클릭(❹)합니다.

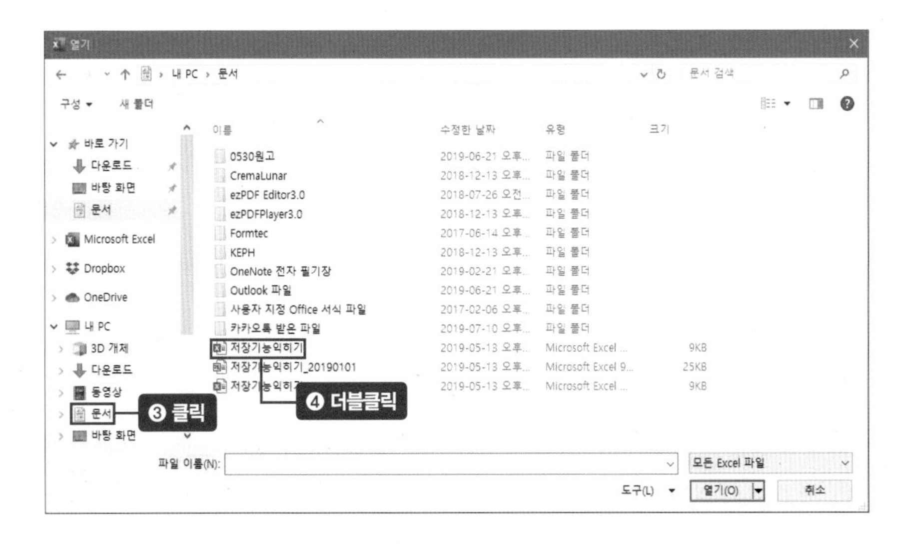

2. 문서 열기

『저장기능익히기.xls』 파일이 열립니다.

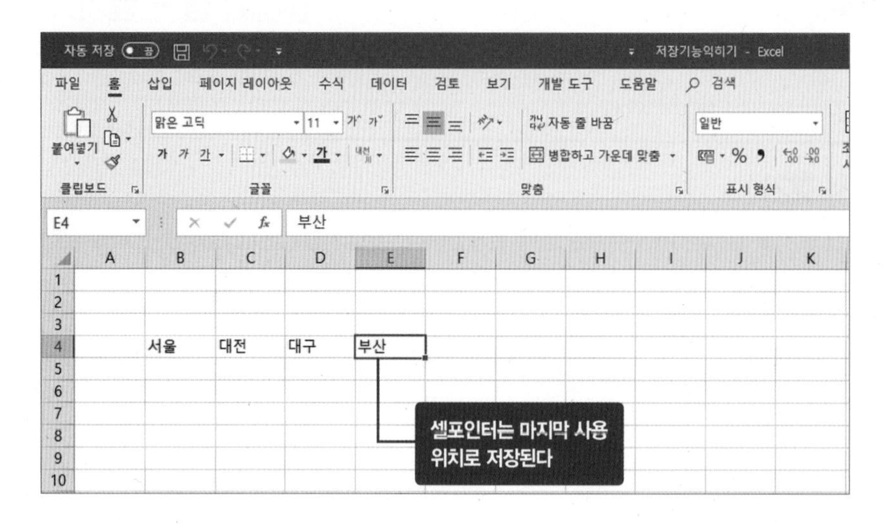

tip 이메일로 받은 파일은 [다운로드] 폴더에

대부분 외부자료는 이메일로 주고받으므로 [다운로드] 폴더에 저장됩니다. USB 등 외장장치는 C, D 드라이브를 제외한 다른 드라이브(E, F, G, H 등)로 나타납니다.

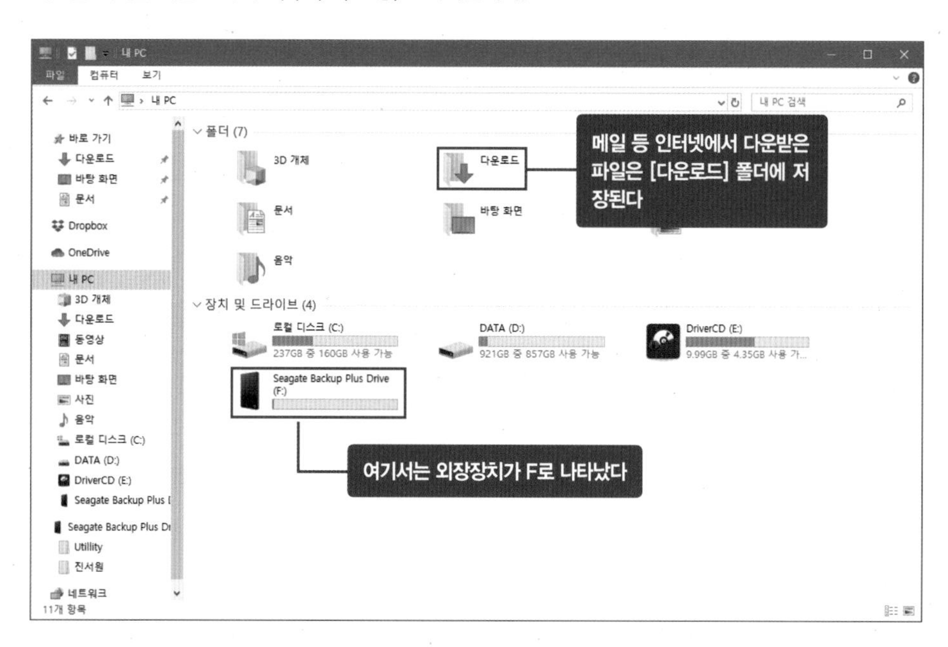

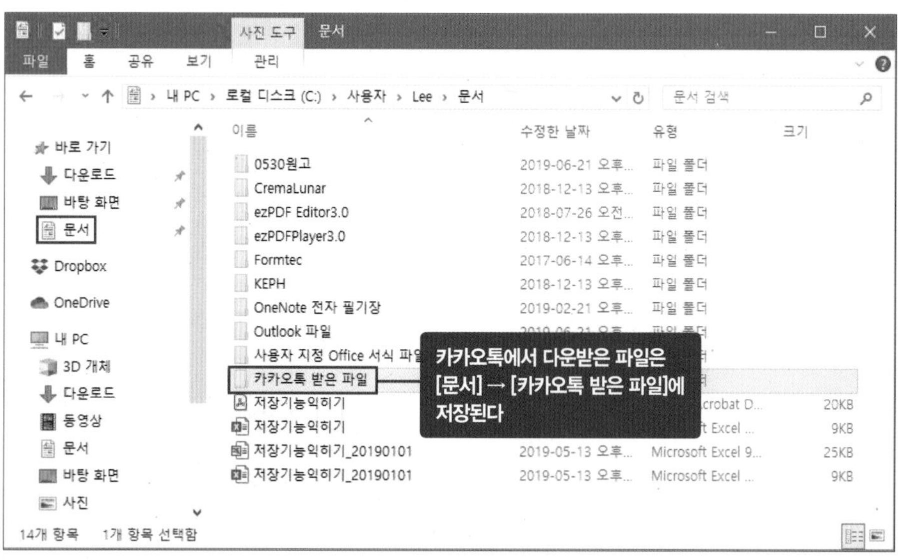

[파일] 탭 – 새로 만들기, 인쇄

1. 새로 만들기 서식 활용하기

[파일] 탭 → 〈새로 만들기〉를 클릭해보세요. 사용 가능한 서식 파일들이 나옵니다. 〈새 통합 문서〉를 선택하면 기본 워크시트가, 다른 서식 파일들 중에서 선택하면 정돈된 서식에 함수까지 적용되어 있는 워크시트가 나옵니다. 문서 작성시 기본 틀을 어떻게 만들어야 하는지 모르는 왕초보들에게 유용하지요.

[파일] 탭 → 〈새로 만들기〉를 클릭(❶)합니다. 서식들 중 〈대출 상환 일정〉을 클릭(❷)합니다.

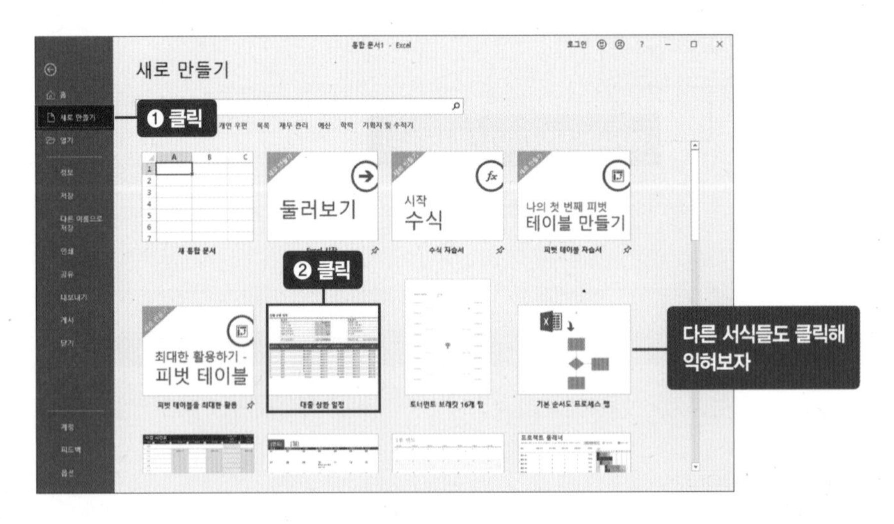

서식에 대한 설명과 함께 〈만들기〉 버튼이 나타납니다. 클릭(❸)하면 서식이 열립니다.

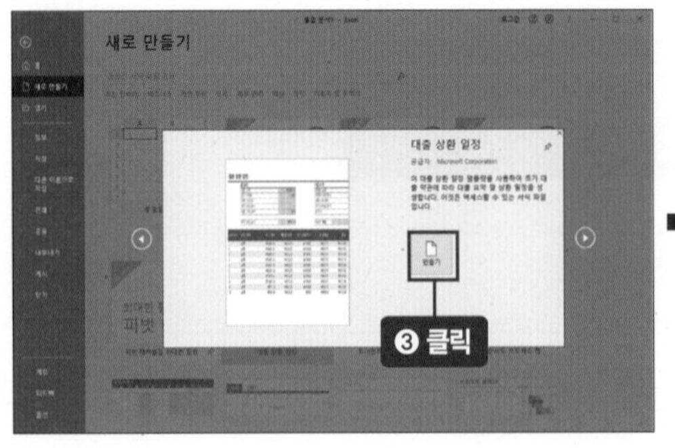

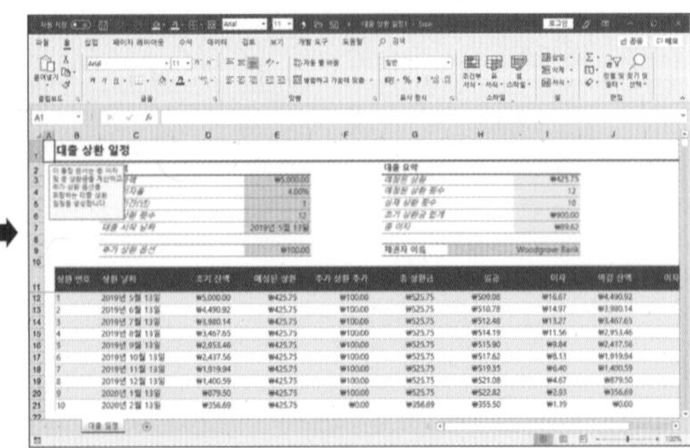

2. 엑셀 파일 인쇄하기

엑셀 인쇄는 문서의 셀 크기와 밀접한 관련이 있습니다. 사용자가 셀을 축소하거나 늘려 인쇄 범위를 설정할 수 있기 때문이지요. 사용자 편의대로 조정할 수 있어서 편리하지만 초보자들에게는 어려운 기능 중 하나입니다. 여기에서는 인쇄의 기본 기능만 익히고, 나머지 어려운 기능들은 차근차근 익히겠습니다. ★ 인쇄 자세한 내용은 〈준비마당〉 11장 참고

[파일] 탭 → 〈인쇄〉를 클릭해보세요. 오른쪽에 미리보기가 나타나며 〈인쇄〉 버튼을 누르면 출력됩니다.

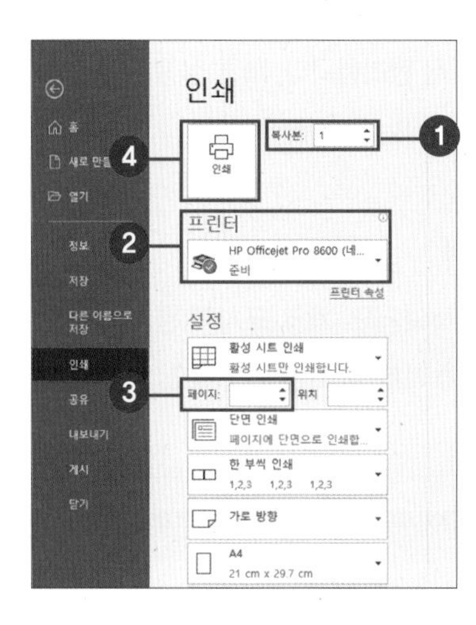

❶ **복사본** : 인쇄 수량을 결정합니다. 보통 1장을 인쇄합니다. 여기에 10을 넣으면 같은 서류가 10장 나옵니다.

❷ **프린터** : 프린터를 설정합니다. 회사에서 사용하는 프린터로 변경하세요.

❸ **페이지** : 인쇄할 페이지를 설정합니다. 10이라고 넣으면 1부터 10페이지까지 인쇄됩니다.

❹ **인쇄** : 문서를 인쇄합니다.

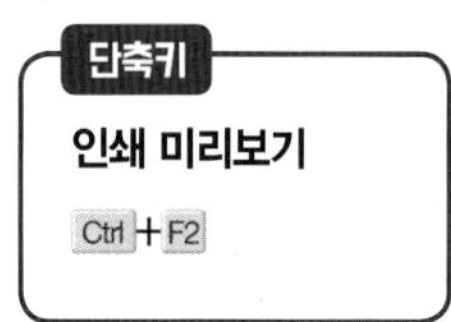

tip

인쇄 기능 쉽게 이해하는 5가지 원리

엑셀은 워드 프로그램과 달리 인쇄 영역이 정해져 있지 않아 초보자들이 많이 어려워합니다. 하지만 다음 5가지 원리를 이해하면 간단해집니다.

① 모든 인쇄의 기본은 A4 사이즈입니다.

② 기본 셀 크기에서 열 A~H, 행 1~43 셀을 기준으로 문서를 작성합니다.

③ 인쇄 미리보기(단축키 Ctrl + F2) 기능으로 크기를 확인합니다.

④ 미리보기 상태에서 용지와 크기가 맞지 않으면 셀을 조정해서 사이즈를 맞춥니다.

⑤ 용지 사이즈보다 큰 자료는 글자 크기를 줄여서 정리합니다.

빠른 실행 도구 모음으로 업무 속도 3배!

지금까지 [파일] 탭의 주요 기능을 익혔습니다. 이번에는 '빠른 실행 도구 모음'을 이용해 보다 빨리 리본메뉴의 기능을 실행하는 법을 살펴보겠습니다. 번거롭게 여러 단계를 거쳐 명령을 실행할 필요 없이, 메뉴 상단의 빠른 실행 도구 모음에 저장해두면 단번에 기능을 실행할 수 있어서 편리합니다. 빠른 실행 도구 모음에 아이콘을 너무 많이 만들면 오히려 불편하므로 꼭 필요한 기능만 추가하는 것이 좋습니다.

1. 상단 〈펼침〉 버튼으로 빠른 실행 도구 모음 등록하기

새 통합 문서를 엽니다. 먼저 화면 맨 위의 〈펼침〉(▾) 버튼을 클릭(❶)해보세요. 체크 표시가 된 부분은 이미 사용 중인 도구들입니다. [파일] 탭의 주요 기능인 '새로 만들기'를 추가로 체크(❷)해보세요. '새로 만들기'는 새 통합 문서를 만드는 기능입니다.

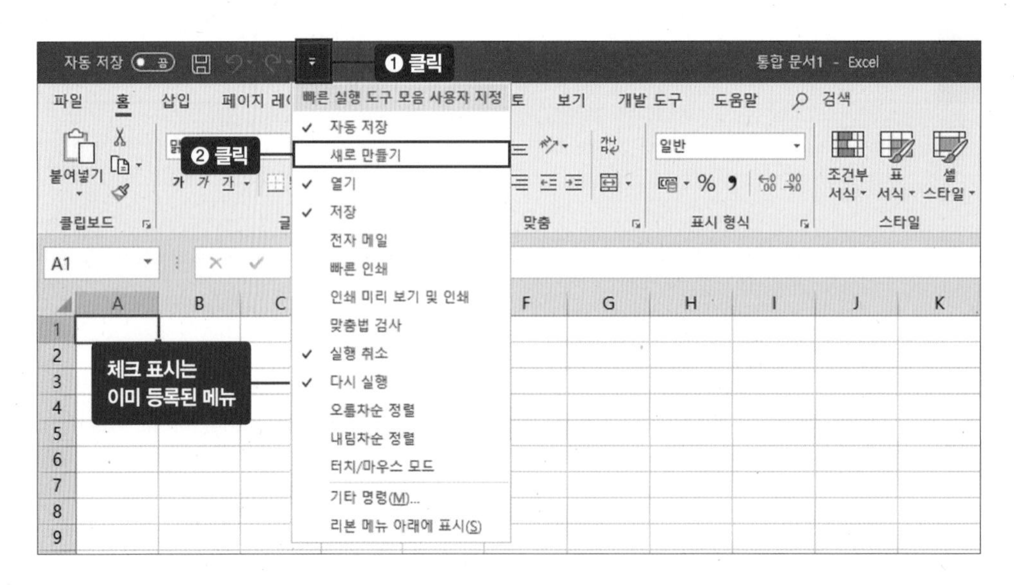

'새로 만들기'가 빠른 실행 도구 모음에 등록되었습니다. 이제 이 아이콘만 누르면 새 문서를 만들 수 있습니다.

2. 리본메뉴에서 빠른 실행 도구 모음 등록하기

리본메뉴에서도 원하는 아이콘이나 그룹 전체를 빠른 실행 도구 모음에 추가할 수 있습니다. [홈] 탭 → 글꼴 그룹 → 테두리( ) 아이콘을 마우스 오른쪽 버튼으로 클릭(❶)합니다. 리본메뉴 도구창이 뜨면 〈빠른 실행 도구 모음에 추가〉를 클릭(❷)합니다.

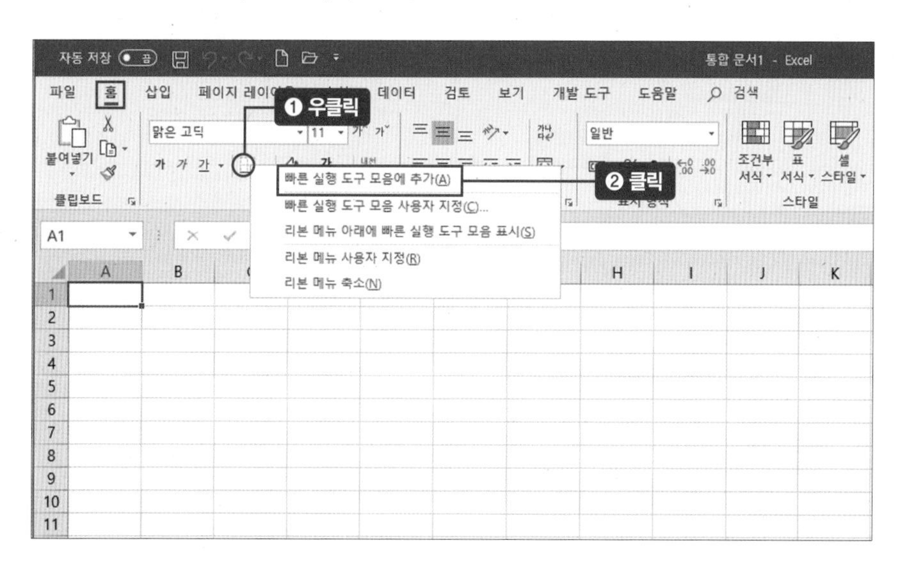

빠른 실행 도구 모음에 해당 아이콘이 추가된 것을 확인할 수 있습니다.

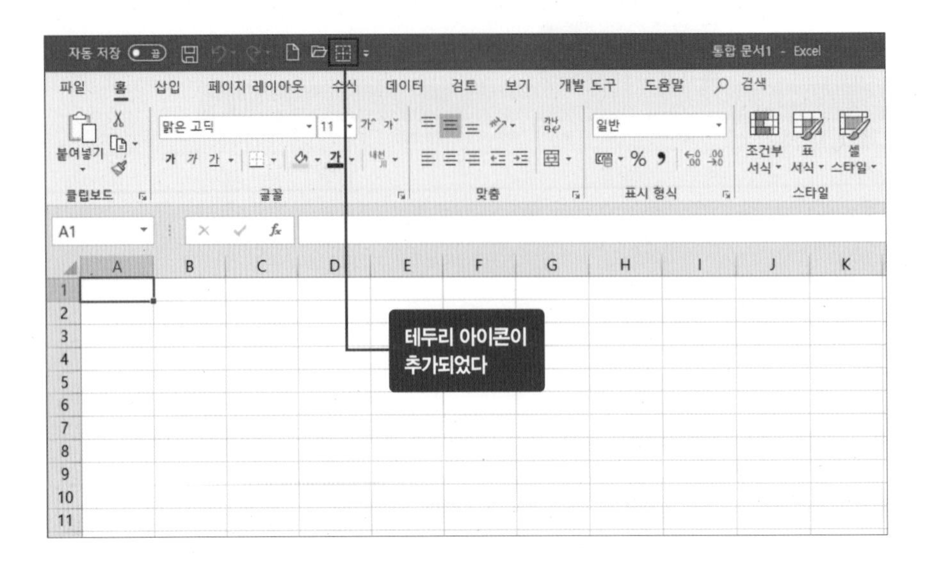

3. 빠른 실행 도구 모음에 〈펼침〉 버튼 함께 추가하기

빠른 실행 도구 모음에 아이콘을 2가지 방식으로 추가할 수 있습니다. 리본메뉴에 노출되어 있는 아이콘 기능만 추가할 수도 있고, 아이콘 옆에 있는 〈펼침〉(▾) 버튼까지 함께 추가할 수도 있습니다. 아이콘 옆 〈펼침〉 버튼 위에서 마우스 우클릭(❶) → 〈빠른 실행 도구 모음에 추가〉 클릭(❷)하면 〈펼침〉 버튼까지 추가됩니다.

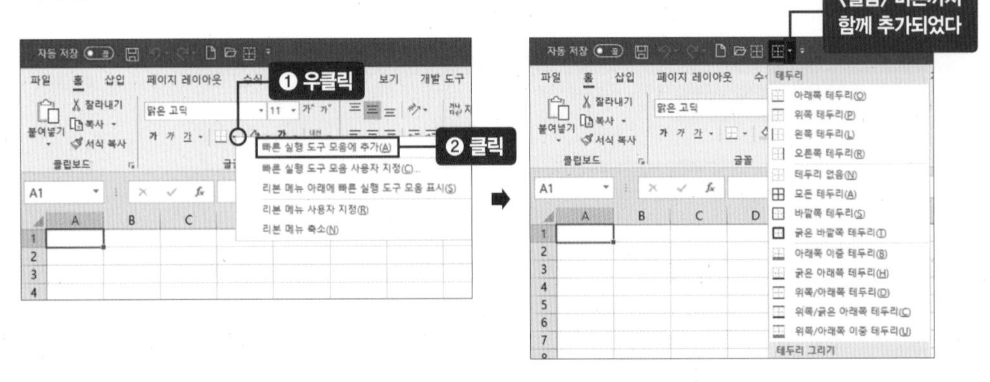

4. [파일] → 〈옵션〉에서 추가하기

[파일] → 〈옵션〉 → 〈빠른 실행 도구 모음〉을 선택(❶)하면 빠른 실행 도구 모음에 기능을 추가하거나 제거할 수 있습니다. '명령 선택' 항목에서 원하는 종류를 찾습니다. 명령은 탭별로 나누어져 있습니다. 가나다순으로 된 목록에서 원하는 도구를 찾아 클릭(❷), 〈추가〉 버튼을 클릭(❸)하면 기능이 오른쪽 박스로 넘어갑니다. 〈확인〉을 클릭(❹)합니다.

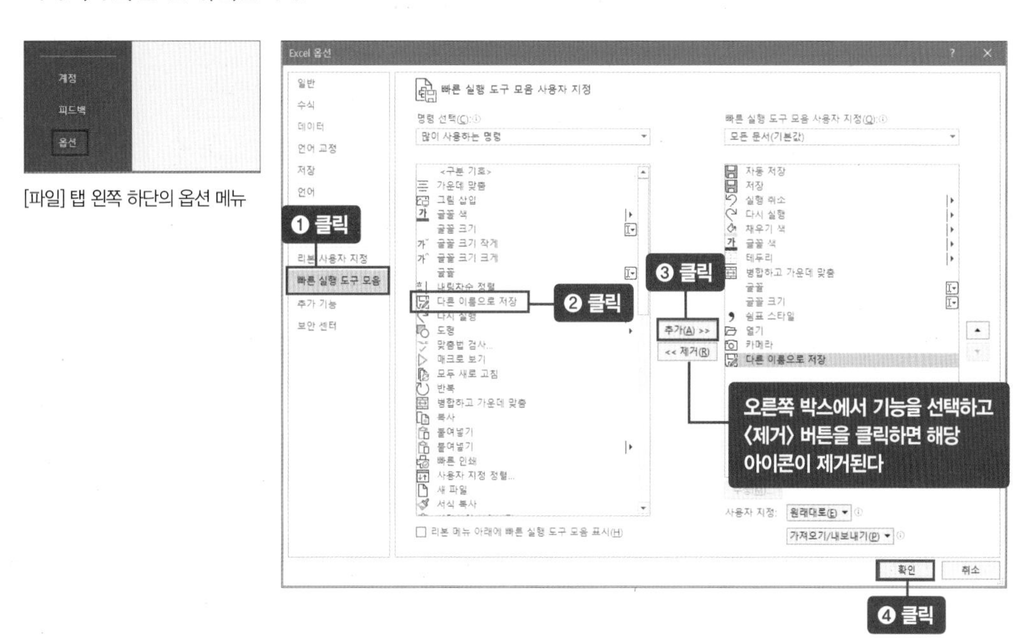

[파일] 탭 왼쪽 하단의 옵션 메뉴

5. 빠른 실행 도구 모음에서 아이콘 제거하기

빠른 실행 도구 모음에 있는 아이콘을 마우스 오른쪽 버튼으로 클릭한 후 〈빠른 실행 도구 모음에서 제거〉를 선택(❷)합니다.

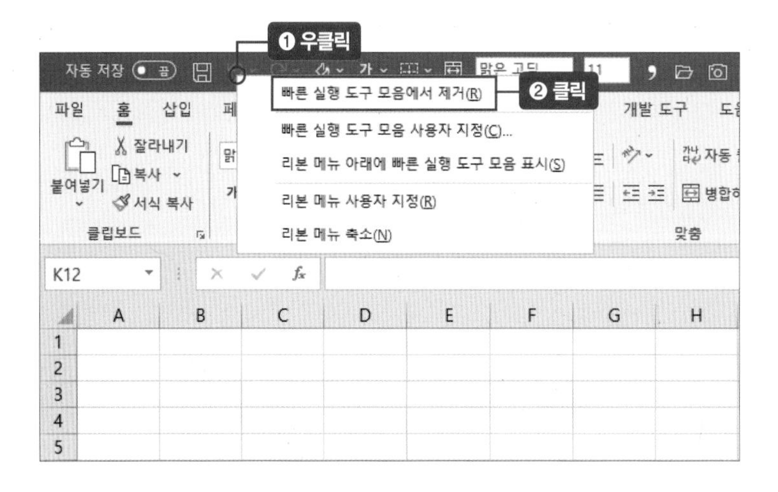

6. 필자의 빠른 실행 도구 모음

다음 화면은 필자가 자주 쓰는 기능을 빠른 실행 도구 모음에 추가한 것입니다. 주로 [홈] 탭에서 자주 쓰는 기능들을 모아두었습니다. [홈] 탭의 기능이 가장 자주 사용하는 기능이기 때문입니다. 이렇게 하면 다른 탭에서 작업할 때 빠르게 [홈] 탭의 기능을 적용할 수 있어서 시간이 단축됩니다.

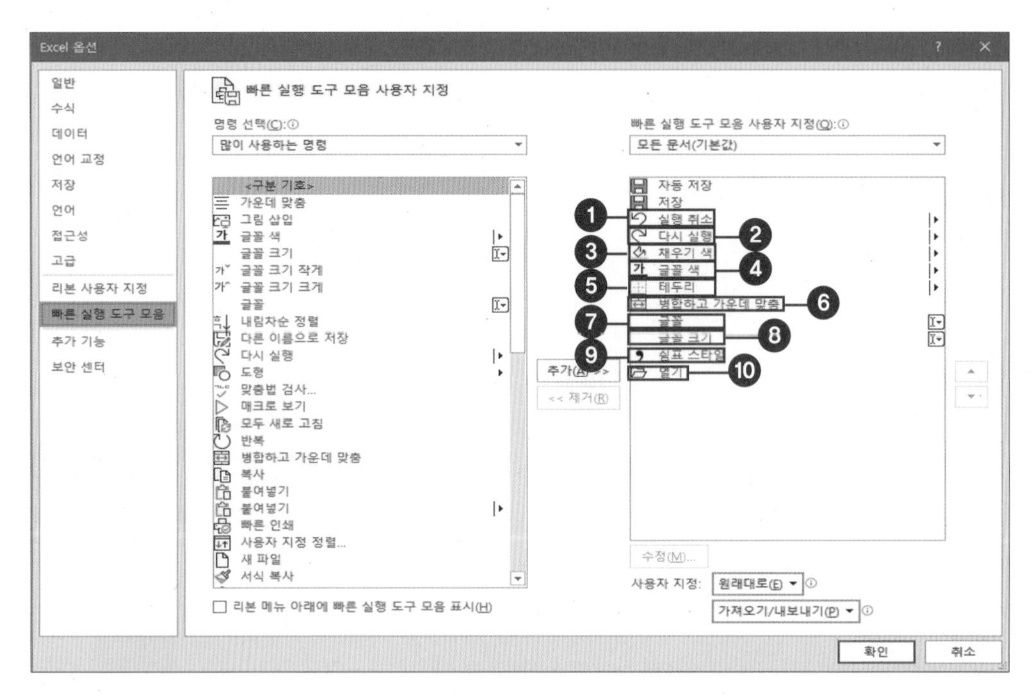

❶ **실행 취소** : 단축키 Ctrl + Z, 마지막 실행한 작업부터 순서대로 취소

❷ **다시 실행** : 단축키 Ctrl + Y, 실행 취소한 명령을 다시 실행

❸ **채우기 색** : 셀 배경색 변경

❹ **글꼴 색** : 글꼴 색 변경

❺ **테두리** : 셀 테두리 변경

❻ **병합하고 가운데 맞춤** : 여러 셀을 병합한 후 텍스트를 병합된 셀의 가운데에 정렬

❼ **글꼴** : 글꼴 변경

❽ **글꼴 크기** : 글꼴 크기 변경

❾ **쉼표 스타일** : 숫자 데이터를 쉼표 형식으로 나타내기

❿ **열기** : 작업하던 엑셀 문서 불러오기

알아두면 더 좋고 몰라도 좋은, [파일] 탭 '옵션' 기능들

여기는 일단 참고만 해두고, 나중에 엑셀에 익숙해진 다음 다시 읽어봐도 됩니다. [파일] 탭의 〈옵션〉 항목은 엑셀을 사용하는 데 필요한 옵션을 설정하는 곳입니다.

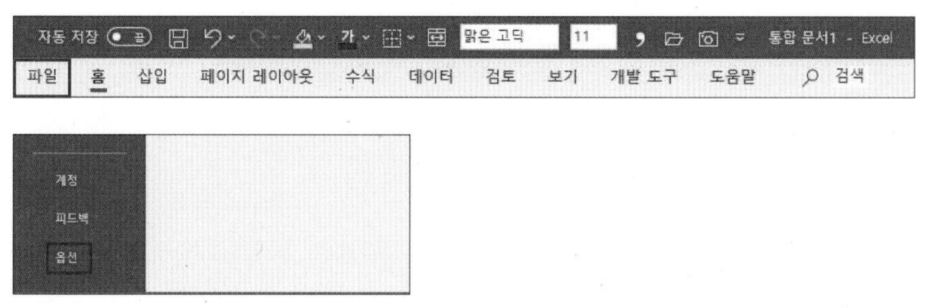

[파일] 탭 왼쪽 하단의 옵션 메뉴

① 일반 : 서식, 사용자 이름 변경

[Excel 옵션] 대화상자 → [일반] 범주는 엑셀을 사용하는 데 필요한 기본 설정을 하는 곳입니다. 이곳에서 새 통합 문서에 대한 기본 설정(글꼴, 기본 시트 수), 사용자 이름 등을 변경할 수 있습니다.

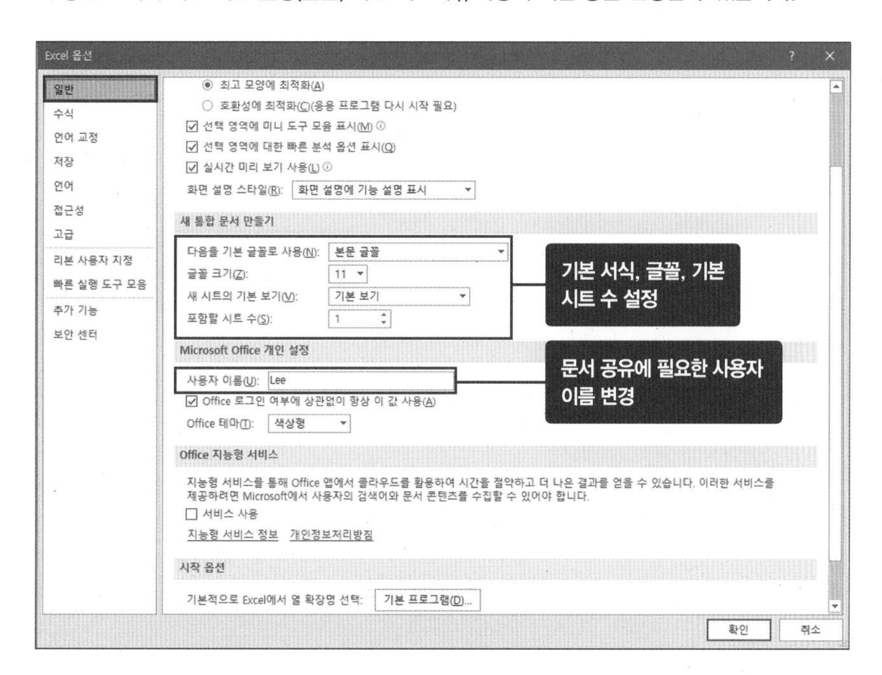

② 수식 : 오류 검사 규칙 설정

[수식] 범주는 수식, 계산 관련 설정을 변경하는 곳입니다. 특히 '오류 검사 규칙' 영역을 정리하면 불필요한 오류 표시가 워크시트 화면에 나오는 것을 방지할 수 있습니다. [Excel 옵션] → [수식] 범주 클릭, '오류 검사 규칙'에서 필요한 부분을 클릭합니다. 각 체크리스트 옆 느낌표(ⓘ) 위에 마우스를 올리면 설명이 나타납니다.

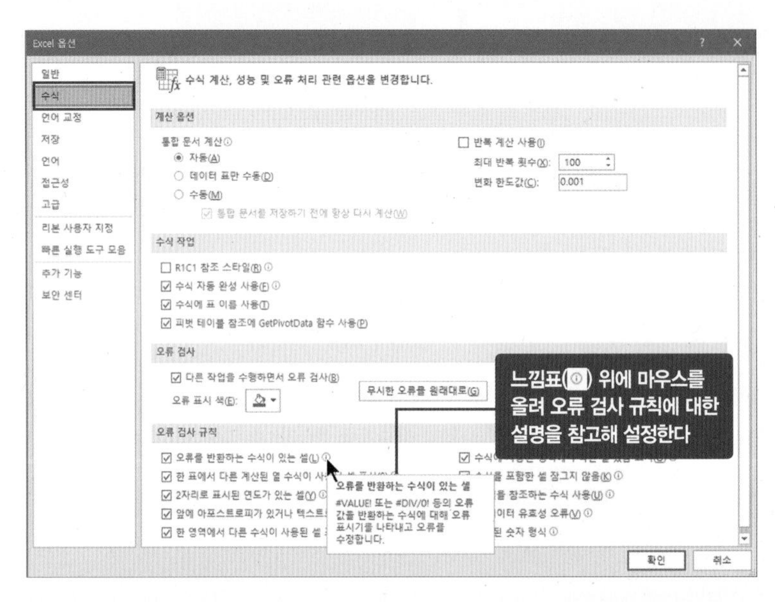

쇼핑몰 월별 판매현황

일별	비고	쇼핑몰	1300k	스토어팜	지마켓,옥션	11번가	바보사랑
19		79200	0	9900	0		0
20		0	82760	22200	0		0
21		62410	94640	0	0		0
22		0	160680	0	0		0
23		0	9900	0	0		19800
24		0	0	0	0		9900
25		0	0	0	0		0
26		0	0	7400	0		19800
27		13320	0	0	0	7900	19800
28		0	0	14800	0		39600
29		8920	0	25130	0		19800
30		0	0	14000	0		19800
31		0	0	0	0		0

오류 검사 규칙에 전부 체크해두면 오류 표시인 초록색이 많아진다

필자는 〈오류 검사 규칙〉 체크리스트에서 다음 2개 항목만 표시해두고 사용합니다. 아래 설명을 참고해 오류 표시가 꼭 필요한 부분에 체크하세요.

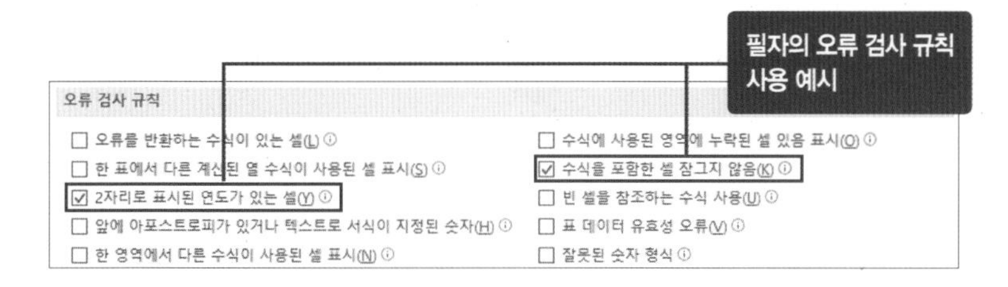

- **2자리로 표시된 연도가 있는 셀** : 날짜 표시를 '19/1/1' 형식으로 하는 경우 2자리 연도 표시는 1919년이 될 수도, 2019년이 될 수도 있기 때문에 검토가 필요하므로 체크해두면 편리합니다.
- **수식을 포함한 셀 잠그지 않음** : 기본적으로 모든 셀은 보호를 위해 잠깁니다. 수식을 수정하려면 먼저 보호를 해제해야 하므로 이 부분을 체크해두면 간편하게 수식을 수정할 수 있습니다.

③ 언어 교정 : 자주 쓰는 기호 등록

한글 맞춤법 교정, 영어 대소문자 교정 등 언어 교정에 대한 설정입니다. 이곳에 자주 사용하는 기호를 등록해두면 편리합니다.

'네모'를 입력하면 ■ 기호로 바뀌도록 지정해보겠습니다. [언어 교정] 범주 → 자동 고침 옵션 → 〈자동 고침 옵션〉 버튼을 클릭합니다.

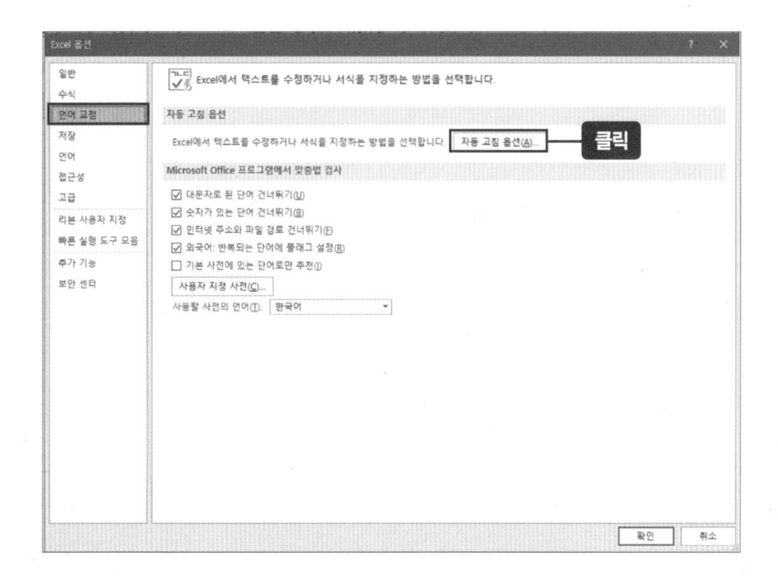

[자동 고침] 대화상자가 열리면 〈입력〉에 네모(❶)를, 〈결과〉에 기호를 입력하기 위해 키보드에서 ㅁ을 입력하고 한자 키(❷)를 누릅니다. 기호 목록이 표시되면 〈펼침〉(») 버튼을 클릭(❸)합니다.

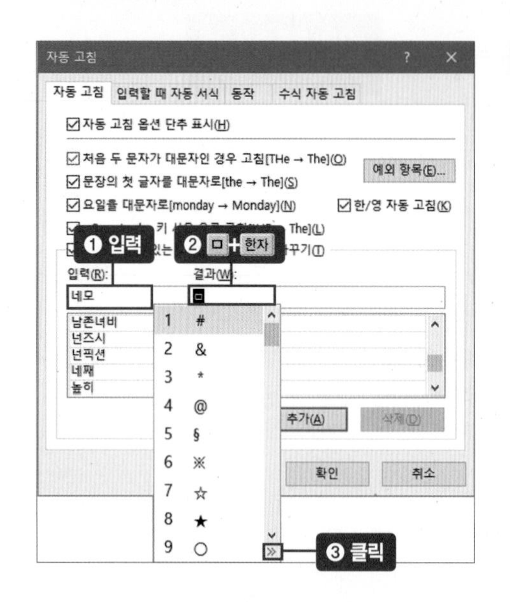

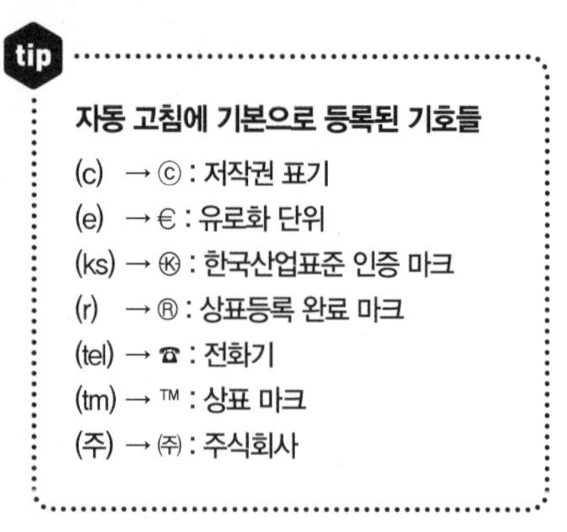
tip

자동 고침에 기본으로 등록된 기호들

(c) → ⓒ : 저작권 표기
(e) → € : 유로화 단위
(ks) → ㉿ : 한국산업표준 인증 마크
(r) → ® : 상표등록 완료 마크
(tel) → ☎ : 전화기
(tm) → ™ : 상표 마크
(주) → ㈜ : 주식회사

기호 목록이 펼쳐지면 〈■〉를 선택(❹)합니다. 〈결과〉에 '■'가 표시된 것을 확인하고 〈추가〉 버튼을 클릭(❺)합니다. 〈확인〉 버튼을 클릭(❻)해 대화상자를 모두 닫습니다.

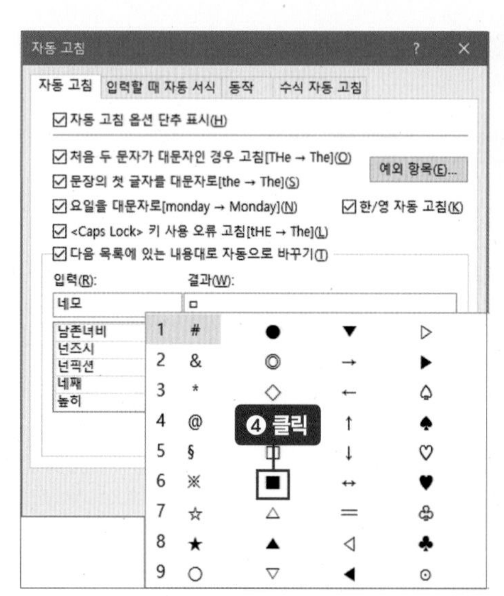

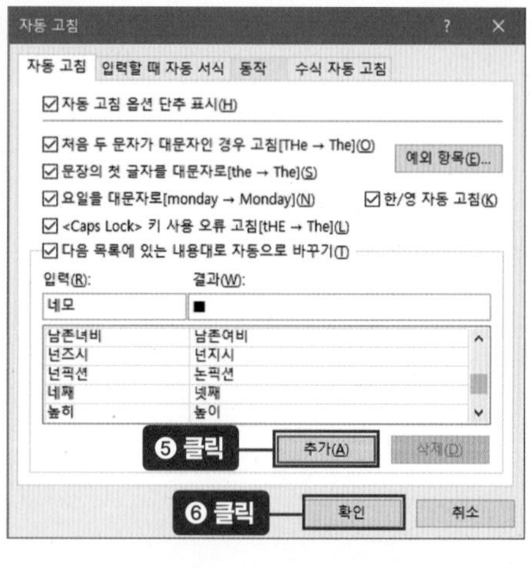

워크시트로 돌아가 [B3] 셀에 **네모**를 입력하고 Enter 키(❼)를 누릅니다. 자동 고침에 입력해둔 '■'으로 [B3] 셀의 내용이 변경된 것을 확인할 수 있습니다.

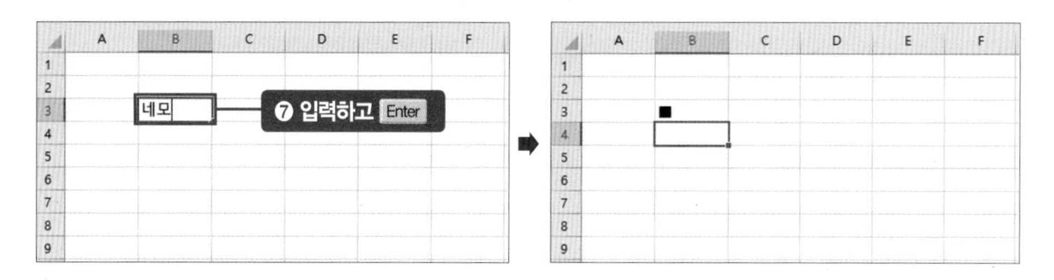

④ 저장 : 자동 저장 간격 조정

엑셀의 저장 방식을 결정합니다. '자동 복구 정보 저장 간격'에서 자동 저장 시간을 조정할 수 있습니다. 기본값은 10분으로 되어 있습니다. 사용 중에 정전이 되거나 컴퓨터의 에러로 문제가 생긴 경우 최소한의 기본 데이터를 백업해두었다가 제공해줍니다.

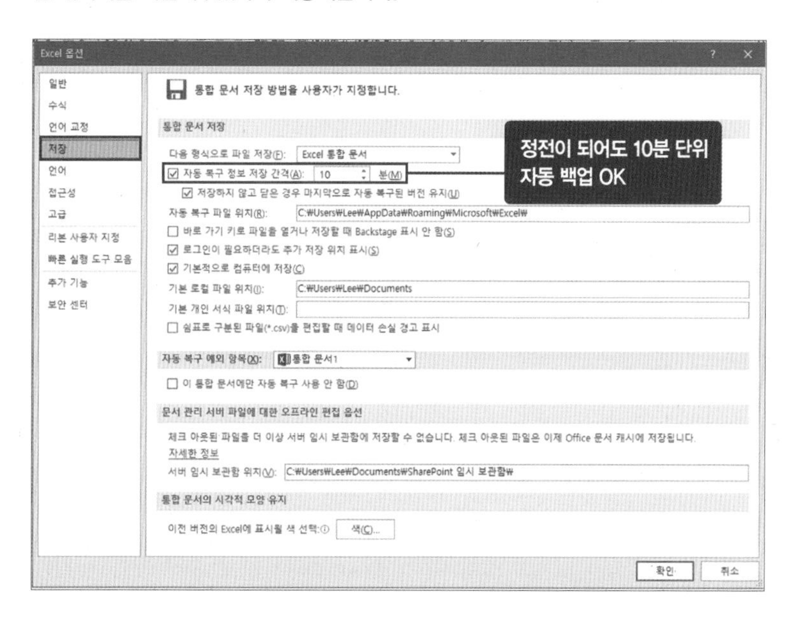

⑤ 언어

외국어로 엑셀을 사용하지 않는다면 특별하게 변경할 부분이 없는 부분입니다.

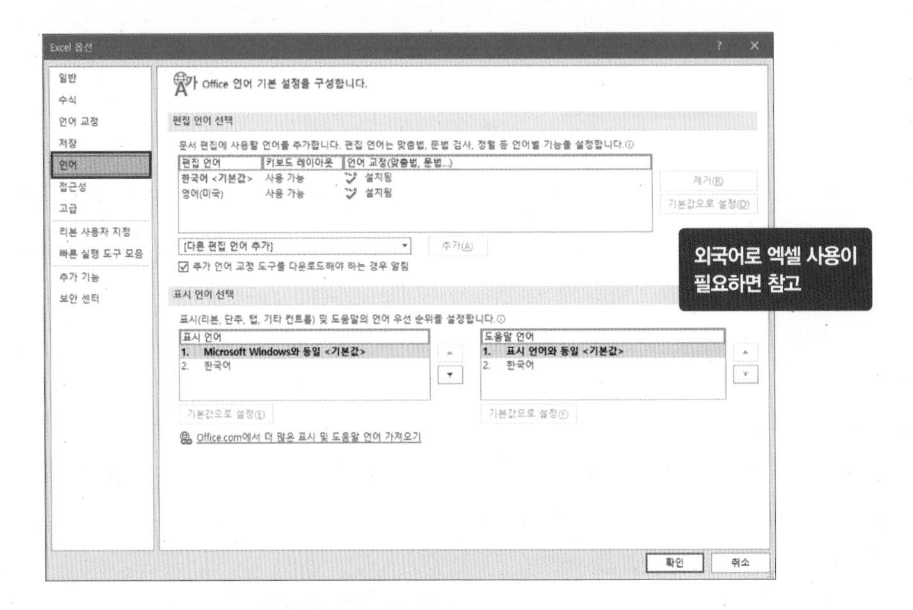

⑥ 접근성

[접근성] 범주는 워크시트를 사용할 때 사용편의성, 가독성에 대한 부분이라고 이해하면 좋습니다. 글꼴 크기 기본값을 이곳에서 변경할 수 있습니다.

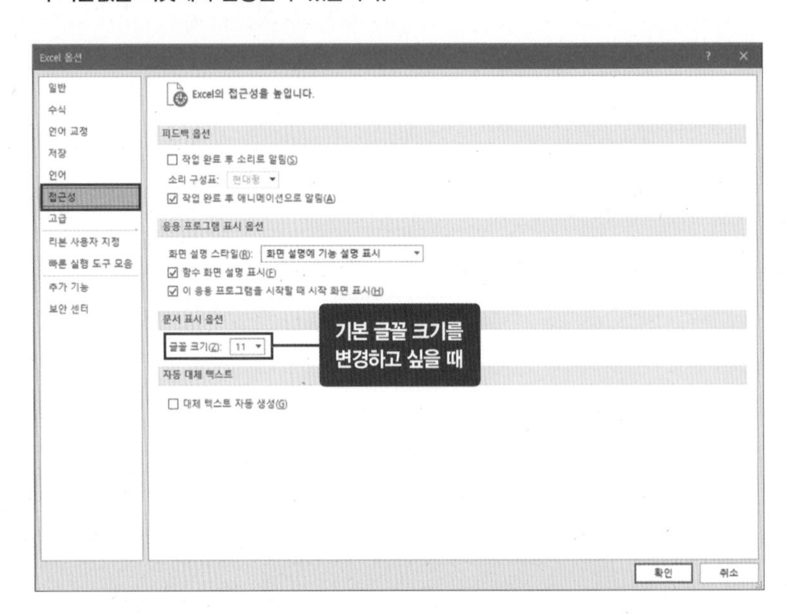

⑦ 고급 : 엔터키 방향 설정

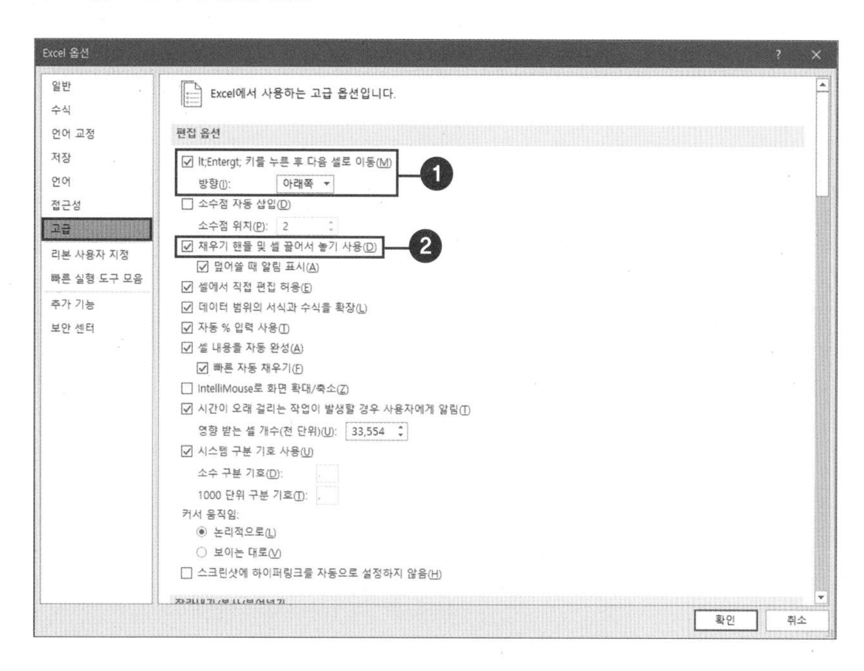

❶ Enter 키 셀 이동 방향 설정 : 셀에서 입력한 후 Enter 키를 누르면 셀포인터를 어디로 이동시킬지 설정할 수 있습니다. 기본값은 아래쪽입니다. Enter 키를 눌렀을 때 셀포인터를 오른쪽으로 이동시키고 싶으면 여기서 방향을 설정하세요.

❷ 채우기 핸들이 나타나지 않는다면 체크 : 데이터 입력 후 셀의 오른쪽 아래에 채우기 핸들이 나타나지 않으면 이곳 [Excel 옵션] → [고급] → 〈편집 옵션〉 영역을 확인해보세요. 채우기 핸들, 셀 끌어서 놓기 동작을 사용할 수 있습니다.

⑧ 리본 사용자 지정

리본메뉴의 기능을 조정할 수 있습니다. 정말 세심한 부분인데, 이 말은 엑셀의 모든 기능을 다 사용하는 것이 아니라 필요한 기능만 사용하기 위해 리본메뉴를 조정할 수 있다는 뜻입니다. 추가로 탭을 만들어서 원하는 리본메뉴만 만들 수도 있습니다.

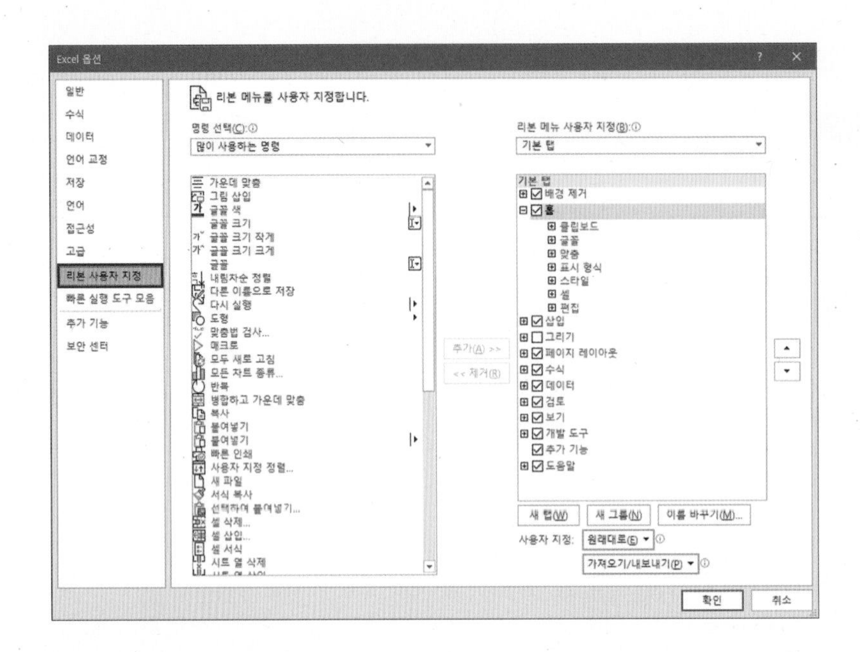

⑨ 빠른 실행 도구 모음

엑셀 화면 제일 위에 있는 빠른 실행 도구 모음을 세팅하는 화면입니다. ★ **빠른 실행 도구 모음 사용자 지정 자세한 내용은 70쪽 참고**

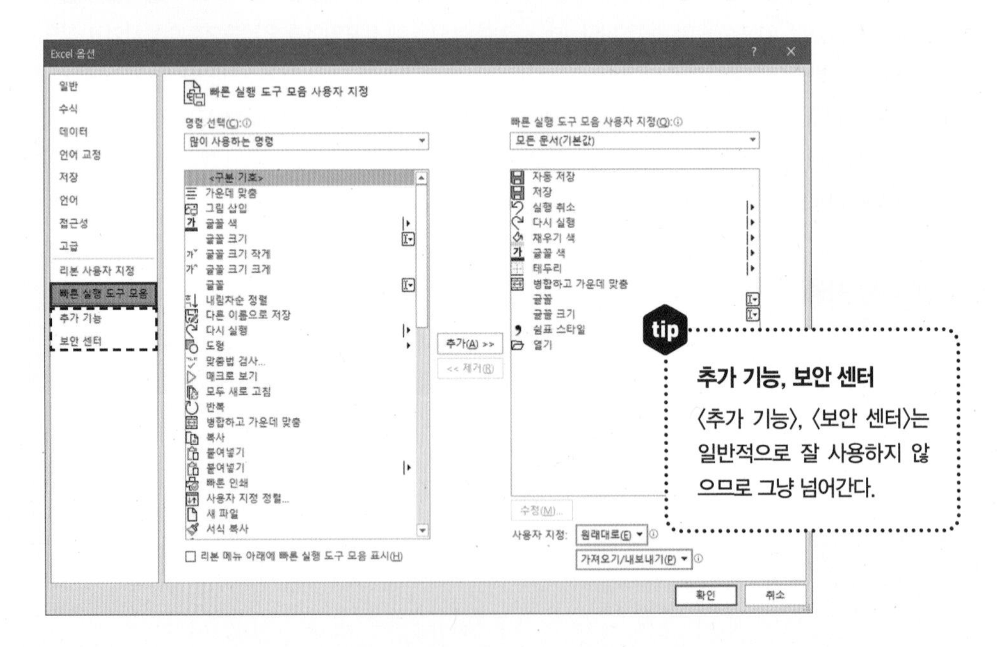

tip

추가 기능, 보안 센터

〈추가 기능〉, 〈보안 센터〉는 일반적으로 잘 사용하지 않으므로 그냥 넘어간다.

우선순위 엑셀 기능 ②
[홈] 탭

엑셀에서 가장 많이 사용하는 [홈] 탭 기능들

[홈] 탭에는 주로 셀에 데이터를 입력하고 편집할 때 사용하는 기능들이 모여 있습니다. 실제로는 자주 사용하는 몇 가지 기능들만 매번 사용하게 되니, 그 기능들만 중점적으로 익혀두면 쉽습니다.

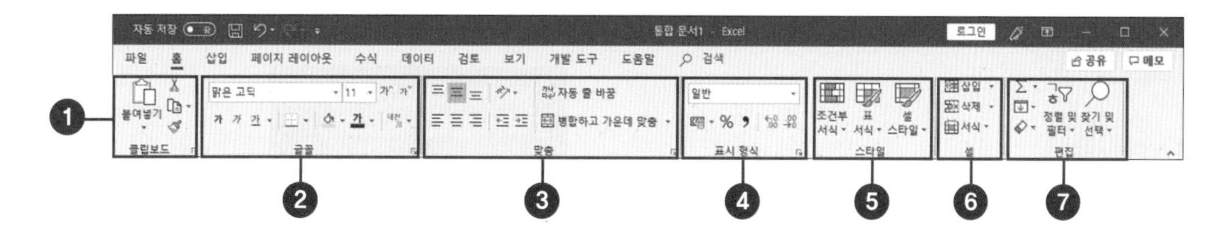

❶ **[클립보드] 그룹** : 복사해서 클립보드에 임시 저장해두고 붙여넣기 등을 수행하는 곳입니다.

❷ **[글꼴] 그룹** : 글꼴을 세세하게 설정하는 곳입니다.

❸ **[맞춤] 그룹** : 들여쓰기, 내어쓰기, 셀 병합, 맞춤 등을 설정하는 곳입니다.

❹ **[표시 형식] 그룹** : 백분율, 자릿수 등 표시 형식을 설정합니다.

❺ **[스타일] 그룹** : 조건부 서식과 셀의 스타일을 설정합니다.

❻ **[셀] 그룹** : 셀 삽입, 삭제 등을 수행합니다.

❼ **[편집] 그룹** : 합계, 찾기, 정렬 등 편집 기능을 모아둔 곳입니다.

74쪽에서 언급했듯이 [홈] 탭에서 자주 사용하는 기능을 상단의 빠른 실행 도구 모음에 등록해두면 편리합니다. [삽입] 탭 등 다른 탭에서 작업하다가도 빠르게 [홈] 탭의 기능을 적용할 수 있기 때문입니다.

잊지 말자, 엑셀은 셀 중심 프로그램이다!

이제부터 [홈] 탭의 세부 기능들을 차례로 알아보겠습니다. 기능을 익히기 전에 꼭 알아두어야 하는 것은, 엑셀은 셀이 중심인 프로그램이라는 것입니다. 엑셀은 워드프로세서와 달리 셀을 선택하고 해당 탭의 리본메뉴 기능을 적용해야만 원하는 설정이 됩니다. 엑셀 기능이 제대로 적용되지 않는 경우는 대부분 셀을 선택하지 않아서 그런 경우가 많습니다. 엑셀 기능 적용 순서를 정리하면 셀 선택 또는 범위 설정(❶) → 탭 열기(❷) → 리본메뉴 선택(❸) → 기능 적용입니다. 엑셀 기능을 적용하려면 셀을 선택한 상태여야 한다는 것, 항상 기억하세요!

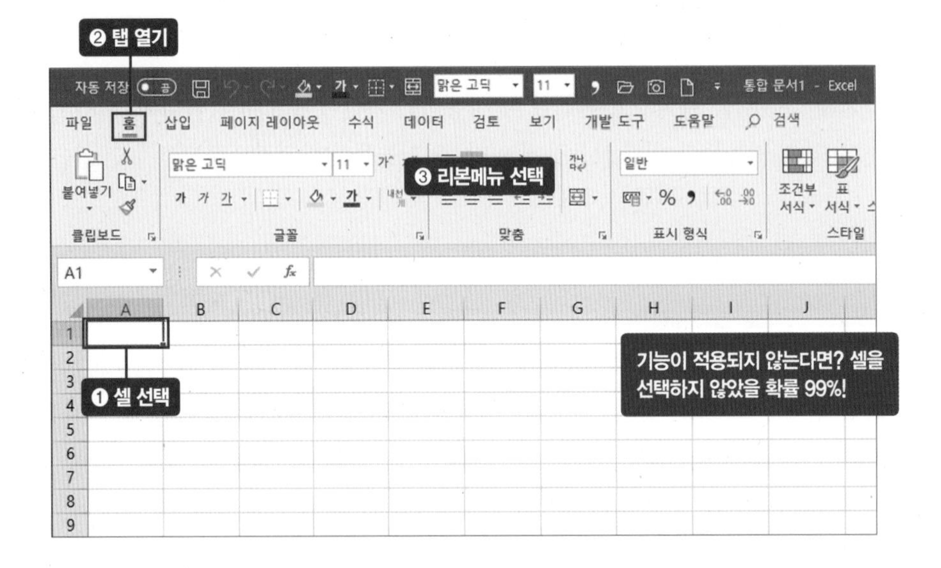

tip 엑셀의 필수 탭 3개 — [파일], [홈], [삽입]

엑셀의 기본 탭은 8개입니다. 8개 탭이 있다고 복잡하게 생각할 필요는 없습니다. 8개 탭 중 많이 사용하는 탭은 단 3개뿐이니까요. 필수 탭 3개는 앞서 익힌 저장, 인쇄 기능이 있는 [파일] 탭, 데이터를 입력하고 편집하는 [홈] 탭, 이미지, 차트 등을 넣을 수 있는 [삽입] 탭입니다. 이 3개 탭에 들어 있는 기능은 엑셀을 사용하면서 매번 사용하는 필수 기능이니 잘 익혀두는 것이 좋습니다.

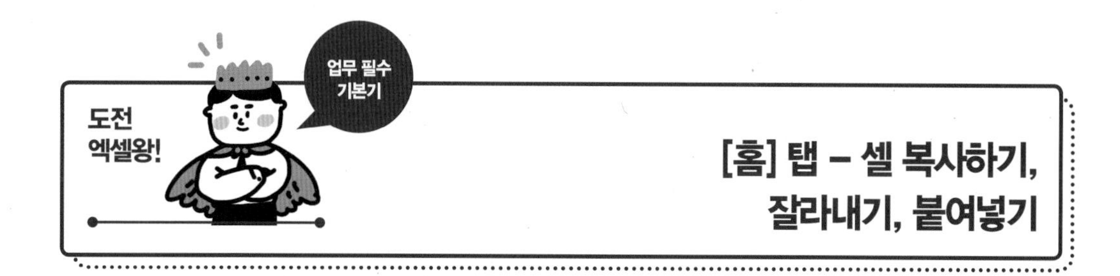

[홈] 탭 – 셀 복사하기, 잘라내기, 붙여넣기

[홈] 탭의 리본메뉴 중 제일 앞에 있는 [클립보드] 그룹의 기능을 활용해 셀을 복사하거나 잘라내서 붙여넣기를 수행할 수 있습니다.

1. 셀 선택해서 색 채우기

마우스로 [B2] 셀을 선택(❶)합니다. [홈] 탭의 채우기 색( ) 아이콘을 클릭(❷)하면 색이 채워집니다. 엑셀을 처음 실행했다면 기본값은 노란색입니다.

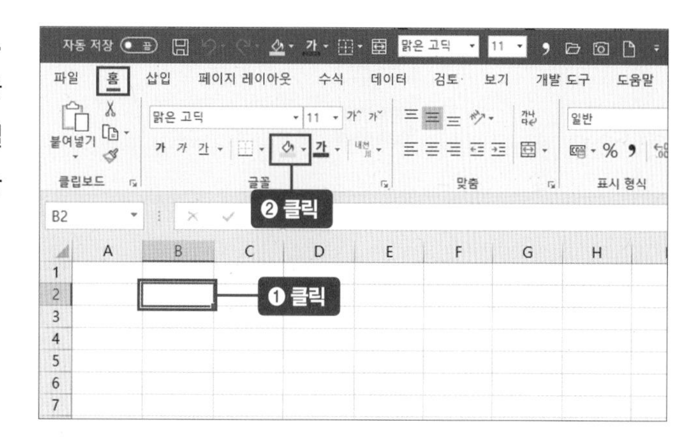

2. 셀 복사하기

마우스로 노란색 셀을 선택(❶)합니다. [홈] 탭 → [클립보드] 그룹에서 복사( ) 아이콘을 클릭(❷)합니다. 셀 테두리가 점선으로 바뀝니다.

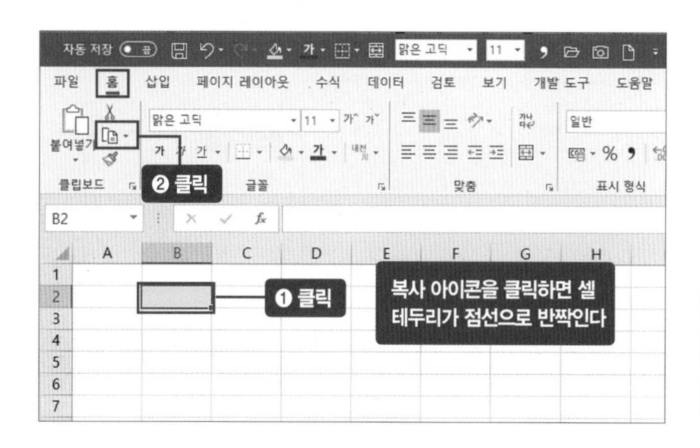

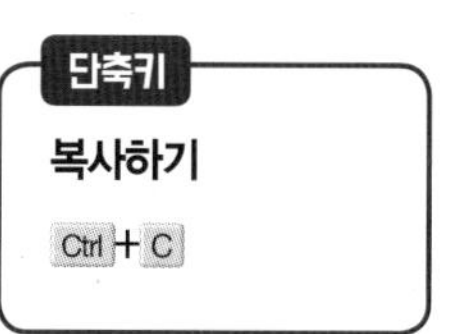

3. 셀 붙여넣기

마우스로 [D4] 셀을 클릭(❶)한 다음 붙여넣기(📋) 아이콘을 클릭(❷)합니다. [D4] 셀도 [B2] 셀처럼 노란색이 된 것을 확인할 수 있습니다.

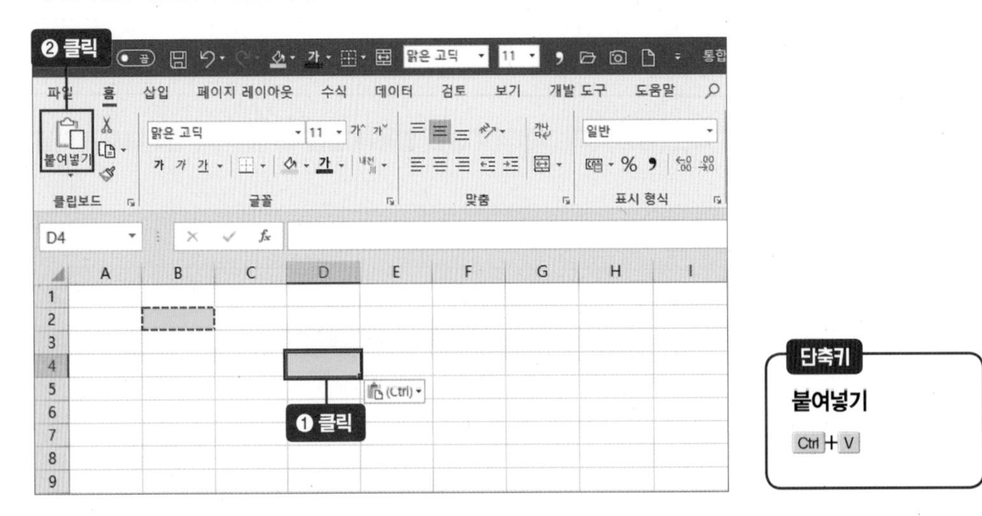

단축키

붙여넣기

Ctrl + V

4. 단축키로 셀 잘라내기

흔히 보다 빨리 작업을 진행하기 위해 마우스 대신 단축키를 씁니다. 이번에는 단축키를 활용해 잘라내기를 해보겠습니다. [B2] 셀을 선택(❶)한 후 Ctrl + X 키(❷)를 누릅니다.

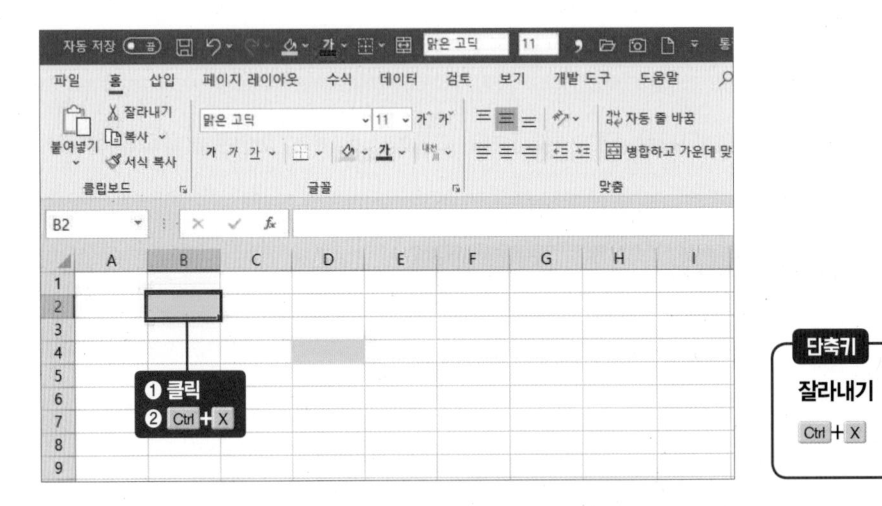

단축키

잘라내기

Ctrl + X

5. 단축키로 셀 붙여넣기

[F6] 셀을 클릭(❶)하고 Ctrl + V 키(❷)를 누릅니다. [F6] 셀이 노란색이 되었습니다. 복사한 것이 아니라 잘라냈기 때문에 [B2] 셀에서는 노란색이 사라진 것을 볼 수 있습니다.

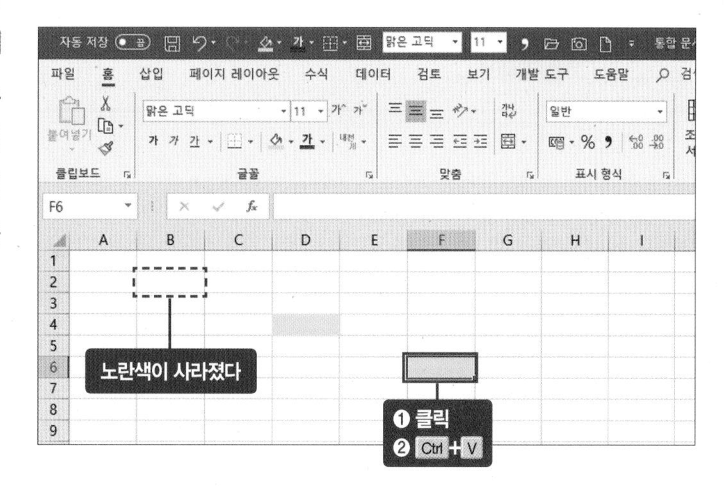

tip

다양한 붙여넣기 옵션

엑셀은 데이터를 복사하고 붙여넣을 때 사용자가 원하는 대로 붙여넣을 수 있는 기능을 지원합니다. 붙여넣기에도 다양한 옵션이 있는 것이지요. 단, 잘라내기 후 붙여넣기에는 옵션이 적용되지 않습니다. 일단 자주 사용하는 붙여넣기 옵션만 익히고 나머지 기능은 차차 익히겠습니다.

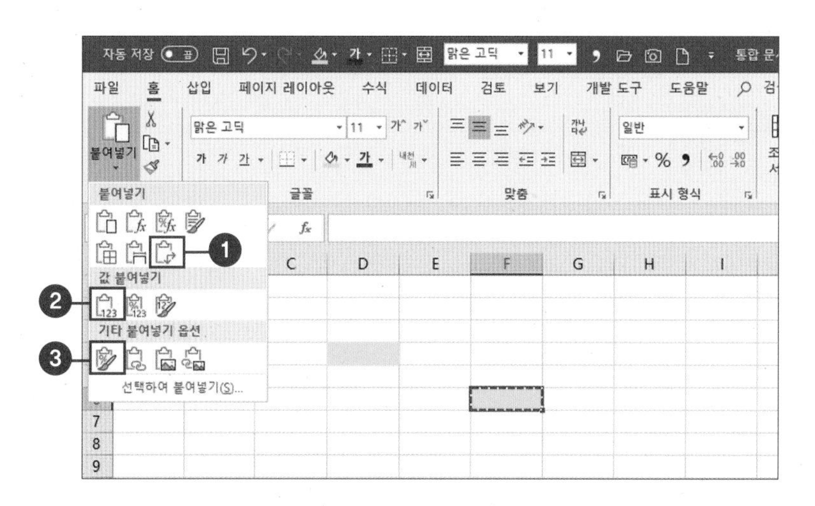

❶ **행/열 바꿈** : 복사한 데이터의 행과 열을 바꿔서 붙여넣습니다.

❷ **값** : 1, 2, 3, 4, 5 같은 숫자들만 붙여넣습니다.

❸ **서식** : 셀 안의 내용은 붙여넣지 않고 배경색, 표 테두리 같은 서식만 붙여넣습니다.

[홈] 탭 – 글꼴 꾸미기

예제파일
이용은 16쪽 참고

예제파일 : 0_08_글꼴꾸미기.xlsx

엑셀로 문서 작업을 할 때 글자를 꾸며서 제목이나 주요 사항을 더 잘 보이게 할 수 있습니다. 실행 방법은 마우스로 해당 셀 클릭 → [홈] 탭 → [글꼴] 그룹에서 글꼴, 글꼴 크기를 정하고, 글자를 굵게 만들거나 기울이거나 밑줄을 긋습니다.

1. 글꼴 변경하기

예제파일을 연 다음 [B3] 셀을 선택(❶)합니다. [홈] 탭 → [글꼴] 그룹 → 글꼴 옆의 〈펼침〉(▾) 버튼을 클릭(❷)합니다.

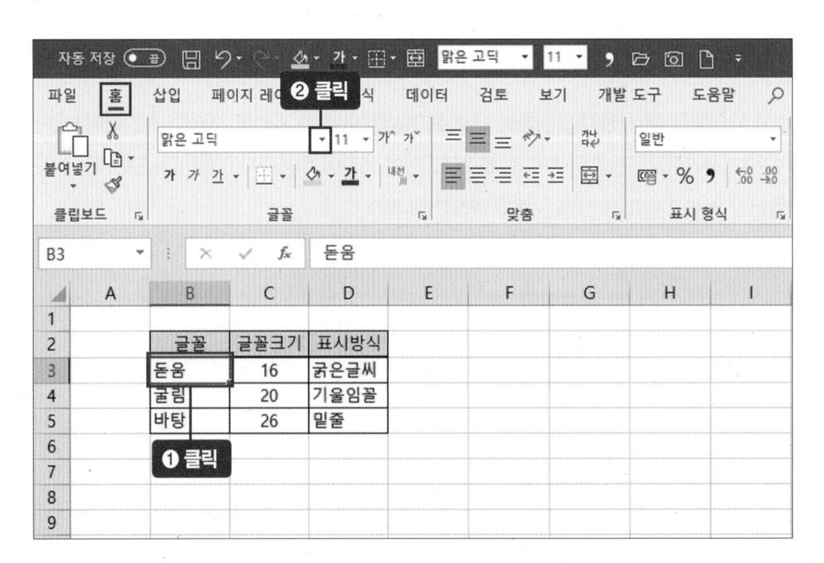

	A	B	C	D
1				
2		글꼴	글꼴크기	표시방식
3		돋움	16	굵은글씨
4		굴림	20	기울임꼴
5		바탕	26	밑줄

tip

텍스트를 선택하지 않아도 글꼴 수정 가능

워드 프로그램과 달리 엑셀은 텍스트를 드래그해 선택하지 않아도 글꼴 편집이 가능하다. 클릭 한 번으로 텍스트가 있는 셀을 선택해 작업하기 때문에 작업속도도 빠르다.

글꼴 목록에서 '돋움'을 찾아 클릭(❸)합니다. [B4] 셀, [B5] 셀도 각 글꼴에 맞게 적용합니다.

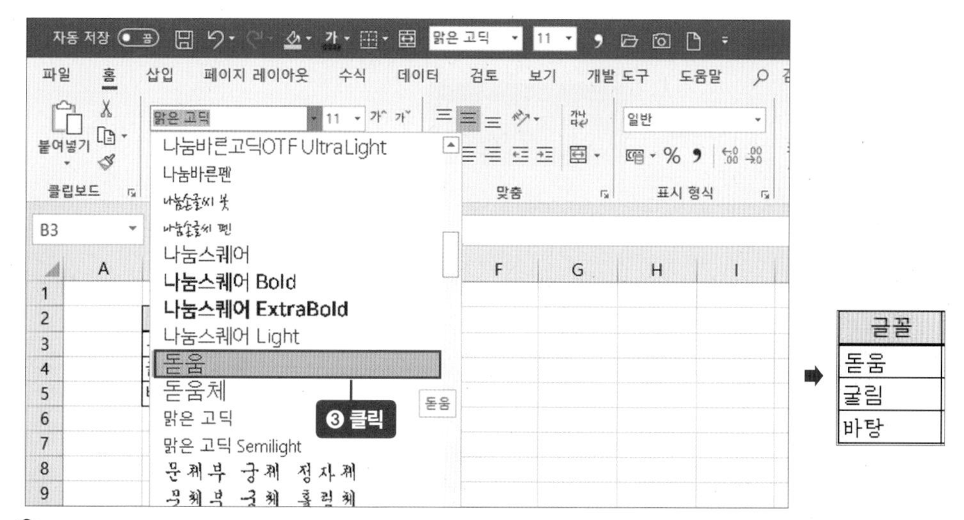

tip

글꼴 목록에 입력해서 검색

글꼴 목록에 원하는 글꼴의 이름을 직접 입력하고 Enter 키를 눌러 적용할 수도 있다. 단, 글꼴 이름은 정확하지 않으면 검색할 수 없다. 예를 들어 '맑은 고딕'으로 변경하고 싶다면 띄어쓰기까지 정확히 입력해야 한다.

2. 글꼴 크기 변경하기

[C3] 셀을 선택(❶)한 후 [홈] 탭 → [글꼴] 그룹 → 글꼴 크기 옆의 〈펼침〉(▾) 버튼을 클릭(❷)합니다.

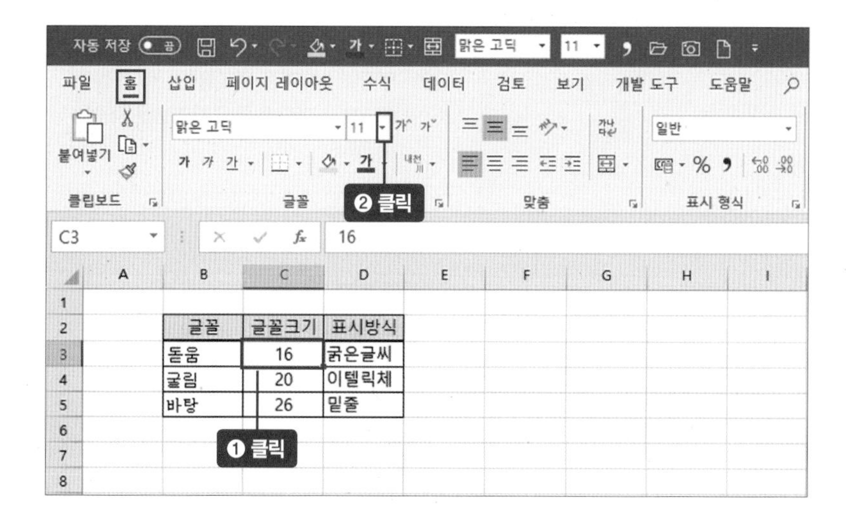

글꼴 크기 중 16을 클릭(❸)합니다. [C4] 셀, [C5] 셀도 각 글꼴 크기에 맞게 적용합니다.

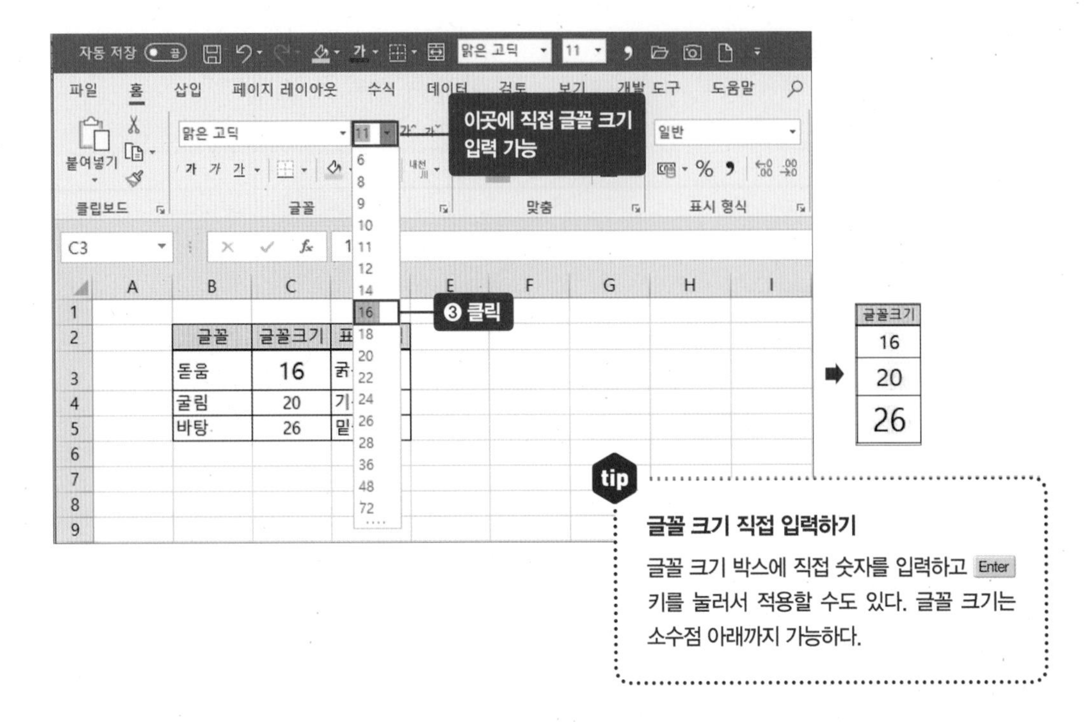

tip

글꼴 크기 직접 입력하기

글꼴 크기 박스에 직접 숫자를 입력하고 Enter 키를 눌러서 적용할 수도 있다. 글꼴 크기는 소수점 아래까지 가능하다.

3. 글꼴 형식 변경하기

[D3] 셀을 선택(❶)한 후 [홈] 탭 → [글꼴] 그룹 → 굵게(가) 아이콘을 클릭(❷)합니다. [D4], [D5] 셀도 각각 기울임꼴(*가*), 밑줄(가) 아이콘을 클릭해 글꼴 모양을 변경해보세요.

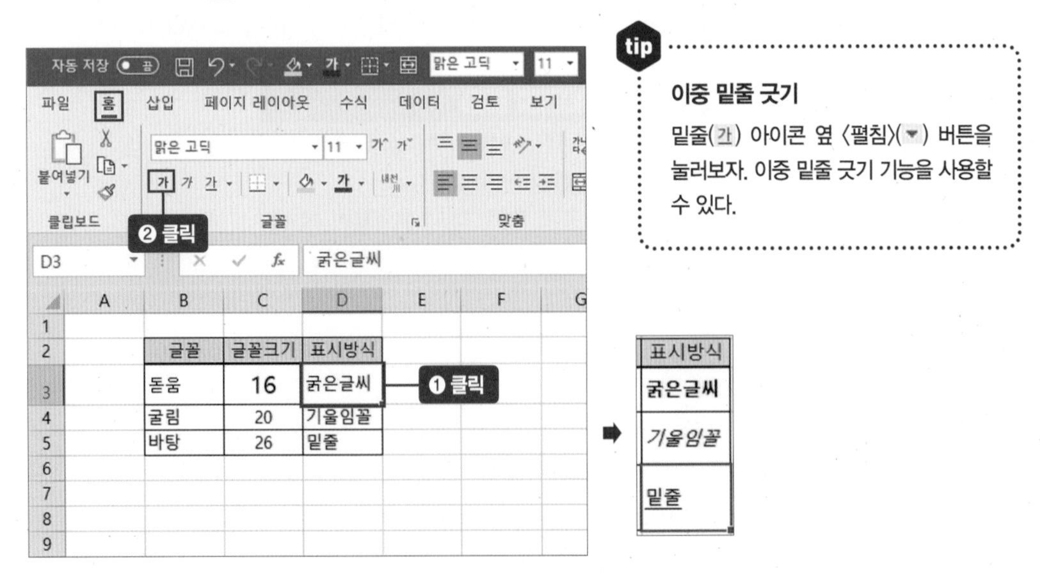

tip

이중 밑줄 긋기

밑줄(가) 아이콘 옆 〈펼침〉(▾) 버튼을 눌러보자. 이중 밑줄 긋기 기능을 사용할 수 있다.

[홈] 탭 – 글꼴 색, 배경색 바꾸기

예제파일 : 0_08_글꼴색배경색바꾸기.xlsx 

문서의 중요한 부분은 눈에 잘 보이도록 만들어야 합니다. 예를 들어 글꼴 색을 변경해 주요 사항이 잘 보이도록 하거나, 표의 항목 뒤에 배경색을 추가해 문서를 정돈하는 식입니다.

1. 글꼴 색 바꾸기

먼저 글꼴 색을 바꿔보겠습니다. 하지만 보고용 문서에서는 화려한 색상의 글자를 사용하지 않습니다. 여기서는 [A2] 셀의 글꼴을 파란색으로 바꿔보겠습니다. 여기서는 [A2] 셀을 클릭(❶)합니다. [홈] 탭 → 글꼴 색(가) 아이콘 옆의 〈펼침〉(▾) 버튼을 클릭(❷)합니다. '테마 색'에서 〈파란색〉을 선택(❸)합니다.

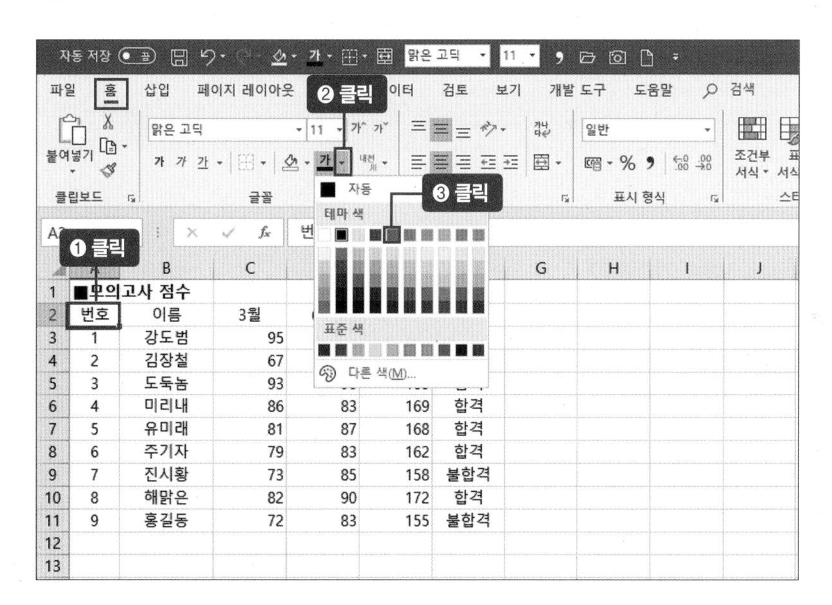

	A	B	C
1	■모의고사 점수		
2	번호	이름	3월
3	1	강도범	95
4	2	김장철	67
5	3	도둑놈	93

2. 배경색 밝은 회색으로 바꾸기

항목 이름들이 적힌 [A2:F2] 셀의 배경색을 밝은 회색으로 바꿔보겠습니다. [A2:F2]를 범위로 설정(❶)합니다. [홈] 탭 → 채우기 색( ) 아이콘 옆 〈펼침〉( ) 버튼을 클릭(❷)합니다. '테마 색에서 〈밝은 회색〉을 선택(❸)합니다. 일반적으로 밝은 회색은 회사 문서의 항목이나 품목 제목에 많이 사용합니다.

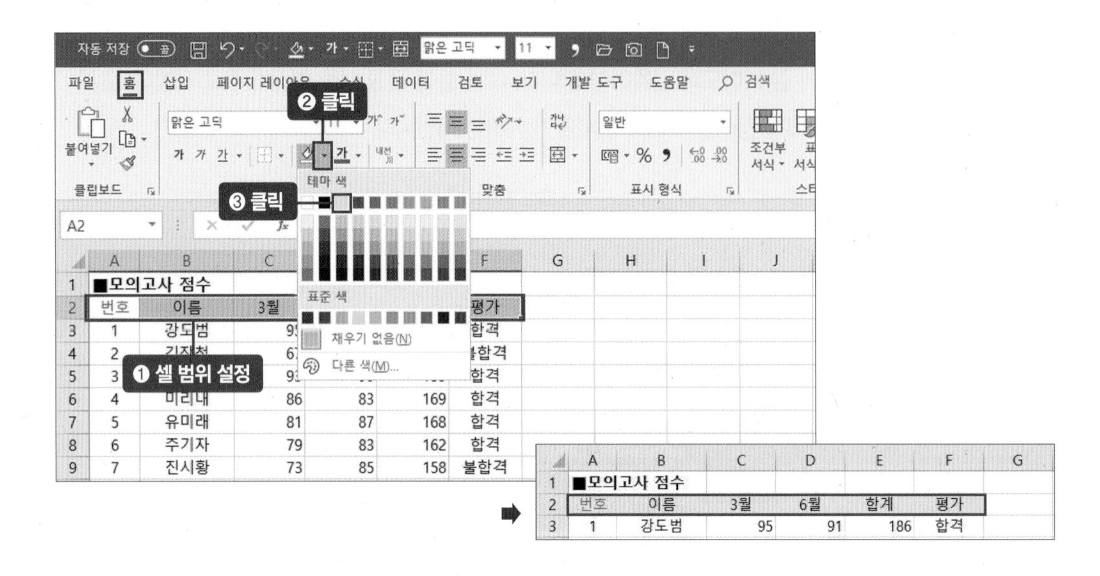

tip 배경색으로 원하는 색이 없다면?

[홈] 탭 → [글꼴] 그룹 → 채우기 색 → 〈다른 색〉을 클릭해보세요. 기본으로 제공하는 색 외에도 다양한 색을 마음대로 만들어서 셀 배경색으로 사용할 수 있습니다.

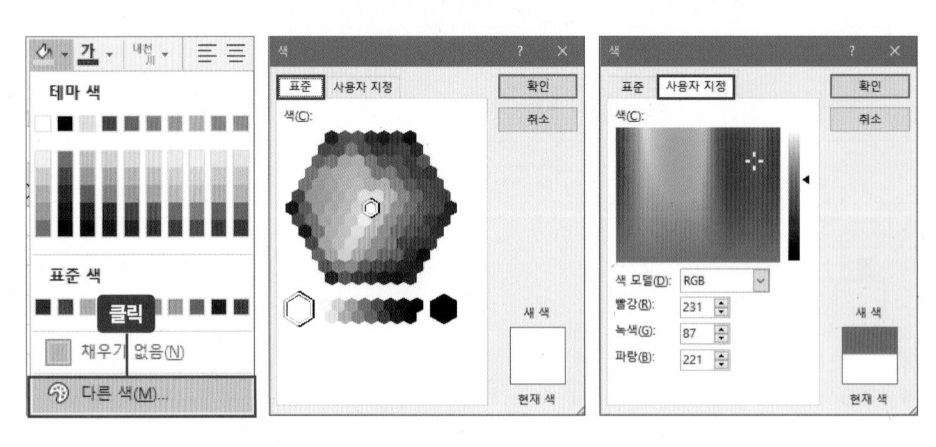

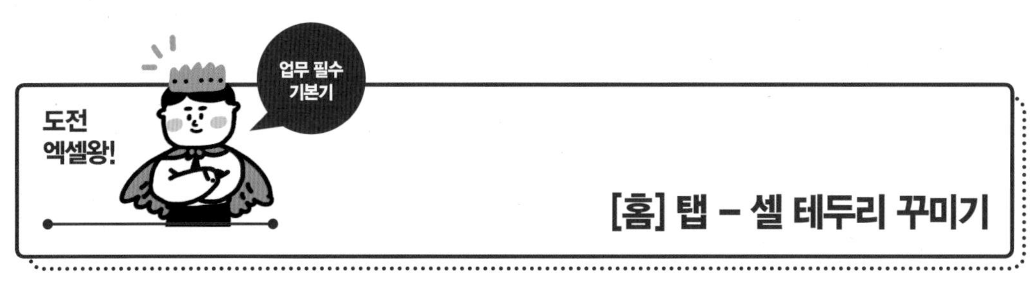

[홈] 탭 – 셀 테두리 꾸미기

예제파일 : 0_08_셀테두리꾸미기.xlsx

1. 셀에 '모든 테두리' 적용하기

테두리는 문서를 만들 때 주요 내용의 경계선을 정리해서 서식을 깔끔하게 꾸며주는 역할을 합니다. 예제파일에 테두리를 적용해보겠습니다. [A2:F11] 셀 범위를 드래그해서 선택(❶)합니다. [홈] 탭 → 테두리( ) 아이콘 옆의 〈펼침〉( ) 버튼을 클릭(❷)하면 나타나는 메뉴에서 〈모든 테두리〉를 선택(❸)합니다.

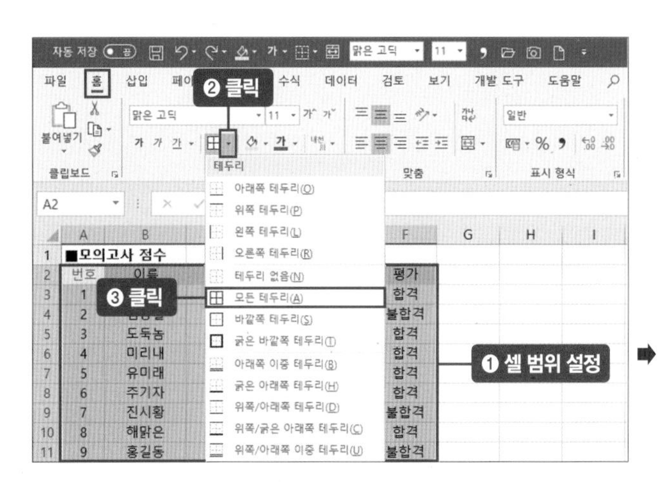

	A	B	C	D	E	F
1	■모의고사 점수					
2	번호	이름	3월	6월	합계	평가
3	1	강도범	95	91	186	합격
4	2	김장철	67	83	150	불합격
5	3	도둑놈	93	90	183	합격
6	4	미리내	86	83	169	합격
7	5	유미래	81	87	168	합격
8	6	주기자	79	83	162	합격
9	7	진시황	73	85	158	불합격
10	8	해맑은	82	90	172	합격
11	9	홍길동	72	83	155	불합격

2. 셀에 '굵은 바깥쪽 테두리' 적용하기

이번에는 표 가장자리를 굵은 선으로 꾸며보겠습니다. 앞과 마찬가지로 [A2:F11] 셀 범위를 드래그해서 선택(❶)합니다. [홈] 탭 → 테두리( ) 아이콘 옆의 〈펼침〉( ) 버튼을 클릭(❷)하면 나타나는 메뉴에서 〈굵은 바깥쪽 테두리〉를 선택(❸)합니다.

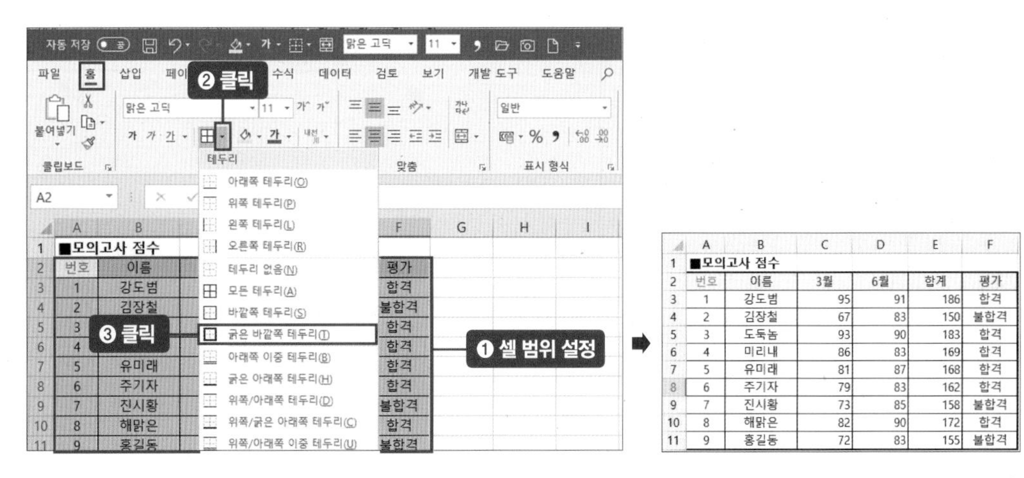

3. 테두리 선 색상 넣기

테두리 선에도 색상을 넣을 수 있습니다. 하지만 일반 사무실 업무에서 테두리 선에 색을 입혀서 출력하는 것은 매우 특수한 경우겠지요? [B2] 셀의 아래쪽 테두리 색을 주황색으로 바꿔보겠습니다. [홈] 탭 → 테두리(⊞) 아이콘 옆의 〈펼침〉(▾) 버튼을 클릭(❶)합니다. '테두리 그리기'에서 〈선 색〉을 클릭(❷) → '테마 색'에서 〈주황색〉을 선택(❸)합니다.

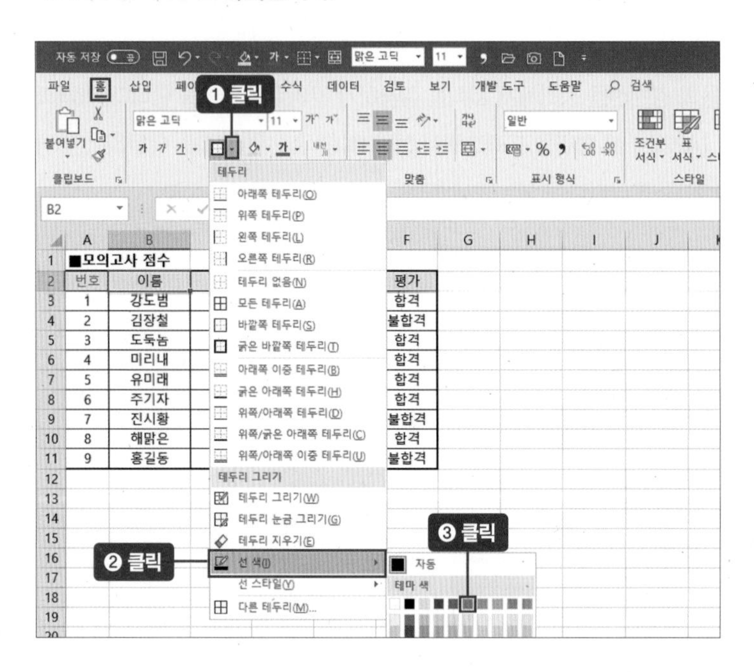

마우스 커서가 연필(✎) 모양으로 바뀌면 [B2] 셀과 [B3] 셀 사이 구분선을 드래그(❹)합니다.

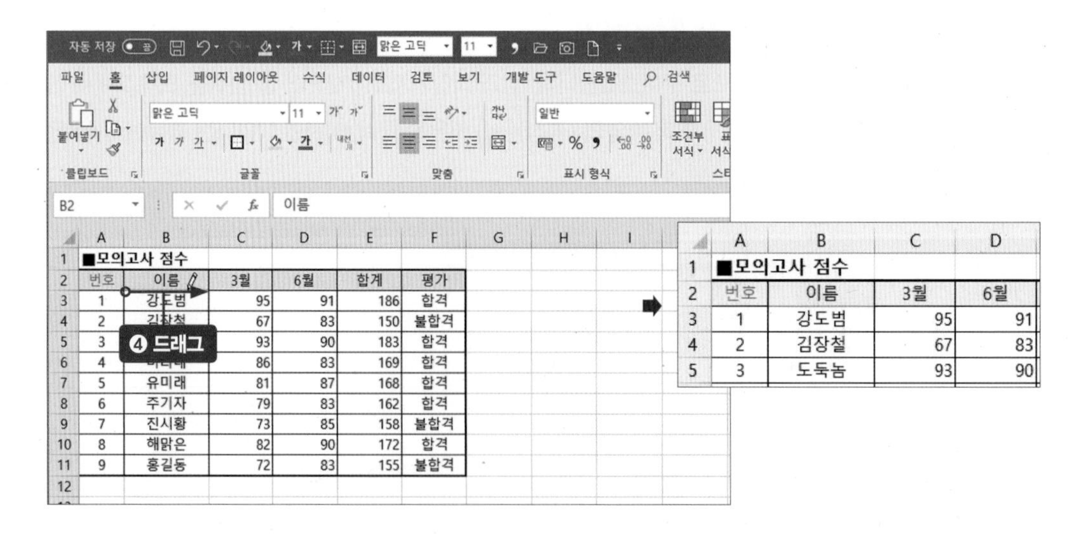

엑셀에서 자주 사용하는 테두리 기능 2가지

테두리의 기능이 많아 보이지만 실전에서 주로 사용하는 것은 모든 테두리(⊞)와 굵은 바깥쪽 테두리(□) 2가지입니다.

모든 테두리

굵은 바깥쪽 테두리

나머지 테두리 기능은 표에서 결재 칸을 만드는 등 복잡한 문서를 작성할 때 필요합니다. 하지만 이런 경우라도 도형이나 카메라 기능을 이용하는 것이 사실 더 간편합니다. ★ **카메라 기능으로 결재창 만들기는 〈준비마당〉 13장 참고**

월간교육참석현황

결재	담당	과장	부장	사장

카메라 기능을 활용해 만든 결재창

소속	성명	1월	2월	3월	4월	5월	6월
총무부	이미리	o	o		o	o	o
홍보부	홍길동	o	o	o	o	o	o
기획실	장사신	o	o	o	o	o	o
전산실	유명한	o	o	o	o	o	o
영업부	강력한	o	o	o		o	o
생산부	김준비	o	o	o		o	o
자재부	사용중	o	o	o	o	o	o
총무부	오일만	o	o	o	o	o	o

[홈] 탭 – 들여쓰기, 내어쓰기, 글맞춤, 텍스트 방향

예제파일 : 0_08_글맞춤.xlsx 

1. 들여쓰기

셀 안에서 텍스트 위치를 조정하는 방법을 알아보겠습니다. 예제파일을 열어 [B3] 셀을 선택(❶)하고 [홈] 탭 → [맞춤] 그룹 → 들여쓰기( ) 아이콘을 클릭(❷)합니다. 여러 번 클릭할수록 왼쪽 여백이 늘어납니다.

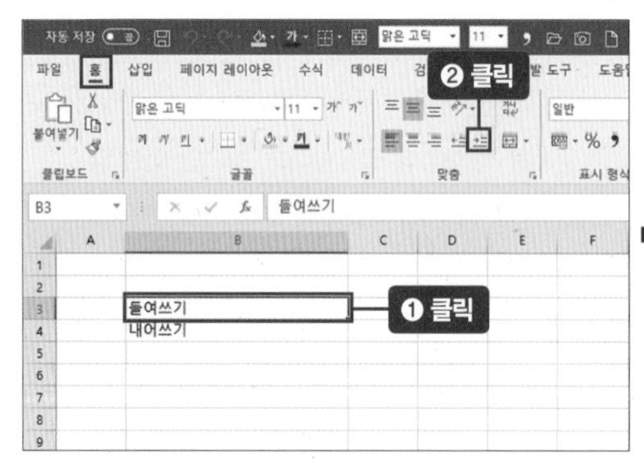

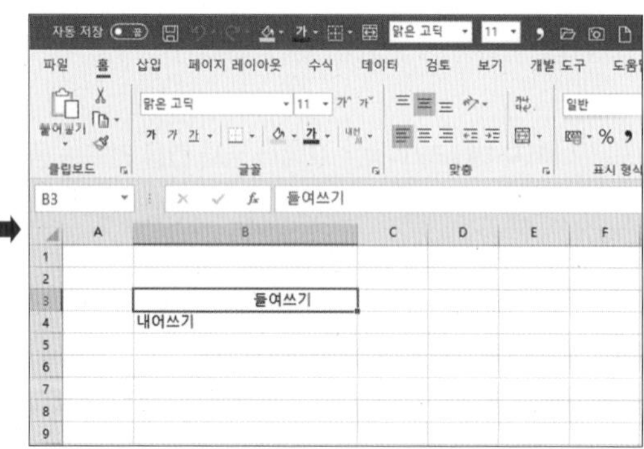

2. 내어쓰기

이번에는 [홈] 탭 → [맞춤] 그룹 → 내어쓰기( ) 아이콘을 클릭합니다. 계속 누르면 왼쪽 셀과 여백이 최소화됩니다.

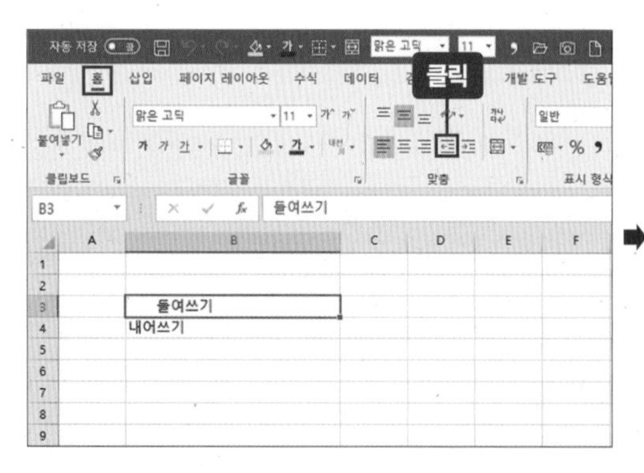

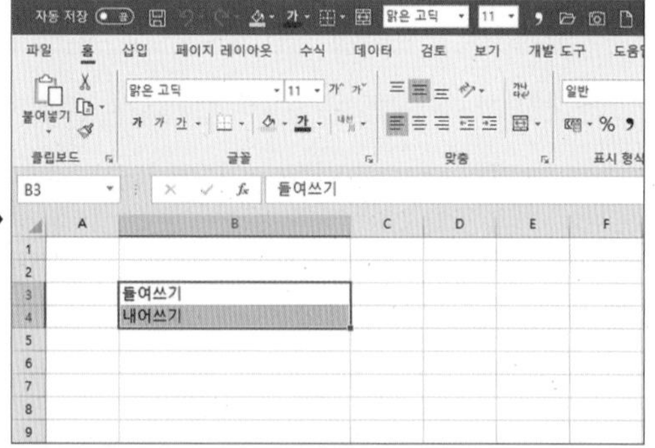

[B3:B4] 셀 범위를 설정해 동시에 들여쓰기와 내어쓰기를 할 수도 있습니다.

여러 셀을 선택해 들여쓰기, 내어쓰기를 할 수도 있다

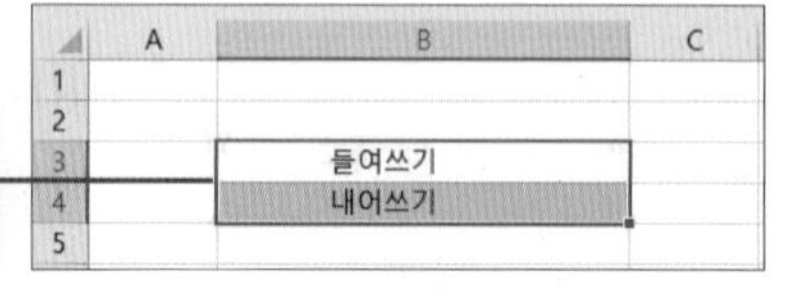

3. 글맞춤은 '가운데 맞춤'이 자주 쓰는 기능

글자를 입력하고 난 후 글자의 위치를 조정해야 하는 경우 글맞춤을 이용합니다. 예제파일 [글맞춤_예제] 시트에서 셀을 선택한 후 각 글맞춤, 즉 위쪽(≡), 가운데(≡), 아래쪽(≡), 왼쪽(≡), 가운데(≡), 오른쪽(≡)을 적용해보세요. 텍스트 위치가 달라집니다. 자주 사용하는 기능은 가운데 맞춤입니다.

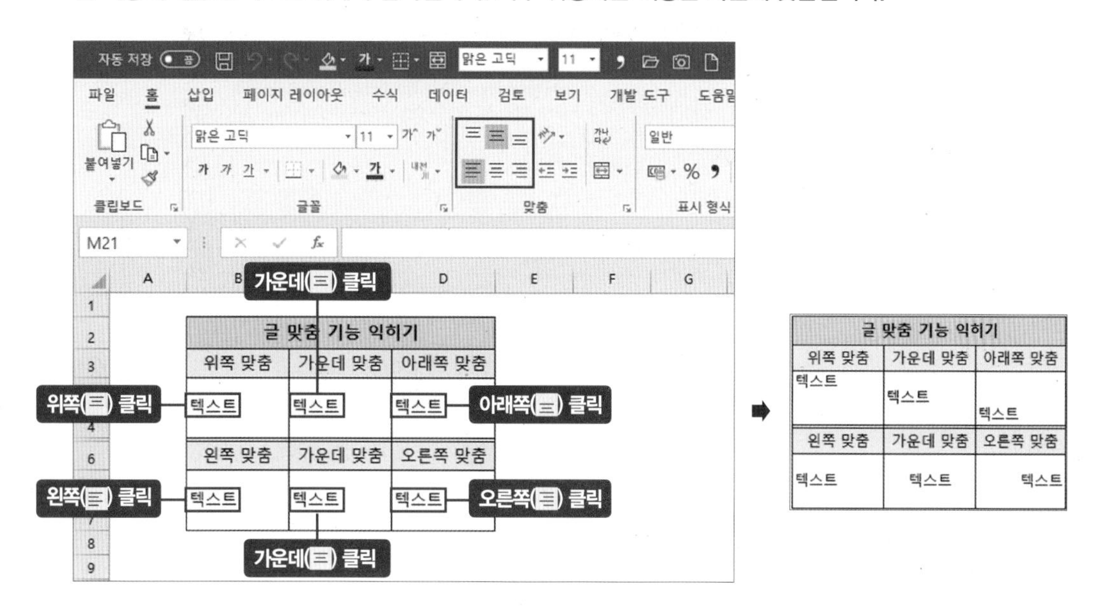

4. 텍스트 방향 변경하기는 '세로 쓰기'가 자주 쓰는 기능

[홈] 탭 → [맞춤] 그룹 → 방향(↗) 아이콘에서 텍스트 방향을 변경할 수 있습니다. 예제파일 시트에서 각 셀에 방향 기능을 적용해보세요. 특히 세로 쓰기(↓)는 서류 작성시 이용하면 좋습니다.

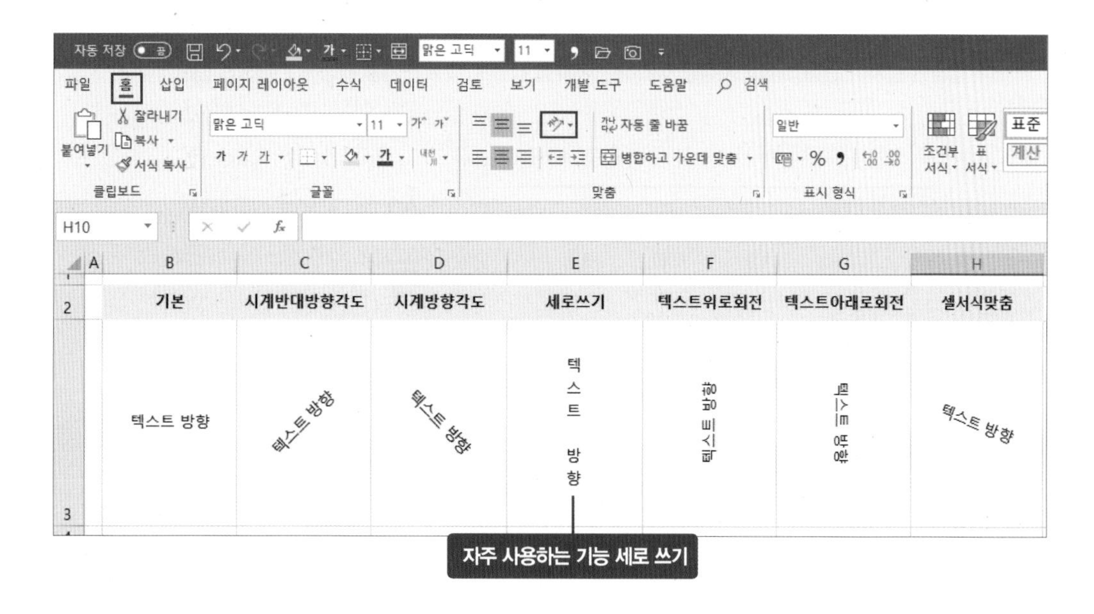

5. 맞춤 기능을 한 번에 설정하는 '셀 서식 맞춤'

방향(아이콘) 아이콘 클릭 후 나오는 팝업창에서 맨 아래에 있는 〈셀 서식 맞춤〉을 클릭하면 [셀 서식] 대화상자가 열리고 텍스트 방향 각도, 들여쓰기 등을 자유롭게 지정할 수 있습니다.

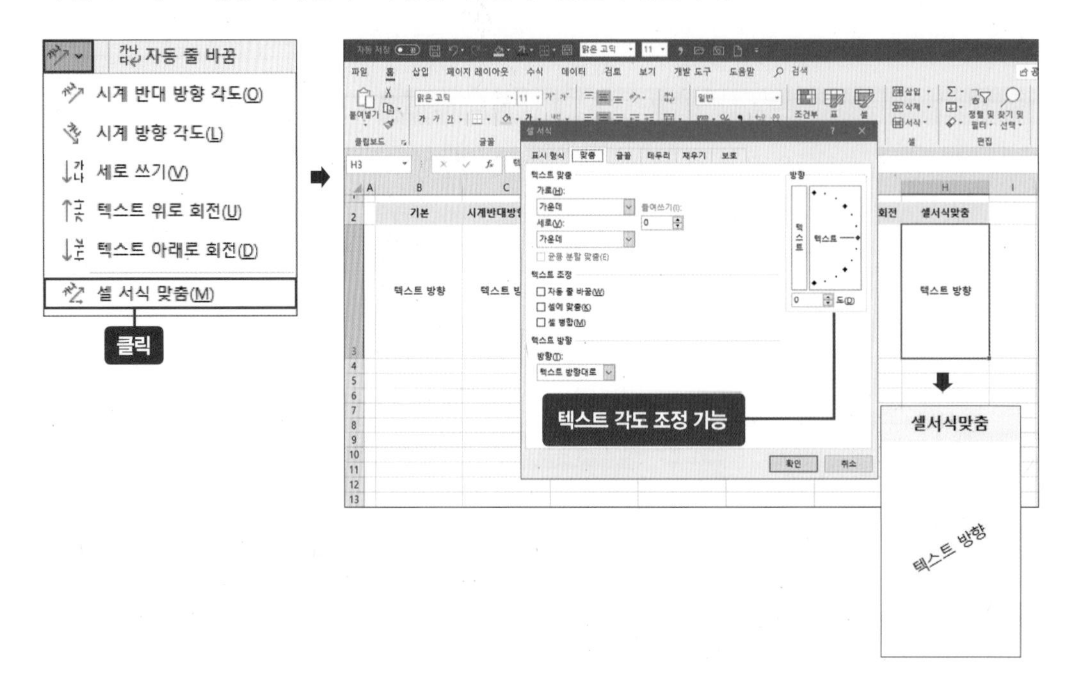

tip 세로 쓰기로 문서, 서류철 정리하기

문서 정리시 하나의 카테고리 안에 여러 항목이 들어간다면 가장 큰 카테고리를 세로 쓰기로 정리해봅시다. 깔끔한 문서가 완성됩니다. 서류를 정리하는 서류철 라벨도 세로 쓰기를 활용해 인쇄하면 깔끔합니다.

지점별 매출

(단위 : 만원)

		1월	2월	3월
명동점	이윤	281	310	249
	매출	1346	1456	1125
	비용	1065	1146	876
이태	이윤	195	218	224
	매출	1287	1321	1295

인쇄해 서류철에 붙인다

tip 대각선 표시가 있는 문서에 유용한 글맞춤 기능

표나 보고서를 만들 때 아래 화면처럼 대각선으로 구분하는 경우가 있습니다. 이럴 때 대각선에 겹치지 않도록 텍스트 위치 조정이 필요한데, [홈] 탭 → 글맞춤 기능을 활용하면 깔끔한 대각선을 만들 수 있습니다. 대각선을 활용한 문서 중 대표적인 것은 영수증입니다. ★ 대각선 구분선 만들기는 136쪽 참고

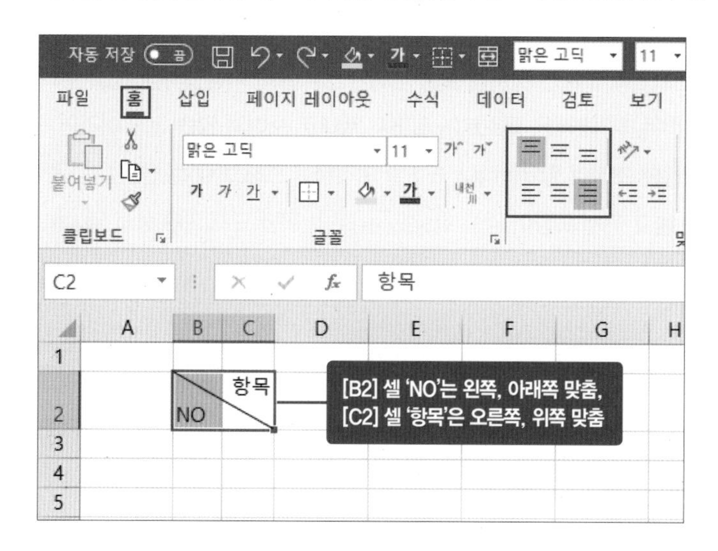

No.		영 수 증		(공급받는자용)
				귀하
공급자	사업자등록번호			
	상호			
	사업장소재지			
	업태			
작성일자		금액합계		비고
위 금액을 영수(청구)함 .				
월일	품명	수량	단가	금액
합계		₩		
부가가치세법시행규칙 제25조의 규정에 의한 (영수증)으로 개정				

No.		영 수 증		(공급받는자용)
				귀하
공급자	사업자등록번호			
	상호			
	사업장소재지			
	업태			
작성일자		금액합계		비고
위 금액을 영수(청구)함 .				
월일	품명	수량	단가	금액
합계		₩		
부가가치세법시행규칙 제25조의 규정에 의한 (영수증)으로 개정				

도전 엑셀왕!

완벽한 인쇄 꿀팁

[홈] 탭 – 텍스트 줄바꿈

예제파일 : 0_08_텍스트줄바꿈.xlsx

1. 열 너비 조정

텍스트 내용이 많으면 아래 왼쪽 화면에서 보는 것처럼 셀을 넘어가면서 글이 작성됩니다. [E3] 셀의 '수입항목세부내역'과 [F3] 셀의 '지출항목세부내역'은 텍스트가 길어서 제대로 보이지 않습니다. 이러면 인쇄할 때도 잘려나가 인쇄되지 않기 때문에 조정이 필요합니다. E, F열 머리글을 드래그(❶)해 선택한 다음 E와 F열 머리글 사이에 마우스 커서를 놓고 커서 모양이 양쪽 화살표(✛)로 바뀌면 드래그(❷)해서 열 너비를 조정해 내용이 잘 보이도록 수정합니다.

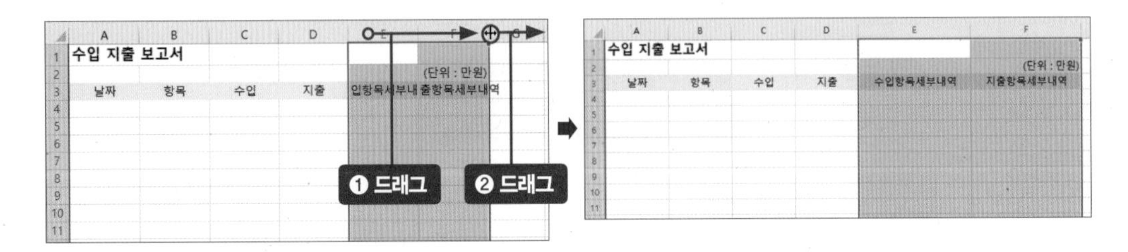

하지만 Ctrl+F2를 눌러 인쇄 미리보기를 실행해보니 셀 너비가 너무 넓어 '지출항목세부내역'은 한 페이지에 인쇄되지 않네요. 이럴 때 [홈] 탭 → 줄바꿈 기능을 사용하면 긴 텍스트를 한 페이지에 인쇄할 수 있습니다.

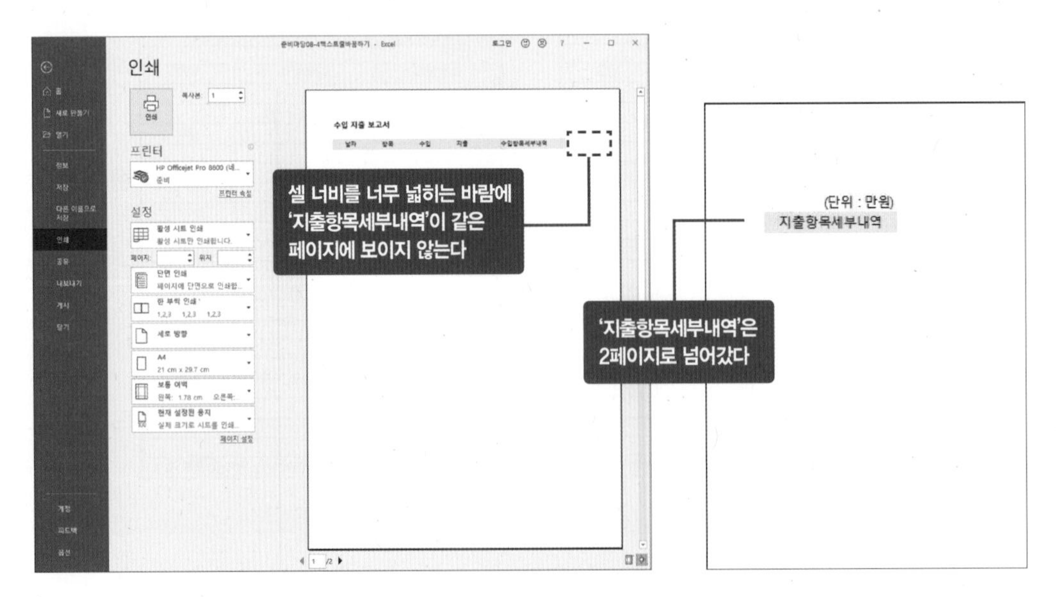

2. 텍스트 자동 줄바꿈

인쇄 영역을 맞추기 위해 [E3:F3] 셀 범위를 선택해 열 너비를 원래대로 좁게 조정합니다. [E3] 셀 클릭(❶) → [홈] 탭 → 텍스트 줄바꿈( ) 아이콘을 클릭(❷)합니다. 자동으로 줄이 바뀌면서 행 높이가 늘어납니다.

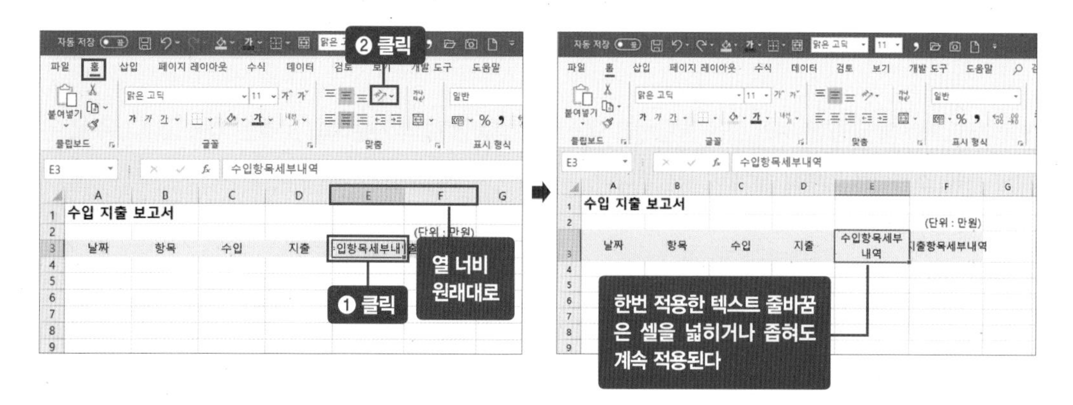

3. 원하는 곳에서 줄바꿈하려면 Alt + Enter

이번에는 원하는 곳에서 줄바꿈해보겠습니다. [F3] 셀을 더블클릭(❶)한 다음 '지출항목' 다음에 마우스 커서를 두고 Alt + Enter 키(❷)를 누릅니다. 4글자씩 정렬되어 보기 좋은 문서가 됩니다. Ctrl + F2 키를 눌러 인쇄 미리보기를 하면 한 페이지에 인쇄되는 것을 확인할 수 있습니다.

tip

A4 용지로 인쇄할 때 워크시트는 어디까지 나올까?

기본 셀 크기에서 A4 용지 크기로 인쇄할 때 인쇄 영역은 가로 A~H열까지, 세로 1~43행까지다. 셀의 크기를 변경했다면 Ctrl + F2 키를 눌러 인쇄 미리보기를 하거나, 엑셀 화면 오른쪽 하단 페이지 레이아웃( ) 아이콘을 클릭해 한 페이지에 나오는지 확인한다.

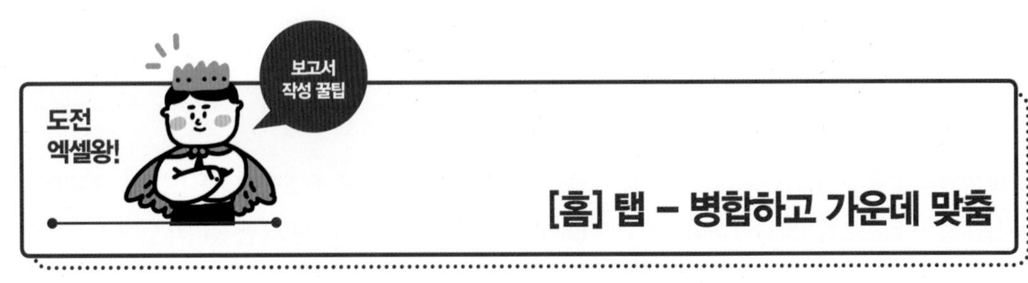

[홈] 탭 – 병합하고 가운데 맞춤

예제파일 : 0_08_병합하고가운데맞춤.xlsx

'병합하고 가운데 맞춤'은 여러 셀을 병합하고 텍스트를 병합한 셀의 가운데에 맞추는 기능입니다. 주로 문서의 제목, 소제목을 입력할 때 많이 사용합니다.

1. 가로로 놓인 셀 병합하기

아래 화면의 문서에서 제목 부분은 병합만 하고 아직 가운데 맞춤을 하지 않은 상태입니다. 이런 상태로 문서를 제출하면 내용이 눈에 잘 들어오지 않습니다. 먼저 [B1:D1] 셀 범위를 마우스로 드래그해 선택(❶)합니다. 그리고 [홈] 탭 → [맞춤] 그룹에서 병합하고 가운데 맞춤(⊞) 아이콘을 클릭(❷)합니다.

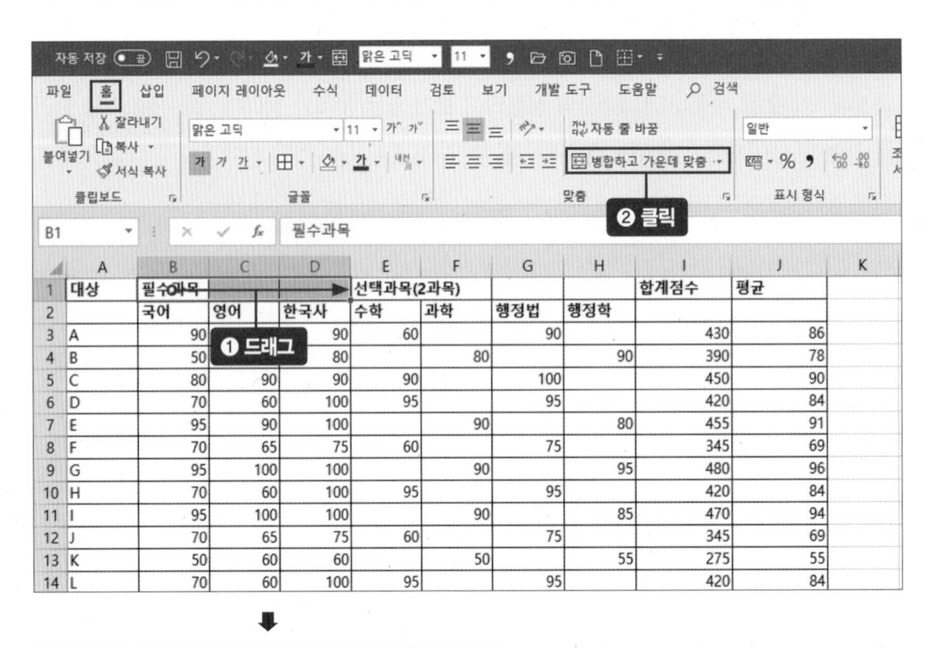

	A	B	C	D	E	F	G	H	I	J
1	대상	필수과목			선택과목(2과목)				합계점수	평균
2		국어	영어	한국사	수학	과학	행정법	행정학		
3	A	90		90	60		90		430	86
4	B	50		80		80		90	390	78
5	C	80	90	90	90		100		450	90
6	D	70	60	100	95		95		420	84
7	E	95	90	100		90		80	455	91
8	F	70	65	75	60		75		345	69
9	G	95	100	100		90		95	480	96
10	H	70	60	100	95		95		420	84
11	I	95	100	100		90		85	470	94
12	J	70	65	75	60		75		345	69
13	K	50	60	60		50		55	275	55
14	L	70	60	100	95		95		420	84

⬇

	A	B	C	D
1	대상	필수과목		
2		국어	영어	한국사
3	A	90	100	90
4	B	50	90	80

셀이 병합되고
가운데 맞춤까지 완료

2. 세로로 놓인 셀 병합하기

이번엔 세로로 셀을 병합해보겠습니다. [A1:A2] 셀 범위를 드래그해 설정(❶)하고 [홈] 탭 → 병합하고 가운데 맞춤(⊞) 아이콘을 클릭(❷)합니다. '합계점수', '평균'도 같은 방법으로 병합합니다.

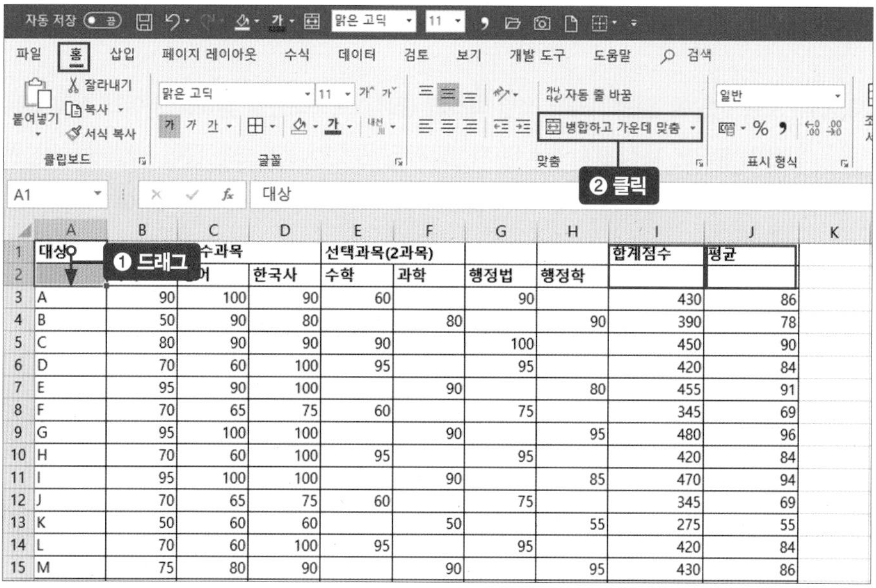

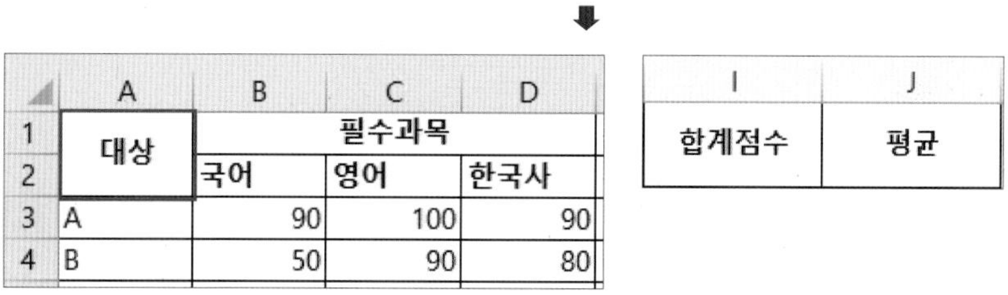

	A	B	C	D	E	F	G	H	I	J
1	대상	필수과목			선택과목(2과목)				합계점수	평균
2		국어	영어	한국사	수학	과학	행정법	행정학		
3	A	90	100	90	60		90		430	86
4	B	50	90	80		80		90	390	78
5	C	80	90	90	90		100		450	90
6	D	70	60	100	95		95		420	84
7	E	95	90	100		90		80	455	91
8	F	70	65	75	60		75		345	69
9	G	95	100	100		90		95	480	96
10	H	70	60	100	95		95		420	84
11	I	95	100	100		90		85	470	94
12	J	70	65	75	60		75		345	69
13	K	50	60	60		50		55	275	55
14	L	70	60	100	95		95		420	84
15	M	75	80	90		90		95	430	86

❶ 드래그

❷ 클릭

⬇

	A	B	C	D
1	대상	필수과목		
2		국어	영어	한국사
3	A	90	100	90
4	B	50	90	80

I	J
합계점수	평균

[홈] 탭 – 원화, 백분율, 쉼표 등 표시 형식

예제파일 : 0_08_표시형식.xlsx 

[홈] 탭 → [표시 형식] 그룹 상단에 '일반'이라고 적힌 박스의 〈펼침〉(▾) 버튼을 클릭하면 여러 가지 적용 방식이 나타납니다. '일반'에 놓으면 특정 표시 형식이 지정되지 않은 것입니다. 보통 많이 사용하는 기능은 원화 표시(₩), 백분율(%), 쉼표 정도입니다. 이 3가지 기능은 자주 사용하기 때문에 리본메뉴에 아이콘으로 나와 있어서 빠르게 적용할 수 있습니다.

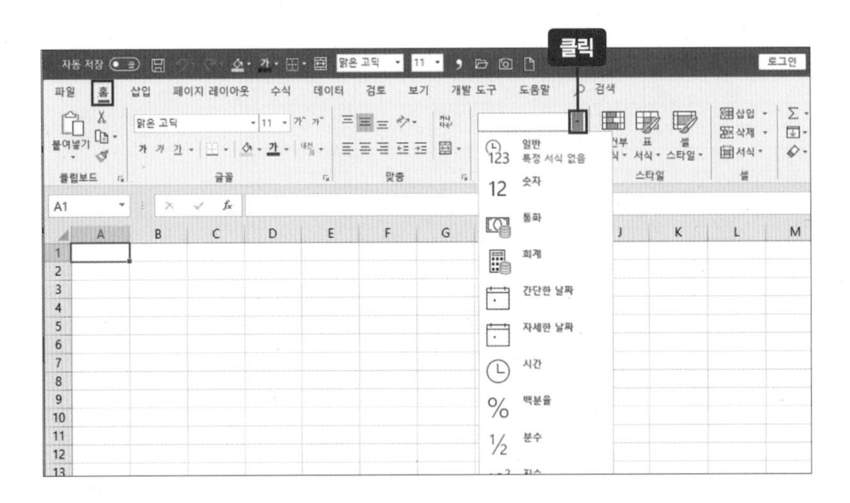

1. 원화 표시하기

예제파일의 표에 각각 표시 형식을 적용하려고 합니다. 원화 기호를 포함해 숫자를 표시하려면 해당 셀인 [B3:B6]을 선택(❶)하고 [홈] 탭 → [표시 형식] 그룹 → 회계 표시 형식( ) 아이콘을 클릭(❷)합니다. 원화 이외에 다른 화폐 기호는 아이콘 옆의 〈펼침〉(▾) 버튼을 눌러서 적용할 수 있습니다.

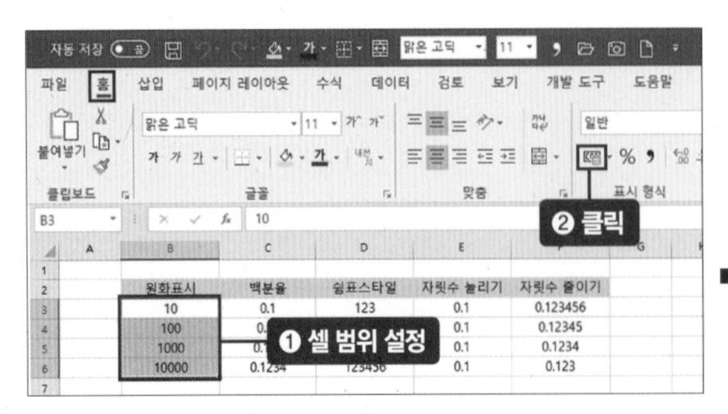

➡

	A	B	C	D
1				
2		원화표시	백분율	쉼표스타일
3		₩ 10	0.1	123
4		₩ 100	0.12	1234
5		₩ 1,000	0.123	12345
6		₩ 10,000	0.1234	123456
7				
8				

2. 백분율 표시하기

소수점으로 표시된 수치를 백분율로 변환하고 싶다면 해당 셀인 [C3:C6]을 선택(❶)한 다음 [홈] 탭 → [표시 형식] 그룹 → 백분율(%) 아이콘을 클릭(❷)하세요. 일괄 적용됩니다.

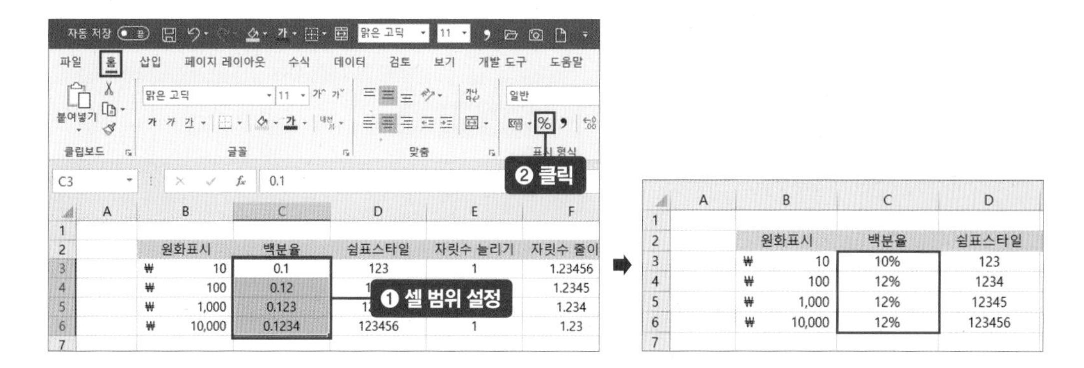

3. 쉼표 표시하기

숫자만 나열되어 있으면 한눈에 읽기가 힘듭니다. 중간에 쉼표를 표시하려면 해당 셀인 [D3:D6]을 선택(❶) 한 다음 [홈] 탭 → [표시 형식] 그룹 → 쉼표(,) 아이콘을 클릭(❷)하세요. 일괄 적용됩니다.

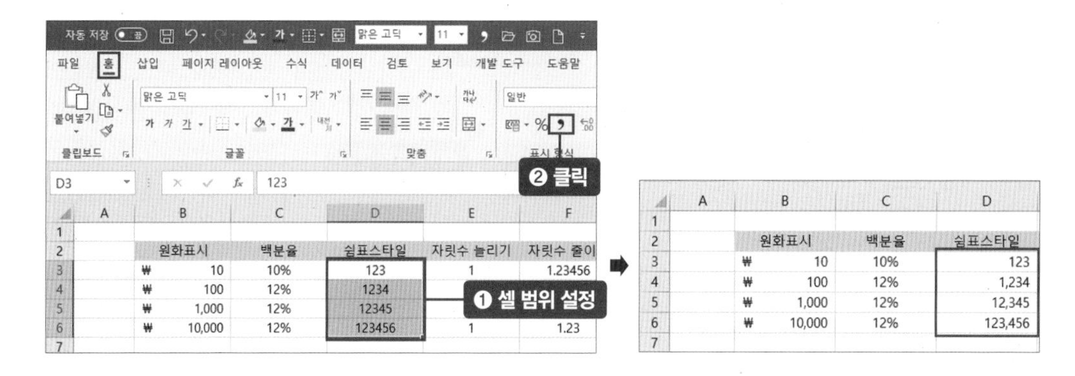

4. 자릿수 늘리기

데이터의 소수점 뒷자리까지 원하는 범위로 표시하고 싶으면 해당 셀인 [E3:E6]을 선택(❶)한 다음 [홈] 탭 → [표시 형식] 그룹 → 자릿수 늘림(←.0 .00) 아이콘을 네 번 클릭(❷)하세요. 소숫점 자릿수를 늘려 좀더 정확한 수치로 표시할 수 있습니다.

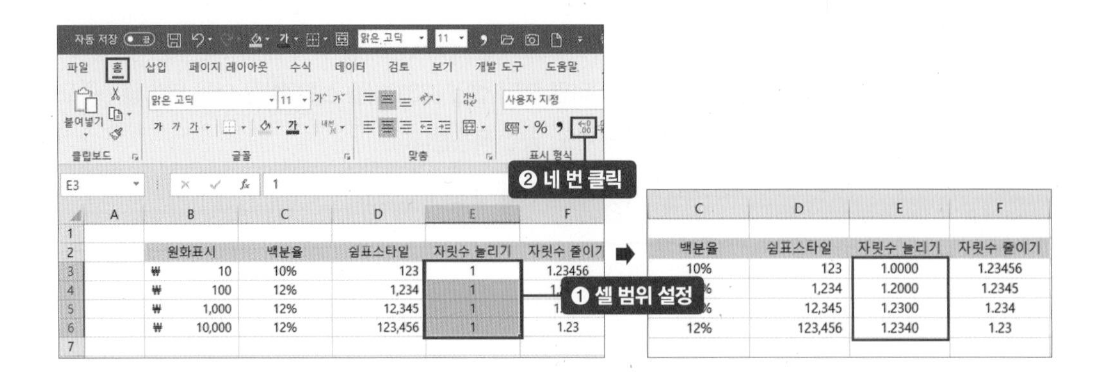

5. 자릿수 줄이기

소수점 위치가 정수로 정렬되어 있지 않아 보기 불편하거나 원하는 소숫점 자릿수까지만 표시하고 싶을 때 사용합니다. 해당 셀인 [F3:F6]을 선택(❶)한 다음 [홈] 탭 → [표시 형식] 그룹 → 자릿수 줄임( ) 아이콘을 네 번 클릭(❷)하세요.

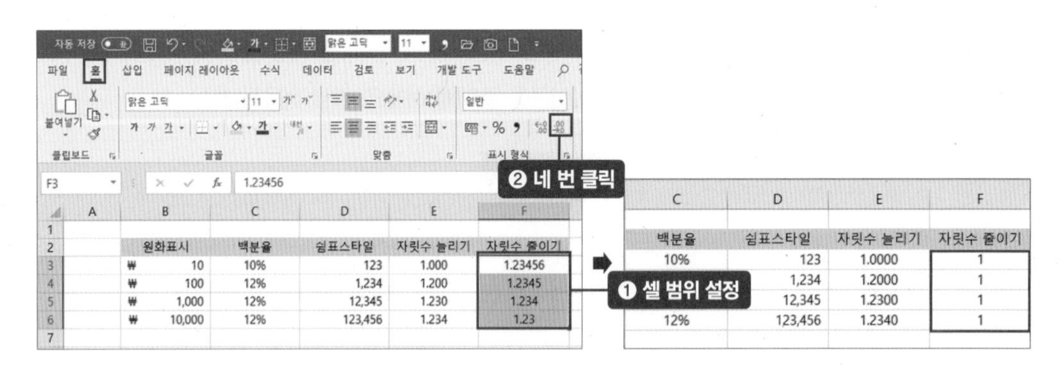

tip

자릿수 줄임을 눌러도 변화가 없다면?

처음 자릿수 줄임 아이콘( )을 클릭하면 숫자가 움직이지 않을 수 있다. 이럴 때는 자릿수 늘림( ) 아이콘을 먼저 한 번 누른 다음 다시 자릿수 줄임( ) 아이콘을 클릭해 정리한다.

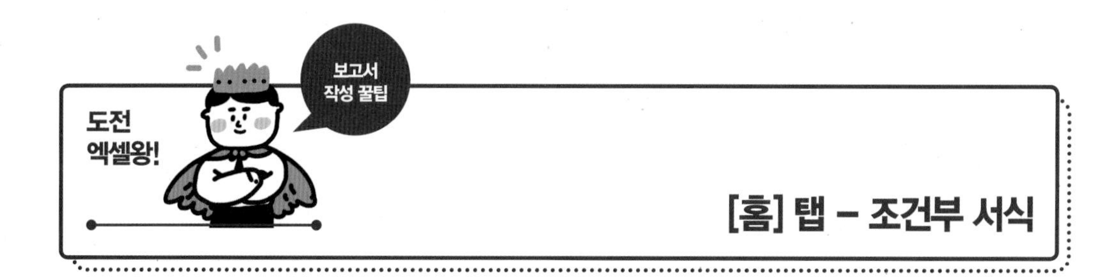

[홈] 탭 – 조건부 서식

1. 조건부 서식이란?

말 그대로 조건에 따라 데이터, 아이콘, 막대, 색조, 집합을 사용해 시각적 표현을 하는 기능입니다. 조건에 따라 주요 셀의 예외적인 값을 강조하거나 시각적으로 보여줍니다. 엑셀 기능 중에서도 가장 강력한 기능 중 하나입니다. [홈] 탭 → [스타일] 그룹 → 조건부 서식(▦) 아이콘을 클릭해보세요.

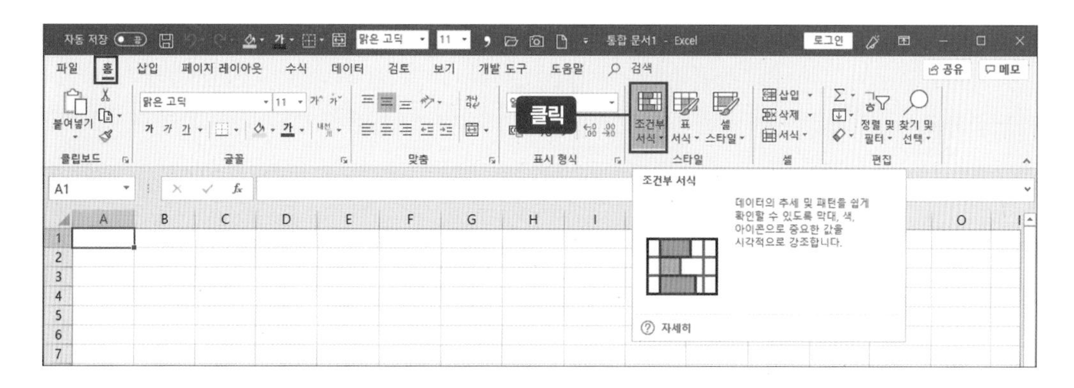

'셀 강조 규칙', '상위/하위 규칙', '데이터 막대', '색조', '아이콘 집합'이라는 기본 5개 규칙이 있습니다. 이 외에 규칙을 직접 입력하고 수정할 수 있는 메뉴도 있습니다.

❶ **새 규칙** : 처음 규칙을 만들 때 사용합니다.

❷ **규칙 지우기** : 이미 만든 규칙을 지울 때 사용하며, 셀만 지우거나 시트 전체를 선택해서 지울 수 있습니다.

❸ **규칙 관리** : 이미 만들어진 규칙에 새 규칙을 추가하거나 값을 변경할 때 사용합니다.

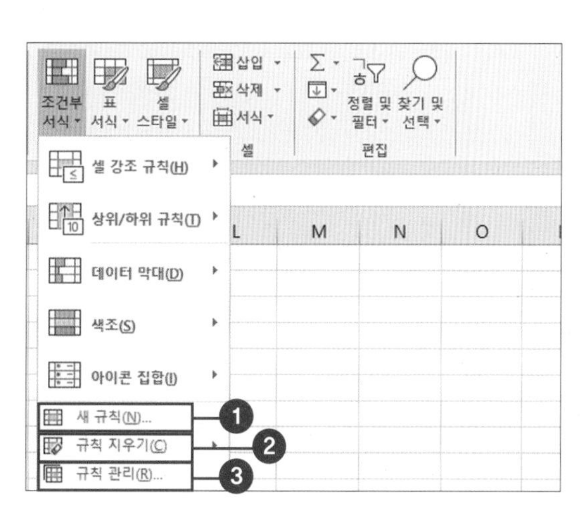

2. 셀 범위 설정하고 조건부 서식 선택하기

먼저 새 통합 문서 워크시트에서 원하는 셀 범위를 설정합니다. 여기서는 [B2:G12] 셀 범위를 설정(❶)했습니다.

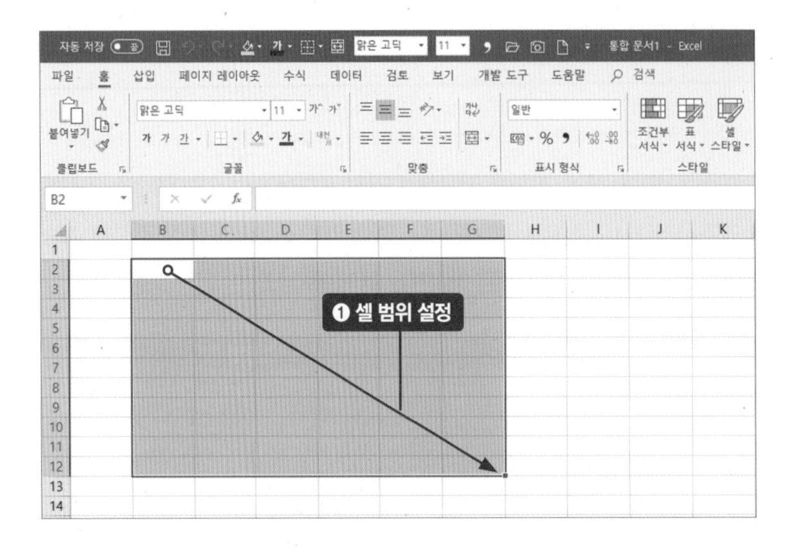

[홈] 탭 → 조건부 서식(▦) 아이콘을 클릭(❷)하면 나타나는 메뉴에서 <셀 강조 규칙>을 선택(❸)합니다. 여기서 <보다 큼>을 선택(❹)하면 [보다 큼] 대화상자가 나타납니다.

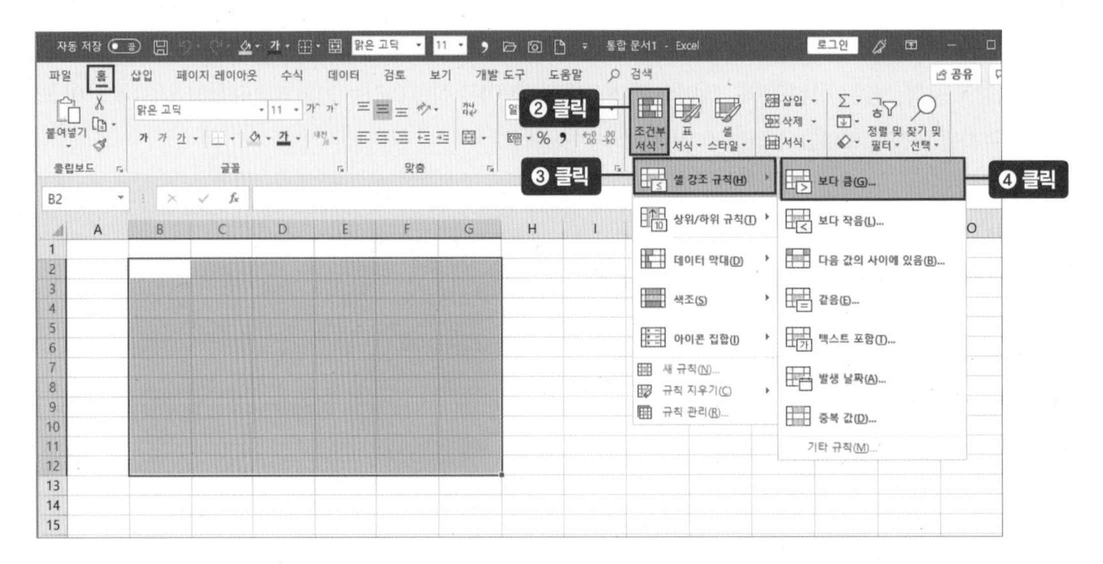

3. 조건부 서식 선택하기

[보다 큼] 대화상자에서 빈 박스에 숫자 10을 입력(❶)하고 '적용할 서식'은 〈진한 빨강 텍스트가 있는 연한 빨강 채우기〉를 선택(❷)합니다. 〈확인〉 버튼을 클릭(❸)합니다.

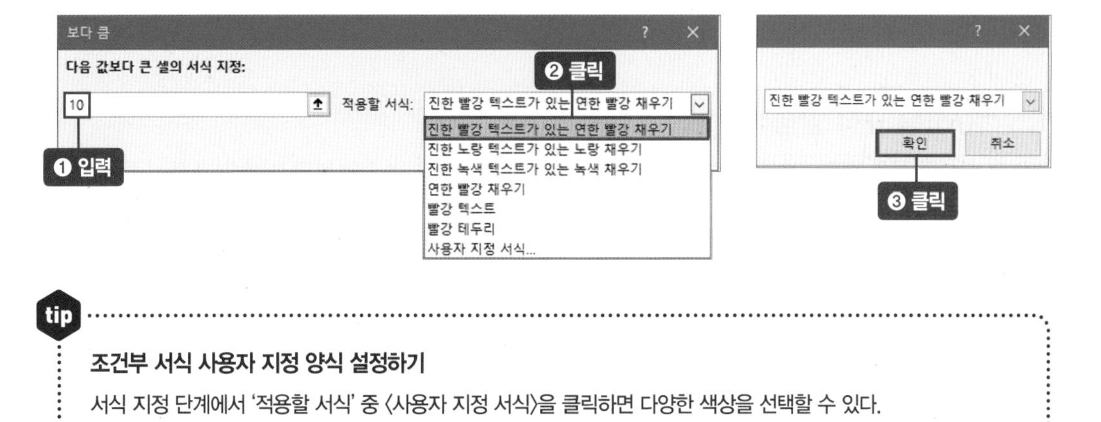

tip

조건부 서식 사용자 지정 양식 설정하기

서식 지정 단계에서 '적용할 서식' 중 〈사용자 지정 서식〉을 클릭하면 다양한 색상을 선택할 수 있다.

[B2:G12] 범위 안에서 숫자를 자유롭게 입력합니다. 0~10까지는 입력해도 아무런 변화가 없지만 11부터는 색상이 지정한 규칙대로 나옵니다.

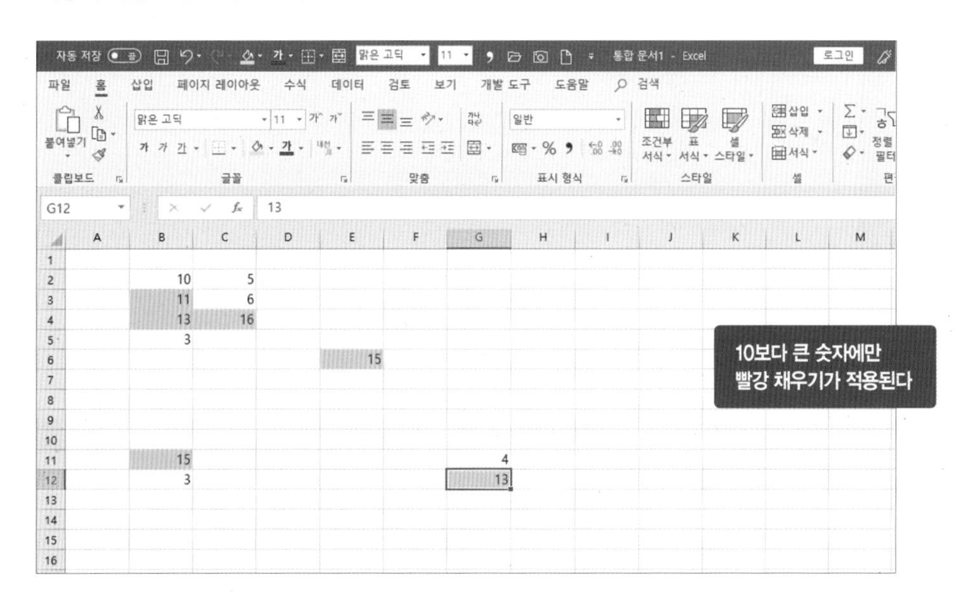

조건부 서식 활용, 성적 5위까지 뽑아내기

예제파일 : 0_08_조건부서식.xlsx 

1. 상위/하위 규칙 활용하기

조건부 서식의 상위/하위 규칙은 숫자 데이터에서 위에서부터 몇 명, 몇 프로까지 눈에 띄게 표시해주는 규칙입니다. 예제파일에 공무원 시험 필수과목 3개와 선택과목 2개, 총 5개 과목의 평균점수가 나와 있습니다. 평균점수가 나와 있는 [J3:J18]을 셀 범위로 설정(❶)합니다. [홈] 탭 → 조건부 서식(▦) 아이콘을 클릭(❷)하고 〈상위/하위 규칙〉을 선택(❸)한 다음 〈상위 10개 항목〉을 클릭(❹)합니다.

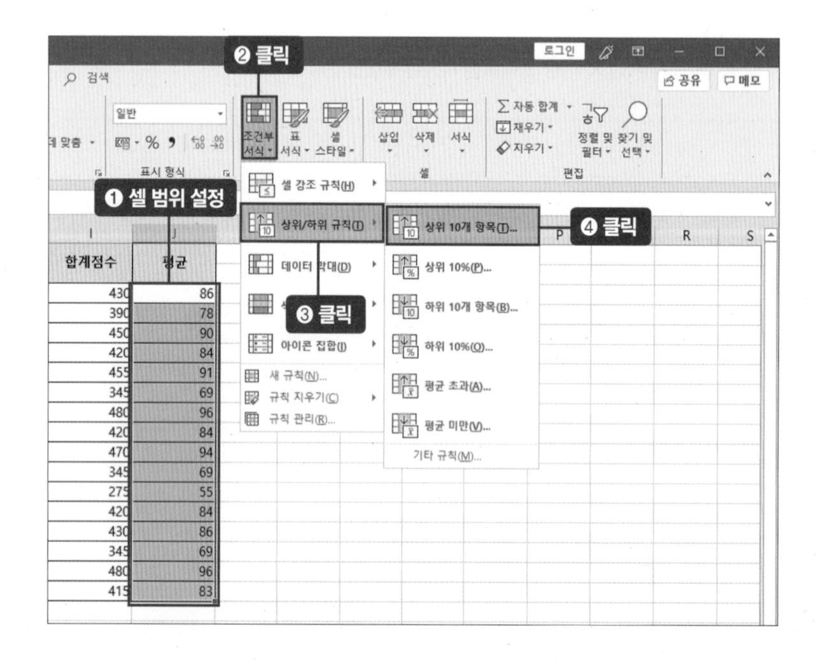

'상위/하위 규칙'의 기본값은 10이지만 우리가 원하는 것은 1~5위 구분이니 5개(❺)로 줄여서 적용해보겠습니다. '적용할 서식'도 지정합니다. 여기서는 〈진한 녹색 텍스트가 있는 녹색 채우기〉로 선택(❻)하겠습니다.

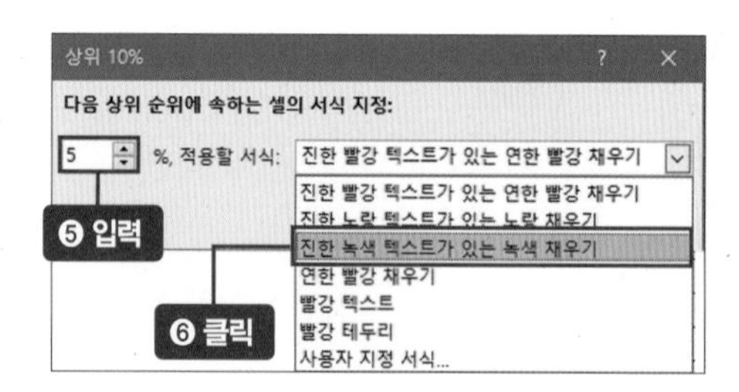

상위 5개 항목 규칙이 적용된 결과값입니다. 위에서부터 높은 점수 5개가 녹색으로 표시된 것을 확인할 수 있습니다.

과목 대상	필수과목 국어	영어	한국사	선택과목(2과목) 수학	과학	행정법	행정학	합계점수	평균
A	90	100	90	60		90		430	86
B	50	90	80		80		90	390	78
C	80	90	90	90		100		450	90
D	70	60	100	95		95		420	84
E	95	90	100		90		80	455	91
F	70	65	75	60		75		345	69
G	95	100	100		90		95	480	96
H	70	60	100	95		95		420	84
I	95	100	100		90		85	470	94
J	70	65	75	60		75		345	69
K	50	60	60		50		55	275	55
L	70	60	100	95		95		420	84
M	75	80	90		90		95	430	86
N	70	65	75	60		75		345	69
O	90	100	100		90		100	480	96
P	95	70	70		90		90	415	83

평균점수 1~5위까지 녹색으로 표시된다

2. 데이터 막대 활용하기

이번에는 조건부 서식 중 데이터 막대 기능을 적용해보겠습니다. 데이터 막대는 셀에 색이 지정된 데이터 막대를 표시하며 색조 막대가 길수록 높은 값을 나타냅니다. 합계점수가 있는 [I3:I18]을 셀 범위로 설정(❶)합니다. [홈] 탭 → 조건부 서식(▦) 아이콘 클릭(❷) → 〈데이터 막대〉를 클릭(❸)합니다.

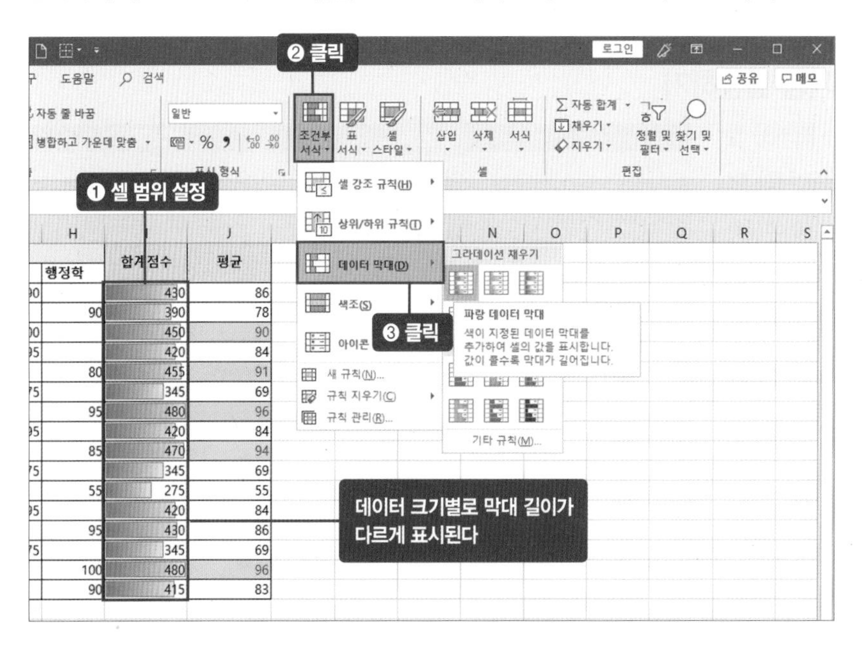

3. 색조 기능 활용하기

이번에는 다시 합계점수가 있는 [I3:I18] 셀 범위를 설정(❶)한 다음 [홈] 탭 → 조건부 서식(▦) 아이콘(❷) → 〈색조〉 클릭(❸) → 〈녹색-노랑-빨강 색조〉를 클릭(❹)합니다. 색조는 셀 범위에 2색 또는 3색의 그라데이션을 표시합니다. 이 색으로 셀 범위에서 각각의 데이터가 어디쯤에 속하는지 파악할 수 있습니다. 예제 파일에서 200대 숫자는 붉은 계열, 400대는 녹색 계열로 표시되어 있습니다.

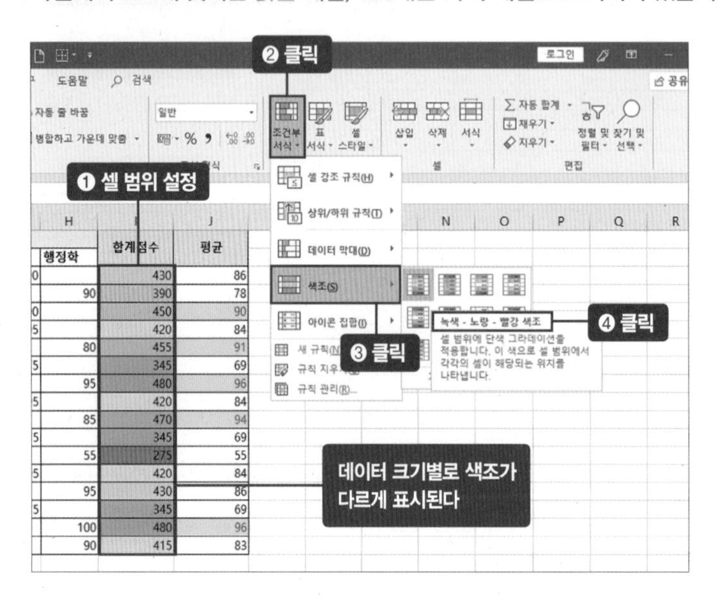

4. 아이콘 집합 기능 활용하기

다시 합계점수가 있는 [I3:I18] 셀 범위를 설정(❶)한 다음 [홈] 탭 → 조건부 서식(▦) 아이콘(❷) → 〈아이콘 집합〉(❸)에서 1번째 아이콘을 클릭(❹)합니다. 셀 범위에 다양한 화살표나 원형 등 아이콘을 활용해 표시할 수 있습니다.

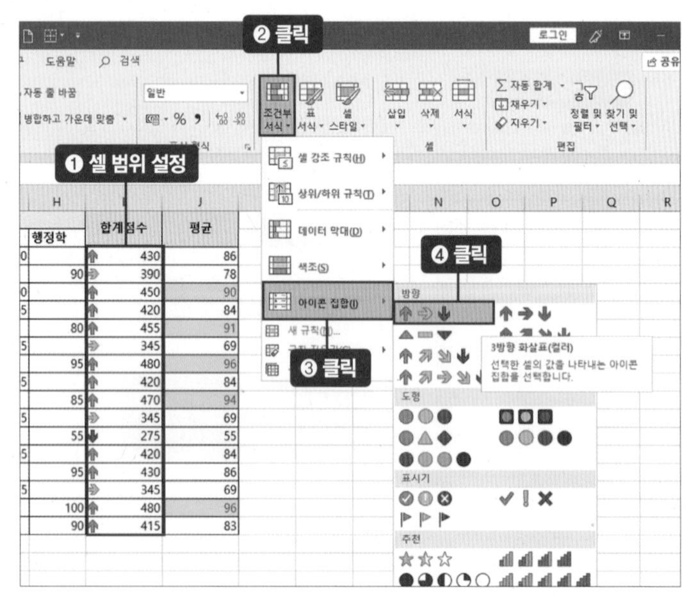

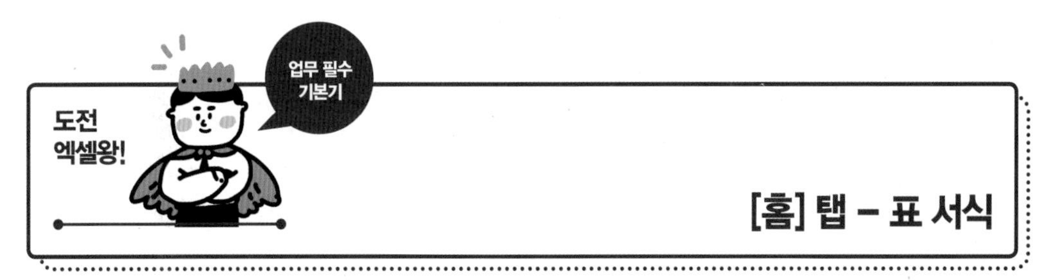

[홈] 탭 – 표 서식

예제파일 : 0_08_표서식.xlsx

1. 표로 만들 셀 범위 정하기

예제파일에서 [B2:E10] 셀 범위를 설정(❶)합니다. [홈] 탭 → 표 서식() 아이콘을 클릭(❷)하고 파란색 표 서식을 클릭(❸)합니다. [표 서식] 대화상자가 나타나면 〈확인〉을 클릭합니다.

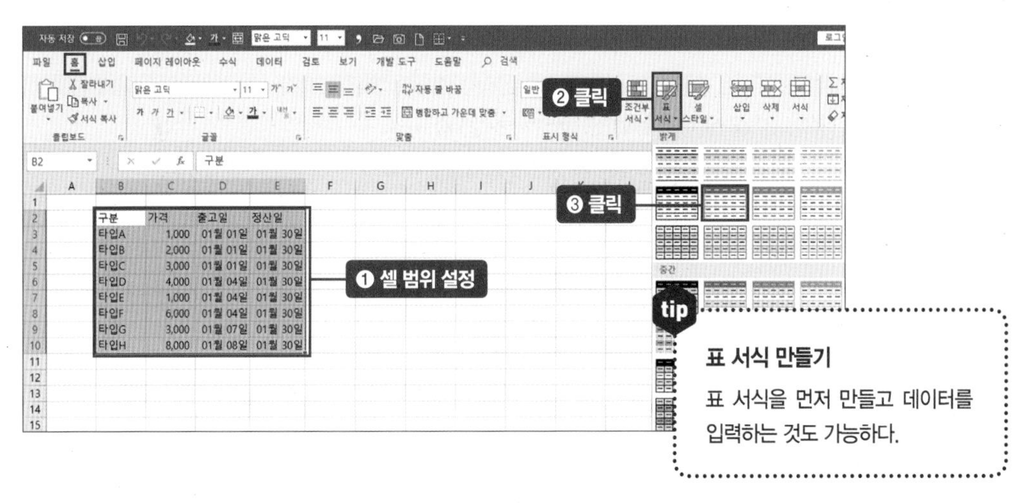

tip

표 서식 만들기

표 서식을 먼저 만들고 데이터를 입력하는 것도 가능하다.

2. 표 사이즈 조정하기

다음처럼 표 서식이 완성됩니다. 표 오른쪽 하단 모서리에 작은 점이 보입니다. 여기에 마우스를 가져다 대면 커서 모양이 사이즈 조정 화살표(↘) 모양으로 바뀝니다. 드래그하면 표 사이즈를 조정할 수 있습니다.

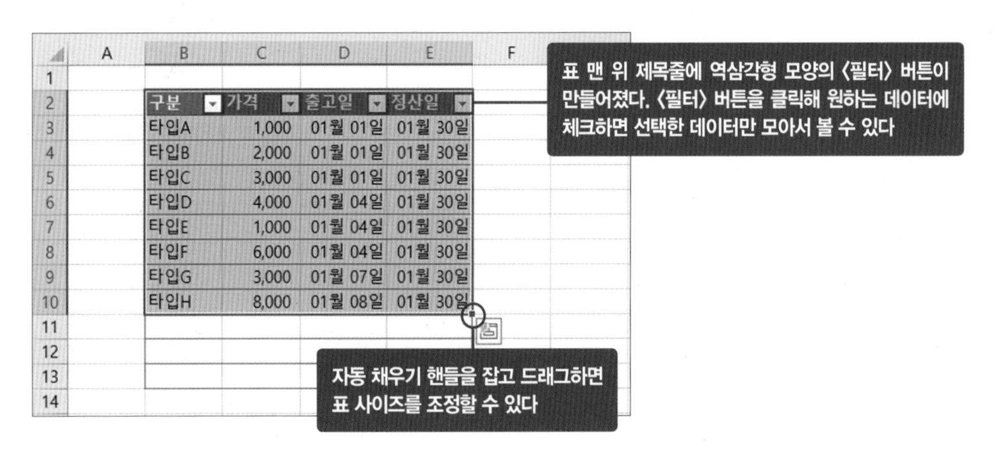

[홈] 탭 – 셀 스타일

예제파일 : 0_08_셀스타일.xlsx 

1. 셀 스타일 적용하기

셀 스타일 기능은 일반적으로 사무실 문서에 자주 사용됩니다. 빠르고 간단하게 스타일을 적용할 수 있어서 급하게 문서 양식을 만들 때 편리합니다. [B2:C4] 셀 범위를 설정(❶)한 다음 [홈] 탭 → 셀 스타일( ) 아이콘의 〈펼침〉( ) 버튼을 클릭해서 적용할 스타일을 클릭(❷)하세요.

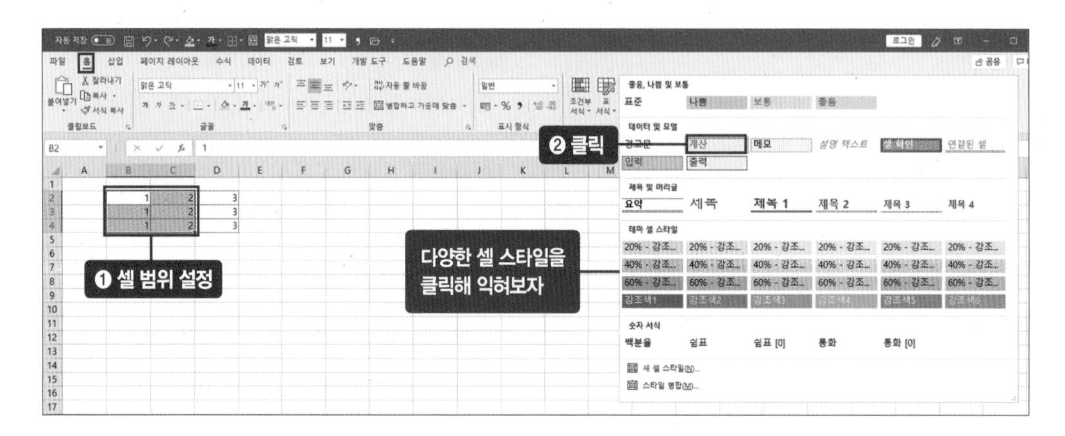

2. 셀 스타일 사이즈 조정하기

셀 스타일이 완성되었습니다. 표 오른쪽 하단 모서리에 작은 점이 보입니다. 여기를 잡고 드래그하면 셀 스타일을 확장해서 적용할 수 있습니다.

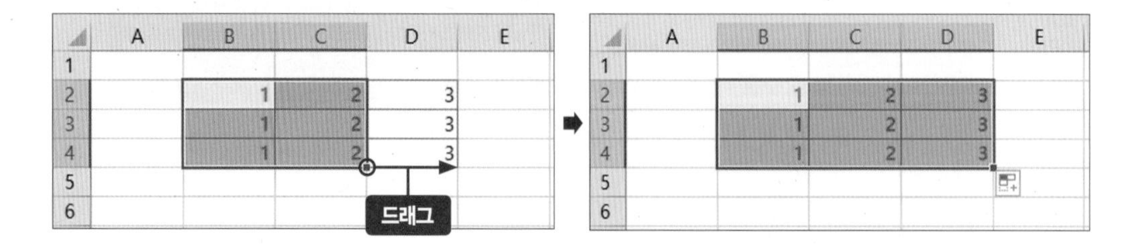

[홈] 탭 – 자동 합계

예제파일 : 0_08_자동합계.xlsx

'자동 합계'는 데이터를 자동으로 계산해주는 기능입니다. [홈] 탭 리본메뉴에 자주 사용하는 함수를 모아두어서 함수를 빠르게 적용할 수 있습니다.

1. 합계(SUM) 구하기

자동 합계 기능 중 '합계'는 선택한 여러 값을 더하는 것입니다. 예제파일의 [A2:B14] 셀을 보면 1~12월까지 금액이 적혀 있습니다. 합계 금액을 입력할 [B15] 셀을 선택(❶)한 후 [홈] 탭 → [편집] 그룹 → 자동 합계(Σ) 아이콘을 클릭(❷)합니다. [B3:B14] 셀이 자동으로 범위가 설정됩니다. Enter 키를 누르면 [B3:B14] 셀의 금액을 모두 합한 금액이 [B15] 셀에 나타납니다.

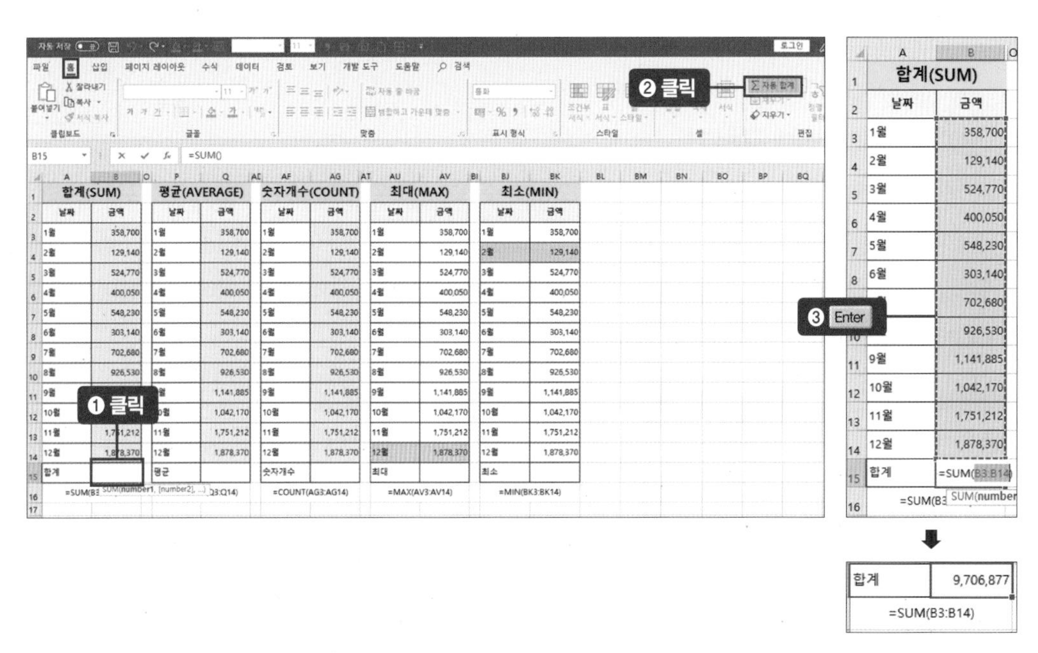

2. 평균(AVERAGE) 구하기

'평균'은 선택한 셀들의 평균을 구하는 함수입니다. 예제파일의 [Q15] 셀을 선택(❶)한 후 [홈] 탭 → [편집] 그룹 → 자동 합계(Σ) 아이콘 옆 〈펼침〉(▾) 버튼을 클릭(❷)해 〈평균〉을 선택(❸)합니다. Enter 키(❹)를 누르면 [Q3:Q14] 셀의 금액을 평균낸 금액이 [Q15] 셀에 계산되어 나타납니다.

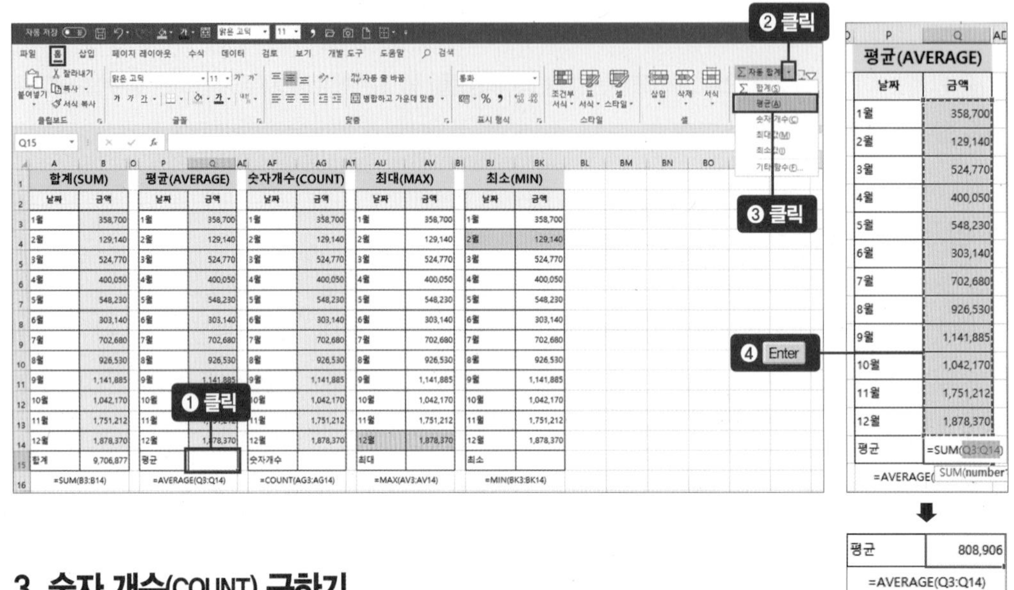

3. 숫자 개수(COUNT) 구하기

'숫자 개수'는 선택한 셀 범위 안에서 빈 셀을 제외하고 숫자가 입력된 셀의 개수가 몇 개인지 구하는 함수입니다. [AG15] 셀을 선택(❶)한 후 [홈] 탭 → [편집] 그룹 → 자동 합계(Σ) 아이콘 옆 〈펼침〉(▾) 버튼을 클릭(❷)해서 〈숫자 개수〉를 선택(❸)합니다. Enter 키(❹)를 누르면 [AG3:AG14] 셀 중 비어 있는 셀이 없으므로 [AG15] 셀에 숫자 12가 나타납니다.

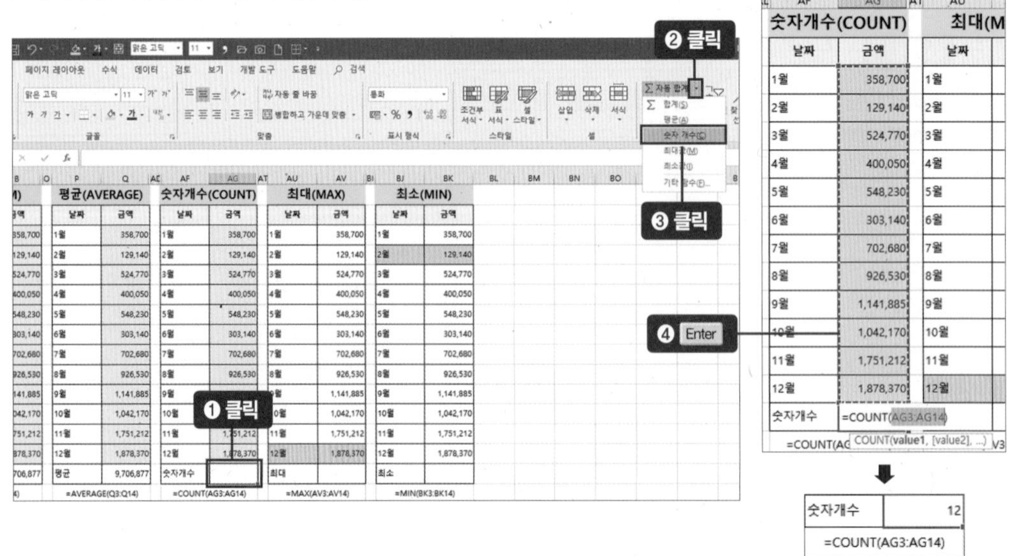

4. 최대값(MAX) 구하기

'최대값'은 선택한 셀들의 최댓값을 구하는 함수입니다. [AV15] 셀을 선택(❶)한 후 [홈] 탭 → [편집] 그룹 → 자동 합계(Σ) 아이콘 옆 〈펼침〉(▾) 버튼을 클릭(❷)해서 〈최대값〉을 선택(❸)합니다. Enter 키(❹)를 누르면 [AV3:AV14] 셀 중 최댓값이 [AV15] 셀에 자동으로 나타납니다.

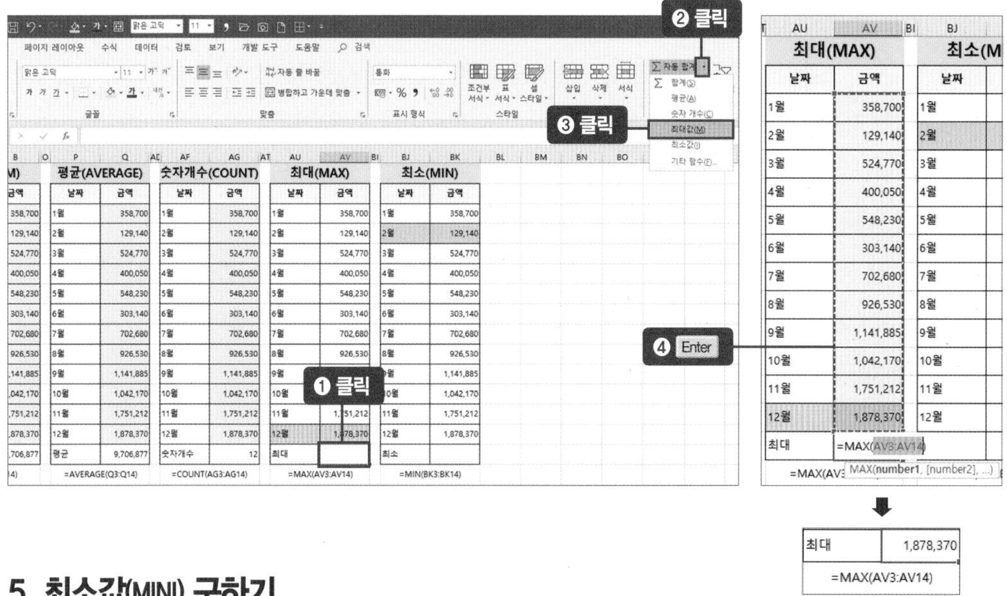

5. 최소값(MIN) 구하기

'최소값'은 선택한 셀들의 최솟값을 구하는 함수입니다. [BK15] 셀을 선택(❶)한 후 [홈] 탭 → [편집] 그룹 → 자동 합계(Σ) 아이콘 옆 〈펼침〉(▾) 버튼을 클릭(❷)해서 〈최소값〉을 선택(❸)합니다. Enter 키(❹)를 누르면 [BK3:BK14] 셀 중 최솟값이 [BK15] 셀에 자동으로 나타납니다.

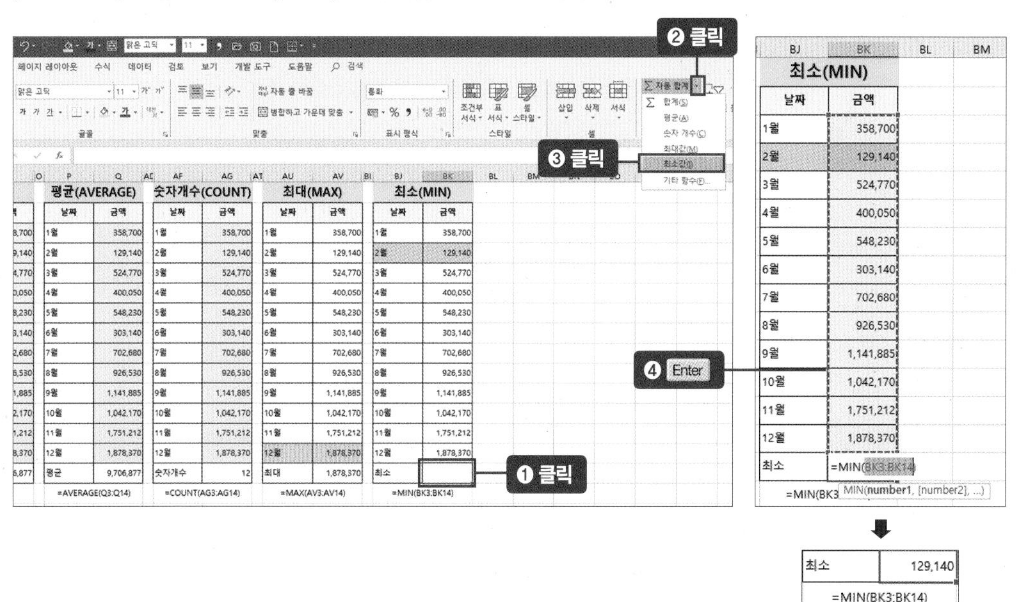

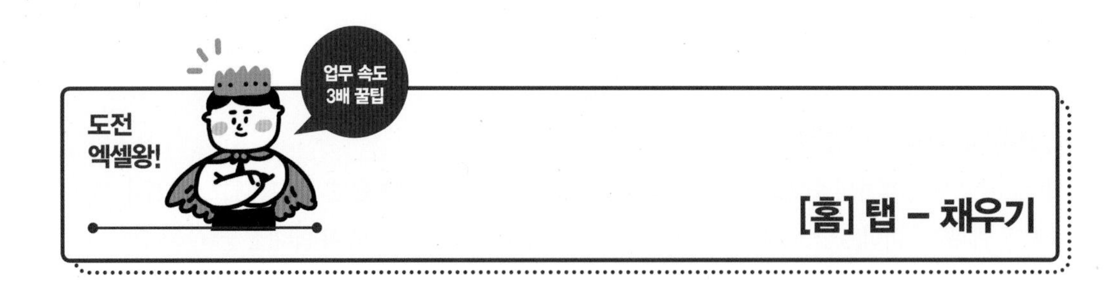

[홈] 탭 – 채우기

[홈] 탭 → [편집] 그룹의 '채우기' 기능은 셀에서 자동 채우기 핸들을 사용하는 것과 크게 다르지 않습니다. 채우기 기능을 사용하면 범위 설정한 셀을 모두 같은 데이터로 채울 수 있습니다.

1. 아래쪽 채우기

새 통합 문서를 열어 [A1] 셀에 **국수**를 입력(❶)한 다음 [A1:F15] 셀 범위를 설정(❷)합니다. [홈] 탭 → [편집] 그룹 → 채우기( ) 아이콘을 클릭(❸)합니다. 〈아래쪽〉을 선택(❹)하면 [A1:A15] 셀이 '국수'로 채워집니다.

★ 새 통합 문서 만드는 방법은 30쪽 참고

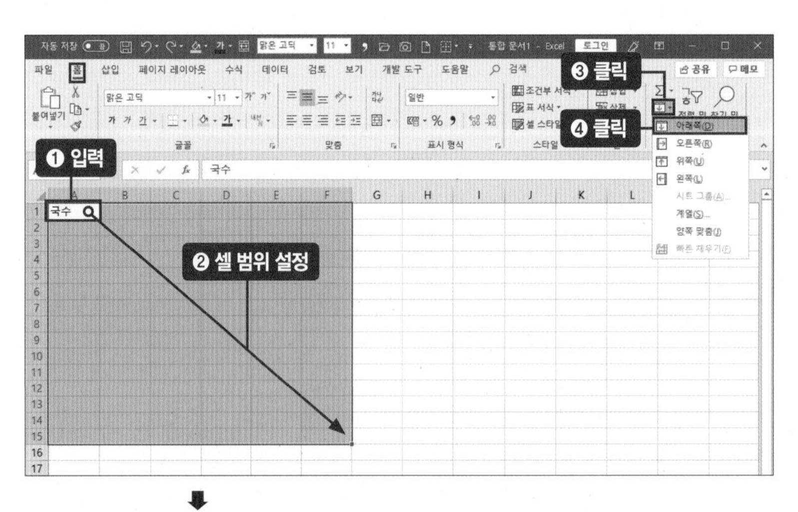

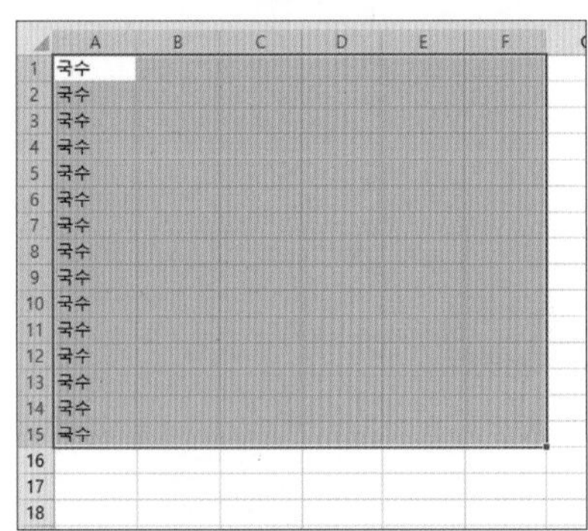

2. 오른쪽 채우기

이번에는 채우기(⊡) 아이콘 클릭(❶) → 〈오른쪽〉을 클릭(❷)합니다. [A1:F15] 범위의 모든 셀이 '국수'로 채워집니다.

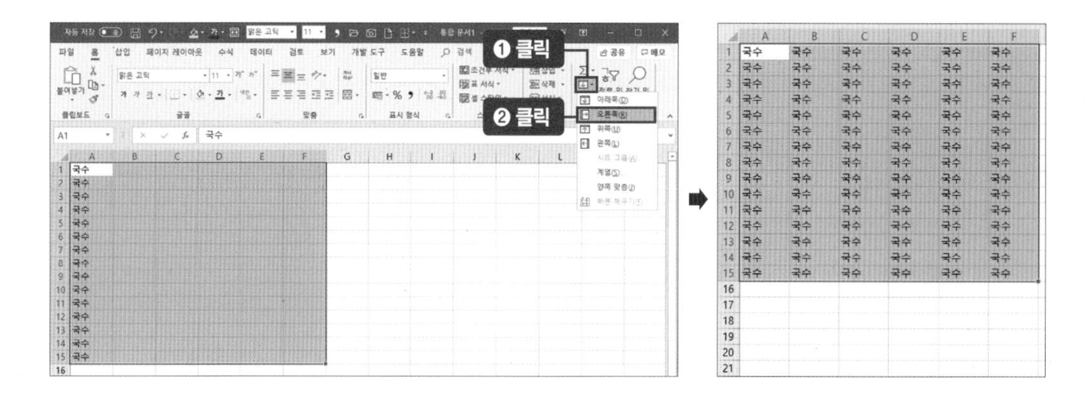

3. 계열 설정하기

채울 데이터가 숫자인 경우 일정한 규칙을 설정해 채울 수 있습니다. [A1:F15]에 입력한 데이터를 Delete 키를 눌러 지운 다음 [A1] 셀에 1을 입력(❶)합니다. [A1:A15] 셀 범위를 설정(❷)하고 [홈] 탭 → 채우기(⊡) 아이콘 클릭(❸) → 〈계열〉에 체크(❹)합니다. [연속 데이터] 대화상자가 나타납니다. '방향'은 〈열〉(❺), '유형'은 〈급수〉(❻), '단계 값'에는 3을 입력(❼)한 후 〈확인〉을 클릭(❽)합니다. A열의 데이터가 3배수로 커집니다.

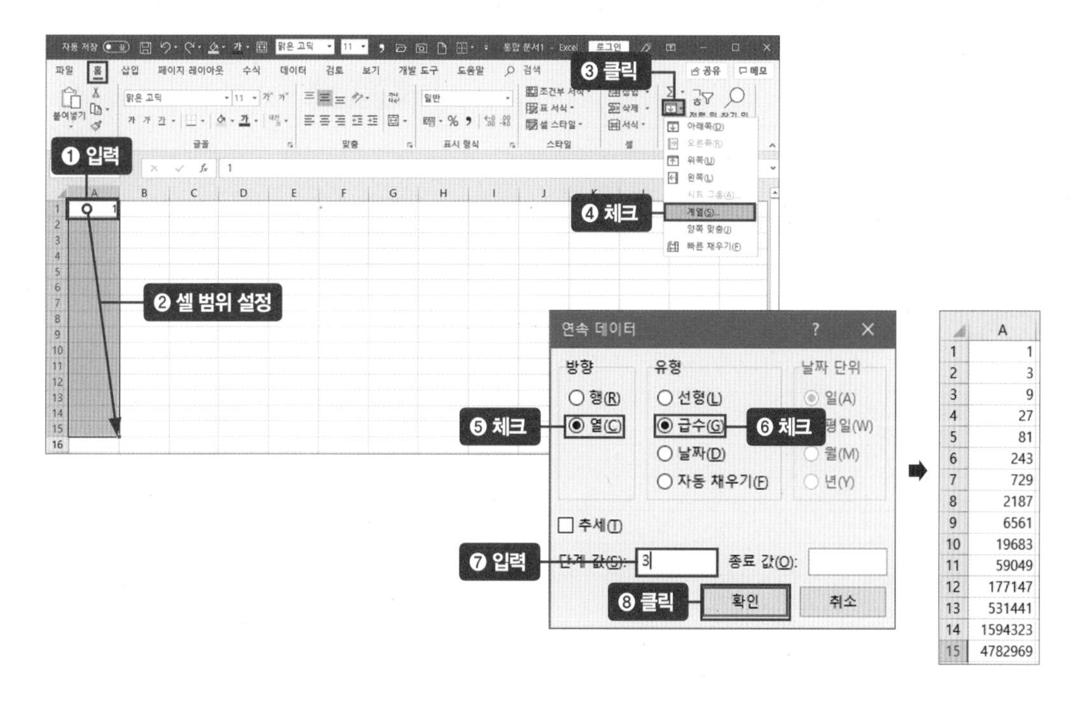

자동 채우기 기능으로 달력 만들기

셀에 아무것도 없는 상태로 자동 채우기 기능을 활용할 수는 없습니다. [A2] 셀에 일을 입력(❶)합니다. 마우스를 [A2] 셀 오른쪽 아래 채우기 핸들로 가져가면 커서가 십자 모양이 됩니다. 잡고 [G2] 셀까지 드래그(❷)합니다. 요일이 자동으로 채워집니다.

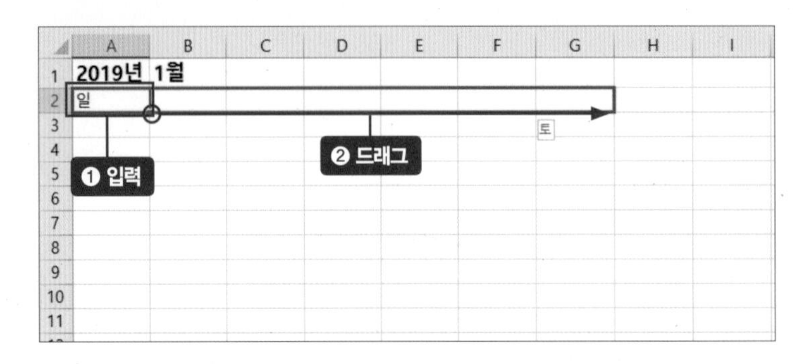

아래 화면처럼 3행에 1~7까지 입력하고 4행에도 8~14까지 입력(❸)합니다. 채우기 핸들을 아래로 드래그(❹)해 숫자를 채웁니다. 날짜는 31일까지만 남겨두고 지웁니다.

	A	B	C	D	E	F	G	H	I
1	2019년 1월								
2	일	월	화	수	목	금	토		
3	1	2	3	4	5	6	7		
4	8	9	10	11	12	13	14		
5									
6									
7									
8									
9									
10									
11									

❸ 입력

❹ 드래그

35

채우기 색과 글꼴 색을 활용해 꾸민 다음, 마우스로 셀 크기를 조정해 보기 좋게 만듭니다. ★ **채우기 색, 글꼴 색 자세한 내용은 91쪽 참고**

	A	B	C	D	E	F	G	H
1	2019년 1월							
2	일	월	화	수	목	금	토	
3	1	2	3	4	5	6	7	
4	8	9	10	11	12	13	14	
5	15	16	17	18	19	20	21	
6	22	23	24	25	26	27	28	
7	29	30	31					
8								

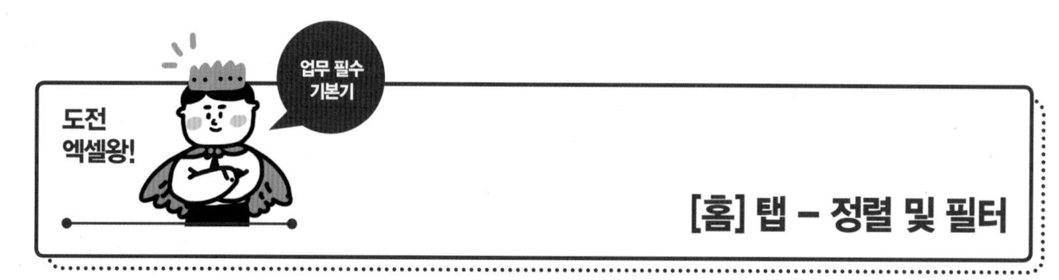

[홈] 탭 – 정렬 및 필터

예제파일 : 0_08_정렬및필터.xlsx

1. 데이터 오름차순, 내림차순 정렬하기

데이터 정렬 순서를 정합니다. 데이터를 오름차순이나 내림차순으로 정렬, 혹은 사용자 지정 조건으로 정렬해보겠습니다. 예제파일의 [B2:B10] 셀 범위를 설정(❶)합니다. [홈] 탭 → 정렬 및 필터(아이콘) 아이콘을 클릭(❷)해서 〈텍스트 오름차순 정렬〉을 선택(❸)합니다. 이름이 가나다순으로 정렬됩니다. 〈텍스트 내림차순 정렬〉을 선택하면 오름차순의 반대인 하파타순으로 정렬됩니다.

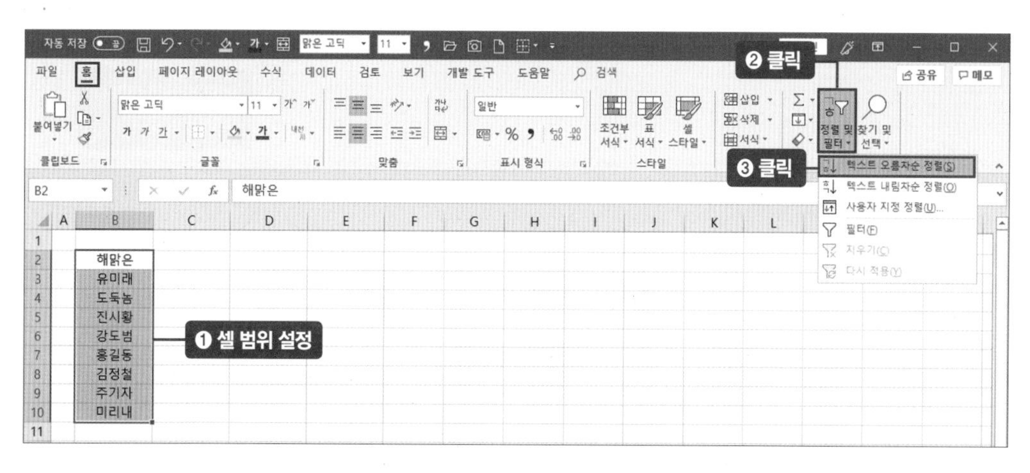

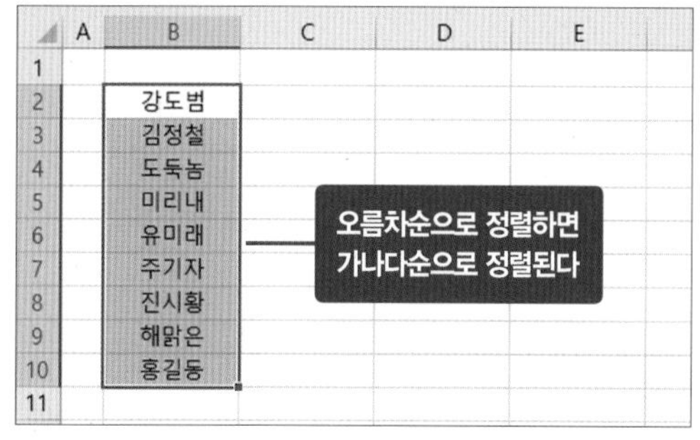

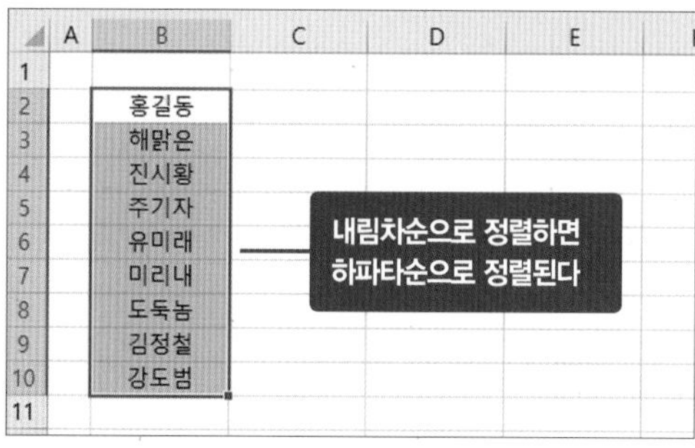

2. 표에 〈필터〉 버튼 만들기

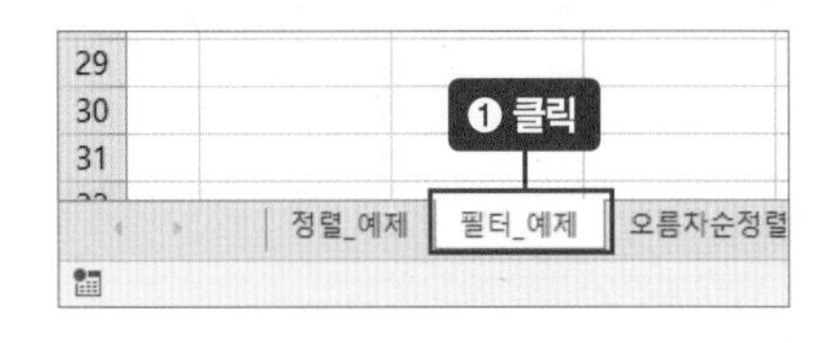

필터는 말 그대로 원하는 값만 남기고 나머지 데이터는 걸러내는 기능입니다. 특정 문자, 숫자 범위, 날짜, 평균, 상위값을 분류할 수 있습니다. 필터 기능을 이용하려면 일단 표에 〈필터〉 버튼을 만들어야 합니다. 예제파일 하단 [시트] 탭에서 [필터_예제] 시트를 클릭(❶)합니다. [B4:E4] 셀 범위를 설정(❷)합니다. [홈] 탭 → 정렬 및 필터( ) 아이콘을 클릭(❸)해 〈필터〉를 선택(❹)합니다. 세모 모양의 〈필터〉 버튼이 각 항목마다 생겼습니다.

3. 이름 오름차순 정렬하기

이제 〈필터〉 버튼을 이용해 쉽게 각 셀에 필터 기능을 적용할 수 있게 되었습니다. 먼저 이름을 오름차순으로 정렬해보겠습니다. [B4] 셀의 〈필터〉( ) 버튼을 클릭(❶)합니다. 나타난 팝업창에서 〈텍스트 오름차순 정렬〉을 클릭(❷)합니다. [B5:B13] 셀의 데이터가 가나다순으로 정렬됩니다. 그리고 필터가 적용된 곳의 버튼이 필터 오름차순( ) 모양으로 바뀝니다. 텍스트가 오름차순으로 정렬되었다는 뜻입니다.

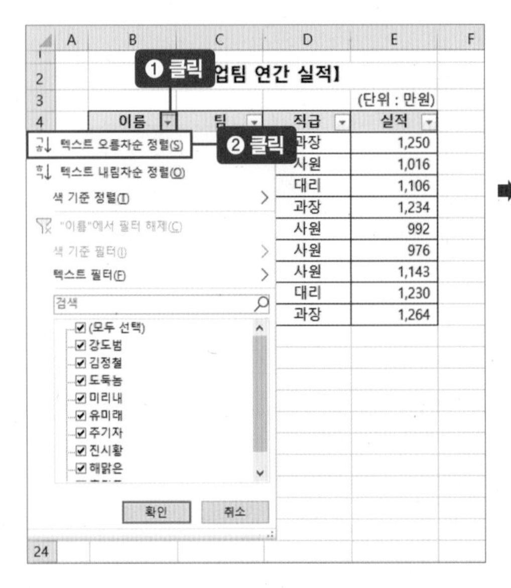

【영업팀 연간 실적】

(단위 : 만원)

이름	팀	직급	실적
강도범	영업3	과장	1,250
김정철	영업2	사원	1,016
도둑놈	영업1	대리	1,106
미리내	영업2	과장	1,234
유미래	영업3	사원	992
		사원	976
		사원	1,143
		대리	1,230
		과장	1,264

오름차순으로 정렬되었다는 뜻!

4. 영업1팀의 실적 구하기

이번에는 영업팀 중에서 1팀의 실적만 구해봅시다. [C4] 셀의 〈필터〉(▾) 버튼을 클릭(❶)합니다. 팝업창에서 〈(모두 선택)〉을 클릭(❷)해 체크를 해제한 다음 〈영업1〉에만 체크(❸)하고 〈확인〉 버튼을 클릭(❹)합니다. 영업1팀의 데이터만 남습니다.

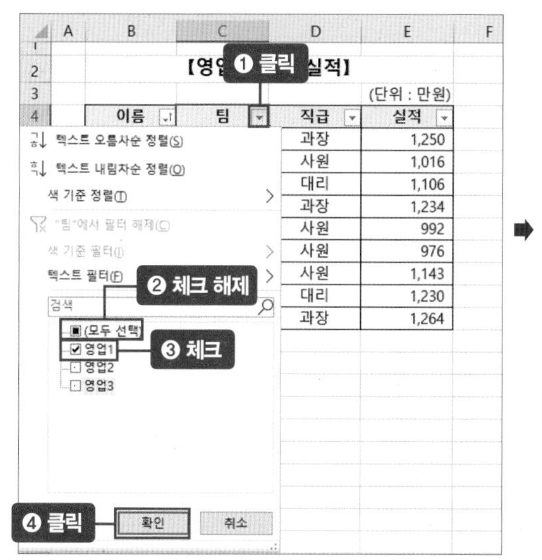

➡

【영업팀 연간 실적】

(단위 : 만원)

이름	팀	직급	실적
도도놈	영업1	대리	1,106
주기자	영업1	사원	976
홍길동	영업1	과장	1,264

필터를 적용한 버튼을 다시 클릭하면 필터가 풀린다

5. 대리들의 실적 구하기

이번에는 대리들의 실적만 따로 구해보겠습니다. 팀 영역의 〈필터〉 버튼을 클릭하고 〈"팀"에서 필터 해제〉를 클릭한 다음, 직급 영역의 〈필터〉(▾) 버튼을 클릭(❶)합니다. 팝업창에서 〈(모두 선택)〉을 클릭(❷)해 체크를 해제한 다음 〈대리〉에 체크(❸)하고 〈확인〉 버튼을 클릭(❹)합니다. 대리 직급의 데이터만 남았습니다.

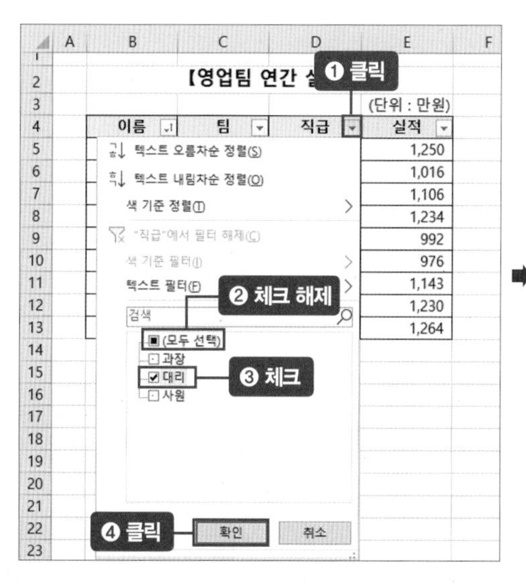

➡

【영업팀 연간 실적】

(단위 : 만원)

이름	팀	직급	실적
도도놈	영업1	대리	1,106
해맑은	영업2	대리	1,230

대리 직급의 데이터만 남았다

6. 실적이 1,000만원 이상인 직원 뽑아내기

이번에는 실적이 1,000만원 이상인 직원만 골라내보겠습니다. 직급 영역에 적용한 필터를 해제(❶, ❷)해서 풉니다. 실적 영역의 〈필터〉(▾) 버튼을 클릭(❸)합니다. '숫자 필터'에서 〈크거나 같음〉을 클릭(❹)합니다. [사용자 지정 자동 필터] 대화상자가 뜨면 첫 줄 오른쪽 박스에 1000을 입력(❺)하고 〈확인〉 버튼을 클릭(❻)합니다. 1,000만원 이상의 실적을 낸 직원들의 데이터만 남았습니다.

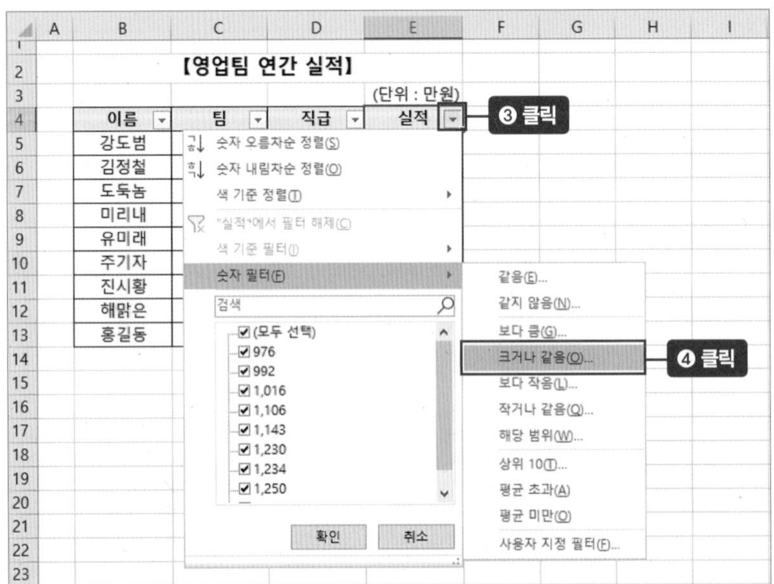

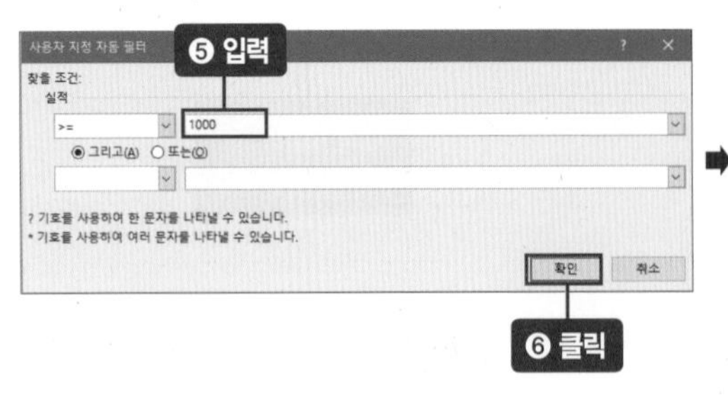

【영업팀 연간 실적】

(단위 : 만원)

	이름	팀	직급	실적
5	강도범	영업3	과장	1,250
6	김정철	영업2	사원	1,016
7	도둑놈	영업1	대리	1,106
8	미리내	영업2	과장	1,234
11	진시황	영업3	사원	1,143
12	해맑은	영업2	대리	1,230
13	홍길동	영업1	과장	1,264

실적이 1,000만원 이상인 직원 명단만 추려졌다

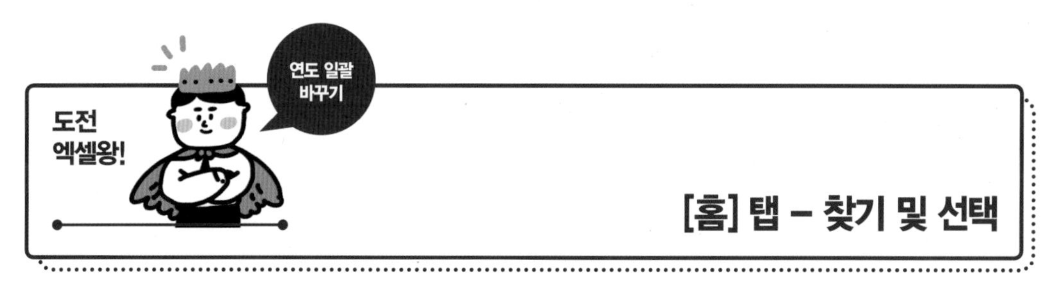

[홈] 탭 – 찾기 및 선택

예제파일 : 0_08_찾기및선택.xlsx

1. 찾기

'찾기'는 많은 데이터에서 원하는 특정값이나 내용이 들어간 셀을 찾아내는 기능입니다. [홈] 탭 → [편집] 그룹 → 찾기 및 선택( ) 아이콘(❶) → 〈찾기〉를 클릭(❷)합니다.

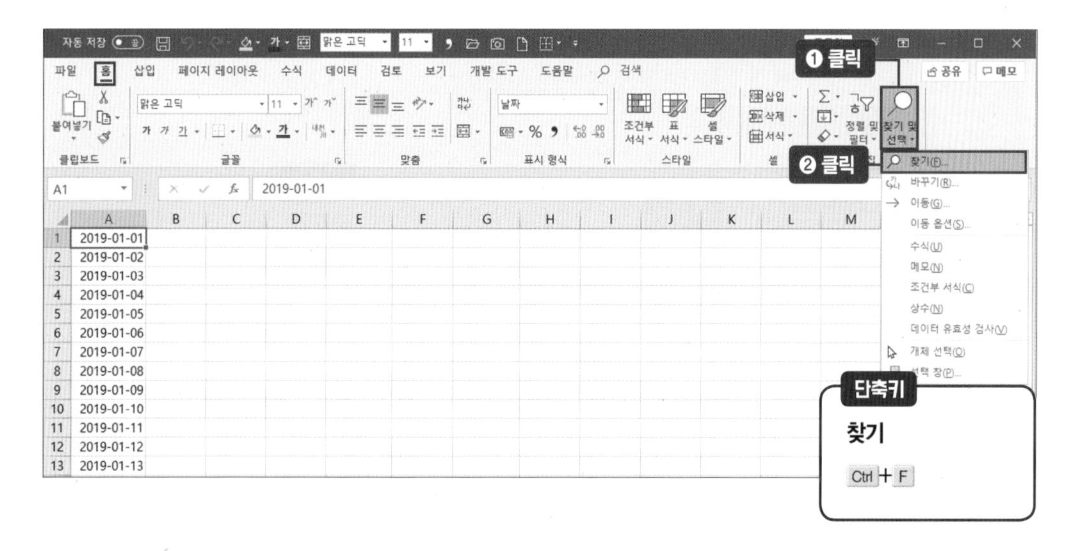

[찾기 및 바꾸기] 대화상자가 나타나면 〈찾을 내용〉에 **2019**를 입력(❸)합니다. 〈모두 찾기〉 버튼을 클릭(❹)하면 '2019'가 입력된 셀 정보가 나타납니다.

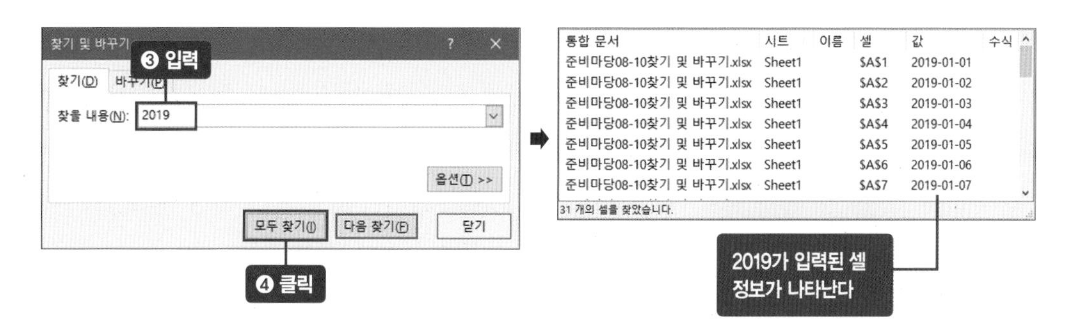

2. 바꾸기

이번에는 '바꾸기' 기능을 익혀봅시다. [바꾸기] 탭을 클릭(❶)합니다. 〈바꿀 내용〉에 2020을 입력(❷)하고 〈모두 바꾸기〉를 클릭(❸)합니다. 31개 항목이 바뀌었다는 알림창이 뜨면 〈확인〉 버튼을 클릭(❹)합니다. 2019년도에서 2020년도로 일괄 바뀐 것을 확인할 수 있습니다.

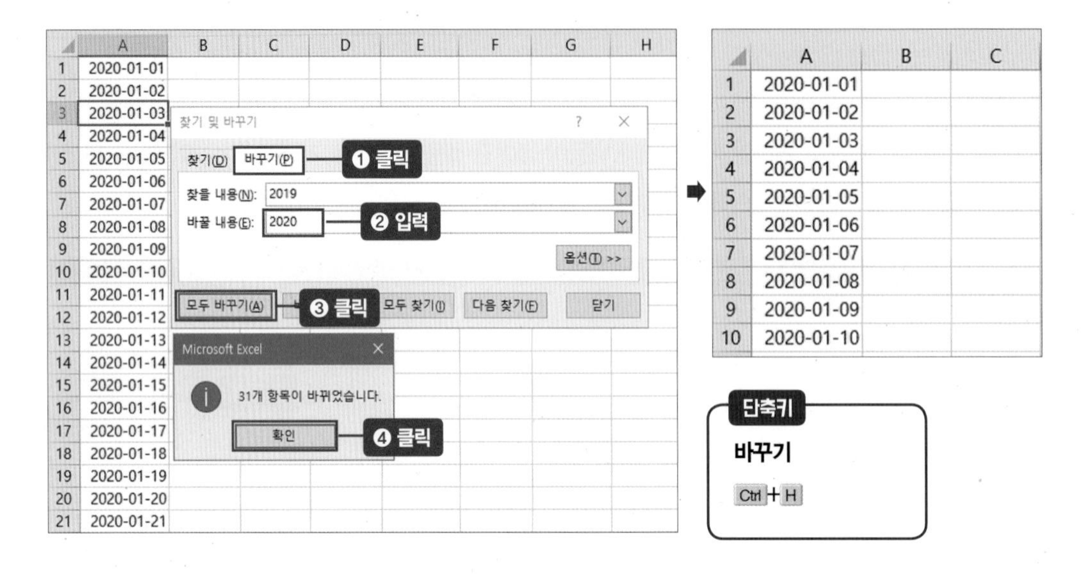

작업 취소에 유용한 '실행 취소' 기능

예제파일 : 0_08_찾기및선택.xlsx 

① 원래대로 되돌리는 Ctrl + Z, 다시 실행시키려면 Ctrl + Y

앞에서 2019년을 2020년으로 바꾼 것을 원래대로 되돌릴 수 있는 방법이 있습니다. 바로 '실행 취소' 기능입니다. 실행 취소 단축키는 Ctrl + Z 입니다. 엑셀에서 가장 많이 사용하는 단축키 중 하나입니다. 단축키 하나로 화면의 2020년이 2019년으로 원래대로 바뀌었습니다. 취소한 것을 다시 실행하는 단축키는 Ctrl + Y 입니다. ★ 기타 단축키는 3쪽(책 앞 면지) 참고

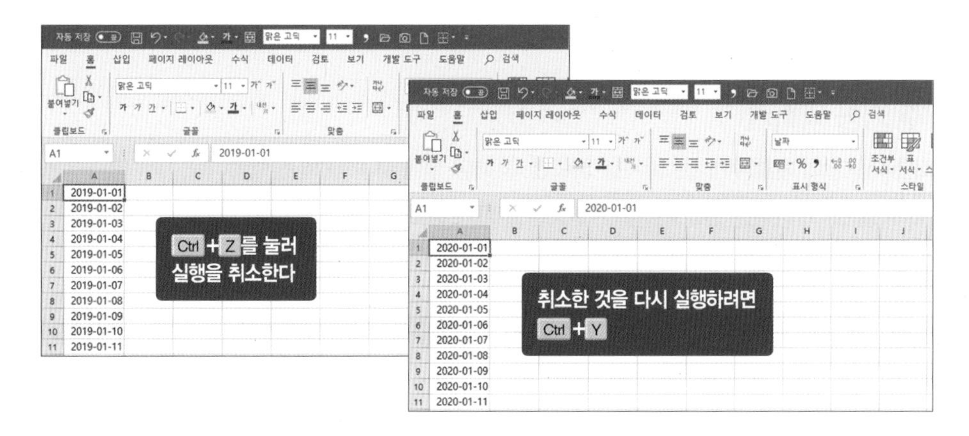

② 여러 단계를 한 번에 실행 취소, 또는 되돌리려면 목록 클릭

실행 취소 내역은 빠른 실행 도구 모음에 기본적으로 세팅되어 있는 취소( ), 다시 실행( ) 아이콘 옆 〈펼침〉(▾) 버튼을 클릭하면 목록이 자세히 나옵니다. 실행 취소나 되돌리고 싶은 부분을 선별적으로 클릭해 적용할 수 있습니다.

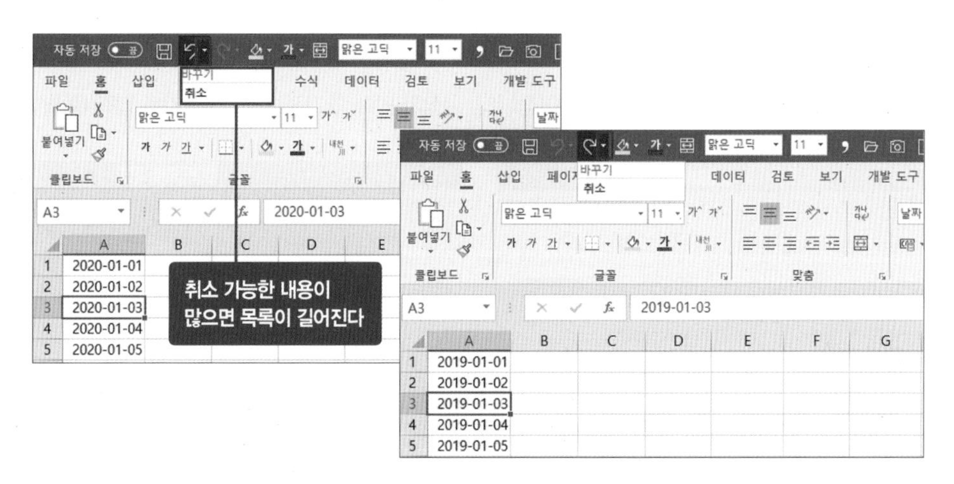

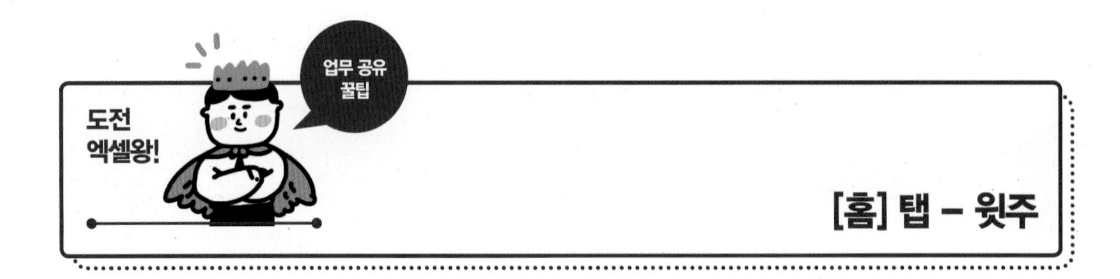

'윗주'는 문자 데이터 바로 위에 추가정보를 남기는 기능입니다. 주로 문서 제목에 추가로 설명이 필요하거나 일련번호를 추가할 때 사용합니다. 윗주는 인쇄할 때 보이지 않도록 설정할 수 있어서 편리합니다. 단, 윗주 기능은 문자 데이터에서만 가능하다는 것을 알아두세요.

1. 윗주 기능 익히기

아래 화면처럼 셀에 **매출액**이라는 글자를 입력한 후 해당 셀을 클릭(❶)해 선택합니다. [홈] 탭 → [글꼴] 그룹 → 윗주 필드( ) 아이콘 옆의 〈펼침〉( ) 버튼을 클릭(❷)하고 〈윗주 필드 표시〉를 클릭(❸)합니다. 글자 위에 윗주를 입력할 수 있는 공간이 자동으로 생깁니다.

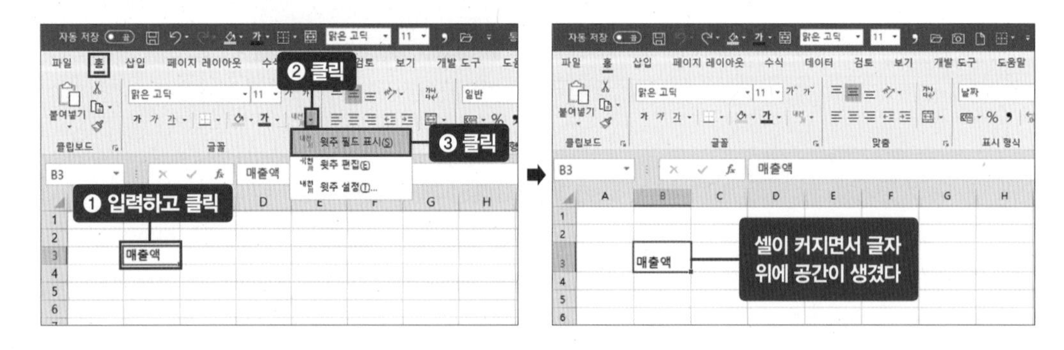

윗주를 입력할 셀을 클릭(❹)합니다. [홈] 탭 → 윗주 필드( ) 아이콘 옆 〈펼침〉( ) 버튼 → 〈윗주 편집〉을 클릭(❺)하면 텍스트 위에 새로운 글상자가 만들어집니다. 글상자 안에 추가정보인 **1/4분기**를 입력(❻)합니다.

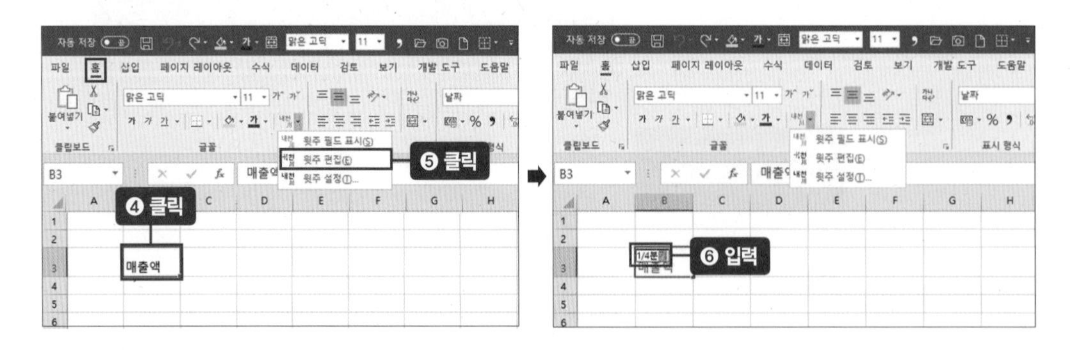

2. 윗주 글꼴 편집하기

윗주를 입력한 셀을 선택(❶)한 상태에서 [홈] 탭 → 윗주 필드( ) 아이콘 옆 〈펼침〉(▾) 버튼 → 〈윗주 설정〉을 클릭(❷)합니다. [윗주 속성] 대화상자가 열리고 글맞춤, 글꼴, 색상 등을 편집할 수 있습니다.

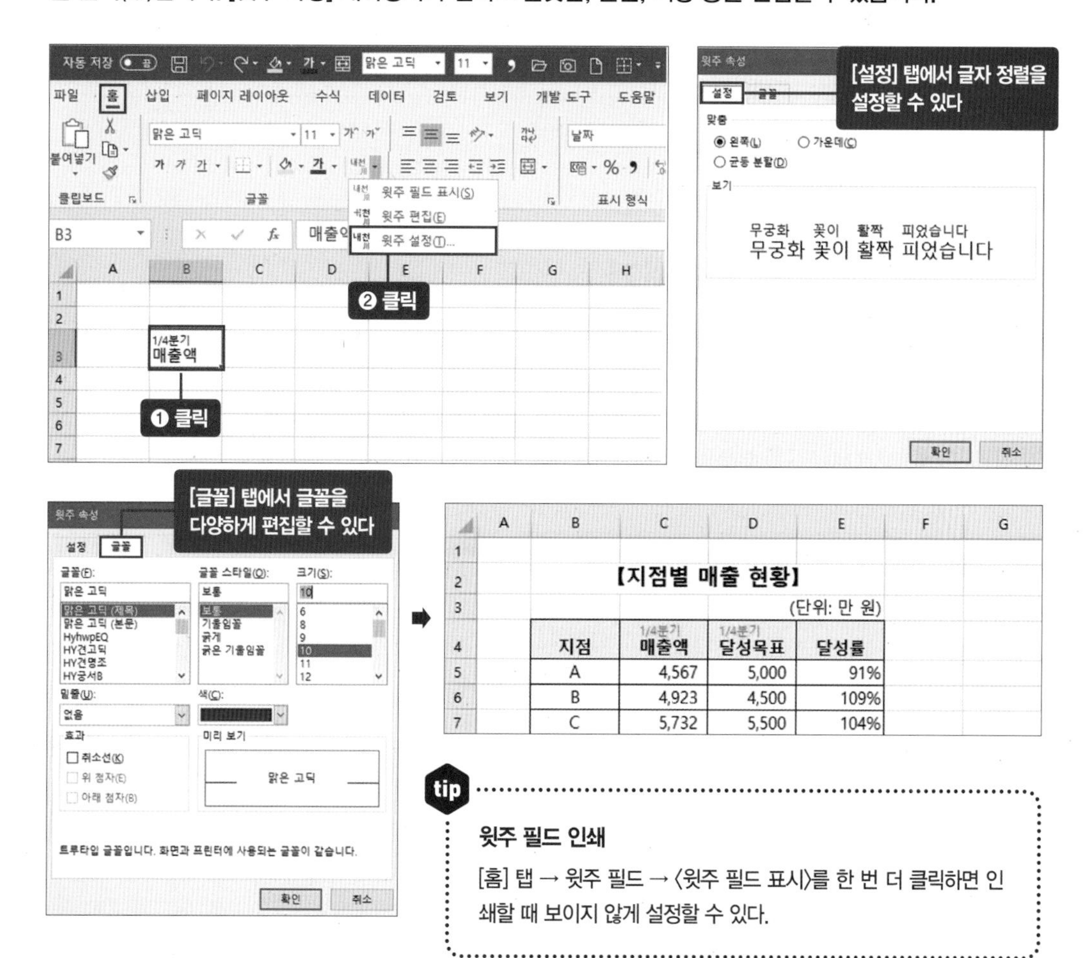

지점	1/4분기 매출액	1/4분기 달성목표	달성률
A	4,567	5,000	91%
B	4,923	4,500	109%
C	5,732	5,500	104%

tip

윗주 필드 인쇄

[홈] 탭 → 윗주 필드 → 〈윗주 필드 표시〉를 한 번 더 클릭하면 인쇄할 때 보이지 않게 설정할 수 있다.

tip

수식 입력에 유용한 잉크 수식

윗주와 비슷한 기능으로 수식에 사용하는 첨자가 있습니다. 수식에서 제곱, 세제곱 등을 나타내는 기능입니다. [삽입] 탭 → 수식 → 〈잉크 수식〉 메뉴에서 마우스를 드래그해 수식을 작성하면 첨자를 포함한 복잡한 수식도 손쉽게 입력할 수 있습니다.

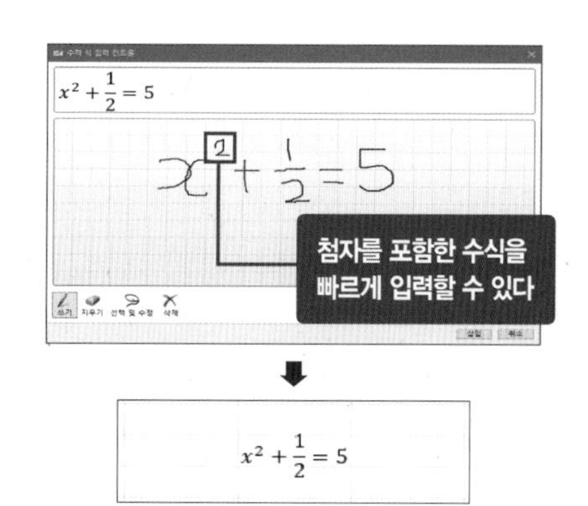

우선순위 엑셀 기능 ③
[삽입] 탭

[삽입] 탭 주요 기능 미리보기

[삽입] 탭의 세부적인 기능들은 엑셀에 대한 이해가 선행되어야 하는 것들이 많으므로 여기에서는 셀에 적용되는 리본메뉴를 우선적으로 익히겠습니다. [삽입] 탭에서 자주 쓰는 기능은 그림 삽입, 도형, 그래프 사용, 특수문자 입력 등입니다.

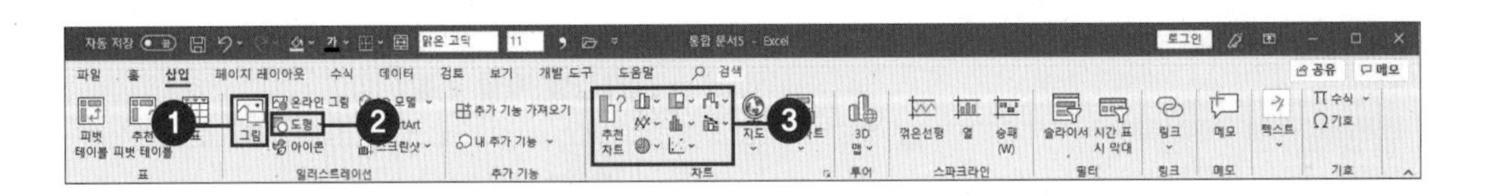

❶ **그림** : 회사에서 일하다 보면 제품 이미지, 회사 직인, 로고 등 엑셀에 이미지를 삽입하는 경우가 많습니다.

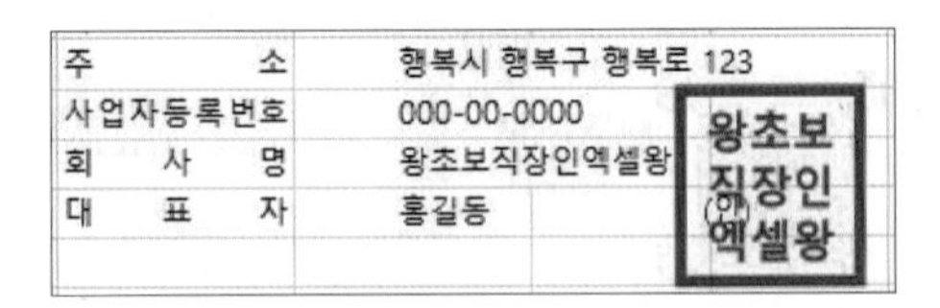

주 소	행복시 행복구 행복로 123
사업자등록번호	000-00-0000
회 사 명	왕초보직장인엑셀왕
대 표 자	홍길동

❷ **도형** : 도형은 셀에 구애받지 않고 텍스트 입력이 가능합니다. 조직도, 텍스트 강조, 셀에 대각선을 넣을 때 사용하면 편리합니다.

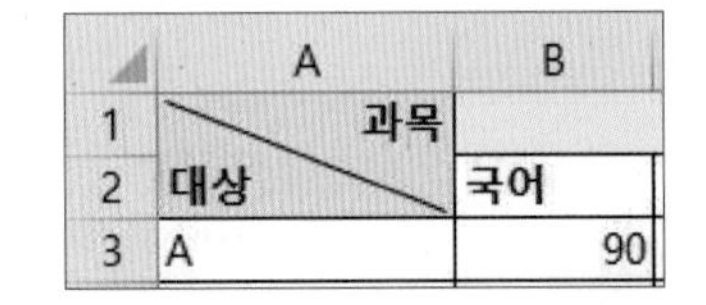

	A	B
1	과목	
2	대상	국어
3	A	90

❸ **그래프** : 좋은 보고서는 내용을 한눈에 파악할 수 있습니다. 그래프는 엑셀의 수많은 데이터를 보기 쉽게 정리해줍니다. 마케팅, 영업 업무를 담당하고 있다면 필수로 익혀두어야 하는 기능입니다.

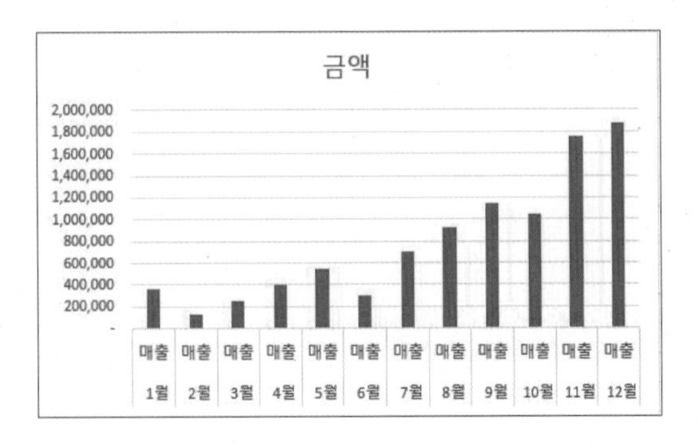

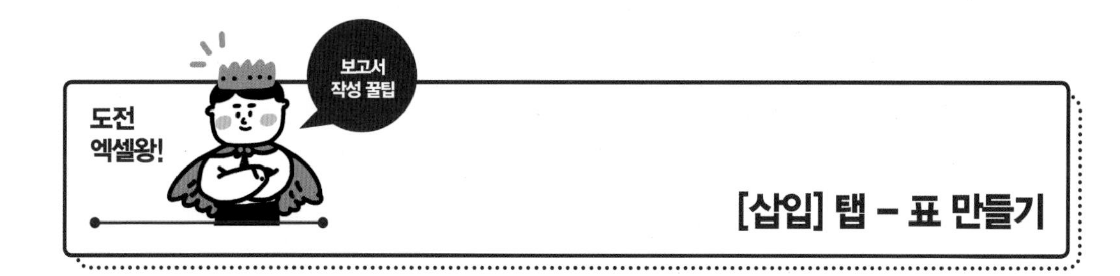

[삽입] 탭 – 표 만들기

표는 [홈] 탭의 표 서식 기능과 같습니다. [삽입] 탭 → [표] 그룹에서 표(▦) 아이콘을 클릭(❶)합니다. [표 만들기] 대화상자가 뜨면 표를 그리고자 하는 셀 범위를 마우스로 드래그(❷)합니다. 〈확인〉 버튼을 클릭(❸)합니다.

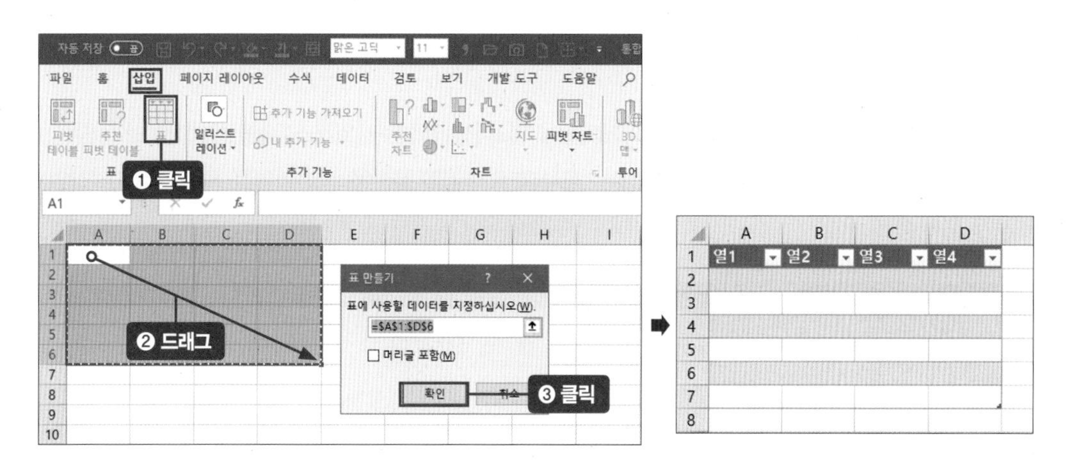

표 디자인의 기본은 파란색입니다. 다른 스타일로 바꾸려면 만들어진 표 위의 셀을 클릭(❹)한 후 [디자인] 탭(❺) → 표 서식(▦) 아이콘의 〈펼침〉(▾) 버튼을 클릭(❻)합니다. 목록에서 원하는 스타일을 선택(❼)합니다.

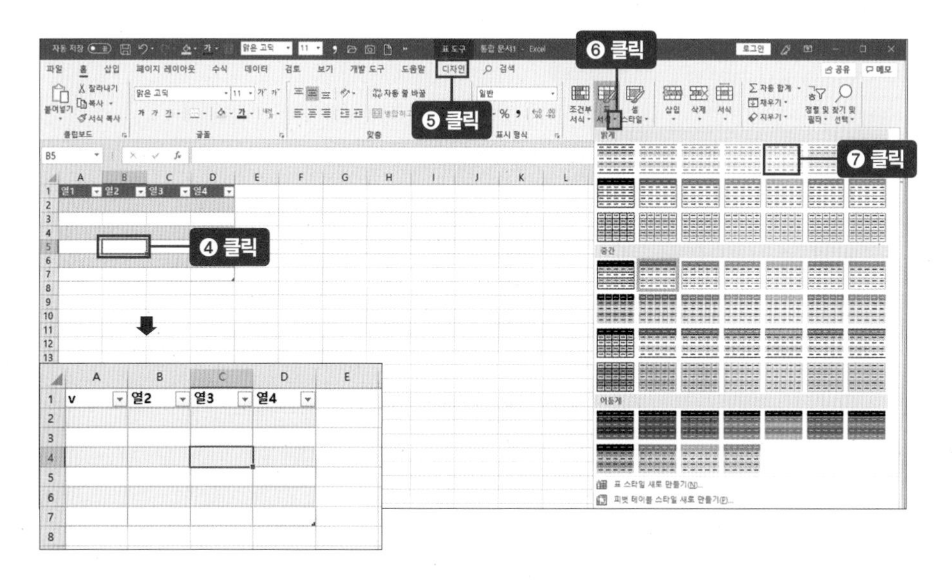

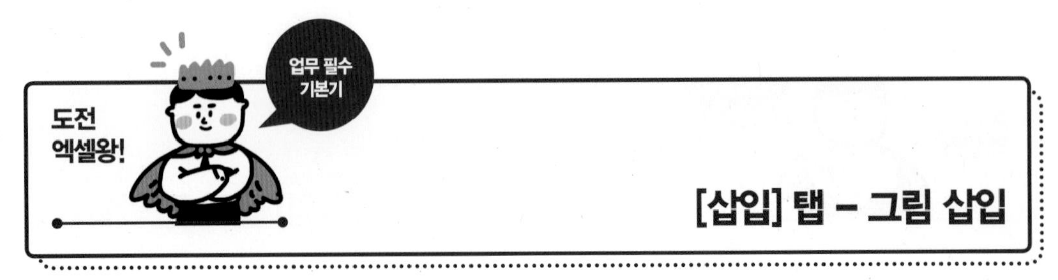

[삽입] 탭 – 그림 삽입

예제파일 : 0_09_그림삽입.xlsx

엑셀 문서를 만들다 보면 그림 파일을 삽입해야 하는 경우가 종종 있습니다. 엑셀 문서에 제품 사진을 넣거나, 결재 문서에 회사 직인을 넣을 때 주로 사용합니다. 그림을 넣은 다음 [서식] 탭에서 꾸미고 수정할 수 있습니다. 여기에서는 회사 직인을 문서에 입력하는 방법을 통해 도형 삽입과 꾸미기 기능을 익혀보겠습니다.

1. 그림 불러오기

회사 직인 이미지를 문서에 삽입해봅시다. 예제파일을 열고 [삽입] 탭 → [일러스트레이션] 그룹 → 그림( ) 아이콘을 클릭(❶)해 [0 준비마당] 폴더에 있는 『회사직인』 파일을 불러옵니다. 파일을 선택(❷)하고 〈삽입〉 버튼을 클릭(❸)하세요.

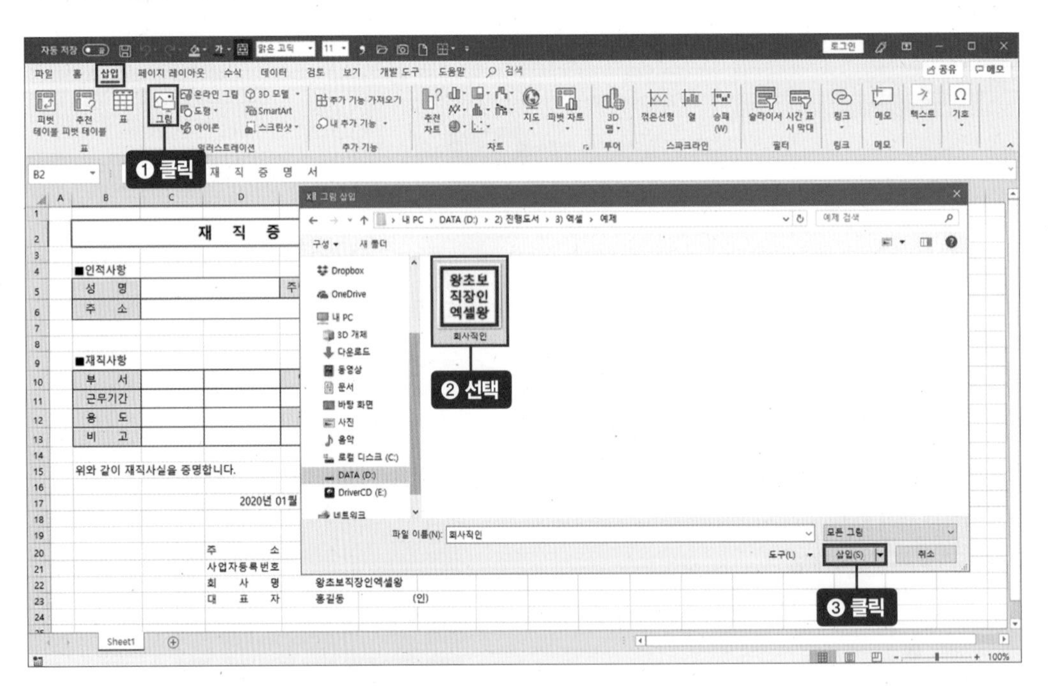

2. 불러온 그림 크기 조정하기

불러온 그림은 대부분 사이즈가 크기 때문에 화면에 맞는 적절한 사이즈로 조정해야 합니다. 그림 모서리에 마우스를 가져가면 커서 모양이 대각선 양쪽 화살표(⤡) 모양으로 바뀝니다. 마우스로 드래그해 그림 크기를 조정할 수 있습니다. 여기에서는 작은 이미지가 필요하므로 작게 조정합니다.

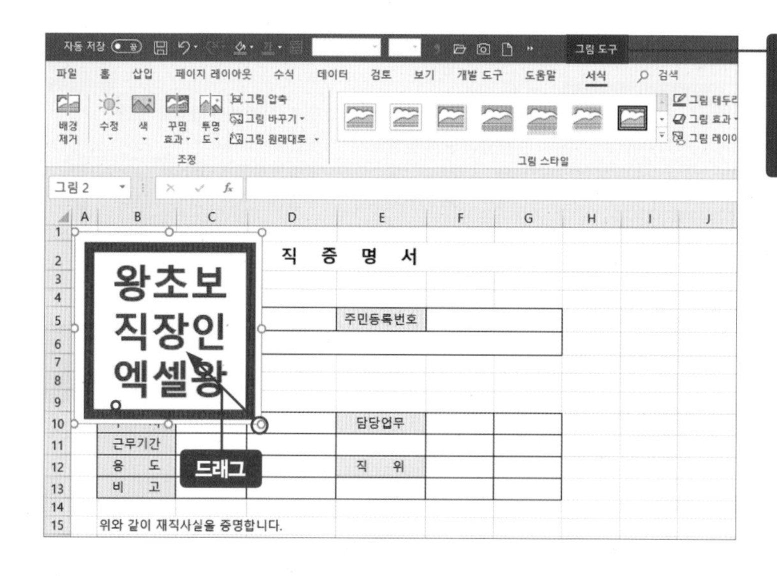

그림을 삽입하면 상단 제목줄에 자동으로 [그림 도구] 탭이 생긴다. 이 탭의 리본메뉴에서 배경 제거, 그림 스타일, 사이즈 조정 등을 할 수 있다

3. 원하는 사이즈 직접 입력하기

[서식] 탭에서 크기를 직접 입력해 조정할 수도 있습니다. 리본메뉴 [크기] 그룹에서 '높이'에 2cm를 입력합니다. 너비는 자동으로 조정됩니다.

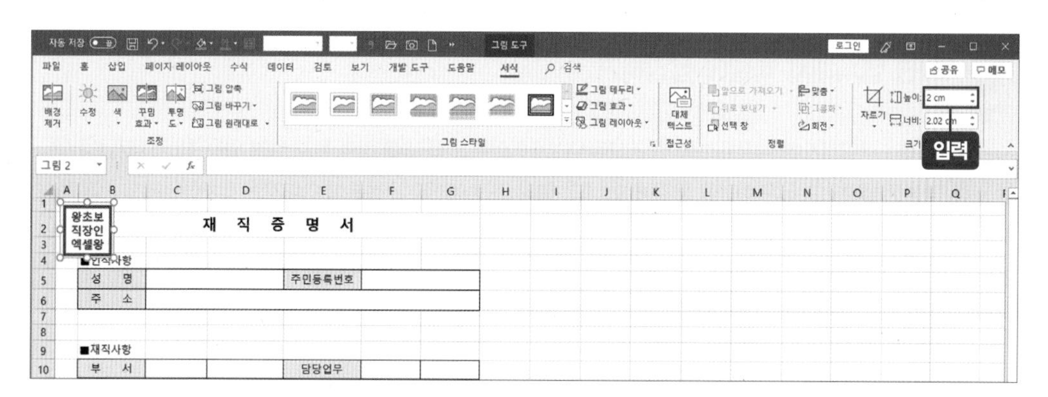

4. 투명도 조정하기

그림을 원하는 곳으로 이동시킵니다. 직인이니 대표자 이름 옆 '(인)' 자 위에 올려둡니다. 그림 때문에 문서 내용이 가려지네요. 그림을 클릭한 상태에서 [서식] 탭 → [조정] 그룹 → 색( ) 아이콘을 클릭(❶)한 후 목록에서 〈투명한 색 설정〉을 클릭(❷)합니다. 마우스 커서가 화살표 달린 연필( ) 모양으로 바뀌면 이미지를 클릭(❸)합니다. 그림이 투명해지면서 문서 내용이 잘 보입니다.

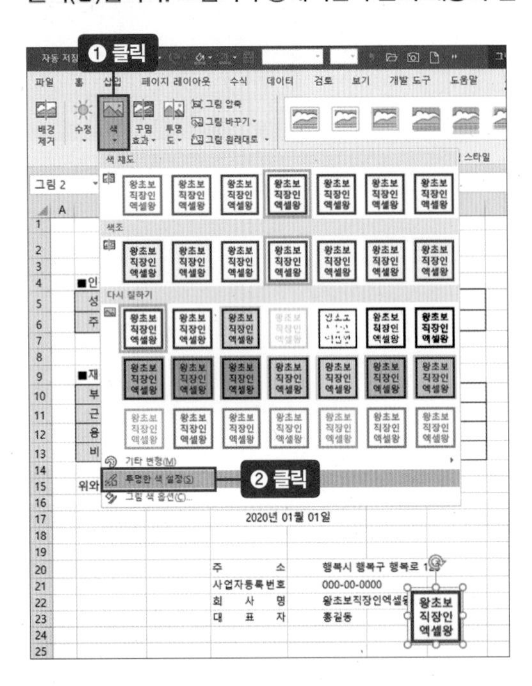

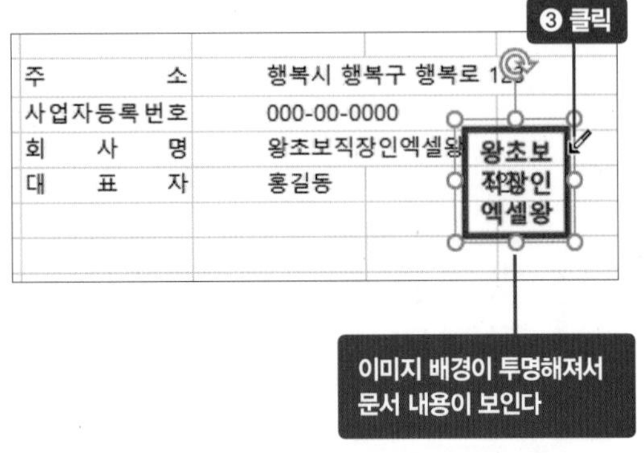

tip 화면 캡처해서 엑셀에 삽입하기

[삽입] 탭 → [일러스트레이션] 그룹 → 스크린샷( ) 아이콘을 클릭(❶)하면 현재 열려 있는 창이 나타납니다. 엑셀로 불러오고 싶은 화면을 클릭(❷)합니다. 열려 있던 예제파일 목록이 이미지로 캡처됩니다.

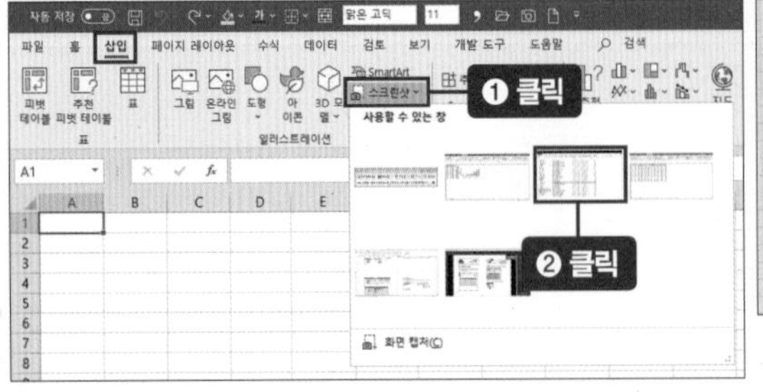

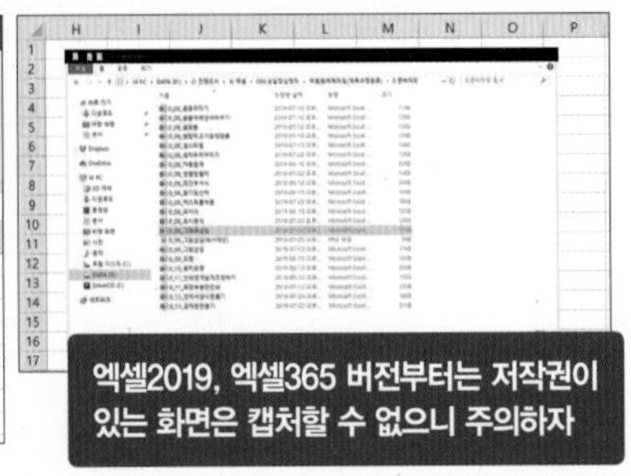

엑셀2019 버전에서 온라인 그림 사용하기

클립아트는 문서 작성에 도움을 줄 만한 그림을 모아둔 것입니다. 엑셀2010 버전까지는 [삽입] 탭에 클립아트( ) 아이콘이 있었지만 엑셀2013, 2016, 2019 버전에서는 클립아트 기능이 사라졌습니다. 대신 클립아트와 비슷한 기능으로 '온라인 그림'을 사용할 수 있도록 했습니다.

① 온라인 그림 사용하기

[삽입] 탭 → [일러스트레이션] 그룹 → 온라인 그림( ) 아이콘을 클릭합니다. 검색창에 원하는 검색어를 넣고 Enter 키를 누릅니다. 다양한 이미지들이 나타납니다. 원하는 이미지를 클릭하고 〈삽입〉 버튼을 누르면 이미지가 삽입됩니다.

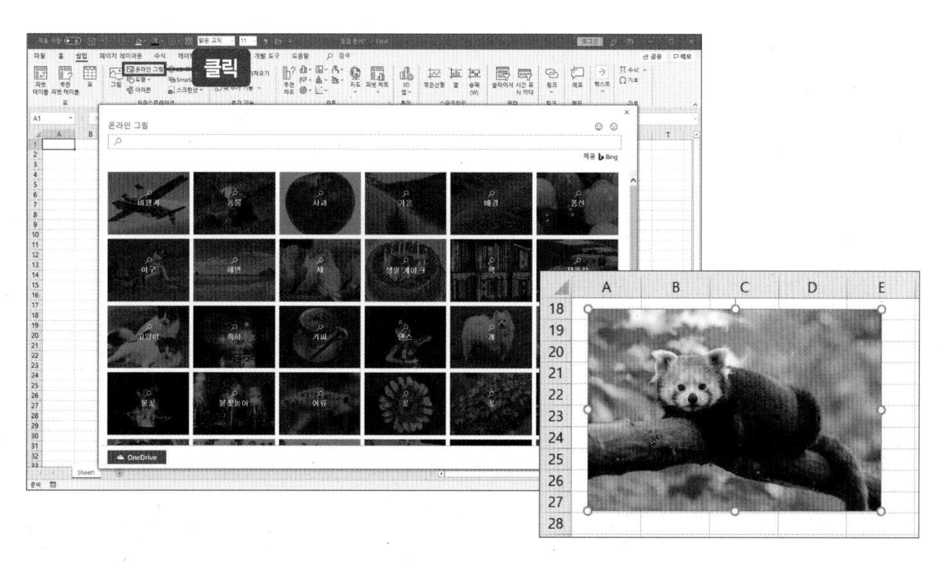

② 온라인 그림의 저작권

온라인 그림 기능을 사용해 다운받은 이미지라도 저작권 보호를 받는 것들이 있습니다. 온라인 그림을 통해 그림을 다운받아 삽입하면 저작권에 대한 안내문이 나타납니다. 만약 '변경 금지(ND)'가 포함되어 있다면 변경해서 재배포할 수 없습니다. 온라인 그림의 저작권 종류는 다음과 같습니다

- CC BY-ND : 변경 금지
- CC BY-NC-ND : 비영리, 변경 금지
- CC BY-NC : 비영리
- CC BY-SA : 변경 허락, 저작자 표기 요청
- CC BY-NC-SA : 비영리, 변경 허락, 저작자 표기 요청

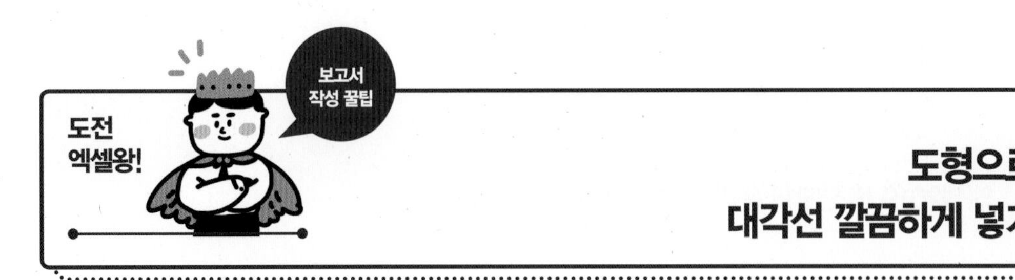

도형으로 대각선 깔끔하게 넣기

예제파일 : 0_09_도형.xlsx 

도형은 독립적인 개체라서 셀을 선택하지 않고도 자유롭게 삽입할 수 있습니다. 따라서 텍스트를 입력하거나 표를 편집할 때 도형을 사용하면 편리합니다. 도형 기능을 활용해 다양한 문서를 작성하는 법은 〈첫째마당〉부터 구체적으로 익히고, 여기에서는 도형 삽입 방법을 연습하기 위해 선을 활용해 표에 대각선을 넣어 보겠습니다.

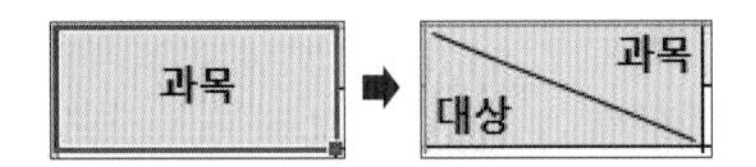

1. 데이터 정렬하기

예제파일을 엽니다. [A1], [A2] 셀의 병합을 해제하기 위해 [A1] 셀을 클릭(❶)한 다음 [홈] 탭 → 병합하고 가운데 맞춤(囝) 아이콘을 클릭(❷)합니다.

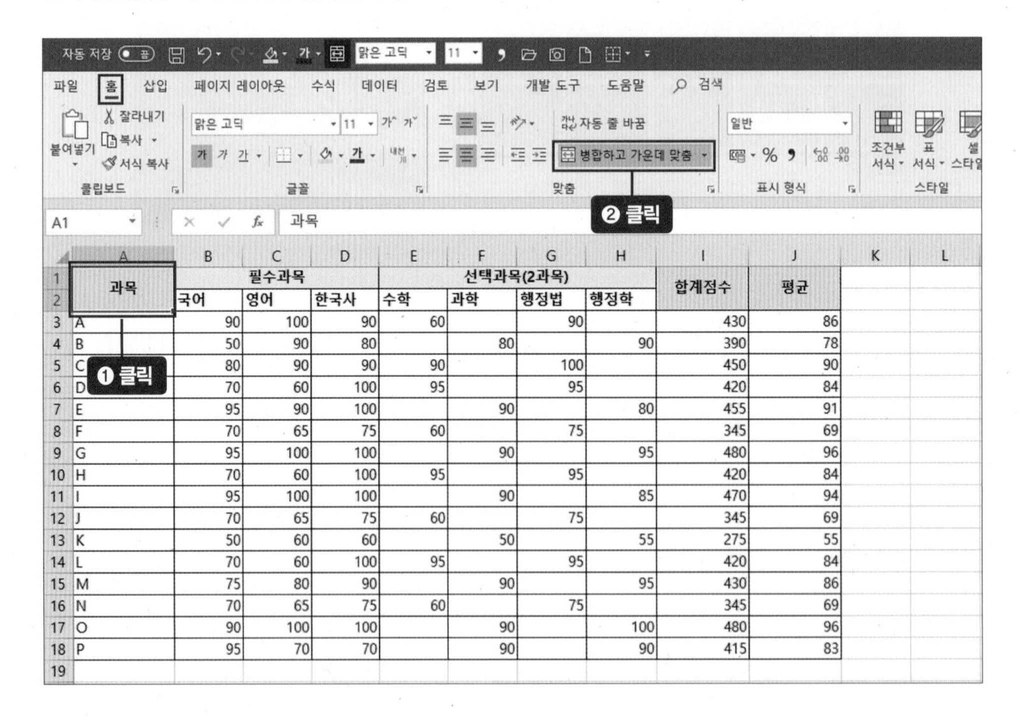

과목	필수과목			선택과목(2과목)				합계점수	평균
	국어	영어	한국사	수학	과학	행정법	행정학		
A	90	100	90	60		90		430	86
B	50	90	80		80		90	390	78
C	80	90	90	90		100		450	90
D	70	60	100	95		95		420	84
E	95	90	100		90		80	455	91
F	70	65	75	60		75		345	69
G	95	100	100		90		95	480	96
H	70	60	100	95		95		420	84
I	95	100	100		90		85	470	94
J	70	65	75	60		75		345	69
K	50	60	60		50		55	275	55
L	70	60	100	95		95		420	84
M	75	80	90		90		95	430	86
N	70	65	75	60		75		345	69
O	90	100	100		90		100	480	96
P	95	70	70		90		90	415	83

병합이 해제되면 [A2] 셀에 **대상**을 입력(❸)합니다. [A1] 셀을 선택(❹)하고 텍스트 오른쪽 맞춤(☰) 아이콘을 클릭(❺)해 텍스트를 오른쪽에 맞춥니다.

과목				선택과목(2과목)				합계점수	평균
대상	국어	영어	한국사	수학	과학	행정법	행정학		
A	90	100	90	60		90		430	86
B	50	90	80		80		90	390	78
C	80	90	90	90		100		450	90
D	70	60	100	95		95		420	84
E	95	90	100		90		80	455	91
F	70	65	75	60		75		345	69
G	95	100	100		90		95	480	96
H	70	60	100	95		95		420	84
I	95	100	100		90		85	470	94
J	70	65	75	60		75		345	69
K	50	60	60		50		55	275	55
L	70	60	100	95		95		420	84
M	75	80	90		90		95	430	86
N	70	65	75	60		75		345	69
O	90	100	100		90		100	480	96
P	95	70	70		90		90	415	83

2. 선 삽입하기

이제 도형 기능을 활용해 대각선을 넣어줍니다. [삽입] 탭 → [일러스트레이션] 그룹 → 도형(◔) 아이콘 옆 〈펼침〉(▾) 버튼 클릭(❶) → 〈선〉 클릭(❷)한 다음 마우스로 대각선을 넣고 싶은 시작점을 클릭하고 드래그(❸)합니다.

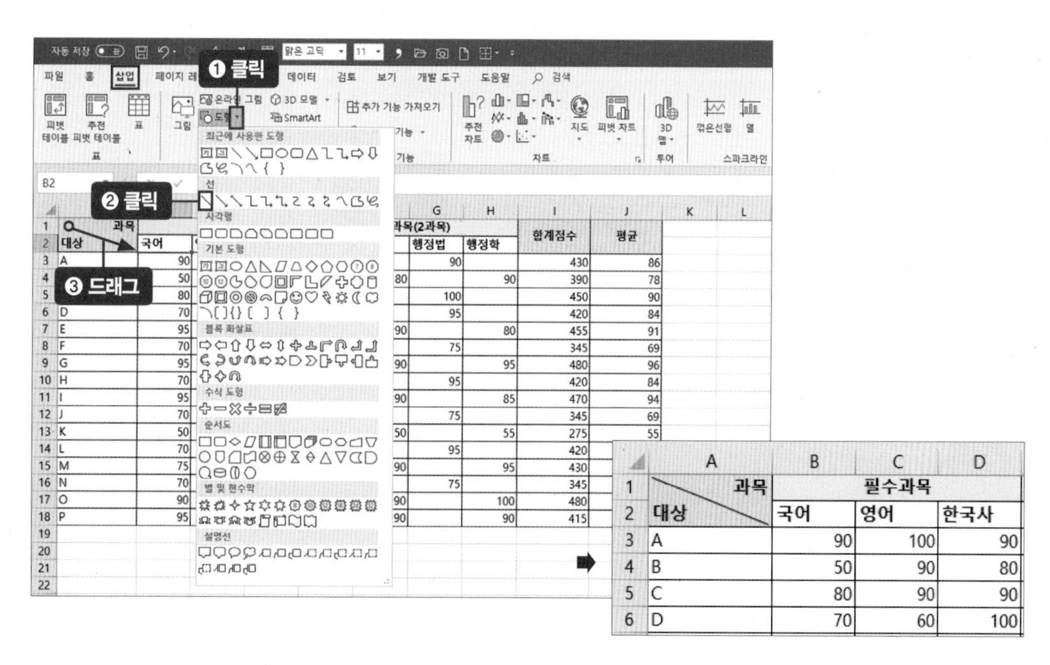

대각선 색상을 테두리 선과 같은 색상으로 [도형 스타일] 그룹에서 선택(❹)해 바꿔줍니다.

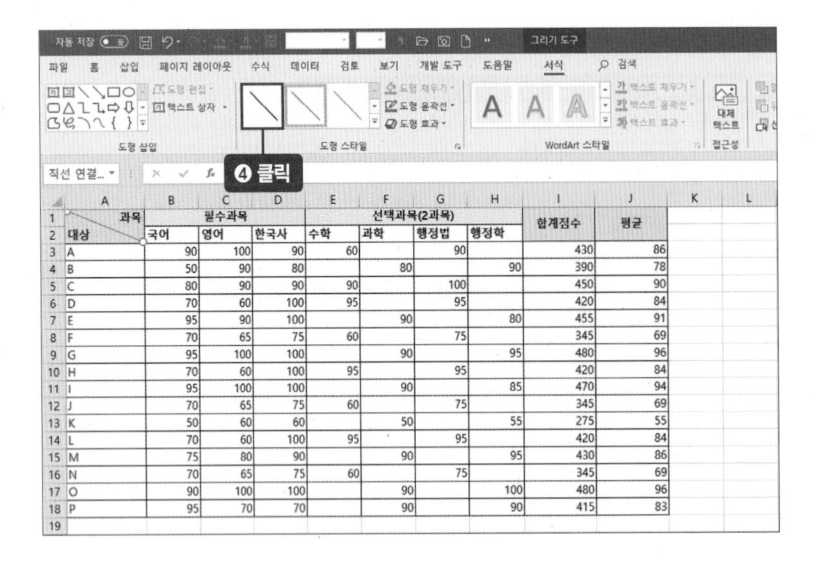

과목 / 대상	필수과목			선택과목(2과목)				합계점수	평균
	국어	영어	한국사	수학	과학	행정법	행정학		
A	90	100	90	60		90		430	86
B	50	90	80		80		90	390	78
C	80	90	90	90		100		450	90
D	70	60	100	95		95		420	84
E	95	90	100		90		80	455	91
F	70	65	75	60		75		345	69
G	95	100	100		90		95	480	96
H	70	60	100	95		95		420	84
I	95	100	100		90		85	470	94
J	70	65	75	60		75		345	69
K	50	60	60		50		55	275	55
L	70	60	100	95		95		420	84
M	75	80	90		90		95	430	86
N	70	65	75	60		75		345	69
O	90	100	100		90		100	480	96
P	95	70	70		90		90	415	83

tip [셀 서식] → [테두리] 탭에서 대각선 넣기

셀에 대각선 넣기는 단축키 Ctrl + 1 을 누르면 나타나는 [셀 서식] 대화상자 → [테두리] 탭에서도 가능합니다. 하지만 단일 열의 경우에만 대각선을 적용해주고, 선이 매끄럽게 나오지 않습니다. 때문에 문서를 만들 때는 되도록 2개 셀에서 도형 그리기로 대각선을 넣는 것을 추천합니다.

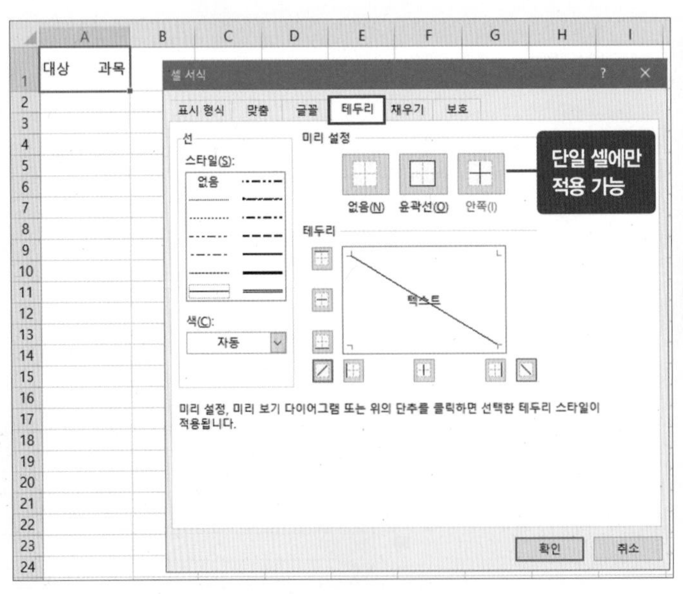

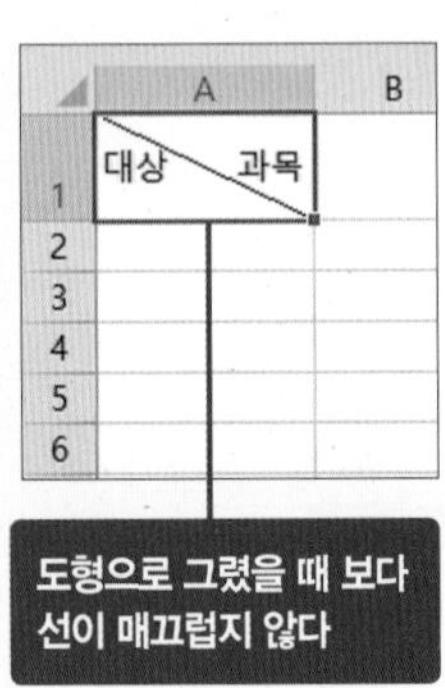

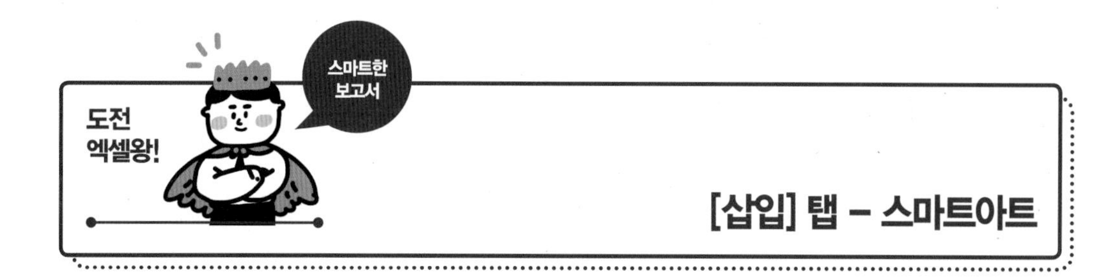

[삽입] 탭 – 스마트아트

회사에서 조직도, 문서의 목차, 마케팅 자료들을 만들 때 스마트아트 기능을 사용하면 편리합니다. 목록형, 프로세스형, 주기형, 계층구조형, 관계형, 행렬형, 피라미드형 등 다양한 그래픽을 선택해 도형 안에 텍스트를 입력할 수 있습니다.

[삽입] 탭 → [일러스트레이션] 그룹 → 스마트아트( ) 아이콘을 클릭(❶)하고 〈확인〉 버튼을 클릭(❷)합니다.

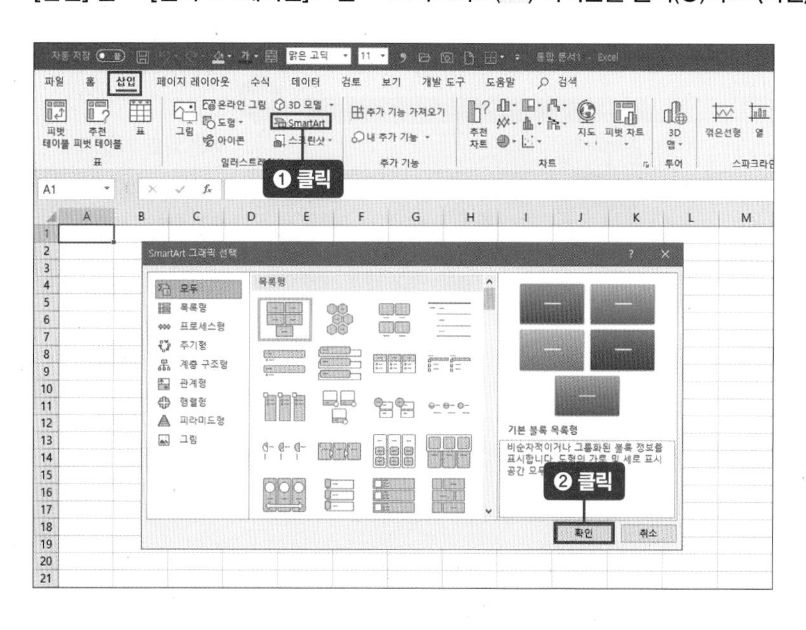

워크시트 위에 스마트아트가 생깁니다. 도형 위치와 크기를 조정할 수 있습니다. 도형을 클릭하고 Ctrl+C 키(❸), 붙여넣기 원하는 셀을 클릭한 다음 Ctrl+V 키(❹)를 눌러 도형 개수를 추가할 수 있습니다.

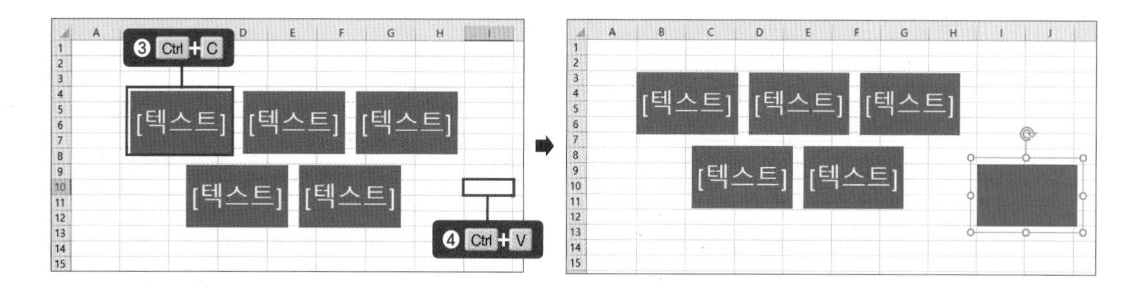

[삽입] 탭 – 그래프 삽입하기

예제파일 : 0_09_그래프삽입.xlsx 

1. 그래프 삽입하기

그래프를 잘 이용하면 보고서 내용이 한눈에 보입니다. 그래서 회사의 보고서는 내용을 빠르게 파악할 수 있도록 그래프를 포함해 작성하는 것이 좋습니다. 그래프를 만들려면 데이터가 필요합니다. 세로 막대 그래프를 만들고자 하는 셀의 범위를 설정(❶)합니다. 여기에서는 [A2:C14]까지를 설정했습니다. [삽입] 탭 → 세로 또는 가로막대형 차트 삽입( ) 아이콘을 클릭(❷)하고 〈2차원 세로 막대형〉을 클릭(❸)합니다.

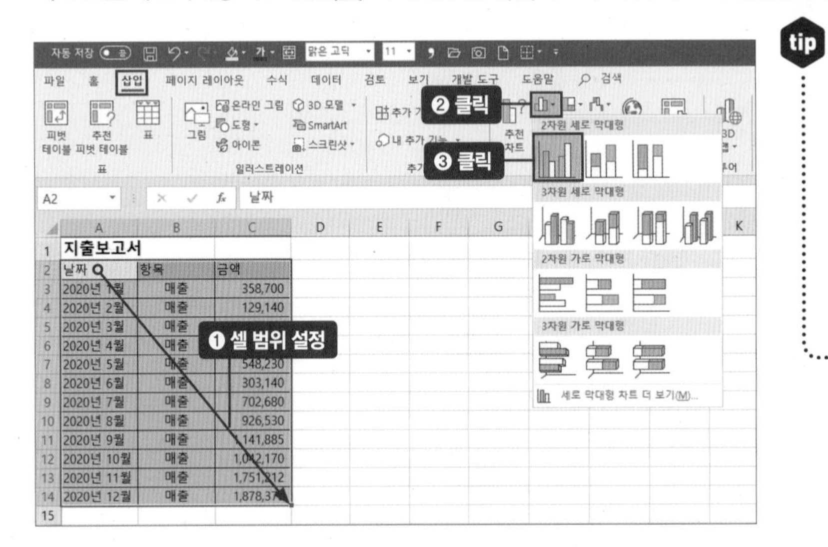

tip

추천 차트 기능

엑셀2013 버전부터 추천 차트 기능이 있다. 데이터에 적절한 차트를 추천해주고 미리 보여주니 적극 활용하는 것이 좋다.

그래프를 드래그(❹)해 위치를 조정합니다.

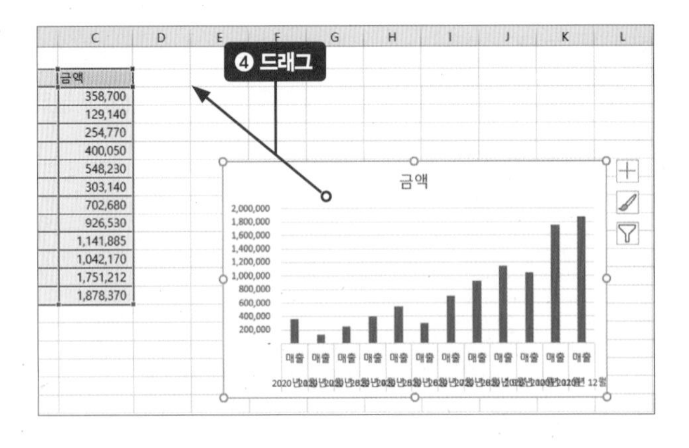

2. 그래프 깔끔하게 다듬기

그래프를 만들기는 했는데 막대 그래프 하단의 연도 표시가 깔끔하지 않습니다. 이런 경우는 날짜 데이터 표기에서 '2020년'을 삭제하고 월만 기재하면 표기가 깔끔하게 정리됩니다. [A3:A14] 셀 범위를 설정(❶)합니다. Ctrl + F 키를 눌러 찾기를 실행합니다. [찾기 및 바꾸기] 대화상자가 나타나면 '찾을 내용'에 2020년을 입력(❷), '바꿀 내용'에는 아무것도 입력하지 않은 채로 〈모두 바꾸기〉 버튼을 클릭(❸)합니다.

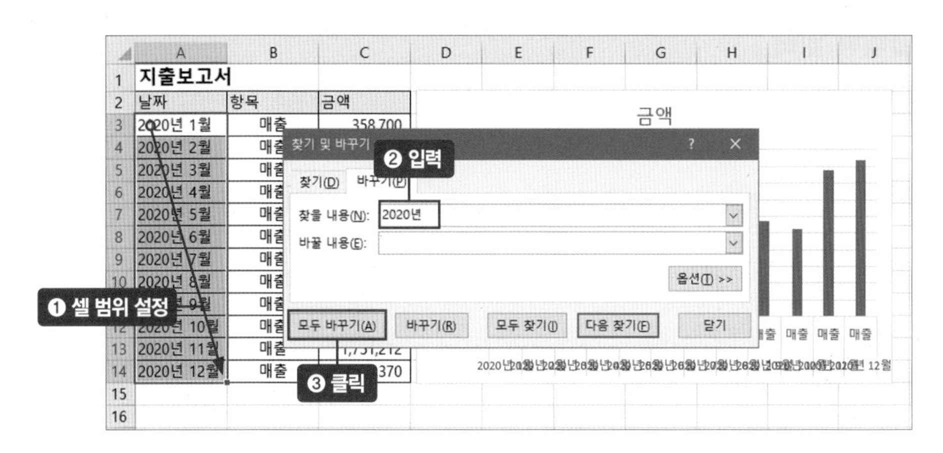

[A1] 셀 제목 옆에 2020년을 입력(❹)해 2020년 매출 보고서임을 표시합니다.

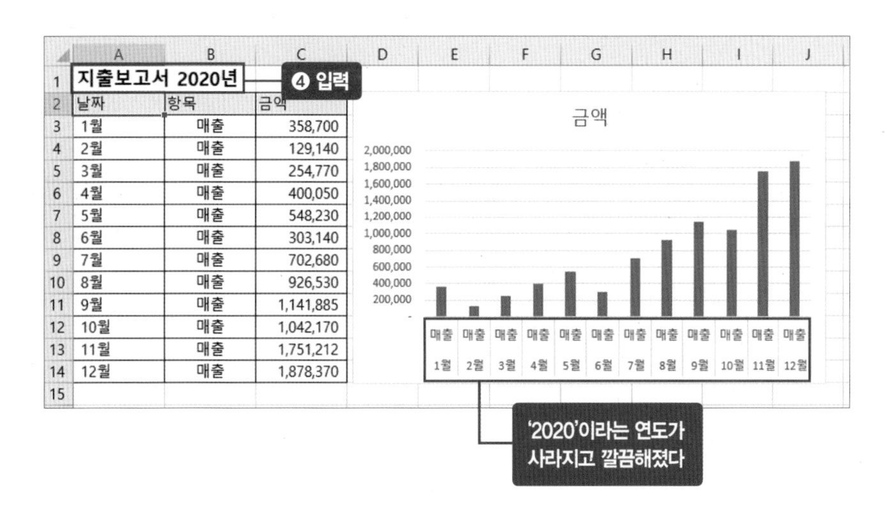

[삽입] 탭 – 기호 입력

1. 기호 아이콘 클릭해 입력

엑셀에서 특수문자 입력은 설문이나 문서 제목, 부제목 앞에 삽입용 기호나 단위 기호를 입력하는 경우에 사용됩니다. [삽입] 탭 → 기호(Ω) 아이콘을 클릭해 원하는 기호를 삽입합니다.

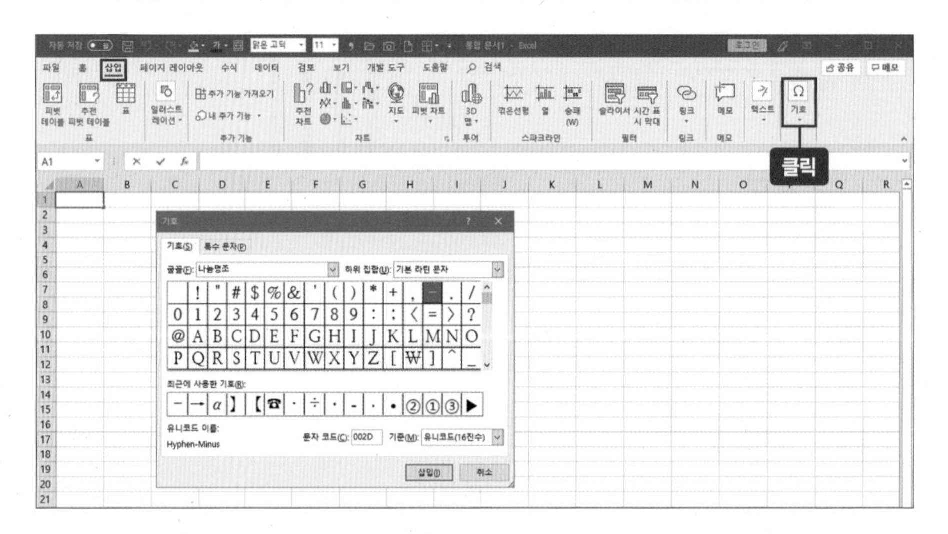

2. 한글 자음+한자 키로 기호 입력

키보드에서 한글 자음(ㄱ ㄴ ㄷ ㄹ ㅁ ㅂ ㅅ ㅇ ㅈ ㅊ ㅋ ㅌ ㅍ ㅎ ㄲ ㄸ ㅃ ㅆ)+한자 키를 눌러서 특수문자를 입력할 수도 있습니다.

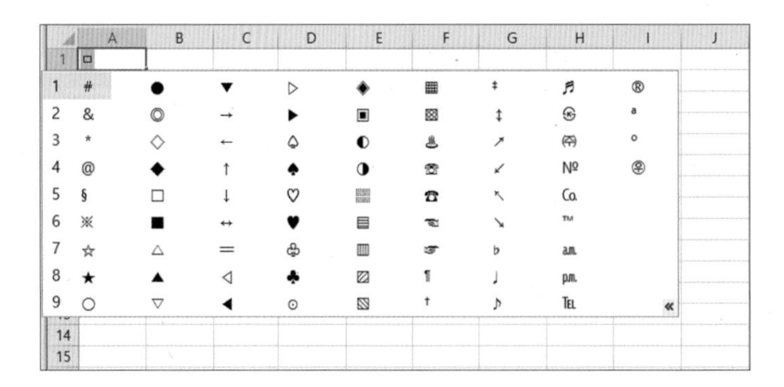

3. 자주 사용하는 기호 빠르게 입력하기

[파일] 탭 → 〈옵션〉 → [언어 교정]의 〈자동 고침 옵션〉을 사용해 자주 사용하는 기호를 빠르게 입력할 수 있습니다. ★ **자동 고침 옵션 사용법은 77쪽 참고**

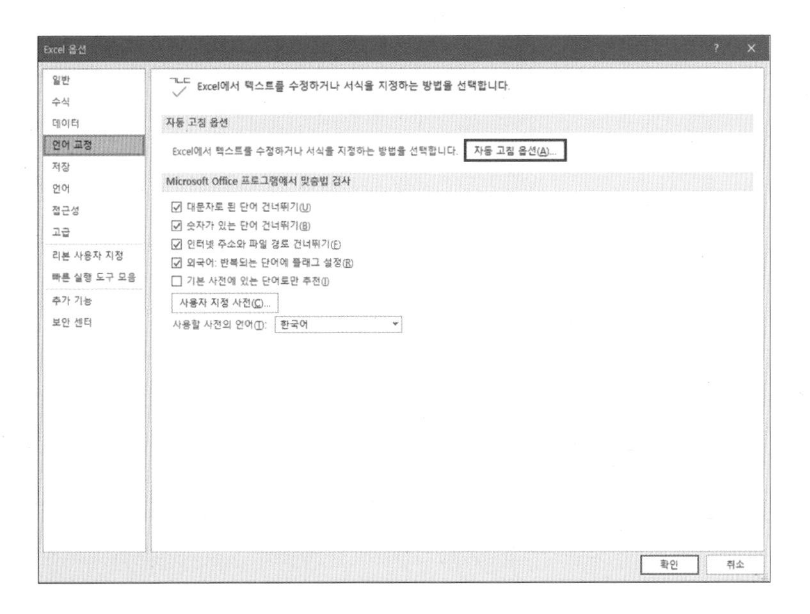

tip 키보드 한글 자음별 특수문자

키보드에서 한글 자음+[한자] 키를 활용하면 다양한 특수문자를 입력할 수 있습니다. 하나씩 입력하면서 익혀봅시다.

- [ㄱ]+[한자] : 문장부호
- [ㄷ]+[한자] : 수학 기호
- [ㅁ]+[한자] : 도형 기호
- [ㅅ]+[한자] : 한글 원, 괄호 문자
- [ㅈ]+[한자] : 숫자, 로마자
- [ㅋ]+[한자] : 한글 자모
- [ㅍ]+[한자] : 알파벳
- [ㄲ]+[한자] : 라틴어
- [ㅃ]+[한자] : 카타카나
- [ㄴ]+[한자] : 괄호
- [ㄹ]+[한자] : 단위
- [ㅂ]+[한자] : 연결 선
- [ㅇ]+[한자] : 영문 원, 숫자 원, 괄호 문자
- [ㅊ]+[한자] : 분수
- [ㅌ]+[한자] : 옛 한글 자모
- [ㅎ]+[한자] : 그리스어
- [ㄸ]+[한자] : 히라가나
- [ㅆ]+[한자] : 러시아어

인쇄의 기본 용지 방향

엑셀 보고용 문서 만들기

엑셀은 데이터 분석과 문서 작성을 함께 할 수 있는 프로그램입니다. 모든 업무의 기본은 소통이며, 잘 정돈된 보고서는 소통의 핵심 수단입니다. 보고서는 종이에 출력해 제출하는데, 엑셀에서 문서를 인쇄하는 법을 몰라 당황하는 경우가 종종 있습니다. 보기 좋은 보고서 작성과 인쇄 방법을 소개합니다.

보고서 용지 방향부터 정하자! 가로? 세로?

엑셀로 문서를 만들 때 가장 먼저 할 일은 용지의 방향을 결정하는 것입니다. 입력할 데이터 양이 어느 정도인지 가늠해 A4 사이즈의 가로로 만들 것인지 세로로 만들 것인지 결정합니다. 엑셀의 기본 인쇄 방향은 세로이지만, 가로로 긴 문서라면 한눈에 보기 쉽게 가로 용지로 변경합니다.

보고서는 한 페이지에 모든 내용이 보이도록 작성하는 것이 좋다

인사기록부

일자	이름	부서	담당업무	세부사항	발령	비고
2005-01-03	이미리	총무부	부장	2007년 1월 부장승진	현부서	
2009-02-12	오일만	총무부	차장	2011년 1월 차장승진	현부서	
2011-02-12	해맑은	총무부	과장	2014년 12월 과장승진	현부서	
2015-03-25	강심장	총무부	대리	2014년 12월 대리승진	현부서	
2018-07-05	김유리	총무부	사원	인턴3개월		
2018-08-05	주은별	총무부	사원	인턴3개월		
2008-02-12	강력한	영업과	과장	2014년 1월 과장승진	현부서	
2013-03-25	유미래	영업과	대리	2014년 1월 대리승진	현부서	
2017-07-05	김장수	영업과	사원	경력		
2017-01-25	민주리	영업과	사원	경력		
2012-04-15	유명한	전산실	주임	경력		
2018-08-05	[illegible]	전산실	사원	경력		
2018-09-05	[illegible]	전산실	사원	인턴		
2010-02-12	홍길동	홍보과	과장	2015년 1월 과장승진	현부서	
2018-07-05	진시황	홍보과	사원	인턴		
2017-08-05	지렁이	홍보과	사원	인턴		
2006-01-03	[illegible]	기획실	실장	2007년 1월 부장승진	현부서	
2009-02-12	[illegible]	기획실	차장	2011년 1월 과장승진	현부서	
2011-12-01	[illegible]	기획실	사원			
2009-02-12	[illegible]	자재과	과장	2015년 1월 과장승진	현부서	
2016-03-15	[illegible]	자재과	과장대리	2018년 1월 과장대리	현부서	
2017-04-15	김미소	자재과	주임	경력		
2018-12-05	[illegible]	자재과	사원			
2017-12-05	[illegible]	자재과	사원			
2005-01-03	[illegible]	생산부	부장	2007년 1월 부장승진	현부서	
2006-02-12	미리내	생산부	과장	2009년 1월 과장승진	현부서	
2014-03-25	[illegible]	생산부	대리	경력		
2005-07-01	[illegible]	생산부	차장	2009년 7월 차장승진		
2011-01-03	[illegible]	시설과	과장	2012년 1월 과장승진		
2011-01-03	[illegible]	시설과	주임			
2011-02-01	[illegible]	시설과	사원			
2011-01-03	기계공	생산부	사원			
2011-01-03	장비공	생산부	사원			

세로 용지 설정

거래처 관리대장

결재	과장	부장	사장

년 월 일

번호	업체명	대표자명	사업장주소	사업자등록번호	업태	종목	지불조건	담당자
1	불도장	이미리	서울시 강동구 암사동 1211번지 22	119-60-22610	제조업	도매	현금	영업4부
2	유밍장	오일만	서울시 종로구 사직동 100-48 2층'	118-59-22420	인쇄업	도매	여신	영업2부
3	우리이웃㈜	해맑은	서울시 서초구 서초동 몽마르뜨언덕2700번길	119-59-22610	전자거래	소매	여신	영업3부
4	가물치	강심장	서울시 강북구 수유2동 1850-22	141-70-26790	제조업	도매	현금	영업2부
5	미래로가는길	김유리	서울시 송파구 잠실동 270번지 주공 100단지 1000호	151-75-28690	교육사업	소매	현금	영업3부
6	아름다운	주은별	서울시 강남구 논현동 3300-160 바이크빌라 201호	161-80-30590	부동산업	매매업	현금	영업3부
7	영원한㈜	강력한	서울시 송파구 풍납동 풍납아파트 1022동 2004호	180-90-34200	구매대행	소매	현금	영업4부
8	㈜더넓은땅	유미래	서울시 금천구 시흥4동 8140-22	125-62-23750	임대업	매매업	현금	영업2부
9	잘팔자	김장수	경기도 수원시 영통구 이의동 3307번지 15호	145-72-27550	제조업	소매	여신	영업3부
10	새활용	민주리	서울시 강서구 염창동 2500-333 아파트 102동 2000호	178-89-33820	재활용매각	도매	현금	영업2부
11	막팔어	유명한	서울시 강남구 논현동 770-120번지 오토바이빌라02호	119-59-22610	도소매업	도소매	여신	영업3부

가로 용지 설정

A4의 인쇄 영역은?

엑셀 화면 오른쪽 하단 페이지 레이아웃(▣) 아이콘을 클릭하면 한 페이지에 인쇄되는 인쇄 영역을 확인할 수 있습니다. 셀 크기가 기본일 때 인쇄 영역은 세로 용지는 [A1:H43], 가로 용지는 [A1:M29]입니다.

A4 인쇄시 셀 범위

용지 방향	셀 범위
세로	[A1:H43]
가로	[A1:M29]

1 | 세로 용지 영역 [A1:H43]

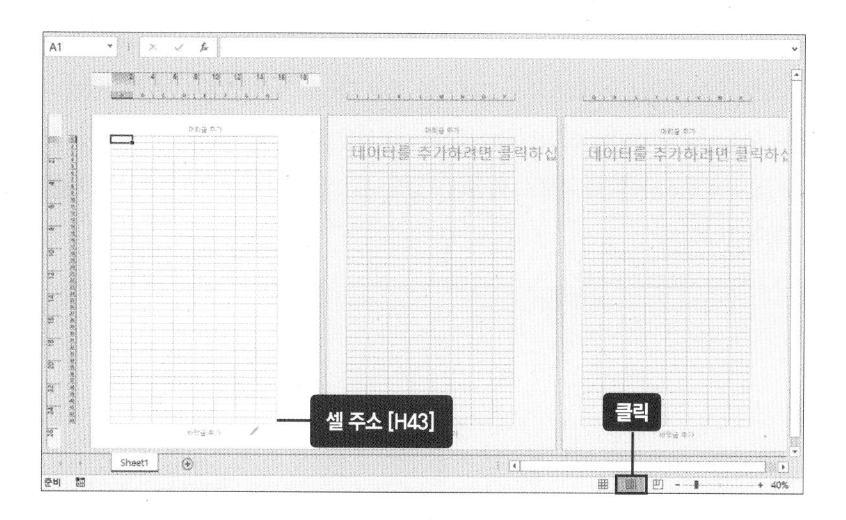

2 | 가로 용지 영역 [A1:M29]

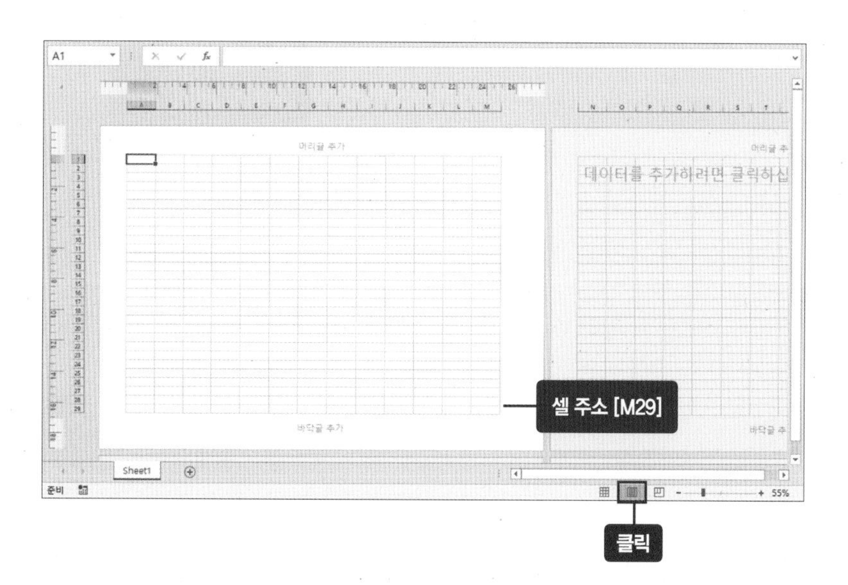

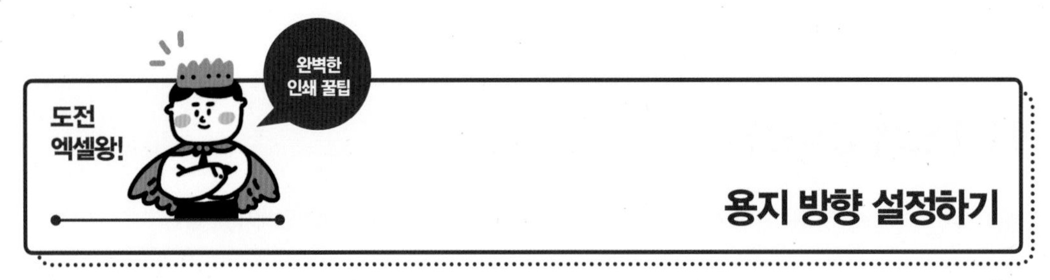

용지 방향 설정하기

예제파일 : 0_10_용지방향.xlsx

예제파일에 2020년 지출보고서를 작성해두었습니다. 지출보고서는 월간 매출을 나타내는 표와 그래프로 이루어져 있습니다. 예제파일을 인쇄하려고 합니다.

1. 용지 방향 확인하기

Ctrl + F2 키를 눌러 인쇄 미리보기 화면으로 이동합니다. 그래프의 끝이 미리보기 화면에서 보이지 않습니다. 엑셀의 기본 용지 방향은 세로인데 예제파일 데이터가 가로로 길어서 인쇄 영역을 넘어간 것이지요. 표와 그래프가 한눈에 보일 수 있도록 용지 방향을 가로로 설정해보겠습니다. 인쇄 화면에서 〈뒤로 가기〉(⊖) 버튼을 클릭해 워크시트로 돌아갑니다.

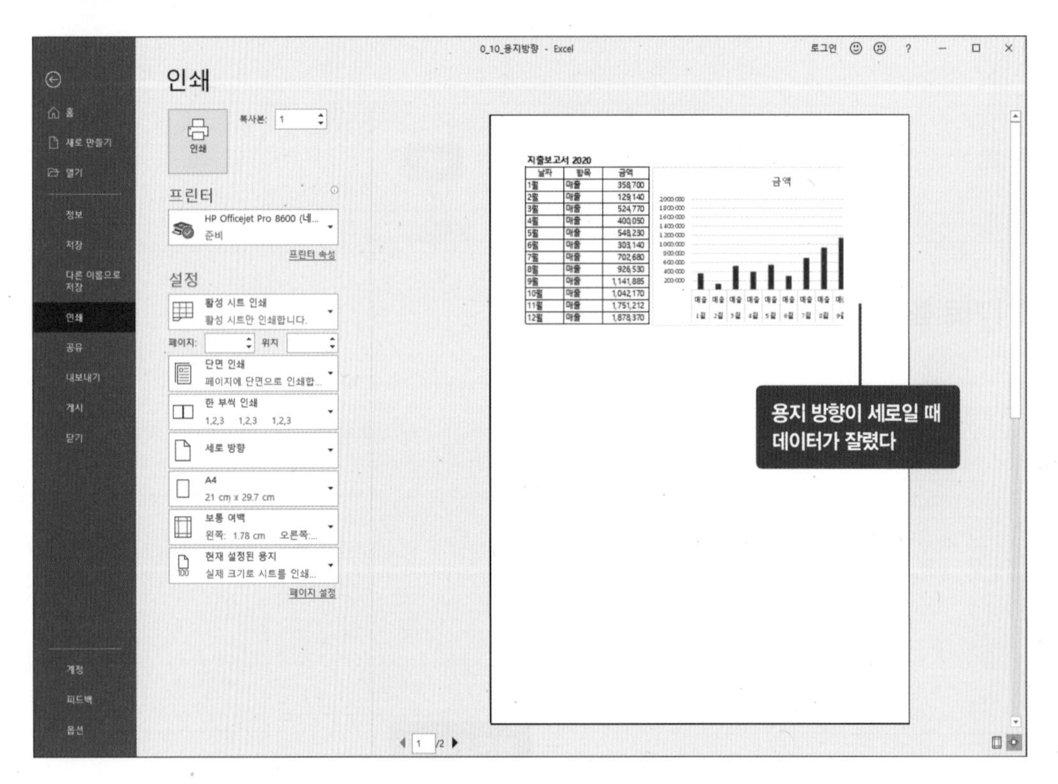

2. 가로 용지로 출력하기

[페이지 레이아웃] 탭(❶) → 용지 방향(📄) 아이콘(❷) → 〈가로〉를 클릭(❸)합니다. 다시 Ctrl+F2 키를 눌러 인쇄 미리보기 화면을 엽니다. 이제 그래프가 잘리지 않고 12월까지 한 화면에 나타납니다.

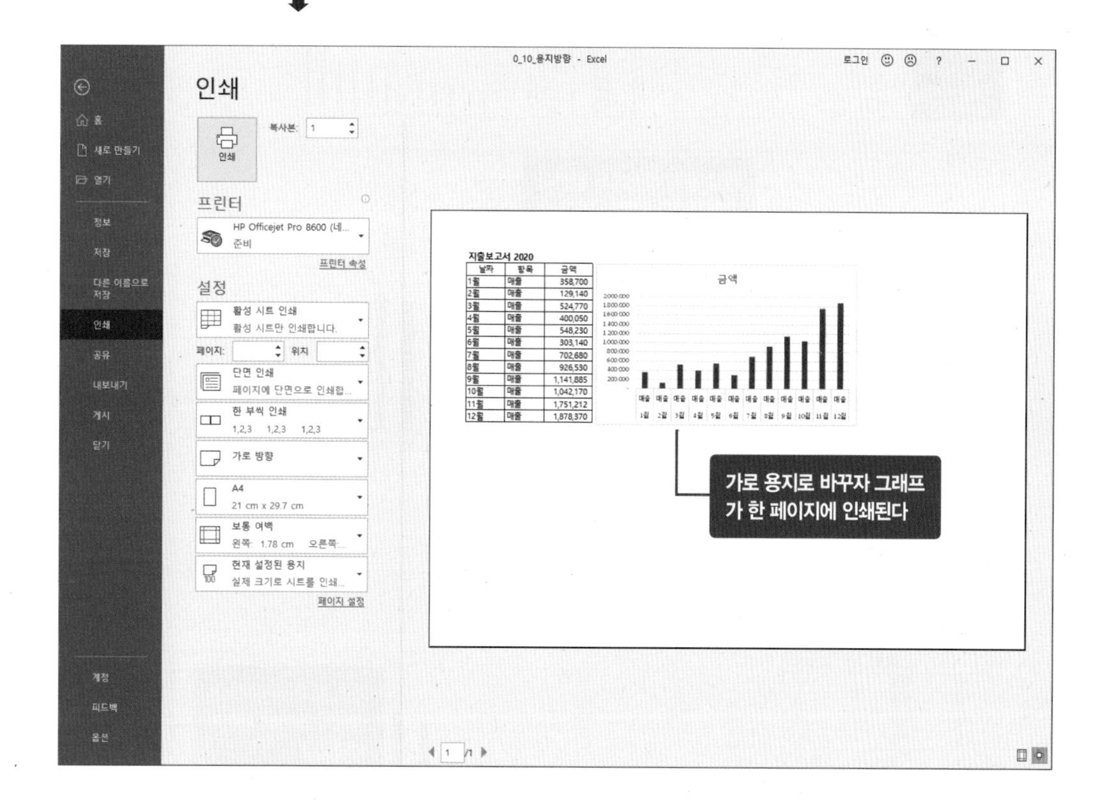

워크시트 화면에서 용지 방향 확인하기

워크시트에서 용지 방향을 확인하려면 점선의 위치를 보면 됩니다. 워크시트에서 Ctrl+F2 키를 누르면 인쇄 화면으로 이동합니다. 인쇄 화면에서 〈뒤로가기〉(⊖) 버튼을 클릭하면 워크시트에 점선이 생깁니다. 용지가 세로 방향일 때는 점선이 H와 I열 사이에, 가로 방향일 때는 M과 N열 사이에 있습니다. 점선 안쪽에 데이터를 입력하면 한 페이지에 인쇄됩니다.

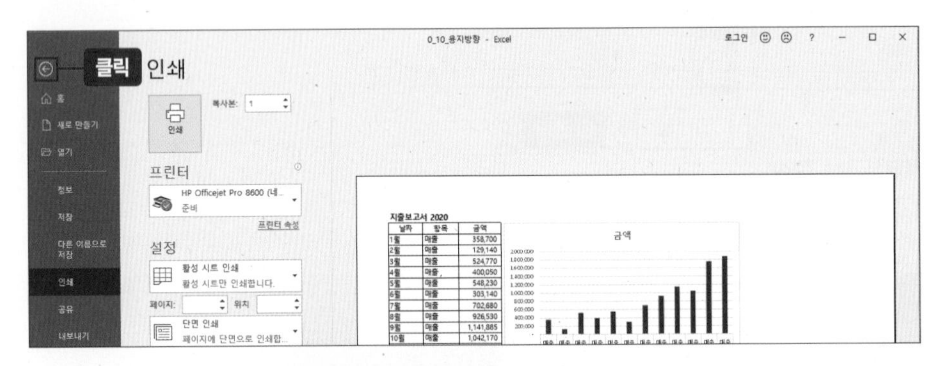

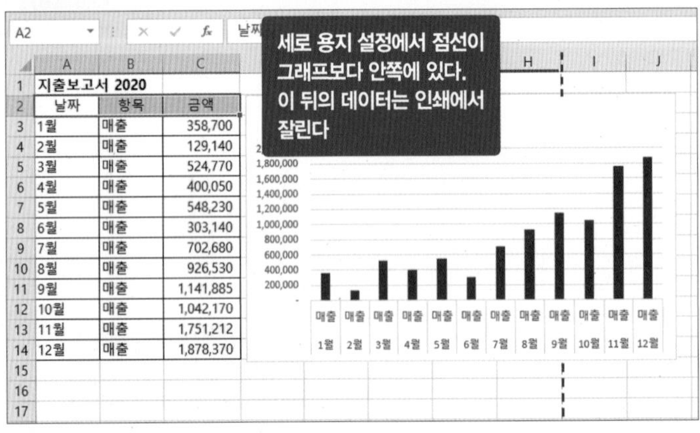

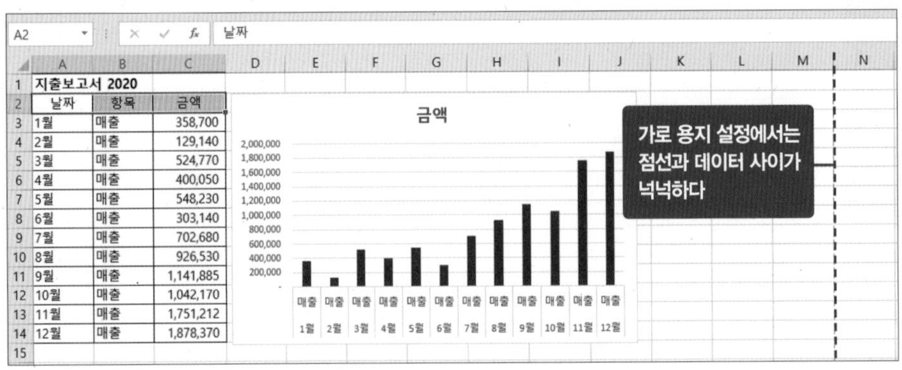

원하는 대로 인쇄 영역 지정하기

셀 크기를 줄여 더 많은 데이터 인쇄하기

엑셀은 인쇄 영역이 고정적이지 않기 때문에 사용자 편의에 따라 셀 크기를 늘리거나 줄여서 인쇄 영역을 조정할 수 있습니다. 엑셀 화면 오른쪽 하단 페이지 레이아웃(▤) 아이콘을 클릭(❶)해 인쇄 영역을 확인합니다. H열 열 머리글을 왼쪽으로 조금 드래그(❷)하면 I열이 넘어옵니다.

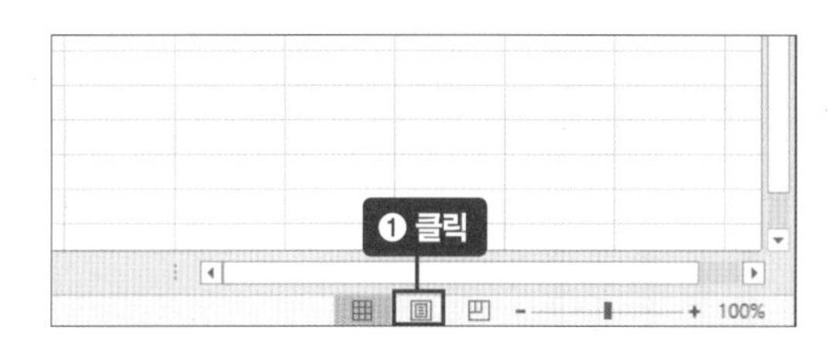

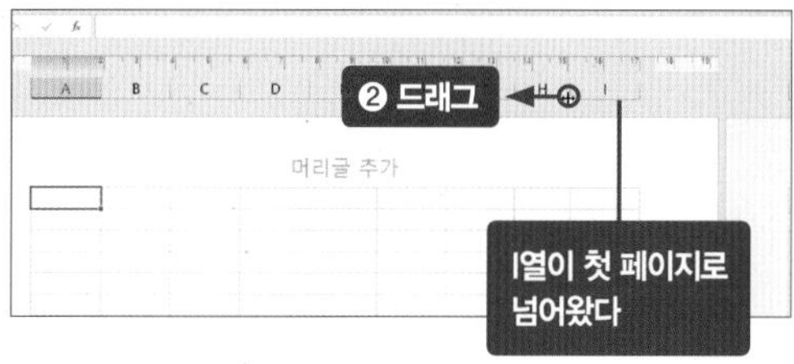

워크시트에서 인쇄 영역 확인하기

엑셀 화면 오른쪽 하단에서 기본(▦) 아이콘을 클릭(❶)하면 기본 워크시트 화면으로 돌아갑니다. 기본 워크시트 화면에서는 인쇄 영역이 점선으로 표시됩니다. 이때도 점선 안쪽 셀 크기를 줄여 인쇄될 셀의 범위를 늘릴 수 있습니다. 이번엔 E, F, G열의 사이즈를 줄여보겠습니다. E, F, G열을 선택한 다음 열 머리글을 잡고 왼쪽으로 드래그(❷)합니다. 점선 밖에 있던 J열이 점선 안쪽으로 들어옵니다.

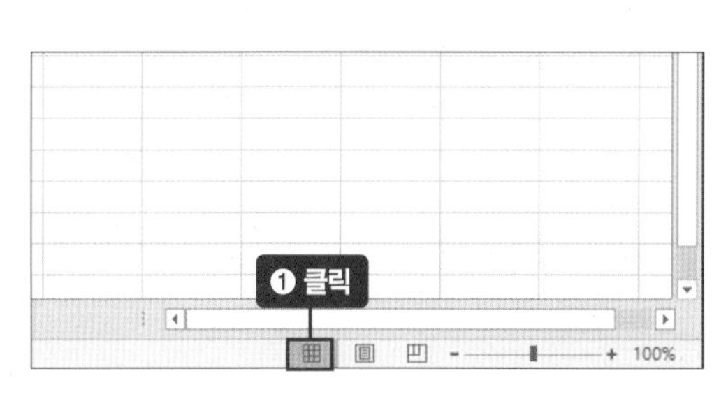

J열이 점선 안쪽으로 들어왔다

❷ 드래그

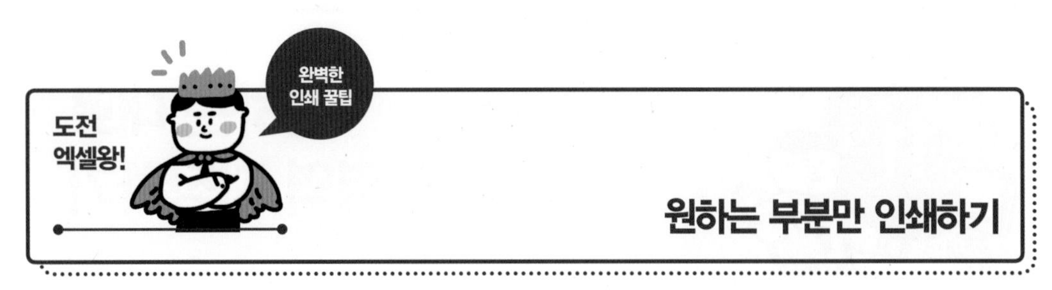

원하는 부분만 인쇄하기

예제파일 : 0_11_특정부분만인쇄.xlsx

엑셀을 사용하다 보면 필요한 부분만 인쇄해야 하는 경우가 있습니다. 그래프까지 만들어두었는데 데이터만 출력해야 하는 경우도 있지요. 이럴 때는 인쇄하지 않을 영역을 숨기거나 특정 영역만 선택해 인쇄합니다.

1. 인쇄하지 않을 영역 숨기기

엑셀은 굳이 보일 필요가 없는 데이터는 숨겨서 보관할 수 있습니다. 숨기기 해놓은 데이터는 인쇄할 때 보이지 않습니다. 예제파일에서 그래프를 숨겨보겠습니다.

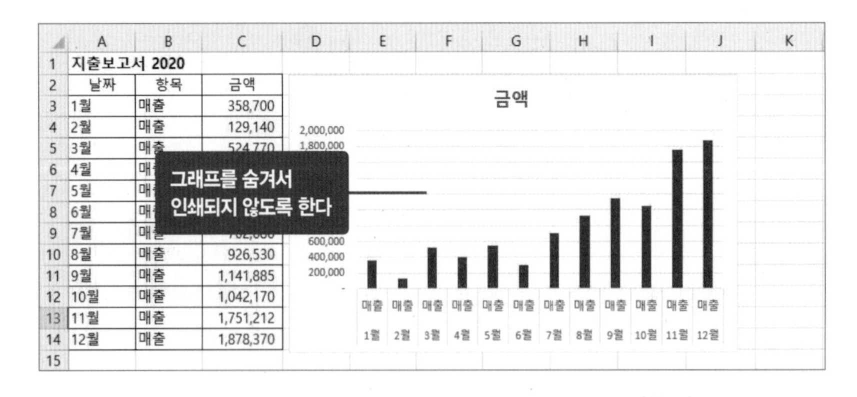

그래프가 있는 D열부터 J열까지 열 머리글을 마우스로 드래그해 선택(❶)합니다. 선택한 열 머리글 위에서 마우스 우클릭(❷)한 후 〈숨기기〉를 클릭(❸)합니다.

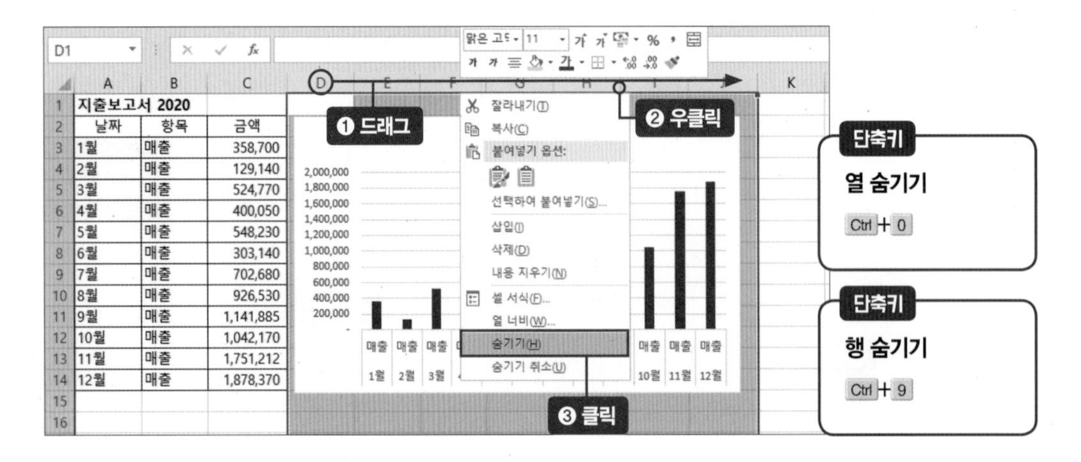

Ctrl + F2 키를 눌러 인쇄 미리보기 화면을 열면 그래프는 빠지고 매출 자료만 나타납니다.

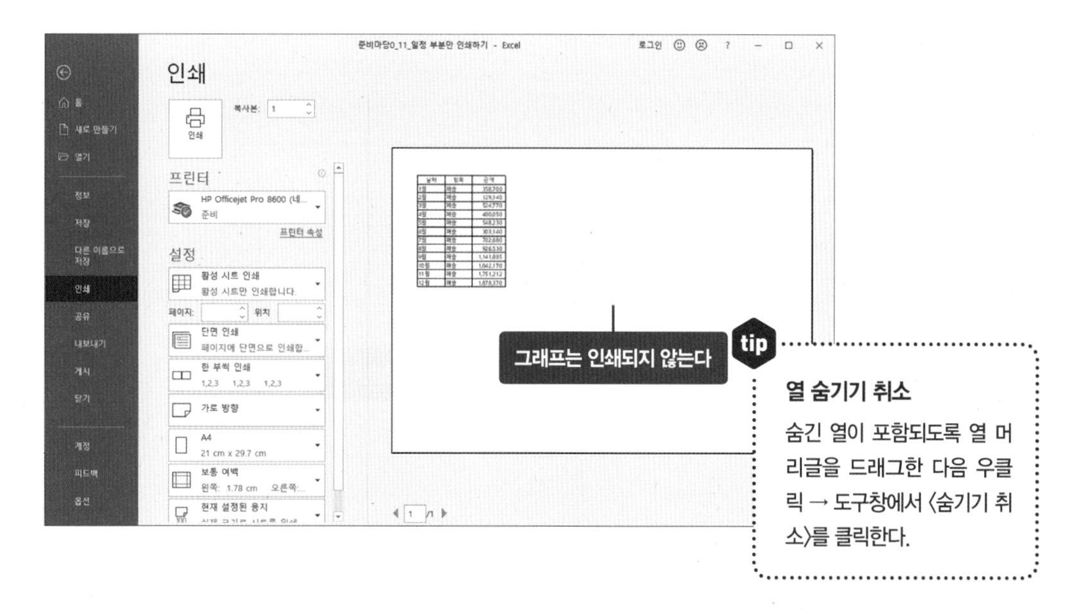

tip

열 숨기기 취소

숨긴 열이 포함되도록 열 머리글을 드래그한 다음 우클릭 → 도구창에서 〈숨기기 취소〉를 클릭한다.

2. 선택 영역만 인쇄하기

워크시트로 돌아와 Ctrl + Z 키를 누릅니다. 숨겨져 있던 그래프가 다시 나타납니다. 이번에는 선택한 셀만 인쇄하는 방법을 익혀보겠습니다. 인쇄할 범위를 마우스 드래그해 설정(❶)합니다. [페이지 레이아웃] 탭(❷) → 인쇄 영역( ) 아이콘(❸) → 〈인쇄 영역 설정〉을 클릭(❹)합니다.

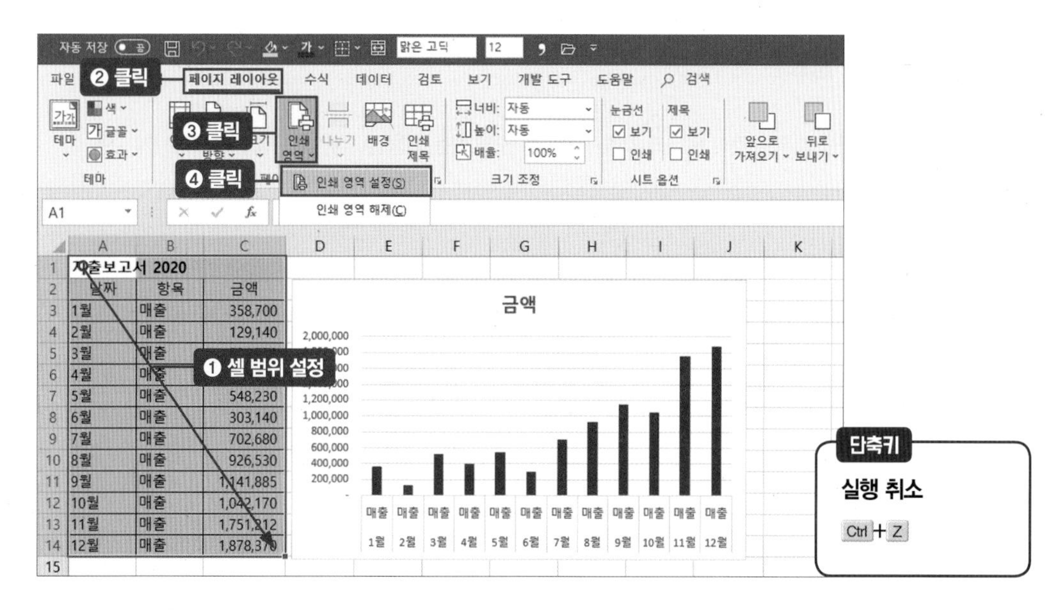

단축키

실행 취소

Ctrl + Z

Ctrl + F2 키를 눌러 인쇄 미리보기에서 확인하면 그래프는 빠지고 매출 자료만 있습니다.

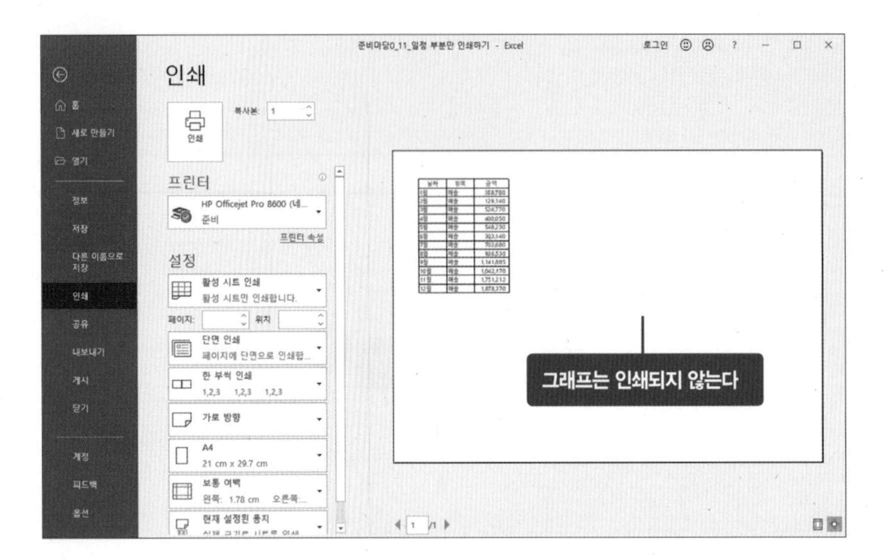

tip

인쇄할 때 빈 페이지 인쇄하지 않기

선택 영역만 인쇄하면 불필요한 빈 페이지를 인쇄하지 않을 수 있어서 편리하다.

tip ‘숨기기’가 필요한 경우는?

‘숨기기’는 데이터를 지우는 것이 아니라 감춰서 보이지 않게 하는 기능입니다. 다음 업무에 편리하게 사용할 수 있습니다.

- **깔끔한 인쇄** : 인쇄할 때 일부 중요하지 않은 부분을 감추면 깔끔하게 인쇄할 수 있습니다.
- **숨김 후 문서 공유** : 업무 공유에서 다른 팀, 외부 업체에게 필요하지 않은 내용은 숨긴 상태로 공유합니다.

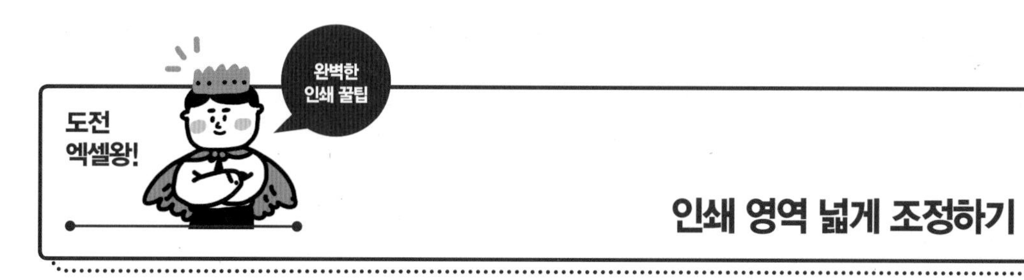

인쇄 영역 넓게 조정하기

예제파일 : 0_11_인쇄영역넓게조정하기.xlsx 

워드 프로그램에서 종이 여백을 조정해 인쇄 영역을 늘리듯 엑셀에서도 인쇄 영역을 조정할 수 있습니다. 예제파일을 열어 Ctrl + F2 키를 누릅니다. 인쇄 미리보기 화면에서 N열 담당자 관련 내용은 보이지 않습니다. 우측 하단의 여백 표시(▥) 아이콘을 클릭합니다.

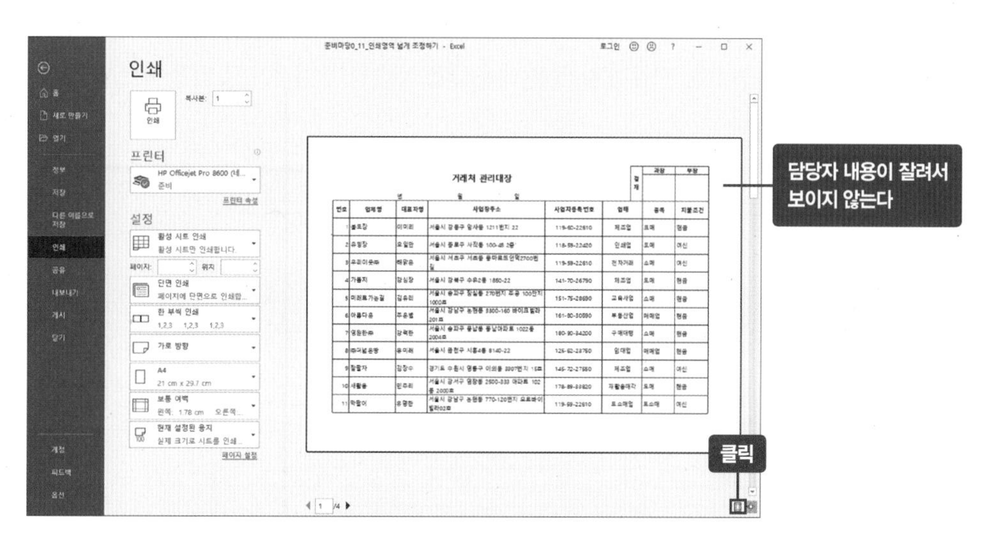

화면에 인쇄 범위를 수정할 수 있는 점선이 나옵니다. 각각 바깥쪽으로 조정해서 최대한 인쇄 범위를 넓게 설정합니다. 왼쪽 세로선과 오른쪽 세로선을 바깥쪽으로 넓히면 보이지 않던 N열의 내용이 나타납니다.

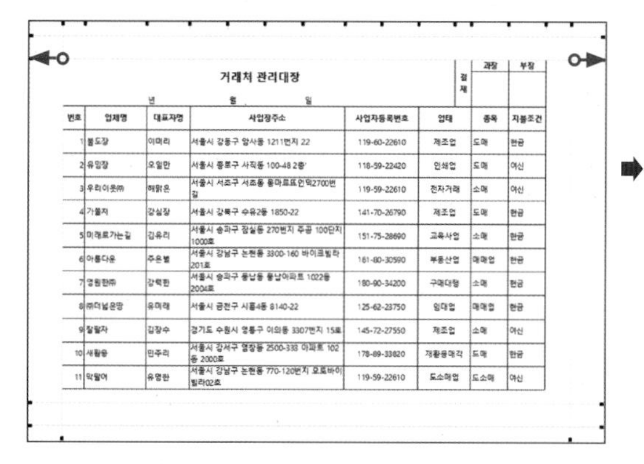

견적서 양식 만들고 출력하기

이제 본격적으로 엑셀을 활용해 보고서를 만들어보겠습니다. 만들 문서는 '견적서'입니다. 견적서 양식을 만들어보면 셀 병합부터 인쇄까지, 엑셀 문서 만들기의 기능을 대부분 익힐 수 있습니다. 아래 화면은 견적서를 완성한 모습입니다. 완성된 서류를 상상하며 만들면 보다 쉽고 깔끔하게 문서를 작성할 수 있습니다. 지금까지 배운 내용들을 복습하는 마음으로 만들어보세요.

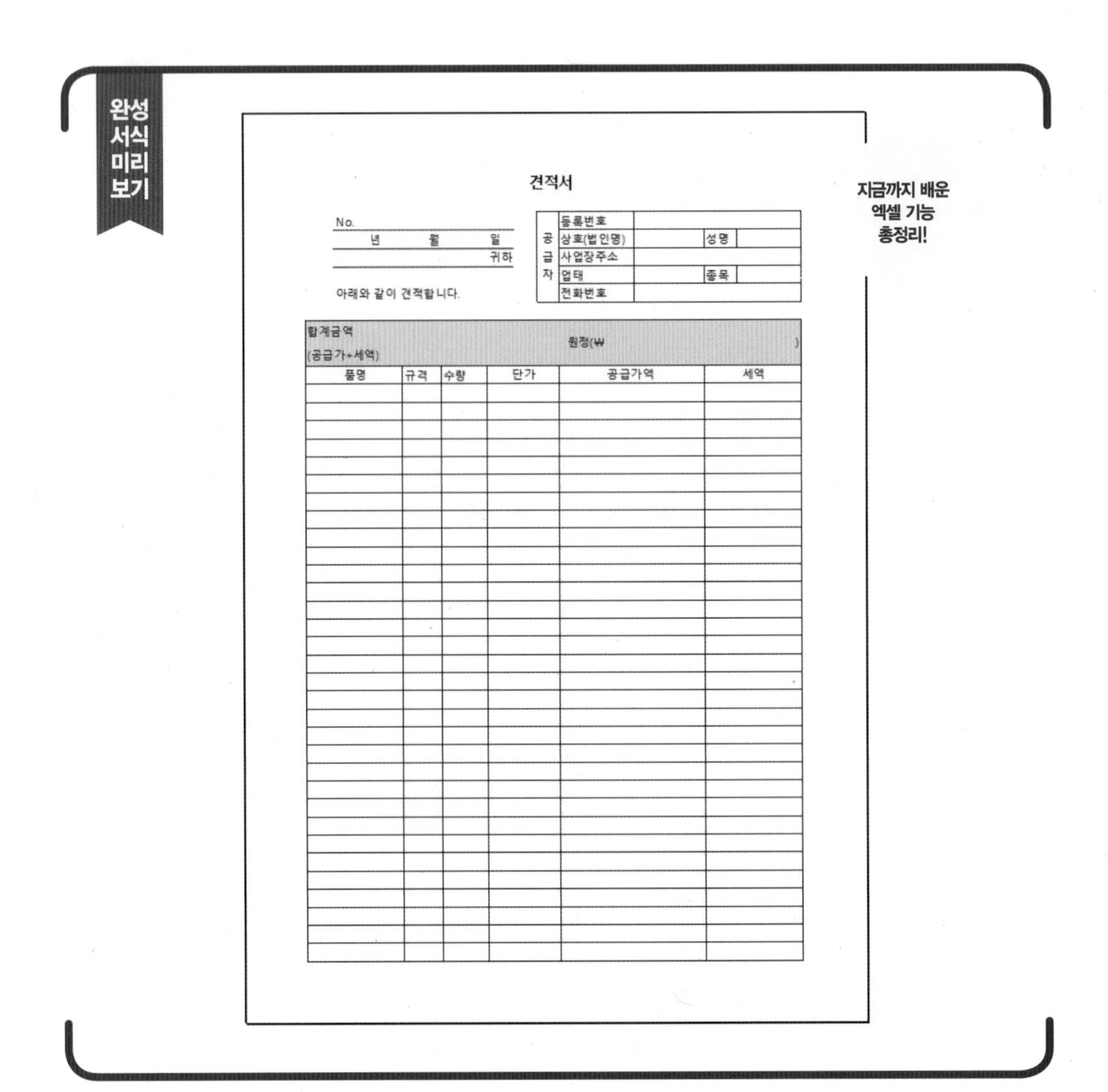

견적서

No.

년 월 일

귀하

아래와 같이 견적합니다.

공급자	등록번호			
	상호(법인명)		성명	
	사업장주소			
	업태		종목	
	전화번호			

합계금액 (공급가+세액)	원정(₩				)
품명	규격	수량	단가	공급가액	세액

견적서 양식 만들기 ① 셀 병합

예제파일 : 0_12_견적서양식만들기.xlsx 

1. 텍스트 배치하기

예제파일에 미리 텍스트들을 배치해두었습니다. A4 용지의 기본 인쇄 영역이 H열이라고 했는데 K열까지 텍스트가 있습니다. 셀의 폭이 줄어드는 부분이 여러 곳 있으니 일단 문서를 다 작성한 후 한 페이지에 인쇄될 수 있도록 셀 크기를 조정하겠습니다.

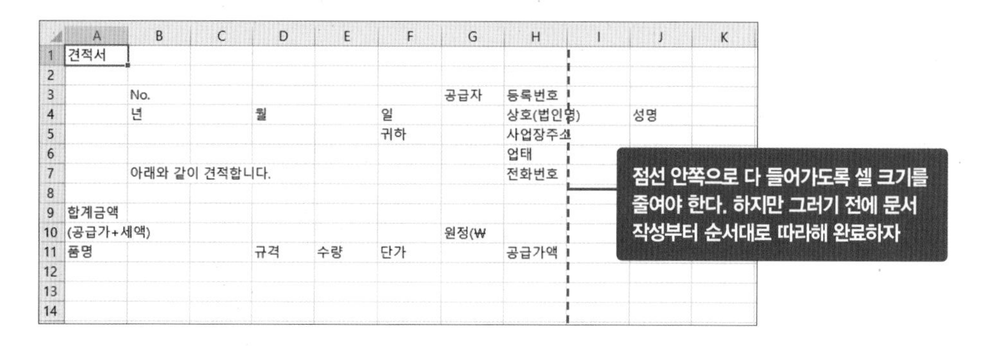

2. 제목 범위 정하기

제목을 어떻게 배열할지 결정합니다. 제목은 문서의 가운데에 오도록 하는 것이 대부분입니다. 지금 문서는 A열부터 K열까지 사용하고 있으니, 병합하고 가운데 맞춤 기능을 활용해 [A1] 셀에 있는 '견적서'를 [A1:K1]의 가운데에 배치해보겠습니다. [A1:K1] 셀 범위를 선택(❶)한 다음 [홈] 탭 → 병합하고 가운데 맞춤(⊟) 아이콘을 클릭(❷)합니다.

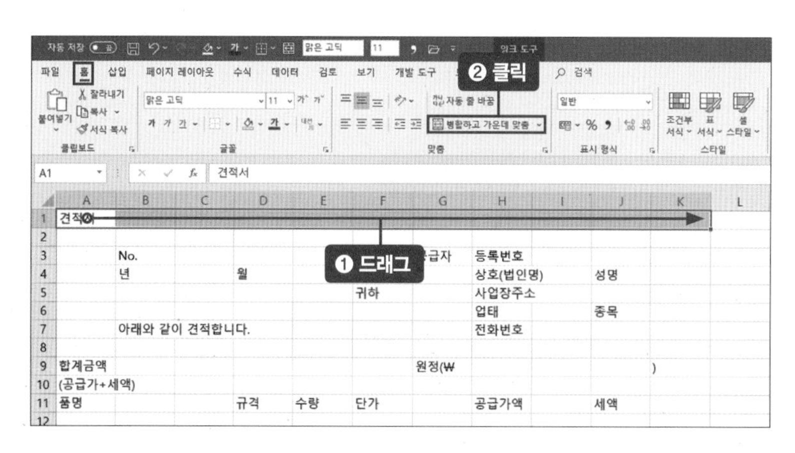

3. 글꼴 크기 조정하기

제목 셀의 글꼴 크기를 문서에 맞게 조정합니다. 일반적인 제목 크기는 16포인트이지만 22포인트까지 사용하는 경우도 있습니다. 여기에서는 16포인트, 볼드체로 설정하겠습니다.

병합한 [A1:K1] 셀을 클릭해 선택(❶)합니다. [홈] 탭 → 글꼴 크기 크게(가^) 아이콘을 세 번 클릭(❷)하면 16포인트가 됩니다. 마지막으로 굵게(가) 아이콘을 클릭(❸)해 볼드체로 만듭니다.

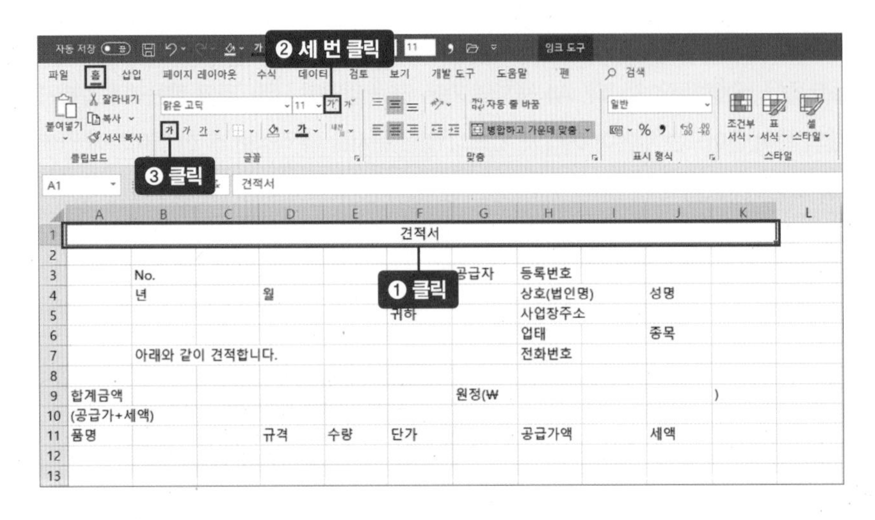

4. 셀 병합하기

문서의 각 셀들을 필요에 맞게 병합해보겠습니다. 우선 [G3:G7] 셀 범위를 설정(❶)한 다음 [홈] 탭 → 병합하고 가운데 맞춤 아이콘(⊞)을 클릭(❷)합니다.

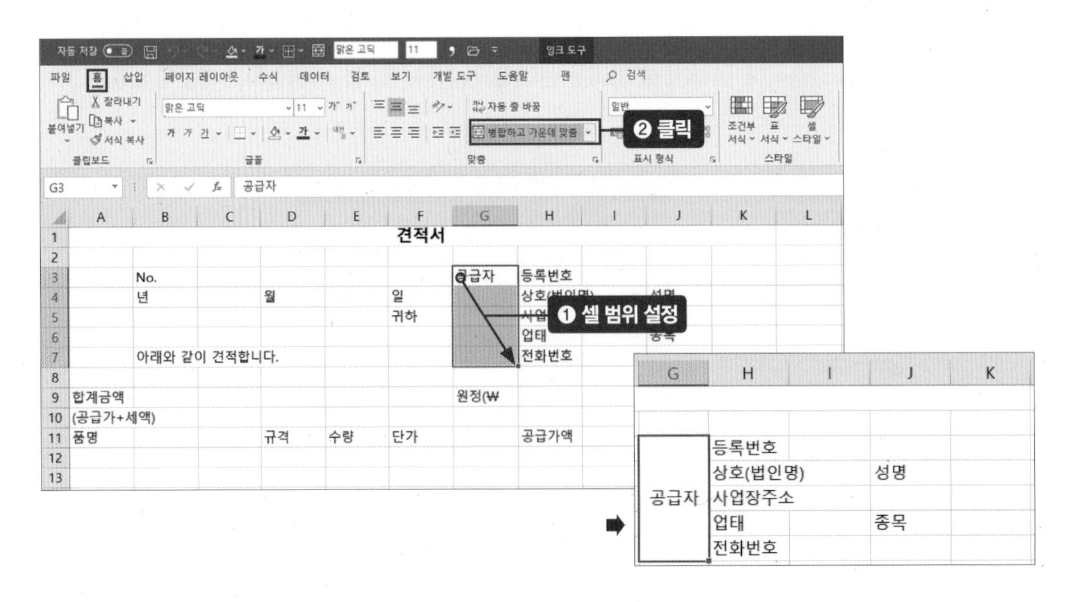

5. 셀 크기 조정하기

셀 사이즈를 전체 균형에 맞게 줄여주겠습니다. 여기서는 공급자 셀이 커야 할 이유가 없지요. 병합한 셀을 클릭(❶)하고, 열 머리글의 G와 H 사이 구분선을 클릭한 다음 왼쪽으로 드래그(❷)해 셀 크기를 줄입니다.

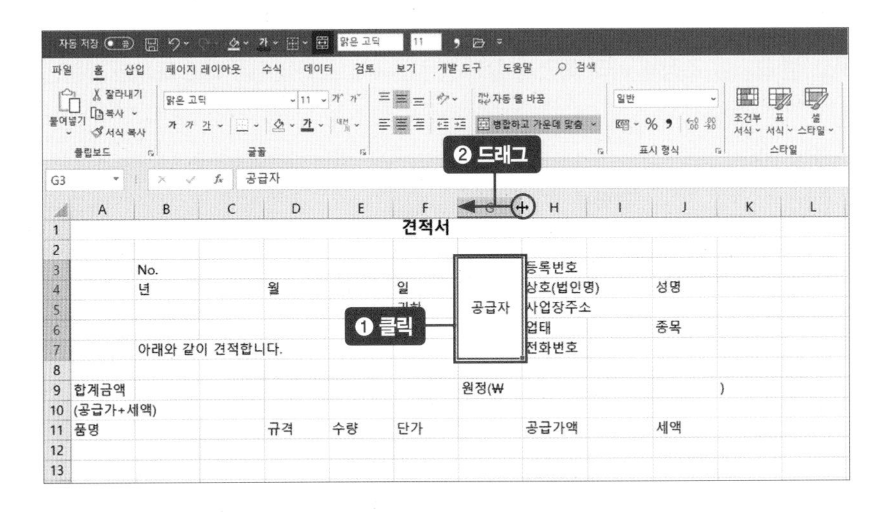

6. 글꼴 방향 변경하기

셀 크기를 줄이면 '공급자' 글자가 잘려서 보이지 않습니다. 글꼴 방향을 세로로 변경합니다. 병합한 셀을 클릭(❶)하고 [홈] 탭 → 방향(ab↗) 아이콘(❷) → 〈세로 쓰기〉를 클릭(❸)합니다. '공급자'가 세로 방향으로 정렬되어 깔끔해집니다.

7. 복사 → 붙여넣기로 셀 병합하기

각 정보를 입력할 셀을 병합하겠습니다. 등록번호([I3:K3]), 사업장 주소([I5:K5]), 전화번호([I7:K7])는 병합하고 가운데 맞춤할 모양이 똑같습니다. [I3:K3]을 병합하고 가운데 맞춤(❶)한 후 복사(Ctrl + C)(❷)합니다. [I5] 셀을 선택(❸)한 다음 붙여넣기(Ctrl + V)(❹)로 빠르게 병합합니다. [I7:K7]도 같은 방법으로 병합합니다. 나머지 셀들도 병합하고 셀 크기를 조정해 아래 화면과 같이 정돈합니다. 초록색 테두리로 표시한 부분은 병합한 영역들입니다.

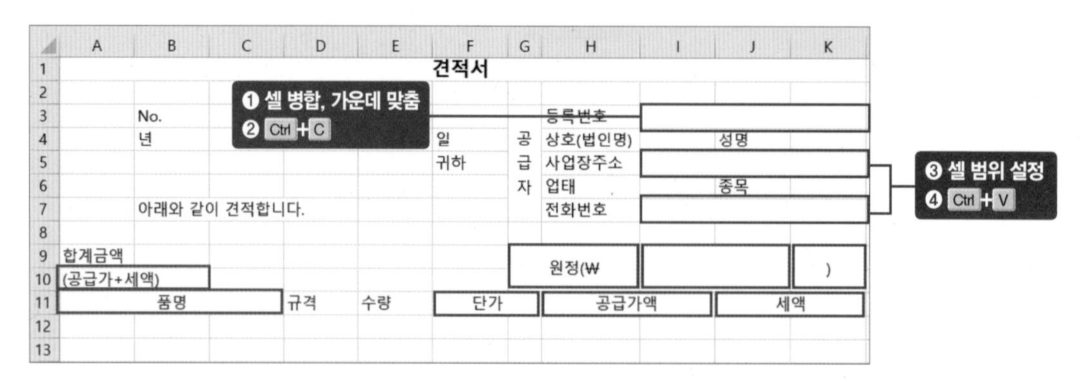

8. 자동 채우기 핸들로 셀 병합하기

품명, 규격, 수량 등을 입력할 표를 만들려고 하니 병합해야 할 셀이 너무 많습니다. 자동 채우기 핸들을 사용하면 많은 양의 셀 병합도 빠르게 할 수 있습니다. [A11:K11]을 드래그(❶)해 선택합니다. 선택한 셀 오른쪽 하단의 자동 채우기 핸들을 잡고 43행까지 아래로 드래그(❷)합니다. 43행인 이유는 43행까지가 A4용지 1장에 인쇄되는 영역이기 때문입니다. [A11:K11] 내용이 복사되면서 셀 모양도 43행까지 똑같이 병합됩니다.

	A	B	C	D	E	F	G	H	I	J	K
1						견적서					
2											
3		No.						등록번호			
4		년		월		일	공	상호(법인명)		성명	
5						귀하	급	사업장주소			
6							자	업태		종목	
7		아래와 같이 견적합니다.						전화번호			
8											
9	합계금액										
10	(공급가+세액)							원정(₩			)
11		품명		규격	수량	단가		공급가액		세액	
12		품명		규격	수량	단가		공급가액		세액	
13		품명		규격	수량	단가		공급가액		세액	
14		품명		규격	수량	단가		공급가액		세액	
15		품명		규격	수량	단가		공급가액		세액	
16		품명		규격	수량	단가		공급가액		세액	

❶ 드래그

❷ 드래그

견적서 양식 만들기 ②
영역별 테두리 선

예제파일 : 0_12_견적서양식만들기.xlsx 

154쪽 '완성 서식 미리보기'를 보면 견적서가 세 영역으로 나뉩니다. 날짜 등을 적는 상단 왼쪽 영역, 공급자 정보를 적는 상단 오른쪽 영역, 그리고 하단의 견적서 세부 영역입니다. 각 영역에 맞는 테두리를 넣어 문서를 정돈합니다.

1. 전체 테두리 선 넣기

우선 공급자 정보가 있는 표에 테두리 선을 전부 넣어보겠습니다. [G3:K7] 셀 범위를 설정(❶)합니다. [홈] 탭 → 테두리( ) 아이콘 옆 〈펼침〉( ) 버튼(❷) → 〈모든 테두리〉를 클릭(❸)합니다.

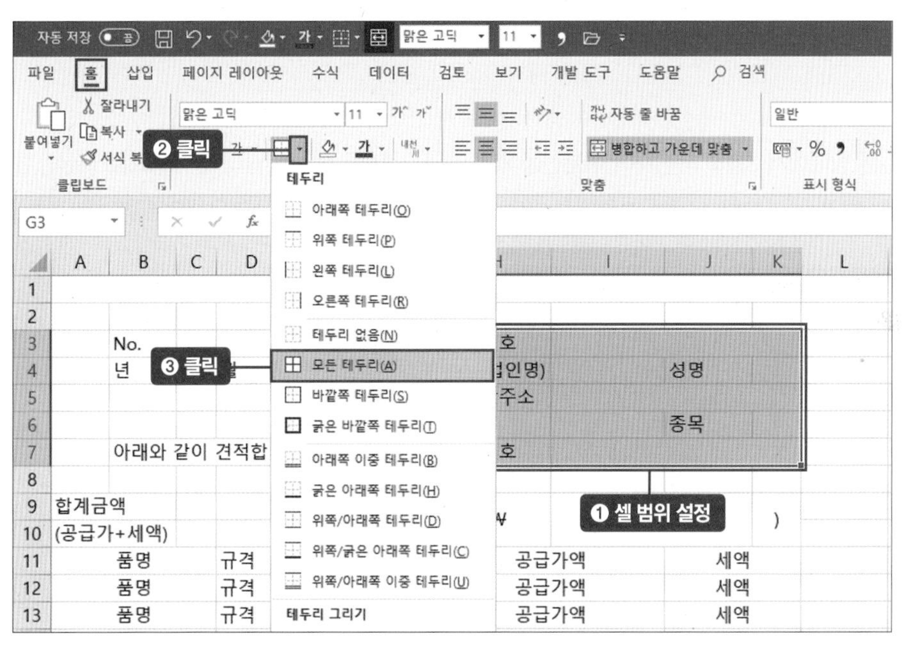

➡

G	H	I	J	K
공 급 자	등록번호			
	상호(법인명)		성명	
	사업장주소			
	업태		종목	
	전화번호			

2. 도형으로 밑줄 긋기

표의 일부만 테두리가 필요한 경우 도형 기능을 활용하면 편리합니다. [삽입] 탭 → 도형( ) 아이콘(❶) → 〈선〉을 클릭(❷)합니다.

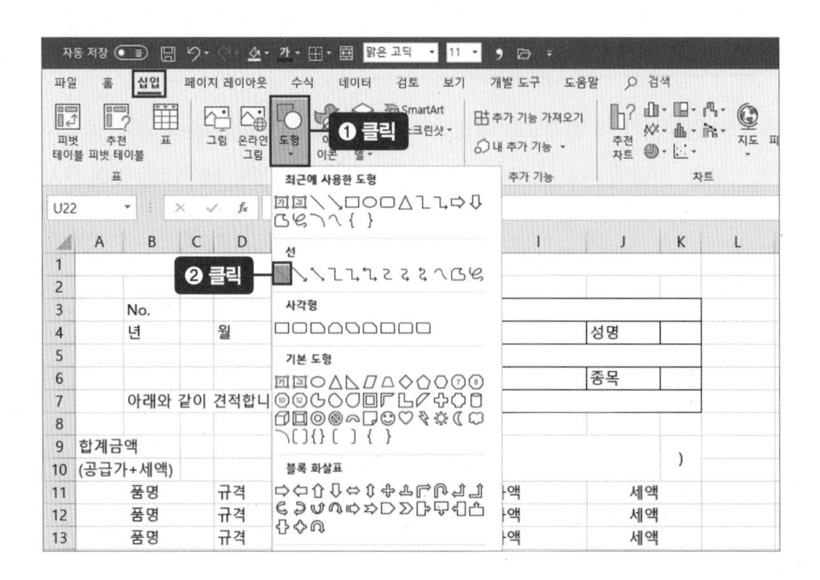

Shift 키를 누른 상태에서 3행과 4행 사이 구분선을 따라 드래그(❸)해 선을 넣습니다. 자동으로 [서식] 탭이 나타나면 리본메뉴 → [도형 스타일] 그룹에서 검은 선을 클릭(❹)합니다. 선이 검은색으로 변경됩니다.

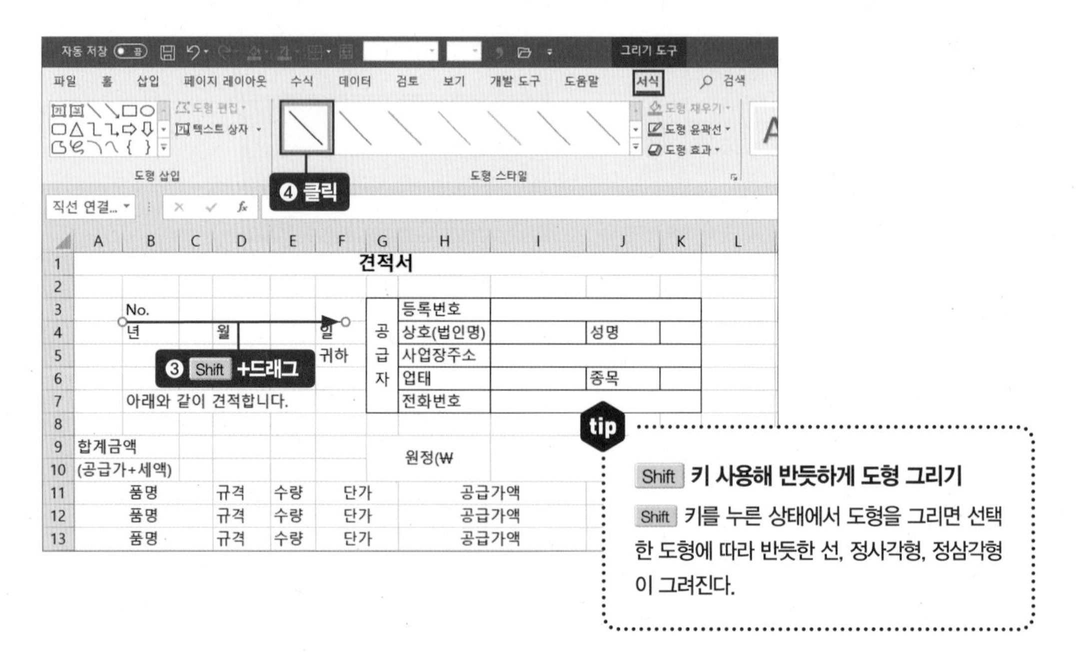

tip

Shift 키 사용해 반듯하게 도형 그리기

Shift 키를 누른 상태에서 도형을 그리면 선택한 도형에 따라 반듯한 선, 정사각형, 정삼각형이 그려진다.

3. 도형 복사, 붙여넣기

구분선을 추가로 삽입하겠습니다. 앞에서 넣은 선을 클릭(❶)한 다음 Ctrl+C 키(❷), Ctrl+V 키(❸)를 차례로 누릅니다.

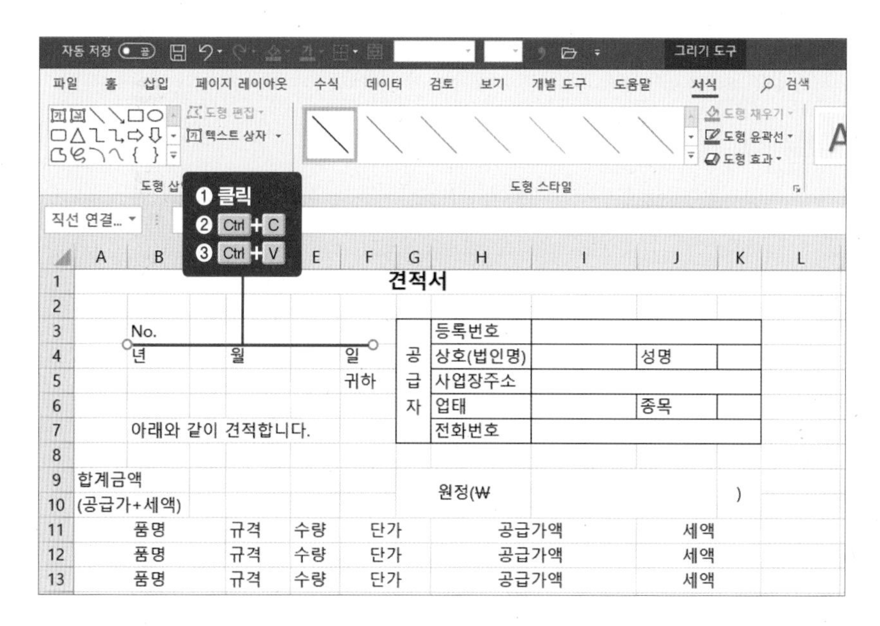

붙여넣기한 선을 아래로 이동시켜 아래 화면과 같이 정돈합니다.

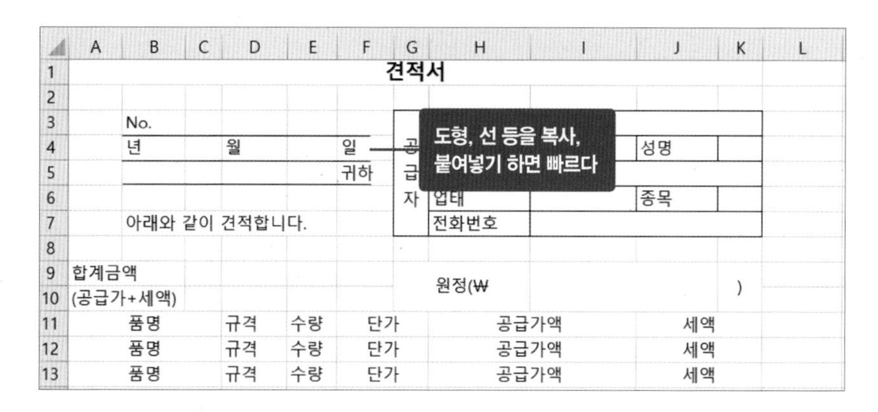

4. 표 바깥쪽에 테두리 넣기

이번에는 견적서 상세내역을 기록하는 표 상단에 바깥 테두리를 넣겠습니다. [A9:K10] 셀 범위를 설정(❶)합니다. [홈] 탭 → 테두리( ) 아이콘(❷) → 〈바깥쪽 테두리〉를 클릭(❸)합니다.

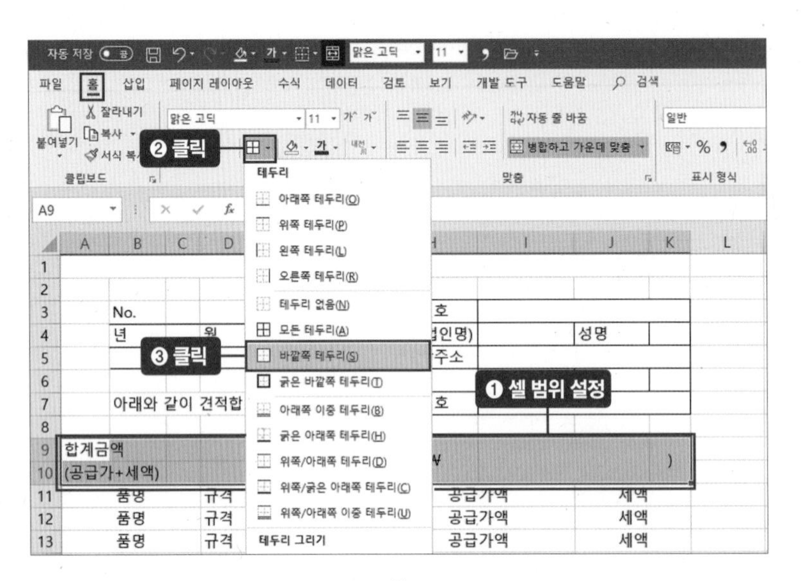

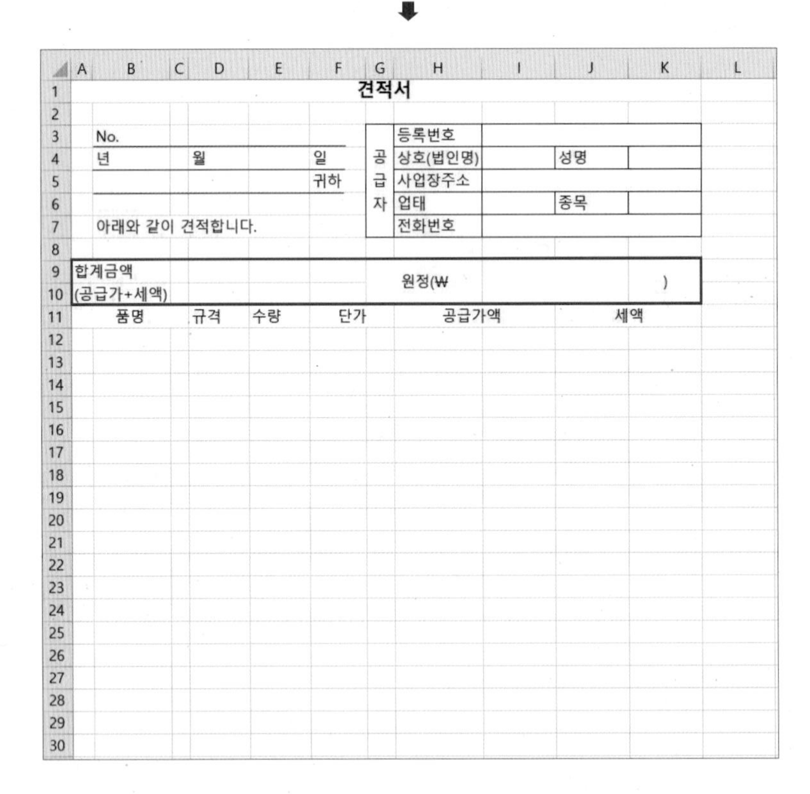

5. 표 전체에 테두리 넣기

이제 남은 영역은 견적서 상세내역을 입력하는 곳입니다. [A11:K43] 셀 범위를 드래그해 설정(❶)합니다. [홈] 탭 → 테두리(⊞) 아이콘(❷) → 〈모든 테두리〉를 클릭(❸)합니다.

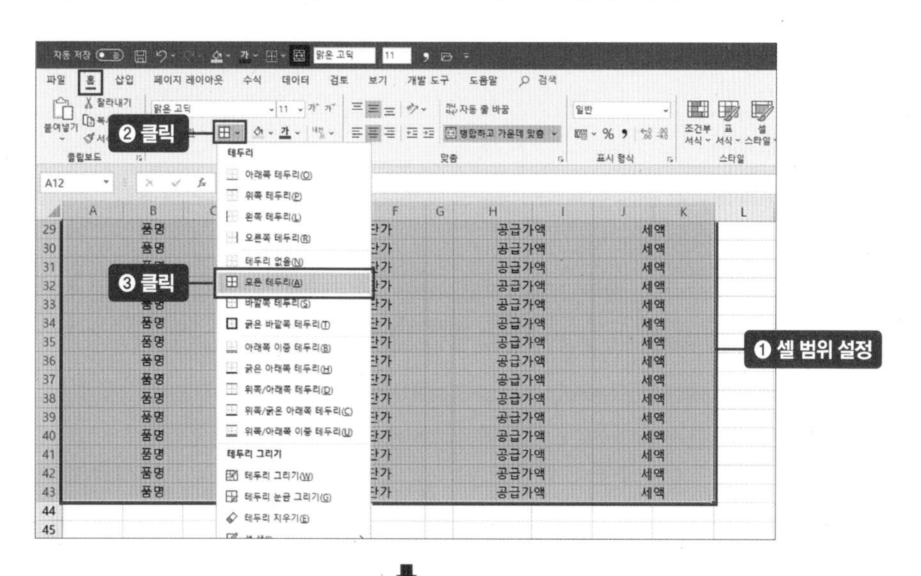

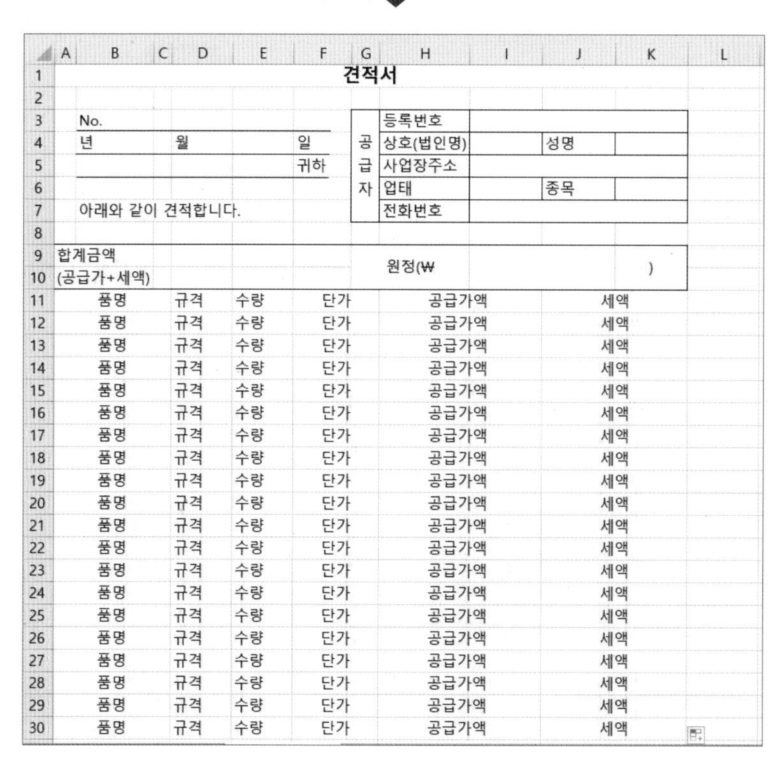

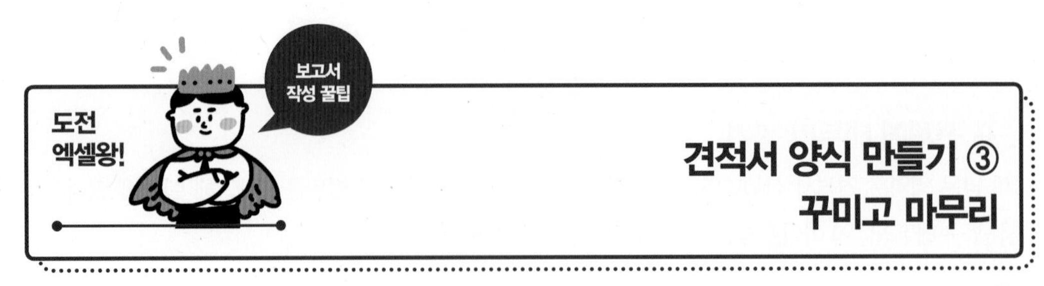

견적서 양식 만들기 ③ 꾸미고 마무리

예제파일 : 0_12_견적서양식만들기.xlsx

1. 불필요한 내용 삭제하기

이제 서류를 조금 더 보기 좋게 꾸미기 위해 불필요한 내용은 삭제하고, 글자 배열을 정돈한 다음, 중요한 내용이 있는 곳은 배경색을 넣어 강조하겠습니다.

셀을 병합하면서 [A12:K43]에 항목 이름이 들어갔습니다. 불필요한 내용이므로 삭제합니다. [A12]를 선택(❶)한 다음 Ctrl+Shift+↓ 키(❷)를 누릅니다. [A12:A43] 셀 범위가 선택됩니다.

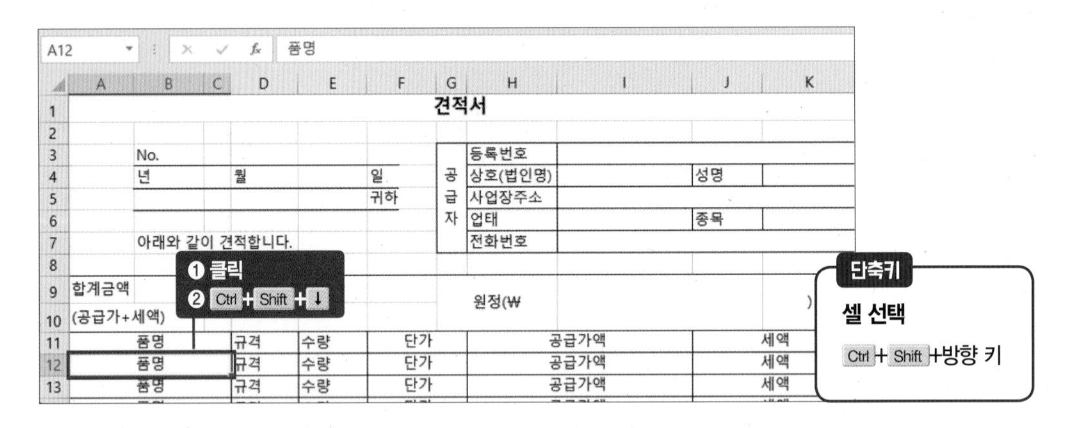

Ctrl+Shift 키를 누른 상태에서 키보드의 → 키를 네 번(❸) 누릅니다. [A12:K43] 영역이 모두 선택됩니다. Delete 키(❹)를 눌러 셀 안의 내용을 삭제합니다.

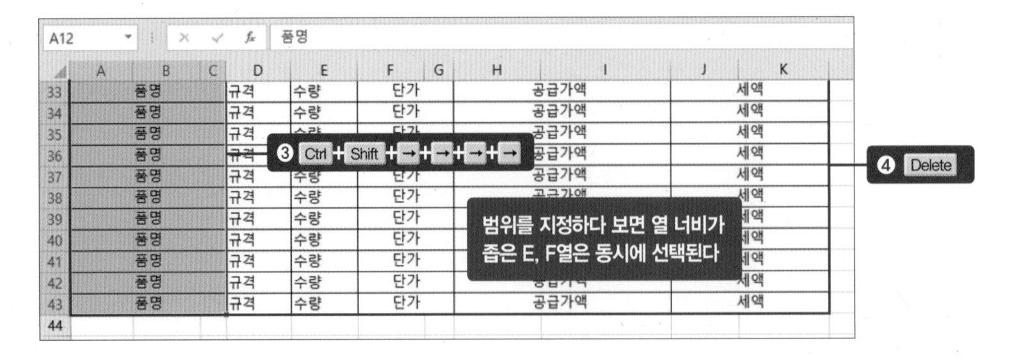

2. 셀 배경 넣기

견적서에서 가장 중요한 부분은 금액과 관련된 부분이지요. [A9:K10] 영역에 배경색을 넣어보겠습니다. [A9:K10]을 선택(❶)합니다. [홈] 탭 → 채우기 색( ) 아이콘(❷) → 〈흰색, 배경 1, 15% 더 어둡게〉를 클릭(❸)합니다.

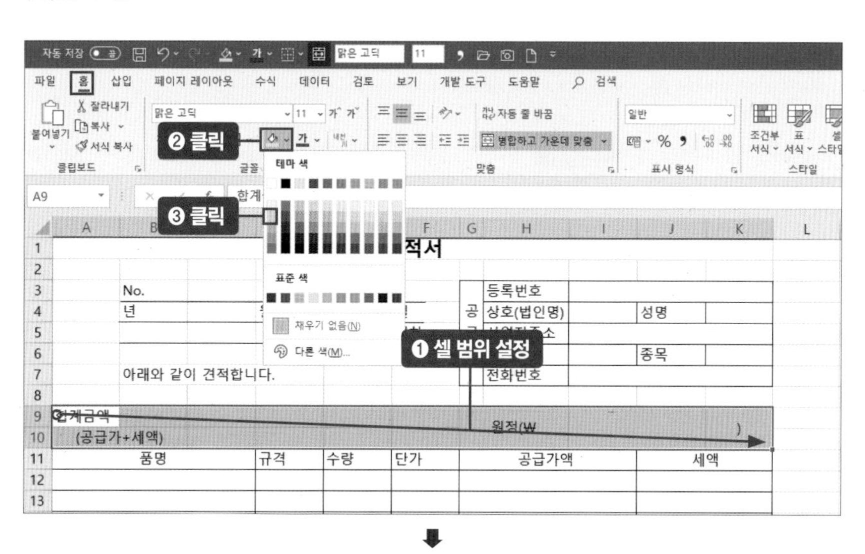

⬇

	A	B	C	D	E	F	G	H	I	J	K	L
1							견적서					
2												
3		No.						등록번호				
4		년		월		일	공	상호(법인명)		성명		
5						귀하	급	사업장주소				
6							자	업태		종목		
7		아래와 같이 견적합니다.						전화번호				
8												
9	합계금액							원정(₩			)	
10	(공급가+세액)											
11		품명		규격	수량	단가		공급가액		세액		
12												
13												
14												
15												
16												
17												
18												
19												
20												
21												
22												
23												
24												
25												
26												
27												
28												
29												
30												

3. 글자 배열 정돈하기

[B4:D4] 셀에 년, 월을 기록해야 하는데 공간이 부족합니다. 글자를 오른쪽 맞춤해 공간을 만들어줍니다. [B4:D4] 셀 범위 설정(❶) → [홈] 탭 → 〈오른쪽 맞춤〉을 클릭(❷)합니다. [K9:K10] 셀의 괄호도 보기 좋게 오른쪽 맞춤(❸)합니다.

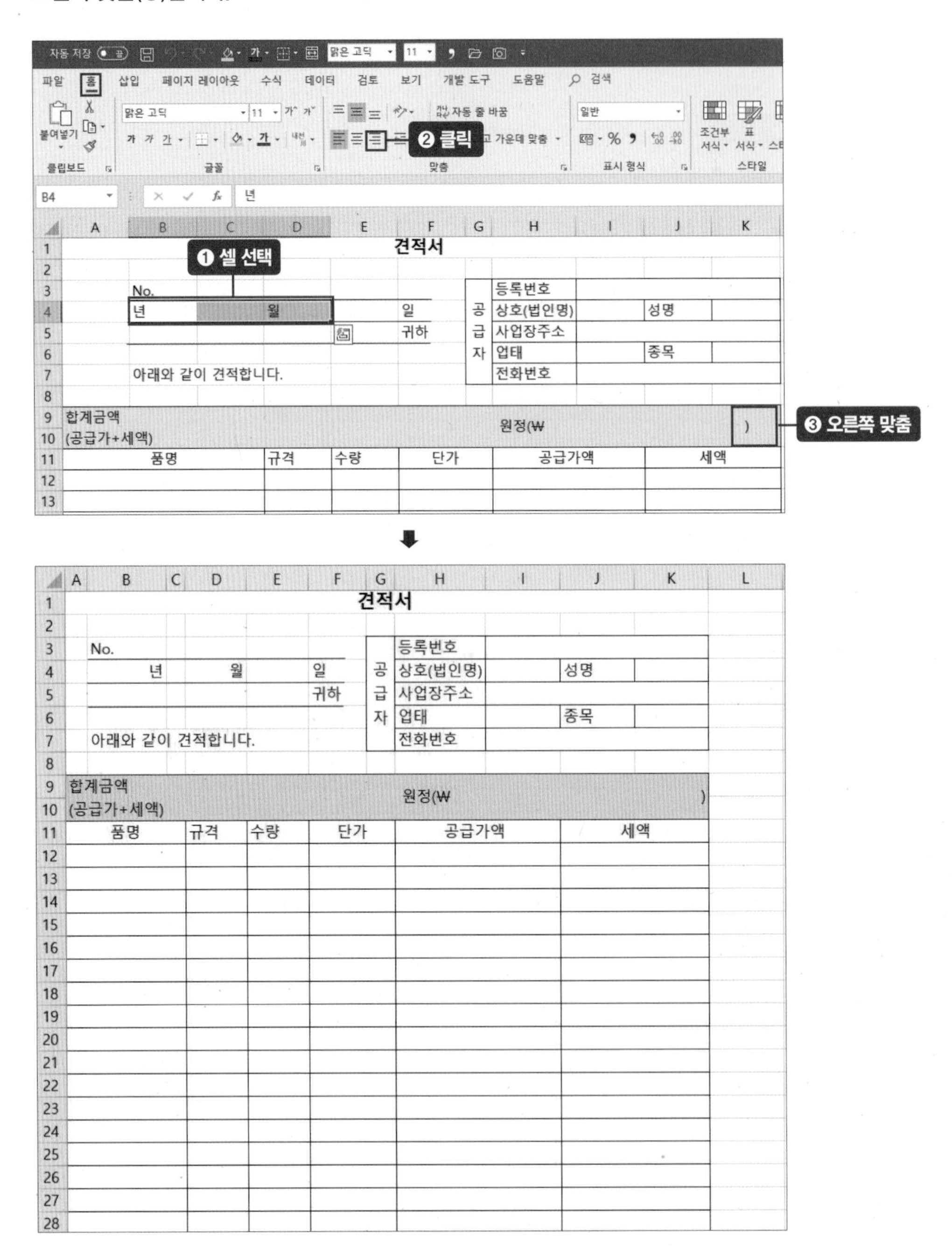

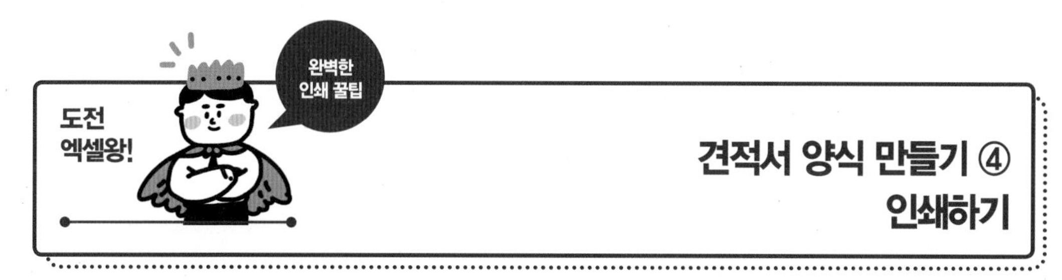

견적서 양식 만들기 ④ 인쇄하기

예제파일 : 0_12_견적서양식만들기.xlsx 

1. 인쇄 영역 확인하기

Ctrl + F2 키를 눌러 인쇄 영역을 확인합니다. 현재 인쇄 영역은 한 페이지를 넘어갔습니다.

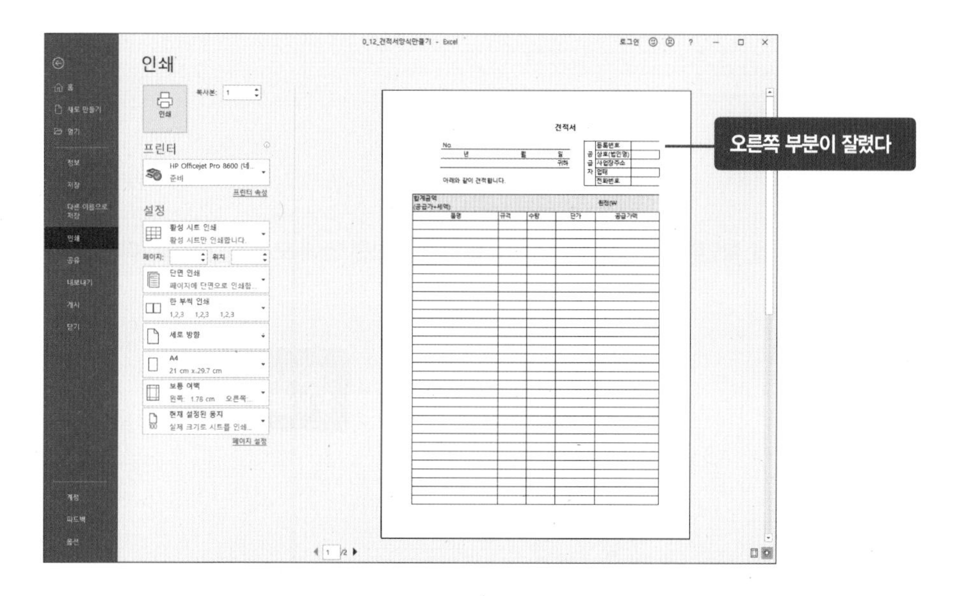

마우스로 열 머리글을 드래그해 셀 너비를 조정해서 인쇄 영역을 표시한 눈금선 안쪽으로 내용이 모두 들어가도록 합니다.

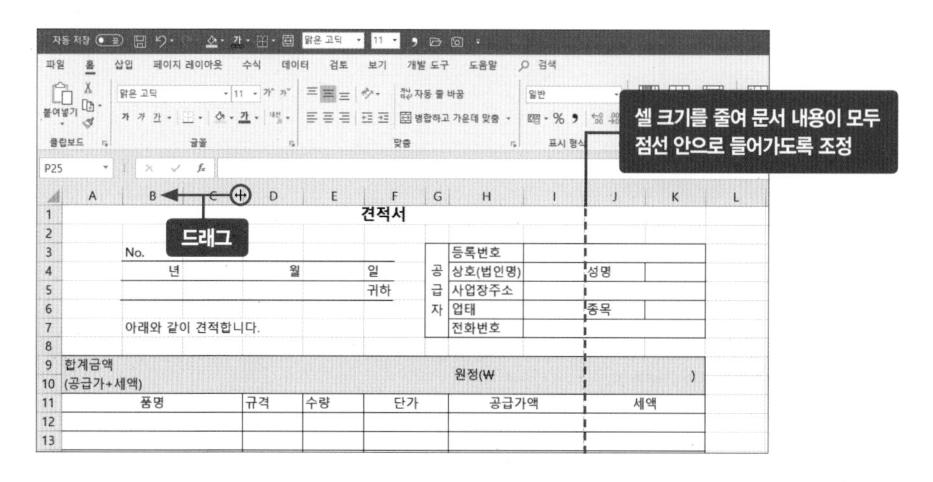

셀 너비를 줄여 입력한 내용이 모두 점선 안쪽으로 들어가도록 했습니다.

	A	B	C	D	E	F	G	H	I	J	K
1	견적서										
2											
3		No.						등록번호			
4		년		월		일	공	상호(법인명)		성명	
5						귀하	급	사업장주소			
6							자	업태		종목	
7		아래와 같이 견적합니다.						전화번호			
8											
9	합계금액							원정(₩			)
10	(공급가+세액)										
11	품명		규격	수량		단가		공급가액		세액	
12											
13											
14											
15											
16											

점선 안쪽으로 내용이 모두 들어갔다

2. 인쇄하기

Ctrl + F2 키를 눌러 인쇄 영역을 확인합니다. 견적서 내용이 미리보기 화면 안에 모두 들어왔습니다. 〈인쇄〉 버튼을 클릭해 인쇄합니다.

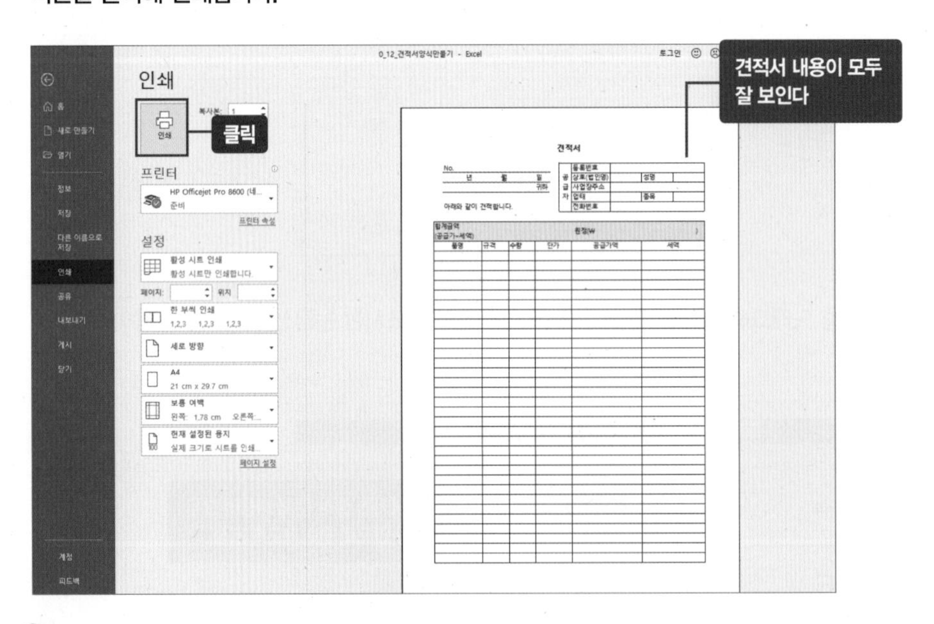

tip

문서 만들기 총정리

글자 배치 → 제목 정리 → 글꼴 크기 조정 → 셀 범위 조정 → 셀 병합(제일 많이 한다) → 테두리 선 → 불필요한 내용 삭제 → 글자 배열 정돈 → 배경색 조정

열 너비 다른 결재 칸 만들기

결재 칸을 만들어보겠습니다. 완성 서식을 보면 결재 칸과 3~6월의 열 너비가 다릅니다. 카메라 기능을 활용해 열 너비가 다른 표를 위 아래로 넣고 인쇄하는 방법을 알아보겠습니다.

완성 서식 미리 보기

월간교육참석현황

담당	과장	부장	사장

소속	성명	1월	2월	3월	4월	5월	6월
총무부	이미리	ㅇ	ㅇ		ㅇ	ㅇ	ㅇ
홍보부	홍길동	ㅇ	ㅇ	ㅇ	ㅇ	ㅇ	ㅇ
기획실	장사신	ㅇ	ㅇ	ㅇ	ㅇ	ㅇ	ㅇ
전산실	유명한	ㅇ	ㅇ	ㅇ	ㅇ	ㅇ	ㅇ
영업부	강력한	ㅇ	ㅇ	ㅇ		ㅇ	ㅇ
생산부	김준비	ㅇ	ㅇ	ㅇ		ㅇ	ㅇ
자재부	사용중	ㅇ	ㅇ	ㅇ	ㅇ	ㅇ	ㅇ
총무부	오일만	ㅇ	ㅇ	ㅇ	ㅇ	ㅇ	ㅇ
총무부	해맑은	ㅇ	ㅇ	ㅇ	ㅇ		ㅇ
홍보부	진시황	ㅇ	ㅇ	ㅇ	ㅇ	ㅇ	ㅇ
전산실	주린배	ㅇ	ㅇ		ㅇ	ㅇ	ㅇ
영업부	유미래	ㅇ	ㅇ	ㅇ			ㅇ
생산부	미리내	ㅇ	ㅇ	ㅇ	ㅇ	ㅇ	ㅇ
자재부	김장철	ㅇ	ㅇ	ㅇ	ㅇ	ㅇ	ㅇ
총무부	강심장	ㅇ	ㅇ		ㅇ	ㅇ	
총무부	김유리	ㅇ	ㅇ	ㅇ	ㅇ	ㅇ	
홍보부	지렁이	ㅇ	ㅇ	ㅇ		ㅇ	ㅇ
전산실	전부켜	ㅇ	ㅇ		ㅇ	ㅇ	ㅇ
영업부	김장수	ㅇ	ㅇ	ㅇ	ㅇ	ㅇ	
총무부	주은별	ㅇ	ㅇ	ㅇ	ㅇ	ㅇ	ㅇ
자재부	강미소	ㅇ	ㅇ	ㅇ	ㅇ	ㅇ	ㅇ
기획실	지영롱	ㅇ	ㅇ	ㅇ		ㅇ	ㅇ
자재부	손매력	ㅇ		ㅇ	ㅇ	ㅇ	
영업부	민주리	ㅇ	ㅇ	ㅇ	ㅇ	ㅇ	ㅇ
생산부	오미리	ㅇ	ㅇ	ㅇ		ㅇ	ㅇ
영업부	유연하	ㅇ	ㅇ	ㅇ	ㅇ	ㅇ	ㅇ
총무부	김영웅	ㅇ	ㅇ	ㅇ		ㅇ	ㅇ
자재부	정동진	ㅇ	ㅇ	ㅇ	ㅇ	ㅇ	ㅇ
기획실	조은나라	ㅇ	ㅇ	ㅇ	ㅇ	ㅇ	ㅇ
자재부	홍길영	ㅇ	ㅇ	ㅇ	ㅇ	ㅇ	ㅇ
영업부	사오정	ㅇ	ㅇ	ㅇ	ㅇ	ㅇ	ㅇ
생산부	김철수	ㅇ	ㅇ	ㅇ		ㅇ	ㅇ
생산부	이영희	ㅇ	ㅇ	ㅇ	ㅇ	ㅇ	ㅇ
자재부	민영화	ㅇ	ㅇ	ㅇ	ㅇ	ㅇ	ㅇ
출석		34	33	30	26	32	30
불참		0	1	4	8	2	4
총인원	34						

카메라 기능을 사용하면 결재 칸과 아래 표의 열 너비를 서로 다르게 만들 수 있다

카메라 기능으로 결재창 만들기

예제파일 : 0_13_결재창만들기.xlsx 

1. 빠른 실행 도구 모음에 카메라 추가하기

카메라 기능은 리본메뉴에 나와 있지 않으므로 따로 빠른 실행 도구 모음에 추가해야 합니다. 빠른 실행 도구 모음 옆 〈펼침〉(▾) 버튼 클릭(❶) → 〈기타 명령〉을 클릭(❷)합니다.

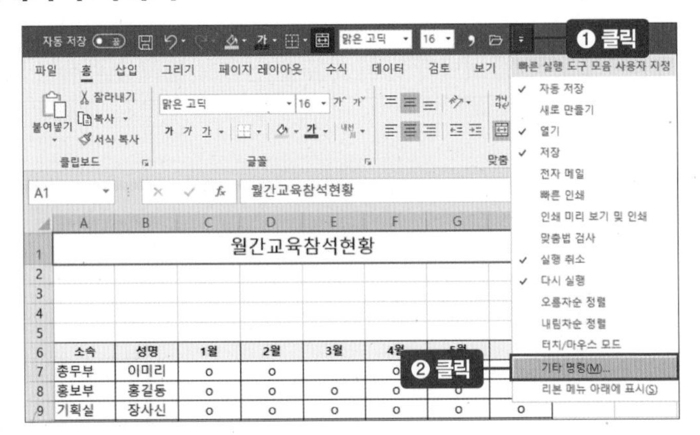

[Excel 옵션] 대화상자가 나타나면 '명령 선택'에서 〈리본메뉴에 없는 명령〉을 선택(❸)하고 → 〈카메라〉를 클릭(❹)합니다. 〈추가〉 버튼을 클릭(❺)한 다음 〈확인〉을 클릭(❻)해 대화상자를 닫습니다.

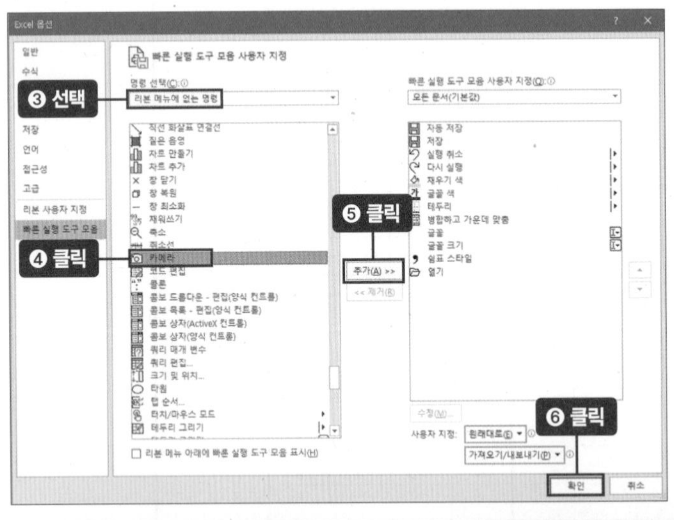

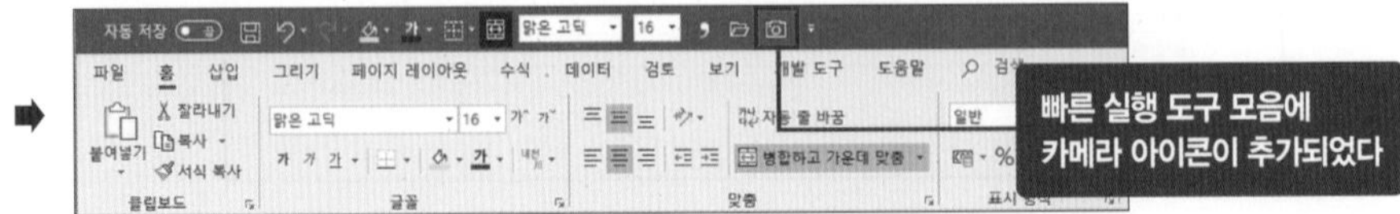

2. 카메라로 결재창 캡처해서 붙여넣기

화면 하단 [시트] 탭에서 [결재창 양식] 시트를 클릭(❶)합니다. 아래 오른쪽 화면과 같이 결재 칸을 만들어 두었습니다.

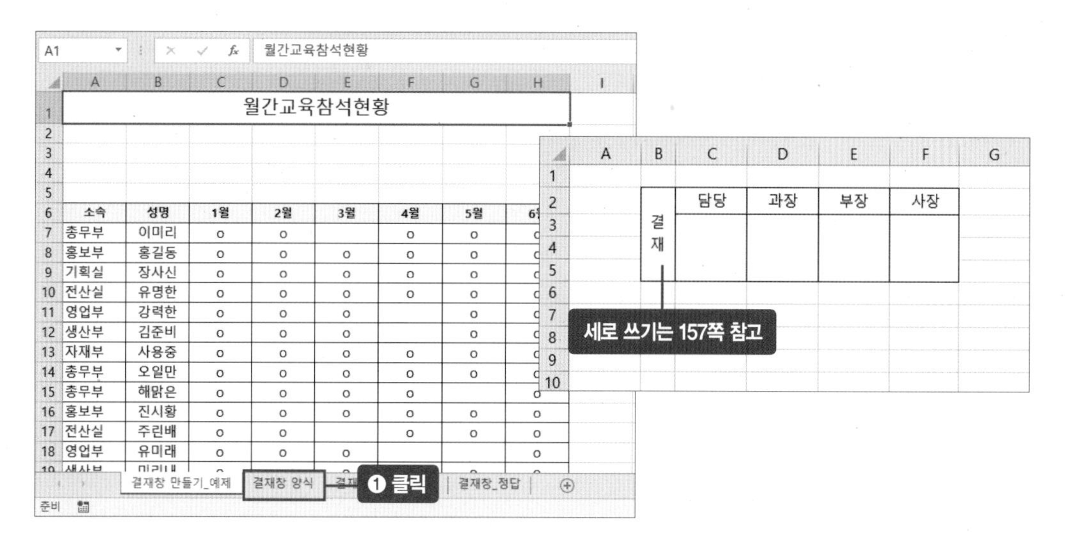

참고로, 자동 채우기 핸들로 쉽게 셀을 병합할 수 있습니다. 먼저 [C3:C5] 셀 범위를 병합한 다음 병합된 셀을 선택합니다. 오른쪽 하단의 채우기 핸들을 [F3] 셀까지 드래그하면 똑같이 셀이 병합됩니다.

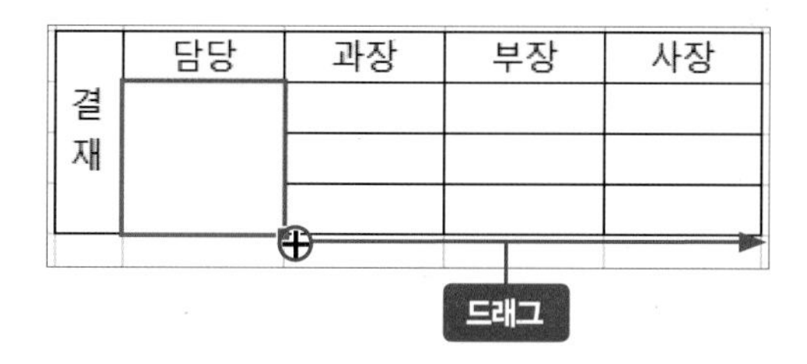

[C2] 셀을 클릭(❷)한 다음 Ctrl + A 키(❸)를 누릅니다. 셀이 모두 선택된 상태에서 빠른 실행 도구 모음의 카메라(📷) 아이콘을 클릭(❹)합니다. [교육참석현황] 시트를 클릭(❺)합니다.

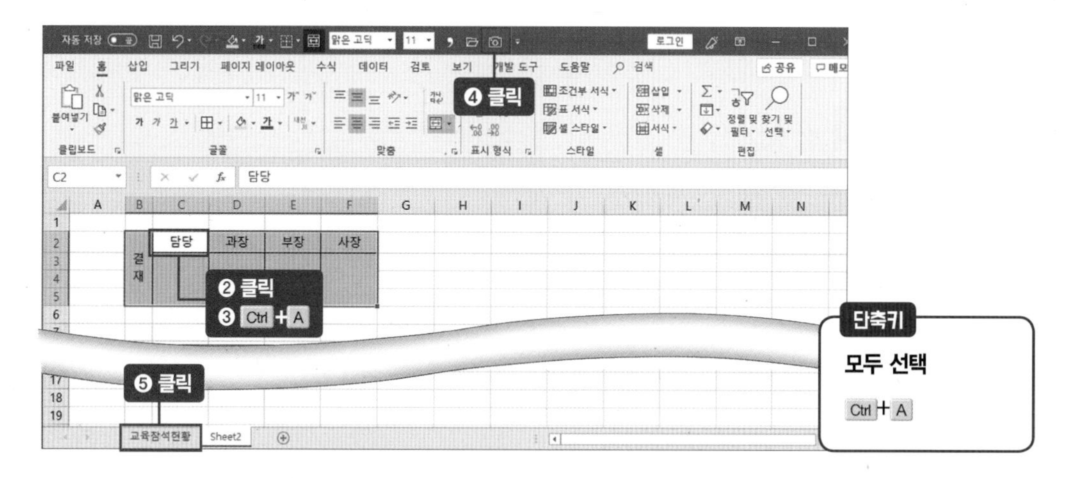

3. 결재창 붙여넣기

[교육참석현황] 시트에서 결재창을 붙여넣을 곳에 마우스를 놓고 우클릭합니다. 캡처해둔 결재창이 나타납니다. 결재창 사이즈와 위치를 조정합니다.

	A	B	C	D	E	F	G	H	I
1	월간교육참석현황								
2									
3									
4							부장	사장	
5									
6	소속	성명	1월	2월					
7	총무부	이미리	o	o					
8	홍보부	홍길동	o	o				o	
9	기획실	장사신	o	o				o	
10	전산실	유명한	o	o				o	
11	영업부	강력한	o	o				o	
12	생산부	김준비	o	o				o	
13	자재부	사용중	o	o				o	

우클릭

잘라내기(T)
복사(C)
붙여넣기 옵션:
그룹화(G)
순서(R)
매크로 지정(N)...
기본 도형 설정(D)
개체 서식(F)...

4. 인쇄 여백 조정하기

Ctrl + F2 키를 눌러 인쇄 미리보기를 엽니다. 서류가 한쪽으로 치우쳐 있습니다. 여백을 조정해 문서가 종이의 가운데에 오도록 하겠습니다. 〈설정〉 → 〈보통 여백〉(❶) → 〈사용자 지정 여백〉을 클릭(❷)합니다.

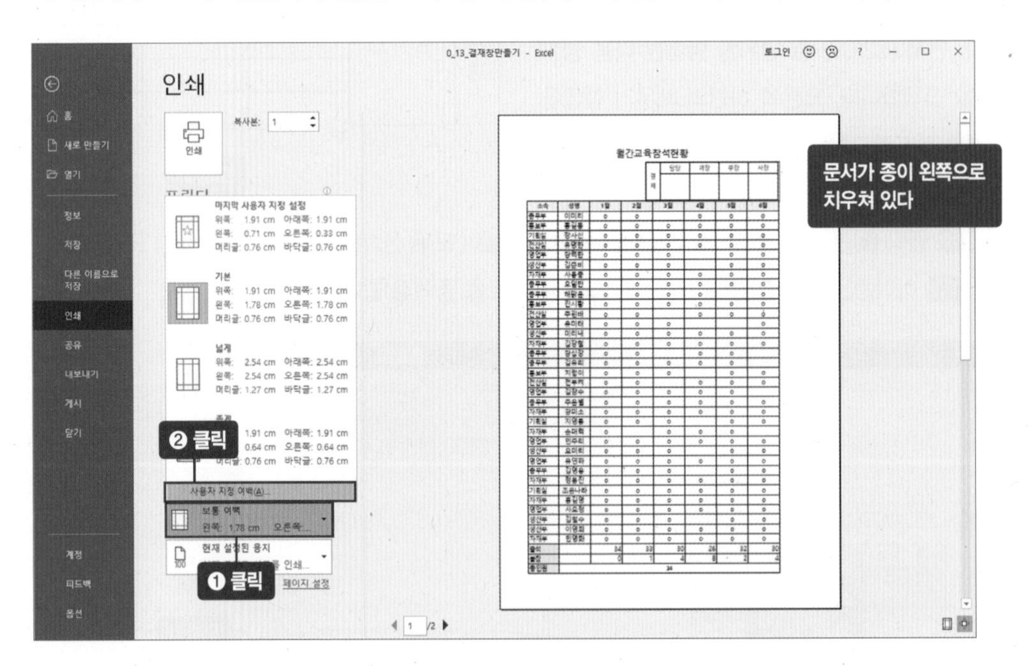

[페이지 설정] 대화상자가 나타나면 [여백] 탭(❸) → '페이지 가운데 맞춤'에서 가로, 세로에 모두 체크(❹)합니다. 〈확인〉 버튼을 클릭(❺)해 대화상자를 닫습니다.

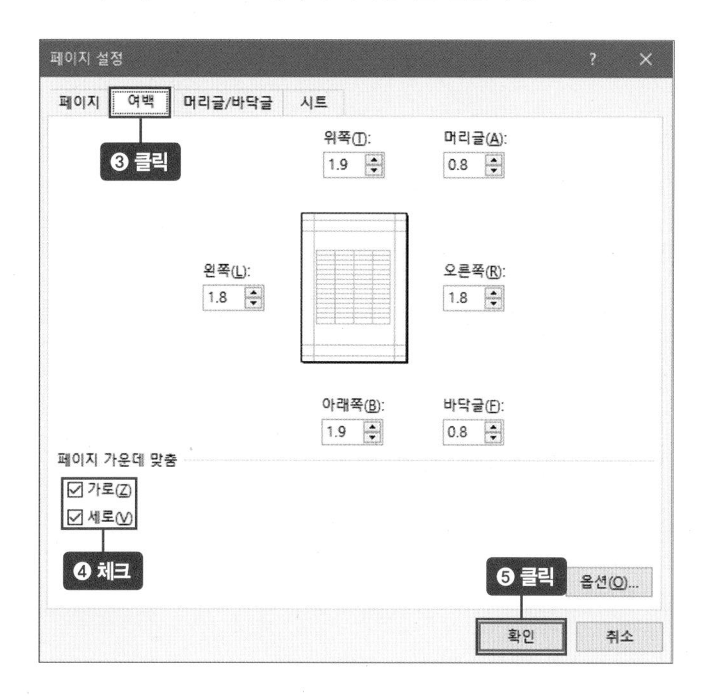

문서가 종이의 가운데에 위치했습니다. 〈인쇄〉 버튼을 클릭(❻)해 인쇄합니다.

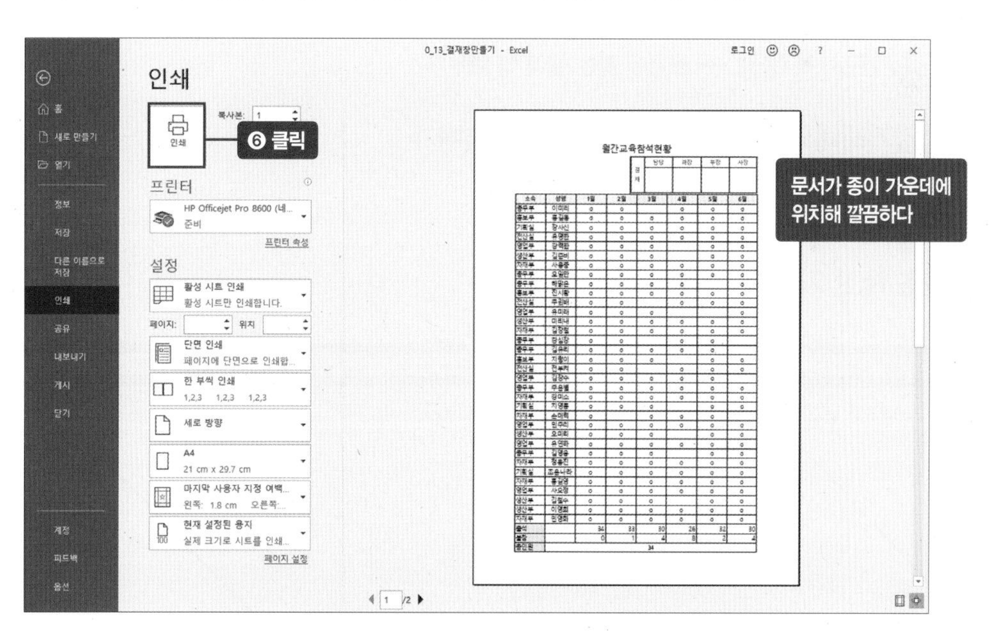

첫 | 째 | 마 | 당

14 | 지출품의서 — 등호 사용해 한 번에 서류 2장 만들기

15 | 지출증빙서 — 쉼표로 천단위 숫자 표시하기

16 | 견적서 — 통화와 회계 형식 표시하기

17 | 일일자금운용표 — 적자 금액 마이너스 표시하기

18 | 똑똑한 영수증 — 경비 지원 여부 파악하기

19 | 신용카드사용대장 — 조건에 맞는 셀에 색 채우기

20 | 일일거래내역서 — 색조 데이터로 미수금 관리하기

21 | 수치 오류 없는 거래명세표 — SUM 함수

22 | 위조 NO! 가불증 — NUMBERSTRING 함수

경리 & 재무팀 엑셀왕

지출품의서

등호 사용해 한 번에 서류 2장 만들기

업무 목표 | 수정 잦은 문서, 자동 입력으로 척척

지출품의서는 업무상 회사 지원금이 필요한 경우 지출 계획을 적어 심사를 받는 서류입니다. 지출품의서처럼 직원과 회사 간에 돈을 주고받는 경우 서류를 2장 만들어서 1장은 제출, 1장은 보관합니다. 같은 서류를 2장 만들기 위해 복사, 붙여넣기 기능을 사용하면 수정이 필요할 때 데이터를 두 번 입력해야 합니다. 등호(=)를 활용해 하나의 서류에 자료를 입력하면 나머지 서류에도 똑같은 내용이 들어가도록 해보세요.

완성 서식 미리 보기

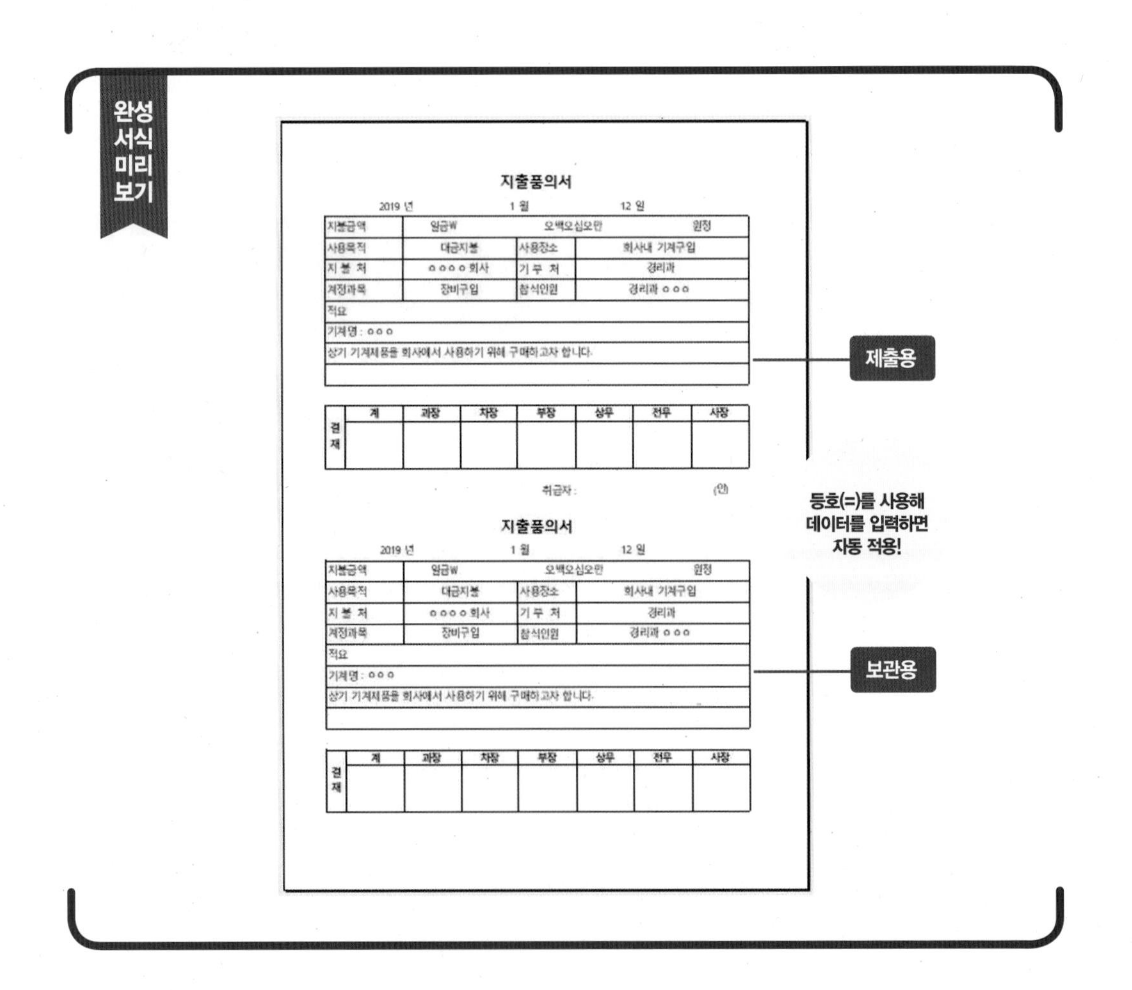

지출품의서

2019 년 1 월 12 일

지불금액	일금W	오백오십오만	원정
사용목적	대금지불	사용장소	회사내 기계구입
지 불 처	○○○○회사	기 부 처	경리과
계정과목	장비구입	참석인원	경리과 ○○○
적요			
기계명 : ○○○			
상기 기계제품을 회사에서 사용하기 위해 구매하고자 합니다.			

결재	계	과장	차장	부장	상무	전무	사장

취급자 : (인)

지출품의서

2019 년 1 월 12 일

지불금액	일금W	오백오십오만	원정
사용목적	대금지불	사용장소	회사내 기계구입
지 불 처	○○○○회사	기 부 처	경리과
계정과목	장비구입	참석인원	경리과 ○○○
적요			
기계명 : ○○○			
상기 기계제품을 회사에서 사용하기 위해 구매하고자 합니다.			

결재	계	과장	차장	부장	상무	전무	사장

등호(=)로 반복 데이터 자동 입력하기

예제파일 : 1_14_지출품의서.xlsx 

1. 보관용 서류에 등호로 데이터 입력하기

예제파일에 지출품의서 양식을 만들어 두었습니다. 상단의 제출용 지출품의서에 입력해둔 내용을 하단의 보관용 지출품의서에도 동일하게 자동 입력되게끔 하겠습니다.

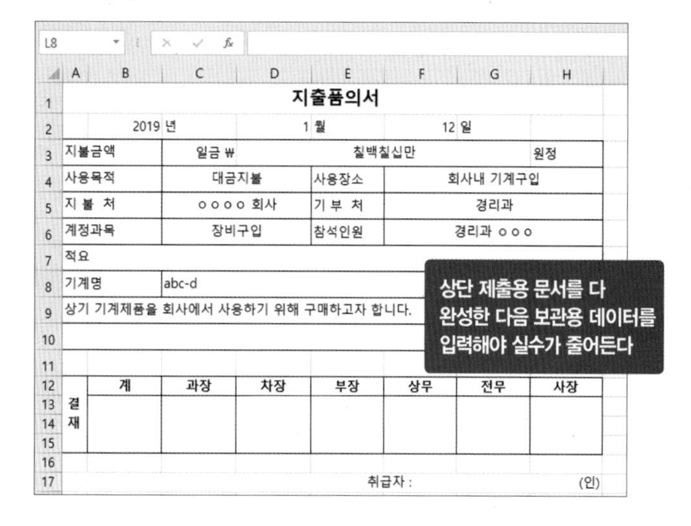

[B20] 셀에 등호 =를 입력(❶)합니다. [B2] 셀을 클릭하고 Enter 키(❷)를 누릅니다. [B20] 셀에 [B2] 셀의 내용이 자동으로 입력됩니다. 나머지 날짜부터 지불금액 셀들도 같은 방법으로 입력해 완성합니다.

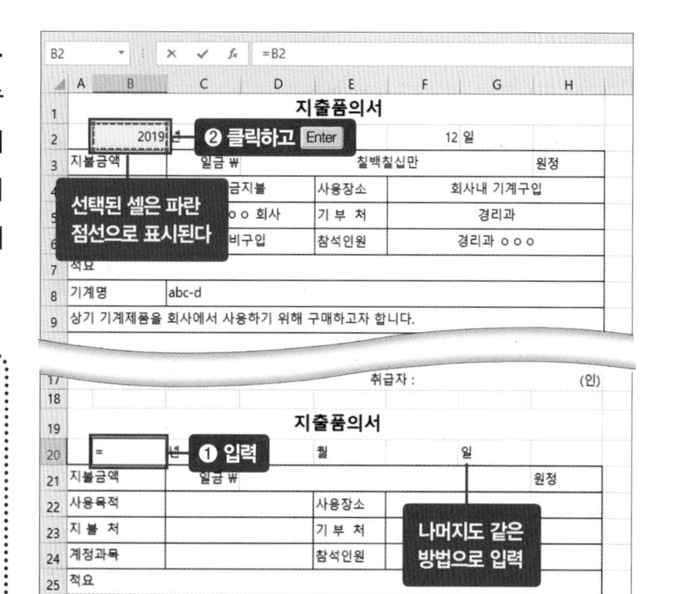

수정 잦은 문서는 복사보다 등호

사용할 때마다 수정이 필요한 문서는 이렇게 등호 기능으로 연결해두는 것이 좋다. 처음 등호로 셀을 연결할 때는 번거롭지만 나중에 다시 사용할 때는 수정 내용을 한 번만 입력해도 된다.

2. 등호로 연결된 데이터 수정하기

완성된 서류는 이후 1장의 서류만 고치면 다른 복사본에는 자동으로 변경된 자료가 입력됩니다. 상단 지출품의서의 지불금액을 백이십만원으로 수정해보겠습니다. [D3] 셀에 **백이십만**을 입력하고 Enter 키를 누릅니다. 하단의 지출품의서도 동일하게 변경되었습니다.

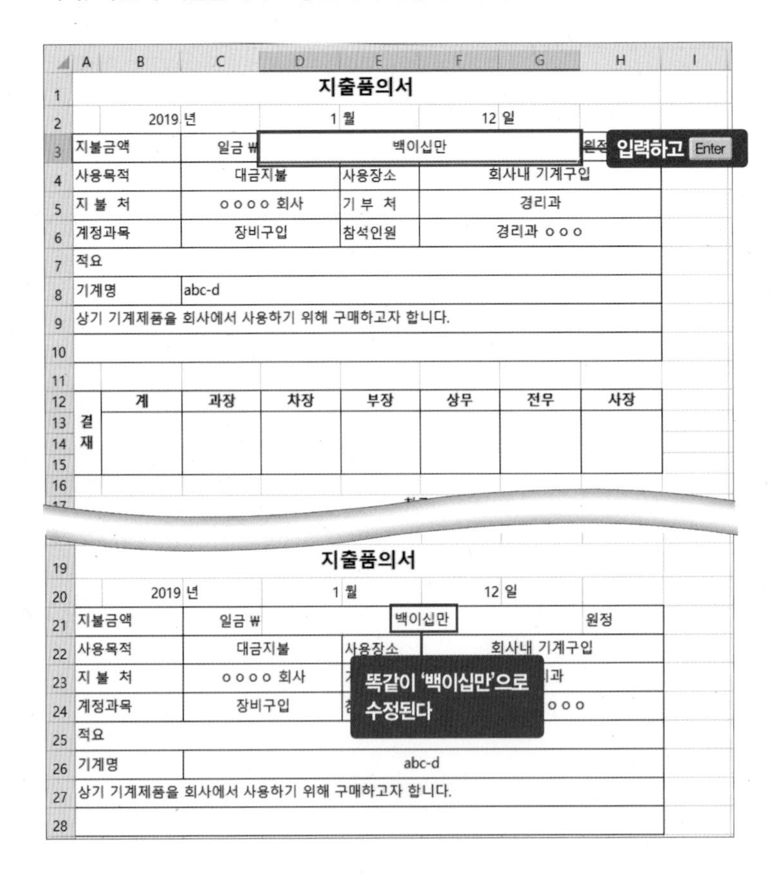

tip 등호 사용해 택배 송장 만들기

예제파일 : 1_14_팁_택배송장.xlsx

회사 내부에 배송 관리 직원이 있다면 엑셀로 송장을 만들어보세요. 택배 송장에는 보내는 날짜, 보내는 사람, 배송 물건 등 동일한 내용을 여러 번 입력해야 합니다. 이때 등호를 사용하면 반복되는 타이핑 작업을 간소화할 수 있습니다.

① 주소 자동으로 입력하기

예제파일을 열어 [D12] 셀에 **서울시 마포구**를 입력하고 Enter 키를 누릅니다. 받는 분 주소가 입력되어 있던 [J3] 셀의 내용도 자동으로 바뀝니다.

② 오늘 날짜 자동으로 입력하기

[G2] 셀 날짜 입력 칸에 **=TODAY()**를 입력한 다음 Enter 키를 누릅니다. [G2] 셀과 등호로 연결된 [U2], [G33], [U33] 셀의 날짜도 자동으로 바뀝니다. TODAY 함수는 오늘 날짜가 자동으로 입력되는 함수로, 매일 날짜를 고치지 않아도 되어서 편리합니다.

지출증빙서

쉼표로 천단위 숫자 표시하기

업무 목표 | 지출증빙서 내역 천단위로 끊어 정리하기

영수증만 붙여서 보고하는 곳도 많지만 영수증 목록을 정리해 지출증빙을 해야 하는 회사도 있습니다. 이럴 때 당황하지 말고 아래 서식으로 지출증빙서를 만들어 제출하세요. 서류에 표기하는 모든 금액은 천단위로 끊어지는 쉼표(,)로 표기합니다. 10000처럼 숫자만 나열된 것보다 10,000처럼 쉼표가 들어가 있으면 읽기 편합니다. 아래 화면의 지출증빙서에도 작게는 몇천원부터 많게는 몇십만원까지 금액이 혼재되어 있지만, 쉼표를 적용해두니 금액을 정확하게 읽을 수 있습니다.

완성 서식 미리 보기

지출증빙서

제출날짜	2019. 1. 31		
담당자	○○○		
날짜	항목	상세	금액
1/1	교통	○○○ 외 1인 비용지급	10000
1/2	잡비	담배외	3000
1/3	회식	중식 및 카페회의	55000
1/4	운영	지방출장	100000
1/5	문구	펀치구매, 배터리 10개 구매	13000
1/6	교통	○○○ 외 3인 비용지급	20000
1/7	간식	과자, 기타	5000
1/8	물품	집기류구매	200000
1/9	잡비	담배외	3000
1/10	회식	석식 및 노래방 친목도모	70000
1/11	기타	손님들 음료	10000
1/12	물품	의자구매	50000
1/13	간식	순대외	10000
1/14	회식	중식 및 카페회의	55000
1/15	문구	배터리 4개구매	2000
1/16	교통	○○○ 외 2인 비용지급	15000
1/17	택배	2개 발송	6000
1/18	의료	사고로 병원치료	50000
1/19	간식	라면 2박스	30000
1/20	물품	책상구매	50000
1/21	문구	호치키스 및 심 구매	5000
1/22	기타	손님들 음료	10000
1/23	운영	지방출장	120000

지출증빙서

제출날짜	2019. 1. 31		
담당자	○○○		
날짜	항목	상세	금액
1/1	교통	○○○ 외 1인 비용지급	10,000
1/2	잡비	담배외	3,000
1/3	회식	중식 및 카페회의	55,000
1/4	운영	지방출장	100,000
1/5	문구	펀치구매, 배터리 10개 구매	13,000
1/6	교통	○○○ 외 3인 비용지급	20,000
1/7	간식	과자, 기타	5,000
1/8	물품	집기류구매	200,000
1/9	잡비	담배외	3,000
1/10	회식	석식 및 노래방 친목도모	70,000
1/11	기타	손님들 음료	10,000
1/12	물품	의자구매	50,000
1/13	간식	순대외	10,000
1/14	회식	중식 및 카페회의	55,000
1/15	문구	배터리 4개구매	2,000
1/16	교통	○○○ 외 2인 비용지급	15,000
1/17	택배	2개 발송	6,000
1/18	의료	사고로 병원치료	50,000
1/19	간식	라면 2박스	30,000
1/20	물품	책상구매	50,000
1/21	문구	호치키스 및 심 구매	5,000
1/22	기타	손님들 음료	10,000
1/23	운영	지방출장	120,000

금액에 쉼표를 사용하면 정확도가 올라간다

쉼표 스타일로 금액 깔끔하게 표시하기

예제파일 : 1_15_지출증빙서.xlsx

1. 셀 범위 설정하기

단축키를 사용해 쉼표 스타일을 적용할 셀 범위를 빠르게 선택하겠습니다. [I6] 셀을 클릭(❶)한 후 키보드에서 Ctrl + Shift + ↓ 키(❷)를 누릅니다. 데이터가 입력되어 있는 [I6:I28] 셀 범위가 선택됩니다.

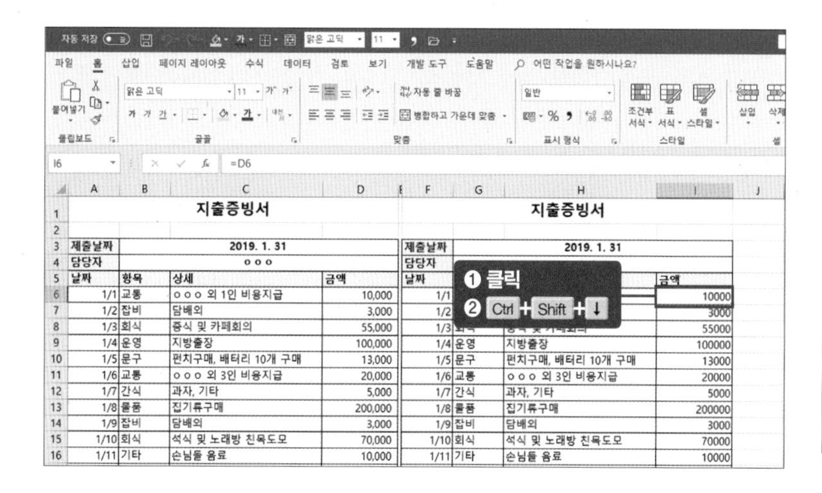

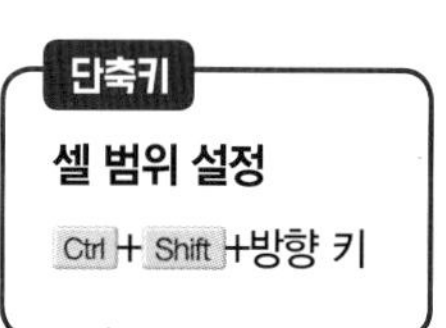

2. 천단위 쉼표 적용하기

[홈] 탭 → 쉼표(,) 아이콘을 클릭합니다. 금액에 천단위로 쉼표가 표시되었는지 확인합니다.

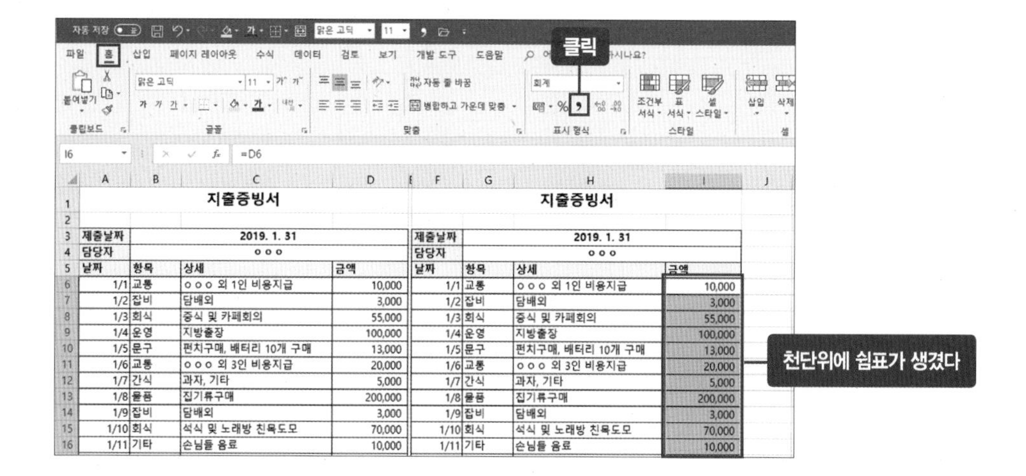

견적서

통화와 회계 형식 표시하기

업무 목표 | 통화 기호로 금액 정확하게 표시하기

견적서는 거래 내용을 미리 예측해 계산한 문서입니다. 견적서에서는 정확한 금액을 표시하기 위해 통화 기호를 사용합니다. 통화 기호를 사용하면 금액이 한눈에 들어와 문서가 보기 좋게 정돈됩니다. 통화 회계 형식 표시는 컴퓨터활용능력 시험에도 나올 정도로 필수적인 엑셀의 기능입니다.

완성 서식 미리 보기

견적서

No. 190226-01

2019 년 3 월 26 일

귀하

아래와 같이 견적합니다.

공급자				
	등록번호	118-80-90001		
	상호(법인명)	㈜노랑색	성명	○○○
	사업장주소	서울 금천구 금천동 1000		
	업태	제조업	종목	전자
	전화번호	02-000-0000		

합계금액 (공급가액+세액)	오백이십팔만일천육백오십원정			(₩ 5,281,650)	
품명	규격	수량	단가	공급가액	세액
stki-1100-16-w	0	100	9,900	₩ 990,000	₩ 99,000
stki-1100-12-w	0	50	9,900	₩ 495,000	₩ 49,500
stki-1100-18-w	0	10	9,900	₩ 99,000	₩ 9,900
stkk-2100-01-b	0	5	30,000	₩ 150,000	₩ 15,000
stki-1100-24-w	0	10	9,900	₩ 99,000	₩ 9,900
stkt-3100-02-w	0	10	30,000	₩ 300,000	₩ 30,000
stkt-3100-01-w	0	10	30,000	₩ 300,000	₩ 30,000
stki-1100-08-w	0	10	9,900	₩ 99,000	₩ 9,900
stki-1100-21-w	0	10	9,900	₩ 99,000	₩ 9,900
stkp-4100-02-w	0	10	25,000	₩ 250,000	₩ 25,000
stkp-4100-16-w	0	5	25,000	₩ 125,000	₩ 12,500
stki-1100-27-w	0	5	9,900	₩ 49,500	₩ 4,950
stki-1100-60-w	0	5	9,900	₩ 49,500	₩ 4,950
stki-1100-65-w	0	10	9,900	₩ 99,000	₩ 9,900
stki-1100-84-w	0	5	9,900	₩ 49,500	₩ 4,950
stki-1100-96-w	0	10	9,900	₩ 99,000	₩ 9,900
stki-1100-14-w	0	10	9,900	₩ 99,000	₩ 9,900
stkk-2100-01-o	0	20	30,000	₩ 600,000	₩ 60,000
stkk-2100-01-r	0	5	30,000	₩ 150,000	₩ 15,000
stkt-3100-04-w	0	10	30,000	₩ 300,000	₩ 30,000
stkt-3100-08-w	0	10	30,000	₩ 300,000	₩ 30,000
합계				4,801,500	480,150

원화(₩) 기호를 사용해 회계 문서를 만들면 가독성 UP!

도전 엑셀왕!

업무 필수 기본기

컴활 기출

원단위 표시로 금액 깔끔하게 표시하기

예제파일 : 1_16_견적서.xlsx

1. 통화 표시 형식 적용하기

[H12] 셀을 클릭(❶)합니다. Ctrl + Shift + ↓ + → 키(❷)를 눌러 [H12:K32] 셀 범위를 설정합니다. [홈] 탭 → [표시 형식] 그룹에서 〈일반〉 박스 옆 〈펼침〉(▾) 버튼을 클릭(❸)합니다. 팝업창에서 〈통화〉를 클릭(❹)합니다.

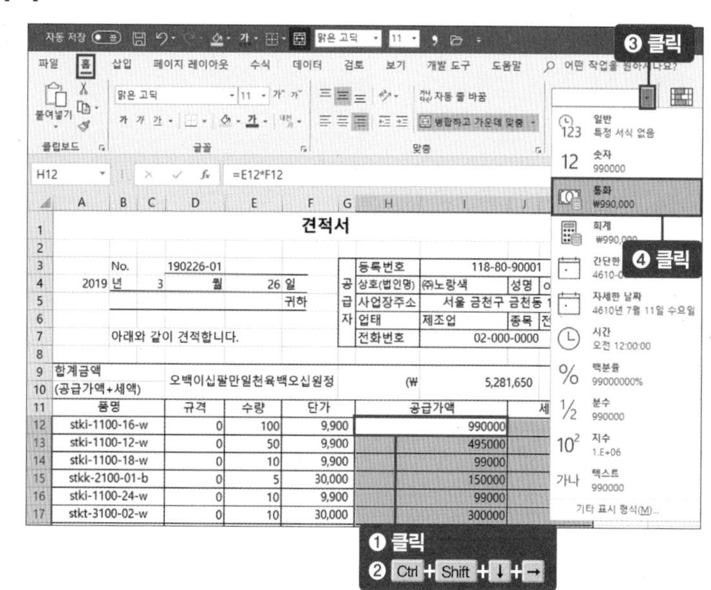

2. 회계 표시 형식 적용하기

[H12:K32]에 원화(₩) 표시와 천단위 쉼표가 생겼습니다. 더 깔끔하게 표기하기 위해 ₩와 숫자를 떨어뜨려놓겠습니다. [H12:K32] 셀 범위가 선택되어 있는 것을 확인한 다음 [홈] 탭 → 〈일반〉 박스 옆 〈펼침〉(▾) 버튼을 눌러 〈회계〉를 클릭합니다.

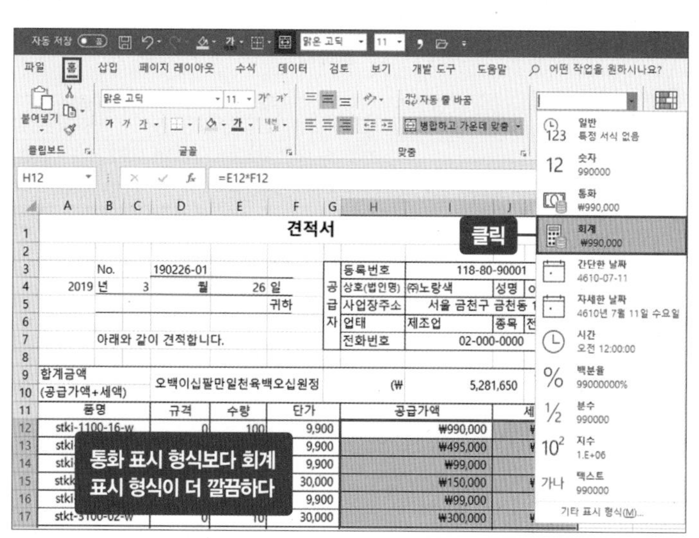

3. 원화 표시 왼쪽으로 정렬하기

원화(₩) 표시와 숫자가 떨어져 보다 깔끔해 보입니다. 하지만 아직 원화 기호가 삐뚤빼뚤해 정돈되지 않은 느낌이 듭니다. [홈] 탭 → [맞춤] 그룹 → 텍스트 왼쪽 맞춤(≡) 아이콘을 클릭합니다. 원화 기호가 왼쪽으로 정렬됩니다.

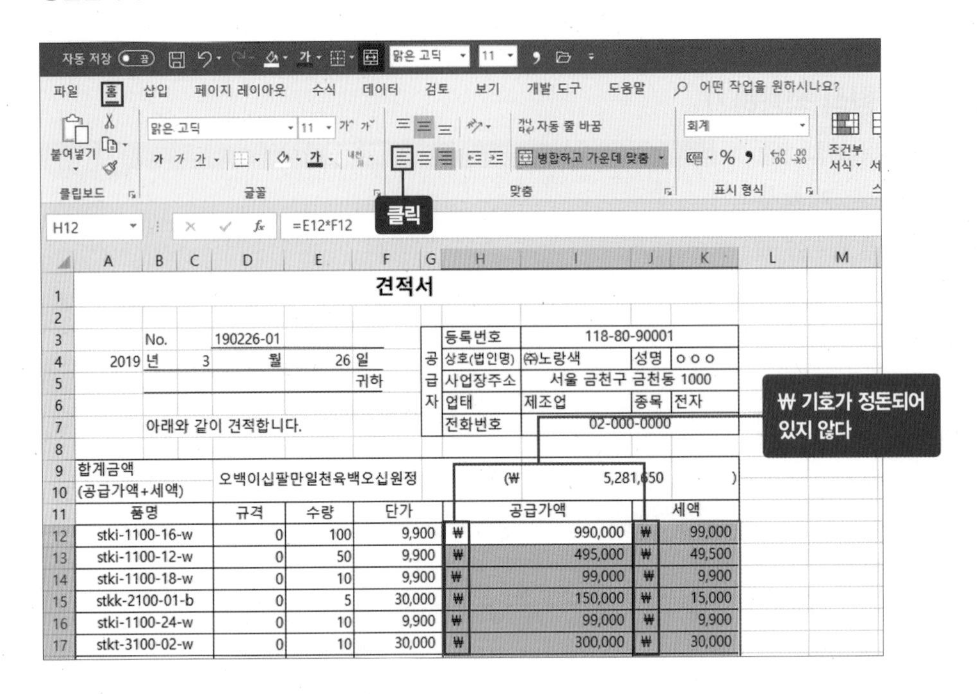

품명	규격	수량	단가	공급가액		세액	
stki-1100-16-w	0	100	9,900	₩	990,000	₩	99,000
stki-1100-12-w	0	50	9,900	₩	495,000	₩	49,500
stki-1100-18-w	0	10	9,900	₩	99,000	₩	9,900
stkk-2100-01-b	0	5	30,000	₩	150,000	₩	15,000
stki-1100-24-w	0	10	9,900	₩	99,000	₩	9,900
stkt-3100-02-w	0	10	30,000	₩	300,000	₩	30,000

원화 기호가 반듯이 정렬되었습니다. 원화 표시가 있어서 금액을 쉽게 알아볼 수 있습니다.

견적서

No. 190226-01

2019 년 3 월 26 일 귀하

아래와 같이 견적합니다.

공급자: 등록번호 118-80-90001 / 상호(법인명) ㈜노랑색 성명 ○○○ / 사업장주소 서울 금천구 금천동 1000 / 업태 제조업 종목 전자 / 전화번호 02-000-0000

합계금액 (공급가액+세액) 오백이십팔만일천육백오십원정 (₩ 5,281,650)

품명	규격	수량	단가	공급가액		세액	
stki-1100-16-w	0	100	9,900	₩	990,000	₩	99,000
stki-1100-12-w	0	50	9,900	₩	495,000	₩	49,500
stki-1100-18-w	0	10	9,900	₩	99,000	₩	9,900
stkk-2100-01-b	0	5	30,000	₩	150,000	₩	15,000
stki-1100-24-w	0	10	9,900	₩	99,000	₩	9,900

견적서에서 제일 궁금한 건 금액! 깔끔해진 원화 표시 덕분에 금액이 잘 보인다

일일자금운용표

적자 금액 마이너스 표시하기

업무 목표 | 하루 자금 변동 한눈에 파악하기

일일자금운용표는 당일의 수입과 지출 내역을 정리한 문서입니다. 하루 자금 변동 내용을 기록해 매일 자금운용을 비교하는 용도로 사용합니다. 또한 일일자금운용표를 만들어두면 월말결산 때 자료만 모으면 되므로 업무를 줄일 수 있습니다. 아래 일일자금운용표를 보면 1월 5일부터 6일까지 수입보다 지출이 많음을 알 수 있습니다. 이 부분을 강조해 표기해야겠지요. 일일이 마이너스 기호를 찾지 않고도 빠르게 적자 금액에 마이너스(-) 기호를 붙이고 빨간색으로 표시해보겠습니다.

완성 서식 미리 보기

일일자금운용표

2019 년

일자	수입계정과목	수입내역	수입금액	지출계정과목	지출내역	지출금액	잔액
01월 02일	납품대금	결재	250,000,000	회식	지출	450,000	[illegible]
01월 02일	선급금	계약	1,000,000	원재료비	구입	20,000,000	[illegible]
01월 02일	쇼핑몰	매출	459,000	잡비	지출	1,500,000	[illegible]
01월 02일	납품대금	결재	7,500,000	외주가공비	지출	98,000,000	1[illegible]
01월 02일	예금	이자	235,000	직원급여	급여	60,000,000	7[illegible]
01월 02일	임대료	수입	2,500,000	퇴직금여충당금	급여	600,000	811[illegible]
01월 03일	쇼핑몰	매출	982,000	공과금	공과	1,200,000	809260[illegible]
01월 03일	수출	매출	950,000	보험료	급여	3,000,000	7887600[illegible]
01월 05일	쇼핑몰	매출	1,502,000	차량유지비	지출	2,000,000	783780[illegible]
01월 05일	수출	매출	250,000	세금	공과	19,600,000	590280[illegible]
01월 05일	세금환급	수입	2,550,000	임대료	공과	30,000,000	31578[illegible]00
01월 05일	선급금	계약	5,000,000	원재료비	구입	40,000,000	-3422000
01월 05일	납품대금	결재	450,000	수송비	지출	300,000	-3272000
01월 05일				비품	지출	500,000	-3772000
01월 06일	쇼핑몰	매출	2,506,000	원재료비	구입	20,000,000	-21266000
01월 06일	수출	매출	490,000	식권구입	지출	150,000	-20926000
01월 07일	가수금	사장님	100,000,000	수송비	지출	450,000	78624000
01월 07일	수출	매출	260,000	원재료비	구입	20,000,000	58884000
01월 07일	납품대금	결재	39,000,000	상여금	급여	30,000,000	67884000
01월 07일				고객체험단	지출	1,000,000	66884000
01월 08일	쇼핑몰	매출	590,000	원재료비	구입	15,000,000	52474000
01월 08일	수출	매출	450,000	포장비	지출	3,000,000	49924000
01월 08일	납품대금	결재	99,000,000	시험비	지출	3,000,000	145924000
01월 08일	임대료	수입	2,500,000	소모품비	지출	5,000,000	143424000
01월 09일				보관료	지출	1,500,000	141924000

회사 자금운용의 빨간불! 적자 금액이 잘 보이도록 표시하자

적자 금액만 골라 빨간색으로 표시하기

예제파일 : 1_17_일일자금운용표.xlsx 

1. 데이터 표시 형식 변경하기

예제파일 L열 잔액이 적자일 때 마이너스 기호를 포함한 빨간 텍스트로 표시하려고 합니다. [L4:L28] 셀을 드래그해 셀 범위로 설정(❶)합니다. Ctrl + 1 키(❷)를 누릅니다.

일일자금운용표

2019 년

일자	수입계정과목	수입내역	수입금액	지출계정과목	지출내역	지출금액	잔액
01월 02일	납품대금	결재	250,000,000	회식	지출	450,000	
01월 02일	선급금	계약	1,000,000	원재료비	구입	20,000,000	230550000
01월 02일	쇼핑몰	매출	459,000	잡비	지출	1,500,000	229509000
01월 02일	납품대금	결재	7,500,000	외주가공비	지출	98,000,000	139009000
01월 02일	예금	이자	235,000	직원급여	급여	60,000,000	79244000
01월 02일	임대료	수입	2,500,000	퇴직금여충당금	급여	600,000	81144000
01월 03일	쇼핑몰	매출	982,000	공과금	공과	1,200,000	80926000
01월 03일	수출	매출	950,000	보험료	급여	3,000,000	78876000
01월 05일	쇼핑몰	매출	1,502,000	차량유지비	지출	2,000,000	78378000
01월 05일	수출	매출	250,000	세금	공과	19,600,000	59028000
01월 05일	세금환급	수입	2,550,000	임대료	공과	30,000,000	31578000
01월 05일	선급금	계약	5,000,000	원재료비	구입	40,000,000	-3422000
01월 05일	납품대금	결재	450,000	수송비	지출	300,000	-3272000
01월 05일				비품	지출	500,000	-3772000
01월 06일	쇼핑몰	매출	2,506,000	원재료비	구입	20,000,000	-21266000
01월 06일	수출	매출	490,000	식권구입	지출	150,000	-20926000
01월 07일	가수금	사장님	100,000,000	수송비	지출	450,000	78624000
01월 07일	수출	매출	260,000	원재료비	구입	20,000,000	58884000
01월 07일	납품대금	결재	39,000,000	상여금	급여	30,000,000	67884000
01월 07일				고객체험단	지출	1,000,000	66884000
01월 08일	쇼핑몰	매출	590,000	원재료비	구입	15,000,000	52474000
01월 08일	수출	매출	450,000	포장비	지출	3,000,000	49924000
01월 08일	납품대금	결재	99,000,000	시험비	지출	3,000,000	145924000
01월 08일	임대료	수입	2,500,000	소모품비	지출	5,000,000	143424000
01월 09일				보관료	지출	1,500,000	141924000

단축키

셀 서식 대화상자

Ctrl + 1

[셀 서식] 대화상자가 나타나면 [표시 형식] 탭(❸) → '범주' 항목에서 〈숫자〉(❹) → '음수' 항목에서 빨간색으로 된 〈-1234〉를 선택(❺)합니다. 〈확인〉을 클릭(❻)해 창을 닫습니다.

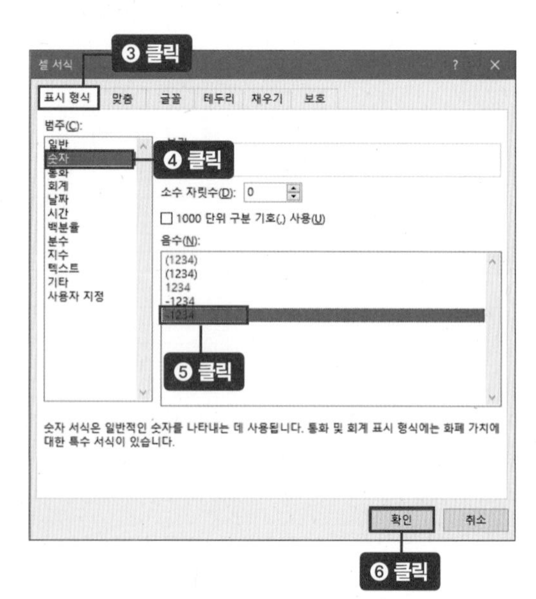

표시 형식을 정하는 [셀 서식] 대화상자

[셀 서식] 대화상자는 마이너스 표기뿐 아니라 다양한 표시 형식을 결정하는 곳이다. 입력한 데이터가 어떤 목적으로 사용되는지에 따라 통화, 회계, 시간 등으로 변경한다. ★ **[셀 서식] 대화상자 자세한 내용은 49쪽 참고**

2. 데이터 표시 형식 확인하기

잔액 칸의 금액이 적자가 난 부분은 숫자 앞에 마이너스 표시가 붙고 빨간색으로 바뀌었습니다.

일일자금운용표

2019 년

일자	수입계정과목	수입내역	수입금액	지출계정과목	지출내역	지출금액	잔액
01월 02일	납품대금	결재	250,000,000	회식	지출	450,000	
01월 02일	선급금	계약	1,000,000	원재료비	구입	20,000,000	230550000
01월 02일	쇼핑몰	매출	459,000	잡비	지출	1,500,000	229509000
01월 02일	납품대금	결재	7,500,000	외주가공비	지출	98,000,000	139009000
01월 02일	예금	이자	235,000	직원급여	급여	60,000,000	79244000
01월 02일	임대료	수입	2,500,000	퇴직금여충당금	급여	600,000	81144000
01월 03일	쇼핑몰	매출	982,000	공과금	공과	1,200,000	80926000
01월 03일	수출	매출	950,000	보험료	급여	3,000,000	78876000
01월 05일	쇼핑몰	매출	1,502,000	차량유지비	지출	2,000,000	78378000
01월 05일	수출	매출	250,000	세금	공과	19,600,000	59028000
01월 05일	세금환급	수입	2,550,000	임대료	공과	30,000,000	31578000
01월 05일	선급금	계약	5,000,000	원재료비	구입	40,000,000	-3422000
01월 05일	납품대금	결재	450,000	수송비	지출	300,000	-3272000
01월 05일				비품	지출	500,000	-3772000
01월 06일	쇼핑몰	매출	2,506,000	원재료비	구입	20,000,000	-21266000
01월 06일	수출	매출	490,000	식권구입	지출	150,000	-20926000
01월 07일	가수금	사장님	100,000,000	수송비	지출	450,000	78624000
01월 07일	수출	매출	260,000	원재료비	구입	20,000,000	58884000
01월 07일	납품대금	결재	39,000,000	상여금	급여	30,000,000	67884000
01월 07일				고객체험단	지출	1,000,000	66884000

음수가 마이너스 기호를 포함한 빨간색으로 바뀌어 적자 금액을 파악하기 쉬워졌다

tip 다양한 음수 표기법

[셀 서식] 대화상자 → [표시 형식] 탭 → '범주'에서 〈숫자〉 → '음수' 항목에서 다양한 음수 표기 방식을 선택할 수 있습니다. 괄호를 포함한 빨간색 형식부터 마이너스 기호를 포함한 빨간색까지 선택 가능합니다. 주로 마이너스를 포함한 형식을 많이 사용합니다.

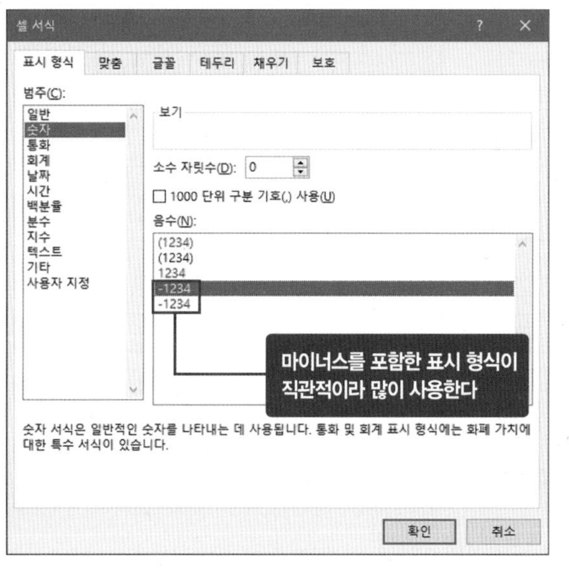

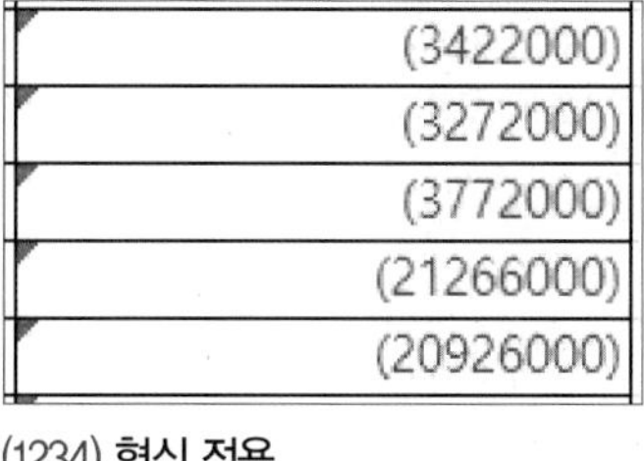

(1234) 형식 적용

-3422000
-3272000
-3772000
-21266000
-20926000

–1234 형식 적용

똑똑한 영수증
경비 지원 여부 파악하기

업무 목표 | 놓치기 쉬운 비지원 경비 빠르게 찾기

회사에서 지출에 자금을 지원하지 않는 항목이 있습니다. 예를 들어 식비는 지원하지만 문화생활비는 지원하지 않는 경우입니다. 전직원이 제출한 현금 사용 영수증에서 지원하지 않는 항목을 제외하려면 시간이 많이 걸립니다. 조건부 서식을 이용해 영수증 내용을 입력하면 자동으로 지원하지 않는 경비가 표시되도록 설정해보겠습니다. **★ 조건부 서식 자세한 내용은 107쪽 참고**

완성 서식 미리 보기

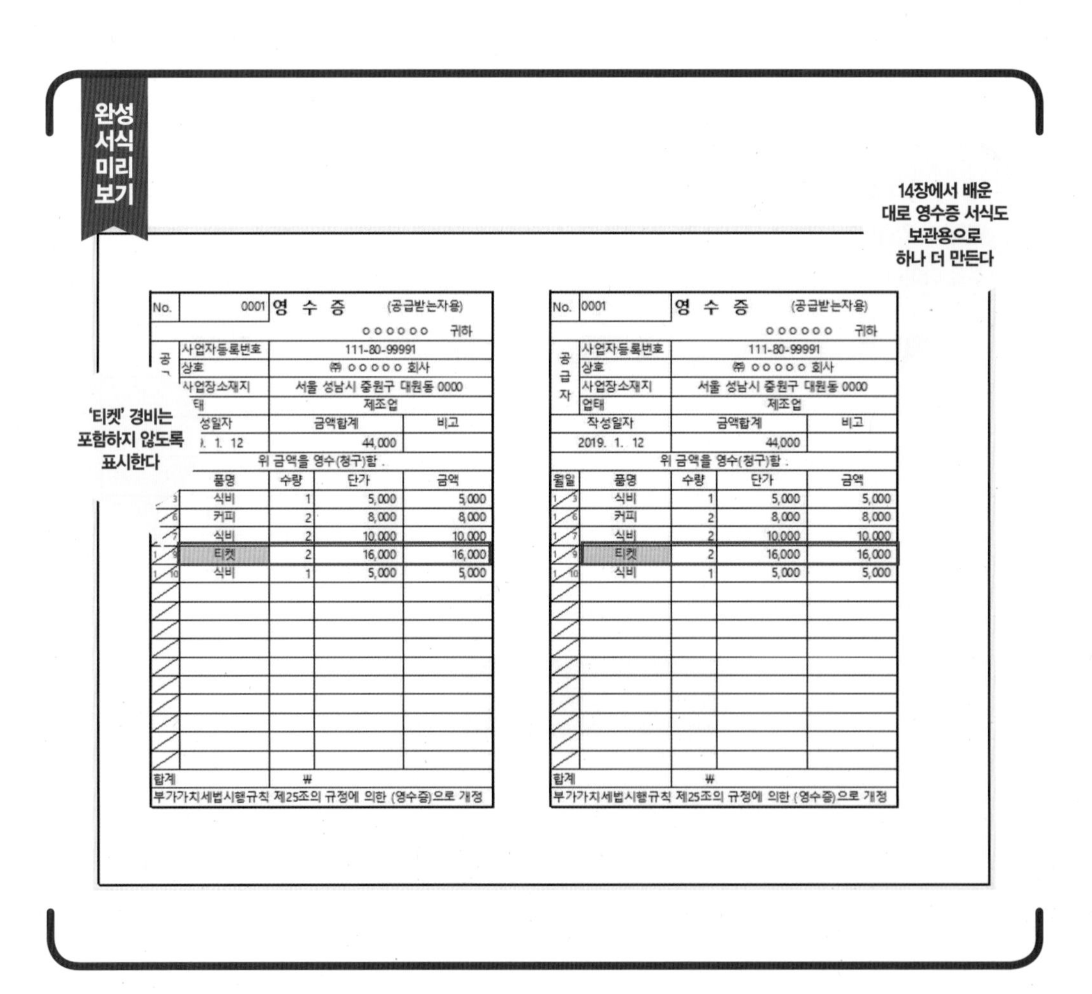

No.	0001	영 수 증		(공급받는자용)
		○○○○○○ 귀하		
공급자	사업자등록번호	111-80-99991		
	상호	㈜ ○○○○○ 회사		
	사업장소재지	서울 성남시 중원구 대원동 0000		
	업태	제조업		
작성일자		금액합계		비고
2019. 1. 12		44,000		
위 금액을 영수(청구)함 .				
월일	품명	수량	단가	금액
1/3	식비	1	5,000	5,000
1/6	커피	2	8,000	8,000
1/7	식비	2	10,000	10,000
1/9	티켓	2	16,000	16,000
1/10	식비	1	5,000	5,000
합계		₩		
부가가치세법시행규칙 제25조의 규정에 의한 (영수증)으로 개정				

경비 지원 없는 항목 영수증에서 뽑아내기

예제파일 : 1_18_영수증.xlsx

1. 특정 텍스트 포함하면 달라지는 서식 지정하기

이 회사는 문화생활비를 지원하지 않으므로 '티켓'을 포함한 셀이 잘 보이도록 표시하겠습니다. [B11:B25] 셀 범위를 설정(❶)하고 [홈] 탭 → [스타일] 그룹 → 조건부 서식(▦) 아이콘(❷) → 〈셀 강조 규칙〉(❸) → 〈텍스트 포함〉을 선택(❹)합니다.

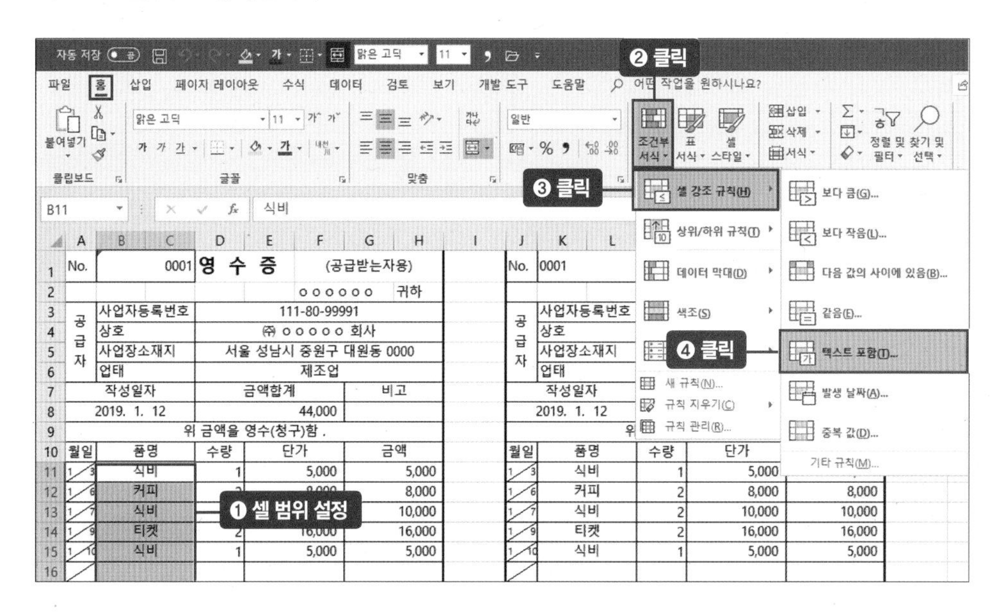

개인적인 문화생활 목적으로 구매한 티켓은 영수증에서 제외해야 하니 [텍스트 포함] 대화상자 왼쪽 빈칸에 **티켓**이라고 입력(❺)합니다. '적용할 서식'의 〈펼침〉(⌄) 버튼을 클릭해 〈진한 빨강 텍스트가 있는 연한 빨강 채우기〉를 선택(❻)합니다. 〈확인〉 버튼을 클릭(❼)해 대화상자를 닫습니다.

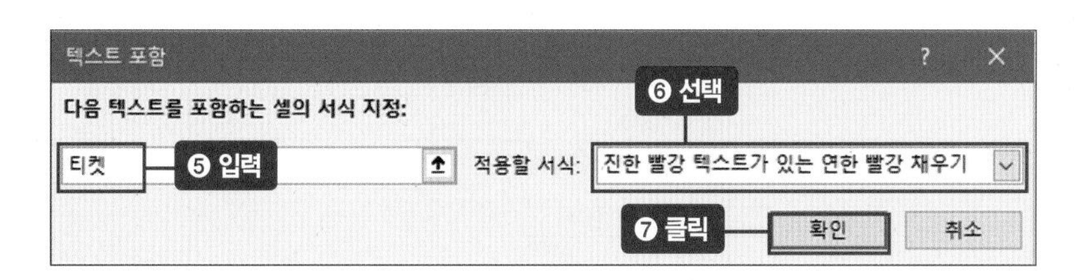

2. 보관용 영수증에도 표기하기

영수증에 제출 불가인 항목 **티켓**을 입력하면 자동으로 색상이 표시되는 것을 확인할 수 있습니다. 보관용 영수증인 오른쪽 영수증 [K11:K15]에도 같은 서식을 동일하게 적용합니다.

	A	B	C	D	E	F	G	H
1	No.		0001	영 수 증		(공급받는자용)		
2						○○○○○○		귀하
3	공급자	사업자등록번호		111-80-99991				
4		상호		㈜ ○○○○○ 회사				
5		사업장소재지		서울 성남시 중원구 대원동 0000				
6		업태		제조업				
7	작성일자			금액합계			비고	
8	2019. 1. 12					44,000		
9	위 금액을 영수(청구)함 .							
10	월일	품명		수량	단가		금액	
11	1/3	식비		1		5,000		5,000
12	1/6	커피		2		8,000		8,000
13	1/7	식비		2		10,000		10,000
14	1/9	티켓		2		16,000		16,000
15	1/10	식비		1		5,000		5,000
16								
17								
18								
19								
20								
21								
22								

	J	K	L	M	N	O	P	Q
1	No.	0001		영 수 증		(공급받는자용)		
2						○○○○○○		귀하
3	공급자	사업자등록번호		111-80-99991				
4		상호		㈜ ○○○○○ 회사				
5		사업장소재지		서울 성남시 중원구 대원동 0000				
6		업태		제조업				
7	작성일자			금액합계			비고	
8	2019. 1. 12					44,000		
9	위 금액을 영수(청구)함 .							
10	월일	품명		수량	단가		금액	
11	1/3	식비		1		5,000		5,000
12	1/6	커피		2		8,000		8,000
13	1/7	식비		2		10,000		10,000
14	1/9	티켓		2		16,000		16,000
15	1/10	식비		1		5,000		5,000

텍스트 포함

다음 텍스트를 포함하는 셀의 서식 지정:

티켓 적용할 서식: 진한 빨강 텍스트가 있는 연한 빨강 채우기

확인 취소

〈조건부 서식〉 → 〈셀 강조 규칙〉 → 〈텍스트 포함〉 → [텍스트 포함] 대화상자에서 서식 지정

조건부 서식 편집하기

예제파일 : 1_18_영수증.xlsx

① 조건부 서식 취소하기

조건부 서식을 잘못 설정했다면 취소도 가능합니다. [홈] 탭 → [스타일] 그룹 → 조건부 서식(▦) 아이콘 → 〈규칙 지우기〉를 클릭하면 '선택한 셀의 규칙 지우기'와 '시트 전체에서 규칙 지우기'가 가능합니다.

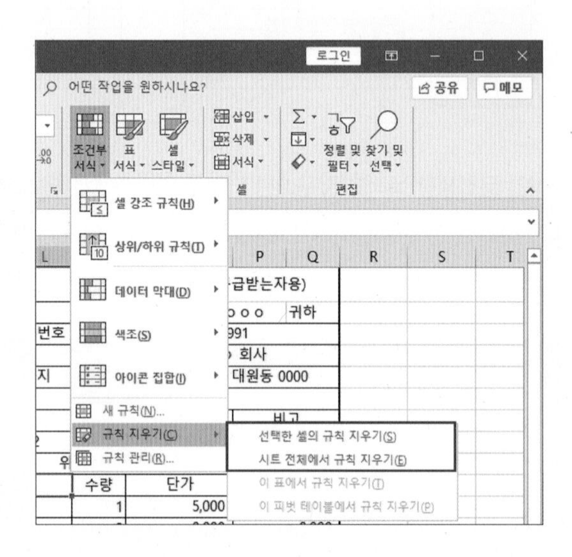

② 조건부 서식 수정하기

[홈] 탭 → [스타일] 그룹 → 조건부 서식( ) 아이콘(❶) → 〈규칙 관리〉를 클릭(❷)하면 현재 시트에서 적용한 조건부 서식을 모두 볼 수 있습니다.

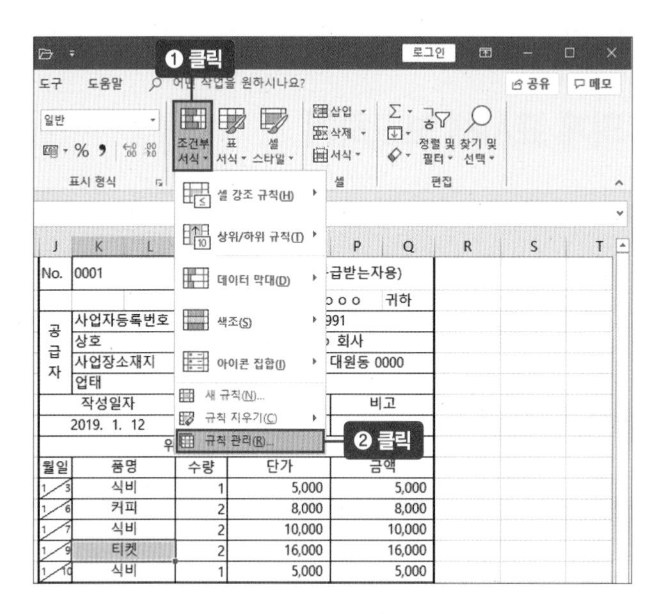

[조건부 서식 규칙 관리자] 대화상자가 나타나면 '서식 규칙 표시'에서 규칙 표시 영역을 선택합니다. 새 규칙 만들기, 기존 규칙 편집하기, 규칙 삭제하기가 가능합니다.

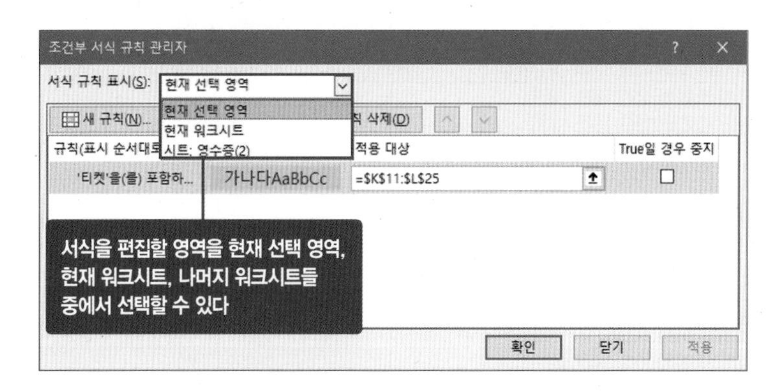

신용카드사용대장

조건에 맞는 셀에 색 채우기

업무 목표 | 특정 경비 눈에 띄게 표시해 보고하기

회사 법인카드 사용 내역은 각 카드사 홈페이지 카드 이용 내역 메뉴에서 엑셀 파일로 다운받아 사용하는 경우가 많습니다. 다운받은 신용카드 내역서에는 이용일, 카드명, 사용처, 사용금액이 포함되어 있습니다. 다운받은 데이터를 조건부 서식으로 가공해 특정 항목이 잘 보이게 지정할 수 있습니다. 이렇게 항목별로 표시해 사용 목적별 금액을 구해두면 나중에 예산 조정할 때 편리합니다.

완성 서식 미리 보기

회사에서 특별히 관리하는 지출 항목은 잘 보이게 표시한다

신용카드사용대장

사용일자	카드번호	명세	금액	사용자
2019-01-03	1234-0009-4321-1234	중식	5,000	유주임
2019-01-04	1234-0006-4321-1234	회식	150,000	김부장
2019-01-05	1234-0005-4321-1234	택시 교통비	20,000	정과장
2019-01-06	1234-0006-4321-1234	부산출장	100,000	김부장
2019-01-07	1234-0006-4321-1234	중식	7,000	김부장
2019-01-08	1234-0003-4321-1234	주유	50,000	사장님
2019-01-09	1234-0003-4321-1234	하이패스카드 충전	100,000	사장님
2019-01-10	1234-0006-4321-1234	석식	32,000	김부장
2019-01-11	1234-0009-4321-1234	주유	50,000	유주임
2019-01-12	1234-0009-4321-1234	중식	5,000	김주임
2019-01-13	1234-0005-4321-1234	음료	10,000	정과장
2019-01-14	1234-0003-4321-1234	샘플구입	88,000	사장님
2019-01-15	1234-0009-4321-1234	공구 구입	23,000	유주임
2019-01-16	1234-0006-4321-1234	음료구입	10,000	김부장
2019-01-17	1234-0009-4321-1234	주유	50,000	유주임
2019-01-18	1234-0005-4321-1234	거래처 회식	80,000	정과장
2019-01-19	1234-0009-4321-1234	중식	10,000	김주임
2019-01-20	1234-0004-4321-1234	비품구입	330,000	경리과장
2019-01-21	1234-0003-4321-1234	해외출장	1,500,000	사장님
2019-01-22	1234-0005-4321-1234	택시 교통비	25,000	정과장
2019-01-23	1234-0004-4321-1234	직원식권구입	450,000	경리과장
2019-01-24	1234-0003-4321-1234	샘플구입	120,000	사장님
2019-01-25	1234-0003-4321-1234	샘플구입	184,000	사장님
2019-01-26	1234-0006-4321-1234	주유	50,000	김부장
2019-01-27	1234-0009-4321-1234	차량수리	550,000	유주임

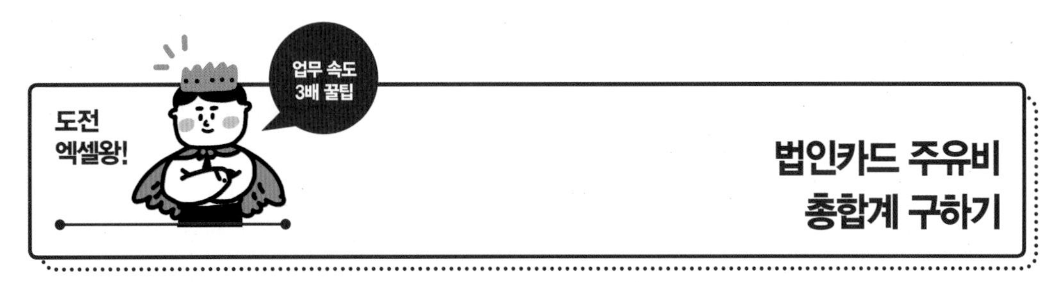

법인카드 주유비 총합계 구하기

예제파일 : 1_19_신용카드사용대장.xlsx

1. 주유비 내역 잘 보이도록 표시하기

[C4] 셀을 클릭(❶)하고 Ctrl+Shift+↓ 키(❷)를 눌러서 [C4:C28] 셀 범위를 설정합니다. [홈] 탭 → 조건부 서식() 아이콘(❸) → 〈셀 강조 규칙〉(❹) → 〈같음〉을 선택(❺)합니다.

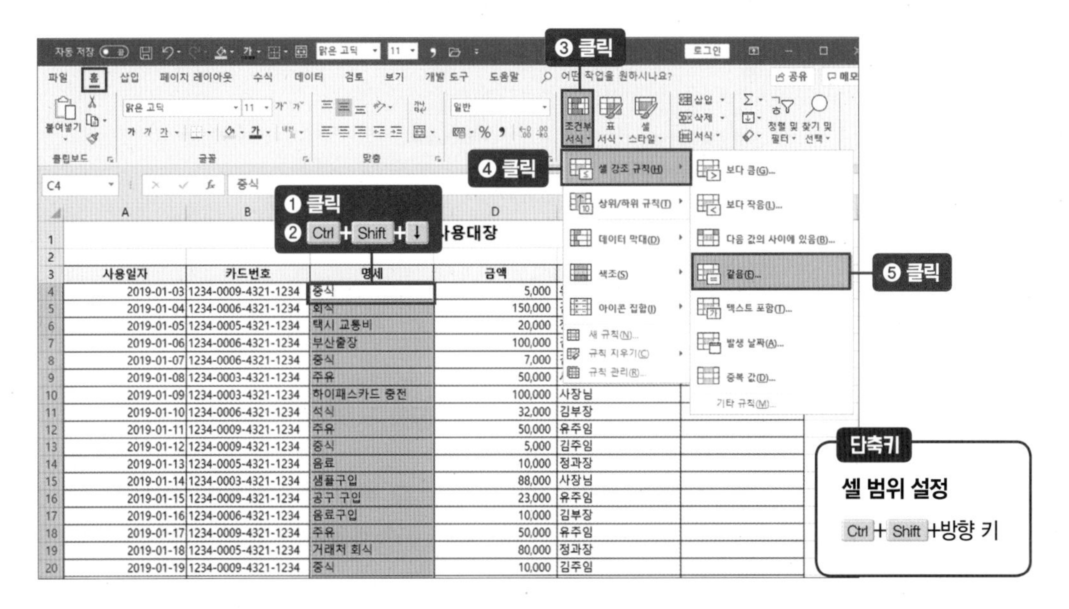

[같음] 대화상자가 나타납니다. '다음 값과 같은 셀의 서식 지정'에 **주유**를 입력(❻)합니다. 노란색 배경에 빨간색 글씨로 '주유' 항목을 표시해보겠습니다. '적용할 서식'에는 빨강 텍스트가 있는 노란색 채우기가 없으므로 〈펼침〉(⌄) 버튼을 클릭(❼)해서 〈사용자 지정 서식〉을 선택(❽)하세요.

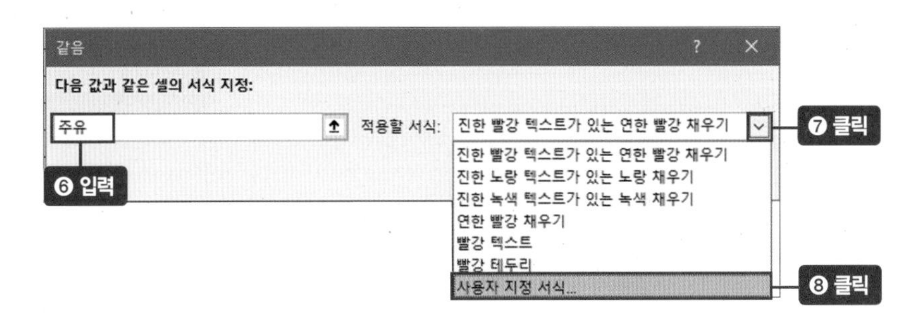

2. 사용자 서식 지정하기

[셀 서식] 대화상자가 나타나면 [글꼴] 탭을 클릭(❶)합니다. 글꼴 색을 빨강으로 변경하기 위해 '색' 항목 옆의 〈펼침〉(⌵) 버튼 클릭(❷) → 〈빨강〉을 클릭(❸)합니다. 셀 배경도 바꿔보겠습니다. [채우기] 탭(❹) → '배경색'에서 〈노랑〉을 클릭(❺)합니다. 〈확인〉 버튼을 클릭(❻)해 수정 내용이 적용되었는지 확인합니다.

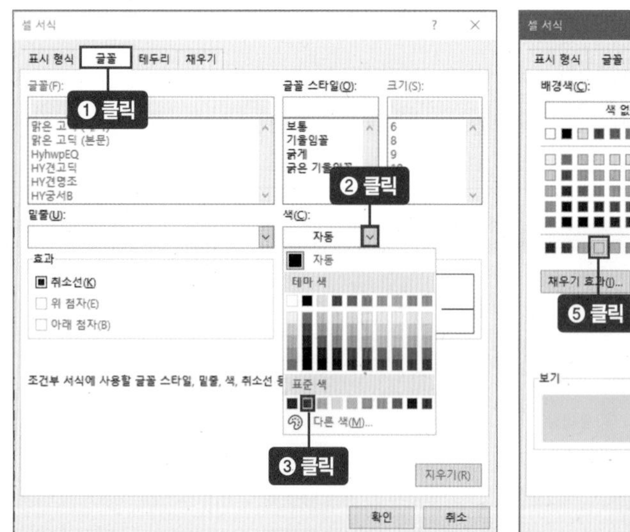

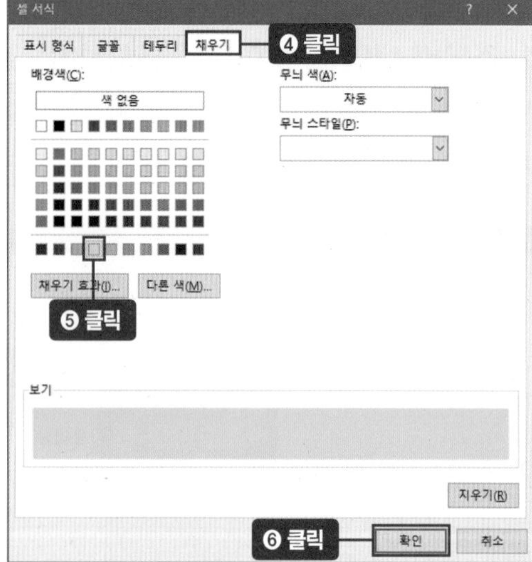

3. 주유비 총합계 구하기

노란색 셀 옆 주유금액의 값을 더해봅시다. 인쇄되지 않는 표 바깥 영역인 [H5] 셀을 클릭하고 =D9+D12+D18+D27를 입력한 다음 Enter 키를 누르면 주유비로 사용한 총합계 금액이 나타납니다.

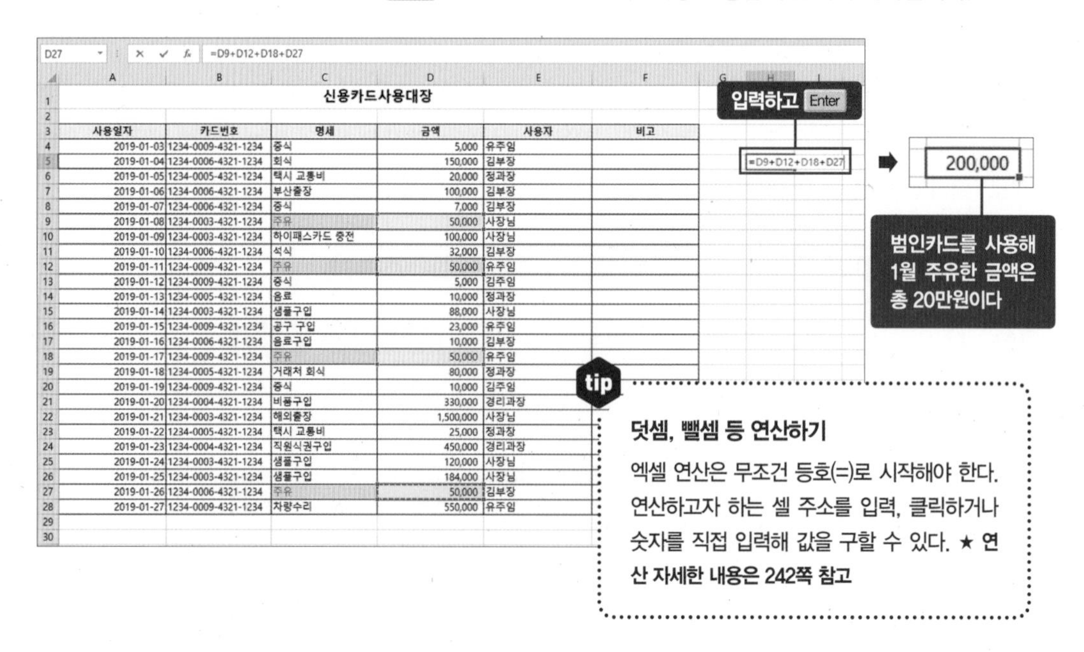

D27 =D9+D12+D18+D27

신용카드사용대장

사용일자	카드번호	명세	금액	사용자	비고
2019-01-03	1234-0009-4321-1234	중식	5,000	유주임	
2019-01-04	1234-0006-4321-1234	회식	150,000	김부장	
2019-01-05	1234-0005-4321-1234	택시 교통비	20,000	정과장	
2019-01-06	1234-0006-4321-1234	부산출장	100,000	김부장	
2019-01-07	1234-0006-4321-1234	중식	7,000	김부장	
2019-01-08	1234-0003-4321-1234	주유	50,000	사장님	
2019-01-09	1234-0003-4321-1234	하이패스카드 충전	100,000	사장님	
2019-01-10	1234-0006-4321-1234	석식	32,000	김부장	
2019-01-11	1234-0009-4321-1234	주유	50,000	유주임	
2019-01-12	1234-0009-4321-1234	중식	5,000	김주임	
2019-01-13	1234-0005-4321-1234	음료	10,000	정과장	
2019-01-14	1234-0003-4321-1234	샘플구입	88,000	사장님	
2019-01-15	1234-0009-4321-1234	공구 구입	23,000	유주임	
2019-01-16	1234-0006-4321-1234	음료구입	10,000	김부장	
2019-01-17	1234-0009-4321-1234	주유	50,000	유주임	
2019-01-18	1234-0005-4321-1234	거래처 회식	80,000	정과장	
2019-01-19	1234-0009-4321-1234	중식	10,000	김주임	
2019-01-20	1234-0004-4321-1234	비품구입	330,000	경리과장	
2019-01-21	1234-0003-4321-1234	해외출장	1,500,000	사장님	
2019-01-22	1234-0005-4321-1234	택시 교통비	25,000	정과장	
2019-01-23	1234-0004-4321-1234	직원식권구입	450,000	경리과장	
2019-01-24	1234-0003-4321-1234	샘플구입	120,000	사장님	
2019-01-25	1234-0003-4321-1234	샘플구입	184,000	사장님	
2019-01-26	1234-0006-4321-1234	주유	50,000	김부장	
2019-01-27	1234-0009-4321-1234	차량수리	550,000	유주임	

tip

덧셈, 뺄셈 등 연산하기

엑셀 연산은 무조건 등호(=)로 시작해야 한다. 연산하고자 하는 셀 주소를 입력, 클릭하거나 숫자를 직접 입력해 값을 구할 수 있다. ★ **연산 자세한 내용은 242쪽 참고**

카드명세서 다운받아 1달 이용금액 합계 구하기

예제파일 : 1_19_팁_신용카드명세서계산하기.xlsx

각 카드사는 홈페이지에서 카드 사용 내역을 엑셀 파일로 다운받을 수 있도록 하고 있습니다. 그런데 필요한 데이터를 뽑아 계산하고 싶은데 다운받은 파일이 계산되지 않는 경우가 있습니다. 더하기(+) 기호를 사용한 계산은 되는데, SUM 함수(데이터의 합계를 구하는 함수)로는 합계가 구해지지 않는 경우 등입니다. 이럴 때는 텍스트 나누기 기능으로 간단히 문제를 해결할 수 있습니다.

① 덧셈(+) 기호로 계산하기

예제파일에서 카드명세서 이용금액을 덧셈을 활용해 계산해봅시다. [B174] 셀에 **=B170+B172**를 입력합니다. Enter 키를 누르면 두 셀의 합이 구해집니다. 이렇게 더하기를 이용한 카드명세서 계산은 가능합니다.

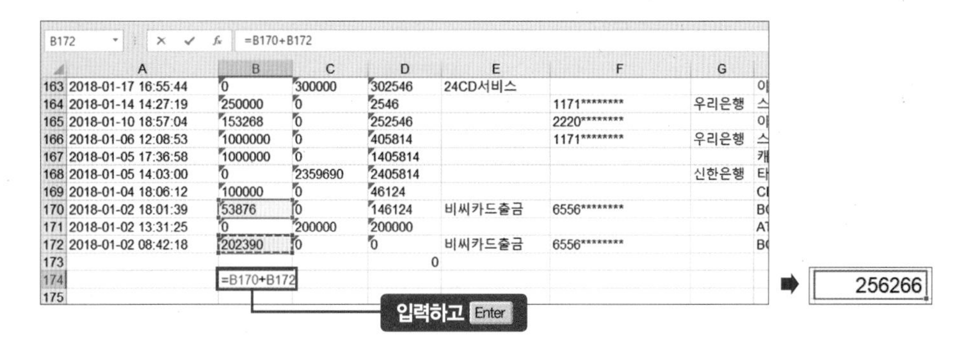

	A	B	C	D	E	F	G
163	2018-01-17 16:55:44	0	300000	302546	24CD서비스		
164	2018-01-14 14:27:19	250000	0	2546		1171********	우리은행
165	2018-01-10 18:57:04	153268	0	252546		2220********	
166	2018-01-06 12:08:53	1000000	0	405814		1171********	우리은행
167	2018-01-05 17:36:58	1000000	0	1405814			
168	2018-01-05 14:03:00	0	2359690	2405814			신한은행
169	2018-01-04 18:06:12	100000	0	46124			
170	2018-01-02 18:01:39	53876	0	146124	비씨카드출금	6556********	
171	2018-01-02 13:31:25	0	200000	200000			
172	2018-01-02 08:42:18	202390	0	0	비씨카드출금	6556********	
173				0			
174		=B170+B172					
175							

② SUM 함수로 계산하기

이번에는 SUM 함수로 여러 셀들의 합을 구해봅시다. [B175] 셀에 **=SUM(**을 입력(❶)합니다. 마우스로 [B164:B172] 셀 범위를 드래그(❷)합니다.

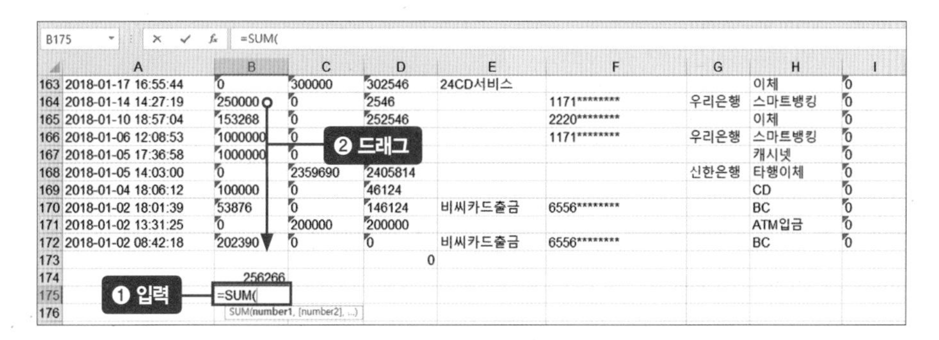

	A	B	C	D	E	F	G	H	I
163	2018-01-17 16:55:44	0	300000	302546	24CD서비스			이체	0
164	2018-01-14 14:27:19	250000	0	2546		1171********	우리은행	스마트뱅킹	0
165	2018-01-10 18:57:04	153268	0	252546		2220********		이체	0
166	2018-01-06 12:08:53	1000000	0			1171********	우리은행	스마트뱅킹	0
167	2018-01-05 17:36:58	1000000	0					캐시넷	0
168	2018-01-05 14:03:00	0	2359690	2405814			신한은행	타행이체	0
169	2018-01-04 18:06:12	100000	0	46124				CD	0
170	2018-01-02 18:01:39	53876	0	146124	비씨카드출금	6556********		BC	0
171	2018-01-02 13:31:25	0	200000	200000				ATM입금	0
172	2018-01-02 08:42:18	202390	0	0	비씨카드출금	6556********		BC	0
173				0					
174		256266							
175		=SUM(							
176									

[B175] 셀에 이어서 닫는 괄호)를 입력하고 Enter 키(❸)를 누릅니다. 합이 '0'으로 나타납니다. 제대로 된 합이 구해지지 않은 것입니다. 여러 셀의 합을 구하려면 SUM 함수 사용이 필수인데, 다운받은 파일에서는 적용이 안되는 상황입니다.

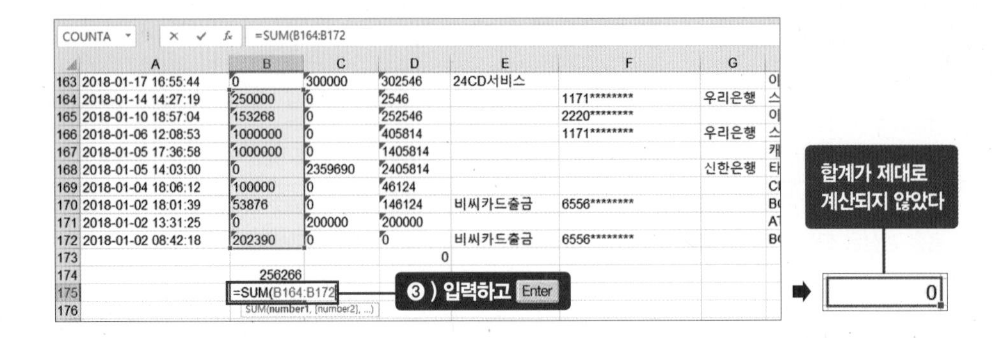

③ 텍스트 나누기 후 SUM 함수로 계산하기

이럴 때는 [데이터] 탭의 '텍스트 나누기' 기능을 활용하면 간단하게 계산할 수 있습니다. 이용금액의 합을 SUM 함수로 구하기 위해 B열의 텍스트를 나눠봅시다. B열 머리글을 클릭(❶)합니다. [데이터] 탭 → 텍스트 나누기() 아이콘을 클릭(❷)합니다.

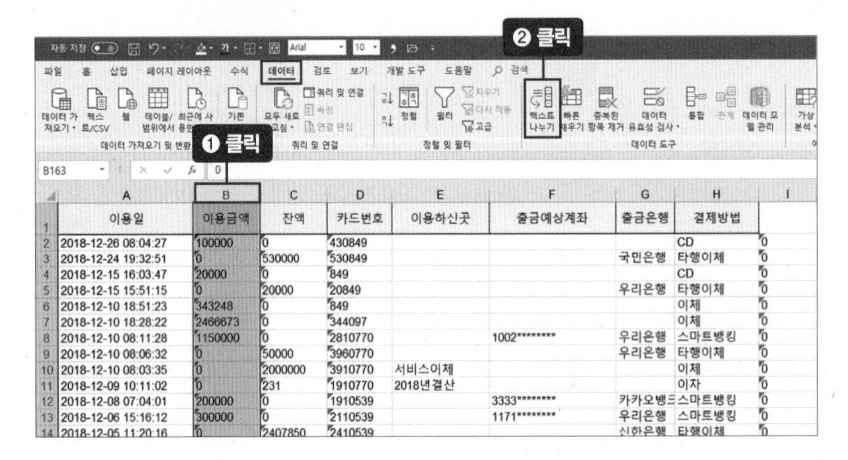

[텍스트 마법사] 대화상자가 나타나면 〈마침〉 버튼을 클릭(❸)합니다. 정확히 어떤 원리로 불가능하던 계산이 가능해지는지는 굳이 설명할 필요가 없겠지요. 사실 저도 잘 모르겠습니다.^^;; 아무튼 알아두면 편리한 엑셀의 꼼수입니다.

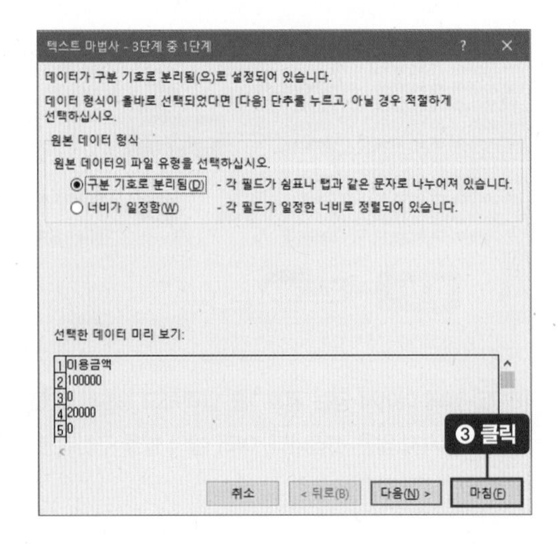

다시 [B176] 셀에 =SUM(을 입력(❹)한 다음 [B164:B172] 셀 범위를 드래그해 설정(❺)합니다.

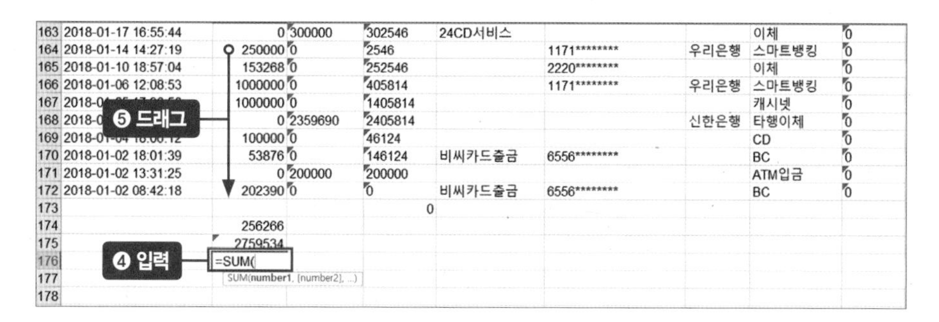

	A	B	C	D	E	F	G	H	I
163	2018-01-17 16:55:44	0	300000	302546	24CD서비스			이체	0
164	2018-01-14 14:27:19	250000	0	2546		1171********	우리은행	스마트뱅킹	0
165	2018-01-10 18:57:04	153268	0	252546		2220********		이체	0
166	2018-01-06 12:08:53	1000000	0	405814		1171********	우리은행	스마트뱅킹	0
167	2018-0[illegible]	1000000	0	1405814				캐시넷	0
168	2018-0[illegible]	0	2359690	2405814			신한은행	타행이체	0
169	2018-0[illegible]	100000	0	46124				CD	0
170	2018-01-02 18:01:39	53876	0	146124	비씨카드출금	6556********		BC	0
171	2018-01-02 13:31:25	0	200000	200000				ATM입금	0
172	2018-01-02 08:42:18	202390	0	0	비씨카드출금	6556********		BC	0
173				0					
174		256266							
175		2759534							
176		=SUM(							
177		SUM(number1, [number2], ...)							
178									

[B176] 셀에 닫는 괄호)를 입력(❻)해 함수식을 마무리합니다. Enter 키(❼)를 눌러 값을 확인합니다. 1달치 카드 사용금액이 구해졌습니다.

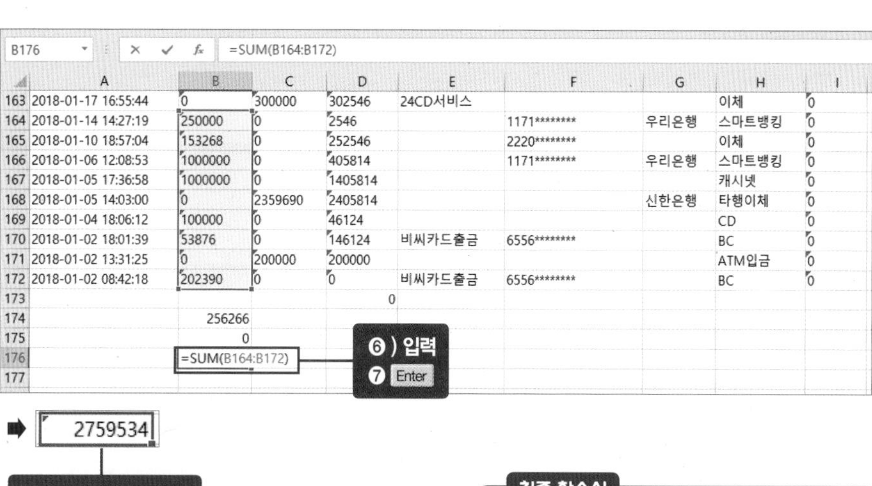

B176 | =SUM(B164:B172)

	A	B	C	D	E	F	G	H	I
163	2018-01-17 16:55:44	0	300000	302546	24CD서비스			이체	0
164	2018-01-14 14:27:19	250000	0	2546		1171********	우리은행	스마트뱅킹	0
165	2018-01-10 18:57:04	153268	0	252546		2220********		이체	0
166	2018-01-06 12:08:53	1000000	0	405814		1171********	우리은행	스마트뱅킹	0
167	2018-01-05 17:36:58	1000000	0	1405814				캐시넷	0
168	2018-01-05 14:03:00	0	2359690	2405814			신한은행	타행이체	0
169	2018-01-04 18:06:12	100000	0	46124				CD	0
170	2018-01-02 18:01:39	53876	0	146124	비씨카드출금	6556********		BC	0
171	2018-01-02 13:31:25	0	200000	200000				ATM입금	0
172	2018-01-02 08:42:18	202390	0	0	비씨카드출금	6556********		BC	0
173				0					
174		256266							
175		0							
176		=SUM(B164:B172)							
177									

최종 함수식

=SUM(B164:B172)

[B164:B172] 셀 범위에서 합계를 구한다

일일거래내역서

색조 데이터로 미수금 관리하기

업무 목표 | 미수금 내역만 한눈에 파악하기

거래내역서는 거래처별 거래 내역을 항목별로 정리해 자세하게 작성한 것을 말합니다. 수많은 업체와 거래를 하다 보면 여신거래가 생기게 마련입니다. 때문에 거래내역서는 금액에 따른 입금이 완료되었는지, 미수금 금액은 얼마인지 파악하기 쉽도록 만들어야 합니다. 매출만큼 중요한 게 수금이니까요. 조건부 서식의 색조 데이터 막대 아이콘을 사용해 미수금과 물건을 많이 가져가는 업체를 색상으로 표시해서 확인해보겠습니다.

완성 서식 미리 보기

거 래 내 역 서

No.	거래일자	거래처	거래품목	단가	수량	금액	할인액	할인율	입금액	미수금액	기타
1	19.1.3	광명	전공기	3,000	100	300,000	30,000	10%	300,000	-	
2	19.1.4	동명	배터리	1,000	500	500,000	50,000	10%	500,000	-	
3	19.1.5	성광	복사지	100	1,000	100,000	10,000	10%	100,000	-	
4	19.1.6	다가라	볼펜	100	2,000	200,000	20,000	10%	200,000	-	
5	19.1.7	진영	커터칼	800	1,000	800,000	80,000	10%	800,000	-	
6	19.1.8	벨트	라벨지	100	10,000	1,000,000	150,000	15%	800,000	200,000	미수
7	19.1.9	상영	포스트잇	500	5,000	2,500,000	500,000	20%	1,500,000	1,000,000	미수A
8	19.1.10	금정	메모지2x2	300	400	120,000	12,000	10%	120,000	-	
9	19.1.11	다와라	다이어리	10,000	100	1,000,000	150,000	15%	600,000	400,000	미수C
10	19.1.12	에이투	수첩	2,000	200	400,000	40,000	10%	400,000	-	
11	19.1.13	에이스리	가위	1,000	500	500,000	50,000	10%	250,000	250,000	미수
12	19.1.14	성진	플라스틱자	500	5,000	2,500,000	500,000	20%	2,000,000	500,000	미수B
13	19.1.15	남정	핸드폰케이스	1,000	1,000	1,000,000	150,000	15%	700,000	300,000	미수
14	19.1.16	온길	지우개	200	500	100,000	10,000	10%	100,000	-	
15	19.1.17	잘딸어	수정액	1,500	500	750,000	75,000	10%	750,000	-	
16	19.1.18	원펜드	USB메모리	15,000	100	1,500,000	225,000	15%	1,500,000	-	
17	19.1.19	투펜드	랜케이블	3,000	100	300,000	30,000	10%	300,000	-	
18	19.1.20	투투	연필	500	1,000	500,000	50,000	10%	100,000	400,000	미수C
19	19.1.21	삼거리	메모지4x4	600	500	300,000	30,000	10%	300,000	-	
20	19.1.22	ASKS	샤프	2,500	100	250,000	25,000	0	250,000	-	
21	19.1.23	BTOB	샤프심	10	10,000	100,000	10,000	0	100,000	-	
22	19.1.24	CROSK	슬리퍼	3,000	50	150,000	15,000	0	150,000	-	
23	19.1.25	J10	서류함	20,000	10	200,000	20,000	0	200,000	-	
24	19.1.26	HOME77	딱풀	1,000	400	400,000	40,000	0	300,000	100,000	
25	19.1.27	K1000	결재철	1,500	600	900,000	90,000	0	900,000	700,000	

미수금 내역을 한눈에 보고 거래 여부를 결정할 수 있도록 작성하자!

미수금 금액이 가장 많은 거래처 찾기

예제파일 : 1_20_일일거래내역서.xlsx 

1. 미수금 금액에 데이터 막대 적용하기

예제파일을 엽니다. K열에 거래처별 미수금 금액을 정리해두었습니다. [K3:K28] 셀을 드래그해 셀 범위로 설정(❶)합니다. [홈] 탭 → 조건부 서식(▦) 아이콘(❷) → 〈데이터 막대〉를 클릭(❸)합니다. 〈연한 파랑 데이터 막대〉를 클릭(❹)합니다.

tip

거래내역서는 매일 정리하는 것을 추천!

거래내역서는 거래일자별로 작성해두는 것을 추천한다. 이렇게 문서를 만들어두면 거래처별 데이터를 뽑아내는 것이 쉽다. 거래내역서에는 거래일, 거래처, 거래품목, 단가, 수량, 금액, 미수금, 금액 등을 상세하게 기록해둔다.

미수금 금액에 따라 막대 데이터 길이가 달리 표시됩니다. [K9] 셀의 막대가 가장 길어서 확인해보니 거래처 '삼영'의 미수금 금액이 100만원으로 가장 많습니다.

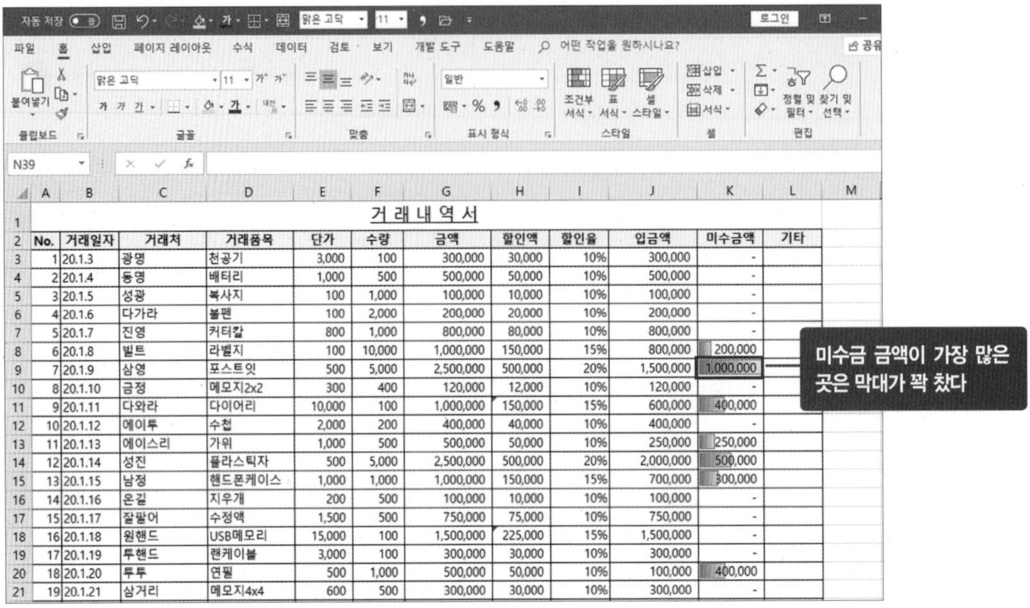

거래 내 역 서

No.	거래일자	거래처	거래품목	단가	수량	금액	할인액	할인율	입금액	미수금액	기타
1	20.1.3	광명	천공기	3,000	100	300,000	30,000	10%	300,000	-	
2	20.1.4	동명	배터리	1,000	500	500,000	50,000	10%	500,000	-	
3	20.1.5	성광	복사지	100	1,000	100,000	10,000	10%	100,000	-	
4	20.1.6	다가라	볼펜	100	2,000	200,000	20,000	10%	200,000	-	
5	20.1.7	진영	커터칼	800	1,000	800,000	80,000	10%	800,000	-	
6	20.1.8	빌트	라벨지	100	10,000	1,000,000	150,000	15%	800,000	200,000	
7	20.1.9	삼영	포스트잇	500	5,000	2,500,000	500,000	20%	1,500,000	1,000,000	
8	20.1.10	금정	메모지2x2	300	400	120,000	12,000	10%	120,000	-	
9	20.1.11	다와라	다이어리	10,000	100	1,000,000	150,000	15%	600,000	400,000	
10	20.1.12	에이투	수첩	2,000	200	400,000	40,000	10%	400,000	-	
11	20.1.13	에이스리	가위	1,000	500	500,000	50,000	10%	250,000	250,000	
12	20.1.14	성진	플라스틱자	500	5,000	2,500,000	500,000	20%	2,000,000	500,000	
13	20.1.15	남정	핸드폰케이스	1,000	1,000	1,000,000	150,000	15%	700,000	300,000	
14	20.1.16	온길	지우개	200	500	100,000	10,000	10%	100,000	-	
15	20.1.17	잘팔어	수정액	1,500	500	750,000	75,000	10%	750,000	-	
16	20.1.18	원핸드	USB메모리	15,000	100	1,500,000	225,000	15%	1,500,000	-	
17	20.1.19	투핸드	랜케이블	3,000	100	300,000	30,000	10%	300,000	-	
18	20.1.20	투투	연필	500	1,000	500,000	50,000	10%	100,000	400,000	
19	20.1.21	삼거리	메모지4x4	600	500	300,000	30,000	10%	300,000	-	

미수금 금액이 가장 많은 곳은 막대가 꽉 찼다

2. 미수금 금액에 관리번호 매기기

미수금 금액을 관리하기 쉽도록 미수금 비중이 큰 것부터 A, B, C순으로 등급을 주어 기타 칸에 표기합니다. 미수금 금액이 변동될 때는 미수금 금액이 큰 미수 A등급부터 살피면 편리합니다.

거 래 내 역 서

거래일자	거래처	거래품목	단가	수량	금액	할인액	할인율	입금액	미수금액	기타
20.1.3	광명	천공기	3,000	100	300,000	30,000	10%	300,000	-	
20.1.4	동명	배터리	1,000	500	500,000	50,000	10%	500,000	-	
20.1.5	성광	복사지	100	1,000	100,000	10,000	10%	100,000	-	
20.1.6	다가라	볼펜	100	2,000	200,000	20,000	10%	200,000	-	
20.1.7	진영	커터칼	800	1,000	800,000	80,000	10%	800,000	-	
20.1.8	빌트	라벨지	100	10,000	1,000,000	150,000	15%	800,000	200,000	미수
20.1.9	삼영	포스트잇	500	5,000	2,500,000	500,000	20%	1,500,000	1,000,000	미수A
20.1.10	금정	메모지2x2	300	400	120,000	12,000	10%	120,000	-	
20.1.11	다와라	다이어리	10,000	100	1,000,000	150,000	15%	600,000	400,000	미수D
20.1.12	에이투	수첩	2,000	200	400,000	40,000	10%	400,000	-	
20.1.13	에이스리	가위	1,000	500	500,000	50,000	10%	250,000	250,000	미수
20.1.14	성진	플라스틱자	500	5,000	2,500,000	500,000	20%	2,000,000	500,000	미수C
20.1.15	남정	핸드폰케이스	1,000	1,000	1,000,000	150,000	15%	700,000	300,000	미수
20.1.16	온길	지우개	200	500	100,000	10,000	10%	100,000	-	
20.1.17	잘팔어	수정액	1,500	500	750,000	75,000	10%	750,000	-	
20.1.18	원핸드	USB메모리	15,000	100	1,500,000	225,000	15%	1,500,000	-	
20.1.19	투핸드	랜케이블	3,000	100	300,000	30,000	10%	300,000	-	
20.1.20	투투	연필	500	1,000	500,000	50,000	10%	100,000	400,000	미수D
20.1.21	삼거리	메모지4x4	600	500	300,000	30,000	10%	300,000	-	
20.1.22	ASKS	샤프	2,500	100	250,000	25,000	0	250,000	-	
20.1.23	BTOB	샤프심	10	10,000	100,000	10,000	0	100,000	-	
20.1.24	CROSK	슬리퍼	3,000	50	150,000	15,000	0	150,000	-	
20.1.25	J10	서류함	20,000	10	200,000	20,000	0	200,000	-	
20.1.26	HOME77	딱풀	1,000	400	400,000	40,000	0	300,000	100,000	미수
20.1.27	K1000	결재철	1,500	600	900,000	90,000	0	900,000	700,000	미수B
20.1.28	T800	잉크	500	500	250,000	25,000	0	250,000	-	

3. 거래금액과 미수금 비교하기

이번에는 금액 부분인 [G3:G28] 셀에도 같은 방식으로 데이터 막대를 적용해 물건을 많이 가져가는 업체를 알아보기 좋게 만들어보겠습니다. [G3:G28] 셀 범위를 설정(❶)합니다. [홈] 탭 → 조건부 서식(▦) 아이콘(❷) → 〈데이터 막대〉(❸) → 〈빨강 데이터 막대〉를 클릭(❹)합니다.

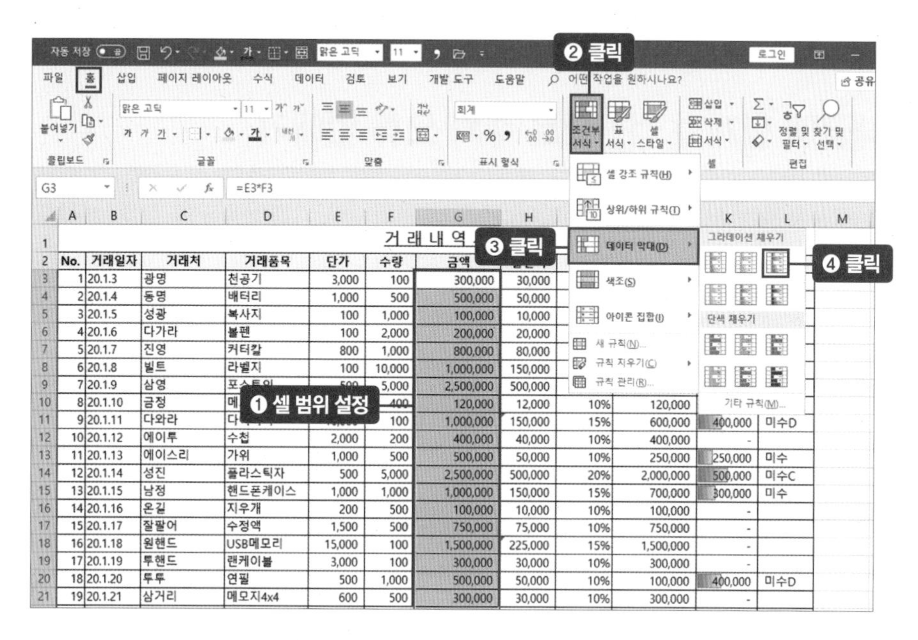

빨간색 막대와 파란색 막대의 모양이 비슷한 것을 보니 물건을 많이 가져가는 업체에서 미수금도 많이 발생한다는 사실을 알 수 있습니다.

거래금액이 많을수록 미수금액도 많다

거 래 내 역 서

	거래일자	거래처	거래품목	단가	수량	금액	할인액	할인율	입금액	미수금액	기타
3	20.1.3	광명	천공기	3,000	100	300,000	30,000	10%	300,000	-	
4	20.1.4	동명	배터리	1,000	500	500,000	50,000	10%	500,000	-	
5	20.1.5	성광	복사지	100	1,000	100,000	10,000	10%	100,000	-	
6	20.1.6	다가라	볼펜	100	2,000	200,000	20,000	10%	200,000	-	
7	20.1.7	진영	커터칼	800	1,000	800,000	80,000	10%	800,000	-	
8	20.1.8	빌트	라벨지	100	10,000	1,000,000	150,000	15%	800,000	200,000	미수
9	20.1.9	삼영	포스트잇	500	5,000	2,500,000	500,000	20%	1,500,000	1,000,000	미수A
10	20.1.10	금정	메모지2x2	300	400	120,000	12,000	10%	120,000	-	
11	20.1.11	다와라	다이어리	10,000	100	1,000,000	150,000	15%	600,000	400,000	미수D
12	20.1.12	에이투	수첩	2,000	200	400,000	40,000	10%	400,000	-	
13	20.1.13	에이스리	가위	1,000	500	500,000	50,000	10%	250,000	250,000	미수
14	20.1.14	성진	플라스틱자	500	5,000	2,500,000	500,000	20%	2,000,000	500,000	미수C
15	20.1.15	남정	핸드폰케이스	1,000	1,000	1,000,000	150,000	15%	700,000	300,000	미수
16	20.1.16	온길	지우개	200	500	100,000	10,000	10%	100,000	-	
17	20.1.17	잘팔어	수정액	1,500	500	750,000	75,000	10%	750,000	-	
18	20.1.18	원핸드	USB메모리	15,000	100	1,500,000	225,000	15%	1,500,000	-	
19	20.1.19	투핸드	랜케이블	3,000	100	300,000	30,000	10%	300,000	-	
20	20.1.20	투투	연필	500	1,000	500,000	50,000	10%	100,000	400,000	미수D
21	20.1.21	삼거리	메모지4x4	600	500	300,000	30,000	10%	300,000	-	
22	20.1.22	ASKS	샤프	2,500	100	250,000	25,000	0	250,000	-	
23	20.1.23	BTOB	샤프심	10	10,000	100,000	10,000	0	100,000	-	
24	20.1.24	CROSK	슬리퍼	3,000	50	150,000	15,000	0	150,000	-	
25	20.1.25	J10	서류함	20,000	10	200,000	20,000	0	200,000	-	
26	20.1.26	HOME77	딱풀	1,000	400	400,000	40,000	0	300,000	100,000	미수
27	20.1.27	K1000	결재철	1,500	600	900,000	90,000	0	900,000	700,000	미수B
28	20.1.28	T800	잉크	500	500	250,000	25,000	0	250,000	-	

수치 오류 없는 거래명세표
— SUM 함수

업무 목표 | 거래금액 합계와 검산으로 수치 오류 없애기

함수 중 가장 많이 사용하는 것은 SUM 함수입니다. 주로 견적서나 거래명세표의 소계, 계산에 많이 사용합니다. SUM 함수는 2가지 방식으로 계산합니다. ① 소계를 먼저 내고 그 합계를 내는 방법, ② 한 번의 합계식으로 총계를 내는 방법입니다. 금액 계산을 정확하게 정리하기 위해 두 방법을 차례로 사용한 다음 결과값이 같은지 확인합니다.

=SUM(범위①) : 범위①에 포함된 데이터의 합을 구한다

완성 서식 미리 보기

SUM 함수로 합계를 빠르고 정확하게 계산한다

거래명세표

No.
2019 년 1 월 12 일
○○○ 귀하

아래와 같이 계산합니다.
(공급가액 + 세액)

공급가				
등록번호	118-00-19090			
상호(법인명)	㈜ ○○○○○○	성명	○○○	
사업장주소	서울, 강동, 천호, 1000-15			
업태	제조이	종목	전자상거래	
전화번호	02-100-1004			
합계 ₩	3,940,750)			

품명	규격	수량	단가	공급가액	세액
x30	30	5	2,500	12,500	1,250
x25-1	25	5	3,000	15,000	1,500
y15-2	15	5	3,500	17,500	1,750
y14-1	14	5	4,000	20,000	2,000
y15	15	5	4,500	22,500	2,250
y14	11	8	5,000	40,000	4,000
y11	11	8	5,500	44,000	4,400
w40-1	40	10	4,000	40,000	4,000
w40-2	40	10	4,300	43,000	4,300
w40-3	40	10	4,600	46,000	4,600
w40-4	40	10	4,900	49,000	4,900
w40-5	40	10	5,200	52,000	5,200
ff13	13	10	4,200	42,000	4,200
ff14	14	10	4,400	44,000	4,400
gg150	150	20	6,000	120,000	12,000
zz1000	1,000	30	7,000	210,000	21,000
zz2000	2,000	30	8,000	240,000	24,000
zz3000	3,000	30	9,000	270,000	27,000
zz4000	4,000	30	10,000	300,000	30,000
zz5000-1	5,000	30	11,000	330,000	33,000
y4000-a	-	10	10,000	100,000	10,000
y4001-a	1	10	15,000	150,000	15,000
y4002-a	2	10	20,000	200,000	20,000
y4003-a	3	10	25,000	250,000	25,000
y4004-a	4	10	30,000	300,000	30,000
y4005-a	5	10	35,000	350,000	35,000
간술지	장	100	100	10,000	1,000
특수지	장	50	300	15,000	1,500
세척액	통	5	10,000	50,000	5,000
도료	통	10	20,000	200,000	20,000
계				3,582,500	358,250

* 본거래명세표는 제품을 배송, 인도할때 사용하는 거래명세표이며
세금계산서를 발행할 경우, 해당 거래대금을 계좌 입금 부탁드립니다.

공급가액, 세액, 총합 구하기

예제파일 : 1_21_거래명세표.xlsx 

1. SUM 함수로 공급가액 총합 구하기

먼저 일반적인 방식으로 소계를 냅니다. 제품 공급가액의 합을 계산하기 위해 [E39] 셀에 =SU를 입력(❶)합니다. 'SU'로 시작하는 함수 목록이 표시되면 <SUM>을 더블클릭(❷)합니다.

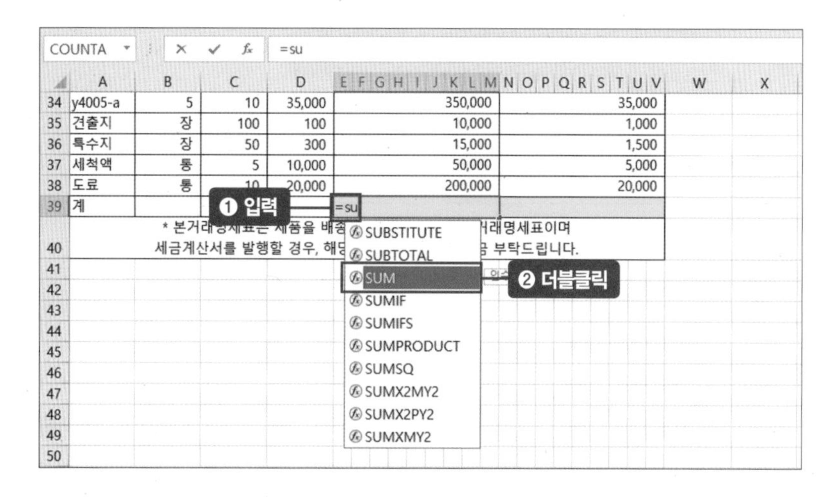

[E39] 셀에 자동으로 '=SUM('가 표시되면 함수를 적용할 셀을 선택하기 위해 공급가액이 입력되어 있는 [E9] 셀을 클릭(❸)하고 Ctrl + Shift + ↓ 키(❹)를 누릅니다.

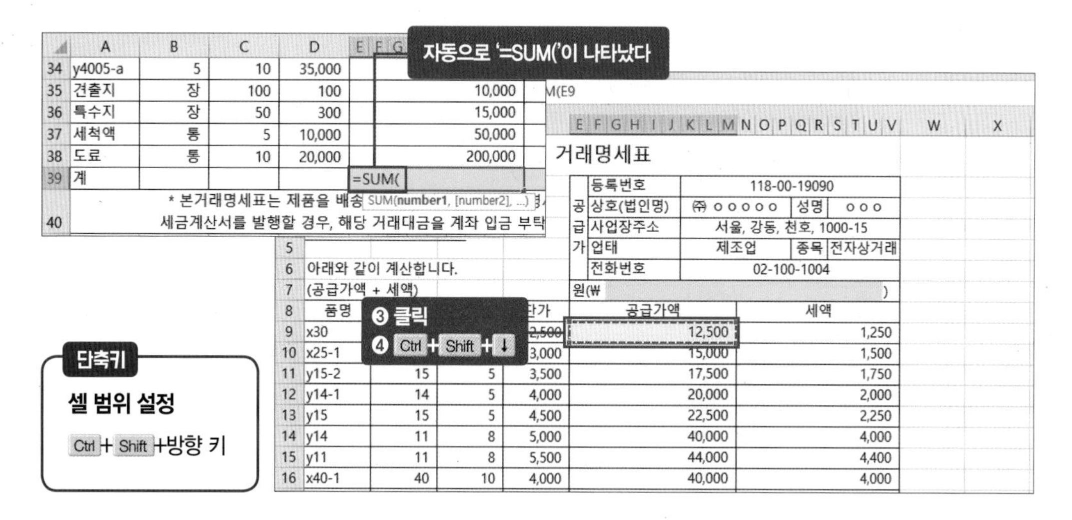

단축키

셀 범위 설정

Ctrl + Shift +방향 키

데이터가 입력된 표 가장 아래 셀까지 자동으로 범위가 설정됩니다. [E39] 셀에 '=SUM(E9:M38'이 표시됩니다. 닫는 괄호)를 입력하고 Enter 키(❺)를 눌러 함수식을 마무리합니다. 참고로, 이곳에 바로 =SUM(E9:M38)를 입력해도 같은 값이 나옵니다.

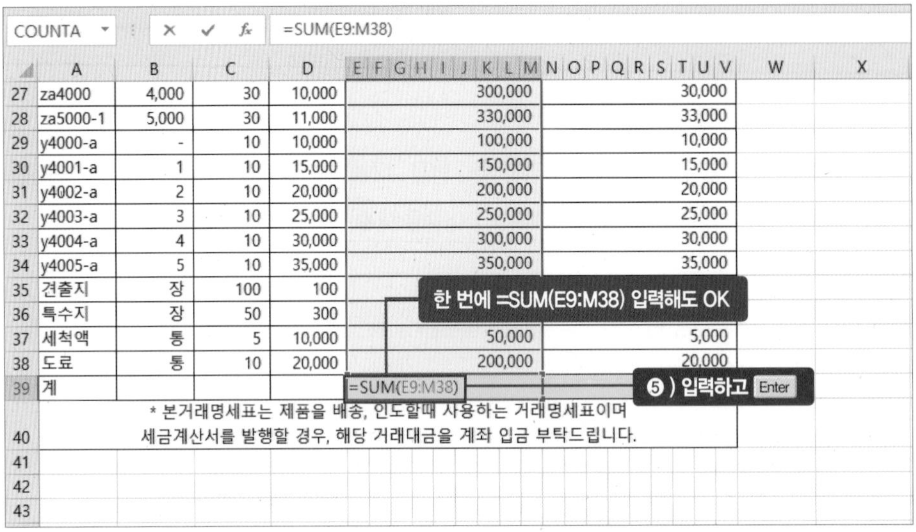

COUNTA | =SUM(E9:M38)

	A	B	C	D	E–M	N–V	W	X
27	za4000	4,000	30	10,000	300,000	30,000		
28	za5000-1	5,000	30	11,000	330,000	33,000		
29	y4000-a	-	10	10,000	100,000	10,000		
30	y4001-a	1	10	15,000	150,000	15,000		
31	y4002-a	2	10	20,000	200,000	20,000		
32	y4003-a	3	10	25,000	250,000	25,000		
33	y4004-a	4	10	30,000	300,000	30,000		
34	y4005-a	5	10	35,000	350,000	35,000		
35	견출지	장	100	100				
36	특수지	장	50	300				
37	세척액	통	5	10,000	50,000	5,000		
38	도료	통	10	20,000	200,000	20,000		
39	계				=SUM(E9:M38)			
40	* 본거래명세표는 제품을 배송, 인도할때 사용하는 거래명세표이며 세금계산서를 발행할 경우, 해당 거래대금을 계좌 입금 부탁드립니다.							
41								
42								
43								

한 번에 =SUM(E9:M38) 입력해도 OK

❺) 입력하고 Enter

2. SUM 함수로 세액 합계 구하기

[E39] 셀에 공급가액의 합을 구하면 세액(부가가치세 10%)의 합계는 자동으로 구해집니다. [N39] 셀을 클릭(❻)하면 수식 입력줄에 '=E39*0.1'이 나타나는 것을 확인할 수 있습니다. N열에서 반복 적용된 'E열*0.1'이라는 수식이 [N39] 셀에도 자동으로 복사되었기 때문입니다.

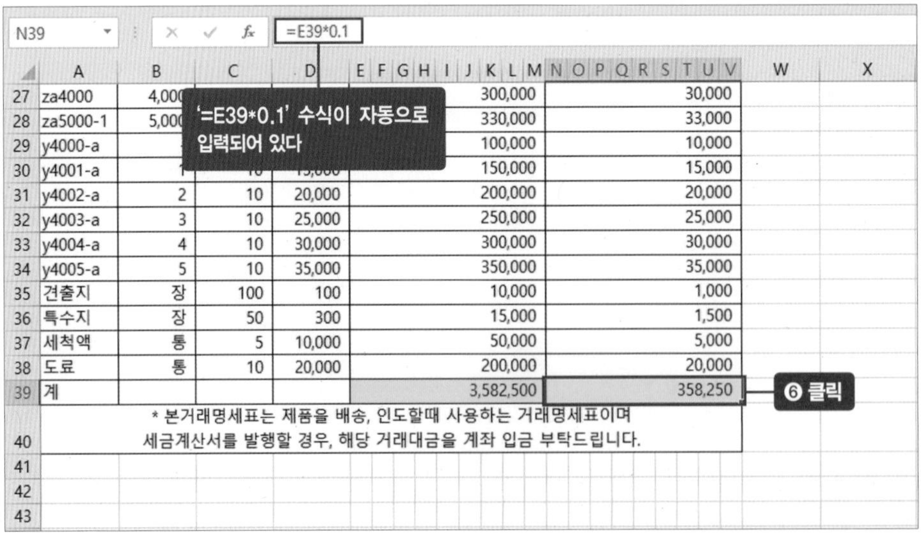

N39 | =E39*0.1

	A	B	C	D	E–M	N–V	W	X
27	za4000	4,00			300,000	30,000		
28	za5000-1	5,00			330,000	33,000		
29	y4000-a				100,000	10,000		
30	y4001-a	1			150,000	15,000		
31	y4002-a	2	10	20,000	200,000	20,000		
32	y4003-a	3	10	25,000	250,000	25,000		
33	y4004-a	4	10	30,000	300,000	30,000		
34	y4005-a	5	10	35,000	350,000	35,000		
35	견출지	장	100	100	10,000	1,000		
36	특수지	장	50	300	15,000	1,500		
37	세척액	통	5	10,000	50,000	5,000		
38	도료	통	10	20,000	200,000	20,000		
39	계				3,582,500	358,250		
40	* 본거래명세표는 제품을 배송, 인도할때 사용하는 거래명세표이며 세금계산서를 발행할 경우, 해당 거래대금을 계좌 입금 부탁드립니다.							
41								
42								
43								

'=E39*0.1' 수식이 자동으로 입력되어 있다

❻ 클릭

3. 소계를 더해 총합 구하기

이번에는 [G7] 셀에 공급가액+세액을 합한 금액을 구해보겠습니다. [G7] 셀에 =SU를 입력(❶)합니다. 함수 목록이 나타나면 〈SUM〉을 더블클릭(❷)합니다.

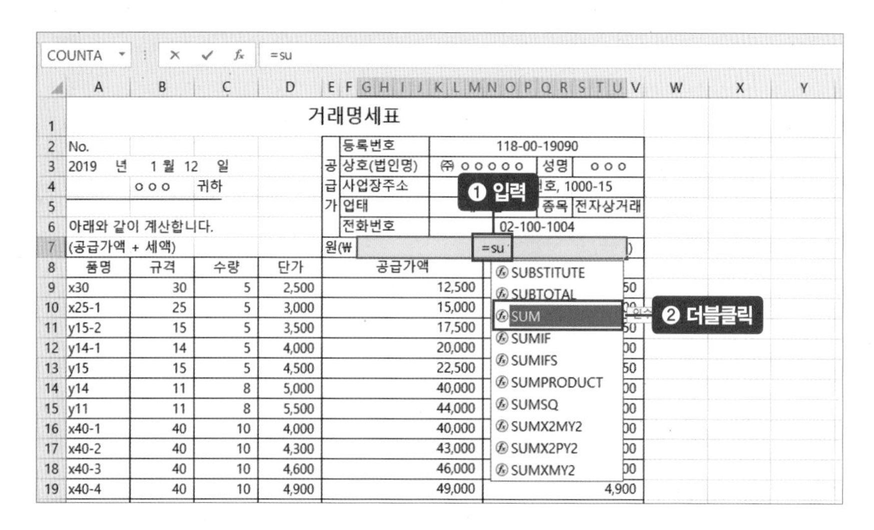

[G7] 셀에 '=SUM('가 표시되면 [E39:V39]를 드래그해 셀 범위를 설정(❸)합니다. 수식 입력줄에 '=SUM(E39:V39'가 나타납니다. 닫는 괄호)를 입력한 다음 Enter 키(❹)를 누릅니다.

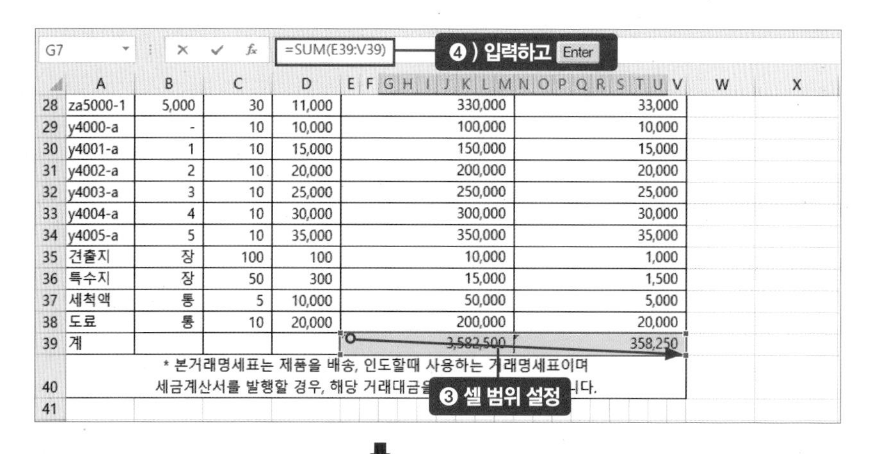

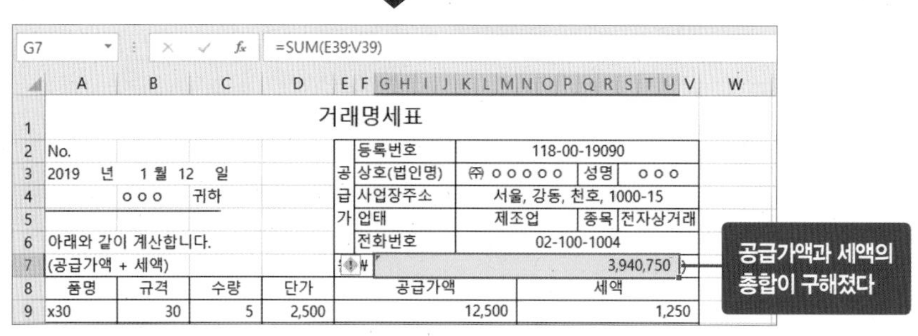

SUM 함수 사용해 검산하기

예제파일 : 1_21_거래명세표.xlsx 

1. 검산 함수식 만들기

엑셀을 사용할 때는 검산도 중요합니다. 계산이 잘 되었는지 검산해보겠습니다. 인쇄되지 않는 표 바깥 영역인 [X7] 셀에 **검산**을 입력한 다음 Enter 키(❶)를 누릅니다.

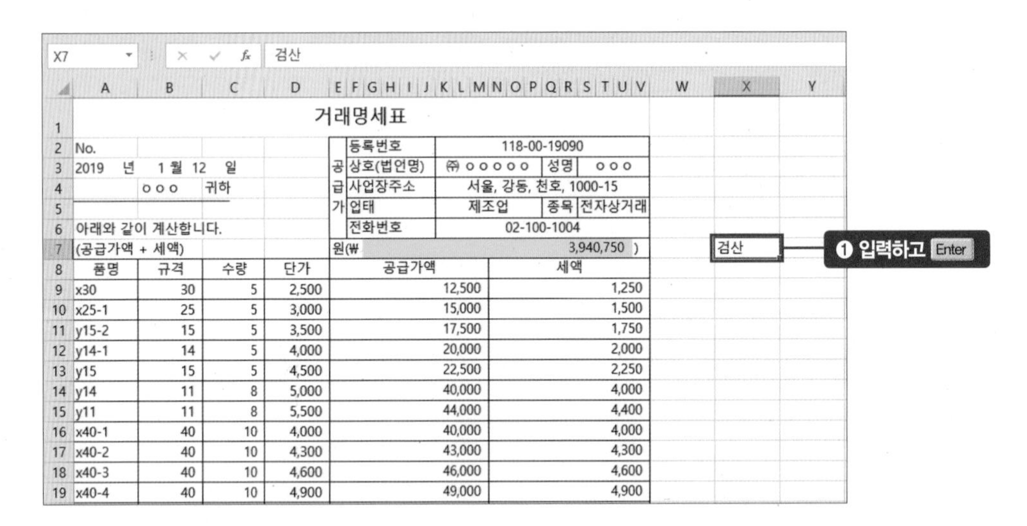

	품명	규격	수량	단가	공급가액	세액
9	x30	30	5	2,500	12,500	1,250
10	x25-1	25	5	3,000	15,000	1,500
11	y15-2	15	5	3,500	17,500	1,750
12	y14-1	14	5	4,000	20,000	2,000
13	y15	15	5	4,500	22,500	2,250
14	y14	11	8	5,000	40,000	4,000
15	y11	11	8	5,500	44,000	4,400
16	x40-1	40	10	4,000	40,000	4,000
17	x40-2	40	10	4,300	43,000	4,300
18	x40-3	40	10	4,600	46,000	4,600
19	x40-4	40	10	4,900	49,000	4,900

마찬가지로 표 바깥 영역인 [X8] 셀에 **=SU**를 입력(❷)하고 함수 목록에서 <SUM>을 더블클릭(❸)합니다.

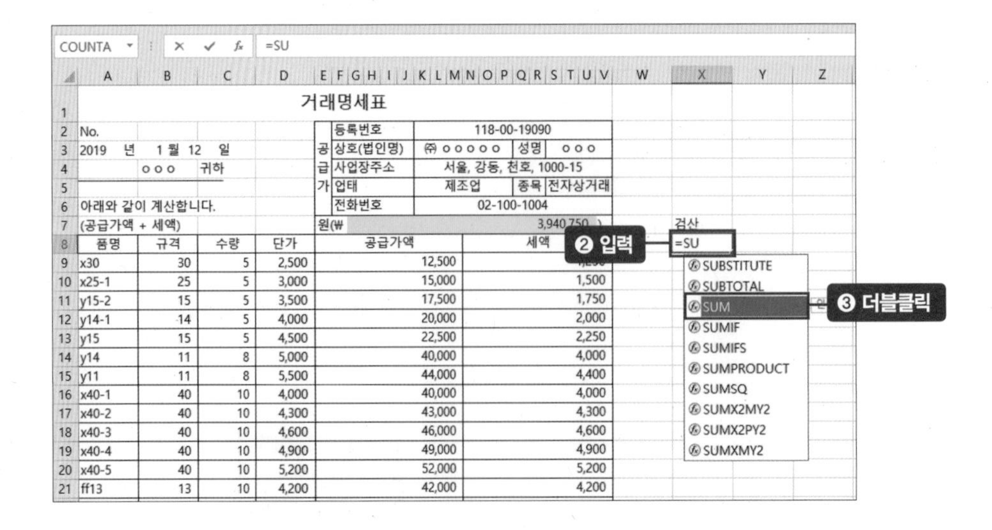

	품명	규격	수량	단가	공급가액	세액
9	x30	30	5	2,500	12,500	
10	x25-1	25	5	3,000	15,000	1,500
11	y15-2	15	5	3,500	17,500	1,750
12	y14-1	14	5	4,000	20,000	2,000
13	y15	15	5	4,500	22,500	2,250
14	y14	11	8	5,000	40,000	4,000
15	y11	11	8	5,500	44,000	4,400
16	x40-1	40	10	4,000	40,000	4,000
17	x40-2	40	10	4,300	43,000	4,300
18	x40-3	40	10	4,600	46,000	4,600
19	x40-4	40	10	4,900	49,000	4,900
20	x40-5	40	10	5,200	52,000	5,200
21	ff13	13	10	4,200	42,000	4,200

2. 검산 결과 확인하기

공급가액과 세액을 선택하기 위해 [E9] 셀을 클릭한 다음 [V38] 셀까지 드래그(❹)합니다. 수식 입력줄에 '=SUM(E9:V38'이 나타나면 닫는 괄호)를 입력한 다음 Enter 키(❺)를 눌러 수식을 완성합니다. [X8] 셀과 [G7] 셀의 값이 동일하다면 바르게 계산된 것입니다.

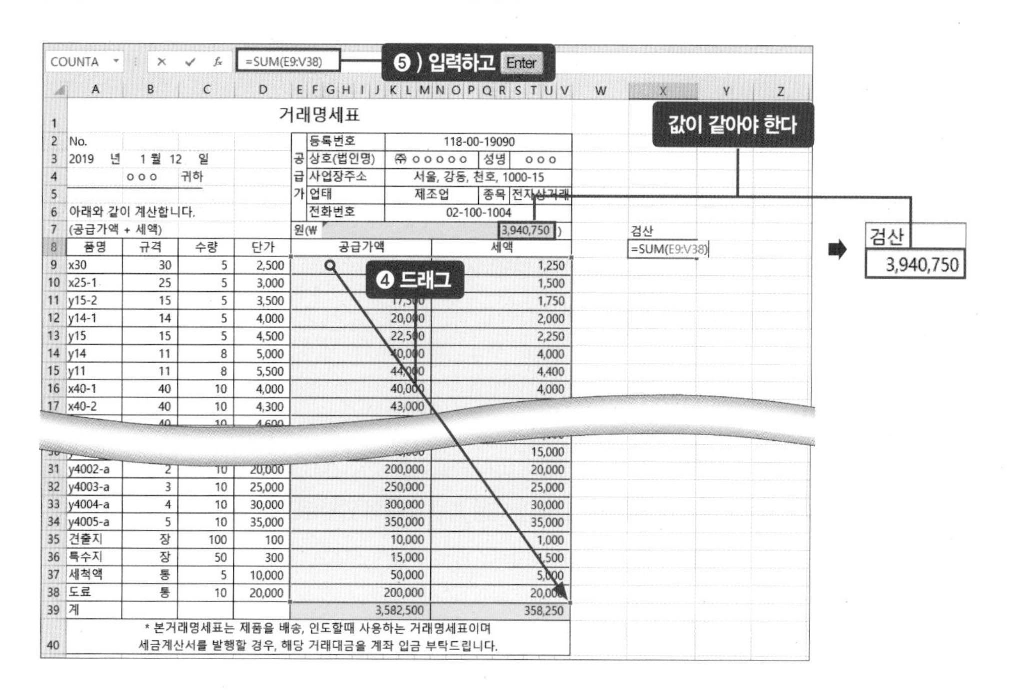

함수 사용 기본 규칙 익히기

함수를 익히기 전 미리 알아두어야 하는 규칙이 있습니다. 이 기본 규칙을 이해하면 복잡한 함수도 쉽게 사용할 수 있습니다.

① 함수는 항상 등호로 시작

함수를 사용하기 위해서는 등호(=)로 시작해야 합니다. 등호는 입력한 함수의 결과값을 보여달라는 명령어입니다. 등호로 시작하지 않으면 함수 이름을 문자로 인식해 계산이 되지 않습니다.

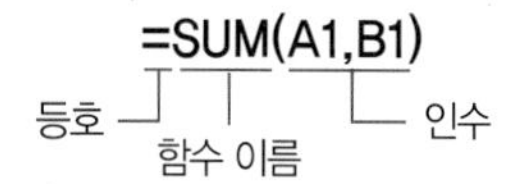

② 인수 지정하기

함수식 괄호 안에는 셀 주소, 범위, 숫자, 문자 등 식마다 정해놓은 값을 넣어야 합니다. 이것을 인수라고 부릅니다. 함수마다 지정할 수 있는 인수의 개수와 종류가 모두 다르니 함수를 익힐 때 인수까지 함께 익혀야 합니다.

함수식과 인수

함수식 예	인수 설명
=NOW()	인수가 필요 없는 함수로, 셀에 오늘 날짜와 현재 시간을 표시한다
=SUM(A2,B2,C2)	[A2], [B2], [C2] 셀의 합계값을 구한다
=COUNTIF(A1:Y1,10)	[A1:Y1] 셀 범위에서 '10'이 입력된 셀이 몇 개인지 구한다

③ 필요한 함수 찾기 – 함수 추천, 함수 마법사

함수는 사용자들이 자주 사용하는 기능을 프로그래밍해 미리 만들어둔 것입니다. 그러므로 필요한 함수 이름을 알아낼 수 있어야 합니다. 셀에서 등호 =를 입력한 다음 함수 이름의 앞부분만 입력해도 자동으로 완성해주는 함수 추천 기능을 활용합시다. 함수 검색이 가능한 함수 마법사 기능을 활용하면 인수에 대한 정보도 얻을 수 있습니다.

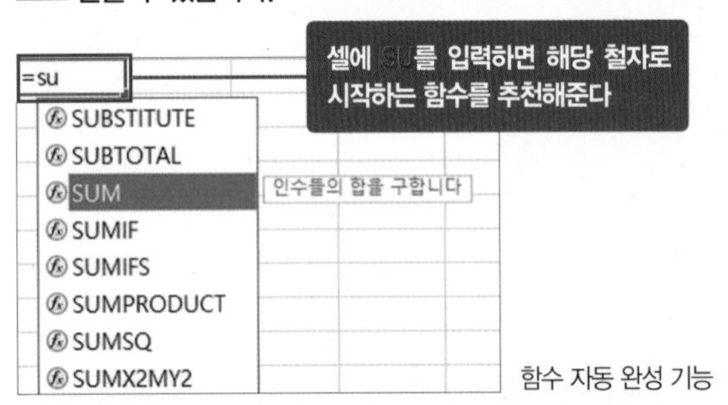

함수 자동 완성 기능

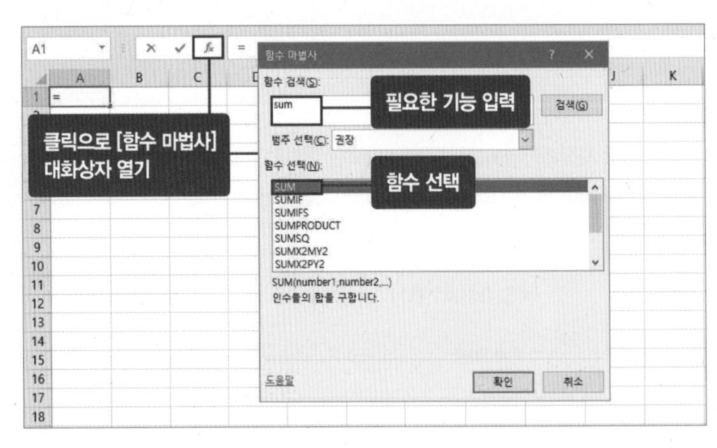

함수 마법사 기능

위조 NO! 가불증
— NUMBERSTRING 함수

업무 목표 | 숫자 입력하면 자동으로 한글 금액 표시하기

금전적인 서류 중 숫자만 기입할 경우 위조나 숫자 변경으로 문자 데이터가 발생할 소지가 있는 문서는 한글을 같이 기입합니다. 가불증 같은 서류나 거래명세표, 견적서, 계약서 등에 많이 활용되며, NUMBERSTRING 함수를 활용하면 간단하게 변경할 수 있습니다. 가불증 역시 2장을 만들어서 신청자와 경리부 담당 직원이 나누어 보관합니다.

> **=NUMBERSTRING(셀 주소①, 인수②)** : 셀 주소①에 입력한 숫자를 인수②(한글 혹은 한자)로 변경한다

완성 서식 미리 보기

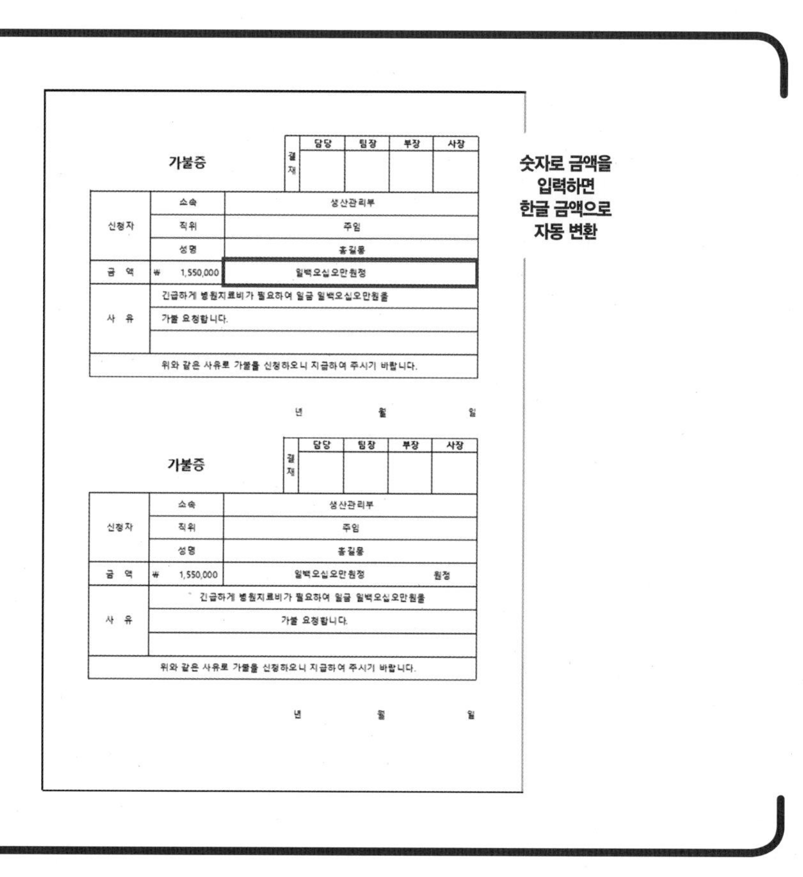

가불증

결재	담당	팀장	부장	사장

신청자	소속	생산관리부
	직위	주임
	성명	홍길동
금 액	₩ 1,550,000	일백오십오만원정
사 유	긴급하게 병원치료비가 필요하여 일금 일백오십오만원을	
	가불 요청합니다.	
위와 같은 사유로 가불을 신청하오니 지급하여 주시기 바랍니다.		

년 월 일

가불증

결재	담당	팀장	부장	사장

신청자	소속	생산관리부	
	직위	주임	
	성명	홍길동	
금 액	₩ 1,550,000	일백오십오만원정	원정
사 유	긴급하게 병원치료비가 필요하여 일금 일백오십오만원을		
	가불 요청합니다.		
위와 같은 사유로 가불을 신청하오니 지급하여 주시기 바랍니다.			

년 월 일

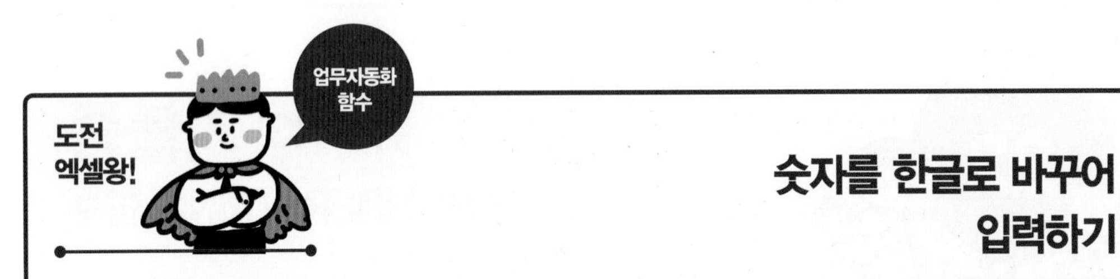

예제파일 : 1_22_가불증.xlsx 

1. NUMBERSTRING 함수 입력하기

예제파일을 열어 [D8] 셀에 =NUMBERSTRING(을 입력(❶)하고 [C8] 셀을 클릭(❷)합니다. [D8] 셀에 파란색 글자로 'C8'이 자동으로 표시됩니다.

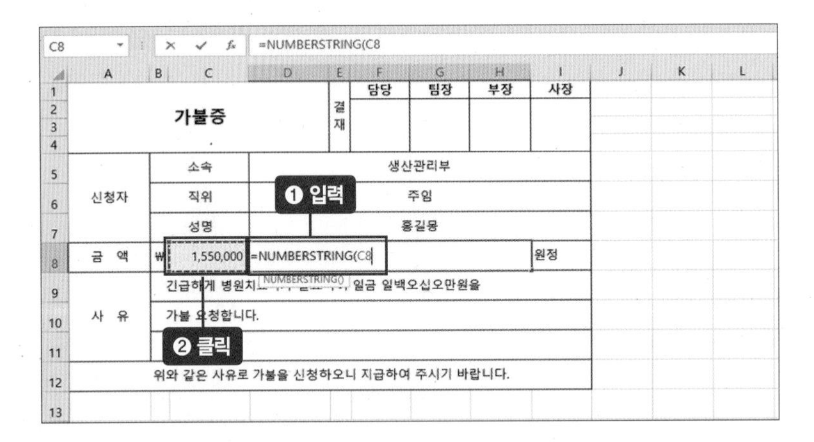

[D8] 셀에 이어서 ,1)을 입력한 후 Enter 키(❸)를 누릅니다. 괄호 안에 들어가는 1은 [C8] 셀의 숫자를 한글로 바꾼다는 의미입니다.

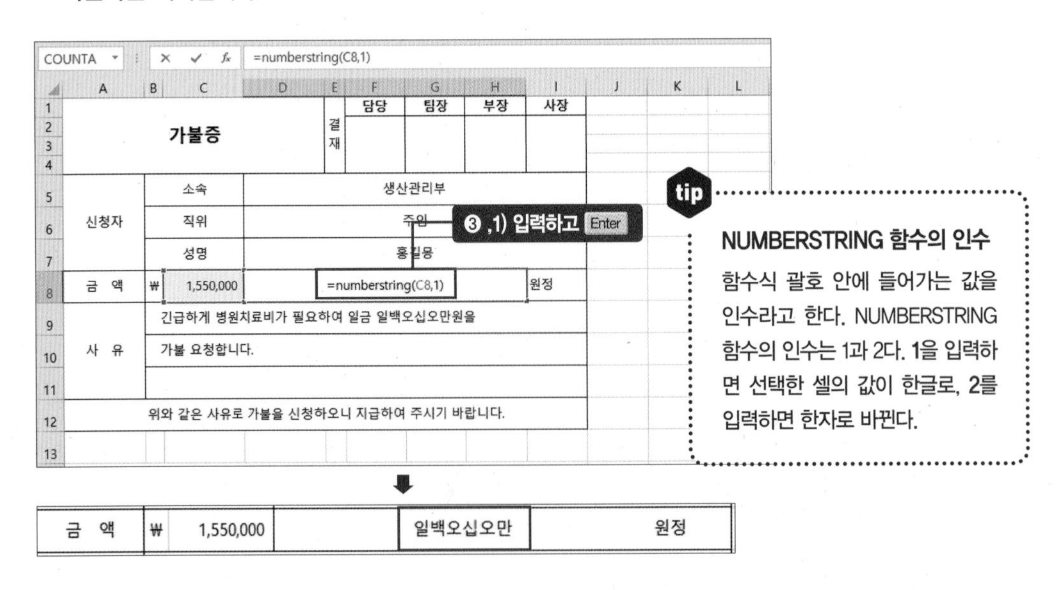

tip

NUMBERSTRING 함수의 인수

함수식 괄호 안에 들어가는 값을 인수라고 한다. NUMBERSTRING 함수의 인수는 1과 2다. 1을 입력하면 선택한 셀의 값이 한글로, 2를 입력하면 한자로 바뀐다.

2. 텍스트 합치기

보다 깔끔하게 만들기 위해 [D8] 셀의 내용을 '일백오십오만원정'으로 만들어보겠습니다. [D8] 셀을 더블클릭(❶)해 함수식이 나타나게 한 후 함수식 뒤에 &"원정"을 입력(❷)합니다.

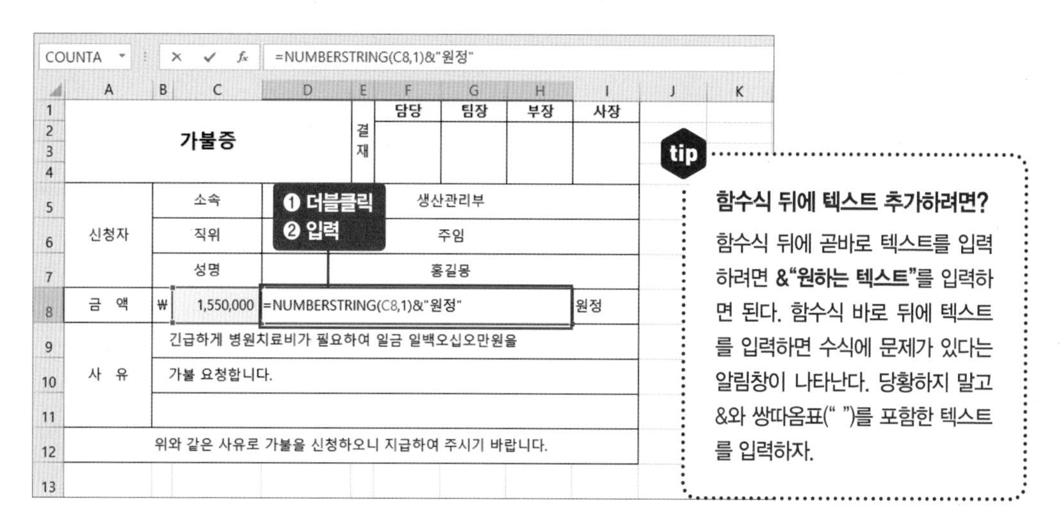

tip

함수식 뒤에 텍스트 추가하려면?

함수식 뒤에 곧바로 텍스트를 입력하려면 **&"원하는 텍스트"**를 입력하면 된다. 함수식 바로 뒤에 텍스트를 입력하면 수식에 문제가 있다는 알림창이 나타난다. 당황하지 말고 &와 쌍따옴표(" ")를 포함한 텍스트를 입력하자.

'원정'이 금액 바로 뒤에 붙어 깔끔해졌습니다. [I8] 셀을 클릭한 다음 Delete 키(❸)를 눌러 중복된 '원정'을 삭제합니다.

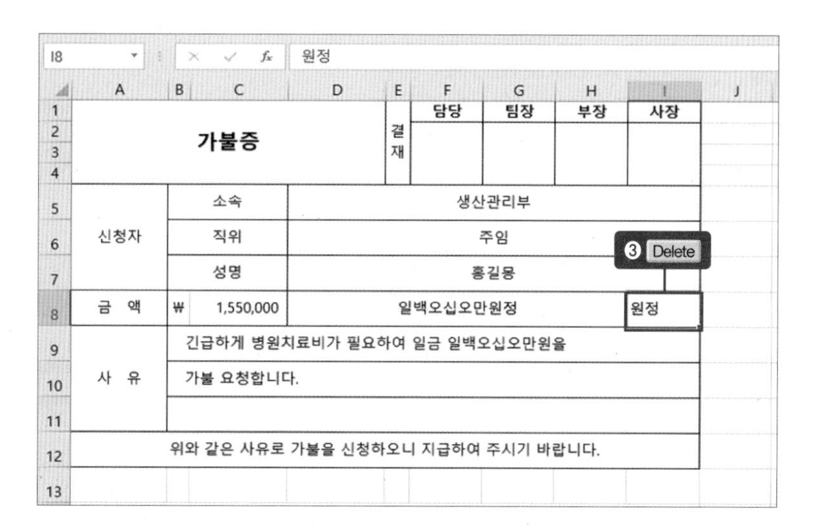

최종 함수식

=NUMBERSTRING(C8,1)&"원정"

[C8] 셀에 입력한 숫자를 한글로 변경한다

둘 | 째 | 마 | 당

인사팀 엑셀왕

인사기록부

필터로 서류 나누기

업무 목표 | 인사 이동 잦은 회사, 빠르게 인사관리하기

인사기록부는 효율적인 인사관리를 위해 작성하는 문서입니다. 매년 신입사원을 뽑는 회사, 경력직 충원과 인사이동이 잦은 회사라면 그만큼 서류 변동이 많으니 관리가 쉽지 않은 문서이기도 하지요. 따라서 부서별로 직원을 나누어 관리하기를 추천합니다. 자동 필터 기능을 사용해 부서가 섞여 있는 데이터를 부서별로 정리해보겠습니다.

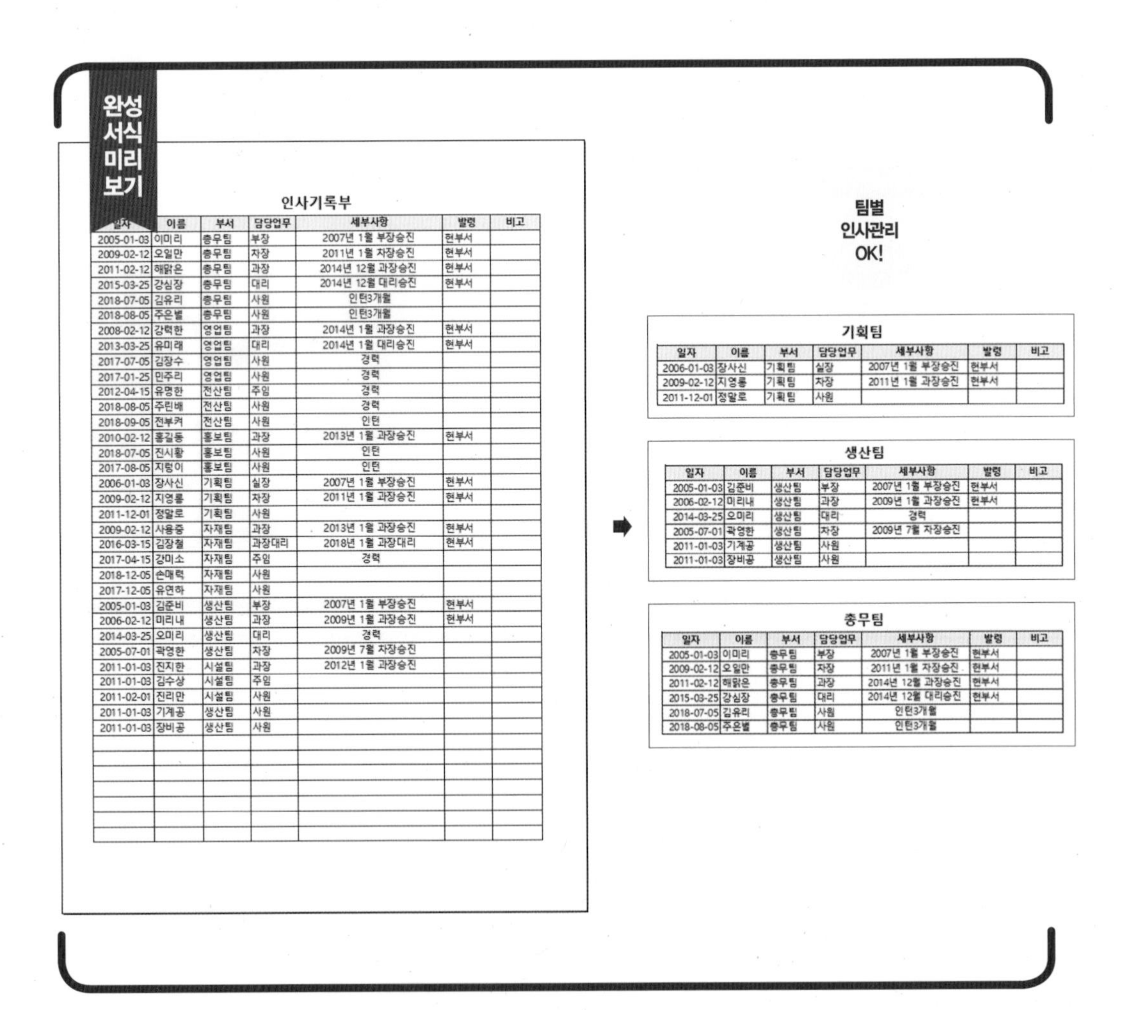

인사기록부

일자	이름	부서	담당업무	세부사항	발령	비고
2005-01-03	이미리	총무팀	부장	2007년 1월 부장승진	현부서	
2009-02-12	오일만	총무팀	차장	2011년 1월 차장승진	현부서	
2011-02-12	해맑은	총무팀	과장	2014년 12월 과장승진	현부서	
2015-03-25	강심장	총무팀	대리	2014년 12월 대리승진	현부서	
2018-07-05	김유리	총무팀	사원	인턴3개월		
2018-08-05	주은별	총무팀	사원	인턴3개월		
2008-02-12	강력한	영업팀	과장	2014년 1월 과장승진	현부서	
2013-03-25	유미래	영업팀	대리	2014년 1월 대리승진	현부서	
2017-07-05	김장수	영업팀	사원	경력		
2017-01-25	민주리	영업팀	사원	경력		
2012-04-15	유명한	전산팀	주임	경력		
2018-08-05	주린배	전산팀	사원	경력		
2018-09-05	전부켜	전산팀	사원	인턴		
2010-02-12	홍길동	홍보팀	과장	2013년 1월 과장승진	현부서	
2018-07-05	진시황	홍보팀	사원	인턴		
2017-08-05	지렁이	홍보팀	사원	인턴		
2006-01-03	장사신	기획팀	실장	2007년 1월 부장승진	현부서	
2009-02-12	지영롱	기획팀	차장	2011년 1월 과장승진	현부서	
2011-12-01	정말로	기획팀	사원			
2009-02-12	사용중	자재팀	과장	2013년 1월 과장승진	현부서	
2016-03-15	김장철	자재팀	과장대리	2018년 1월 과장대리	현부서	
2017-04-15	강미소	자재팀	주임	경력		
2018-12-05	손매력	자재팀	사원			
2017-12-05	유연하	자재팀	사원			
2005-01-03	김준비	생산팀	부장	2007년 1월 부장승진	현부서	
2006-02-12	미리내	생산팀	과장	2009년 1월 과장승진	현부서	
2014-03-25	오미리	생산팀	대리	경력		
2005-07-01	곽영한	생산팀	차장	2009년 7월 차장승진		
2011-01-03	진지한	시설팀	과장	2012년 1월 과장승진		
2011-01-03	김수상	시설팀	주임			
2011-02-01	진리만	시설팀	사원			
2011-01-03	기계공	생산팀	사원			
2011-01-03	장비공	생산팀	사원			

기획팀

일자	이름	부서	담당업무	세부사항	발령	비고
2006-01-03	장사신	기획팀	실장	2007년 1월 부장승진	현부서	
2009-02-12	지영롱	기획팀	차장	2011년 1월 과장승진	현부서	
2011-12-01	정말로	기획팀	사원			

생산팀

일자	이름	부서	담당업무	세부사항	발령	비고
2005-01-03	김준비	생산팀	부장	2007년 1월 부장승진	현부서	
2006-02-12	미리내	생산팀	과장	2009년 1월 과장승진	현부서	
2014-03-25	오미리	생산팀	대리	경력		
2005-07-01	곽영한	생산팀	차장	2009년 7월 차장승진		
2011-01-03	기계공	생산팀	사원			
2011-01-03	장비공	생산팀	사원			

총무팀

일자	이름	부서	담당업무	세부사항	발령	비고
2005-01-03	이미리	총무팀	부장	2007년 1월 부장승진	현부서	
2009-02-12	오일만	총무팀	차장	2011년 1월 차장승진	현부서	
2011-02-12	해맑은	총무팀	과장	2014년 12월 과장승진	현부서	
2015-03-25	강심장	총무팀	대리	2014년 12월 대리승진	현부서	
2018-07-05	김유리	총무팀	사원	인턴3개월		
2018-08-05	주은별	총무팀	사원	인턴3개월		

인사기록부에서 필터로 데이터 뽑아내기

예제파일 : 2_23_인사기록부.xlsx 

1. 필터 기능 적용하기

예제파일의 '부서' 항목에는 직원별 소속팀이 적혀 있습니다. 여기에서 총무팀 직원만 추출하겠습니다. '부서'라는 항목 제목과 데이터가 입력되어 있는 [C2:C42] 셀을 범위로 설정하기 위해 먼저 [C2] 셀을 클릭(❶)합니다. Shift 키를 누른 채 [C42] 셀을 클릭(❷)합니다. 데이터가 없는 [C42] 셀까지 넉넉하게 선택하는 이유는 필터 기능을 사용할 때 실수를 방지하기 위해서입니다.

	A	B	C	D	E	F	G	H	I
1	인사기록부								
2	일자		부서	담당업무	세부사항		발령	비고	
3	2005-01-03	이미리	총무팀	부장	2007년 1월 부장승진		현부서		
4	2009-02-12	오일만	총무팀	차장	2011년 1월 차장승진		현부서		
5	2011-02-12	해맑은	총무팀	과장	2014년 12월 과장승진		현부서		
6	2015-03-25	강심장	총무팀	대리	2014년 12월 대리승진		현부서		
7	2018-07-05	김유리	총무팀	사원	인턴3개월				
8	2018-08-05	주은별	총무팀	사원	인턴3개월				
9	2008-02-12	강력한	영업팀	과장	2014년 1월 과장승진		현부서		
10	2013-03-25	유미래	영업팀	대리	2014년 1월 대리승진				
11	2017-07-05	김장수	영업팀	사원					
40									
41									
42									
43									

❶ 클릭

❷ Shift+클릭

tip 필터 한 칸에만 적용하는 법

한 항목에 필터를 적용하려면 항목을 전부 선택해야 합니다. 예를 들어 '부서' 항목에만 필터를 씌우려면 [C2:C42] 셀 범위를 선택한 다음 Ctrl+Shift+L 키를 눌러야 합니다. 반면 2행에 입력된 모든 항목에 필터를 씌울 때는 항목 전체 내용을 선택할 필요 없이 항목 제목이 있는 [A2:H2] 셀 범위만 선택해 Ctrl+Shift+L 키를 누르면 됩니다.

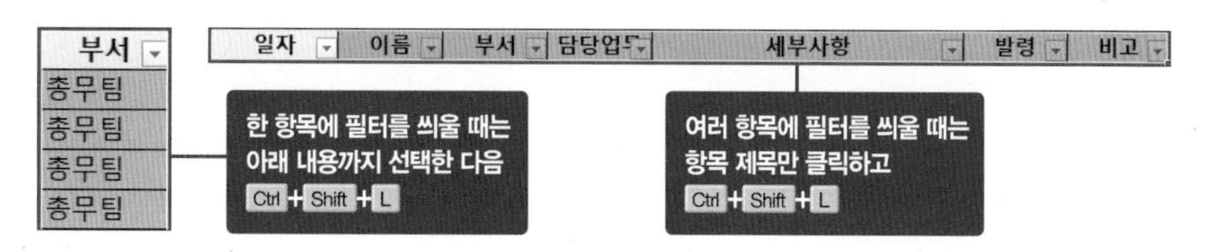

[C2:C42] 셀 범위가 설정된 상태에서 필터를 적용하는 단축키인 Ctrl+Shift+L 키(❸)를 누릅니다. [C2] 셀 '부서' 글자 옆에 〈필터〉(▾) 버튼이 나타납니다. ★ 필터 자세한 내용은 121쪽 참고

	A	B	C	D	E	F	G	H
1	인사기록부							
2	일자	이름	부서	담당업무	세부사항		발령	비고
3	2005-01-03	이미리	총무팀	부장	2007년 1월 부장승진		현부서	
4	2009-02-12	오일만	총무팀	차장	2011년 1월 차장승진		현부서	
5	2011-02-12	해맑은	총무팀	과장	과장승진		현부서	
6	2015-03-25	강심장	총무팀	대리	대리승진		현부서	
7	2018-07-05	김유리	총무팀	사원	인턴3개월			
8	2018-08-05	주은별	총무팀	사원	인턴3개월			
9	2008-02-12	강력한	영업팀	과장	2014년 1월 과장승진		현부서	
10	2013-03-25	유미래	영업팀	대리	2014년 1월 대리승진		현부서	
11	2017-07-05	김장수	영업팀	사원	경력			
12	2017-01-25	민주리	영업팀	사원	경력			
13	2012-04-15	유명한	전산팀	주임	경력			
14	2018-08-05	주린배	전산팀	사원	경력			
15	2018-09-05	전부커	전산팀	사원	인턴			
16	2010-02-12	홍길동	홍보팀	과장	2013년 1월 과장승진		현부서	
17	2018-07-05	진시황	홍보팀	사원	인턴			
18	2017-08-05	지렁이	홍보팀	사원	인턴			

❸ Ctrl+Shift+L

단축키
필터
Ctrl+Shift+L

부서 ▾
총무팀
총무팀
총무팀

2. 총무팀 데이터만 걸러내기

[C2] 셀의 〈필터〉 버튼을 클릭(❶)하면 [필터] 도구창이 나타납니다. '텍스트 필터' 항목에서 〈(모두 선택)〉의 체크 표시를 해제(❷)합니다. 대신 〈총무팀〉에 체크(❸)한 후 〈확인〉을 클릭(❹)합니다.

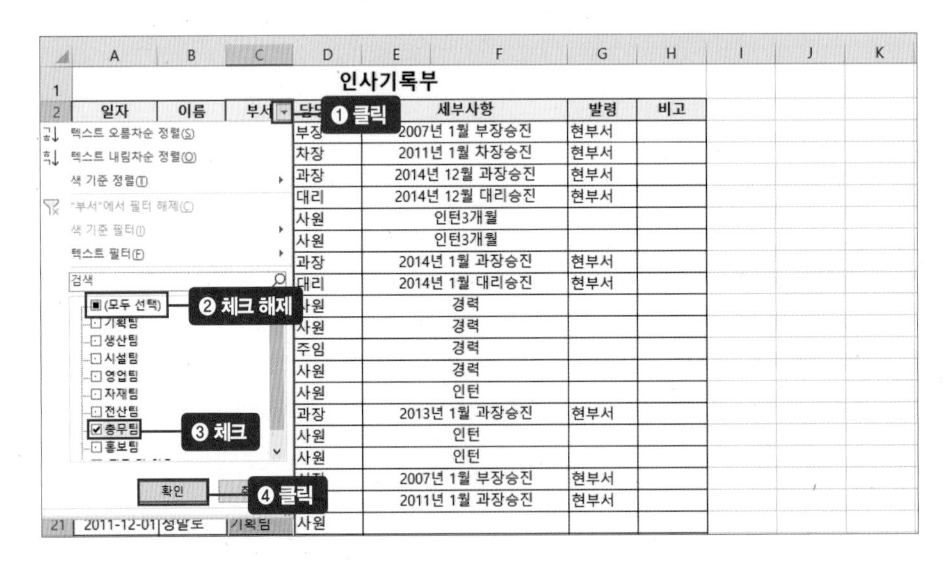

3. 총무팀 데이터 다른 시트에 복사하기

[인사기록부] 시트에 총무팀의 명단만 나타났습니다. 총무팀 명단을 다른 시트에 정리하겠습니다. [A1:H8] 셀 범위를 드래그해 선택(❶)합니다. Ctrl + C 키(❷)를 눌러 선택한 셀 범위를 복사합니다. 화면 하단 [시트] 탭에서 〈새 시트〉(⊕) 버튼을 클릭(❸)합니다.

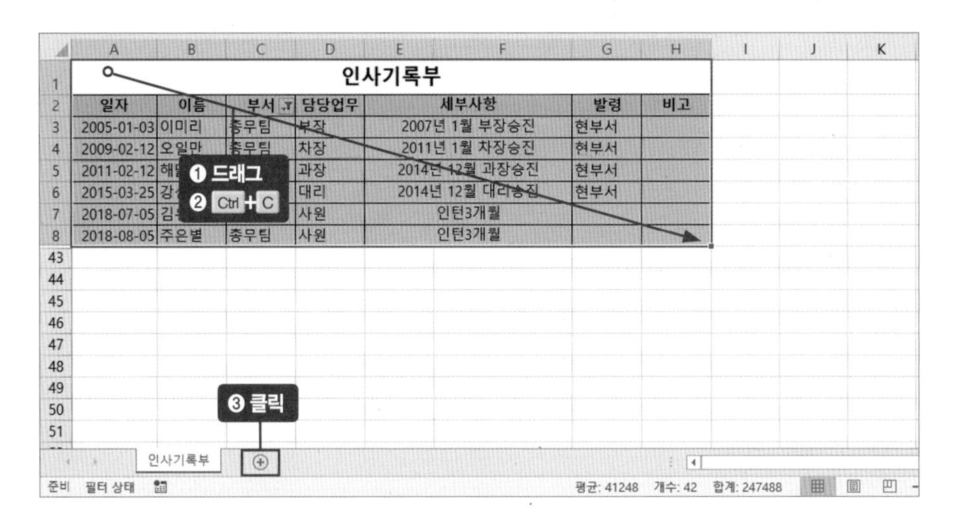

새로 만들어진 [Sheet1]의 [A1] 셀을 클릭, Ctrl + V 키(❹)를 눌러 복사한 총무팀 데이터를 붙여넣습니다.

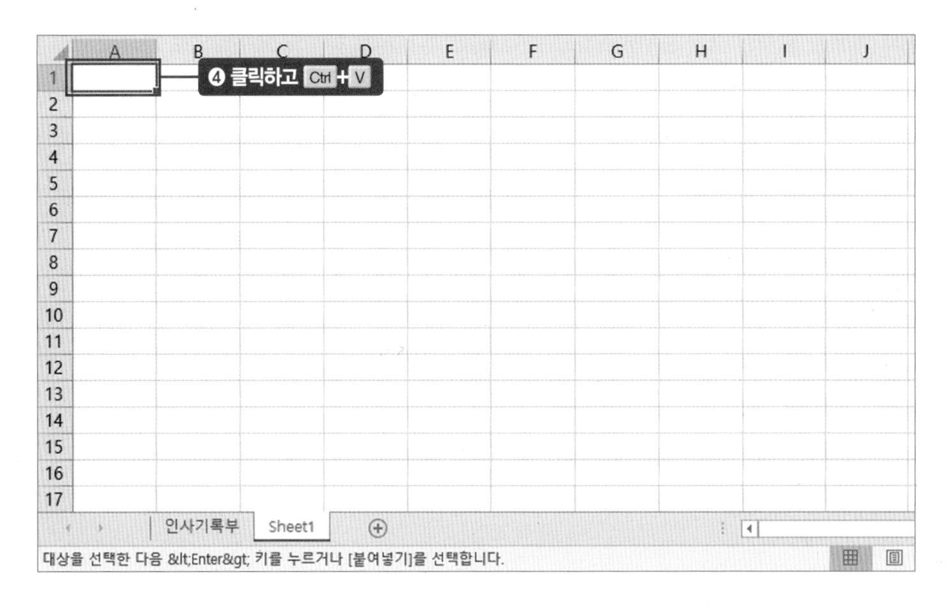

총무팀 데이터만 [Sheet1]에 정리되었습니다. A열의 '########'은 셀 너비가 작아 붙여넣기한 데이터를 볼 수 없다는 뜻입니다. A열 머리글의 구분선을 드래그(❺)해 셀 너비를 넓혀서 데이터를 확인합니다. 내용이 잘린 E열 머리글의 구분선도 드래그(❻)해 셀 너비를 넓혀 정돈합니다.

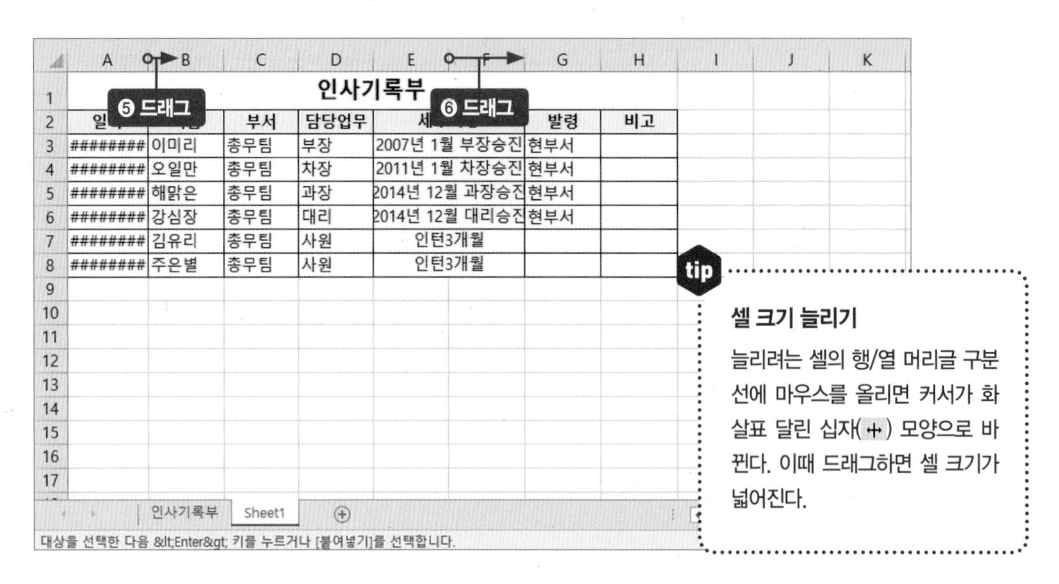

tip

셀 크기 늘리기

늘리려는 셀의 행/열 머리글 구분선에 마우스를 올리면 커서가 화살표 달린 십자(+) 모양으로 바뀐다. 이때 드래그하면 셀 크기가 넓어진다.

4. 표 제목 변경하기

[A1] 셀의 '인사기록부'를 클릭한 다음 **총무팀**이라고 입력(❶)합니다. 시트 제목도 총무팀으로 변경하겠습니다. [Sheet1] 위에서 우클릭(❷)하면 나타나는 도구창에서 〈이름 바꾸기〉를 클릭(❸)한 다음 **총무팀**이라고 입력(❹)해 이름을 변경합니다. 나머지 팀들도 같은 방법으로 정리하기 위해 [인사기록부] 탭(❺)으로 돌아갑니다.

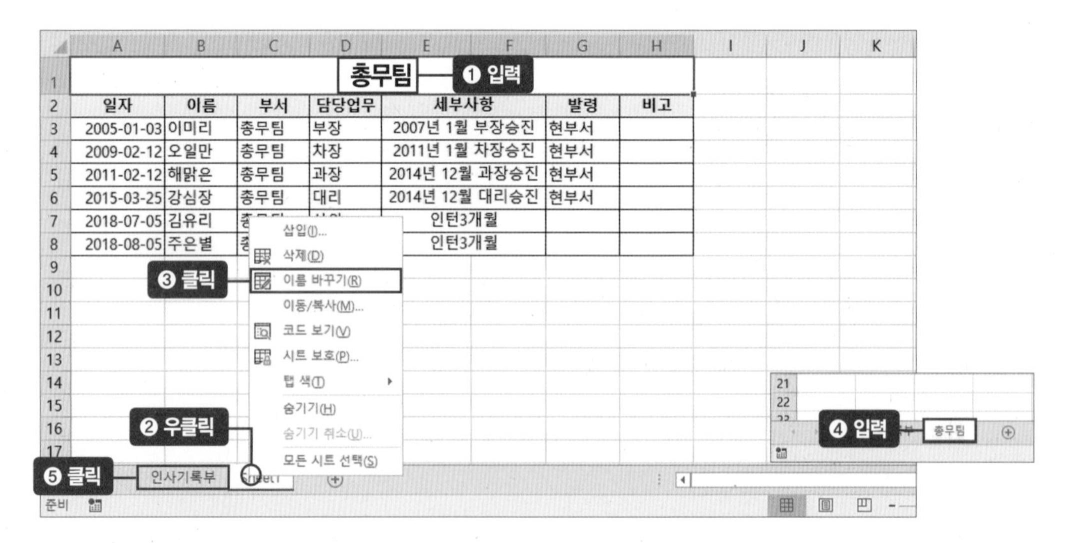

5. 나머지 부서 정리하기

[인사기록부] 시트로 돌아와 [C2] 셀의 〈필터〉 버튼을 클릭(❶)합니다. 〈총무팀〉의 체크를 해제(❷)하고 〈기획팀〉에 체크(❸)합니다. 〈확인〉을 클릭(❹)합니다.

기획팀 데이터가 걸러져 나타납니다. 데이터를 드래그(❺)하고 복사(❻), 새 시트(❼)를 만들어 붙여넣기(❽)합니다. 나머지 팀들(시설, 생산, 영업, 자재, 전산, 홍보)도 같은 방법으로 정리합니다.

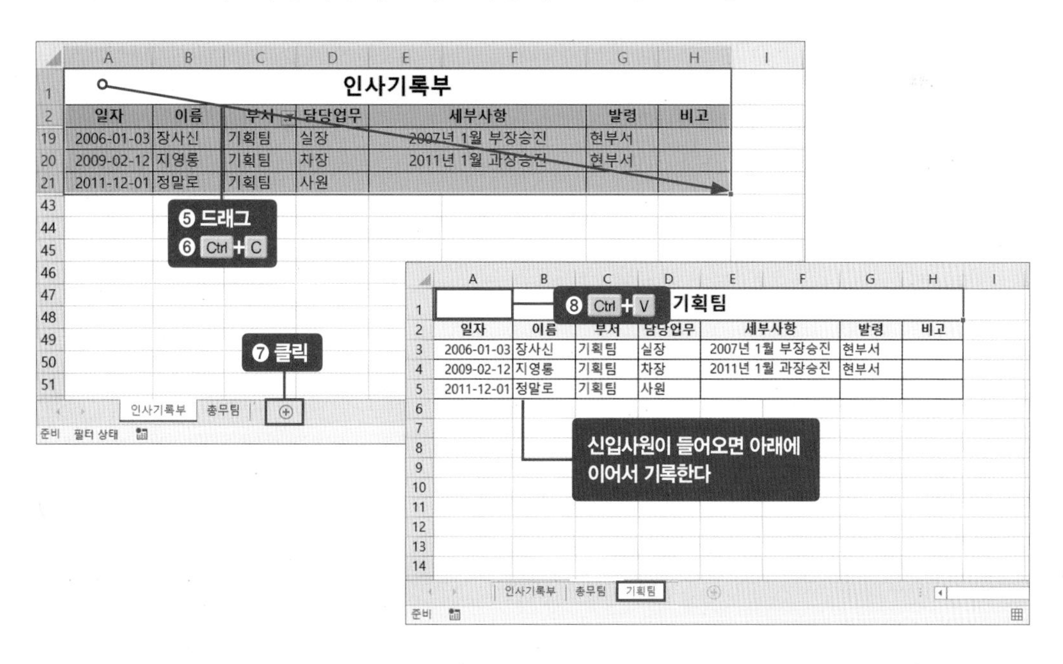

6. [시트] 탭 순서 변경하기

탭 이름을 모두 변경한 다음 옮길 탭을 클릭(❶)해서 옮기고 싶은 위치로 드래그(❷)하면 탭 순서가 변경됩니다. 관리하기 쉽도록 가나다순으로 정리해둡니다.

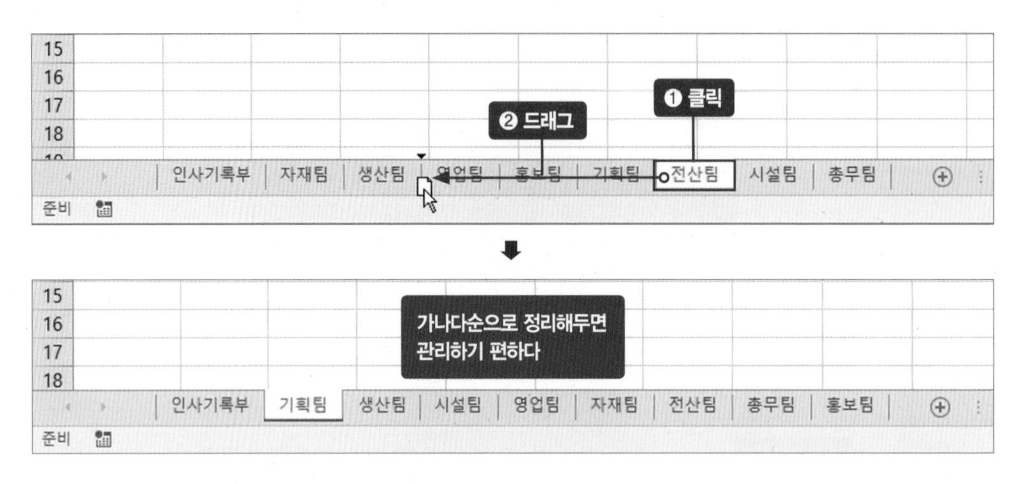

조직도

클릭해서 인사기록부로 이동하기

업무 목표 | 직원 이름만 클릭하면 인사기록부 열람 OK

조직도는 직위의 상하관계나 권한, 책임을 한눈에 볼 수 있도록 만드는 문서입니다. 출력해서 책상 위에 붙여놓기도 하지만, 컴퓨터에서 사용할 때 조직도에서 직원의 이름을 클릭하면 인사기록부를 조회할 수 있도록 정리하겠습니다. 조직도와 인사기록부를 연결해두면 인사 정보를 한눈에 파악할 수 있어서 편리합니다.

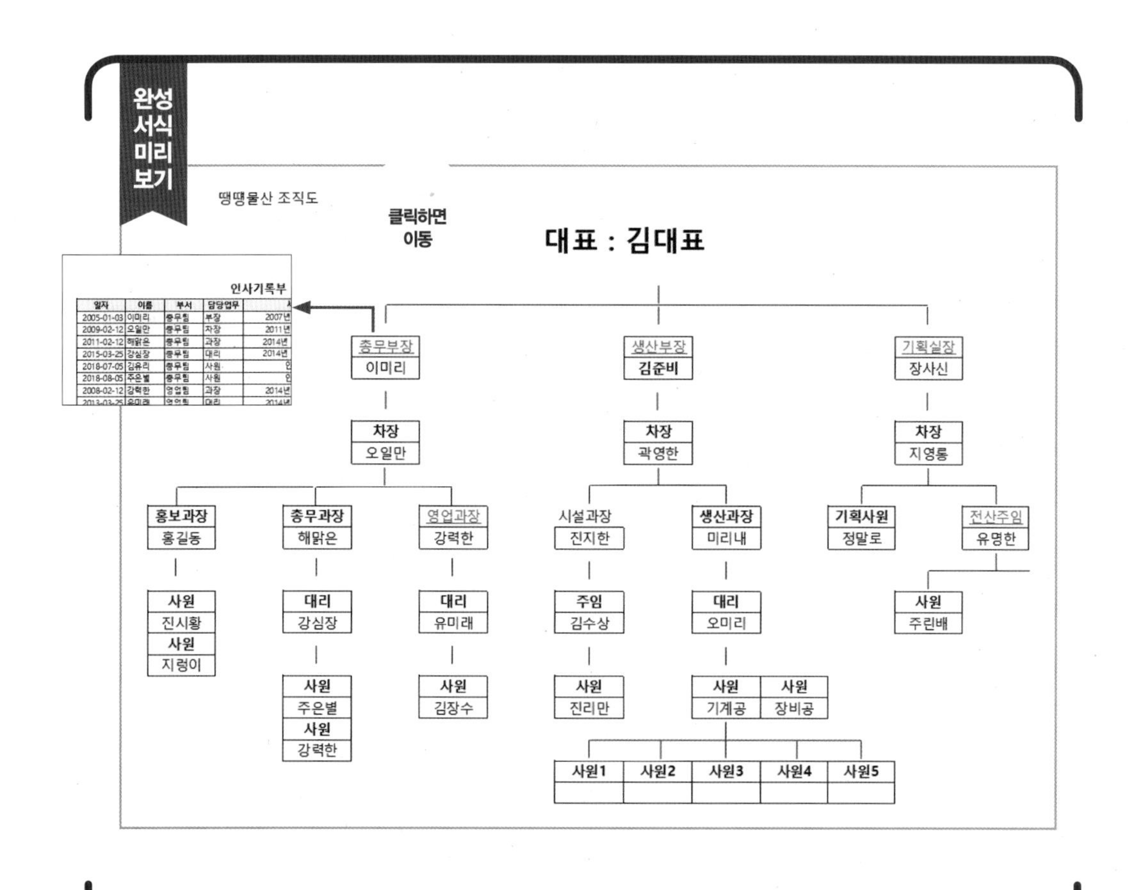

일자	이름	부서	담당업무	
2005-01-03	이미리	총무팀	부장	2007년
2009-02-12	오일만	총무팀	차장	2011년
2011-02-12	해맑은	총무팀	과장	2014년
2015-03-25	강심장	총무팀	대리	2014년
2018-07-05	김유리	총무팀	사원	
2018-08-05	주은별	총무팀	사원	
2008-02-12	강력한	영업팀	과장	2014년

조직도에 하이퍼링크 넣기

예제파일 : 2_24_조직도.xlsx 

1. 인사기록부 데이터 조직도로 가져오기

인사기록부에 정리해둔 부서별 데이터를 예제파일로 가져오겠습니다. 『2_24_조직도.xlsx』 파일과 『2_23_인사기록부.xlsx』 파일을 모두 열어둡니다.

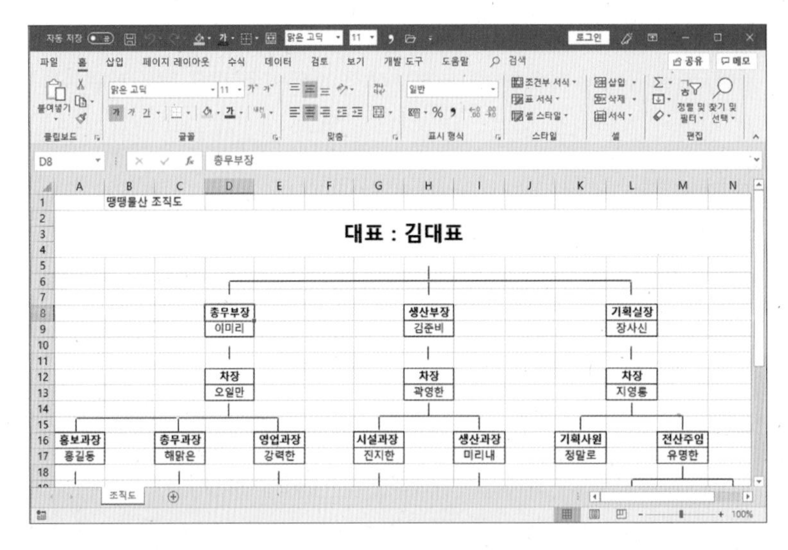

『2_24_조직도.xlsx』

인사기록부

일자	이름	부서	담당업무	세부사항	발령	비고
2005-01-03	이미리	총무팀	부장	2007년 1월 부장승진	현부서	
2009-02-12	오일만	총무팀	차장	2011년 1월 차장승진	현부서	
2011-02-12	해맑은	총무팀	과장	2014년 12월 과장승진	현부서	
2015-03-25	강심장	총무팀	대리	2014년 12월 대리승진	현부서	
2018-07-05	김유리	총무팀	사원	인턴3개월		
2018-08-05	주은별	총무팀	사원	인턴3개월		
2008-02-12	강력한	영업팀	과장	2014년 1월 과장승진	현부서	
2013-03-25	유미래	영업팀	대리	2014년 1월 대리승진	현부서	
2017-07-05	김장수	영업팀	사원	경력		
2017-01-25	민주리	영업팀	사원	경력		
2012-04-15	유명한	전산팀	주임	경력		
2018-08-05	주린배	전산팀	사원	경력		
2018-09-05	전부켜	전산팀	사원	인턴		

『2_23_인사기록부.xlsx』

『2_23_인사기록부.xlsx』에서 모든 팀의 탭을 한꺼번에 선택하겠습니다. [기획팀] 탭을 클릭(❶)합니다. Shift 키를 누른 상태로 마지막 [홍보팀] 탭을 클릭(❷)합니다. [인사기록부] 탭을 제외한 나머지 탭이 모두 선택되었습니다.

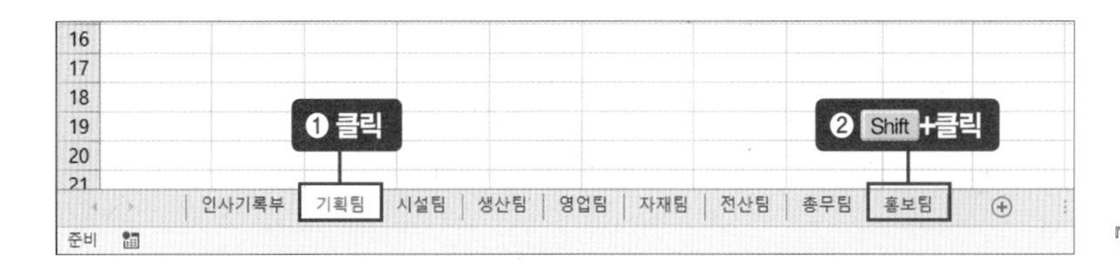

『2_23_인사기록부.xlsx』

선택한 [시트] 탭 위에서 우클릭(❸)한 다음 〈이동/복사〉를 클릭(❹)합니다.

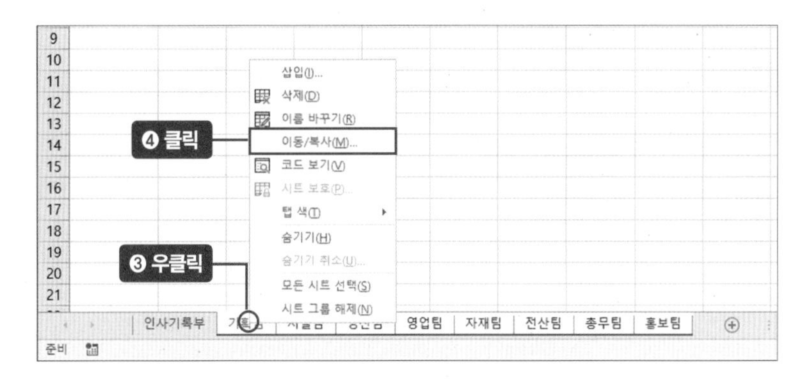

『2_23_인사기록부.xlsx』

[이동/복사] 대화상자가 나타나면 '대상 통합 문서'의 파란색 〈펼침〉(⌄) 버튼을 클릭(❺)합니다. 현재 열려 있는 엑셀 문서가 목록에 나타납니다. 〈2_24_조직도.xlsx〉를 선택(❻)합니다. '다음 시트의 앞에' 항목에서 〈(끝으로 이동)〉 클릭(❼), 〈복사본 만들기〉 박스에 체크(❽)한 후 〈확인〉 버튼을 클릭(❾)합니다.

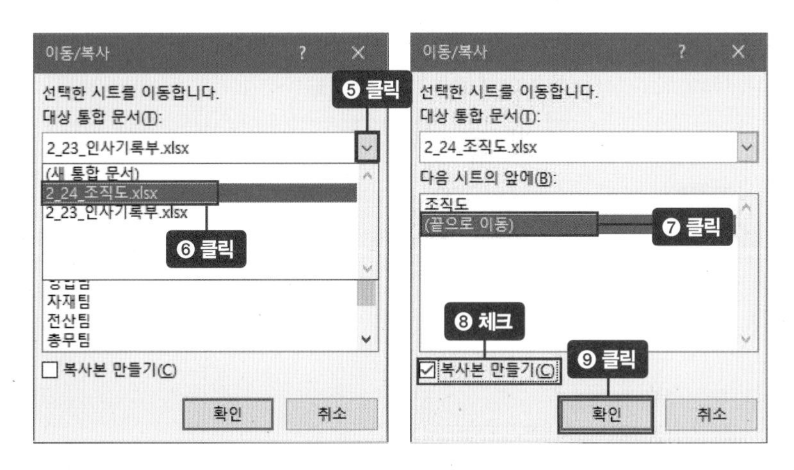

『2_24_조직도.xlsx』 파일에 팀별 데이터 시트가 복사되었습니다.

팀별 데이터 시트가 순서대로 복사되었다

조직도 | 기획팀 | 시설팀 | 생산팀 | 영업팀 | 자재팀 | 전산팀 | 총무팀 | 홍보팀

『2_24_조직도.xlsx』

2. 같은 문서 내에서 링크 연결하기

조직도에서 총무부장을 클릭하면 총무부장의 인사기록을 볼 수 있도록 링크를 걸어보겠습니다. [조직도] 시트를 클릭(❶)해 [D8] 셀을 선택하고 마우스 우클릭(❷)합니다. 하단의 〈링크〉를 클릭(❸)합니다.

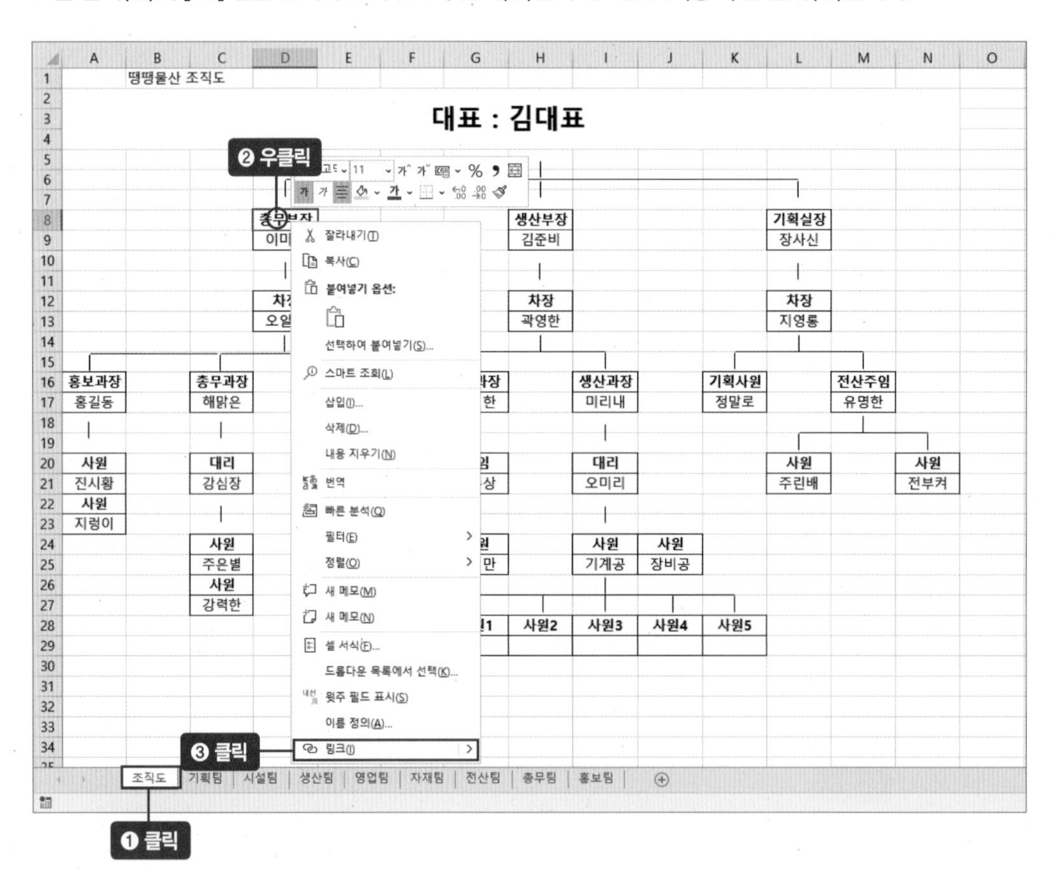

[하이퍼링크 삽입] 대화상자가 나타나면 〈현재 문서〉 클릭(❹) → 〈총무팀〉을 선택(❺)하고 〈확인〉 버튼을 클릭(❻)합니다.

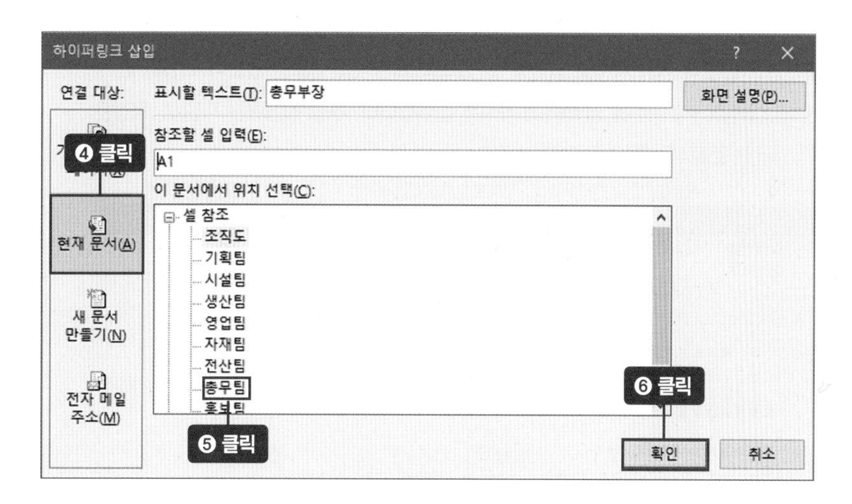

[D8] 셀의 '총무부장'이 파란색 글씨로 바뀌었습니다. 파란색 글씨를 클릭(❼)하면 [총무팀] 시트로 이동합니다. 같은 방법으로 나머지 직급에도 하이퍼링크를 적용합니다.

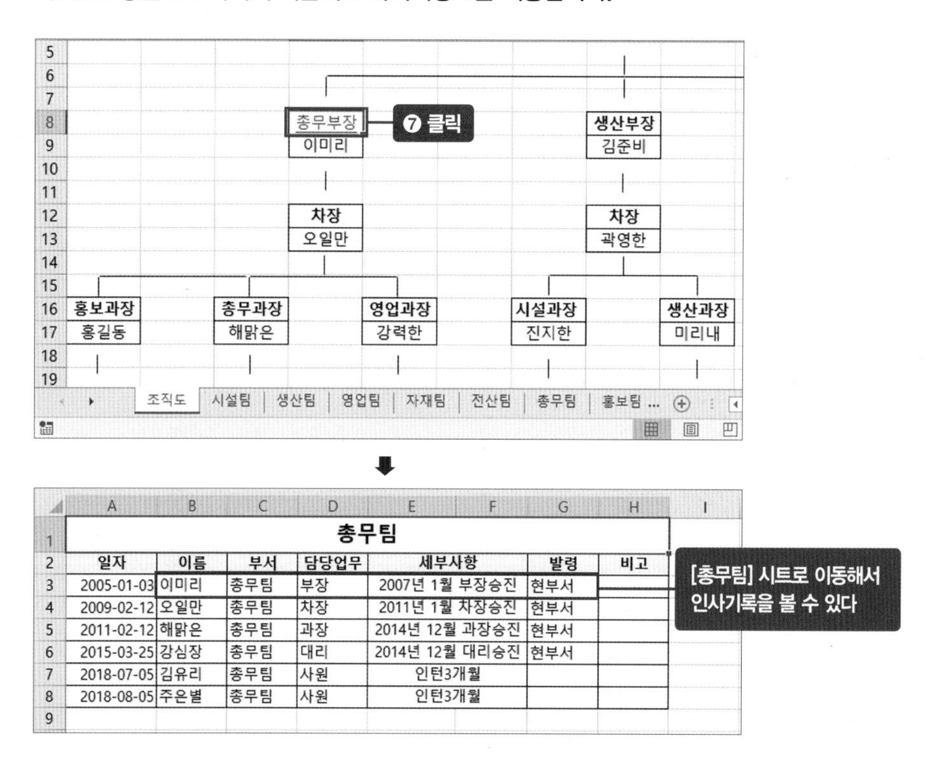

총무팀

일자	이름	부서	담당업무	세부사항	발령	비고
2005-01-03	이미리	총무팀	부장	2007년 1월 부장승진	현부서	
2009-02-12	오일만	총무팀	차장	2011년 1월 차장승진	현부서	
2011-02-12	해맑은	총무팀	과장	2014년 12월 과장승진	현부서	
2015-03-25	강심장	총무팀	대리	2014년 12월 대리승진	현부서	
2018-07-05	김유리	총무팀	사원	인턴3개월		
2018-08-05	주은별	총무팀	사원	인턴3개월		

tip 배경색으로 직위 구분하기

예제파일 : 2_24_조직도.xlsx

처음 입사하는 신입사원들도 한눈에 직위 체제를 알아볼 수 있도록 배경색을 넣으면 좋습니다. [홈] 탭 → 채우기 색( ) 아이콘 옆 〈펼침〉( ) 버튼을 클릭해 배경색을 선택합니다. 부장 직급에는 파란색, 차장은 노란색, 과장은 초록색, 대리는 분홍색을 넣어 정리했습니다.

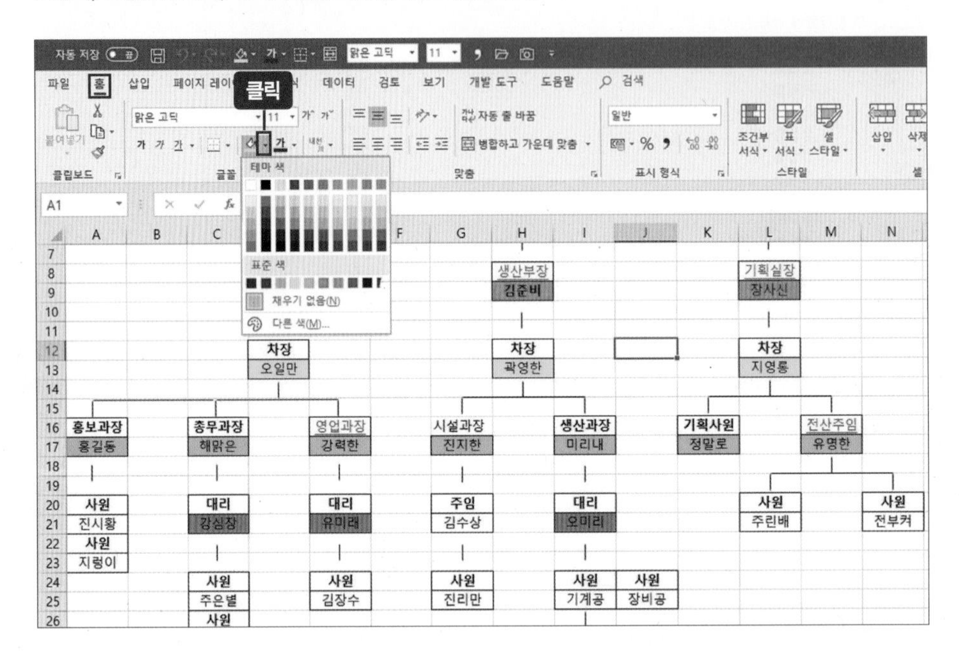

인사기록카드

원하는 순서로 데이터 정렬하기

업무 목표 | 입사일순, 직급순, 직원 정보 추리기

인사기록카드는 직원의 인적사항을 정리한 자료입니다. 가장 기본이 되는 자료인 만큼 보다 상세하게 기록해두는 것이 좋습니다. 직원에 대한 정보가 필요할 때 인사기록카드를 기반으로 정보를 얻을 수 있습니다. 정보를 찾을 때 [홈] 탭의 '정렬 및 필터' 기능을 활용해보세요. 입사일순, 직급순, 소속부서별 등 원하는 순서대로 인사기록카드 데이터를 정렬할 수 있습니다.

완성 서식 미리 보기

필터를 적용해 정렬하면 원하는 데이터를 쉽게 찾을 수 있어 업무 속도가 향상된다

인사기록카드

사번	성명	주민번호	소속	주소	직위	입사일
sk-00001	이미리	690000-1111111	총무부	서울시 강동구 암사동 1211번지 22	부장	2005-01-03
sk-00006	김준비	730000-1111111	생산부	서울시 종로구 사직동 100-48 2층'	부장	2005-01-03
sk-00003	장사신	850000-1111111	기획실	서울시 서초구 서초동 몽마르뜨언덕2700번길	부장	2006-01-03
sk-00013	미리내	730000-1111111	생산부	서울시 강북구 수유2동 1850-22	과장	2006-02-12
sk-00005	강력한	940000-1111111	영업부	서울시 송파구 잠실동 270번지 주공 100단지1000호	과장	2008-02-12
sk-00008	오일만	690000-1111111	총무부	서울시 강남구 논현동 3300-160 바이크빌라201호	차장	2009-02-12
sk-00007	사용중	740000-1111111	자재부	서울시 송파구 풍납동 풍납아파트 1022동 2004호	과장	2009-02-12
sk-00022	지영롱	850000-1111111	기획실	서울시 금천구 시흥4동 8140-22	과장	2009-02-12
sk-00002	홍길동	720000-1111111	홍보부	경기도 수원시 영통구 이의동 3307번지 15호	과장	2010-02-12
sk-00014	김장철	740000-1111111	자재부	서울시 강서구 염창동 2500-333 아파트 102동 2000호	과장대리	2010-03-15
sk-00009	해맑은	720000-1111111	총무부	서울시 강남구 논현동 770-120번지 오토바이빌라02호	과장	2011-02-12
sk-00004	유명한	890000-1111111	전산실	인천시 남구 문학동 380-10003번지 큰빌라102호	주임	2012-04-15
sk-00012	유미래	940000-1111111	영업부	서울시 강북구 미아4동 980-5	대리	2013-03-25
sk-00025	오미리	730000-1111111	생산부	서울시 강남구 역삼동 72120-38 B동 101동	대리	2014-03-25
sk-00015	강심장	690000-1111111	총무부	서울시 중랑구 면목2동 2004-22번지	대리	2015-03-25
sk-00024	민주리	940000-1111111	영업부	서울시 노원구 상계동 노원아파트 1200동101호	사원	2017-01-25
sk-00021	강미소	720000-1111111	자재부	서울시 구로구 구로2동 4120-222 노란빌라	주임	2017-04-15
sk-00019	김장수	940000-1111111	영업부	사울시 광진구 자양동 1900-29 빌라 203호	사원	2017-07-05
sk-00017	지렁이	850000-1111111	홍보부	서울시 관악구 신림2동 4030-290 하우스	사원	2017-08-05
sk-00026	유연하	740000-1111111	자재부	경기도 군포시 산본동 1123-2322	사원	2017-12-05
sk-00010	진시황	850000-1111111	홍보부	서울시 강남구신사동 5250-44 1층 단독주택	사원	2018-07-05
sk-00016	김유리	720000-1111111	총무부	서울시 광진구 자양동 7650-70	사원	2018-07-05
sk-00020	주은별	690000-1111111	총무부	서울시 광진구 중곡3동 1900-290	사원	2018-08-05
sk-00011	주린배	890000-1111111	전산실	서울시 강북구 미아3동 2003-5	사원	2018-08-05
sk-00018	전부켜	890000-1111111	전산실	서울시 관악구 신림5동 1431-190	사원	2018-09-05

오름차순 정렬로 입사일 정리하기

예제파일 : 2_25_인사기록카드.xlsx 

1. 날짜/시간 오름차순 적용하기

[G3:G28] 셀 범위를 설정(❶)한 후 [홈] 탭 → [편집] 그룹 → 정렬 및 필터(⇅▽) 아이콘을 클릭(❷)합니다. 〈날짜/시간 오름차순 정렬〉을 선택(❸)합니다.

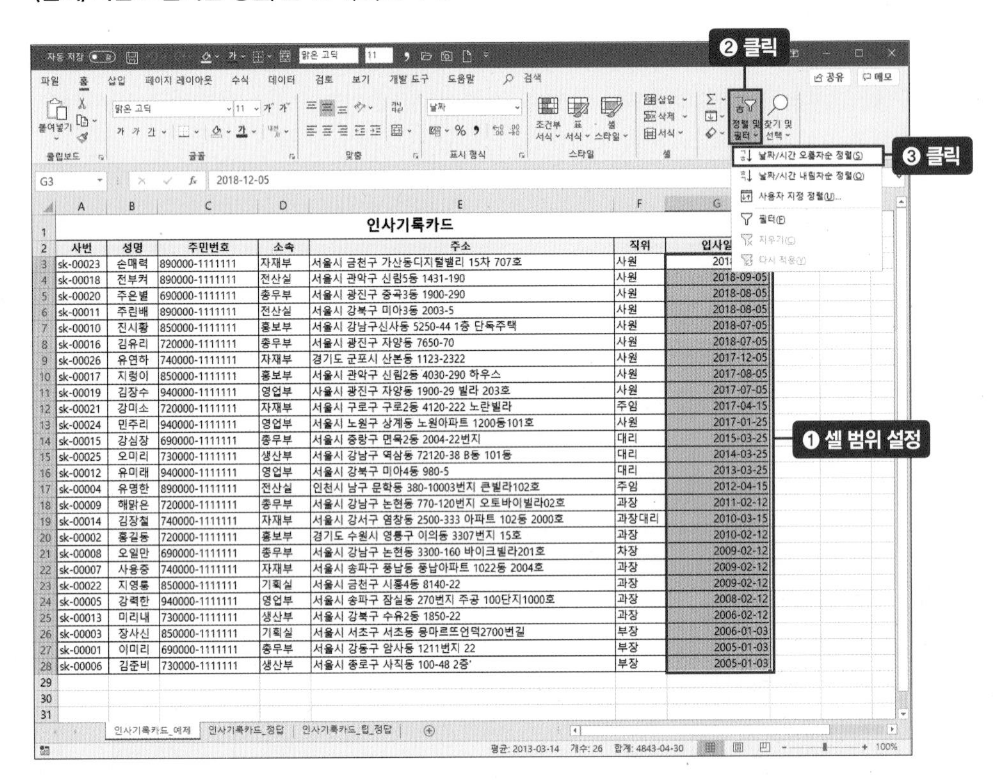

tip

오름차순, 내림차순 정렬

- **오름차순 정렬** : 값이 가장 작은 것에서 시작해 점점 커진다. 텍스트는 가나다순, abc순으로 정렬된다.
- **내림차순 정렬** : 값이 큰 것에서 시작해 점점 작아진다. 텍스트는 하타파순, zyx순으로 정렬된다.

2. 입사일순 정렬 확인하기

[정렬 경고] 대화상자가 나타나면 〈선택 영역 확장〉이 선택되어 있는지 확인(❶)한 다음 〈정렬〉을 클릭(❷)합니다.

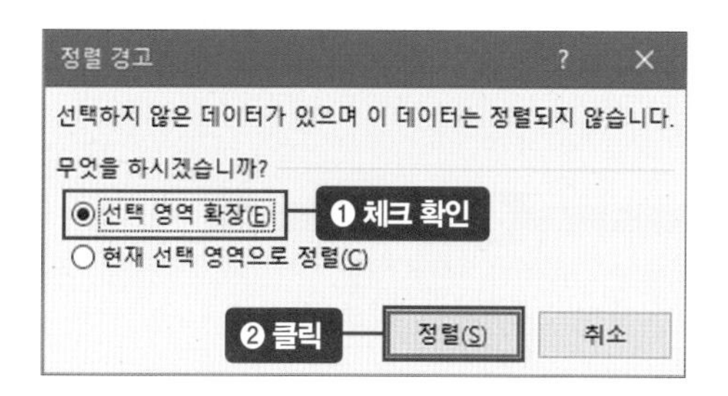

정렬 경고

- **선택 영역 확장** : 선택한 셀의 정렬 순서대로 나머지 데이터도 순서 변경
- **현재 선택 영역으로 정렬** : 선택한 영역만 필터 설정에 따라 정렬. 나머지 데이터는 변경되지 않는다.

입사일이 오래된 순서로 정렬되었습니다.

26	sk-00003	장사신	850000-1111111	기획실	서울시 서초구 서초동 몽마르뜨언덕2700번길	부장	2006-01-03
27	sk-00001	이미리	690000-1111111	총무부	서울시 강동구 암사동 1211번지 22	부장	2005-01-03
28	sk-00006	김준비	730000-1111111	생산부	서울시 종로구 사직동 100-48 2층'	부장	2005-01-03

	A	B	C	D	E	F	G	H
1	인사기록카드							
2	사번	성명	주민번호	소속	주소	직위	입사일	
3	sk-00001	이미리	690000-1111111	총무부	서울시 강동구 암사동 1211번지 22	부장	2005-01-03	
4	sk-00006	김준비	730000-1111111	생산부	서울시 종로구 사직동 100-48 2층'	부장	2005-01-03	
5	sk-00003	장사신	850000-1111111	기획실	서울시 서초구 서초동 몽마르뜨언덕2700번길	부장	2006-01-03	
6	sk-00013	미리내	730000-1111111	생산부	서울시 강북구 수유2동 1850-22	과장	2006-02-12	
7	sk-00005	[illegible]	[illegible]	[illegible]	[illegible] 270번지 주공 100단지1000호	과장	2008-02-12	
8	sk-0000[illegible]	[illegible]	[illegible]	[illegible]	[illegible] 3300-160 바이크빌라201호	차장	2009-02-12	
9	sk-0000[illegible]	[illegible]	[illegible]	[illegible]	[illegible] 풍납아파트 1022동 2004호	과장	2009-02-12	
10	sk-0002[illegible]	[illegible]	[illegible]	[illegible]	[illegible]동 8140-22	과장	2009-02-12	
11	sk-0000[illegible]	[illegible]	[illegible]	[illegible]	[illegible] 이의동 3307번지 15호	과장	2010-02-12	
12	sk-0001[illegible]	[illegible]	[illegible]	[illegible]	[illegible] 2500-333 아파트 102동 2000호	과장대리	2010-03-15	
13	sk-00009	해맑은	720000-1111111	총무부	서울시 강남구 논현동 770-120번지 오토바이빌라02호	과장	2011-02-12	
14	sk-00004	유명한	890000-1111111	전산실	인천시 남구 문학동 380-10003번지 큰빌라102호	주임	2012-04-15	
15	sk-00012	유미래	940000-1111111	영업부	서울시 강북구 미아4동 980-5	대리	2013-03-25	
16	sk-00025	오미리	730000-1111111	생산부	서울시 강남구 역삼동 72120-38 B동 101동	대리	2014-03-25	
17	sk-00015	강심장	690000-1111111	총무부	서울시 중랑구 면목2동 2004-22번지	대리	2015-03-25	
18	sk-00024	민주리	940000-1111111	영업부	서울시 노원구 상계동 노원아파트 1200동101호	사원	2017-01-25	
19	sk-00021	강미소	720000-1111111	자재부	서울시 구로구 구로2동 4120-222 노란빌라	주임	2017-04-15	
20	sk-00019	김장수	940000-1111111	영업부	사울시 광진구 자양동 1900-29 빌라 203호	사원	2017-07-05	
21	sk-00017	지렁이	850000-1111111	홍보부	서울시 관악구 신림2동 4030-290 하우스	사원	2017-08-05	
22	sk-00026	유연하	740000-1111111	자재부	경기도 군포시 산본동 1123-2322	사원	2017-12-05	
23	sk-00010	진시황	850000-1111111	홍보부	서울시 강남구신사동 5250-44 1층 단독주택	사원	2018-07-05	
24	sk-00016	김유리	720000-1111111	총무부	서울시 광진구 자양동 7650-70	사원	2018-07-05	
25	sk-00020	주은별	690000-1111111	총무부	서울시 광진구 중곡3동 1900-290	사원	2018-08-05	
26	sk-00011	주린배	890000-1111111	전산실	서울시 강북구 미아3동 2003-5	사원	2018-08-05	
27	sk-00018	전부켜	890000-1111111	전산실	서울시 관악구 신림5동 1431-190	사원	2018-09-05	
28	sk-00023	손매력	890000-1111111	자재부	서울시 금천구 가산동디지털밸리 15차 707호	사원	2018-12-05	
29								

선택 영역을 확장해 적용했으므로 27행에 있던 이미리의 사번, 주민번호, 소속 등 전체 데이터가 표의 맨 위인 3행으로 이동했다

필터 기능을 사용하면 숫자뿐만 아니라 한글, 영어 데이터도 순서대로 정렬할 수 있습니다. 이번에는 소속 팀을 가나다순으로 정렬해봅시다. [D2:D28] 셀 범위를 설정(❶)한 후 [홈] 탭 → 정렬 및 필터( ) 아이콘을 클릭(❷)합니다. 〈텍스트 오름차순 정렬〉을 클릭(❸)합니다.

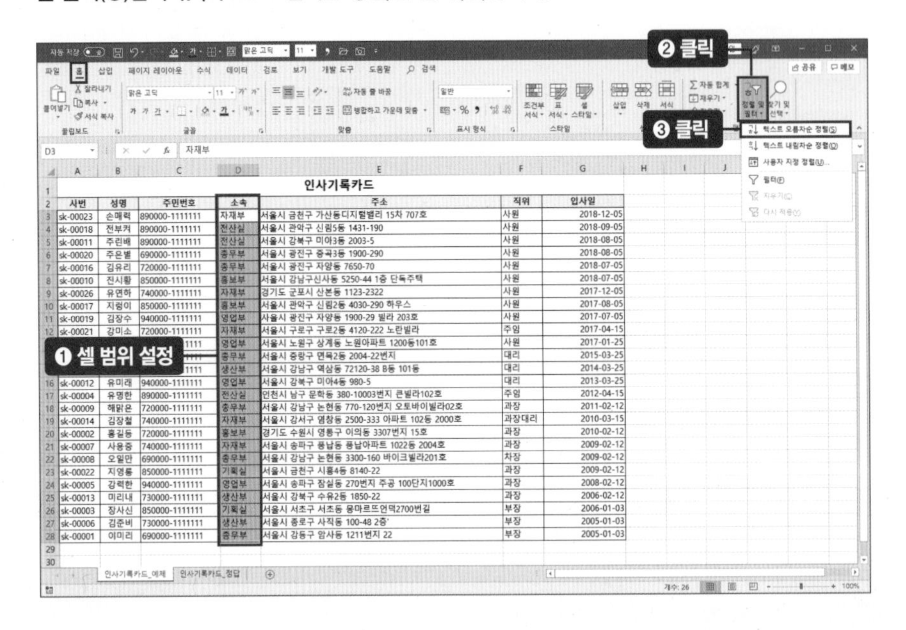

[정렬 경고] 대화상자가 나타나면 〈선택 영역 확장〉이 선택되어 있는지 확인(❹)합니다. 〈정렬〉 버튼을 클릭(❺)합니다.

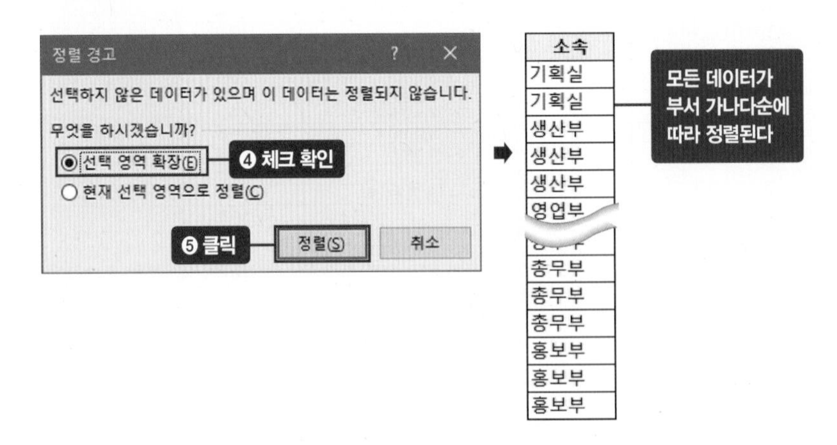

업무분장표

직원별 업무 비중 그래프로 표시하기

업무 목표 | 부장의 업무 비중 한눈에 파악하기

문서에서 그래프는 시각적인 효과를 보여주기 위한 용도로 사용합니다. 매출 증대나 수치화하기 힘든 업무 분량을 그래프로 보여주면 한눈에 정보를 확인할 수 있습니다. 그래프를 사용해 직원별로 어떤 업무를 담당하고 있는지, 업무 분장이 직급별로 효율적으로 이루어지고 있는지 시각적으로 표현해봅시다.

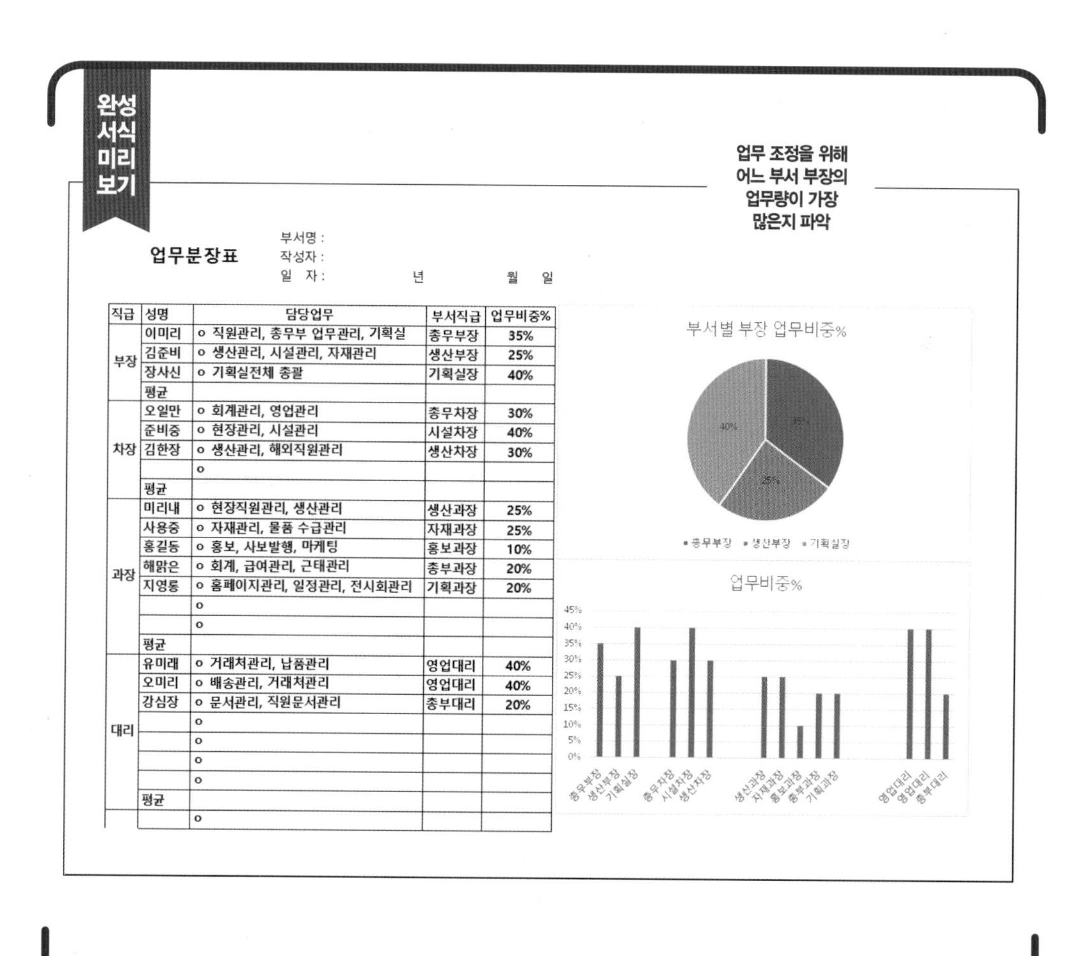

업무분장표

부서명 :
작성자 :
일 자 : 년 월 일

직급	성명	담당업무	부서직급	업무비중%
부장	이미리	o 직원관리, 총무부 업무관리, 기획실	종무부장	35%
	김준비	o 생산관리, 시설관리, 자재관리	생산부장	25%
	장사신	o 기획실전체 총괄	기획실장	40%
	평균			
차장	오일만	o 회계관리, 영업관리	종무차장	30%
	준비중	o 현장관리, 시설관리	시설차장	40%
	김한장	o 생산관리, 해외직원관리	생산차장	30%
		o		
	평균			
과장	미리내	o 현장직원관리, 생산관리	생산과장	25%
	사용중	o 자재관리, 물품 수급관리	자재과장	25%
	홍길동	o 홍보, 사보발행, 마케팅	홍보과장	10%
	해맑은	o 회계, 급여관리, 근태관리	총부과장	20%
	지영롱	o 홈페이지관리, 일정관리, 전시회관리	기획과장	20%
		o		
		o		
	평균			
대리	유미래	o 거래처관리, 납품관리	영업대리	40%
	오미리	o 배송관리, 거래처관리	영업대리	40%
	강심장	o 문서관리, 직원문서관리	종부대리	20%
		o		
		o		
		o		
		o		
	평균			
		o		

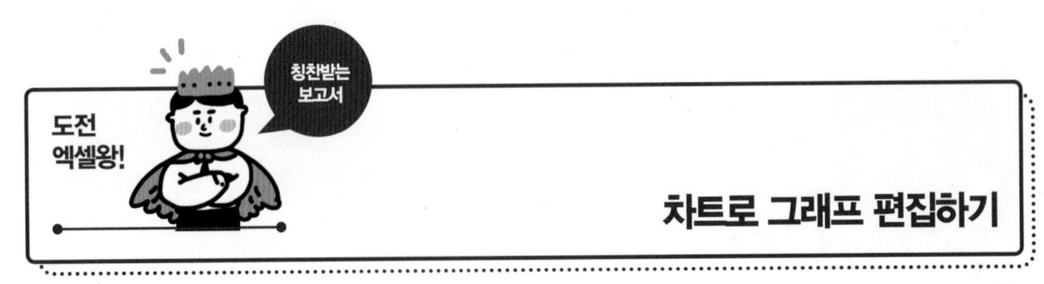

예제파일 : 2_26_업무분장표.xlsx

1. 부장들의 업무 비중 그래프로 나타내기

회사 내에서 부장 직급이 해야 하는 업무 전체를 100으로 잡았을 때 각 부서의 부장들이 어느 정도 분량을 담당하고 있는지 원 그래프로 나타내보겠습니다. [H5:J8] 셀 범위를 설정(❶)합니다. [삽입] 탭 → [차트] 그룹 → 추천 차트( ) 아이콘을 클릭(❷)합니다.

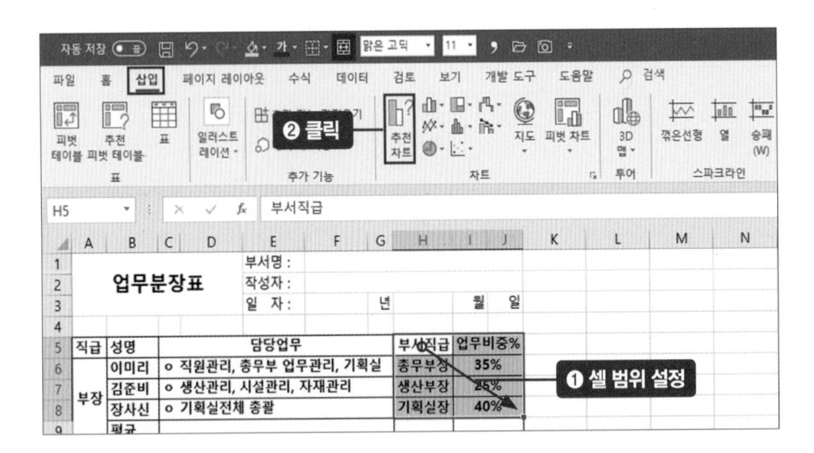

[차트 삽입] 대화상자가 나타납니다. 원형 차트를 추천하고 있습니다. 〈확인〉을 클릭(❸)합니다.

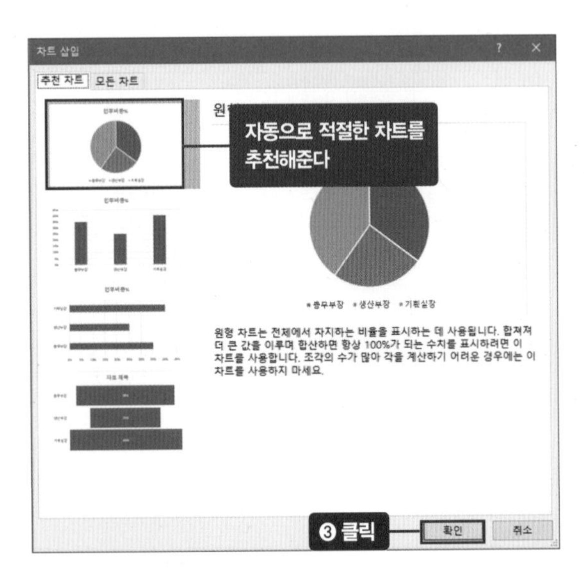

원형 차트는 언제 사용할까?

원형 차트는 전체에서 차지하는 비율을 나타낼 때 자주 사용한다. 전체를 합쳐 100%가 되는 데이터에서 각각의 데이터가 어느 정도 비율을 차지하는지 시각화하기 좋다. 이번 예제도 전체 업무량을 100%로 볼 때 각 부장의 업무 비중이므로 원형 차트가 적절하다.

원형 차트가 나타나면 차트를 표 옆으로 드래그해 보기 좋게 배치합니다. 원형 차트의 각 조각에 해당 수치를 표시하겠습니다. 원형 차트 클릭(❹) → [디자인] 탭 → 차트 요소 추가( ) 아이콘(❺) → 〈데이터 레이블〉(❻) → 〈가운데〉를 클릭(❼)합니다.

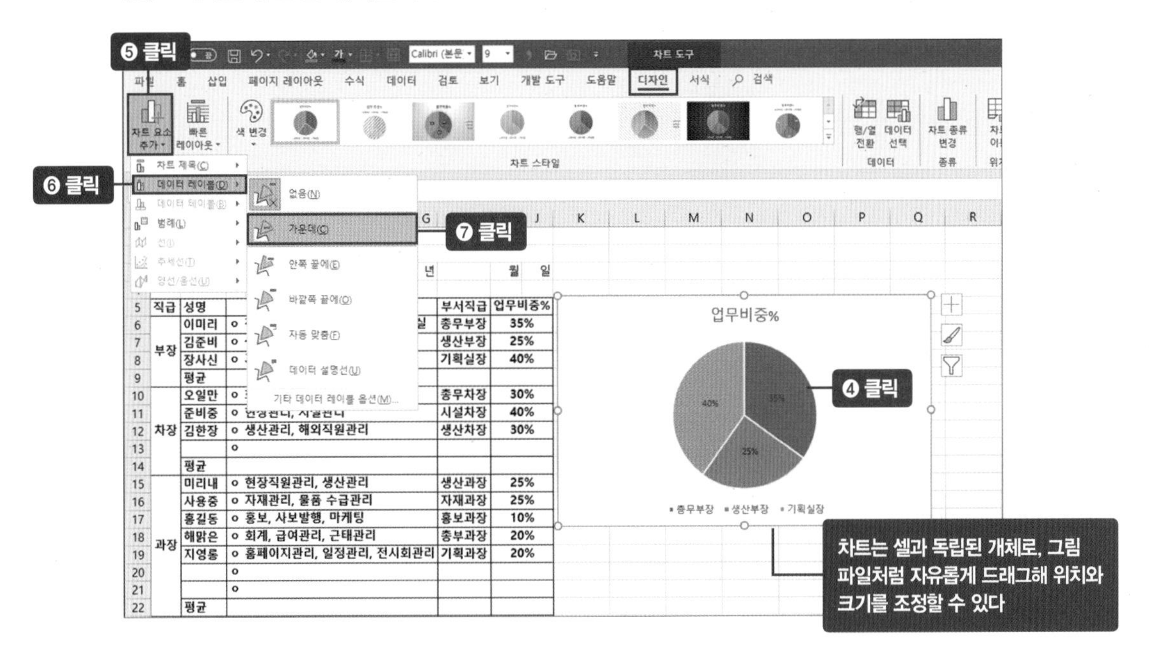

차트 제목을 수정합니다. 각 부서 부장의 업무 비중은 어느 정도인지 나타낸 그래프이므로 제목을 **부서별 부장 업무비중%**로 수정(❽)합니다.

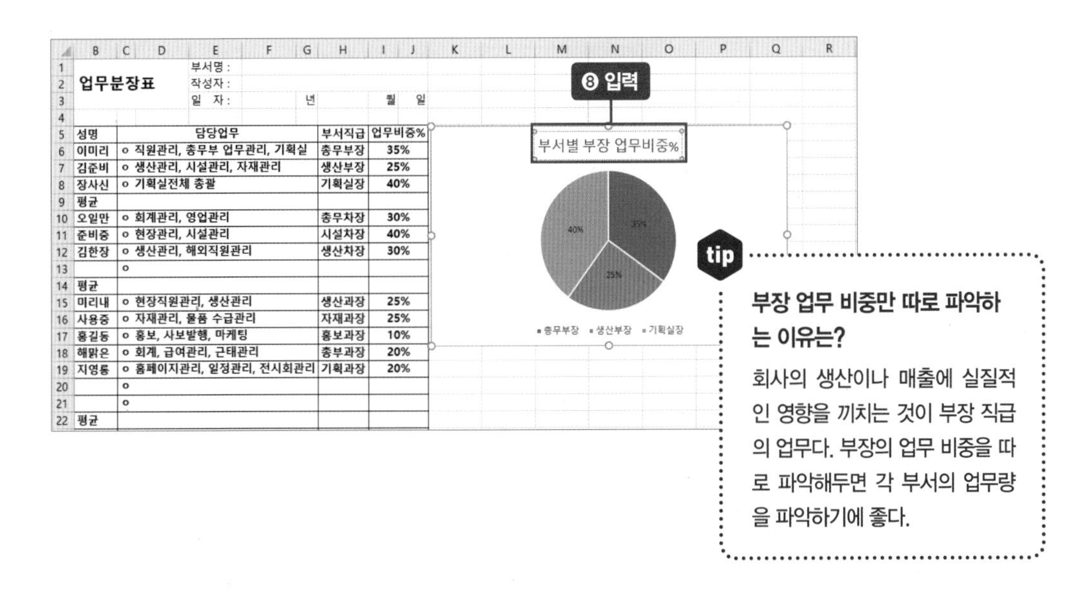

tip

부장 업무 비중만 따로 파악하는 이유는?

회사의 생산이나 매출에 실질적인 영향을 끼치는 것이 부장 직급의 업무다. 부장의 업무 비중을 따로 파악해두면 각 부서의 업무량을 파악하기에 좋다.

2. 전체 부서의 직급별 업무 비중 그래프로 나타내기

이번에는 전체 부서의 직급별 업무 비중을 그래프로 나타내보겠습니다. [H5:J25] 셀 범위를 드래그해 설정(❶)합니다. [삽입] 탭 → [차트] 그룹 → 추천 차트( ) 아이콘을 클릭(❷)합니다.

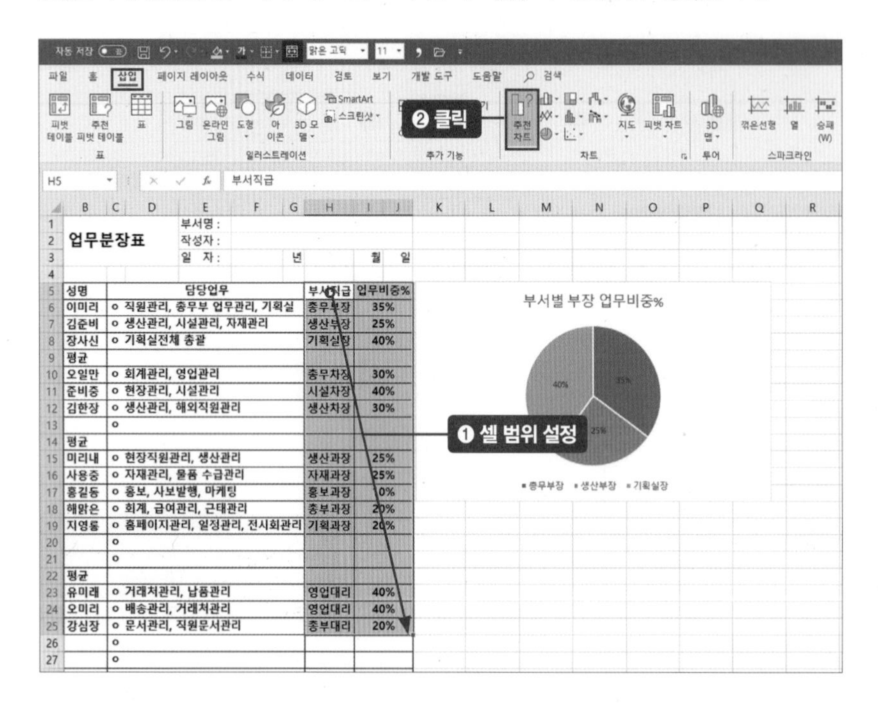

[차트 삽입] 대화상자가 나타납니다. 묶은 세로 막대형을 추천하고 있습니다. 〈확인〉 버튼을 클릭(❸)합니다.

적절한 차트를 엑셀이 추천해준다

❸ 클릭

막대 그래프가 나타나면 표 옆으로 드래그(❹)해 정돈합니다. 각 직원의 업무 비중을 그래프로 한눈에 파악할 수 있게 되었습니다.

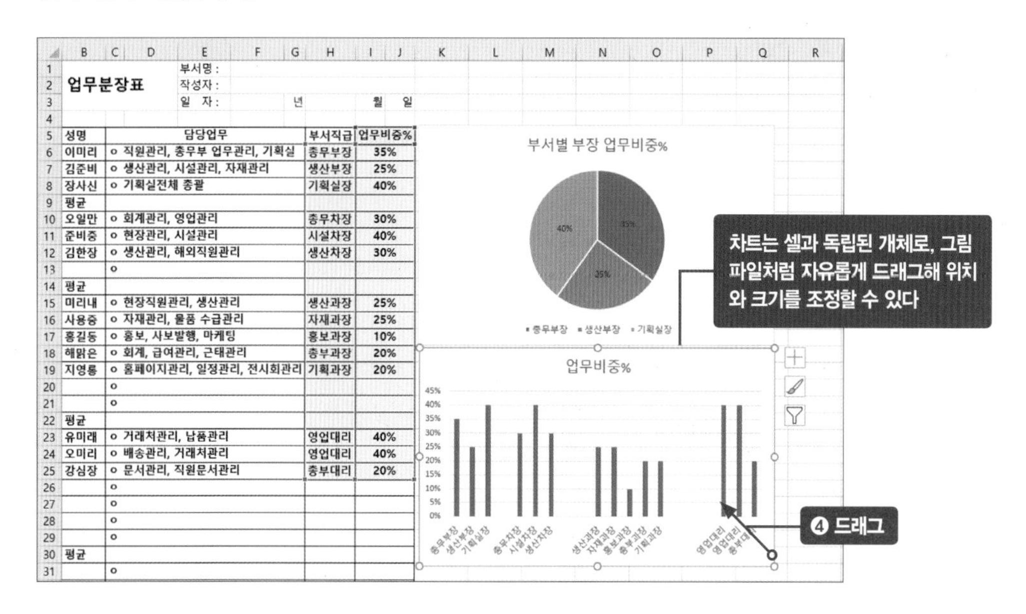

엑셀2019에 추가된 그래프

엑셀2019와 엑셀365 버전에 2개 그래프가 추가되었습니다. 등치지역도, 깔대기형 차트입니다.

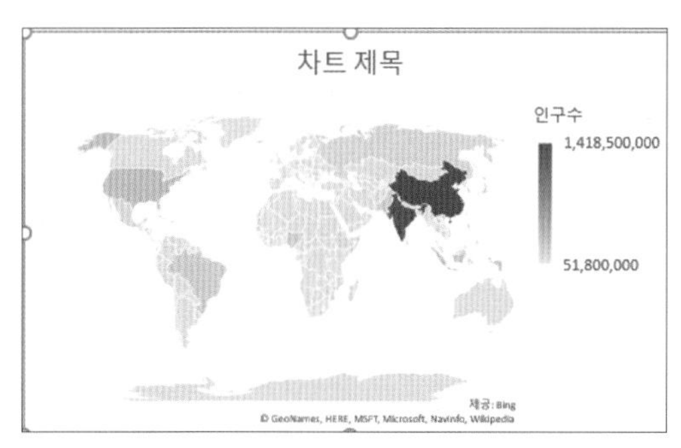

등치지역도 차트

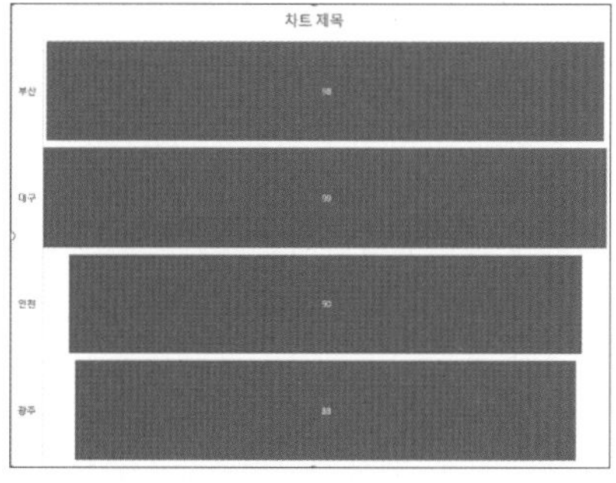

깔대기형 차트

왼쪽의 등치지역도는 국가나 지역 정보 수치를 지도상에서 색상의 진하기로 표시하는 그래프이고, 오른쪽의 깔대기형 차트는 자료간 상대 비교를 나타내는 그래프입니다.

인사평가카드

— IF 함수

업무 목표 | 승진 확정자 명단 보고하기

IF 함수는 숫자 데이터에서 얼마 이상, 또는 얼마 이하 등 원하는 자료에 조건을 설정할 때 많이 사용하는 함수로, 컴활 2급에서도 자주 나옵니다. 승진 대상자 추출, 점수 평가, 근무 평가 등 다양한 용도로 활용됩니다. IF 함수를 활용해 승진 평가에서 요구 점수를 넘긴 지원자의 데이터만 모아 자료를 만들어보겠습니다.

=IF(조건①, 조건을 만족한 경우의 값②, 조건을 만족하지 못한 경우의 값③) : 조건①에 따라 조건을 만족하면 조건을 만족한 경우의 값②을, 조건을 만족하지 못하면 조건을 만족하지 못한 경우의 값③을 내보낸다

완성 서식 미리 보기

승진 조건을 만족한 사람을 한눈에!

인사평가카드

사번	성명	소속	주소	직위	입사일	사장	이사1	이사2	점수	평가결과
sk-00001	이미리	총무부	서울시 강동구 암사동 1211번지 22	부장	2005-01-03	5	5	5	15	승진
sk-00002	홍길동	홍보부	경기도 수원시 영통구 이의동 3307번지 15호	과장	2010-02-12	4	3	3	10	보류
sk-00003	장사신	기획실	서울시 서초구 서초동 몽마르뜨언덕2700번길	부장	2006-01-03	3	5	3	11	보류
sk-00004	유명한	전산실	인천시 남구 문학동 380-10003번지 큰빌라102호	주임	2012-04-15	3	3	3	9	FALSE
sk-00005	강력한	영업부	서울시 송파구 잠실동 270번지 주공 100단지1000호	과장	2008-02-12	4	3	3	10	보류
sk-00006	김준비	생산부	서울시 종로구 사직동 100-48 2층'	부장	2005-01-03	5	5	3	13	승진
sk-00007	사용중	자재부	서울시 송파구 풍납동 풍납아파트 1022동 2004호	과장	2009-02-12	4	3	4	11	보류
sk-00008	오일만	총무부	서울시 강남구 논현동 3300-160 바이크빌라201호	차장	2009-02-12	5	4	4	13	승진
sk-00009	해맑은	총무부	서울시 강남구 논현동 770-120번지 오토바이빌라02호	과장	2011-02-12	5	4	3	12	보류
sk-00010	진시황	홍보부	서울시 강남구신사동 5250-44 1층 단독주택	사원	2018-07-05				0	FALSE
sk-00011	주린배	전산실	서울시 강북구 미아3동 2003-5	사원	2018-08-05				0	FALSE
sk-00012	유미래	영업부	서울시 강북구 미아4동 980-5	대리	2013-03-25	4	3	2	9	FALSE
sk-00013	미리내	생산부	서울시 강북구 수유2동 1850-22	과장	2006-02-12	3	3	3	9	FALSE
sk-00014	김장철	자재부	서울시 강서구 염창동 2500-333 아파트 102동 2000호	과장대리	2010-03-15	2	3	2	7	FALSE
sk-00015	강심장	총무부	서울시 중랑구 면목2동 2004-22번지	대리	2015-03-25	4	3	3	10	보류
sk-00016	김유리	총무부	서울시 광진구 자양동 7650-70	사원	2018-07-05				0	FALSE
sk-00017	지렁이	홍보부	서울시 관악구 신림2동 4030-290 하우스	사원	2017-08-05				0	FALSE
sk-00018	전부켜	전산실	서울시 관악구 신림5동 1431-190	사원	2018-09-05				0	FALSE
sk-00019	김장수	영업부	사울시 광진구 자양동 1900-29 빌라 203호	사원	2017-07-05				0	FALSE
sk-00020	주은별	총무부	서울시 광진구 중곡3동 1900-290	사원	2018-08-05				0	FALSE
sk-00021	강미소	자재부	서울시 구로구 구로2동 4120-222 노란빌라	주임	2017-04-15	3	3	3	9	FALSE
sk-00022	지영롱	기획실	서울시 금천구 시흥4동 8140-22	과장	2009-02-12	5	4	2	11	보류
sk-00023	손매력	자재부	서울시 금천구 가산동디지털밸리 15차 707호	사원	2018-12-05				0	FALSE
sk-00024	민주리	영업부	서울시 노원구 상계동 노원아파트 1200동101호	사원	2017-01-25				0	FALSE
sk-00025	오미리	생산부	서울시 강남구 역삼동 72120-38 B동 101동	대리	2014-03-25				0	FALSE
sk-00026	유연하	자재부	경기도 군포시 산본동 1123-2322	사원	2017-12-05				0	FALSE

도전 엑셀왕!

빅데이터 분석 함수

컴활 2급

인사평가카드에 승진 확정자 표시하기

예제파일 : 2_27_인사평가카드.xlsx

1. IF 함수 적용하기

평가 기준을 13점 이상은 승진, 10~12점은 보류로 표시하려고 합니다. [L3] 셀에 =IF(K3〉=13,"승진",IF(K3〉=10,"보류"))를 입력(❶)합니다. [K3] 셀이 13보다 크거나 같으면 '승진'으로, [K3] 셀이 10보다 크지만 13보다 작으면 '보류'로 표시한다는 뜻입니다. 즉 10~12점은 자동으로 '보류'로 표시되는 것이지요. Enter 키(❷)를 눌러 값을 구합니다. ★ 〉, 〈 등 연산자 자세한 내용은 242쪽 참고

COUNTA | =IF(K3>=13,"승진",IF(K3>=10,"보류"))

❶ 입력 ❷ Enter

	A	B	C	D	E	F	G	H	I	J	K	L
1	인사평가카드											
2	사번	성명	소속	주소		직위	입사일	사장	이사1	이사2	점수	평가결과
3	sk-00001	이미리	총무부	서울시 강동구 암사동 1211번지 22		부장	2005-01-03	5	5	=IF(K3>=13,"승진",IF(K3>=10,"보류"))		
4	sk-00002	홍길동	홍보부	경기도 수원시 영통구 이의동 3307번지 15호		과장	2010-02-12	4	3			
5	sk-00003	장사신	기획실	서울시 서초구 서초동 몽마르뜨언덕2700번길		부장	2006-01-03	3	5	3	11	
6	sk-00004	유명한	전산실	인천시 남구 문학동 380-10003번지 큰빌라102호		주임	2012-04-15	3	3	3	9	
7	sk-00005	강력한	영업부	서울시 송파구 잠실동 270번지 주공 100단지1000호		과장	2008-02	4	3	3	10	
8	sk-00006	김준비	생산부	서울시 종로구 사직동 100-48 2층'		부장	2005-01	5				
9	sk-00007	사용중	자재부	서울시 송파구 풍납동 풍납아파트 1022동 2004호		과장	2009-02-12					
10	sk-00008	오일만	총무부	서울시 강남구 논현동 3300-160 바이크빌라201호		차장	2009-02-12					
11	sk-00009	해맑은	총무부	서울시 강남구 논현동 770-120번지 오토바이빌라02호		과장	2011-02-12					
12	sk-00010	진시황	홍보부	서울시 강남구신사동 5250-44 1층 단독주택		사원	2018-07-05					
13	sk-00011	주린배	전산실	서울시 강북구 미아3동 2003-5		사원	2018-08-05					
14	sk-00012	유미래	영업부	서울시 강북구 미아4동 980-5		대리	2013-03-25					
15	sk-00013	미리내	생산부	서울시 강북구 수유2동 1850-22		과장	2006-02-12					
16	sk-00014	김장철	자재부	서울시 강서구 염창동 2500-333 아파트 102동 2000호		과장대리	2010-03-15					
17	sk-00015	강심장	총무부	서울시 중랑구 면목2동 2004-22번지		대리	2015-03-25					
18	sk-00016	김유리	총무부	서울시 광진구 자양동 7650-70		사원	2018-07-05					

tip

중첩함수 괄호는 한 번 더 확인

IF 함수 안에 IF 함수를 또 입력했다. 이렇게 함수 안에 함수가 또 들어가는 것을 중첩함수라고 한다. 중첩함수는 괄호를 열고 잘 닫았는지 한 번 더 확인하자.

2. 채우기 핸들로 함수식 복사하기

앞에서 적용한 함수를 L열 전체에 복사하겠습니다. 채우기 핸들을 더블클릭합니다.

L3 | =IF(K3>=13,"승진",IF(K3>=10,"보류"))

	A	B	C	D	E	F	G	H	I	J	K	L
1	인사평가카드											
2	사번	성명	소속	주소		직위	입사일	사장	이사1	이사2	점수	평가결과
3	sk-00001	이미리	총무부	서울시 강동구 암사동 1211번지 22		부장	2005-01-03	5	5	5	15	승진
4	sk-00002	홍길동	홍보부	경기도 수원시 영통구 이의동 3307번지 15호		과장	2010-02-12	4	3	3	10	
5	sk-00003	장사신	기획실	서울시 서초구 서초동 몽마르뜨언덕2700번길		부장	2006-01-03	3	5	3	11	
6	sk-00004	유명한	전산실	인천시 남구 문학동 380-10003번지 큰빌라102호		주임	2012-04-15	3	3	3	9	
7	sk-00005	강력한	영업부	서울시 송파구 잠실동 270번지 주공 100단지1000호		과장	2008-02-12	4	3	3	10	
8	sk-00006	김준비	생산부	서울시 종로구 사직동 100-48 2층'		부장	2005-01-03	5	5	3	13	
9	sk-00007	사용중	자재부	서울시 송파구 풍납동 풍납아파트 1022동 2004호		과장	2009-02-12	4	3	4	11	
10	sk-00008	오일만	총무부	서울시 강남구 논현동 3300-160 바이크빌라201호		차장	2009-02-12	5	4	4	13	
11	sk-00009	해맑은	총무부	서울시 강남구 논현동 770-120번지 오토바이빌라02호		과장	2011-02-12	5	4	3	12	
12	sk-00010	진시황	홍보부	서울시 강남구신사동 5250-44 1층 단독주택		사원	2018-07-05				0	
13	sk-00011	주린배	전산실	서울시 강북구 미아3동 2003-5		사원	2018-08-05				0	
14	sk-00012	유미래	영업부	서울시 강북구 미아4동 980-5		대리	2013-03-25	4	3	2	9	
15	sk-00013	미리내	생산부	서울시 강북구 수유2동 1850-22		과장	2006-02-12	3	3	3	9	
16	sk-00014	김장철	자재부	서울시 강서구 염창동 2500-333 아파트 102동 2000호		과장대리	2010-03-15	2	3	2	7	
17	sk-00015	강심장	총무부	서울시 중랑구 면목2동 2004-22번지		대리	2015-03-25	4	3	3	10	
18	sk-00016	김유리	총무부	서울시 광진구 자양동 7650-70		사원	2018-07-05				0	

더블클릭

채우기 핸들을 드래그해 내려도 함수식이 복사된다

IF 함수 설정으로 13점 이상은 '승진'으로, 10~12점은 '보류'로 표시되었습니다. 여기서는 IF 함수에서 가장 많이 사용하는 IF 중첩함수에 대해 알아보았습니다. IF 함수의 자세한 내용은 함수에 익숙해진 후에 차차 익히기로 합니다. ★ IF 함수 자세한 내용은 305쪽 참고

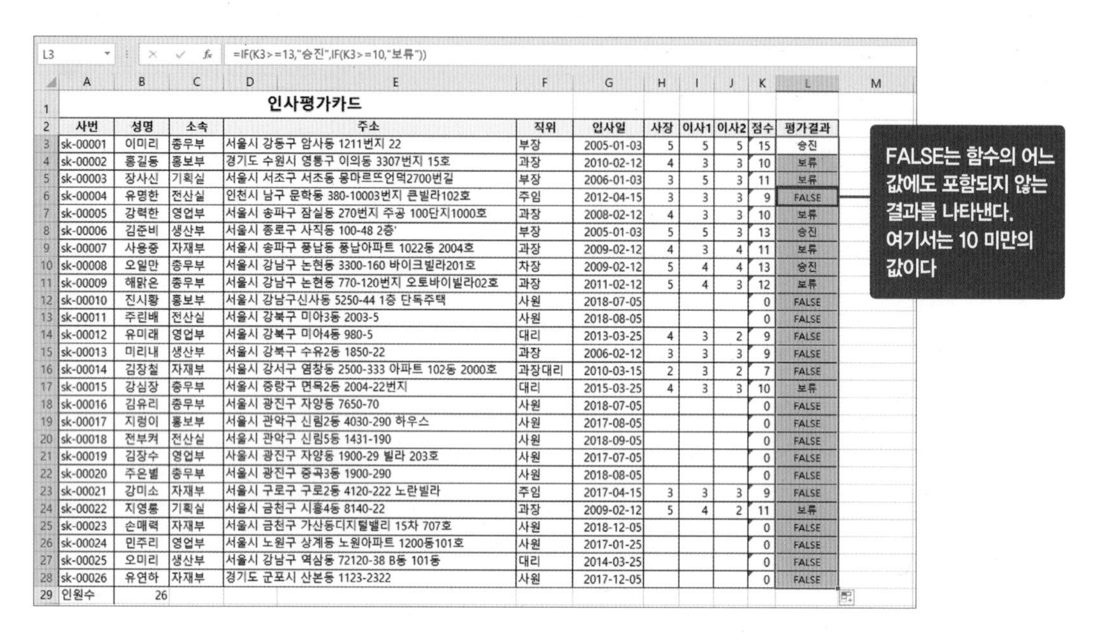

3. 승진 확정 직원 표시하기

조건부 서식을 활용해 승진이 확정된 직원만 잘 보이도록 표시하겠습니다. [홈] 탭 → 조건부 서식(▦) 아이콘(❶) → 〈셀 강조 규칙〉(❷) → 〈같음〉을 클릭(❸)합니다.

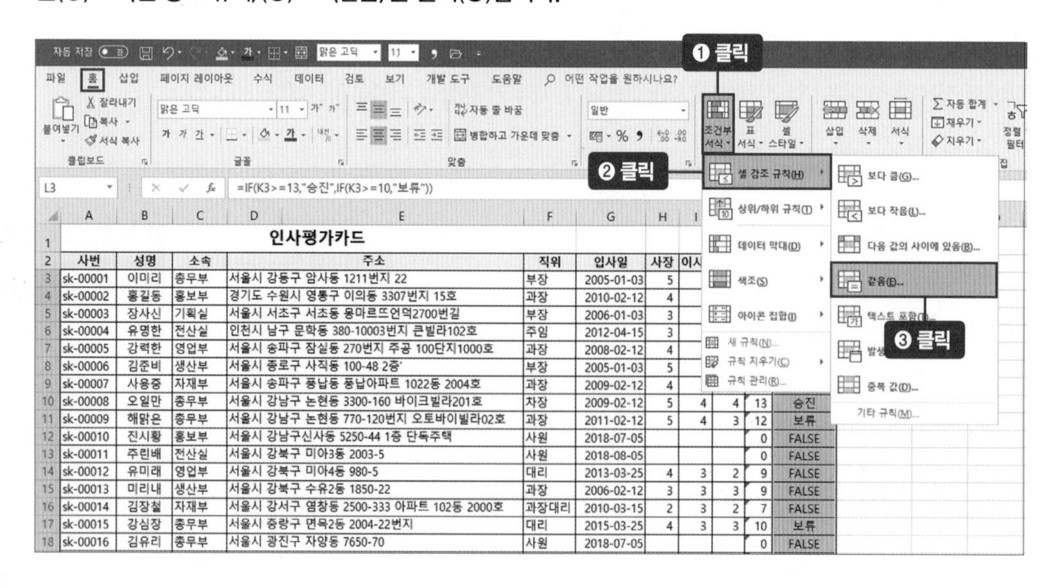

[같음] 대화상자가 나타나면 **승진**이라고 입력(❹)합니다. '적용할 서식'의 파란색 〈펼침〉(⌄) 버튼을 클릭(❺)하고 〈진한 노랑 텍스트가 있는 노랑 채우기〉를 클릭(❻)합니다. 〈확인〉 버튼을 눌러 대화상자를 닫습니다.

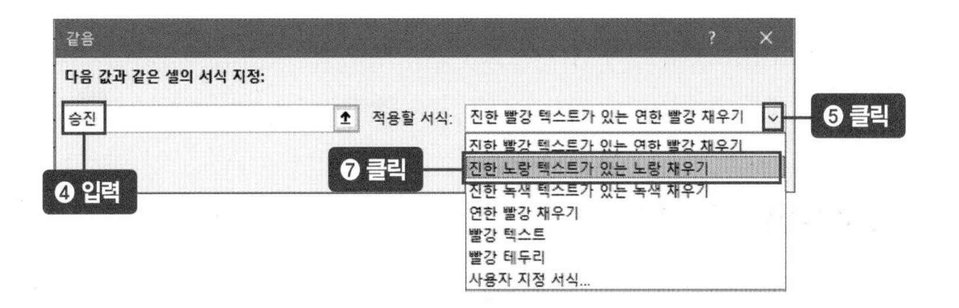

평가 결과 항목의 승진 항목에 노란색 글씨체와 노란색 배경이 표시되었습니다.

	A	B	C	D	E	F	G	H	I	J	K	L	M
1	인사평가카드												
2	사번	성명	소속	주소		직위	입사일	사장	이사1	이사2	점수	평가결과	
3	sk-00001	이미리	총무부	서울시 강동구 암사동 1211번지 22		부장	2005-01-03	5	5	5	15	승진	
4	sk-00002	홍길동	홍보부	경기도 수원시 영통구 이의동 3307번지 15호		과장	2010-02-12	4	3	3	10	보류	
5	sk-00003	장사신	기획실	서울시 서초구 서초동 몽마르뜨언덕2700번길		부장	2006-01-03	3	5	3	11	보류	
6	sk-00004	유명한	전산실	인천시 남구 문학동 380-10003번지 큰빌라102호		주임	2012-04-15	3	3	3	9	FALSE	
7	sk-00005	강력한	영업부	서울시 송파구 잠실동 270번지 주공 100단지1000호		과장	2008-02-12	4	3	3	10	보류	
8	sk-00006	김준비	생산부	서울시 종로구 사직동 100-48 2층'		부장	2005-01-03	5	5	3	13	승진	
9	sk-00007	사용중	자재부	서울시 송파구 풍납동 풍납아파트 1022동 2004호		과장	2009-02-12	4	3	4	11	보류	
10	sk-00008	오일만	총무부	서울시 강남구 논현동 3300-160 바이크빌라201호		차장	2009-02-12	5	4	4	13	승진	
11	sk-00009	해맑은	총무부	서울시 강남구 논현동 770-120번지 오토바이빌라02호		과장	2011-02-12	5	4	3	12	보류	
12	sk-00010	진시황	홍보부	서울시 강남구신사동 5250-44 1층 단독주택		사원	2018-07-05				0	FALSE	
13	sk-00011	주린배	전산실	서울시 강북구 미아3동 2003-5		사원	2018-08-05				0	FALSE	
14	sk-00012	유미래	영업부	서울시 강북구 미아4동 980-5		대리	2013-03-25	4	3	2	9	FALSE	
15	sk-00013	미리내	생산부	서울시 강북구 수유2동 1850-22		과장	2006-02-12	3	3	3	9	FALSE	
16	sk-00014	김장철	자재부	서울시 강서구 염창동 2500-333 아파트 102동 2000호		과장대리	2010-03-15	2	3	2	7	FALSE	
17	sk-00015	강심장	총무부	서울시 중랑구 면목2동 2004-22번지		대리	2015-03-25	4	3	3	10	보류	
18	sk-00016	김유리	총무부	서울시 광진구 자양동 7650-70		사원	2018-07-05				0	FALSE	
19	sk-00017	지렁이	홍보부	서울시 관악구 신림2동 4030-290 하우스		사원	2017-08-05				0	FALSE	
20	sk-00018	전부켜	전산실	서울시 관악구 신림5동 1431-190		사원	2018-09-05				0	FALSE	
21	sk-00019	김장수	영업부	사울시 광진구 자양동 1900-29 빌라 203호		사원	2017-07-05				0	FALSE	
22	sk-00020	주은별	총무부	서울시 광진구 중곡3동 1900-290		사원	2018-08-05				0	FALSE	
23	sk-00021	강미소	자재부	서울시 구로구 구로2동 4120-222 노란빌라		주임	2017-04-15	3	3	3	9	FALSE	
24	sk-00022	지영롱	기획실	서울시 금천구 시흥4동 8140-22		과장	2009-02-12	5	4	2	11	보류	
25	sk-00023	손매력	자재부	서울시 금천구 가산동디지털밸리 15차 707호		사원	2018-12-05				0	FALSE	
26	sk-00024	민주리	영업부	서울시 노원구 상계동 노원아파트 1200동101호		사원	2017-01-25				0	FALSE	
27	sk-00025	오미리	생산부	서울시 강남구 역삼동 72120-38 B동 101동		대리	2014-03-25				0	FALSE	
28	sk-00026	유연하	자재부	경기도 군포시 산본동 1123-2322		사원	2017-12-05				0	FALSE	
29	인원수	26											

조건부 서식을 적용해 승진 확정자를
한눈에 파악할 수 있게 되었다

승진 확정자만 표로 정리하기

예제파일 : 2_27_인사평가카드2.xlsx 

1. 승진 확정자 추리기 위해 필터 적용하기

승진 확정자 명단만 추려서 표로 정리해보겠습니다. [L2:L28] 셀 범위를 설정(❶)한 후 Ctrl + Shift + L 키(❷)를 눌러 필터를 적용합니다.

[L2] 셀의 〈필터〉(▾) 버튼을 클릭(❸)합니다. [필터] 도구창이 나타나면 〈(모두 선택)〉을 클릭(❹)해 체크 해제, 〈승진〉을 클릭(❺)해 체크 표시하고 〈확인〉 버튼을 클릭(❻)합니다.

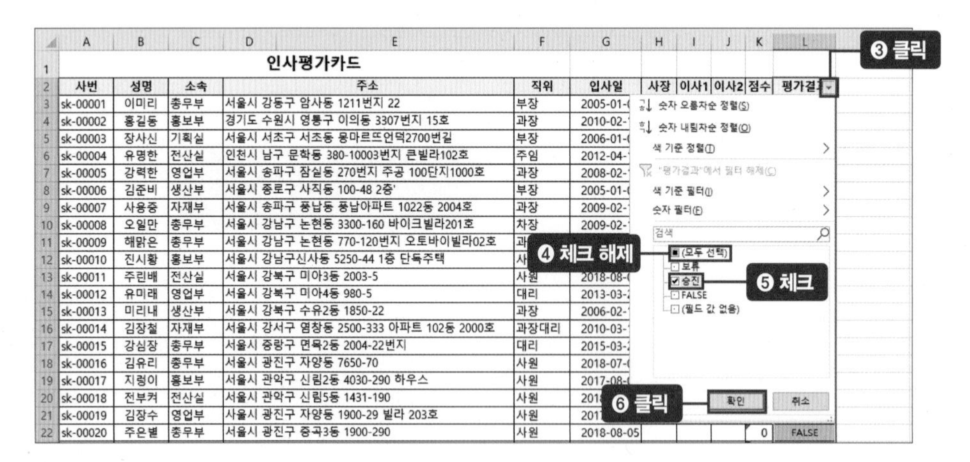

2. 새 시트에 승진자 명단 붙여넣기

승진자 명단만 추려지면 전체를 셀 범위로 설정한 다음 복사(Ctrl+C)(❶)하고, 〈새 시트〉(⊕) 버튼을 클릭(❷)해 [Sheet1]을 만들어 붙여넣기(Ctrl+V)(❸) 합니다.

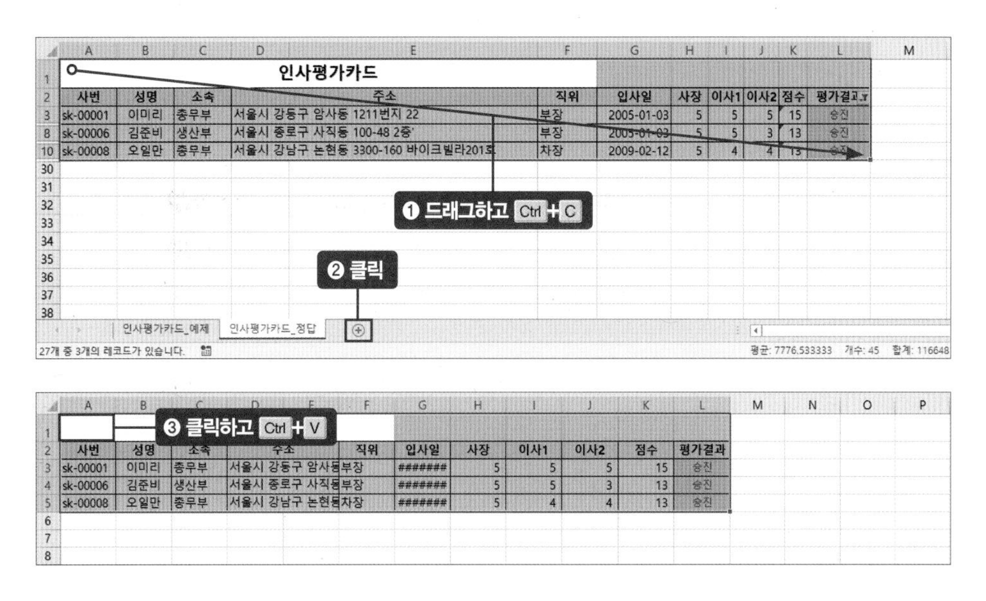

3. 제목 변경하고 셀 크기 조정하기

내용이 잘린 셀 크기를 늘립니다. [A1] 셀을 클릭한 다음 표 제목을 변경하면 완성입니다. **승진자 명단**이라고 입력(❶)하세요. 셀 크기가 작아 내용이 제대로 보이지 않는 G열 구분선을 우측으로 드래그(❷)합니다.

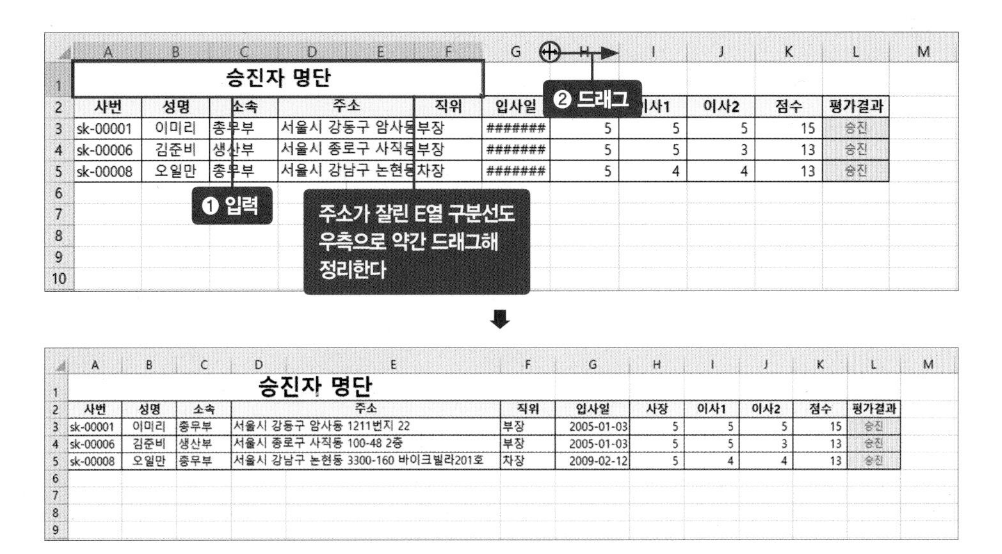

함수에서 사용하는 연산자

연산자는 간단한 연산과 함수식에 사용합니다. 엑셀의 연산자는 크게 4가지로 분류됩니다.

① 산술 연산자

산술 연산자는 더하기, 빼기, 나누기, 곱하기같이 기본적인 산술 연산에 사용하는 연산자입니다. 각 연산마다 우선순위가 있어서 우선순위에 따라 계산됩니다. 먼저 계산이 필요한 연산자는 괄호로 묶어 작성합니다.

산술 연산자

연산자	의미	우선순위	사용 예
%	백분률	1	=100*50% → 50
^	지수	2	=5^2 → 25
*	곱하기	3	=100*2 → 200
/	나누기	3	=60/2 → 30
+	더하기	4	=50+30 → 80
–	빼기	4	=50–30 → 20

연습 문제 ❶

=10+5^2*2 → 60

(10+ ❸, 5^2 ❶, *2 ❷)

❶ 위 수식에서는 지수 연산자(^)가 가장 우선으로 계산됩니다. '5^2'의 값은 25.

❷ 그다음으로 곱하기 연산자(*)가 계산됩니다. ❶에서 구한 25에 '*2' 한 값은 50.

❸ 마지막으로 덧셈 연산자(+)를 계산합니다. 10에 ❷에서 구한 50을 더한 값은 60입니다.

연습 문제 ❷

=(10+5)^2*2 → 450

((10+5) ❶, ^2 ❷, *2 ❸)

❶ 덧셈 연산자(+)는 지수 연산자(^)나 곱하기 연산자(*)보다 뒤에 계산하지만, 위 수식에서는 덧셈이 괄호로 묶여 있어서 가장 먼저 계산됩니다. '10+5'의 값은 15.

❷ 지수 연산자(^)와 곱셈 연산자(*) 중에서는 지수가 우선합니다. ❶에서 구한 15에 '^2' 한 값은 225.
❸ 마지막 곱셈 연산자(*)를 계산합니다. '225*2'의 값은 450입니다.

이렇듯 엑셀에서 수식을 이용한 계산은 연산 순서, 괄호의 있고 없음에 따라 값이 완전히 달라지니 작성한 후 한 번 더 검토하는 것이 좋습니다.

② 참조 연산자

함수식에서 셀과 셀을 지정해 참조 영역으로 만들 때 사용합니다.

참조 연산자

연산자	의미	사용 예	결괏값
:	연속된 셀 지정	=SUM(A1:C3)	[A1] 셀과 [C3] 셀 사이 모든 셀의 합
,	떨어진 셀 지정	=SUM(A1,C3)	[A1] 셀과 [C3] 셀의 합

③ 텍스트 연산자

두 텍스트를 연결해 하나의 텍스트값으로 만듭니다.

텍스트 연산자

연산자	의미	우선순위	결괏값
&	문자열 연결	5	="아름다운"&"나라" → 아름다운나라

④ 비교 연산자

값의 크기를 비교할 때 사용합니다. 연산 결과가 맞으면 'TRUE'로, 틀리면 'FALSE'로 표시합니다.

비교 연산자

연산자	의미	우선순위	사용 예
=	같다	6	=50=10 → FALSE
〈	크다	6	=50〈10 → FALSE
〉	작다	6	=50〉10 → TRUE
〈=	크거나 같다	6	=50〈=10 → FALSE
〉=	작거나 같다	6	=50〉=10 → TRUE
〈〉	같지 않다	6	=50〈〉10 → TRUE

월간교육참석현황 — COUNTA, COUNTBLANK 함수

업무 목표 | 출결 현황 보고하기

COUNTA 함수는 숫자, 문자가 들어 있는 셀의 개수를 구합니다. COUNTBLANK 함수는 비어 있는 셀의 개수를 셉니다. 교육 출결 현황, 여러 페이지에 걸친 주소록 이름 개수, 인사기록부 여러 부서의 인원 합계, 수험생, 학원용 데이터의 출결 인원 확인 등 업무에서 다량의 문자 셀을 빠르게 세는 용도로 활용하지요. 컴활 2급에도 자주 나올 만큼 흔히 사용하는 함수입니다.

=COUNTA(범위) : 숫자, 문자가 입력된 셀의 개수를 구한다

=COUNTBLANK(범위) : 숫자, 문자가 없는 셀의 개수를 구한다

완성 서식 미리 보기

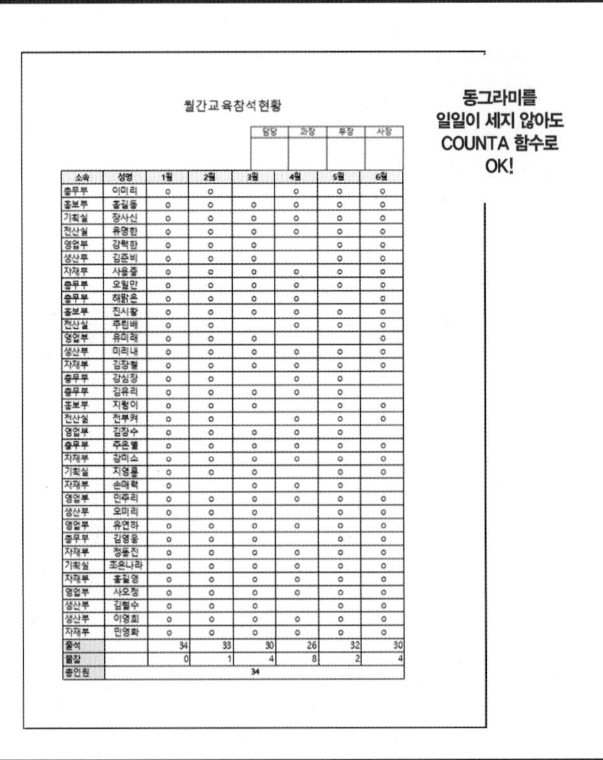

월간교육참석현황

담당	과장	부장	사장

소속	성명	1월	2월	3월	4월	5월	6월
총무부	이미리	○	○		○	○	○
홍보부	홍길동	○	○	○	○	○	○
기획실	장사신	○	○	○	○	○	○
전산실	유명한	○	○	○	○	○	○
영업부	강력한	○	○	○		○	○
생산부	김준비	○	○	○		○	○
자재부	사용중	○	○	○	○	○	○
총무부	오월만	○	○	○	○	○	○
총무부	해맑은	○	○	○	○		○
홍보부	진시황	○	○	○	○	○	○
전산실	주린배	○	○		○	○	○
영업부	유미래	○	○	○			○
생산부	미리내	○	○	○	○	○	○
자재부	김장철	○	○	○	○	○	○
총무부	강심장	○	○		○	○	
총무부	김유리	○	○	○	○	○	
홍보부	지렁이	○	○	○		○	○
전산실	전부커	○	○		○	○	○
영업부	김장수	○	○	○	○	○	
총무부	주은별	○	○	○	○	○	○
자재부	강미소	○	○	○	○	○	○
기획실	지영롱	○	○	○		○	○
자재부	손매력	○		○	○	○	
영업부	민주리	○	○	○	○	○	○
생산부	오미리	○	○	○		○	○
영업부	유연하	○	○	○	○	○	○
총무부	김영웅	○	○	○		○	○
자재부	정동진	○	○	○	○	○	○
기획실	조은나라	○	○	○	○	○	○
자재부	홍길영	○	○	○	○	○	○
영업부	사오정	○	○	○	○	○	○
생산부	김철수	○	○	○		○	○
생산부	이영희	○	○	○	○	○	○
자재부	민영화	○	○	○	○	○	○
출석		34	33	30	26	32	30
불참		0	1	4	8	2	4
총인원	34						

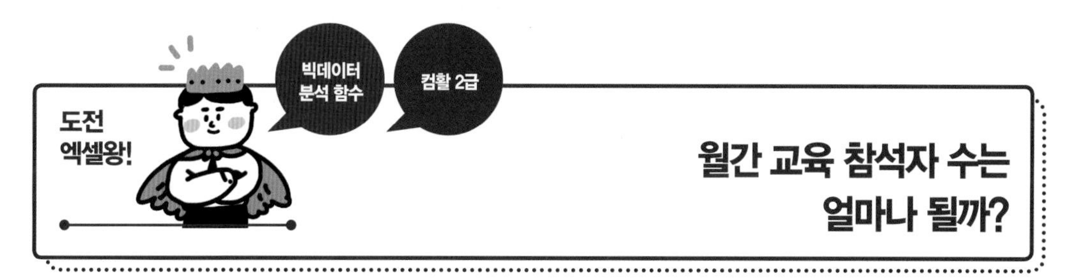

예제파일 : 2_28_월간교육참석현황.xlsx 

1. 교육 참석 총인원 구하기

교육에 참석하는 총인원을 구하겠습니다. [C43] 셀에 =COU를 입력(❶)합니다. 함수 항목이 나타나면 〈COUNTA〉를 더블클릭(❷)합니다. COUNTA 함수는 숫자, 문자가 입력된 셀의 개수를 구하는 함수입니다.

함수에 들어갈 셀 범위를 지정해주겠습니다. [B7] 셀을 클릭(❸)한 다음 Ctrl+Shift+↓ 키(❹)를 누릅니다. B열에 입력한 데이터가 모두 선택됩니다.

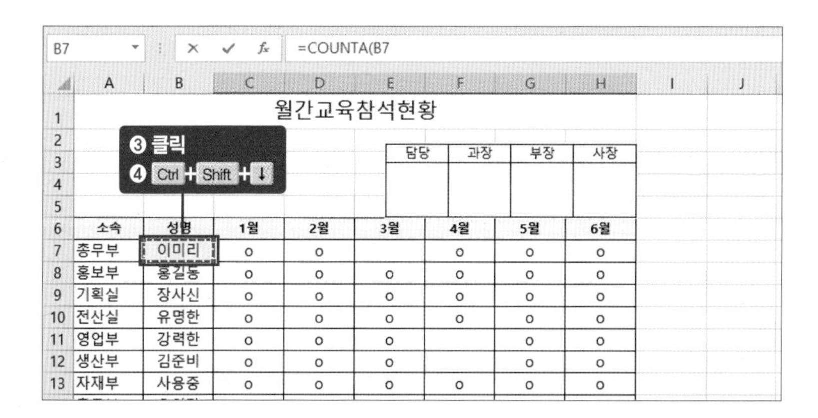

[C43] 셀에 닫는 괄호)를 입력한 다음 Enter 키(❺)를 누릅니다. 총인원 34명이 확인되었습니다.

33	총무부	김영웅	o	o	o		o	o
34	자재부	정동진	o	o	o	o	o	o
35	기획실	조은나라	o	o	o	o	o	o
36	자재부	홍길영	o	o	o	o	o	o
37	영업부	사오정	o	o	o	o	o	o
38	생산부	김철수	o	o	o		o	o
39	생산부	이영희	o	o	o	o	o	o
40	자재부	민영화	o	o	o	o	o	o
41	출석							
42	불참							
43	총인원		=COUNTA(B7:B40)					
44			COUNTA(value1, [value2], ...)					
45								

❺) 입력하고 Enter

⬇

33	총무부	김영웅	o	o	o		o	o
34	자재부	정동진	o	o	o	o	o	o
35	기획실	조은나라	o	o	o	o	o	o
36	자재부	홍길영	o	o	o	o	o	o
37	영업부	사오정	o	o	o			
38	생산부	김철수	o	o	o			
39	생산부	이영희	o	o	o			
40	자재부	민영화	o	o	o			
41	출석							
42	불참							
43	총인원				34			
44								
45								

명단에 입력된 총인원은 34명이다

최종 함수식

=COUNTA(B7:B40)

[B7:B40] 셀 범위에서 데이터가 입력되어 있는 셀의 개수를 구한다

2. 1월 교육 참석 인원 구하기

이제 1월 교육 참석자를 확인하겠습니다. [C41] 셀에 **=COU**를 입력(❶)합니다. 함수 목록이 나타나면 〈COUNTA〉를 더블클릭(❷)합니다.

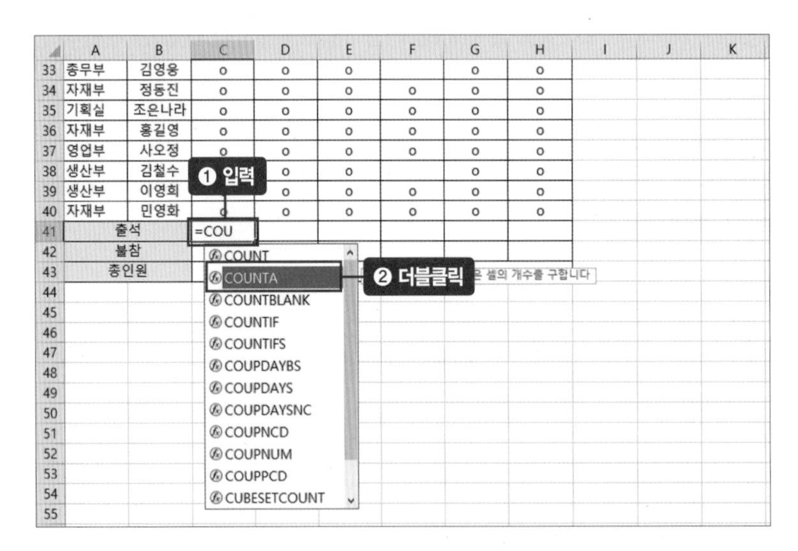

[C7] 셀을 클릭(❸)하고 Ctrl + Shift + ↓ 키(❹)를 눌러 셀 범위를 선택합니다. C열에 입력한 데이터가 모두 선택됩니다.

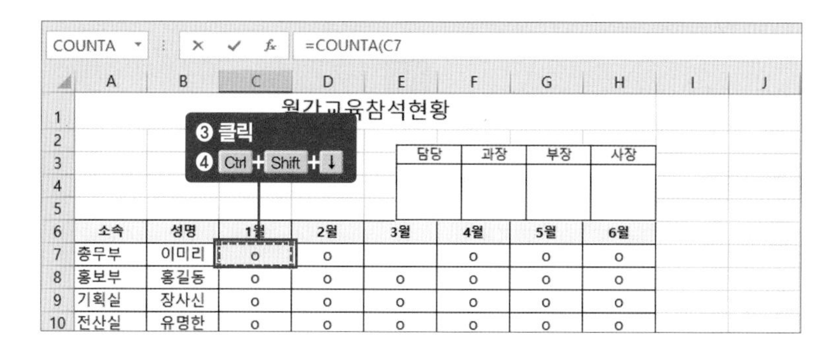

괄호 안에 'C7:C40'이 입력된 것을 확인합니다. 닫는 괄호)를 입력한 다음 Enter 키(❺)를 누르면 결과값이 나타납니다.

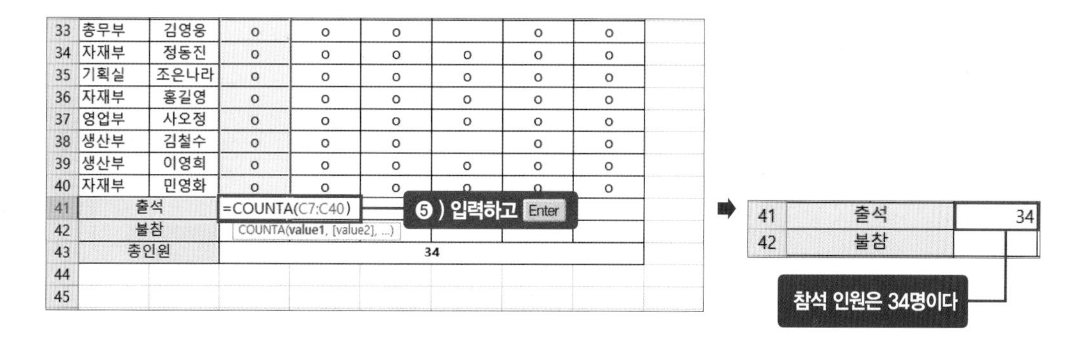

3. 1월 불참자 명단 구하기

[C42] 셀에 **=COUNT**를 입력(❶)합니다. 함수 목록이 나타나면 〈COUNTBLANK〉를 더블클릭(❷)합니다. COUNTBLANK 함수는 숫자, 문자가 없는 셀의 개수를 구하는 함수입니다.

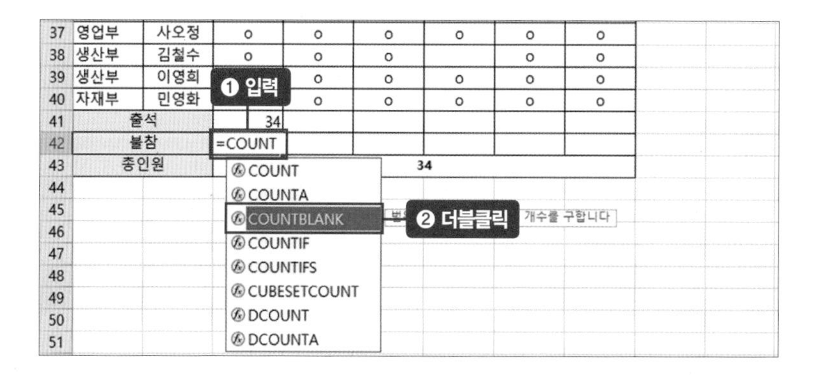

'=COUNTBLANK('가 나타나면 함수에 들어갈 셀들을 선택합니다. [C7] 셀을 클릭(❸)한 후 Shift 키를 누른 상태로 [C40] 셀을 클릭(❹)합니다. [C7:C40] 셀 범위가 설정됩니다. [C42] 셀에 닫는 괄호)를 입력한 후 Enter 키(❺)를 누릅니다.

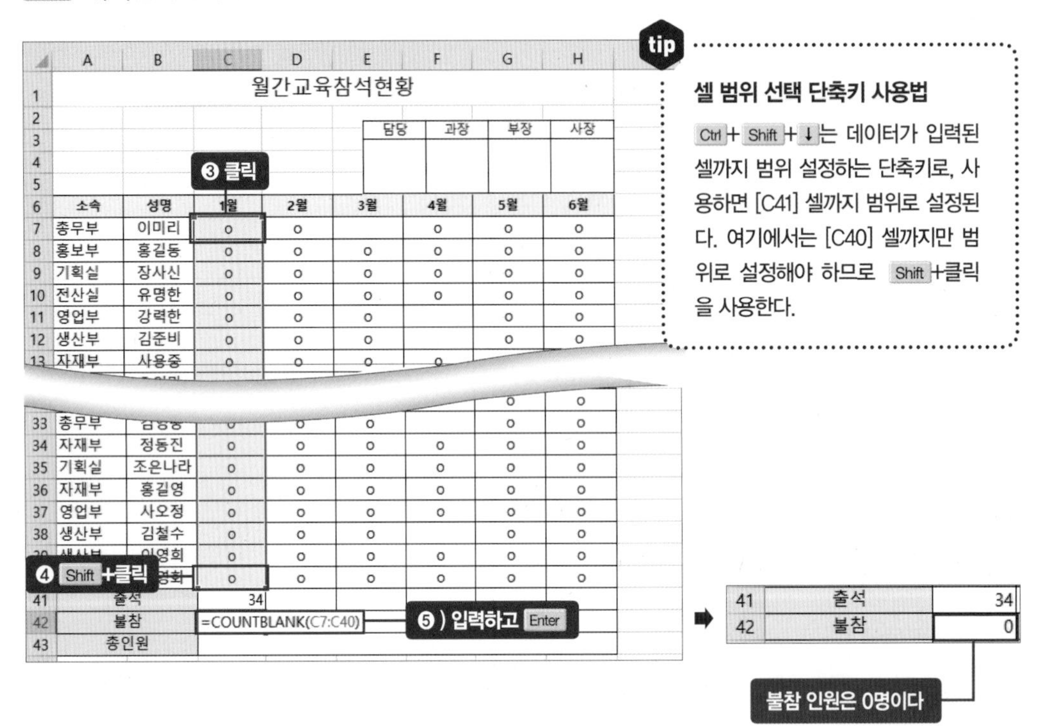

4. 나머지 달의 참석자, 불참자 인원 구하기

자동 채우기 핸들을 이용하면 나머지 달의 참석자, 불참자 인원도 바로 구할 수 있습니다. [C41:C42] 셀 범위를 설정(❶)합니다. 자동 채우기 핸들을 잡고 [H42] 셀까지 드래그(❷)합니다. [C41] 셀의 COUNTA 함수와 [C42] 셀의 COUNTBLANK 함수가 복사되면서 각 달의 참석자 인원과 불참자 인원이 구해집니다.

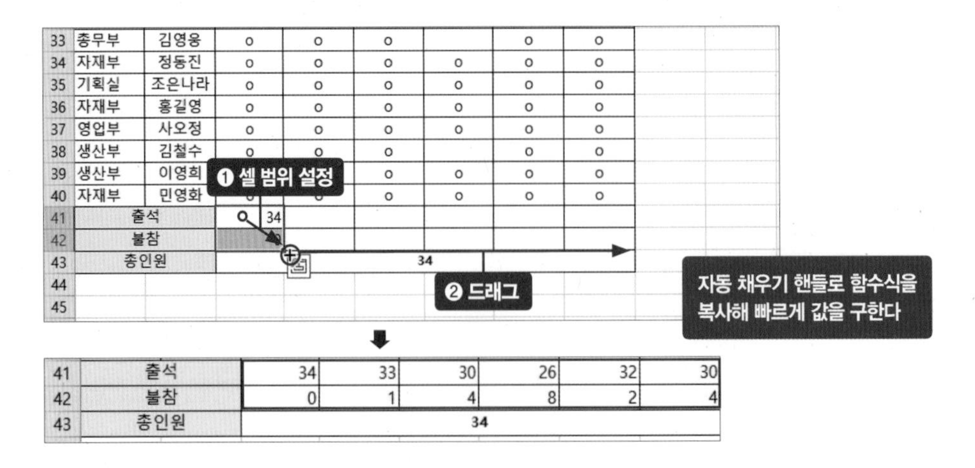

출퇴근기록부

— COUNTIF 함수

업무 목표 | 인사평가에 근태 기록 반영하기

출퇴근 기록은 인사평가의 기준이 되기도 합니다. 출근은 3점, 결근은 2점, 조퇴는 1점을 매겨 인사평가에 반영하려고 합니다. COUNTIF 함수를 활용해 출근, 결근, 조퇴가 몇 회인지 손쉽게 구할 수 있습니다. 조건에 맞는 셀의 개수를 구하는 함수인 COUNTIF는 컴활 2급에 출시되는 기본적이고 필수적인 함수입니다.

=COUNTIF(범위①, 찾을 값의 조건②) : 지정된 범위①에서 조건②에 맞는 셀의 개수를 구한다

완성 서식 미리 보기

COUNTIF 함수를 활용해 출퇴근 점수를 빠르게 구한다

출퇴근기록부 평가

일별	월	화	수	목	금	토	일	월	화	수	목	금	토	일	월	화	수	목	금	토	일	월	화	수	목	금	토	일	월	화	수	출근	결근	조퇴	총점
이름	1	2	3	4	5	6	7	8	9	10	11	12	13	14	15	16	17	18	19	20	21	22	23	24	25	26	27	28	29	30	31	3점	2점	1점	
이미리	3	3	3	3	3				3	3	3	3			2	3	3	3	3			3	3	3	3	3			3	3	3	21	1	0	65
홍길동	3	3	3	3	3				3	3	3	3			3	3	3	3	3			3	3	3	3	3			3	3	3	22	0	0	66
장사신	3	3	3	3	3				3	3	3	3			3	3	3	3	3			3	3	3	3	3			2	3	3	21	1	0	65
유명한	3	3	3	3	3				3	3	3	3			3	3	1	3	3			3	3	1	3	3			3	1	3	19	0	3	60
강력한	3	3	3	3	3				3	3	3	3			3	3	3	3	3			3	3	3	3	3			3	3	3	22	0	0	66
김준비	3	3	3	3	3				3	3	3	3			3	3	3	3	3			2	3	3	3	3			3	3	3	21	1	0	65
사용중	3	3	3	3	3				3	3	3	3			3	3	3	3	3			3	3	3	3	3			2	3	3	21	1	0	65
오일만	3	3	3	3	3				3	3	3	3			3	3	3	3	3			3	3	3	3	3			3	1	3	21	0	1	64
해맑은	3	3	3	3	3				3	3	3	3			3	3	3	3	3			3	3	1	3	3			3	3	3	21	0	1	64
진시황	3	3	3	3	3				3	3	3	3			3	3	1	3	3			2	3	3	3	3			3	3	3	20	1	1	63
주린배	3	3	3	3	3				3	3	3	3			3	3	3	3	3			3	3	3	3	3			2	3	3	21	1	0	65
유미래	3	3	3	3	3				3	3	3	3			3	3	3	3	3			3	3	3	3	3			3	3	3	22	0	0	66
미리내	3	3	3	3	2				3	3	3	3			3	3	1	3	3			3	3	3	3	3			3	1	3	19	1	2	61
김장철	3	3	3	3	3				3	3	3	3			2	3	3	3	3			3	3	3	3	3			2	3	3	20	2	0	64
강심장	3	3	3	3	3				3	3	3	3			3	3	3	3	3			2	3	3	3	3			3	3	3	21	1	0	65
김유리	3	3	3	3	3				3	3	3	3			3	3	3	3	3			3	3	3	3	3			3	3	3	22	0	0	66
지렁이	3	3	3	3	3				3	3	3	3			3	3	3	3	3			3	3	3	3	3			3	1	3	21	0	1	64
전부커	3	3	3	3	3				3	3	3	3			3	3	1	3	3			3	3	3	3	3			3	3	3	21	0	1	64
김장수	3	3	3	3	3				3	3	3	3			3	3	3	3	3			3	3	3	3	3			3	3	3	22	0	0	66
주은별	3	3	3	3	2				3	3	3	3			2	3	3	3	3			3	3	3	3	3			2	1	3	18	3	1	61
강미소	3	3	3	3	2				3	3	3	3			3	3	3	3	3			3	3	3	3	3			3	1	3	20	1	1	63
지영롱	3	3	3	3	3				3	3	3	3			3	3	3	3	3			2	3	3	3	3			3	3	3	21	1	0	65
손매력	3	3	3	3	3				3	3	3	3			3	3	1	3	3			3	3	3	3	3			3	3	3	21	0	1	64
민주리	3	3	3	3	3				3	3	3	3			3	3	3	3	3			3	3	3	3	3			3	3	3	22	0	0	66
오미리	3	3	3	3	3				3	3	3	3			3	3	3	3	3			3	3	3	3	3			3	3	3	22	0	0	66
유연하	3	3	3	3	3				3	3	3	3			3	3	3	3	3			3	3	3	3	3			3	3	3	22	0	0	66

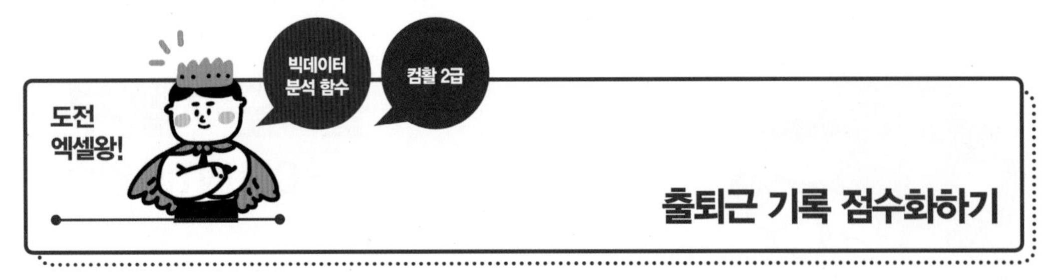

예제파일 : 2_29_출퇴근기록부.xlsx 

1. 출근일 횟수 구하기

예제파일에 출근은 3, 결근은 2, 조퇴는 1로 표시해두었습니다. [AG4] 셀에 수식 =COU를 입력(❶)합니다. 함수 목록이 나타나면 〈COUNTIF〉를 더블클릭(❷)합니다.

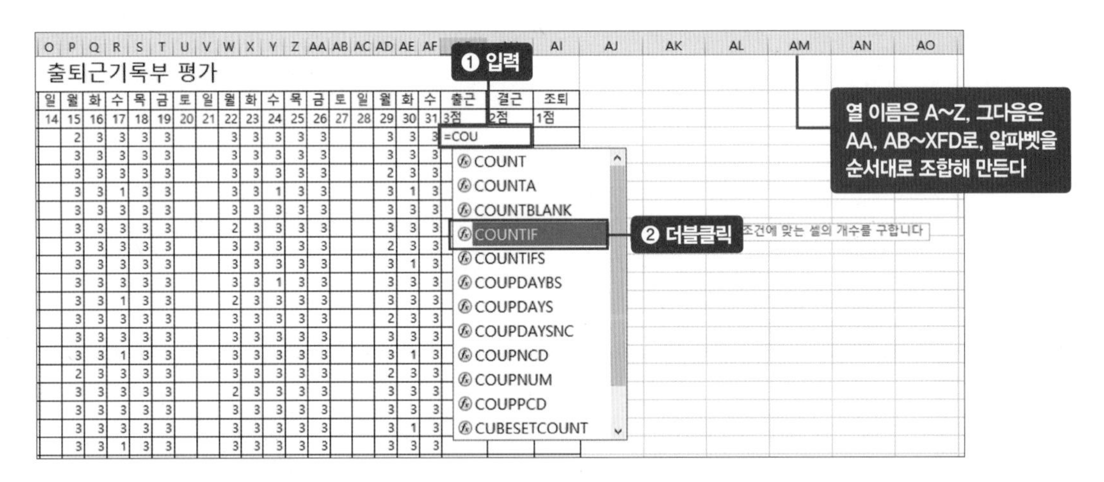

함수 안에 넣을 데이터를 선택하겠습니다. [B4] 셀을 클릭(❸)합니다. Shift 키를 누른 상태로 [AF4] 셀을 클릭(❹)합니다.

tip

셀 선택 단축키는 연속된 셀에서만 사용

예제파일에서 [B4:AF4] 셀 범위는 데이터가 연속으로 입력되어 있지 않다. 데이터가 떨어져 있으면 Ctrl+Shift+방향 키 단축키는 오히려 불편하니 참고하자.

[AG4] 셀에 '=COUNTIF(B4:AF4'가 나타나면 ,3)를 입력한 다음 Enter 키(❺)를 누릅니다. [B4:AF4] 셀 범위에서 출근을 의미하는 '3'이 입력된 셀의 개수가 [AG4] 셀에 나타납니다.

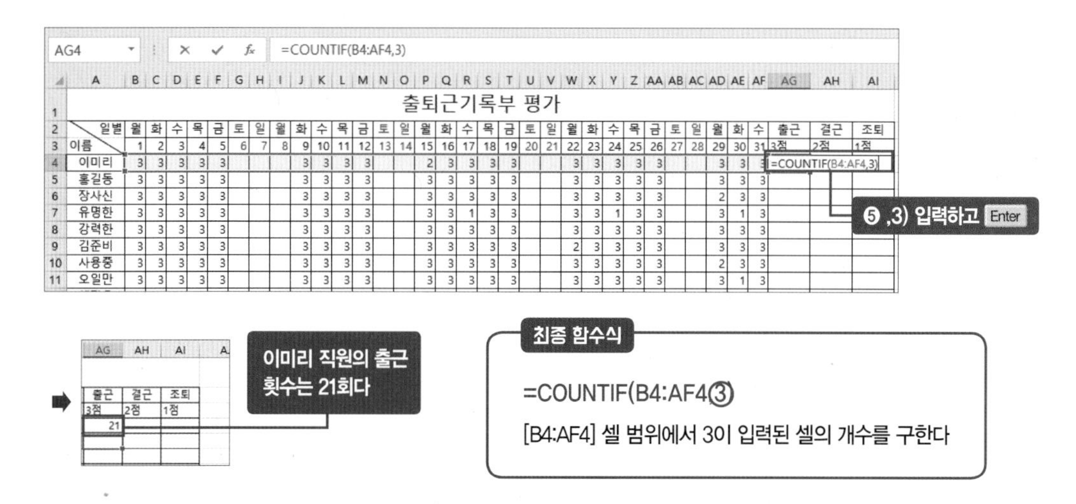

2. 결근일 횟수 구하기

[AH4] 셀에 =COUNTIF(를 입력(❶)합니다. [B4] 셀을 클릭(❷)하고 Shift 키를 누른 상태로 [AF4] 셀을 클릭(❸)합니다.

[AG4] 셀에 '=COUNTIF(B4:AF4'가 나타난 것을 확인하고 ,2)를 입력한 다음 Enter 키(❹)를 누릅니다. [AH4] 셀에 [B4:AF4] 셀 범위에서 결근을 의미하는 '2'가 입력된 셀의 개수가 나타납니다.

3. 조퇴일 횟수 구하기

[AJ4] 셀에 =COUNTIF(를 입력(❶)합니다. [B4] 셀을 클릭(❷)한 후 Shift 키를 누른 상태로 [AF4] 셀을 클릭(❸)합니다.

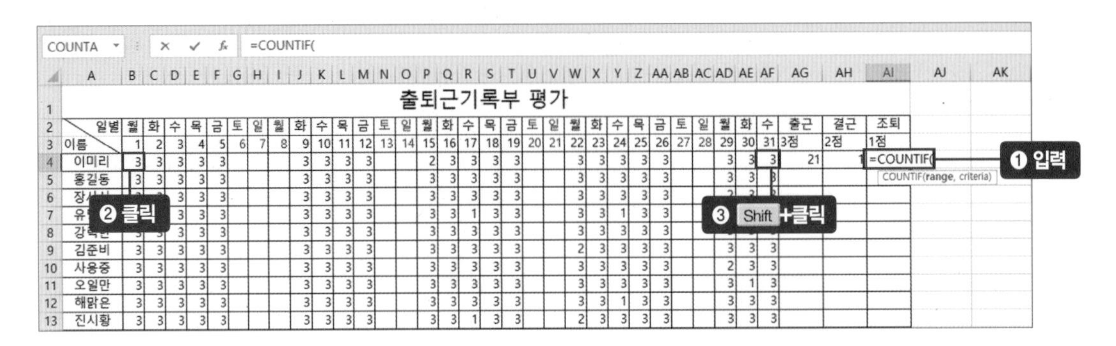

[AG4] 셀에 '=COUNTIF(B4:AF4'가 나타나면 ,1)을 입력한 다음 Enter 키(❹)를 누릅니다. [B4:AF4] 셀 범위에서 조퇴를 의미하는 '1'이 입력된 셀의 개수가 나타납니다.

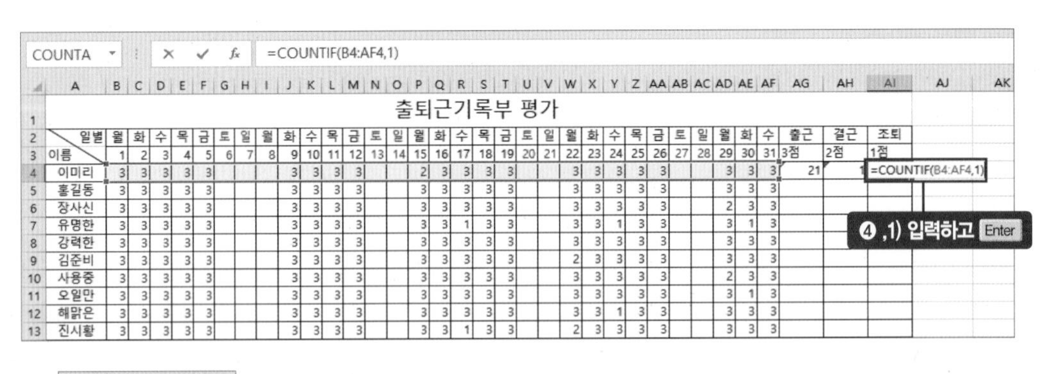

최종 함수식

=COUNTIF(B4:AF4,1)

[B4:AF4] 셀 범위에서 1이 입력된 셀의 개수를 구한다

4. 나머지 직원의 출퇴근 기록 확인하기

자동 채우기 핸들을 사용해 나머지 직원들의 출퇴근 기록도 확인해보겠습니다. [AG4:AI4] 셀 범위를 설정(❶)합니다. 자동 채우기 핸들을 더블클릭(❷)합니다.

X	Y	Z	AA	AB	AC	AD	AE	AF	AG	AH	AI
화	수	목	금	토	일	월	화	수	출근	결근	조퇴
23	24	25	26	27	28	29	30	31	3점	2점	1점
3	3	3	3			3	3	3	21	1	0
3	3	3	3			3	3	3			
3	3	3	3			2	3	3			
3	1	3	3			3	1	3			
3	3	3	3			3	3	3			
3	3	3	3			3	3	3			
3	3	3	3			2	3	3			
3	3	3	3			3	1	3			
3	1	3	3			3	3	3			
3	3	3	3			3	3	3			

❶ 셀 범위 설정

❷ 더블클릭

출근	결근	조퇴
3점	2점	1점
21	1	0
22	0	0
21		
	1	0
21	0	1
22	0	0
22	0	0
22	0	0

5. 출퇴근 기록 점수로 환산하기

직원별 출퇴근 기록 점수의 합을 구하겠습니다. [AJ3] 셀에 **총점**을 입력(❶)합니다. [AJ4] 셀에 **=SUM(AG4*3,AH4*2,AI4*1)**을 입력(❷)합니다. 함수식을 해석하면 [AG4] 셀에 구한 출근 횟수 곱하기 3점, [AH4] 셀에 구한 결근 횟수 곱하기 2점, [AI4] 셀에 구한 조퇴 횟수 곱하기 1점을 모두 더한 값을 구한다는 뜻입니다. Enter 키(❸)를 눌러 값을 구합니다.

tip

함수식 셀 주소 입력

함수식에 셀 주소를 입력할 때 직접 셀 주소를 입력해도 되지만 해당 셀을 클릭해도 저절로 셀 주소가 입력된다.

[AJ4] 셀에 이미리 직원의 출퇴근 총점 65점이 나왔습니다. 함수식을 복사하기 위해 [AJ4] 셀을 클릭(❹)하고 자동 채우기 핸들을 더블클릭(❺)합니다.

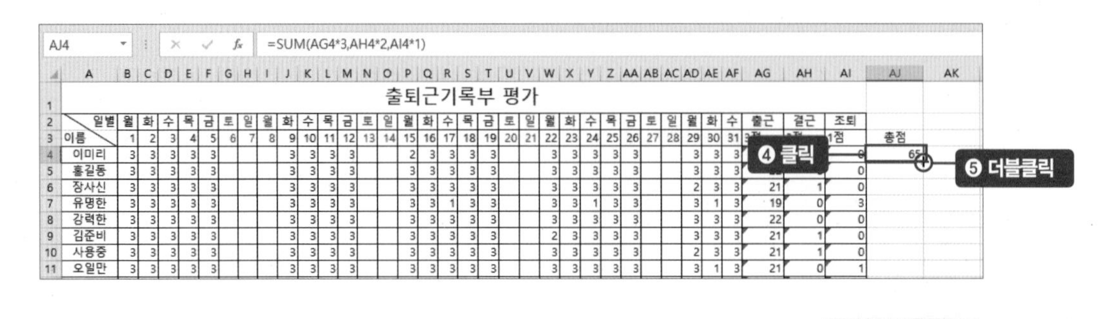

모든 직원들의 출퇴근 점수를 구했습니다.

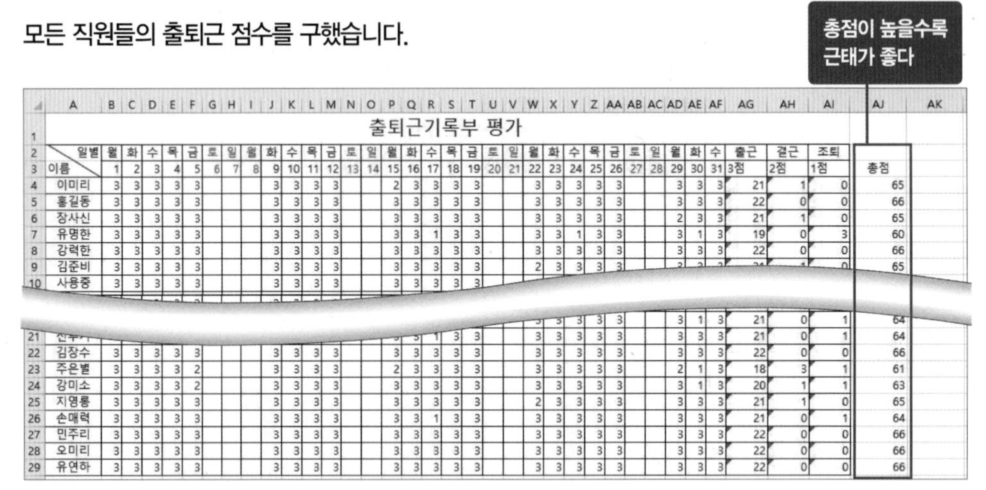

총점에 필터를 적용해 내림차순으로 정렬하면 근태가 좋은 순서대로 정렬됩니다. ★ 필터 자세한 내용은 121쪽 참고

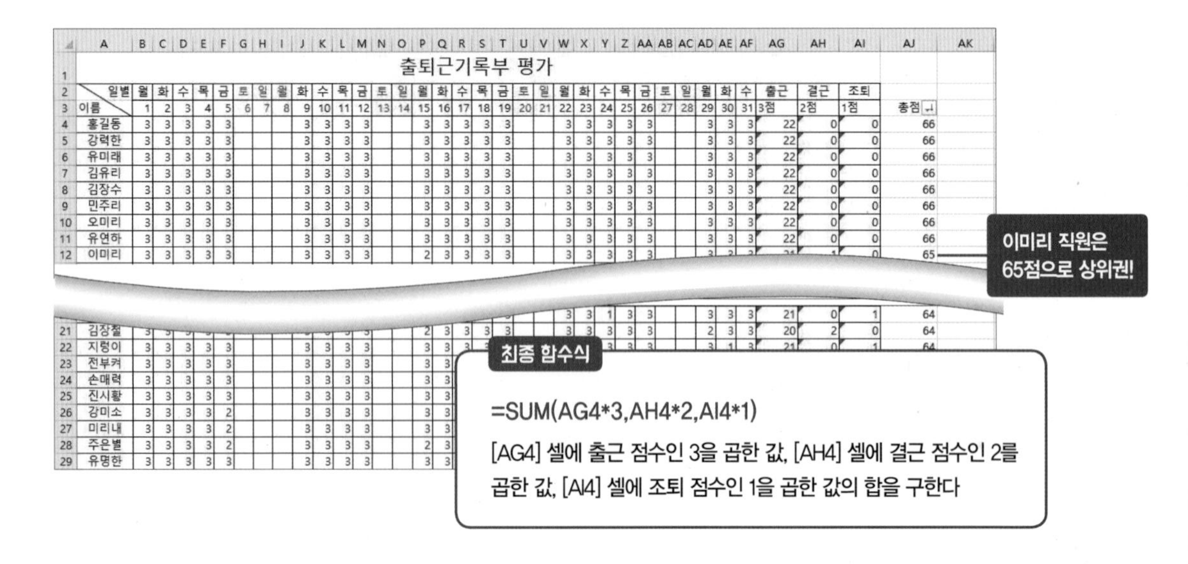

급여대장

— ROUND 함수

업무 목표 | 소수점 자리 절상해 직원별 세후 연봉 구하기

ROUND 함수는 급여 계산이나 회계 계산을 하다가 소수점 아랫자리를 정돈할 때 사용하는 함수입니다. 금액은 원단위로 떨어지니 소수점 아랫자리는 올림, 반올림, 내림으로 처리해야 합니다. ROUND 함수를 사용해 사용자의 편의에 따라 만, 천, 백, 십, 일, 소수점 첫째자리, 소수점 둘째자리, 소수점 셋째자리까지 반올림할 수 있습니다. 다른 함수와 중첩으로 사용할 때 컴활 1급에 나오기도 하는 업무 필수 함수입니다.

=ROUND(셀 주소①, 자릿수②) : 셀 주소①의 데이터를 반올림해 지정한 자릿수②까지만 표시한다

완성 서식 미리 보기

ROUND 함수로 소수점 아래 삭제

급여대장

사번	성명	소속	직위	입사일	연봉	세금	실 세금 납부액	세후 연봉
sk-00001	이미리	총무부	부장	2005-01-03	65,000,000	592,221.5	592,222	64,407,778
sk-00002	홍길동	홍보부	과장	2010-02-12	45,500,000	419,100.5	419,101	45,080,899
sk-00003	장사신	기획실	부장	2006-01-03	65,000,000	598,715	598,715	64,401,285
sk-00004	유명한	전산실	주임	2012-04-15	30,000,000	276,330	276,330	29,723,670
sk-00005	강력한	영업부	과장	2008-02-12	45,500,000	419,100.5	419,101	45,080,899
sk-00006	김준비	생산부	부장	2005-01-03	65,000,000	598,715	598,715	64,401,285
sk-00007	사용중	자재부	과장	2009-02-12	45,500,000	419,100.5	419,101	45,080,899
sk-00008	오일만	총무부	차장	2009-02-12	55,000,000	506,605	506,605	54,493,395
sk-00009	해맑은	총무부	과장	2011-02-12	45,500,000	419,100.5	419,101	45,080,899
sk-00010	진시황	홍보부	사원	2018-07-05	20,000,000	170,220	170,220	19,829,780
sk-00011	주린배	전산실	사원	2018-08-05	20,000,000	170,220	170,220	19,829,780
sk-00012	유미래	영업부	대리	2013-03-25	35,000,000	322,385	322,385	34,677,615
sk-00013	미리내	생산부	과장	2006-02-12	45,500,000	419,100.5	419,101	45,080,899
sk-00014	김장철	자재부	과장대리	2010-03-15	43,500,000	400,678.5	400,679	43,099,321
sk-00015	강심장	총무부	대리	2015-03-25	35,000,000	322,385	322,385	34,677,615
sk-00016	김유리	총무부	사원	2018-07-05	20,000,000	170,220	170,220	19,829,780
sk-00017	지렁이	홍보부	사원	2017-08-05	20,000,000	170,220	170,220	19,829,780
sk-00018	전부커	전산실	사원	2018-09-05	20,000,000	170,220	170,220	19,829,780
sk-00019	김장수	영업부	사원	2017-07-05	20,000,000	170,220	170,220	19,829,780
sk-00020	주은별	총무부	사원	2018-08-05	20,000,000	170,220	170,220	19,829,780
sk-00021	강미소	자재부	주임	2017-04-15	30,000,000	276,330	276,330	29,723,670
sk-00022	지영롱	기획실	과장	2009-02-12	45,500,000	405,450.5	405,451	45,094,549
sk-00023	손매력	자재부	사원	2018-12-05	20,000,000	170,220	170,220	19,829,780
sk-00024	민주리	영업부	사원	2017-01-25	20,000,000	184,220	184,220	19,815,780
sk-00025	오미리	생산부	대리	2014-03-25	35,000,000	322,385	322,385	34,677,615
sk-00026	유연하	자재부	사원	2017-12-05	20,000,000	184,220	184,220	19,815,780

실급여액 소수점 아래에서 반올림하기

예제파일 : 2_30_급여대장.xlsx 

1. 일의 자리(자연수)까지만 남기기

연봉의 몇 퍼센트(%)로 계산하는 세금은 원단위로 끊어지지 않아서 소수점 아랫자리까지 나올 수 있습니다. 이렇게 되면 세후 연봉 계산이 어려워지지요. ROUND 함수를 이용해 소수점 아래를 절상(반올림)해서 세금을 자연수로 만들어봅시다.

=ROUND(셀 주소, 자릿수) : 셀 주소의 데이터를 반올림해 지정한 자릿수까지만 표시한다
인수 1 인수 2

ROUND 함수의 인수 2

자릿수	만	천	백	십	일	소수점 첫째자리	소수점 둘째자리	소수점 셋째자리
인수 2	–4	–3	–2	–1	0	1	2	3

소수점 첫째자리에서 반올림해 일의 자리까지만 숫자를 남기려면 ROUND 함수 인수 2에 0을 입력한다

실세금납부액 항목인 [H3] 셀에 **=ROU**를 입력(❶)합니다. 함수 목록이 나타나면 〈ROUND〉를 더블클릭(❷)합니다.

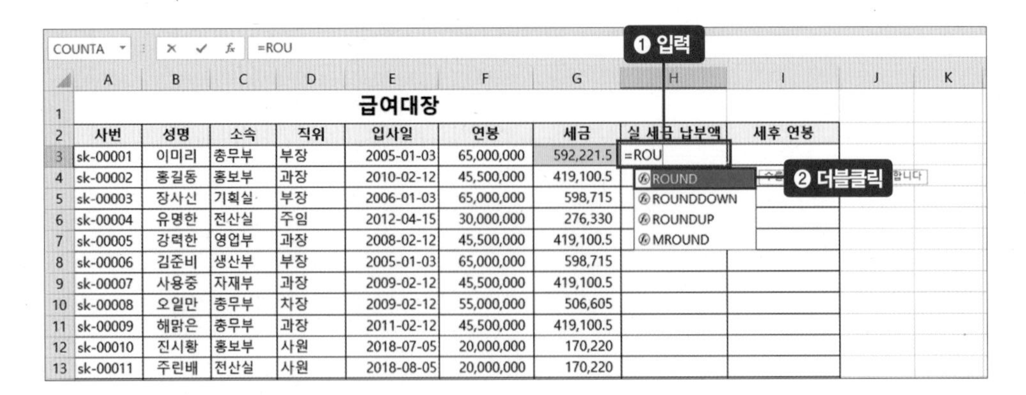

	A	B	C	D	E	F	G	H	I
1	급여대장								
2	사번	성명	소속	직위	입사일	연봉	세금	실 세금 납부액	세후 연봉
3	sk-00001	이미리	총무부	부장	2005-01-03	65,000,000	592,221.5	=ROU	
4	sk-00002	홍길동	홍보부	과장	2010-02-12	45,500,000	419,100.5		
5	sk-00003	장사신	기획실	부장	2006-01-03	65,000,000	598,715		
6	sk-00004	유명한	전산실	주임	2012-04-15	30,000,000	276,330		
7	sk-00005	강력한	영업부	과장	2008-02-12	45,500,000	419,100.5		
8	sk-00006	김준비	생산부	부장	2005-01-03	65,000,000	598,715		
9	sk-00007	사용중	자재부	과장	2009-02-12	45,500,000	419,100.5		
10	sk-00008	오일만	총무부	차장	2009-02-12	55,000,000	506,605		
11	sk-00009	해맑은	총무부	과장	2011-02-12	45,500,000	419,100.5		
12	sk-00010	진시황	홍보부	사원	2018-07-05	20,000,000	170,220		
13	sk-00011	주린배	전산실	사원	2018-08-05	20,000,000	170,220		

[H3] 셀에 '=ROUND('가 나타나면 [G3] 셀을 클릭(❸)합니다. [H3] 셀에 '=ROUND(G3'이 나타나면 ,0)을 입력(❹)합니다. 이렇게 ROUND 함수 인수 2에 0을 입력하면 데이터가 일의 자리까지만 남습니다.

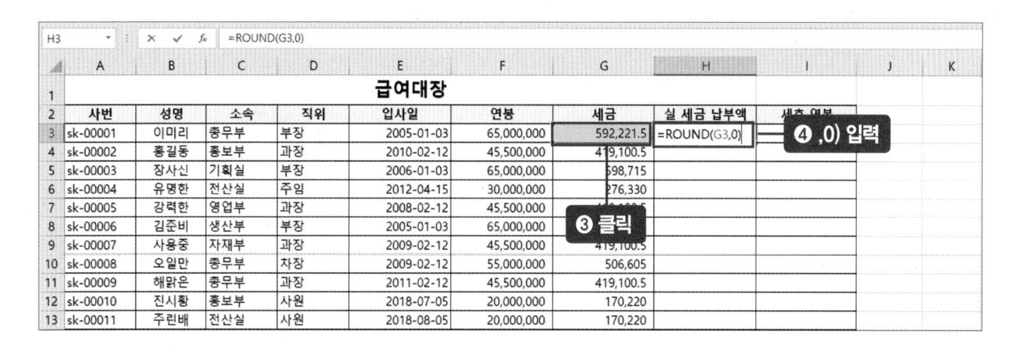

실세금납부액이 592,222로 반올림되었습니다. [H3] 셀을 클릭(❺)한 다음 자동 채우기 핸들을 더블클릭(❻)합니다. [H28] 셀까지 함수가 복사되면서 나머지 직원들의 실세금납부액이 나타납니다.

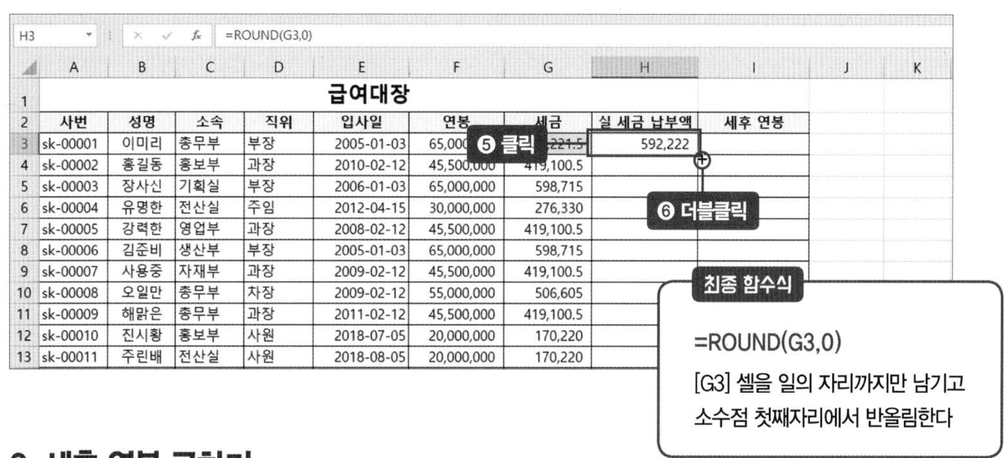

2. 세후 연봉 구하기

연봉에서 실세금납부액을 빼고 난 세후 연봉을 구하겠습니다. [I3] 셀에 =를 입력(❶)합니다. 그다음 [F3] 셀을 클릭(❷)합니다.

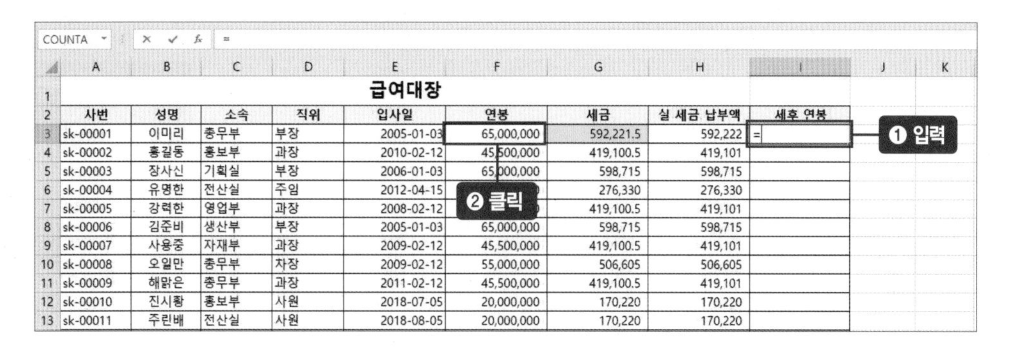

[I3] 셀에 '=F3'이 나타나면 빼기 –를 입력(❸)합니다. 실납부액인 [H3] 셀을 클릭한 다음 Enter 키(❹)를 눌러 뺄셈 수식의 값을 구합니다.

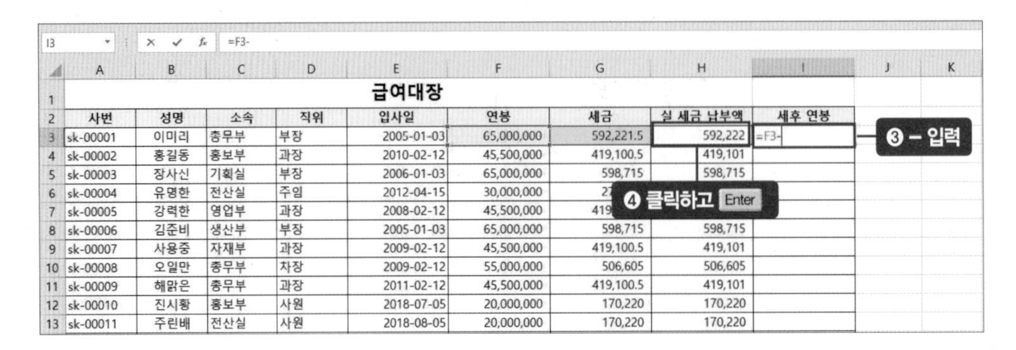

I3 | =F3-

	A	B	C	D	E	F	G	H	I
1	급여대장								
2	사번	성명	소속	직위	입사일	연봉	세금	실 세금 납부액	세후 연봉
3	sk-00001	이미리	총무부	부장	2005-01-03	65,000,000	592,221.5	592,222	=F3-
4	sk-00002	홍길동	홍보부	과장	2010-02-12	45,500,000	419,100.5	419,101	
5	sk-00003	장사신	기획실	부장	2006-01-03	65,000,000	598,715	598,715	
6	sk-00004	유명한	전산실	주임	2012-04-15	30,000,000	27		
7	sk-00005	강력한	영업부	과장	2008-02-12	45,500,000	419		
8	sk-00006	김준비	생산부	부장	2005-01-03	65,000,000	598,715	598,715	
9	sk-00007	사용중	자재부	과장	2009-02-12	45,500,000	419,100.5	419,101	
10	sk-00008	오일만	총무부	차장	2009-02-12	55,000,000	506,605	506,605	
11	sk-00009	해맑은	총무부	과장	2011-02-12	45,500,000	419,100.5	419,101	
12	sk-00010	진시황	홍보부	사원	2018-07-05	20,000,000	170,220	170,220	
13	sk-00011	주린배	전산실	사원	2018-08-05	20,000,000	170,220	170,220	

수식을 비어 있는 아래 표로 복사해 나머지 직원들의 세후 연봉을 구하겠습니다. [I3] 셀 클릭(❺) → 자동 채우기 핸들을 더블클릭(❻)합니다.

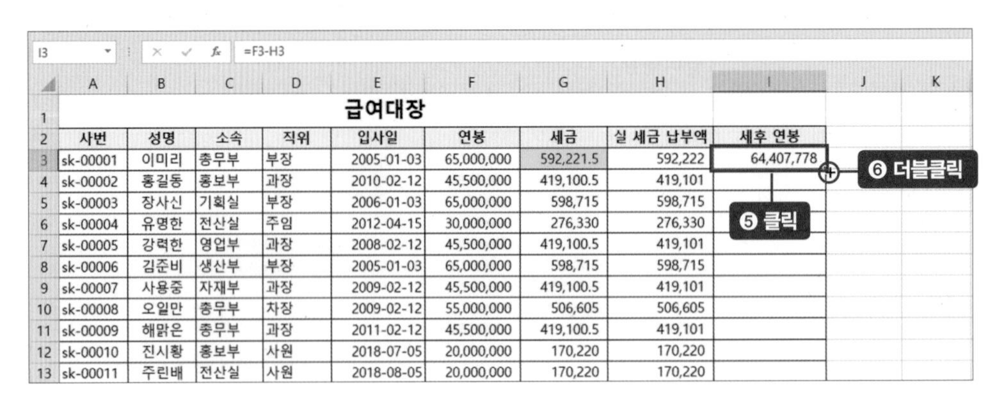

I3 | =F3-H3

	A	B	C	D	E	F	G	H	I
1	급여대장								
2	사번	성명	소속	직위	입사일	연봉	세금	실 세금 납부액	세후 연봉
3	sk-00001	이미리	총무부	부장	2005-01-03	65,000,000	592,221.5	592,222	64,407,778
4	sk-00002	홍길동	홍보부	과장	2010-02-12	45,500,000	419,100.5	419,101	
5	sk-00003	장사신	기획실	부장	2006-01-03	65,000,000	598,715	598,715	
6	sk-00004	유명한	전산실	주임	2012-04-15	30,000,000	276,330	276,330	
7	sk-00005	강력한	영업부	과장	2008-02-12	45,500,000	419,100.5	419,101	
8	sk-00006	김준비	생산부	부장	2005-01-03	65,000,000	598,715	598,715	
9	sk-00007	사용중	자재부	과장	2009-02-12	45,500,000	419,100.5	419,101	
10	sk-00008	오일만	총무부	차장	2009-02-12	55,000,000	506,605	506,605	
11	sk-00009	해맑은	총무부	과장	2011-02-12	45,500,000	419,100.5	419,101	
12	sk-00010	진시황	홍보부	사원	2018-07-05	20,000,000	170,220	170,220	
13	sk-00011	주린배	전산실	사원	2018-08-05	20,000,000	170,220	170,220	

모든 직원들의 세후 연봉이 자연수로 끊어졌습니다.

I3 | =F3-H3

	A	B	C	D	E	F	G	H	I
1	급여대장								
2	사번	성명	소속	직위	입사일	연봉	세금	실 세금 납부액	세후 연봉
3	sk-00001	이미리	총무부	부장	2005-01-03	65,000,000	592,221.5	592,222	64,407,778
4	sk-00002	홍길동	홍보부	과장	2010-02-12	45,500,000	419,100.5	419,101	45,080,899
5	sk-00003	장사신	기획실	부장	2006-01-03	65,000,000	598,715	598,715	64,401,285
6	sk-00004	유명한	전산실	주임	2012-04-15	30,000,000	276,330	276,330	29,723,670
7	sk-00005	강력한	영업부	과장	2008-02-12	45,500,000	419,100.5	419,101	45,080,899
8	sk-00006	김준비	생산부	부장	2005-01-03	65,000,000	598,715	598,715	64,401,285
9	sk-00007	사용중	자재부	과장	2009-02-12	45,500,000	419,100.5	419,101	45,080,899
10	sk-00008	오일만	총무부	차장	2009-02-12	55,000,000	506,605	506,605	54,493,395
11	sk-00009	해맑은	총무부	과장	2011-02-12	45,500,000	419,100.5	419,101	45,080,899
12	sk-00010	진시황	홍보부	사원	2018-07-05	20,000,000	170,220	170,220	19,829,780
13	sk-00011	주린배	전산실	사원	2018-08-05	20,000,000	170,220	170,220	19,829,780

연봉 금액이 자연수로 나타나 지급이 편리하다

올림 ROUNDUP 함수와 내림 ROUNDDOWN 함수

함께 배우기 좋은 함수로 ROUNDUP 함수와 ROUNDDOWN 함수가 있습니다. 자릿수를 표시하는 인수는 ROUND 함수와 동일합니다. ★ ROUND 함수 인수 자세한 내용은 256쪽 참고

=ROUNDUP(셀 주소, 자릿수) : 셀 주소의 데이터를 올림해 지정한 자리수까지만 표시한다

=ROUNDDOWN(셀 주소, 자릿수) : 셀 주소의 데이터를 내림해 지정한 자리수까지만 표시한다

ROUNDUP, ROUNDDOWN 함수는 대체로 금액을 계산할 때 1원 단위를 절상 혹은 절하하는 용도로 사용합니다. 예를 들어 거래처 청구금액이 14,016원이라면 이렇게 청구하는 사례는 없으므로 일의 자리를 절상 혹은 절하해 십의 자리까지만 남깁니다.

① ROUNDUP 함수

ROUNDUP 함수로 일의 자리를 올림해 십의 자리까지만 남기는 함수식은 **=ROUNDUP(14016,−1)**입니다.

	A	B	C
1			
2		청구금액	
3		14,016	
4		▼	
5		실 청구금액	
6		14,020	
7			

ROUNDUP 함수로 일의 자리 올림하기

② ROUNDDOWN 함수

ROUNDDOWN 함수로 일의 자리를 내림하고 십의 자리까지만 남기는 함수식은 **=ROUNDDOWN(14016,−1)**입니다.

	A	B	C
1			
2		청구금액	
3		14,016	
4		▼	
5		실 정구금액	
6		14010	
7			

ROUNDDOWN 함수로 일의 자리 내림하기

아르바이트급여대장
— SUM 함수

업무 목표 | 근무시간과 주휴수당 적용한 급여 구하기

아르바이트는 단기간 근무와 파트타임 근무가 많아 별도의 아르바이트급여대장을 만들어 사용하는 것이 좋습니다. 아르바이트생이 1주 15시간 이상 근무한 경우 주휴수당(1일분 추가 임금)을 지급해야 합니다. 근무시간과 주휴수당을 파악해 급여 지급에 포함되도록 합시다.

> **=SUM(범위①)** : 범위①에 포함된 데이터의 합을 구한다

완성 서식 미리 보기

근로시간별 발생하는 주휴수당 SUM 함수로 자동 계산

아르바이트급여대장

일별	근로시간					휴무		근로시간					휴무		근로시간					휴무		근로시간					휴무		근로시간			근로시간합계					주휴수당(개수함수)	급여액
	1	2	3	4	5	6	7	8	9	10	11	12	13	14	15	16	17	18	19	20	21	22	23	24	25	26	27	28	29	30	31	1주	2주	3주	4주	5주		
알바1	5	5	5	5	5			5	5	5	5	5			5	5	5	5	5			5	5	5	5	5						**25**	**25**	**25**	**25**	0	4	1,056,000
알바2	4		4					4		4					4	4	4	4				4		4								8	8	**16**	8	0	1	384,000
알바3	7	7	7	7	7			7	7	7	7	7				4		5				7	7	7	7	7						**35**	**35**	9	**35**	0	3	1,104,000
알바4		4		4				4	4		4					4		4					4		4							8	12	8	8	0		288,000
알바5	5	5	5	5	5			5	5	5	5	5			4		4					5	5	5	5	5			5	7	5	**25**	**25**	8	**25**	**17**	4	1,056,000
알바6		4		4					4		4					4		4					4		4							8	8	8	8	0		256,000

알바생의 주휴수당 개수와 총급여 구하기

예제파일 : 2_31_아르바이트급여대장.xlsx 

1. 15시간 이상 근무한 날 빨간색으로 표시하기

예제파일에 근로시간 합계를 미리 구해두었습니다. 조건부 서식을 사용해 근로시간이 15시간 이상(주휴수당이 적용되는 구간)인 곳을 빨간색으로 표시해보겠습니다. 마우스로 드래그해 [AG4:AK9] 셀 범위를 설정(❶)합니다. [홈] 탭 → 조건부 서식(▦) 아이콘(❷) → ⟨새 규칙⟩을 클릭(❸)합니다.

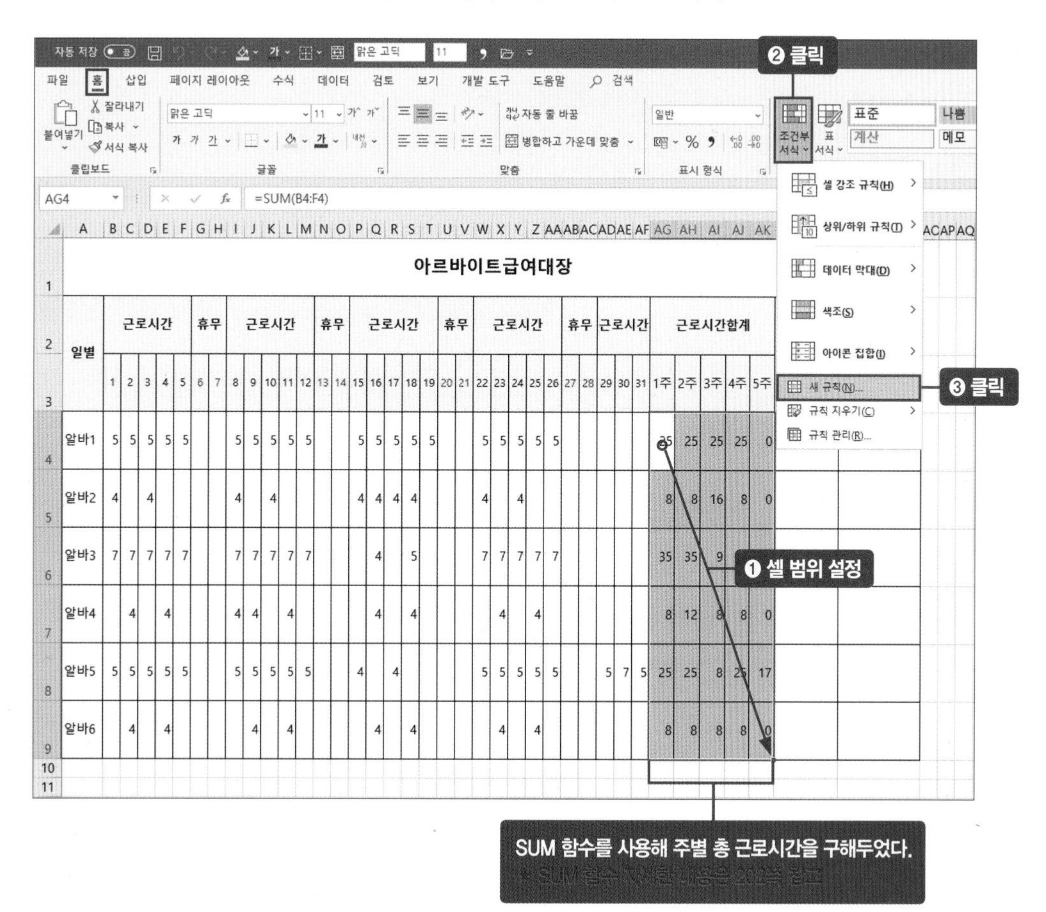

[새 서식 규칙] 대화상자가 나타납니다. 〈다음을 포함하는 셀만 서식 지정〉을 클릭(❹)합니다. '규칙 설명 편집'의 1번째 박스에 15, 2번째 박스에 40을 입력(❺)합니다. 15~40 사이의 숫자에 서식을 지정한다는 뜻입니다. 적용할 서식을 편집하기 위해 〈서식〉 버튼을 클릭(❻)합니다.

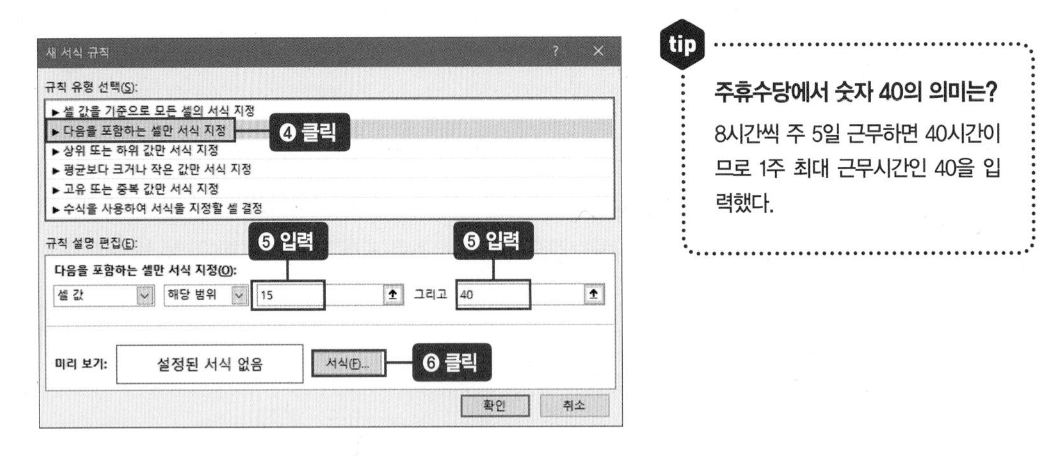

tip

주휴수당에서 숫자 40의 의미는?

8시간씩 주 5일 근무하면 40시간이므로 1주 최대 근무시간인 40을 입력했다.

'글꼴 스타일'은 〈굵게〉(❼), '색'은 〈빨간색〉(❽)으로 설정하고 〈확인〉을 클릭(❾)합니다. [새 서식 규칙] 대화상자에서도 〈확인〉 버튼을 클릭(❿)합니다.

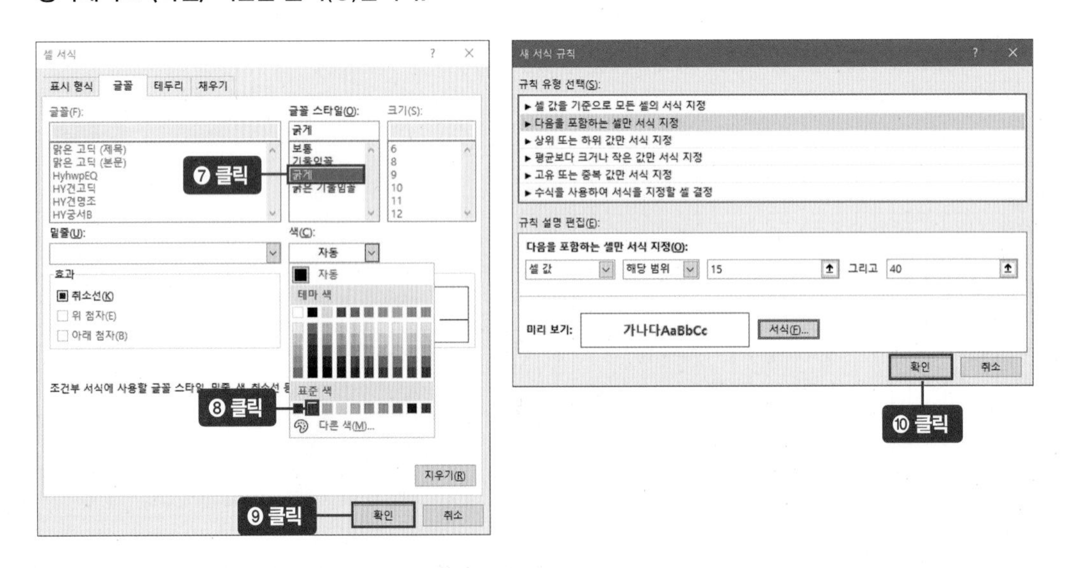

1주일간 근로시간 합계가 15시간을 넘는 경우 자동으로 굵은 빨간색으로 표시됩니다. 빨간색으로 표시된 셀의 개수를 세어 [AL4:AL9] 셀 범위에 수동으로 하나씩 입력(⓫)합니다. 주휴수당 1개당 1일분 임금(8,000원 × 8시간)을 추가로 줘야 합니다. 빨간 글씨는 주휴수당이 필요한 날로, 빨간 글씨 개수를 직접 세어서 입력합니다. ★ 수동이 아니라 주휴수당 개수 자동 입력을 원한다면 265쪽 참고

아르바이트급여대장

일별	근로시간					휴무		근로시간					휴무		근로시간					휴무		근로시간					휴무		근로시간			근로시간합계					주휴수당 (개수함수)	급여액
	1	2	3	4	5	6	7	8	9	10	11	12	13	14	15	16	17	18	19	20	21	22	23	24	25	26	27	28	29	30	31	1주	2주	3주	4주	5주		
알바1	5	5	5	5	5			5	5	5	5	5			5	5	5	5	5			5	5	5	5	5						25	25	25	25	0	4	
알바2	4		4					4		4					4	4	4	4				4		4								8	8	16	8	0	1	
알바3	7	7	7	7	7			7	7	7	7	7				4		5				7	7	7	7	7						35	35	9	35	0	3	
알바4		4		4				4	4		4					4		4					4		4							8	12	8	8	0		
알바5	5	5	5	5	5			5	5	5	5	5			4		4					5	5	5	5	5			5	7	5	25	25	8	25	17	4	

⑪ 입력

2. 주휴수당 포함한 급여액 계산하기

[AM4] 셀에 =를 입력한 후 급여액에 주휴수당이 포함되도록 계산하겠습니다. 여기서는 편의상 시급을 8,000원으로 계산했습니다. [AM4] 셀에 수식 **=SUM(AG4:AK4)*8000+(64000*AL4)**를 입력(❶)합니다. 정리하면 =SUM(총 근로시간 범위 [AG4:AK4])×시급 8,000원+(하루 급여(8,000원×8시간)×주휴 개수 [AL4])입니다.

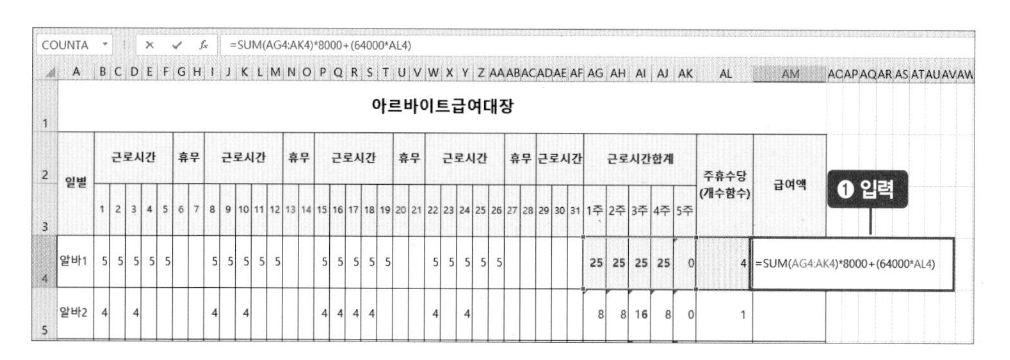

=SUM(AG4:AK4)*8000+(64000*AL4)

아르바이트급여대장

일별	근로시간					휴무		근로시간					휴무		근로시간					휴무		근로시간					휴무		근로시간			근로시간합계					주휴수당 (개수함수)	급여액
	1	2	3	4	5	6	7	8	9	10	11	12	13	14	15	16	17	18	19	20	21	22	23	24	25	26	27	28	29	30	31	1주	2주	3주	4주	5주		
알바1	5	5	5	5	5			5	5	5	5	5			5	5	5	5	5			5	5	5	5	5						25	25	25	25	0	4	=SUM(AG4:AK4)*8000+(64000*AL4)
알바2	4		4					4		4					4	4	4	4				4		4								8	8	16	8	0	1	

❶ 입력

tip

곱하기, 더하기 기호

곱하기(*), 더하기(+) 기호를 사용해 데이터와 데이터를 연산할 수 있다. 곱하기(*) 연산이 덧셈(+)보다 우선해서 계산된다. ★ **연산자 자세한 내용은 242쪽 참고**

[AM4] 셀에 알바1의 주휴수당을 포함한 급여액이 계산되었습니다. [AM4] 셀을 클릭(❷)하고 자동 채우기 핸들을 더블클릭(❸)해 나머지 알바생들의 급여액을 구합니다.

일별	근로시간					휴무		근로시간					휴무		근로시간					휴무		근로시간					휴무		근로시간			근로시간합계					주휴수당(개수함수)	급여액
	1	2	3	4	5	6	7	8	9	10	11	12	13	14	15	16	17	18	19	20	21	22	23	24	25	26	27	28	29	30	31	1주	2주	3주	4주	5주		
알바1	5	5	5	5	5			5	5	5	5	5			5	5	5	5	5			5	5	5	5	5						25	25	25	25	0	4	1,056,000
알바2	4		4					4		4					4	4	4	4				4		4								8	8	16	8	0	1	

알바1부터 알바6까지 주휴수당을 포함한 급여액을 모두 구했습니다.

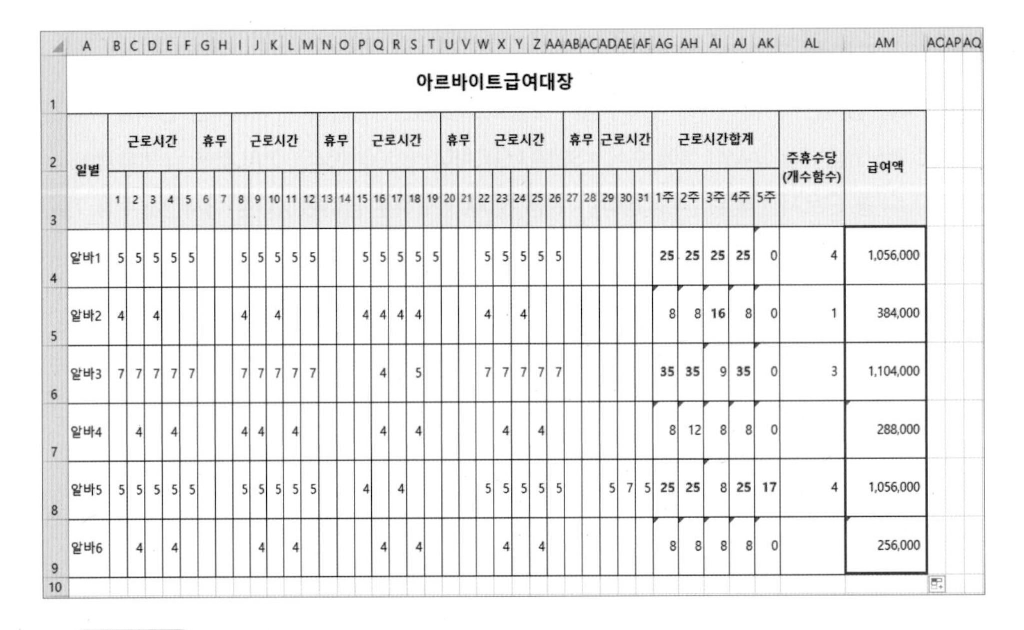

아르바이트급여대장

일별	근로시간					휴무		근로시간					휴무		근로시간					휴무		근로시간					휴무		근로시간			근로시간합계					주휴수당(개수함수)	급여액
	1	2	3	4	5	6	7	8	9	10	11	12	13	14	15	16	17	18	19	20	21	22	23	24	25	26	27	28	29	30	31	1주	2주	3주	4주	5주		
알바1	5	5	5	5	5			5	5	5	5	5			5	5	5	5	5			5	5	5	5	5						25	25	25	25	0	4	1,056,000
알바2	4		4					4		4					4	4	4	4				4		4								8	8	16	8	0	1	384,000
알바3	7	7	7	7	7			7	7	7	7	7				4		5				7	7	7	7	7						35	35	9	35	0	3	1,104,000
알바4		4		4				4	4		4					4		4					4		4							8	12	8	8	0		288,000
알바5	5	5	5	5	5			5	5	5	5	5			4		4					5	5	5	5	5			5	7	5	25	25	8	25	17	4	1,056,000
알바6		4		4					4		4					4		4					4		4							8	8	8	8	0		256,000

최종 함수식

=SUM(AG4:AK4)*8000+(64000*AL4)

근로시간을 의미하는 [AG4:AK4] 셀 범위의 합에 8,000을 곱한 다음 주휴수당(하루 일당과 같다) 64,000에 주휴수당 개수인 [AL4] 셀을 곱한 값을 구한다

COUNTIFS 함수로 주휴수당 개수 구하기

주휴수당 개수를 일일이 세지 않고 구하는 방법을 알아봅시다. [AL4] 셀에 **=COUNTIFS(AG4:AK4,“>=15”,AG4:AK4,“<=40”)**를 입력합니다. 해석하면 [AG4:AK4] 셀 범위에서 주휴수당을 받는 근무시간인 15시간보다 크거나 같고(>=) 40보다 작거나 같은(<=) 데이터가 입력된 셀의 개수를 구한다는 뜻입니다. 함수식을 모두 입력했으면 Enter 키를 눌러 값을 구합니다. [AL4] 셀에 '4'라는 결과값이 나타납니다.

COUNTA =COUNTIFS(AG4:AK4,">=15",AG4:AK4,"<=40")

아르바이트급여대장

일별	근로시간					휴무		근로시간					휴무		근로시간					휴무		근로시간					휴무		근로시간			근로시간합계					주휴수당(개수함수)	급여액
	1	2	3	4	5	6	7	8	9	10	11	12	13	14	15	16	17	18	19	20	21	22	23	24	25	26	27	28	29	30	31	1주	2주	3주	4주	5주		
알바1	5	5	5	5	5			5	5	5	5	5			5	5	5	5	5			5	5	5	5	5						25	25	25	25	0	=COUNTIFS(AG4:AK4,">=15",AG4:AK4,"<=40")	
알바2	4		4					4		4					4	4	4	4				4		4								8	8	16	8	0		320,000

쉼표를 빠뜨리지 않도록 주의!
입력하고 Enter

[AL4] 셀을 클릭하고 자동 채우기 핸들을 더블클릭합니다. [AL4:AL9] 셀 범위에 함수식이 복사되면서 각 알바의 주휴수당 개수가 구해집니다. 주휴수당이 없는 곳에는 '–'가 나타납니다.

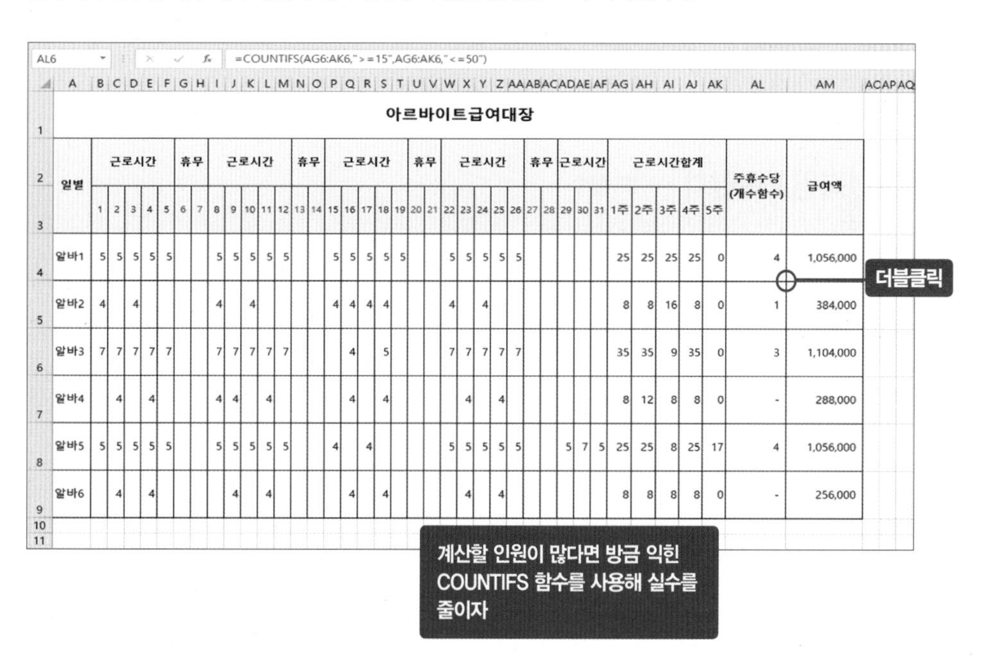

AL6 =COUNTIFS(AG6:AK6,">=15",AG6:AK6,"<=50")

아르바이트급여대장

일별	근로시간					휴무		근로시간					휴무		근로시간					휴무		근로시간					휴무		근로시간			근로시간합계					주휴수당(개수함수)	급여액
	1	2	3	4	5	6	7	8	9	10	11	12	13	14	15	16	17	18	19	20	21	22	23	24	25	26	27	28	29	30	31	1주	2주	3주	4주	5주		
알바1	5	5	5	5	5			5	5	5	5	5			5	5	5	5	5			5	5	5	5	5						25	25	25	25	0	4	1,056,000
알바2	4		4					4		4					4	4	4	4				4		4								8	8	16	8	0	1	384,000
알바3	7	7	7	7	7			7	7	7	7	7				4		5				7	7	7	7	7						35	35	9	35	0	3	1,104,000
알바4		4		4				4	4		4					4		4					4		4							8	12	8	8	0	-	288,000
알바5	5	5	5	5	5			5	5	5	5	5			4		4					5	5	5	5	5			5	7	5	25	25	8	25	17	4	1,056,000
알바6		4		4					4		4					4		4					4		4							8	8	8	8	0	-	256,000

셋 | 째 | 마 | 당

총무 & 경영지원팀 엑셀왕

부서별직급 및 인원현황

예쁜 표 빠르게 만들기

업무 목표 | 워드 필요 없이 엑셀에서 서식 만들기

규모가 있는 기업에서는 직원이 몇 명 있는지 수시로 파악하기 위해 직원현황표나 부서별현황표를 만듭니다. 기본적인 서식을 완성해두면 조금씩 변형해서 직원현황표, 부서별현황표, 외근현황표 등으로 변경할 수 있습니다. 표가 들어간 각종 문서를 만들 때는 [홈] 탭 → 셀 스타일(아이콘) 아이콘을 사용하면 빠르게 예쁜 표 서식을 만들 수 있습니다.

완성 서식 미리 보기

부서별 직급 및 인원현황

총인원 148

부서	부장	차장	과장	대리	주임	사원	인턴
총무부	1	1	1	1		2	2
기획실(실장)	1		1	1		2	
경리부	1	1	1	1		2	
경영관리		1					
생산부	1		2	2	3	4	2
홍보과			1	1		2	
영업과		1	2	4		8	
전산실					1	2	
시설과			2	3		6	1
자재과			1	2		4	
쇼핑몰팀			1	1		3	
사보제작					1		
현장근무						55	5
부산지점		1					
광주지점			1				
울산지점			1				
청주지점			1				
강릉지점			1				
해외파견			2				

직원현황표, 외근현황표 등으로 활용할 수 있다

도전 엑셀왕!

업무 속도 3배 꿀팁

셀 스타일로 빠르게 표 정돈하기

예제파일 : 3_32_부서별직급및인원현황.xlsx

1. 셀 스타일 적용하기

[A3] 셀을 클릭(❶)한 후 키보드에서 Ctrl+Shift+↓+→ 키(❷)를 누릅니다. [A3:H22] 셀 범위가 설정되면 [홈] 탭 → [스타일] 그룹 → 셀 스타일 옆 〈펼침〉(▼) 버튼을 클릭(❸)합니다.

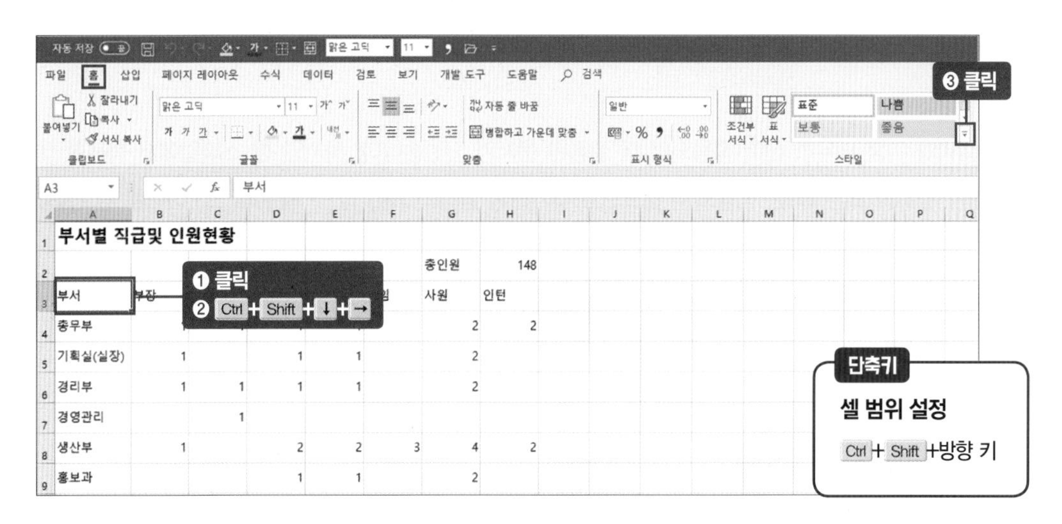

〈제목 4〉를 클릭(❹)해 적용합니다.

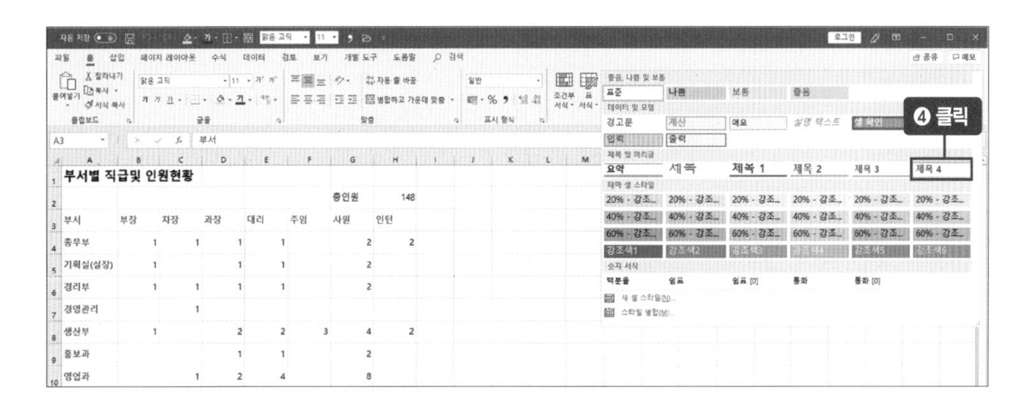

2. 셀 스타일 추가하기

셀 안의 글씨가 두꺼워졌습니다. 다시 셀 스타일 옆 〈펼침〉(▾) 버튼을 눌러 〈요약〉을 적용(❶)합니다.

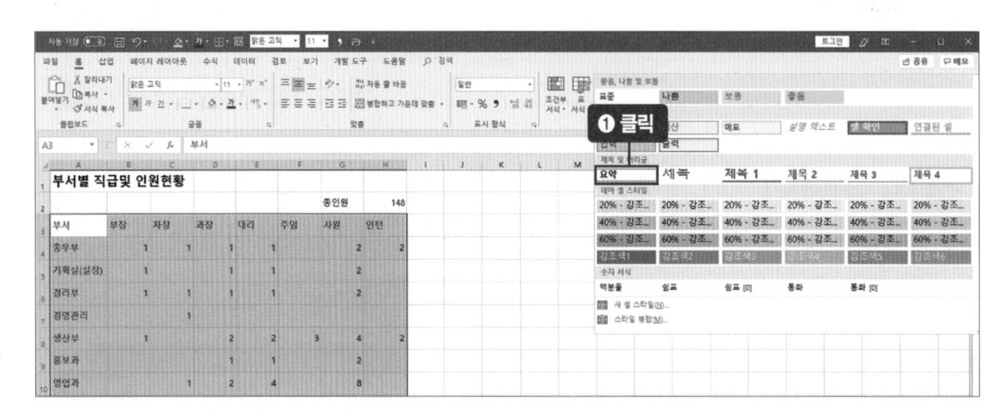

굵은 글씨와 이중 테두리 선이 적용되어 더 깔끔한 문서가 되었습니다. 하지만 셀 스타일에서 적용한 테두리선은 왼쪽과 오른쪽에는 적용되지 않으므로 추가해야 합니다. [홈] 탭 → 테두리(⊞) 아이콘 옆 〈펼침〉(▾) 버튼을 클릭(❷)합니다. 〈선색〉을 클릭(❸)하고 비슷한 파란색을 선택(❹)합니다.

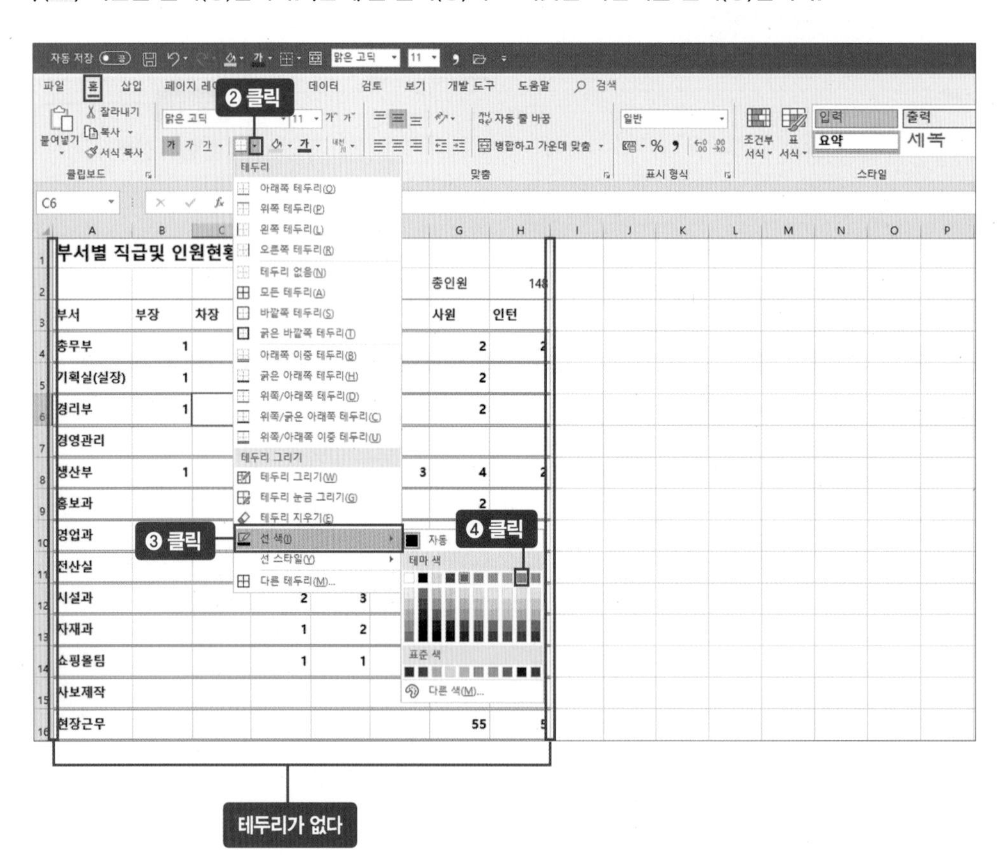

마우스로 표 양 옆을 드래그(❺)해 선을 추가합니다.

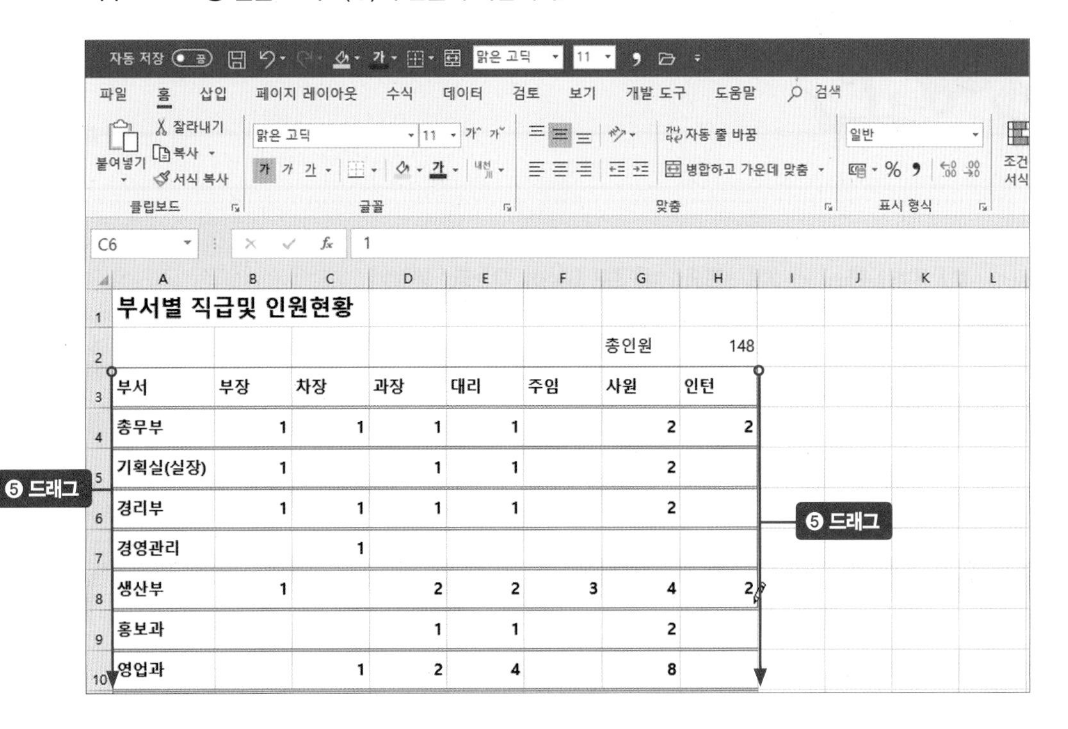

이렇게 셀 스타일을 사용하면 클릭 한 번으로 예쁜 표를 만들 수 있습니다. 일일이 테두리 굵기나 색상을 선택하지 않아도 되어서 편리합니다.

부서별 직급및 인원현황

						총인원	148
부서	부장	차장	과장	대리	주임	사원	인턴
총무부	1	1	1	1		2	2
기획실(실장)	1		1	1		2	
경리부	1	1	1	1		2	
경영관리		1					
생산부	1		2	2	3	4	2
홍보과			1	1		2	
영업과		1	2	4		8	
전산실					1	2	
시설과			2	3		6	1
자재과			1	2		4	
쇼핑몰팀			1	1		3	
사보제작					1		
현장근무						55	5
부산지점		1					
광주지점			1				
울산지점			1				
청주지점			1				
강릉지점			1				
해외파견			2				

tip

셀 스타일 직접 클릭해 익혀보자

셀 스타일을 적용할 때는 각 서식을 하나씩 클릭하면서 확인해보자. 각 문서마다 어울리는 표 서식을 찾을 수 있을 것이다.

문서관리대장

작성자만 수정하는 공식 문서

업무 목표 | 타 부서는 수정 못하게 문서에 암호 걸기

직장 내에서 열람하는 문서에 수정하면 안되는 항목이 있는 경우 보호해야 할 셀에 암호를 걸어 두면 좋습니다. 견적서 등을 파일로 보내줄 때 제품명은 수정이 가능하지만 가격은 임의로 수정하지 못하도록 막아둘 수도 있습니다.

완성 서식 미리 보기

문서관리대장

문서명	관리부서	내용	보안상의 이유로 수정불가		
			발행년도	보존기한	폐기결정
회의록	총무부	업무관련	2014	5	
회의록	인사부	승진관련	2013	5	
부문별마케팅전략	마케팅팀	전략2개년계획	2015	5	
자금현황표	경영관리부	주간자금현황	2014	5	
거래처품질조사표	자재과	거래처조사결과	2017	3	
경비산출표	생산부	생산부문별경비산출	2018	3	
투자계획	기획실	사장님 보고자료	2011	10	
자금현황표	경영관리부	월간자금현황	2013	5	
사업손실	총무부	사업부문별 손익계산	2016	5	
해외투자계획서	기획실	사장님 보고자료	2017	10	
자기소개서	인사부	신입사원선발자료	2014	3	
감사결과	인사부	사내감사결과보고서	2013	3	
수입지출자료	경리부	월별 수입지출내역대장	2015	5	
자금현황표	경영관리부	년간자금현황	2014	5	
현황보고	경영관리부	사장님 월간보고	2017	5	
경영검토	경영관리부	품질관리보고서	2018	3	
재고조사표	생산관리부	월별현장재고조사	2011	5	
매뉴얼	영업과	영업과 운영매뉴얼	2013	3	
매뉴얼	영업과	영업 가이드라인	2016	3	
매출관리	경리부	월간매출현황	2017	5	
거래처수수료현황	쇼핑몰팀	거래처별 지급수수료	2017	3	

수정되면 안되는 내용에 암호를 걸어 데이터를 보호할 수 있다

발행년도, 보존기한 셀에 암호 걸기

예제파일 : 3_33_문서관리대장.xlsx 

1. 시트 보호 후 셀 수정 가능하도록 설정하기

시트 보호 기능은 본래 전체 시트를 수정할 수 없도록 만드는 기능입니다. 하지만 여기에서는 한 발 더 나가 원하는 데이터만 수정이 안되도록 만들겠습니다. 예제파일에서 전체 셀 선택을 클릭(❶)한 후 Ctrl+1 키(❷)를 누릅니다. [셀 서식] 대화상자가 나타나면 [보호] 탭을 클릭(❸)한 다음 〈잠금〉의 체크를 해제(❹)합니다. 〈확인〉 버튼을 클릭(❺)해 창을 닫습니다.

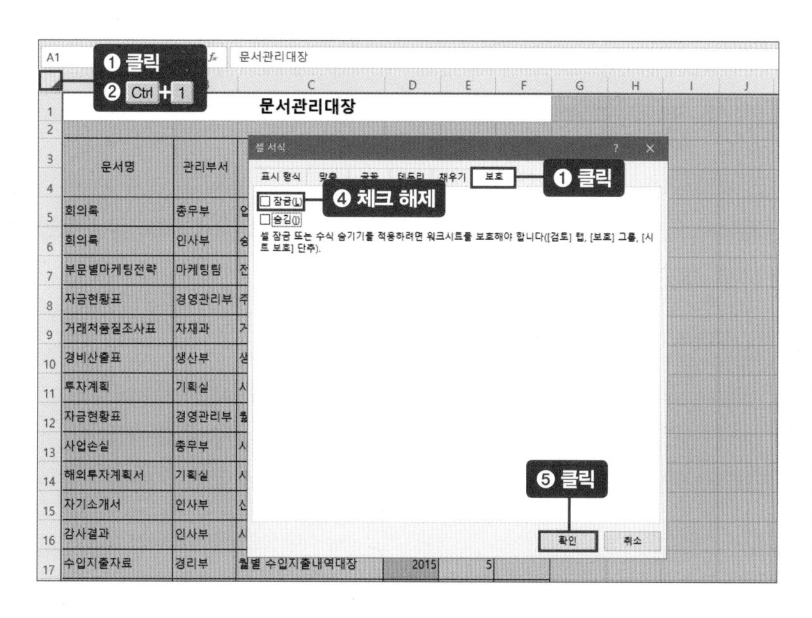

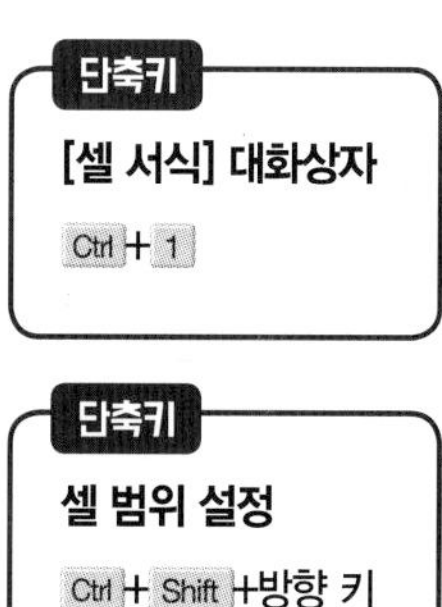

2. 수정 금지할 셀 선택하기

이번에는 수정 금지할 범위를 지정하겠습니다. [D5] 셀을 클릭(❶)하고 Ctrl + Shift + ↓ + → 키(❷)를 눌러 [D5:E25] 셀 범위를 설정합니다.

	A	B	C	D	E	F
1			문서관리대장			
2						
3	문서명	관리부서	내용	보안상의 이유로 수정불가		
4				발행년도	보존기한	폐기결정
5	회의록	총무부		2014	5	
6	회의록	인사부		2013	5	
7	부문별마케팅전략	마케팅팀	전략2개년계획	2015	5	
8	자금현황표	경영관리부	주간자금현황	2014	5	
9	거래처품질조사표	자재과	거래처조사결과	2017	3	
10	경비산출표	생산부	생산부문별경비산출	2018	3	

❶ 클릭
❷ Ctrl + Shift + ↓ + →

셀 범위를 설정한 상태에서 [셀 서식] 대화상자를 여는 단축키인 Ctrl+1 키를 누릅니다. [셀 서식] 대화상자가 열립니다.

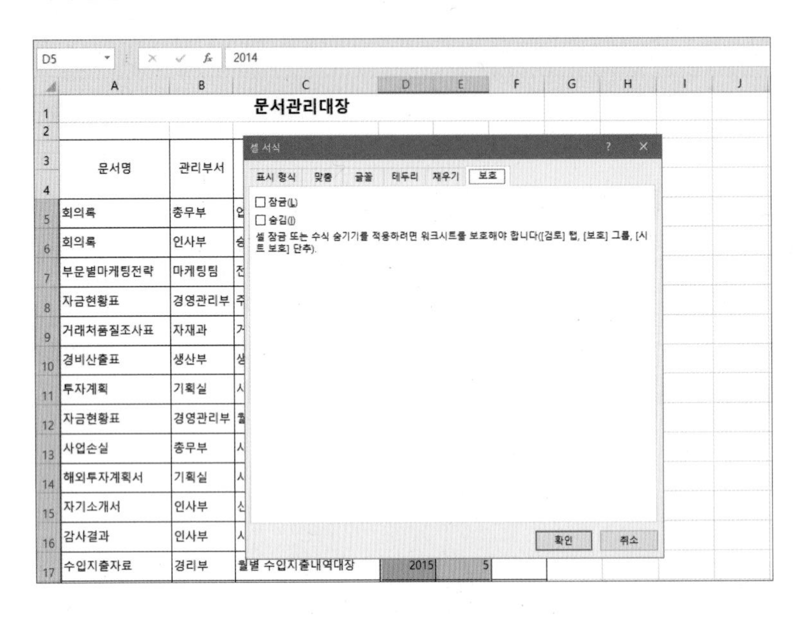

[셀 서식] 대화상자 → [보호] 탭에서 〈잠금〉과 〈숨김〉에 모두 체크(❸)합니다. 선택한 셀의 데이터를 수정할 수 없도록 잠그고 숨기는 것이지요. 〈확인〉을 클릭(❹)해 대화상자를 닫습니다.

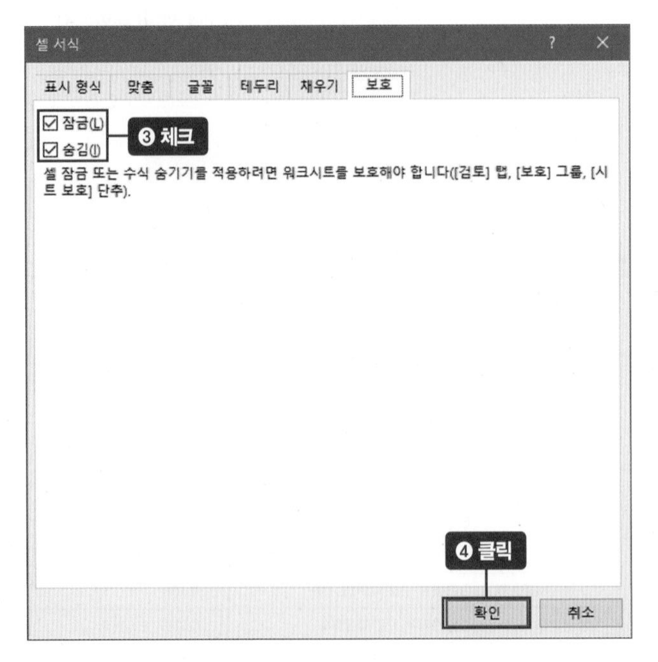

tip

숨김 기능을 사용하는 이유는?

여기서는 수식을 사용하지 않았지만, 〈숨김〉에 체크해 셀을 잠그면 적용한 수식도 보이지 않는다. 셀 수식이 노출되면 타인에게 보이고 싶지 않은 정보가 누출될 수도 있으니 시트 보호 기능을 사용할 때는 〈숨김〉까지 다 체크하는 것이 좋다.

3. 수정 금지할 셀에 암호 걸기

다시 시트로 돌아와 [검토] 탭 → [보호] 그룹 → 시트 보호( ) 아이콘을 클릭(❶)합니다.

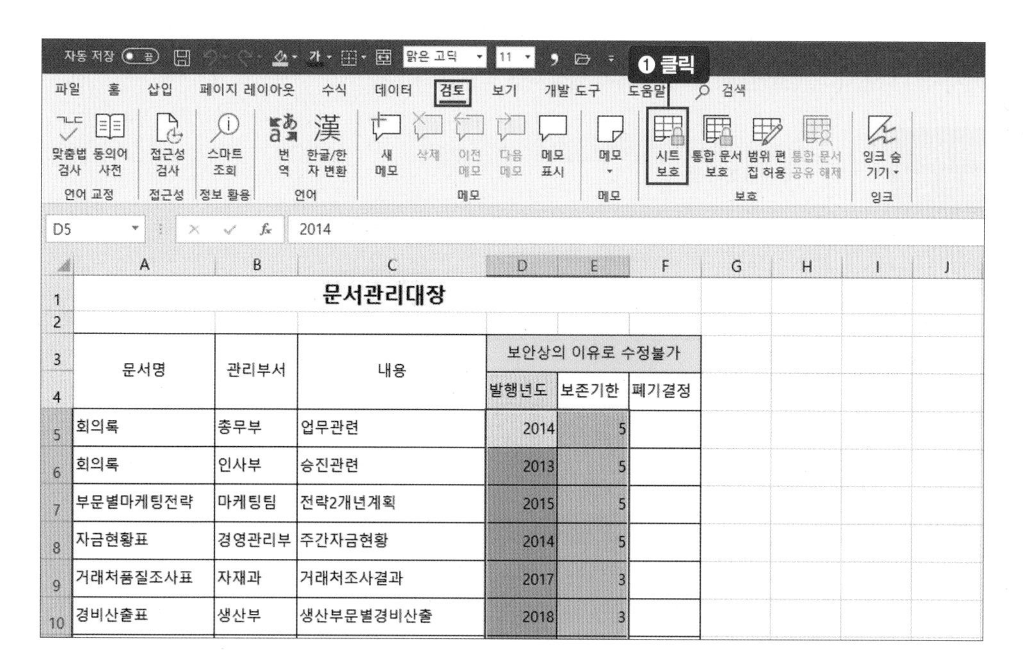

[시트 보호] 대화상자가 나타나면 '시트 보호 해제 암호' 박스에 암호를 입력(❷)합니다. 여기서는 1234를 입력하겠습니다. '워크시트에서 허용할 내용'은 셀이 잠긴 상태로 워크시트에서 어떤 기능까지 허용할지 선택하는 부분입니다. 여기에서는 기본 내용인 〈잠긴 셀 선택〉과 〈잠기지 않은 셀 선택〉에만 체크 표시가 된 것을 확인하고 〈확인〉 버튼을 클릭(❸)합니다.

같은 암호를 한 번 더 입력하는 [암호 확인] 대화상자가 나타납니다. 앞에서 입력한 암호 1234를 한 번 더 입력(❹)한 다음 〈확인〉 버튼을 클릭(❺)합니다. 암호 설정이 완료되었습니다.

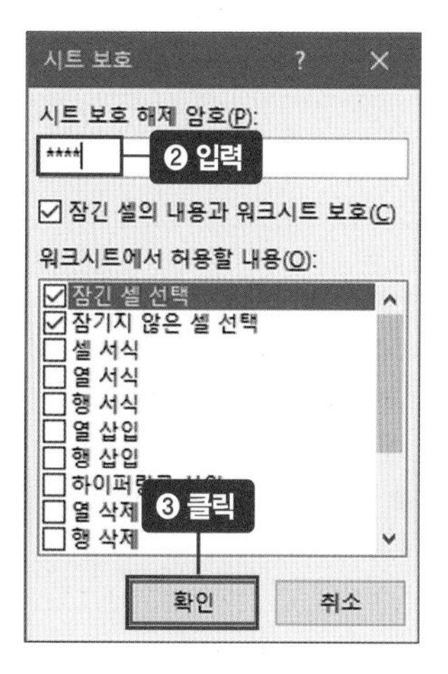

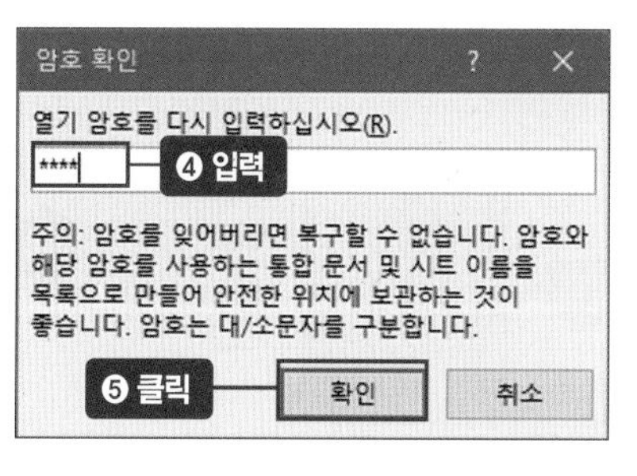

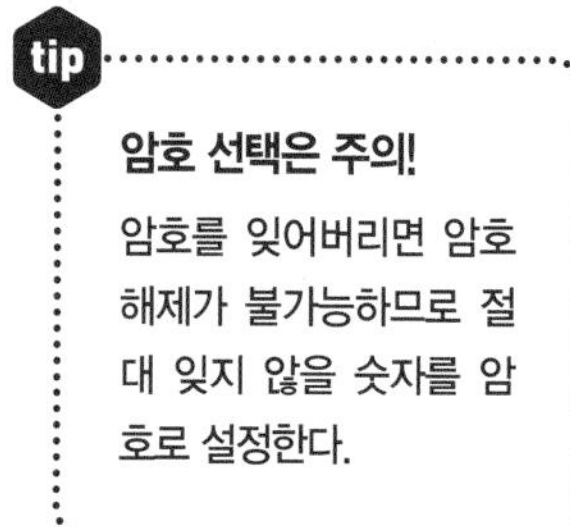

tip

암호 선택은 주의!

암호를 잊어버리면 암호 해제가 불가능하므로 절대 잊지 않을 숫자를 암호로 설정한다.

4. 암호 확인하기와 해제하기

셀에 암호가 잘 걸렸는지 확인해보겠습니다. [B5] 셀을 클릭한 다음 Delete 키를 누르면 글씨가 삭제됩니다. 하지만 [E5] 셀을 클릭한 다음 Delete 키(❶)를 눌러보세요. [E5] 셀의 내용을 지우려 하니 다음과 같은 에러 메시지가 나옵니다. 〈확인〉을 클릭(❷)해 대화상자를 닫습니다.

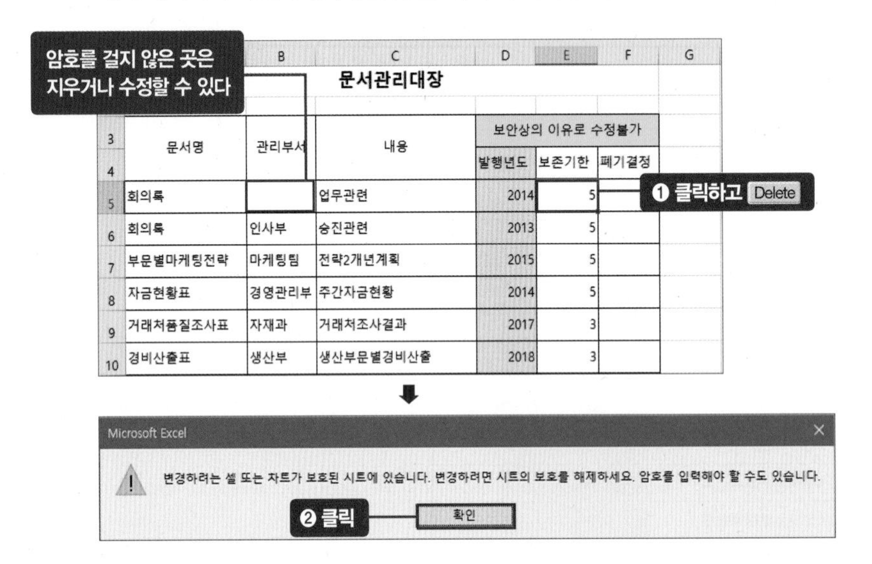

[E5] 셀뿐 아니라 [D5:E25] 셀 범위의 셀을 수정하려고 시도해도 같은 에러 메시지가 뜹니다. 암호를 해제하려면 [D5:E25] 셀 범위를 설정(❸)한 다음 [검토] 탭 → 시트 보호 해제( ) 아이콘을 클릭(❹)합니다. [시트 보호 해제] 대화상자가 나타나면 암호 1234를 입력(❺)한 다음 〈확인〉 버튼을 클릭(❻)합니다. 셀 보호가 해제되고 셀을 수정할 수 있게 됩니다.

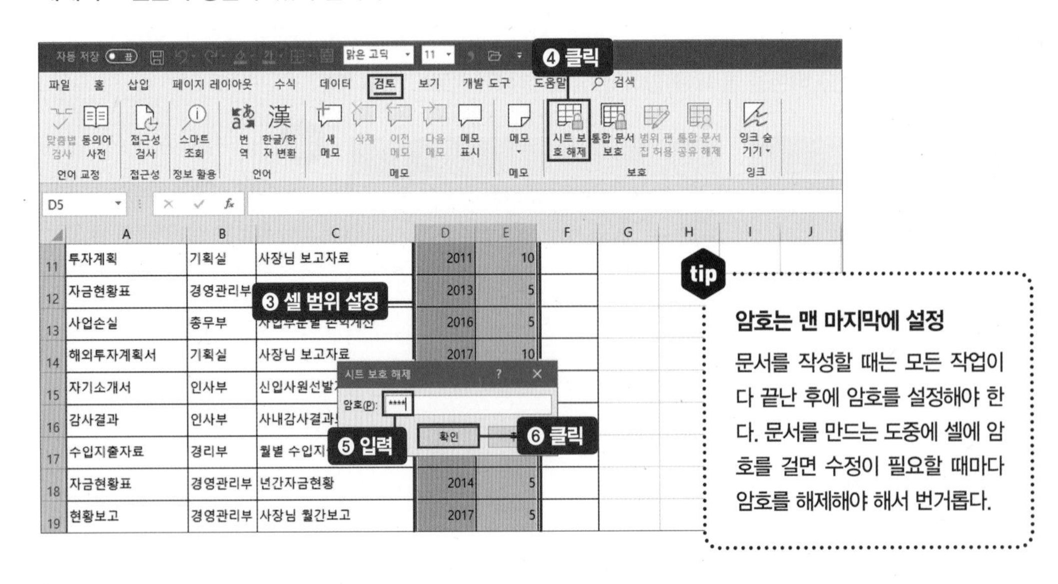

tip

암호는 맨 마지막에 설정

문서를 작성할 때는 모든 작업이 다 끝난 후에 암호를 설정해야 한다. 문서를 만드는 도중에 셀에 암호를 걸면 수정이 필요할 때마다 암호를 해제해야 해서 번거롭다.

거래처관리대장

부서 이름 일괄 바꾸기

업무 목표 | 대량의 자료에서 데이터 빠르게 교체하기

대량의 자료에서 필요한 데이터만 찾거나 원하는 단어를 빠르게 바꿔주는 기능이 있습니다. 긴 단어의 특정 부분만 추출해서 변경하는 것도 가능합니다. 연도를 일괄 변경하거나 담당자를 변경할 때 유용하게 사용하는 기능입니다.

완성 서식 미리 보기

변경할 셀 범위만 선택해 내용을 일괄 변경한다

거래처 관리대장

결재	과장	부장	사장

년 월 일

번호	업체명	대표자명	사업장주소	사업자등록번호	업태	종목	지불조건	담당자
1	불도장	이미리	서울시 강동구 암사동 1211번지 22	119-60-22610	제조업	도매	현금	영업4부
2	유밍장	오일만	서울시 종로구 사직동 100-48 2층'	118-59-22420	인쇄업	도매	여신	영업2부
3	우리이웃㈜	해맑은	서울시 서초구 서초동 몽마르뜨언덕2700번길	119-59-22610	전자거래	소매	여신	영업3부
4	가물치	강심장	서울시 강북구 수유2동 1850-22	141-70-26790	제조업	도매	현금	영업2부
5	미래로가는길	김유리	서울시 송파구 잠실동 270번지 주공 100단지 1000호	151-75-28690	교육사업	소매	현금	영업3부
6	아름다운	주은별	서울시 강남구 논현동 3300-160 바이크빌라 201호	161-80-30590	부동산업	매매업	현금	영업3부
7	영원한㈜	강력한	서울시 송파구 풍납동 풍납아파트 1022동 2004호	180-90-34200	구매대행	소매	현금	영업4부
8	㈜더넓은땅	유미래	서울시 금천구 시흥4동 8140-22	125-62-23750	임대업	매매업	현금	영업2부
9	잘팔자	김장수	경기도 수원시 영통구 이의동 3307번지 15호	145-72-27550	제조업	소매	여신	영업3부
10	새활용	민주리	서울시 강서구 염창동 2500-333 아파트 102동 2000호	178-89-33820	재활용매각	도매	현금	영업2부
11	막팔어	유명한	서울시 강남구 논현동 770-120번지 오토바이 빌라02호	119-59-22610	도소매업	도소매	여신	영업3부

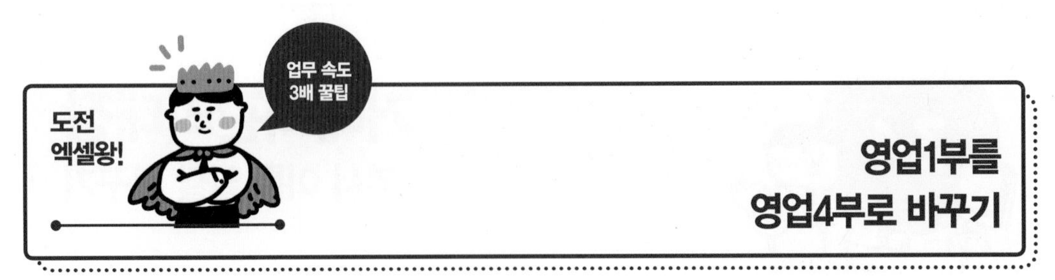

영업1부를 영업4부로 바꾸기

예제파일 : 3_34_거래처관리대장.xlsx 

1. 변경 원하는 셀 범위 지정하기

영업1부 담당자들이 영업4부로 발령받았습니다. 따라서 담당자 항목에서 '영업1부'를 '영업4부'로 변경하겠습니다. [N6] 셀을 클릭(❶)하고 Ctrl+Shift 키를 누른 상태에서 ↓ 키를 네 번(❷) 누르면 [N6:N33] 셀 범위가 설정됩니다. 자료 변경은 반드시 해당 셀 범위를 설정해서 사용해야 합니다. 셀 범위를 설정하지 않고 사용하면 문서 전체에서 같은 문자를 찾아서 모두 변경해버립니다.

거래처 관리대장

결재	과장	부장	사장

번호	업체명	대표자명	사업장주소	사업자등록번호	업태	종목	지불조건	담당자
1	불도장	이미리	서울시 강동구 암사동 1211번지 22	119-6				영업1부
2	유밍장	오일만	서울시 종로구 사직동 100-48 2층	118-59-22420	인쇄업	도매	여신	영업2부
3	우리이웃㈜	해맑은	서울시 서초구 서초동 몽마르뜨언덕2700번길	119-59-22610	전자거래	소매	여신	영업3부
4	가물치	강심장	서울시 강북구 수유2동 1850-22	141-70-26790	제조업	도매	현금	영업2부

❶ 클릭
❷ Ctrl + Shift + ↓ + ↓ + ↓ + ↓

2. 원하는 내용 '모두 바꾸기'

[N6:N33] 셀 범위가 설정된 상태에서 Ctrl+H 키를 누르면 [찾기 및 바꾸기] 대화상자가 나타납니다. '찾을 내용'에 **영업1부**, '바꿀 내용'에 **영업4부**를 입력(❶)한 다음 〈모두 바꾸기〉를 클릭(❷)합니다.

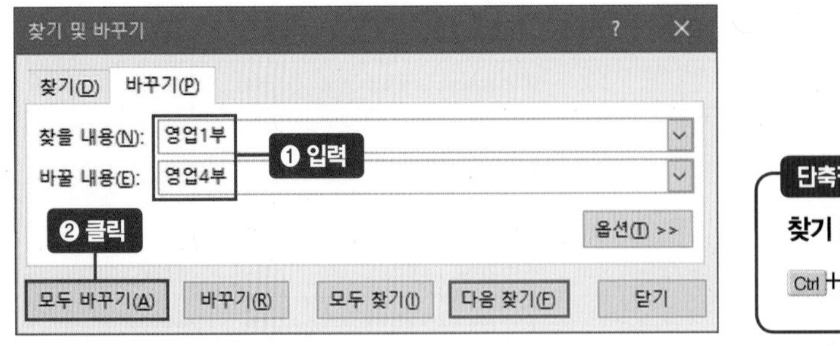

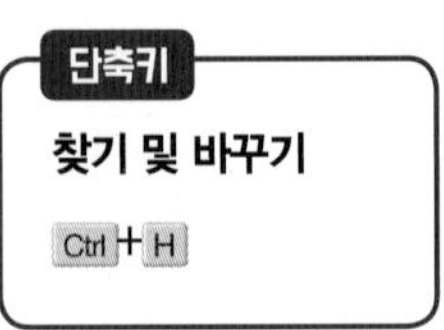

7개 항목이 변경되었음을 알려줍니다. 〈확인〉 버튼을 클릭(❸)합니다. [찾기 및 바꾸기] 대화상자도 〈닫기〉 버튼을 클릭(❹)해 닫습니다. [N6:N33] 셀에서 '영업1부'가 전부 '영업4부'로 변경되었습니다.

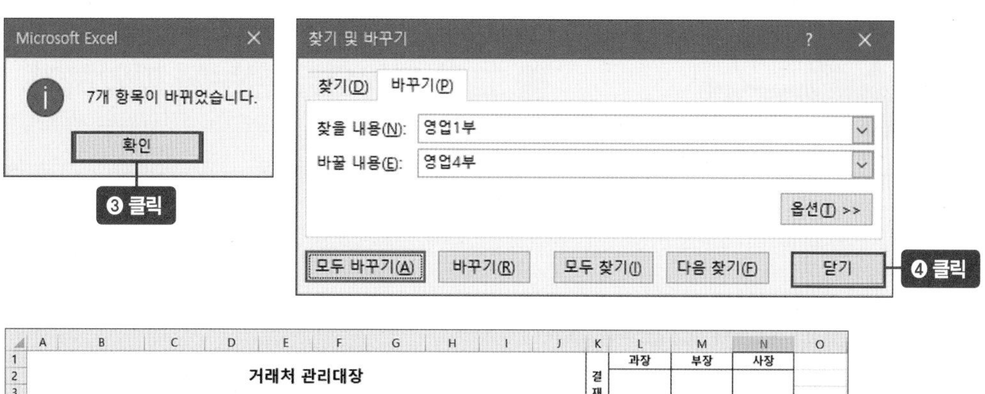

빈 셀을 한 번에 0으로 채우기

예제파일 : 3_34_팁_빈셀0으로 채우기

평균값을 정확히 구하기 위해 빈 셀에 일괄적으로 0을 넣겠습니다. [C5:E7]을 드래그(❶)해 셀 범위로 지정합니다. [홈] 탭 → 찾기 및 선택( ) 아이콘 클릭(❷) → 〈이동 옵션〉을 클릭(❸)합니다. [이동 옵션] 대화상자가 나타나면 〈빈 셀〉에 체크(❹)한 다음 〈확인〉을 클릭(❺)합니다. 빈 셀이 자동으로 선택되면 0을 입력한 다음 Ctrl+Enter 키(❻)를 누릅니다. 빈 셀에 모두 0이 입력되었습니다. 평균값을 구합니다. ★ **평균값 자세한 내용은 116쪽 참고**

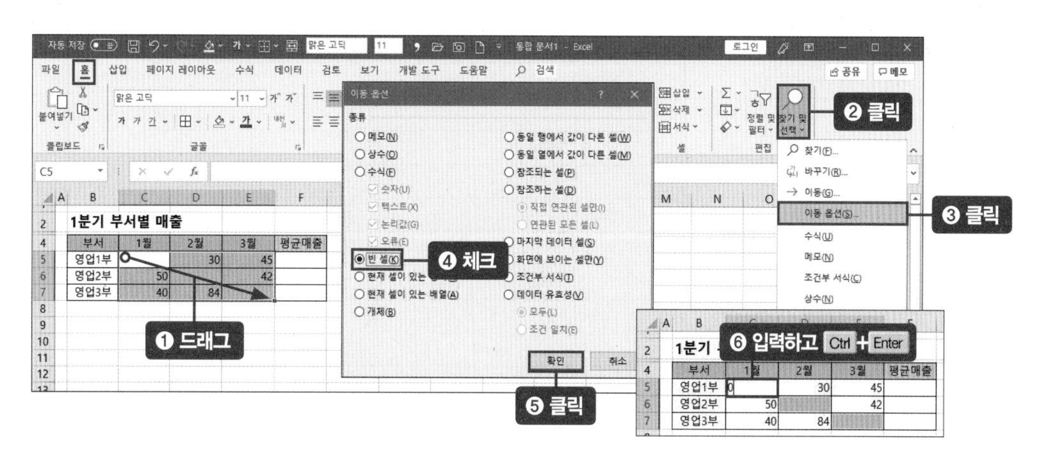

소모품사용대장

틀 고정 기능으로 한눈에 파악하기

업무 목표 | 방대한 문서 한눈에 보기

인쇄할 목적을 갖고 있지 않은 문서 중에는 연간사업보고서나 쇼핑몰 매출을 일별로 매일 정리하는 서류들이 있습니다. 이런 자료는 시트의 범위가 넓고 커서 한눈에 보기가 힘들어 행으로 스크롤하거나 열로 스크롤하면 표 항목이 무엇인지 보이지 않는 문제가 있습니다. 틀 고정 기능을 사용하면 스크롤을 해도 표 항목이 보이도록 유지할 수 있습니다.

- **틀 고정** : 상단, 좌측 모두 고정 (상하좌우 스크롤이 목적일 때 사용)
- **첫 행 고정** : 상단 고정 (위아래로 스크롤이 목적일 때 사용)
- **첫 열 고정** : 좌측 고정 (좌우로 스크롤이 목적일 때 사용)

완성 서식 미리 보기

행, 열을 고정해 문서 확인을 쉽게 한다

소모품 사용대장

구입부서	소모품명	구입금액									
		1	2	3	4	5	6	7	8	9	10
사장실	접대비		300,000			250,000				400,000	
비서실	음료및 다과	50,000									50,000
총무부	우수직원상품			700,000							
인사부	복사지 사무용품	300,000							100,000		
마케팅팀	고객상품 구입비		100,000					100,000			
경영관리부	유류비	150,000				150,000					150,000
자재과	공구류구입			200,000							
생산부	현장소모품		50,000				50,000				50,000
기획실	출장비				500,000					500,000	
경영관리부	프린터토너			50,000							50,000

가로로 긴 자료 틀 고정 기능 적용하기

예제파일 : 3_35_소모품사용대장.xlsx

1. 가로로 긴 자료 스크롤하기

예제파일의 자료는 가로로 길어서 날짜 부분이 15일까지만 보입니다. 31일 데이터를 보려면 오른쪽으로 스크롤해야 합니다.

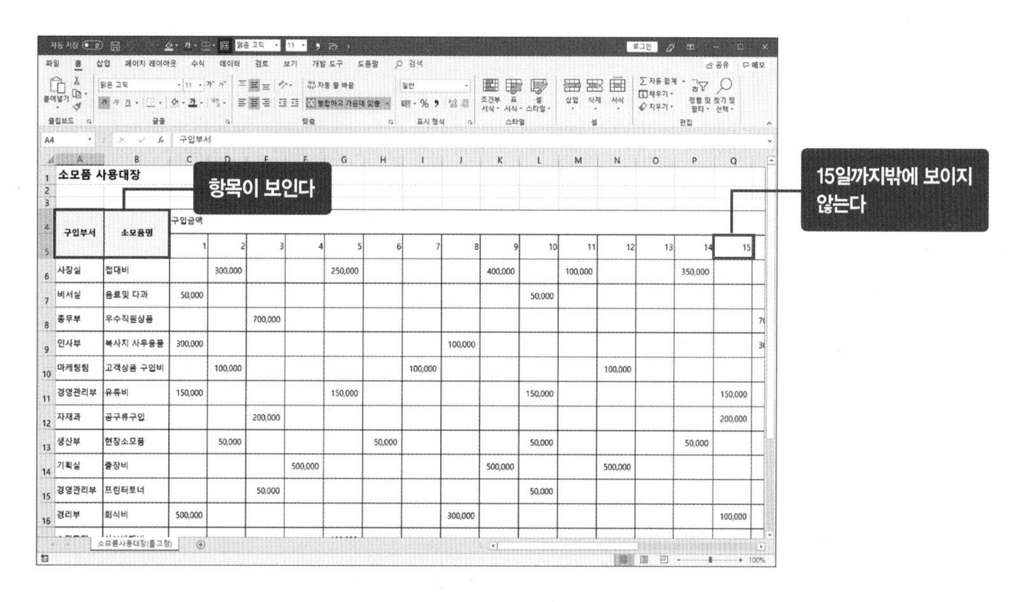

31일 데이터를 보려고 오른쪽으로 스크롤하면 왼쪽에 있는 '구입부서'와 '소모품명' 항목이 보이지 않아서 불편합니다.

2. 틀 고정 적용하기

오른쪽으로 스크롤해도 왼쪽에 있는 '구입부서', '소모품명' 항목이 보이도록 틀 고정 기능을 적용하겠습니다. [C6] 셀을 클릭(❶)합니다. [보기] 탭 → 틀 고정(▦) 아이콘(❷) → 〈틀 고정〉을 클릭(❸)합니다.

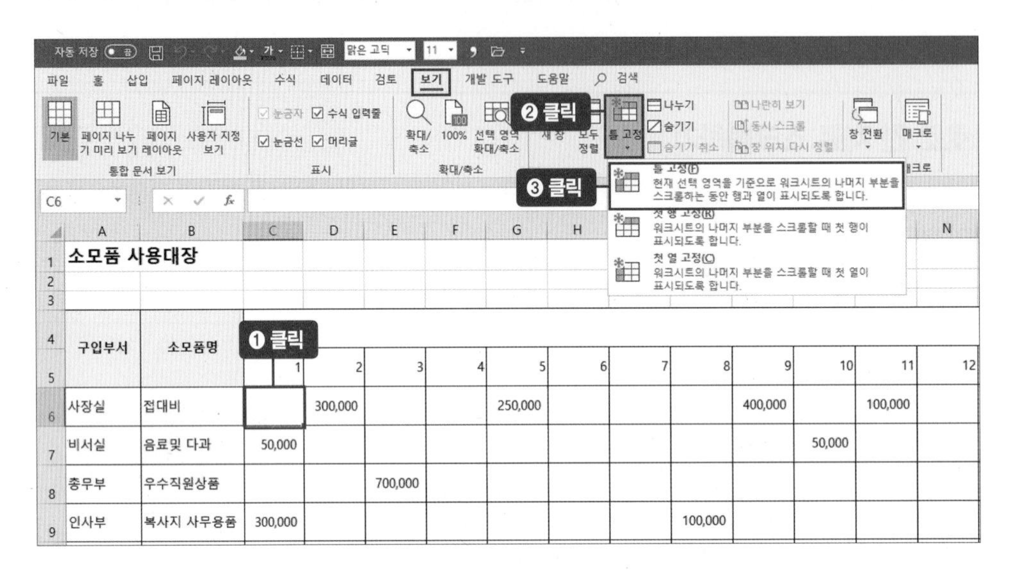

틀 고정한 후 오른쪽으로 스크롤, 아래로 스크롤한 화면입니다. 17일 이후 자료를 보는데도 '구입부서'와 '소모품명' 항목이 그대로 있습니다. 가장 아래에 있는 시설과의 소모품명도 헷갈리지 않고 확인할 수 있습니다. 이렇게 틀 고정 기능을 사용하면 자료를 정확하게 보면서 작업할 수 있어서 편리합니다.

	A	B	S	T	U	V	W	X	Y
1	소모품 사용대장								
2									
3									
4	구입부서	소모품명							
5			17	18	19	20	21	22	23
18	영업과	업무미팅비용					100,000		
19	시설과	소모성자재 교체			490,000				150,000
20									
21									
22									
23									
24									
25									
26									

상하좌우로 스크롤해도
좌측, 상단의 항목이 보인다

3. 틀 고정 취소하기

지정된 틀 고정을 해제하려면 [보기] 탭 → 틀 고정(田) 아이콘(❶) → 〈틀 고정 취소〉를 클릭(❷)합니다.

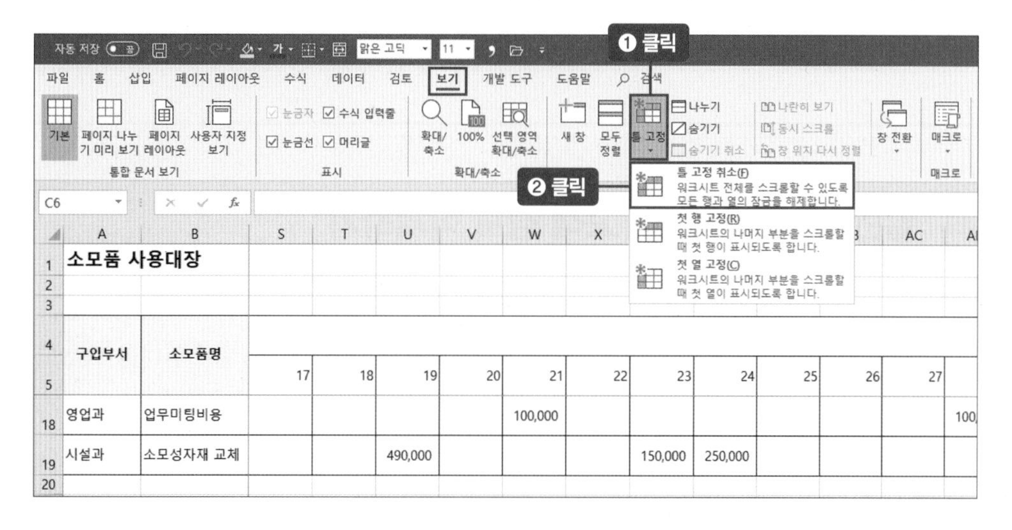

tip 쇼핑몰 일일판매현황표에 유용한 틀 고정 기능

아래는 쇼핑몰 일일판매현황을 정리한 표입니다. 매일 정리하는 표라서 날짜 항목이 있는 세로가 깁니다. 쇼핑몰 여러 곳에 입점해 있는 회사라면 쇼핑몰별 금액을 정리한 가로 데이터도 길어질 것입니다. 이렇게 행/열 모두 스크롤해야 하는 범위가 클 때 틀 고정 기능이 유용합니다. [B3] 셀을 클릭한 다음 틀 고정 기능을 적용하면 스크롤해도 항목과 날짜를 유지하며 데이터를 볼 수 있습니다.

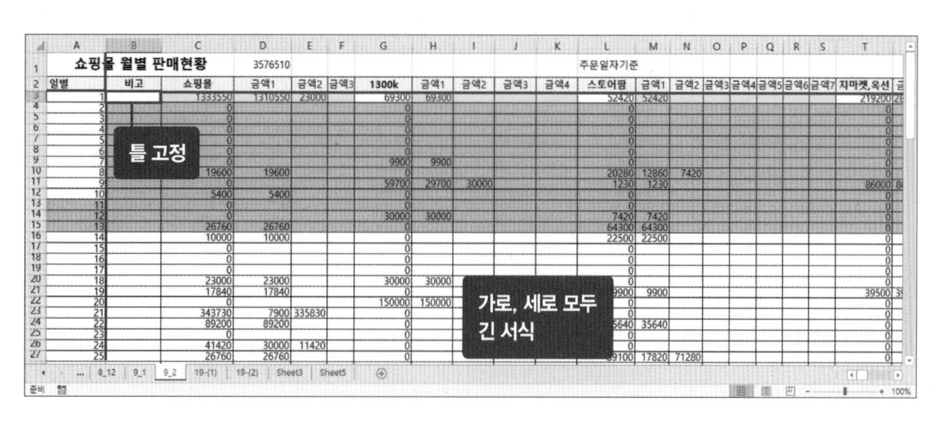

A/S고객관리대장
— ROW 함수

업무 목표 | 일련번호 변경 없이 고객 정보 삭제하기

ROW 함수는 문서에서 불필요한 열을 삭제하거나, 예약을 처리하는 서류에서 예약 취소 등으로 필요 없게 된 열을 삭제한 후에 일련번호를 차례대로 유지하도록 해주는 함수입니다. A/S고객관리대장, 거래처관리대장 등 명단이 수시로 바뀌는 서류에서 사용하면 편리합니다.

> **=ROW( )** : 행 번호를 그대로 값으로 내보낸다

완성 서식 미리 보기

서류 내용 중간을 삭제해도 일련번호를 유지할 수 있어서 편리하다

A/S 고객관리대장

No.	성명	입고일	하자내용	출고예정일	기타
1	이미리	2019-01-03	부속교체		
2	홍길동	2019-01-03	고장		
3	장사신	2019-01-03	합선		
4	유명한	2019-01-04	고장		
5	김준비	2019-01-04	부속교체		
6	사용중	2019-01-04	교환요구		교환불가
7	오일만	2019-01-05	고장		
8	해맑은	2019-01-05	고장		
9	진시황	2019-01-05	고장		
10	주린배	2019-01-05	고장		
11	유미래	2019-01-05	고장		
12	미리내	2019-01-08	고장		
13	김장철	2019-01-08	고장		
14	강심장	2019-01-08	고장		
15	김유리	2019-01-08	합선		
16	지렁이	2019-01-08	부속교체		부속없음
17	전부켜	2019-01-08	고장		
18	김장수	2019-01-09	고장		
19	주은별	2019-01-09	고장		
20	강미소	2019-01-09	합선		
21	지영롱	2019-01-09	부속교체		
22	손매력	2019-01-09	교환요구		
23	민주리	2019-01-09	고장		
24	오미리	2019-01-09	고장		
25	유연하	2019-01-09	고장		

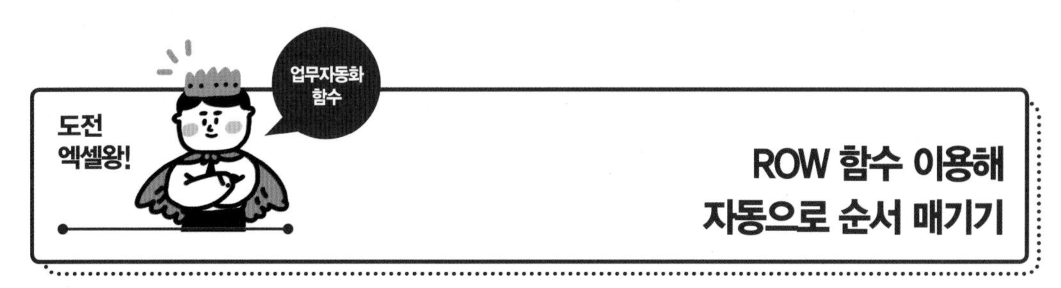

예제파일 : 3_36_AS고객관리대장.xlsx 

1. 행 삭제하기

예제파일에서 김준비 고객의 A/S가 마무리되어 해당 사항을 삭제하려고 합니다. 삭제 전 [A7] 셀에는 '5'가 입력되어 있습니다.

	A	B	C	D	E	F	G
1	A/S 고객관리대장						
2	No.	성명	입고일	하자내용	출고예정일	기타	
3	1	이미리	2019-01-03	부속교체			
4	2	홍길동	2019-01-03	고장			
5	3	장사신	2019-01-03	합선			
6	4	유명한	2019-01-04	고장			
7	5	김준비	2019-01-04	부속교체			
8	6	사용중	2019-01-04	교환요구		교환불가	
9	7	오일만	2019-01-05	고장			
10	8	해맑은	2019-01-05	고장			

7행 전체를 삭제하기 위해 행 머리글을 우클릭(❶)한 후 도구창에서 〈삭제〉를 클릭(❷)합니다.

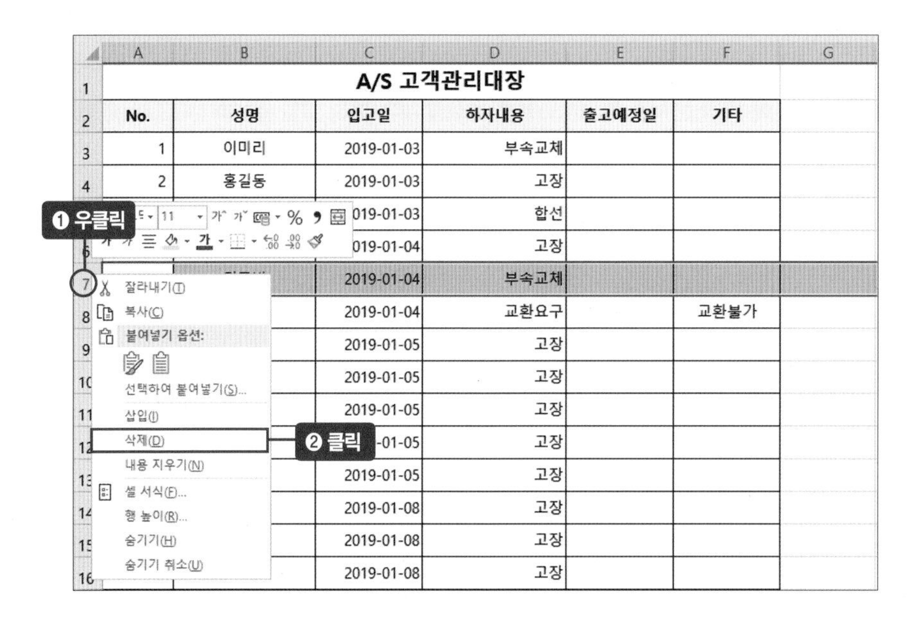

행이 삭제되어서 [A7] 셀의 내용이 '6'이 되었습니다. 고객 이름도 '사용중'이 되었습니다. 기존의 내용이 삭제되면서 아래 8행에 있던 내용이 7행으로 올라왔기 때문이지요. 김준비 고객의 데이터는 삭제되었지만 표에 순서대로 입력해놓은 번호에서 5가 없어져서 어색합니다. 다른 방법을 찾아봅시다. Ctrl + Z 키(❸)를 눌러 김준비 고객의 데이터를 복원합니다.

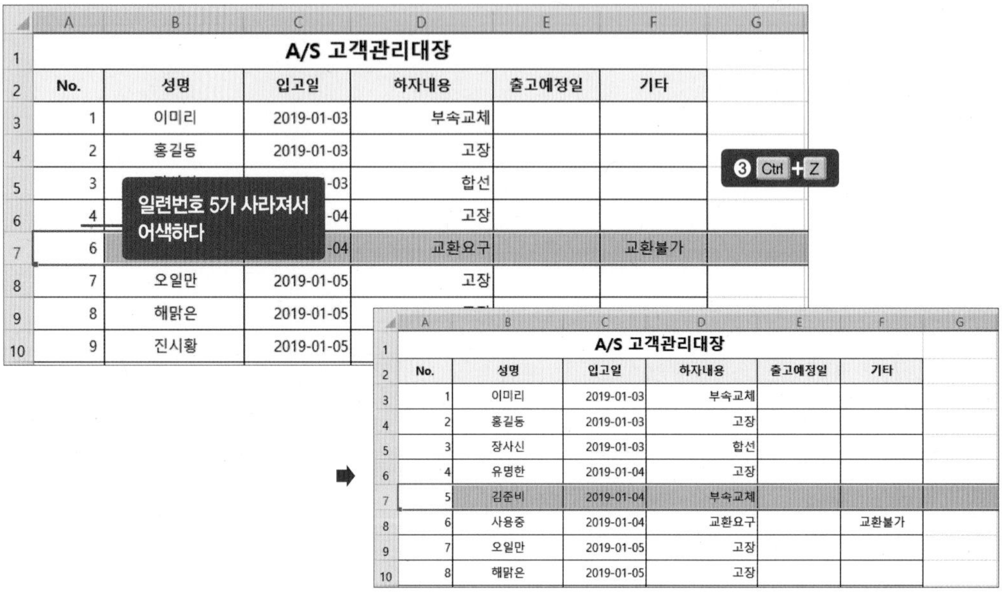

	A	B	C	D	E	F	G
1	A/S 고객관리대장						
2	No.	성명	입고일	하자내용	출고예정일	기타	
3	1	이미리	2019-01-03	부속교체			
4	2	홍길동	2019-01-03	고장			
5	3		-03	합선			
6	4		-04	고장			
7	6		-04	교환요구		교환불가	
8	7	오일만	2019-01-05	고장			
9	8	해맑은	2019-01-05				
10	9	진시황	2019-01-05				

일련번호 5가 사라져서 어색하다

❸ Ctrl + Z

	A	B	C	D	E	F	G
1	A/S 고객관리대장						
2	No.	성명	입고일	하자내용	출고예정일	기타	
3	1	이미리	2019-01-03	부속교체			
4	2	홍길동	2019-01-03	고장			
5	3	장사신	2019-01-03	합선			
6	4	유명한	2019-01-04	고장			
7	5	김준비	2019-01-04	부속교체			
8	6	사용중	2019-01-04	교환요구		교환불가	
9	7	오일만	2019-01-05	고장			
10	8	해맑은	2019-01-05	고장			

2. ROW 함수로 숫자 순서 유지하기

행 내용을 삭제한 후에도 A열에 입력한 번호는 순서대로 유지했으면 좋겠습니다. 행 번호를 값으로 내보내는 ROW 함수를 사용해 행 번호에 따라 순서가 매겨지도록 만들겠습니다. [A3] 셀을 클릭해 **=ROW()**를 입력한 다음 Enter 키(❶)를 누릅니다.

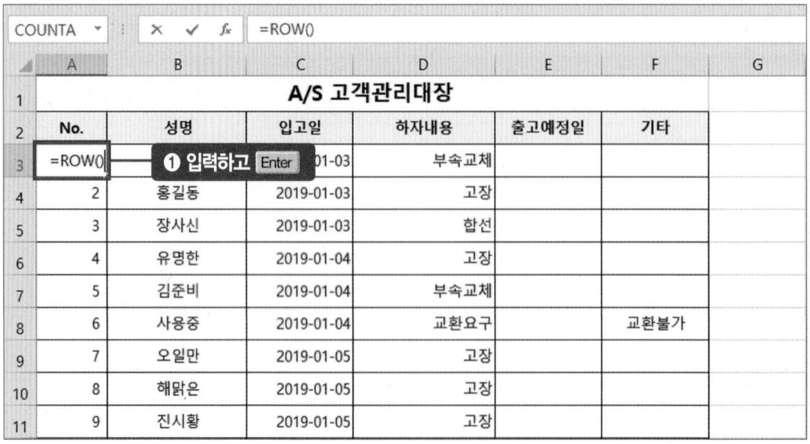

COUNTA | =ROW()

	A	B	C	D	E	F	G
1	A/S 고객관리대장						
2	No.	성명	입고일	하자내용	출고예정일	기타	
3	=ROW()		01-03	부속교체			
4	2	홍길동	2019-01-03	고장			
5	3	장사신	2019-01-03	합선			
6	4	유명한	2019-01-04	고장			
7	5	김준비	2019-01-04	부속교체			
8	6	사용중	2019-01-04	교환요구		교환불가	
9	7	오일만	2019-01-05	고장			
10	8	해맑은	2019-01-05	고장			
11	9	진시황	2019-01-05	고장			

❶ 입력하고 Enter

[A3] 셀에 3이 나타납니다. ROW 함수는 행 번호를 그대로 입력하는 함수이므로 3행에 입력한 ROW 함수는 결과값으로 3을 내보내는 것입니다.

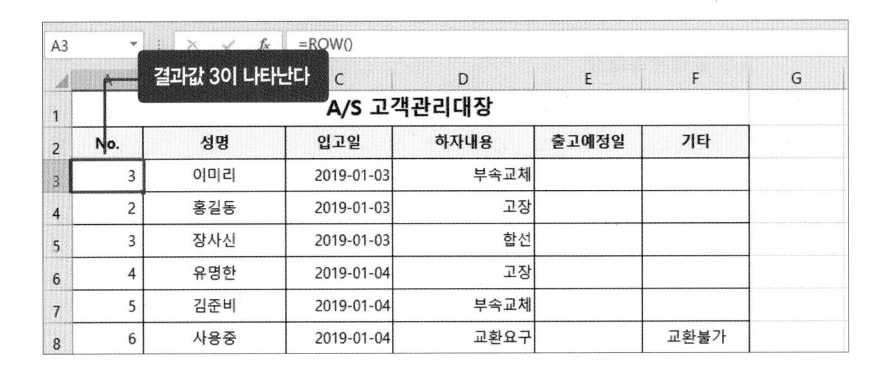

표에서 번호는 1부터 시작해야 하니 [A3] 셀에 추가로 –2를 입력해 '=ROW()–2'로 만듭니다. 수식 입력이 완료되면 Enter 키(❷)를 누릅니다.

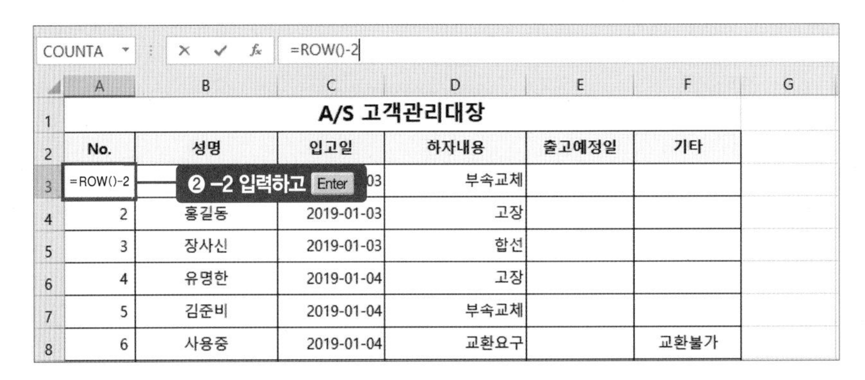

결과값이 1로 나타났습니다. 행 번호 3에서 2를 뺀 값입니다. 채우기 핸들을 더블클릭(❸)해 '=ROW()–2' 수식을 열 전체에 채웁니다. 4행에는 2를 뺀 2, 5행에는 2를 뺀 3이 나타나면서 순서가 차례대로 매겨집니다.

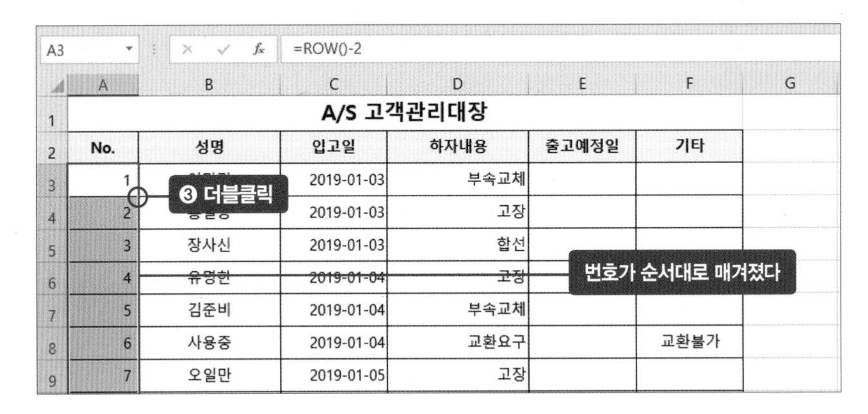

이제 원래 삭제하려고 한 7행의 '김준비' 고객을 삭제해보겠습니다. 7행의 행 머리글을 우클릭하고 도구창에서 〈삭제〉를 클릭(❹)합니다.

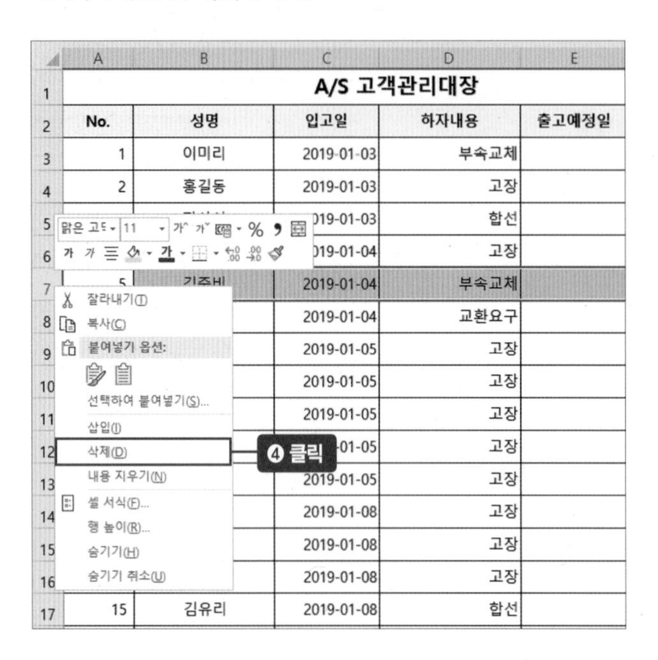

원래 7행에 있던 '김준비' 고객은 삭제되고 '사용중' 고객의 내용이 7행에 나타납니다. [A7] 셀의 번호는 변하지 않고 그대로 5입니다.

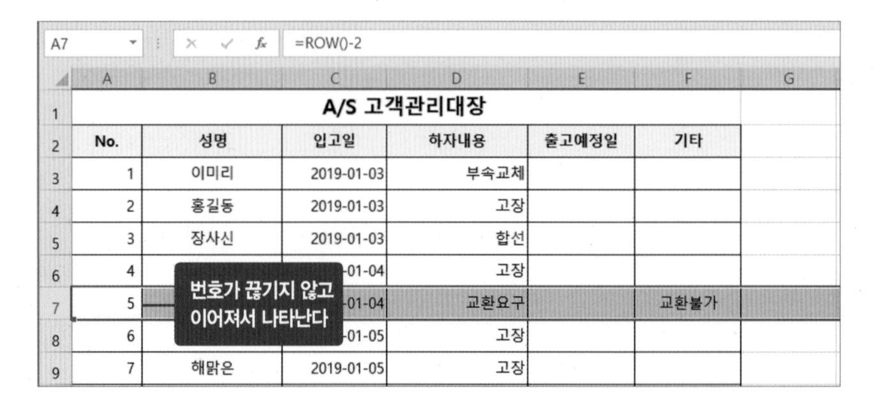

자동으로 번호가 수정되는 거래처관리대장 만들기

예제파일 : 3_36_팁_거래처관리대장.xlsx

A/S고객관리대장처럼 거래처관리대장도 거래기간이 끝나면 삭제하고 추가하는 일이 많습니다. 표의 행 번호를 유지해주는 ROW 함수를 사용하면 편리합니다. 7행에서 우클릭한 다음 삭제해도 행 번호가 유지됩니다. [A6:A16] 셀까지 '=ROW()–5'가 입력되어 있기 때문입니다. 일련번호를 유지해야 하는 문서에 언제든지 활용해보세요.

A7 =ROW()-5

거래처 관리대장

결재	과장	부장	사장

년 월 일

번호	업체명	대표자명	사업장주소	사업자등록번호	업태	종목	지불조건	담당자
1	불도장	이미리	서울시 강동구 암사동 1211번지 22	119-60-22610	제조업	도매	현금	영업1부
2	유밍장	오일만	서울시 종로구 사직동 100-48 2층	118-59-22420	인쇄업	도매	여신	영업2부
3	우리이웃㈜	해맑은	서울시 서초구 서초동 몽마르뜨언덕2700번길	119-59-22610	전자거래	소매	여신	영업3부
4	가물치	강심장	서울시 강북구 수유2동 1850-22	141-70-26790	제조업	도매	현금	영업2부
5	미래로가는길	김유리	서울시 송파구 잠실동 270번지 주공 100단지1000호	151-75-28690	교육사업	소매	현금	영업3부
6	아름다운	주은별	서울시 강남구 논현동 3300-160 바이크빌라201호	161-80-30590	부동산업	매매업	현금	영업3부
7	영원한㈜	강력한	서울시 송파구 풍납동 풍납아파트 1022동 2004호	180-90-34200	구매대행	소매	현금	영업1부
8	㈜더넓은땅	유미래	서울시 금천구 시흥4동 8140-22	125-62-23750	임대업	매매업	현금	영업2부
9	잘팔자	김장수	경기도 수원시 영통구 이의동 3307번지 15호	145-72-27550	제조업	소매	여신	영업3부
10	새활용	민주리	서울시 강서구 염창동 2500-333 아파트 102동 2000호	178-89-33820	재활용매각	도매	현금	영업2부
11	막팔어	유명한	서울시 강남구 논현동 770-120번지 오토바이빌라02호	119-59-22610				

실무에 유용한 거래처관리대장.
저작권 Free 예제파일로 응용해보자!

차량관리대장
— MAX, MIN, LARGE 함수

업무 목표 | 회사 차량 관리하기

회사의 차량은 꼼꼼하게 관리해야 하는 부분입니다. 차량은 정기적인 관리가 중요하기 때문이지요. 차량 관리와 관련된 문서도 여러 가지입니다. 차량정비관리대장, 주유비관리대장 등입니다. 이번에는 함수를 이용해 부서별 차량의 월별 사용량 최댓값이나 최솟값을 구해보겠습니다.

> **=MAX(범위①)** : 범위①에서 가장 큰 값을 구한다
>
> **=MIN(범위①)** : 범위①에서 가장 작은 값을 구한다
>
> **=LARGE(범위①, 순위②)** : 범위①에서 원하는 순위②에 해당하는 값을 불러온다

완성 서식 미리 보기

차량관리대장

부서	주행거리 합산(km)	1월	2월	3월	4월	5월	6월	7월	8월	9월	순위	주행거리	사용부서
총무부	2,670		100	150	200	400	250	820	650	100	1	2780	생산관리부
생산관리부	2,780	150		100	200	450	300	650	820	110	2	2670	총무부
영업과	1,610		100	150	180	400	150	180	350	100	3	2340	자재과
자재과	2,340	500		200	200	280	300	300	450	110			
전산실	1,780	250		200	190	280	250	200	300	110			
경리부	2,270	430		200	200	280	300	300	450	110			
시설과	2,180	250		280	180	300	320	300	450	100			
홈페이지팀	1,860		100	260	180	450	250	180	350	90			
마케팅부	2,240	310		280	180	300	320	300	450	100			
기획실	1,660	150		300	180	190	250	200	300	90			
최댓값	2,780	500	100	300	200	450	320	820	820	110			
최솟값	1,610	150	100	100	180	190	150	180	300	90			

안전 직결 차량 관리! MAX, MIN 함수로 시작하기

데이터 최댓값, 최솟값 구하기

예제파일 : 3_37_차량관리대장.xlsx

1. 주행거리가 가장 긴 차량 찾기

MAX 함수를 이용해 1~9월간 누적된 주행거리 중 최댓값을 구해보겠습니다. [B14] 셀에 **=MAX(B4:B13)** 를 입력한 다음 Enter 키(❶)를 누릅니다.

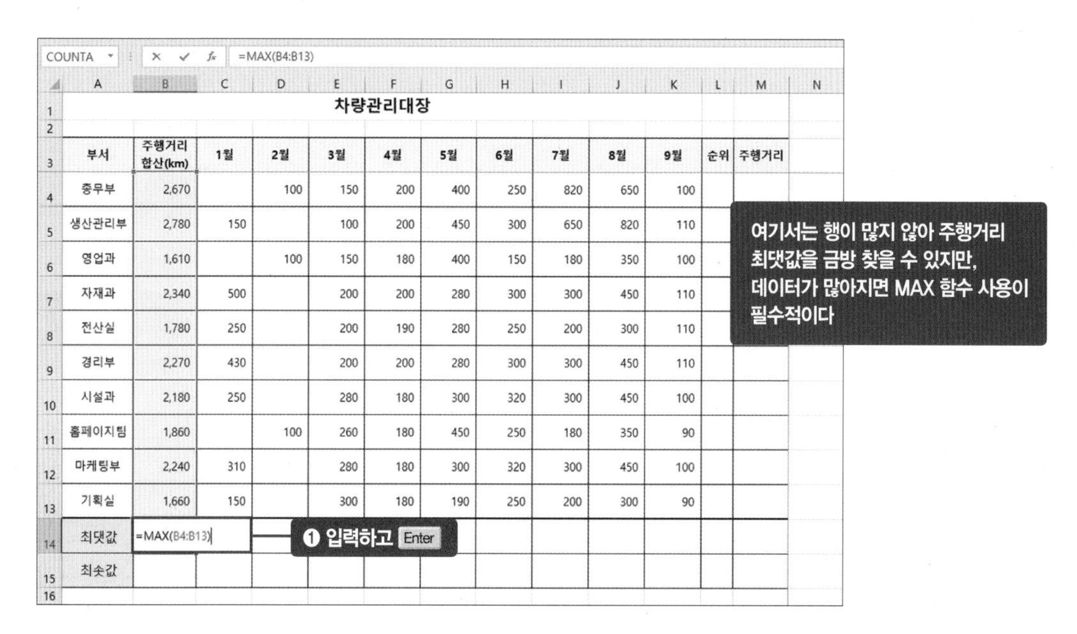

COUNTA | =MAX(B4:B13)

차량관리대장

부서	주행거리 합산(km)	1월	2월	3월	4월	5월	6월	7월	8월	9월	순위	주행거리
총무부	2,670		100	150	200	400	250	820	650	100		
생산관리부	2,780	150		100	200	450	300	650	820	110		
영업과	1,610		100	150	180	400	150	180	350	100		
자재과	2,340	500		200	200	280	300	300	450	110		
전산실	1,780	250		200	190	280	250	200	300	110		
경리부	2,270	430		200	200	280	300	300	450	110		
시설과	2,180	250		280	180	300	320	300	450	100		
홈페이지팀	1,860		100	260	180	450	250	180	350	90		
마케팅부	2,240	310		280	180	300	320	300	450	100		
기획실	1,660	150		300	180	190	250	200	300	90		
최댓값	=MAX(B4:B13)											
최솟값												

주행거리 최댓값이 '2,780'으로 구해졌습니다. 그렇다면 2,780km를 주행한 차량을 사용하는 부서는 어디인지 찾아보겠습니다. 드래그해 [B4:B13] 셀 범위를 설정(❷)한 다음 [홈] 탭 → 조건부 서식(▦) 아이콘(❸) → 〈셀 강조 규칙〉(❹) → 〈같음〉을 클릭(❺)합니다.

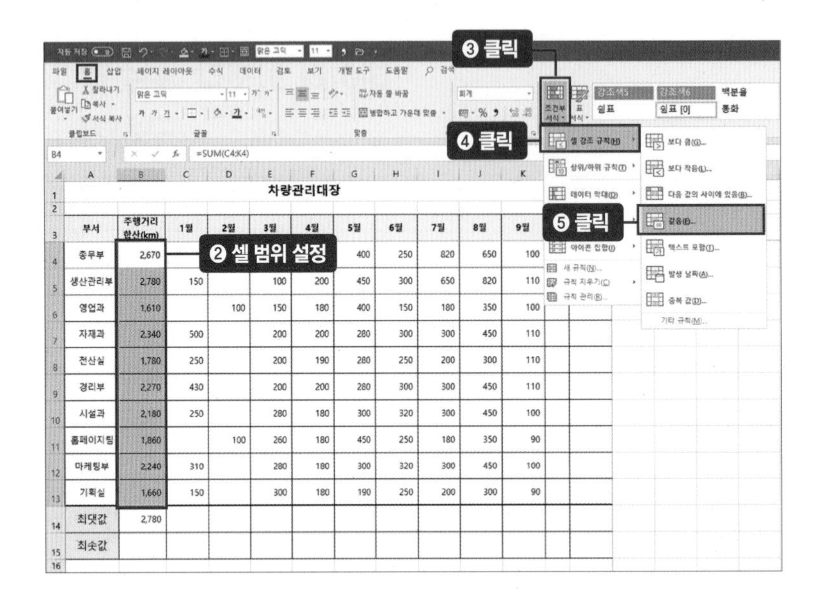

[같음] 대화상자가 나타나면 [B14] 셀을 클릭(❻)합니다. [B14] 셀의 2,780과 같은 값이 입력된 셀을 찾아 표시하라는 뜻입니다. '다음 값과 같은 셀의 서식 지정' 박스에 '=$B$14'가 나타난 것을 확인하고 〈확인〉 버튼을 클릭(❼)합니다. 생산관리부 차량의 주행거리가 가장 긴 것을 알 수 있습니다.

차량관리대장

부서	주행거리 합산(km)	1월	2월	3월	4월	5월	6월	7월	8월	9월	순위	주행거리
총무부	2,670		100	150	200	400	250	820	650	100		
생산관리부										110		
영업과										100		
자재과										110		
전산실										110		
경리부	2,270	430		200	200	280			450	110		
시설과	2,180	250		280	180	300	320	300	450	100		
홈페이지팀	1,860		100	260	180	450	250	180	350	90		
마케팅부	2,240	310		280	180	300	320	300	450	100		
기획실	1,660	150		300	180	190	250	200	300	90		
최댓값	2,780											
최솟값												

같음
다음 값과 같은 셀의 서식 지정:
=$B$14
적용할 서식: 진한 빨강 텍스트가 있는 연한 빨강 채우기
확인 취소

❻ 클릭
❼ 클릭

생산관리부 주행거리 셀에 빨간색이 표시된다

부서	주행거리 합산(km)
총무부	2,670
생산관리부	2,780
영업과	1,610
자재과	2,340
전산실	1,780
경리부	2,270
시설과	2,180
홈페이지팀	1,860
마케팅부	2,240
기획실	1,660
최댓값	2,780
최솟값	

tip

셀을 고정하는 $ 표시

[같음] 대화상자가 나타났을 때 [B14] 셀을 클릭하면 '=$B$14'가 나타난다. 이때 $는 절댓값으로 설정되었다는 표시다. 셀을 선택한 다음 F4 키를 누르면 절댓값으로 설정되는데, 조건부 서식을 적용할 때 자동으로 설정된 절댓값은 특별한 이유가 없는 한 수정하지 않는다.

2. 주행거리가 가장 짧은 차량 찾기

이번에는 주행거리가 가장 짧은 차량을 찾아보겠습니다. [B15] 셀에 **=MIN(B4:B13)**를 입력한 다음 Enter 키(❶)를 누릅니다.

B15 =MIN(B4:B13)

	A	B	C	D	E	F	G	H	I	J	K	L	M
1	차량관리대장												
2													
3	부서	주행거리 합산(km)	1월	2월	3월	4월	5월	6월	7월	8월	9월	순위	주행거리
4	총무부	2,670		100	150	200	400	250	820	650	100		
5	생산관리부	2,780	150		100	200	450	300	650	820	110		
6	영업과	1,610		100	150	180	400	150	180	350	100		
7	자재과	2,340	500		200	200	280	300	300	450	110		
8	전산실	1,780	250		200	190	280	250	200	300	110		
9	경리부	2,270	430		200	200	280	300	300	450	110		
10	시설과	2,180	250		280	180	300	320	300	450	100		
11	홈페이지팀	1,860		100	260	180	450	250	180	350	90		
12	마케팅부	2,240	310		280	180	300	320	300	450	100		
13	기획실	1,660	150		300	180	190	250	200	300	90		
14	최대값	2,780											
15	최소값	=MIN(B4:B13)											

❶ 입력하고 Enter

주행거리 최솟값은 1,610입니다. 1,610km를 주행한 차량을 사용하는 부서는 어디인지 찾아보겠습니다. [B4:B13] 셀 범위를 설정(❷)한 다음 [홈] 탭 → 조건부 서식(▦) 아이콘(❸) → 〈셀 강조 규칙〉(❹) → 〈같음〉을 클릭(❺)합니다.

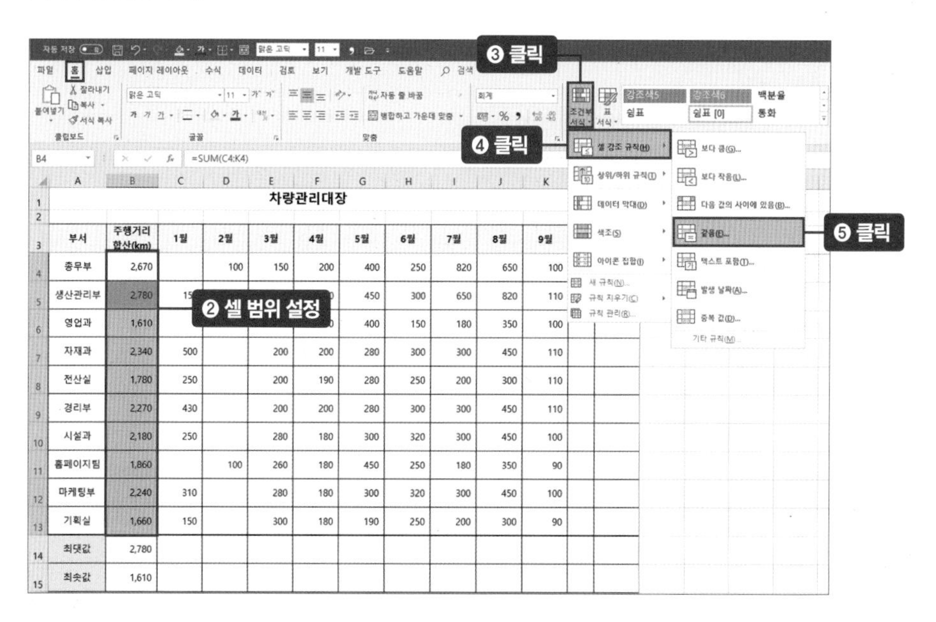

[같음] 대화상자가 나타나면 [B15] 셀을 클릭(❻)합니다. '다음 값과 같은 셀의 서식 지정' 박스에 '=$B$15'가 나타납니다. '적용할 서식'의 〈펼침〉(▾) 버튼을 클릭(❼)해 〈진한 노랑 텍스트가 있는 노랑 채우기〉를 선택(❽)한 다음 〈확인〉 버튼을 클릭해 대화상자를 닫습니다. 영업과 차량의 주행거리가 가장 짧은 것을 알 수 있습니다.

3. 월별 주행거리 최댓값, 최솟값 구하기

월별 주행거리 최댓값을 구하기 위해 [B14:B15]를 드래그(❶)해 셀 범위로 설정한 다음 채우기 핸들을 [K15] 셀까지 드래그(❷)합니다. MAX 함수와 MIN 함수가 복사되면서 월별 주행거리 최댓값, 최솟값이 나옵니다.

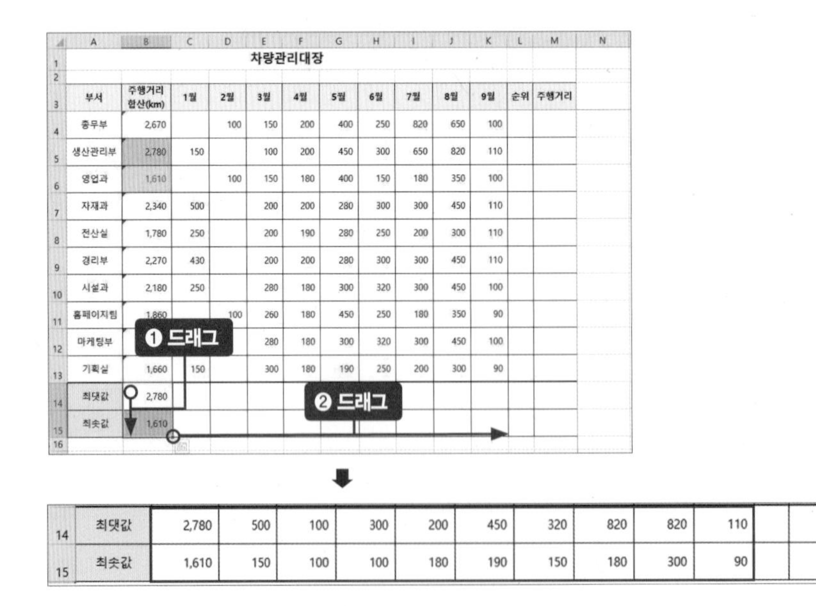

14	최댓값	2,780	500	100	300	200	450	320	820	820	110		
15	최솟값	1,610	150	100	100	180	190	150	180	300	90		

상대 참조와 절대 참조

함수식이나 수식을 입력할 때 셀의 값을 참조하는 방식으로 '상대 참조'와 '절대 참조'가 있습니다. 일반적으로 많이 사용하는 셀 참조 방식인 [A1]이 상대 참조입니다. 절대 참조는 [$A$1]같이 셀 주소 사이에 $ 기호를 입력해 설정합니다. 절대 참조 지정은 함수를 배우면서 반복적으로 등장하니 꼭 알아두어야 합니다.

① 상대 참조

상대 참조는 수식을 작성하고 복사할 때 복사되는 위치에 따라 각각의 셀 주소가 변경됩니다.

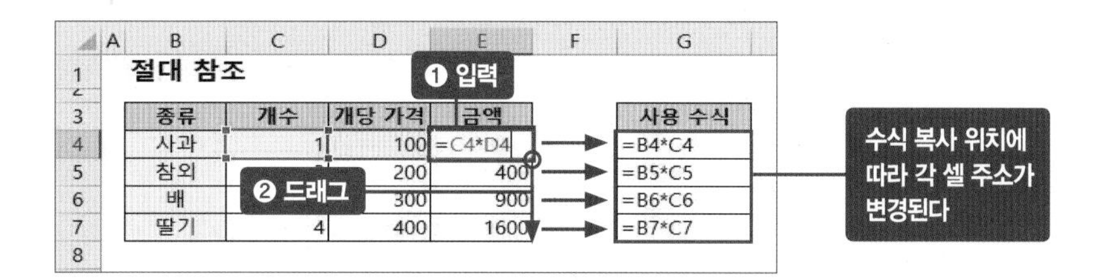

② 절대 참조

절대 참조는 $ 기호를 입력하거나 셀 주소를 입력한 다음 F4 키를 눌러 지정할 수 있습니다. 절대 참조(절댓값)로 지정된 셀 주소는 수식을 작성하고 복사할 때 복사되는 위치에 상관없이 셀 주소가 변경되지 않습니다.

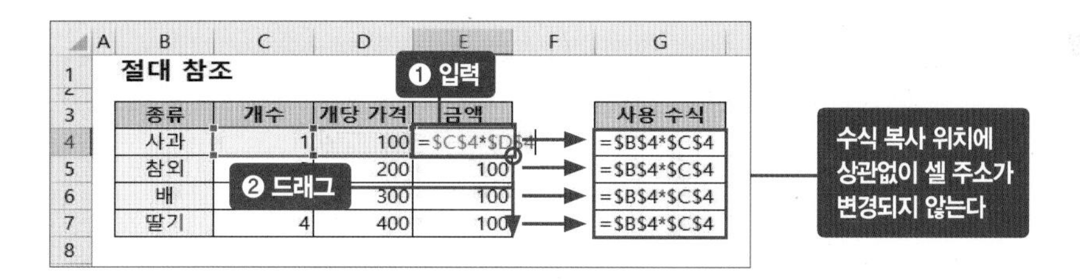

데이터 크기 순서대로 1~3위 뽑기

예제파일 : 3_37_차량관리대장2.xlsx 

1. 2번째로 주행거리 긴 차량 찾기

LARGE 함수 이용해 2번째로 주행거리가 긴 차량을 찾아보겠습니다. 순위를 입력하기 위해 [L4] 셀에 1, [L5] 셀에 2, [L6] 셀에 3을 입력(❶)합니다.

	A	B	C	D	E	F	G	H	I	J	K	L	M	N	O
1	차량관리대장														
2															
3	부서	주행거리 합산(km)	1월	2월	3월	4월	5월	6월	7월	8월	9월	순위	주행거리	사용부서	
4	총무부	2,670		100	150	200	400	250	820	650	100	1			
5	생산관리부	2,780	150		100	200	450	300	650	820	110	2	❶ 입력		
6	영업과	1,610		100	150	180	400	150	180	350	100	3			
7	자재과	2,340	500		200	200	280	300	300	450	110				
8	전산실	1,780	250		200	190	280	250	200	300	110				

2번째로 주행거리가 긴 차량을 찾아야 하니 2순위를 입력할 [M5] 셀에 **=LARGE(B4:B13,2)**를 입력(❷)합니다. LARGE 함수의 2번째 인수로 들어간 2는 2번째로 큰 수를 찾으라는 뜻입니다. 함수를 모두 입력했으면 Enter 키(❸)를 눌러 값을 구합니다.

M5 =LARGE(B4:B13,2)

	A	B	C	D	E	F	G	H	I	J	K	L	M	N
1	차량관리대장													
2														
3	부서	주행거리 합산(km)	1월	2월	3월	4월	5월	6월	7월	8월	9월	순위	주행거리	사용부서
4	총무부	2,670		100	150	200	400	250	820	650	100	1		
5	생산관리부	2,780	150		100	200	450	300	650	820	110	2	=LARGE(B4:B13,2)	❷ 입력 ❸ Enter
6	영업과	1,610	LARGE 함수 적용 범위					150	180	350	100	3		
7	자재과	2,340	500		200	200	280	300	300	450	110			
8	전산실	1,780	250		200	190	280	250	200	300	110			
9	경리부	2,270	430		200	200	280	300	300	450	110			
10	시설과	2,180	250		280	180	300	320	300	450	100			
11	홈페이지팀	1,860		100	260	180	450	250	180	350	90			
12	마케팅부	2,240	310		280	180	300	320	300	450	100			
13	기획실	1,660	150		300	180	190	250	200	300	90			
14	최댓값	2,780	500	100	300	200	450	320	820	820	110			
15	최솟값	1,610	150	100	100	180	190	150	180	300	90			
16														

tip

함수 속 셀 범위 입력시 주의

LARGE 함수를 입력한 셀이 오른쪽 끝에 있어서 셀 범위를 [B5:K5]로 헷갈릴 수 있다. [B4:B13] 셀 범위에서 2번째로 큰 값을 구하고 있다. 함수 안에 들어가는 셀 범위는 한 번 더 확인하자.

2. 함수 복사로 1순위와 3순위 구하기

LARGE 함수를 더 쉽게 사용하는 방법이 있습니다. 주행거리가 긴 순서로 1~3위를 구하려고 합니다. [M4] 셀에 =LARGE(를 입력(❶)합니다.

COUNTA | =LARGE(

	A	B	C	D	E	F	G	H	I	J	K	L	M	N
1	차량관리대장													
2														
3	부서	주행거리 합산(km)	1월	2월	3월	4월	5월	6월	7월	8월	9월	순위	주행거리	사용부서
4	총무부	2,670		100	150	200	400	250	820	650	100	1	=LARGE(	
5	생산관리부	2,780	150		100	200	450	300	650	820	110	2	LARGE(array, k)	
6	영업과	1,610		100	150	180	400	150	180	350	100	3		
7	자재과	2,340	500		200	200	280	300	300	450	110			

❶ 입력

[B4:B13] 셀 범위를 설정(❷)합니다. [M4] 셀에 '=LARGE(B4:B13'이 입력된 것을 확인할 수 있습니다. [B4:B13] 셀 범위를 절댓값으로 설정하기 위해 F4 키(❸)를 누릅니다. [M4] 셀에 '=LARGE($B$4:$B$13'이 나타납니다. 이어서 쉼표 ,를 입력한 다음 [L4] 셀을 클릭(❹)합니다. 이렇게 셀을 절댓값으로 설정하면 자동 채우기 핸들로 함수를 복사해도 셀 범위가 변하지 않습니다.

	A	B	C	D	E	F	G	H	I	J	K	L	M	N
1	차량관리대장													
2														
3	부서	주행거리 합산(km)	1월	2월	3월	4월	5월	6월	7월	8월	9월	순위	주행거리	사용부서
4	총무부	2,670	[illegible]	[illegible]	[illegible]	200	400	250	820	[illegible]	100	1	=LARGE($B$4:$B$13,L4)	
5	생산관리부	2,780	[illegible]	[illegible]	[illegible]	200	450	300	650	820	110	2		
6	영업과	1,610		100	150	180	400	150	180	350	100	3		
7	자재과	2,340	500		200	200	280	300	300	450	110			
8	전산실	1,780	250		200	190	280	250	200	300	110			
9	경리부	2,270	430		200	200	280	300	300	[illegible]	110			
10	시설과	2,180	250		280	180	300	320	300	[illegible]				
11	홈페이지팀	1,860		100	260	180	450	250	180	[illegible]				
12	마케팅부	2,240	310		280	180	300	320	300	[illegible]				
13	기획실	1,660	150		300	180	190	250	200	[illegible]				
14	최댓값	2,780	500	100	300	200	450	320	820	[illegible]				
15	최솟값	1,610	150	100	100	180	190	150	180	[illegible]				
16														

tip

함수 인수는 클릭으로 입력

함수를 작성할 때 인수를 클릭이나 드래그해서 입력하면 편리하다. 그러면 정확한 범위를 설정할 수 있고, 입력 후에 자동 채우기 기능을 활용해 함수 복사하는 것이 쉽다.

[M6] 셀에 3순위를 구하기 위해 [M4] 셀에 입력한 함수를 복사하겠습니다. [M4] 셀을 클릭한 후 자동 채우기 핸들을 [M6] 셀까지 드래그(❹)합니다. 1~3위가 구해졌습니다.

M4 =LARGE($B$4:$B$13,L4)

	A	B	C	D	E	F	G	H	I	J	K	L	M	N
1	차량관리대장													
2														
3	부서	주행거리 합산(km)	1월	2월	3월	4월	5월	6월	7월	8월	9월	순위	주행거리	사용부서
4	총무부	2,670		100	150	200	400	250	820	650	100	1	2780	
5	생산관리부	2,780	150		100	200	450	300	650	820	110	2	2670	
6	영업과	1,610		100	150	180	400	150	180	350	100	3		
7	자재과	2,340	500		200	200	280	300	300	450	110			

❹ 드래그

순위	주행거리	사용부서
1	2780	
2	2670	
3	2340	

최종 함수식

=LARGE(B4:B13,순위)

[B4:B13] 범위에서 원하는 순위를 구한다

각 순위 주행거리에 해당하는 부서를 찾아 [N4:N6]에 각각 적습니다. 위에서부터 차례로 생산관리부, 총무부, 자재과입니다. 만약 함수로 찾고 싶다면 [N4] 셀에 **=INDEX($A$4:$A$13,MATCH(M4,$B$4:$B$13,0))**를 입력한 다음 자동 채우기 핸들을 이용해 채우면 됩니다. ★ INDEX, MATCH 함수는 〈셋째마당〉 42장 참고

	A	B	C	D	E	F	G	H	I	J	K	L	M	N
1	차량관리대장													
2														
3	부서	주행거리 합산(km)	1월	2월	3월	4월	5월	6월	7월	8월	9월	순위	주행거리	사용부서
4	총무부	2,670		100	150	200	400	250	820	650	100	1	2780	생산관리부
5	생산관리부	2,780	150		100	200	450	300	650	820	110	2	2670	총무부
6	영업과	1,610		100	150	180	400	150	180	350	100	3	2340	자재과
7	자재과	2,340	500		200	200	280	300	300	450	110			

이 부분은 옆의 표와 헷갈릴 수도 있으니 오려내서 다른 시트로 옮겨도 좋다

부품목록대장
— LEFT, RIGHT, MID 함수

업무 목표 | 복잡한 정보가 포함된 부품명을 함수로 분류하기

LEFT, RIGHT, MID 함수는 모두 대량의 데이터 문자열에서 특정 문자나 숫자를 따로 추출하는 경우 사용합니다. 관리가 목적인 부품목록대장, 발주서, 거래명세서, 공장의 일일작업일지 등에서 제품의 고유번호를 분리할 때 사용하면 좋습니다. 또한 주소록 등에서 지역명을 시, 구, 동으로 추출하는 용도로도 활용합니다.

=LEFT(참조할 셀① 주소, 추출할 문자 개수②) : 참조할 셀①의 왼쪽부터 입력한 개수②만큼의 문자열을 추출한다

=RIGHT(참조할 셀① 주소, 추출할 문자 개수②) : 참조할 셀①의 오른쪽부터 입력한 개수②만큼의 문자열을 추출한다

=MID(참조할 셀① 주소, 추출할 문자의 시작 위치②, 추출할 문자 개수③) : 참조할 셀①에서 문자 시작 위치②부터 입력한 개수③만큼의 문자열을 추출한다

완성 서식 미리 보기

부품목록대장

				담당자 :	홍길동
관리부서	부품명	규격	단위	생산년도	타입
자재과	stki-1100-06-C	stki	1100	06	C
자재과	stki-1100-02-P	stki	1100	02	P
자재과	stki-1100-08-J	stki	1100	08	J
자재과	stkk-2100-01-B	stkk	2100	01	B
자재과	stki-1100-04-C	stki	1100	04	C
자재과	stkt-3100-02-C	stkt	3100	02	C
자재과	stkt-3100-01-B	stkt	3100	01	B
자재과	stki-1100-08-N	stki	1100	08	N
자재과	stki-1100-01-A	stki	1100	01	A
자재과	stkp-4100-02-C	stkp	4100	02	C
자재과	stkp-4100-16-P	stkp	4100	16	P
자재과	stki-1100-07-P	stki	1100	07	P
자재과	stki-1100-06-C	stki	1100	06	C
자재과	stki-1100-05-B	stki	1100	05	B
자재과	stki-1100-14-P	stki	1100	14	P
자재과	stki-1100-16-C	stki	1100	16	C
자재과	stki-1100-11-P	stki	1100	11	P
자재과	stkk-2100-01-C	stkk	2100	01	C
자재과	stkk-2100-01-N	stkk	2100	01	N
자재과	stkt-3100-04-K	stkt	3100	04	K
자재과	stkt-3100-08-A	stkt	3100	08	A

복잡한 부품명을 항목별로 나누어 관리하자

부품명에서 원하는 글자만 뽑아내기

예제파일 : 3_38_부품목록대장.xlsx 

1. '규격' 추출하기 — LEFT 함수

예제파일은 부품목록대장입니다. 부품 이름은 규격, 단위, 생산년도, 타입을 알아볼 수 있도록 만들어져 있습니다. 부품명을 각 항목에 맞춰 다시 정리하려고 합니다. 먼저 부품명에서 규격만 정리하겠습니다. [D4] 셀에 **=LEFT(B4,4)**를 입력(❶)합니다. [B4] 셀의 데이터 중 왼쪽부터 4개 글자를 추출한다는 뜻입니다.

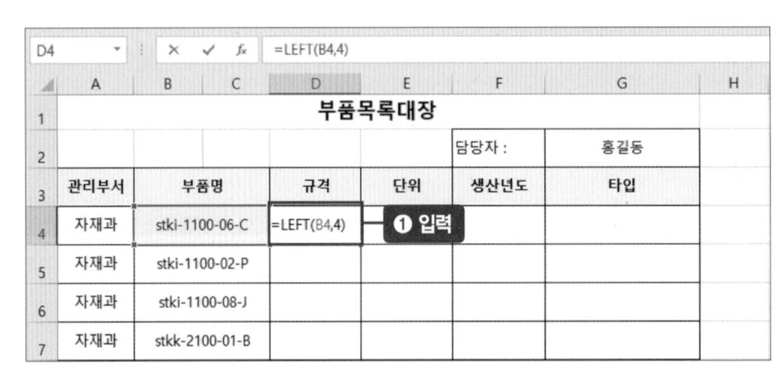

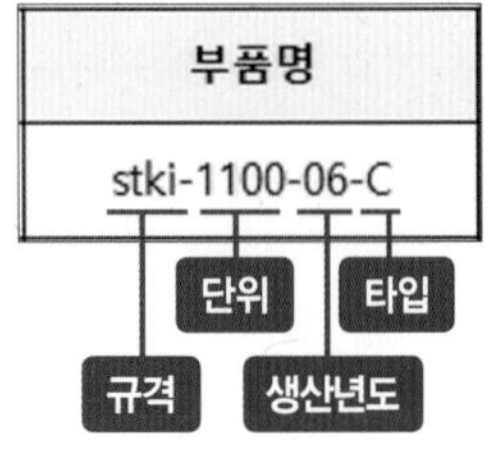

Enter 키를 누르면 [D4] 셀에 'stki'가 나타납니다. 왼쪽에서 4개 문자만 추출된 것입니다. LEFT 함수를 [D24] 셀까지 복사하기 위해 채우기 핸들을 더블클릭(❷)합니다. [D24] 셀까지 부품명의 왼쪽 4개 글자가 추출되어 나옵니다.

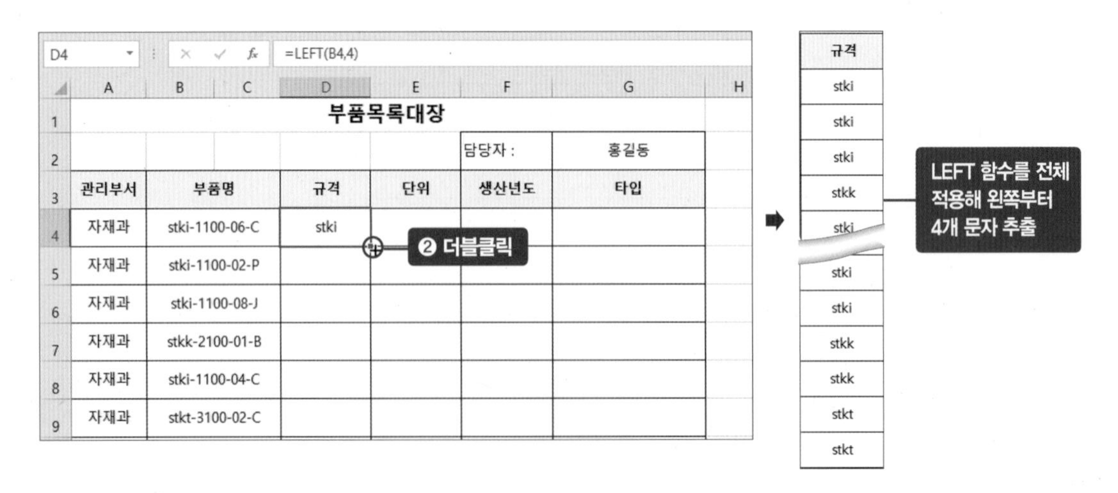

2. '단위' 추출하기 — MID 함수

이번에는 부품명에서 왼쪽에서 6번째부터 4개 글자를 추출하겠습니다. 부품명 중 단위에 해당하는 항목입니다. [E4] 셀에 **=MID(B4,6,4)**를 입력(❶)합니다. [B4] 셀의 데이터 중 왼쪽에서 6번째 글자부터 4개 글자를 추출한다는 뜻입니다.

COUNTA | =MID(B4,6,4)

	A	B	C	D	E	F	G	H
1	부품목록대장							
2						담당자 :	홍길동	
3	관리부서	부품명		규격	단위	생산년도	타입	
4	자재과	stki-1100-06-C		stki	=MID(B4,6,4)			
5	자재과	stki-1100-02-P		stki				
6	자재과	stki-1100-08-J		stki				
7	자재과	stkk-2100-01-B		stkk				
8	자재과	stki-1100-04-C		stki				
9	자재과	stkt-3100-02-C		stkt				

❶ 입력

부품명
stki-1100-06-C

①②③④⑤⑥ 4개

Enter 키를 누르면 [E4] 셀에 '1100'이 나타납니다. 데이터 중 왼쪽에서 6번째 글자인 '1'부터 4개 글자 1100을 추출한 것이지요. MID 함수를 [E24] 셀까지 복사하기 위해 채우기 핸들을 더블클릭(❷)합니다. [E24] 셀까지 단위에 해당하는 4개 숫자가 나타납니다.

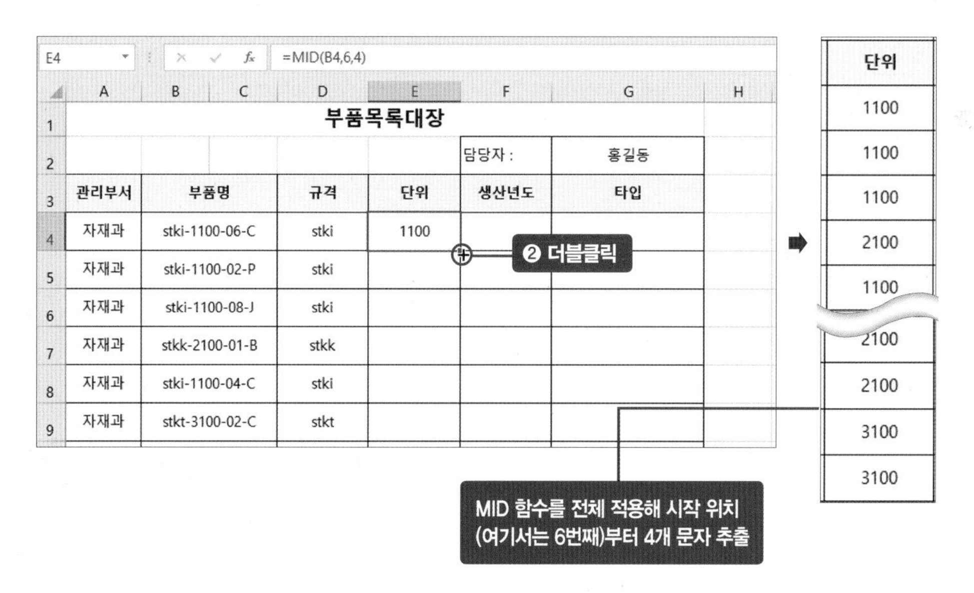

3. '생산년도' 추출하기 — MID 함수

생산년도도 [B4] 셀 데이터의 가운데 값으므로 MID 함수를 사용해 추출합니다. [F4] 셀에 **=MID(B4,11,2)**를 입력(❶)합니다. 데이터 중 왼쪽에서 11번째 글자부터 2개를 추출한다는 뜻입니다.

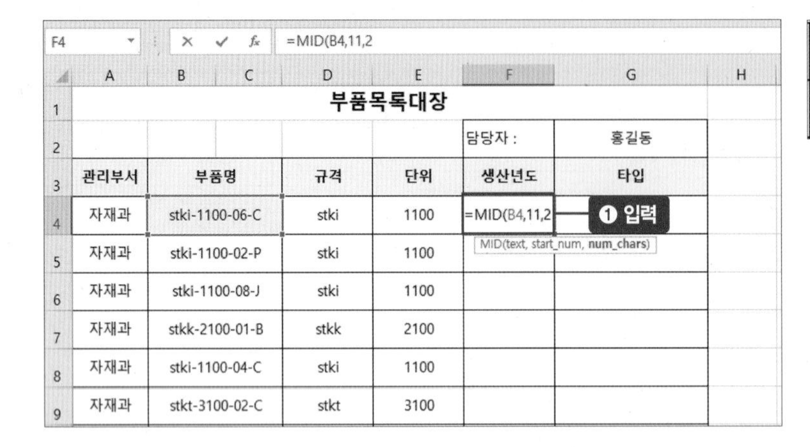

	A	B	C	D	E	F	G
1	부품목록대장						
2						담당자 :	홍길동
3	관리부서	부품명		규격	단위	생산년도	타입
4	자재과	stki-1100-06-C		stki	1100	=MID(B4,11,2	
5	자재과	stki-1100-02-P		stki	1100		
6	자재과	stki-1100-08-J		stki	1100		
7	자재과	stkk-2100-01-B		stkk	2100		
8	자재과	stki-1100-04-C		stki	1100		
9	자재과	stkt-3100-02-C		stkt	3100		

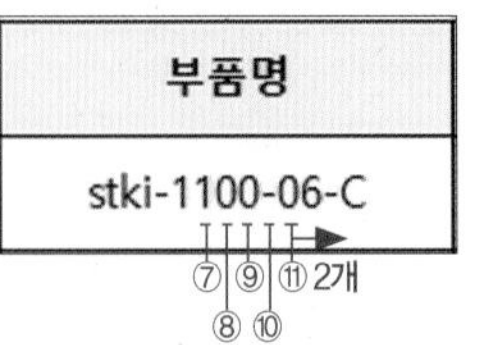

Enter 키를 눌러 값을 구하면 [F4] 셀에 '06'이 나타납니다. 자동 채우기 핸들을 더블클릭(❷)해 [E24] 셀까지 MID 함수를 복사합니다.

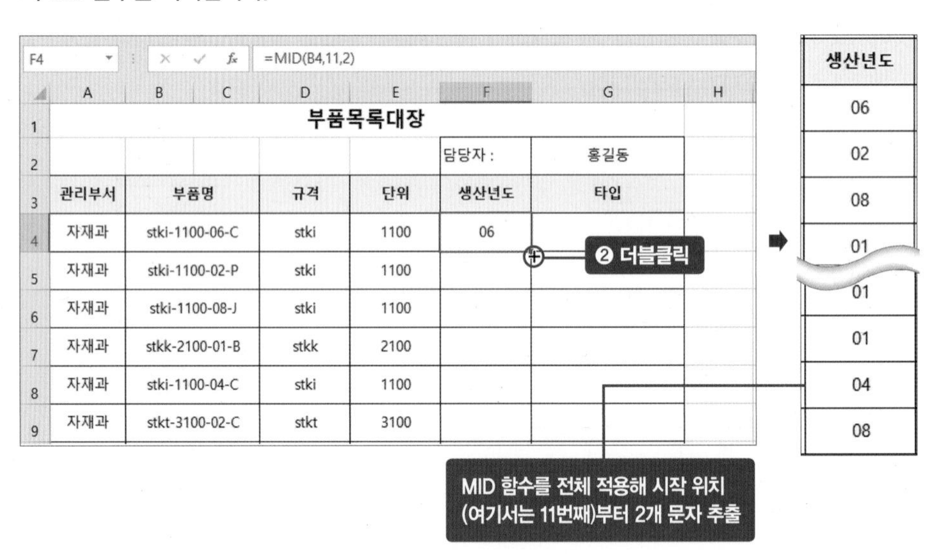

	A	B	C	D	E	F	G
1	부품목록대장						
2						담당자 :	홍길동
3	관리부서	부품명		규격	단위	생산년도	타입
4	자재과	stki-1100-06-C		stki	1100	06	
5	자재과	stki-1100-02-P		stki	1100		
6	자재과	stki-1100-08-J		stki	1100		
7	자재과	stkk-2100-01-B		stkk	2100		
8	자재과	stki-1100-04-C		stki	1100		
9	자재과	stkt-3100-02-C		stkt	3100		

4. '타입' 추출하기 — RIGHT 함수

이번에는 타입 항목을 추출하겠습니다. [G4] 셀에 =RIGHT(B4,1)을 입력(❶)합니다. 오른쪽에서 1번째 문자를 추출한다는 뜻입니다.

G4 | =RIGHT(B4,1)

	A	B	C	D	E	F	G	H
1	부품목록대장							
2						담당자 :	홍길동	
3	관리부서	부품명		규격	단위	생산년도	타입	
4	자재과	stki-1100-06-C		stki	1100	06	=RIGHT(B4,1)	
5	자재과	stki-1100-02-P		stki	1100	02		
6	자재과	stki-1100-08-J		stki	1100	08		
7	자재과	stkk-2100-01-B		stkk	2100	01		
8	자재과	stki-1100-04-C		stki	1100	04		
9	자재과	stkt-3100-02-C		stkt	3100	02		

❶ 입력

부품명
stki-1100-06-C

①

Enter 키를 누르면 'C'라는 값이 나타납니다. 자동 채우기 핸들을 더블클릭(❷)해 [E24] 셀까지 MID 함수를 복사합니다.

tip

LEFT, RIGHT, MID 함수로 쇼핑몰 주문번호 분석하기

인터넷 쇼핑몰이나 영화관에서 주문하면 각 주문마다 주문번호가 발행된다. 이 주문번호를 활용해 구매자의 구매시간별로 주문 내역을 분류해 분석할 수 있다. 예를 들어 '20200505104535-123456789'라는 주문번호는 앞 14자리는 주문 연월일시분초, 뒤 9자리는 제품 코드로 이루어져 있다. 이 주문번호를 항목별로 분류해 모으면 어느 시간대에 주문량이 많은지, 각 제품별 주문량은 어떻게 되는지 분석할 수 있다.

인턴직원교육일지
— IF 함수

업무 목표 | 수석 인턴 직원 포상하기

IF 함수는 이름처럼 조건을 만들어 그 조건에 맞는지 틀린지에 따라 값을 달리 내보내는 함수입니다. 주로 직원교육이나 출석률 체크에 많이 사용합니다. 다른 함수와 중첩해서도 많이 사용하기 때문에 초보자들이 어려워하는 함수지만 원리는 아주 간단합니다. 간단한 예제를 통해 IF 함수 기본기를 다지고 중첩해 사용하는 법까지 익히겠습니다.

=IF(조건①, 조건을 만족한 경우의 값②, 조건을 만족하지 못한 경우의 값③) : 조건①에 따라 조건을 만족하면 조건을 만족한 경우의 값②을, 조건을 만족하지 못하면 조건을 만족하지 못한 경우의 값③을 내보낸다

완성 서식 미리 보기

인턴직원교육일지

입교일	성명	교육 (수료 o 으로 표시)					평가				합계점수	평가결과
		직무	사무	전산	실무	PT	김부장	이부장	윤부장	김이사		
2019-01-03	이미리	o	o	o	o	o	5	5	5	5	20	최우수
2019-01-03	홍길동	o	o	o	o	o	4	3	3	4	14	탈락
2019-01-03	장사신	o	o	o	o	o	3	5	3	3	14	탈락
2019-01-03	유명한	o	o	o	o	o	3	3	3	3	12	탈락
2019-01-03	강력한	o	o	o	o	o	4	3	3	3	13	탈락
2019-01-03	김준비	o	o	o	o	o	5	5	3	3	16	우수
2019-01-03	사용중	o	o	o	o	o	4	3	4	4	15	탈락
2019-01-03	오일만	o	o	o	o	o	5	4	4	3	16	우수
2019-01-03	해맑은	o	o	o	o	o	3	3	3	3	12	탈락
2019-01-03	진시황	o	o	o	o	o	4	3	3	3	13	탈락
2019-01-03	주린배	o	o	o	o	o	5	5	3	4	17	우수
2019-01-03	유미래	o	o	o	o	o	4	3	2	3	12	탈락
2019-01-03	미리내	o	o	o	o	o	3	3	3	3	12	탈락
2019-01-03	김장철	o	o	o	o	o	2	3	2	3	10	탈락
2019-01-03	강심장	o	o	o	o	o	3	3	3	3	12	탈락
2019-01-03	김유리	o	o	o	o	o	4	3	3	2	12	탈락
2019-01-03	지렁이	o	o	o	o	o	5	5	3	2	15	탈락
2019-01-03	전부켜	o	o	o	o	o	3	3	3	1	10	탈락
2019-01-03	김장수	o	o	o	o	o	4	3	3	4	14	탈락
2019-01-03	주은별	o	o	o	o	o	5	5	3	4	17	우수
2019-01-03	강미소	o	o	o	o	o	3	3	3	3	12	탈락
2019-01-03	지영롱	o	o	o	o	o	5	4	2	3	14	탈락
2019-01-03	손매력	o	o	o	o	o	3	3	3	2	11	탈락
2019-01-03	민주리	o	o	o	o	o	4	3	3	1	11	탈락
2019-01-03	오미리	o	o	o	o	o	5	5	3	3	16	우수

교육 점수를 더해 점수가 가장 높은 인턴 사원 포상하기

IF 함수 익히기

예제파일 : 3_39_IF 함수 익히기.xlsx

IF 함수는 원하는 조건을 입력한 다음 조건을 만족한 경우 결과로 나타낼 값(인수 1)과 조건을 만족하지 못한 경우 결과로 나타낼 값(인수 2)을 차례로 입력합니다.

IF 함수

=IF(조건, 조건을 만족한 경우의 값, 조건을 만족하지 못한 경우의 값)

인수 1: 조건을 만족한 경우의 값
인수 2: 조건을 만족하지 못한 경우의 값

예제 A

아래 화면 [C4] 셀에 함수식 '=IF(A4>B4,1,0)'이 입력되어 있습니다. 함수식을 해석하면 [A4] 셀이 [B4] 셀보다 크다는 조건을 만족하면 '1'을, 조건을 만족하지 않으면 '0'을 결과값으로 내보낸다는 뜻입니다. [A4] 셀은 10, [B4] 셀은 5이므로 [A4] 셀이 [B4] 셀보다 크다는 조건을 만족합니다. 따라서 1을 결과값으로 내보냈습니다. 아래 칸 [C5] 셀에 입력한 함수식처럼 결과값으로 숫자가 아닌 문자(여기서는 '맞음', '틀림')를 내보내고 싶다면 따옴표(" ")를 사용하면 됩니다.

	A	B	C	D	E	F
1	IF함수 익히기					
2	예제 A					
3	대상1	대상2	함수식	결과값		
4	10	5	=IF(A4>B4,1,0)	1		
5	10	5	=IF(A5>B5,"맞음","틀림")	맞음		
6						

결과값을 문자로 내보내려면 따옴표 사용

예제 B

[C4] 셀에 함수식 '=IF(A4>B4,1,0)'이 입력되어 있습니다. 함수식을 해석하면 [A4] 셀이 [B4] 셀보다 크다는 조건을 만족하면 '1'을, 만족하지 않으면 '0'을 결과값으로 내보낸다는 뜻입니다. [A4] 셀은 5, [B4] 셀은 10이므로 [A4] 셀이 [B4] 셀보다 크다는 조건을 만족하지 않습니다. 따라서 '0'을 결과값으로 내보냈습니다. 그리고 [C5] 셀의 IF 함수식에서 [A5] 셀이 [B5] 셀보다 크지 않으므로 '틀림'이 결과값으로 구해졌습니다.

	A	B	C	D	E
1	IF함수 익히기				
2	예제 B				
3	대상1	대상2	함수식	결과값	
4	5	10	=IF(A4>B4,1,0)	0	
5	5	10	=IF(A5>B5,"맞음","틀림")	틀림	
6					

IF 함수로 교육 점수 높은 최우수 인턴 찾기

예제파일 : 3_39_인턴직원교육일지.xlsx 

1. IF 함수 중첩하기

예제파일 [인턴직원교육일지(샘플)] 시트에서 합계 점수가 18점 이상인 최우수 인턴 직원을 찾아보겠습니다. [M4] 셀에 **=IF(L4>=18,"최우수")**를 입력(❶)합니다. 18점 이상이면 최우수라고 표시하라는 뜻입니다. Enter 키(❷)를 눌러 값을 구합니다. [L4] 셀의 20은 18보다 크므로 '최우수'라는 값이 구해집니다.

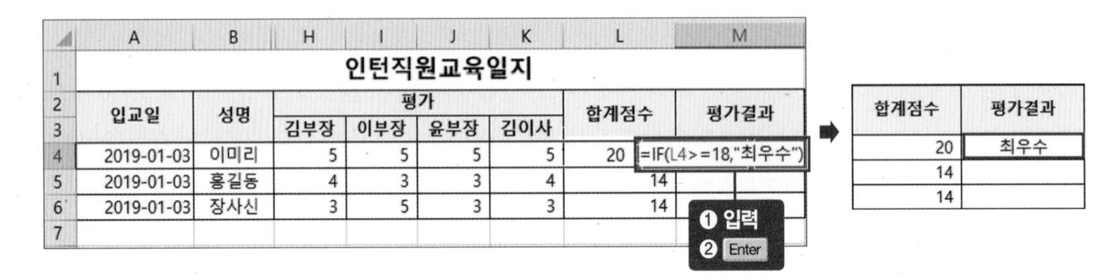

	A	B	H	I	J	K	L	M
1	인턴직원교육일지							
2	입교일	성명	평가				합계점수	평가결과
3			김부장	이부장	윤부장	김이사		
4	2019-01-03	이미리	5	5	5	5	20	=IF(L4>=18,"최우수")
5	2019-01-03	홍길동	4	3	3	4	14	
6	2019-01-03	장사신	3	5	3	3	14	
7								

합계점수	평가결과
20	최우수
14	
14	

이번에는 IF 함수를 2개 중첩해서 사용해보겠습니다. [M5] 셀에 **=IF(L5>=18,"최우수",IF(L5>=16,"우수"))**를 입력(❸)합니다. [L5] 셀의 합계 점수가 18점 이상이면 최우수, 16점 이상 18점 미만(16~17점)이면 우수라고 표기하라는 뜻입니다. Enter 키(❹)를 눌러 값을 구합니다. [L5] 셀의 14는 조건의 어디에도 속하지 않으므로 'FALSE'라는 결과값이 나타납니다. FALSE는 엑셀에 기본으로 설정된 오류값 표시입니다.

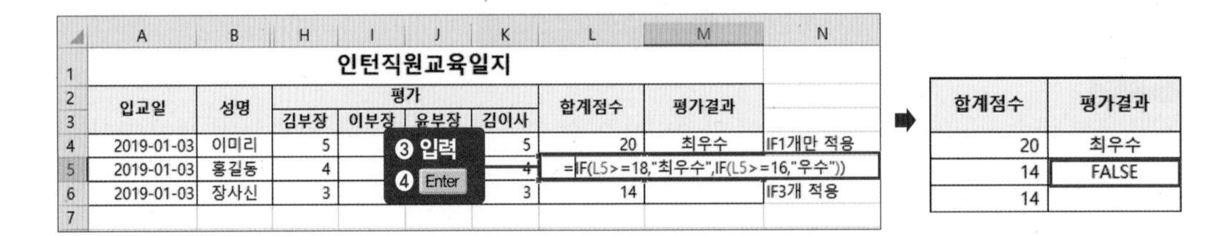

	A	B	H	I	J	K	L	M	N
1	인턴직원교육일지								
2	입교일	성명	평가				합계점수	평가결과	
3			김부장	이부장	윤부장	김이사			
4	2019-01-03	이미리	5			5	20	최우수	IF1개만 적용
5	2019-01-03	홍길동	4			4	=IF(L5>=18,"최우수",IF(L5>=16,"우수"))		
6	2019-01-03	장사신	3			3	14		IF3개 적용
7									

합계점수	평가결과
20	최우수
14	FALSE
14	

중첩함수 괄호는 한 번 더 확인

함수 안에 함수가 또 들어가는 것을 중첩함수라고 하는데, 중첩함수는 괄호 사용이 많다. 괄호를 잘 열고 닫았는지 한 번 더 확인하자.

마지막으로 IF 함수 3개를 중첩해보겠습니다. [M6] 셀에 **=IF(L6>=18,“최우수”,IF(L6>=16,“우수”,IF(L6<=15,“탈락”)))**을 입력(❺)합니다. 18점 이상이면 최우수, 16점 이상 18점 미만(16~17점)이면 우수, 15점 이하면 탈락으로 표시하라는 뜻입니다. 등호 방향에 주의해 입력하세요. Enter 키(❻)를 눌러 값을 구합니다. [L6] 셀의 14는 15점 이하이므로 ‘탈락’이라는 결과값이 나타납니다.

	A	B	H	I	J	K	L	M	N
1	인턴직원교육일지								
2	입교일	성명	평가				합계점수	평가결과	
3			김부장	이부장	윤부장	김이사			
4	2019-01-03	이미리	5	5	5	5	20	최우수	IF1개만 적용
5	2019-01-03	홍길동	[illegible]	[illegible]	3	4	14	FALSE	IF2개만 적용
6	2019-01-03	장사신	[illegible]	[illegible]	[illegible]	3	=IF(L6>=18,"최우수",IF(L6>=16,"우수",IF(L6<=15,"탈락")))		
7									

❺ 입력
❻ Enter

➡

합계점수	평가결과
20	최우수
14	FALSE
14	탈락

2. IF 함수 복사하기

본격적으로 [인턴직원교육일지] 시트에 지금까지 익힌 IF 함수를 적용해보겠습니다. [M4] 셀에 [인턴직원교육일지(샘플)] 시트에서 익힌 **=IF(L6>=18,“최우수”,IF(L6>=16,“우수”,IF(L6<=15,“탈락”)))**를 입력해두었습니다. [M4] 셀 오른쪽 아래 자동 채우기 핸들을 더블클릭해 [M29] 셀까지 함수를 복사합니다. 최우수 직원은 이미리 인턴입니다.

	A	B	C	D	E	F	G	H	I	J	K	L	M	N
1	인턴직원교육일지													
2	입교일	성명	교육 (수료 o 으로 표시)					평가				합계점수	평가결과	
3			직무	사무	전산	실무	PT	김부장	이부장	윤부장	김이사			
4	2019-01-03	이미리	o	o	o	o	o	5	5	5	5	20	최우수	
5	2019-01-03	홍길동	o	o	o	o	o	4	3	3	4	14	탈락	
6	2019-01-03	장사신	o	o	o	o	o	3	5	3	3	14	탈락	
7	2019-01-03	유명한	o	[illegible]	[illegible]	o	o	3	3	3	3	12	탈락	
8	2019-01-03	강력한	o	[illegible]	[illegible]	o	o	4	3	3	3	13	탈락	
9	2019-01-03	김준비	o	o	o	o	o	5	5	3	3	16	우수	
10	2019-01-03	사용중	o	o	o	o	o	4	3	4	4	15	탈락	
11	2019-01-03	오일만	o	o	o	o	o	5	4	4	3	16	우수	
12	2019-01-03	해맑은	o	o	o	o	o	3	3	3	3	12	탈락	
13	2019-01-03	진시황	o	o	o	o	o	4	3	3	3	13	탈락	
14	2019-01-03	주린배	o	o	o	o	o	5	5	3	4	17	우수	
15	2019-01-03	유미래	o	o	o	o	o	4	3	2	3	12	탈락	

최우수 직원!

더블클릭

중첩함수 괄호 오류 자동 수정 방법

중첩함수는 괄호를 사용하는 횟수가 많습니다. 괄호는 연 횟수만큼 닫으면 됩니다. 괄호 개수를 잘못 입력하더라도 다음과 같은 알림창이 나타나면서 수식을 수정하도록 해줍니다. 〈예〉 버튼을 클릭하면 수정된 수식이 반영됩니다.

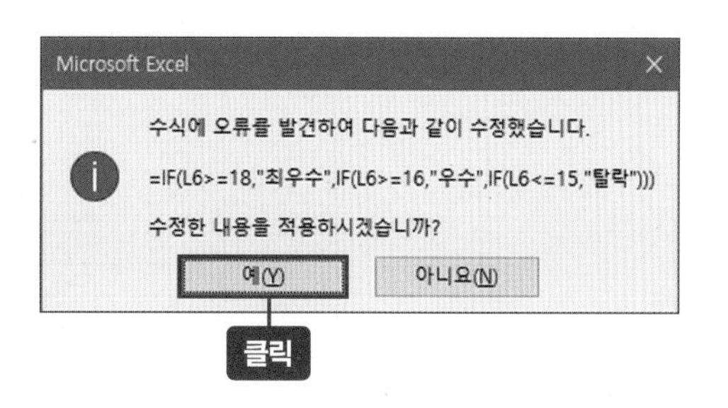

재물조사표
— DATEDIF 함수

업무 목표 | 폐기할 사무용품 찾기

DATEDIF 함수는 2개의 날짜 사이 간격을 구할 때 사용하는 함수입니다. 함수식에 입력하는 인수에 따라 날짜 사이의 연, 월, 일 수를 구할 수 있습니다. 오래되어 폐기해야 하는 물건의 날짜를 조사하거나, 입사일과 현재 날짜 사이의 간격을 구해 근속연수를 구할 때 DATEDIF 함수를 이용할 수 있습니다.

=DATEDIF(오래된 날짜①, 최근 날짜②, "단위③") : 오래된 날짜①와 최근 날짜② 사이의 간격을 구해 단위③에 따라 연, 월, 일로 값을 내보낸다

완성 서식 미리 보기

재물조사표

담당	과장	부장	사장

현재날짜 2019-01-01

재물명	관리부서	구입금액	사용시작일	보존기한	사용기간	폐기
컴퓨터1	사장실	2,500,000	2014-01-03	3	4	폐기
프린터1	비서실	500,000	2014-02-12	5	4	
노트북1	비서실	1,500,000	2014-01-03	5	4	
컴퓨터2	총무부	1,800,000	2014-04-15	5	4	
컴퓨터3	인사부	800,000	2014-02-12	5	4	
컴퓨터4	마케팅팀	800,000	2014-01-03	5	4	
컴퓨터5	경영관리부	1,800,000	2014-02-12	5	4	
컴퓨터6	자재과	800,000	2016-02-12	3	2	
컴퓨터7	생산부	2,500,000	2016-02-12	3	2	
컴퓨터8	기획실	800,000	2009-07-05	10	9	
프린터2	경영관리부	350,000	2014-08-05	5	4	
프린터3	총무부	350,000	2014-03-25	5	4	
프린터4	기획실	350,000	2009-03-05	10	9	
프린터5	인사부	350,000	2016-03-15	3	2	
서류파쇄기1	인사부	1,000,000	2016-03-25	3	2	
컴퓨터8	경리부	800,000	2014-07-05	5	4	
서류파쇄기2	기획실	1,000,000	2014-08-05	5	4	
냉장고1	경영관리부	2,000,000	2014-09-05	5	4	
진공청소기1	경영관리부	800,000	2016-07-05	3	2	
디자인용 프린터1	쇼핑몰팀	2,500,000	2014-08-05	5	4	
컴퓨터9	영업과	800,000	2016-04-15	3	2	
프린터6	영업과	500,000	2016-02-12	3	2	
레이저프린터1	경리부	1,800,000	2014-12-05	5	4	
레이저프린터2	쇼핑몰팀	1,800,000	2014-12-05	3	4	폐기

사용기간을 계산해 보존기한보다 오래되면 폐기 표시한다

보존기한 지난 사무용품 찾아 관리하기

예제파일 : 3_40_재물조사표.xlsx 

1. DATEDIF 함수 입력하기

[B4] 셀의 현재 날짜와 [D6] 셀의 사용시작일 날짜가 얼마나 차이 나는지 구해 컴퓨터1의 사용기간을 구하겠습니다. [F6] 셀을 클릭해 =DATEDIF(를 입력(❶)합니다. DATEDIF 함수는 오래된 날짜부터 입력해야 합니다. [B4] 셀의 2019년보다 [D6] 셀의 2014년이 더 오래된 날짜이므로 [D6] 셀을 클릭(❷)합니다.

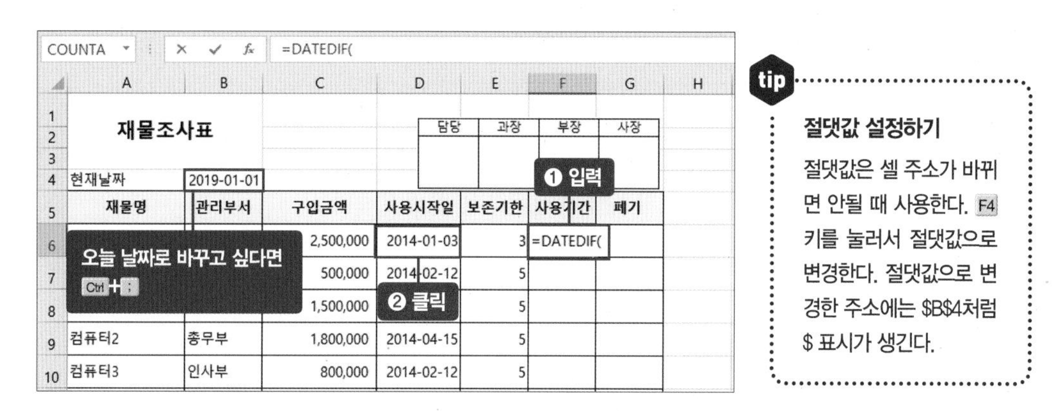

> **tip**
>
> **절댓값 설정하기**
>
> 절댓값은 셀 주소가 바뀌면 안될 때 사용한다. F4 키를 눌러서 절댓값으로 변경한다. 절댓값으로 변경한 주소에는 $B$4처럼 $ 표시가 생긴다.

[F6] 셀에 '=DATEDIF(D6'가 나타나면 쉼표 ,를 입력(❸)합니다. 현재 날짜가 입력되어 있는 [B4] 셀을 클릭(❹)합니다. 키보드에서 F4 키를 눌러 [B4] 셀을 절댓값으로 설정(❺)합니다. [B4] 셀에 입력된 현재 날짜를 기준으로 나머지 재물들의 사용기간을 구할 예정이므로 [B4] 셀 주소는 바뀌지 않아야 하기 때문입니다.

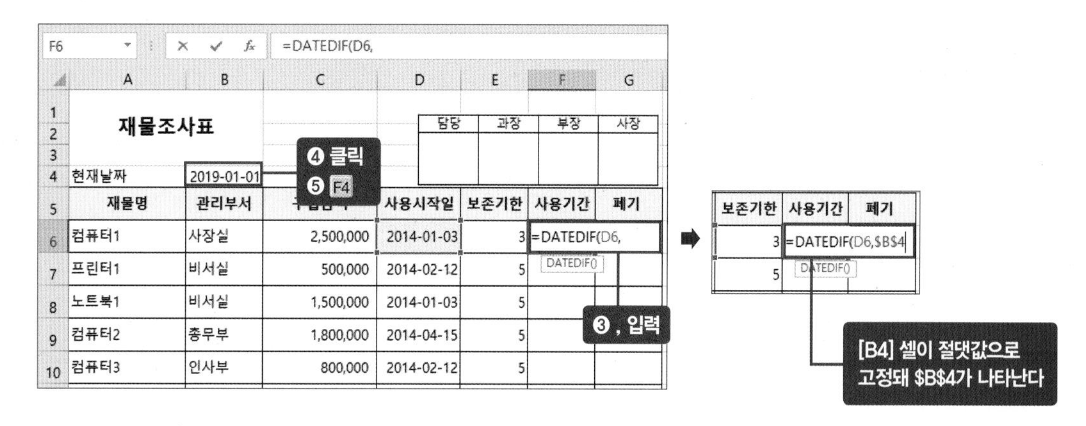

[F6] 셀에 '=DATEDIF(D6,$B$4'가 나타나면 ,"Y")를 입력(❻)합니다. DATEDIF 함수의 3번째 인수로 입력한 Y는 연도를 의미합니다. Enter 키(❼)를 눌러 값을 구합니다.

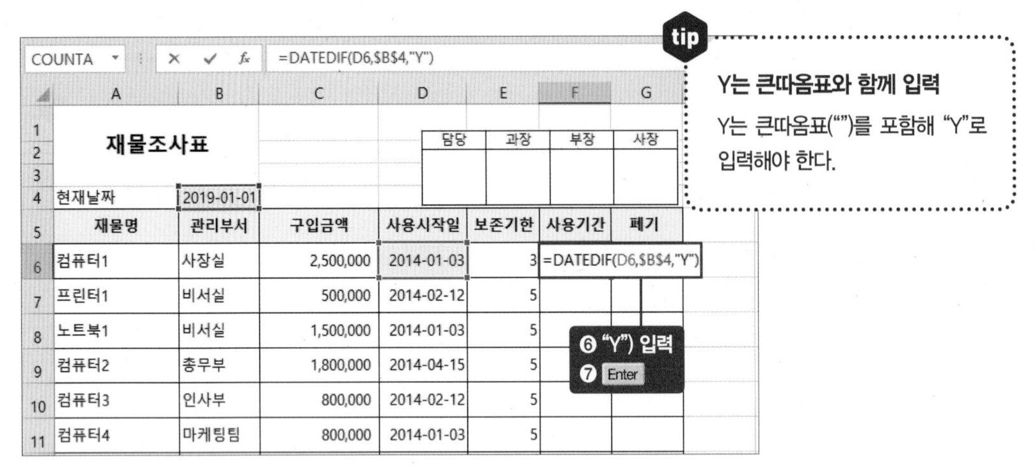

[F6] 셀에 '4'가 구해졌습니다. [B4] 셀 2019-01-01일을 기준으로 [D6] 셀 2014-01-03일은 4년 차이가 난다는 뜻입니다. 컴퓨터1은 현재 날짜까지 4년째 사용 중임을 알 수 있습니다.

F7

4년 차이

재물조사표

담당	과장	부장	사장

현재날짜 2019-01-01

재물명	관리부서	구입금액	사용시작일	보존기한	사용기간	폐기
컴퓨터1	사장실	2,500,000	2014-01-03	3	4	
프린터1	비서실	500,000	2014-02-12	5		
노트북1	비서실	1,500,000	2014-01-03	5		
컴퓨터2	총무부	1,800,000	2014-04-15	5		
컴퓨터3	인사부	800,000	2014-02-12	5		
컴퓨터4	마케팅팀	800,000	2014-01-03	5		

tip

DATEDIF 함수로 개월, 일수 구하기

=DATEDIF(오래된 날짜, 최근 날짜, "단위")
인수 1 인수 2 인수 3

- DATEDIF 함수 인수 3에 "M" : 기준 날짜와 현재 날짜간 개월 수
- DATEDIF 함수 인수 3에 "D" : 기준 날짜와 현재 날짜간 일수

최종 함수식

=DATEDIF(D6,$B$4,"Y)

[D6] 셀과 [B4] 셀 사이 햇수를 구한다. [B4] 셀은 고정된 값이므로 F4 키를 눌러 절댓값이므로 지정

2. DATEDIF 함수 복사하기

DATEDIF 함수를 복사하기 위해 [F6] 셀을 클릭(❶)합니다. 자동 채우기 핸들을 더블클릭(❷)해 [F29] 셀까지 재물 사용기간을 구합니다.

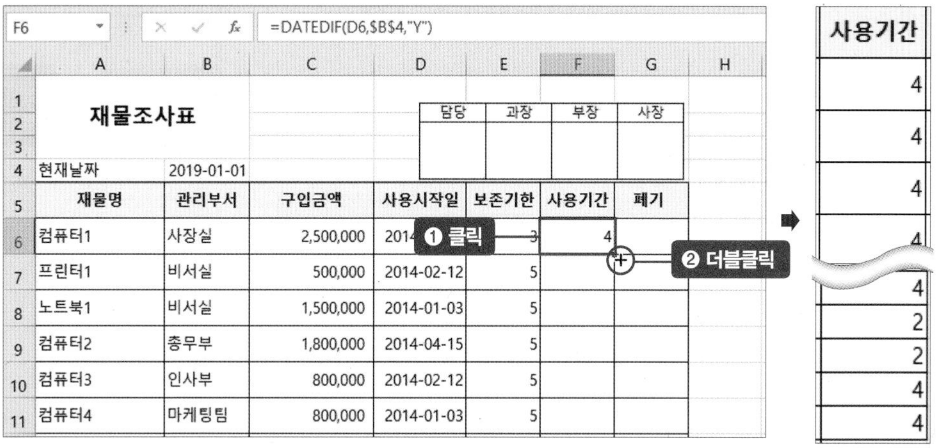

F6 =DATEDIF(D6,$B$4,"Y")

재물조사표 (담당 / 과장 / 부장 / 사장)

현재날짜 2019-01-01

재물명	관리부서	구입금액	사용시작일	보존기한	사용기간	폐기
컴퓨터1	사장실	2,500,000	2014	3	4	
프린터1	비서실	500,000	2014-02-12	5		
노트북1	비서실	1,500,000	2014-01-03	5		
컴퓨터2	총무부	1,800,000	2014-04-15	5		
컴퓨터3	인사부	800,000	2014-02-12	5		
컴퓨터4	마케팅팀	800,000	2014-01-03	5		

❶ 클릭 ❷ 더블클릭

사용기간
4
4
4
4
4
2
2
4
4

3. 보존기한 지난 재물에 표시하기

보존기한이 사용기간보다 짧으면 폐기해야 합니다. IF 함수를 사용해 폐기해야 할 항목에 '폐기'라고 표시하겠습니다. [G6] 셀에 =IF(E6<F6,"폐기","")를 입력(❶)합니다. [E6] 셀이 [F6] 셀보다 작으면 '폐기'를 결과값으로, 그렇지 않으면 공백을 결과값으로 내보낸다는 뜻입니다. Enter 키(❷)를 눌러 값을 구합니다. ★ IF 함수 자세한 내용은 305쪽 참고

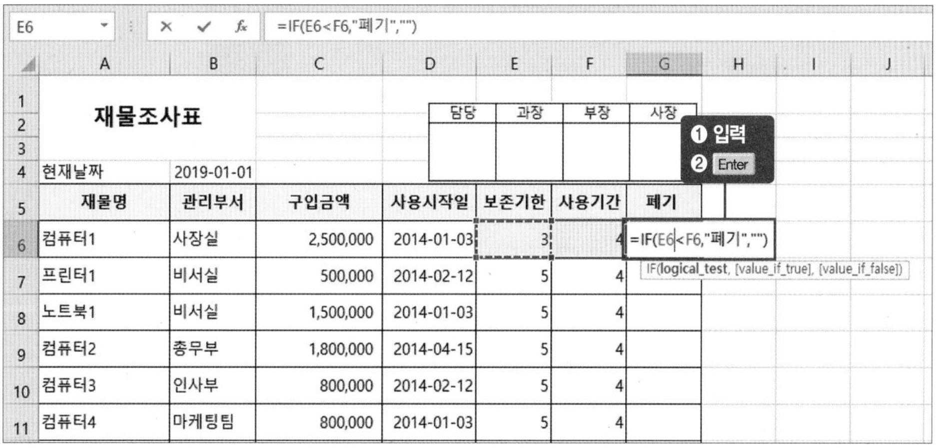

E6 =IF(E6<F6,"폐기","")

재물조사표 (담당 / 과장 / 부장 / 사장)

현재날짜 2019-01-01

재물명	관리부서	구입금액	사용시작일	보존기한	사용기간	폐기
컴퓨터1	사장실	2,500,000	2014-01-03	3	4	=IF(E6<F6,"폐기","")
프린터1	비서실	500,000	2014-02-12	5	4	
노트북1	비서실	1,500,000	2014-01-03	5	4	
컴퓨터2	총무부	1,800,000	2014-04-15	5	4	
컴퓨터3	인사부	800,000	2014-02-12	5	4	
컴퓨터4	마케팅팀	800,000	2014-01-03	5	4	

IF(logical_test, [value_if_true], [value_if_false])

❶ 입력 ❷ Enter

[G6]셀에 '폐기'가 구해졌습니다. [G6] 셀의 자동 채우기 핸들을 더블클릭(❸)해 함수를 복사합니다.

G6 =IF(E6<F6,"폐기","")

재물명	관리부서	구입금액	사용시작일	보존기한	사용기간	폐기
컴퓨터1	사장실	2,500,000	2014-01-03	3	4	폐기
프린터1	비서실	500,000	2014-02-12	5	4	
노트북1	비서실	1,500,000	2014-01-03	5	4	
컴퓨터2	총무부	1,800,000	2014-04-15	5	4	

DATEDIF 함수 활용해서 근속연수 구하기

① DATEDIF 함수의 단위 6개

DATEDIF 함수 구성은 '=DATEDIF(오래된 날짜,최근 날짜,"단위")'다. 3번째 인수 "단위"에 들어가는 알파벳은 총 6가지(Y, M, D, YM, MD, YD)입니다. 아래에서 2015년 1월 1일을 시작일로, 2019년 3월 15일을 종료일로 잡고 각각의 인수를 대입하면 다음과 같은 값이 구해집니다.

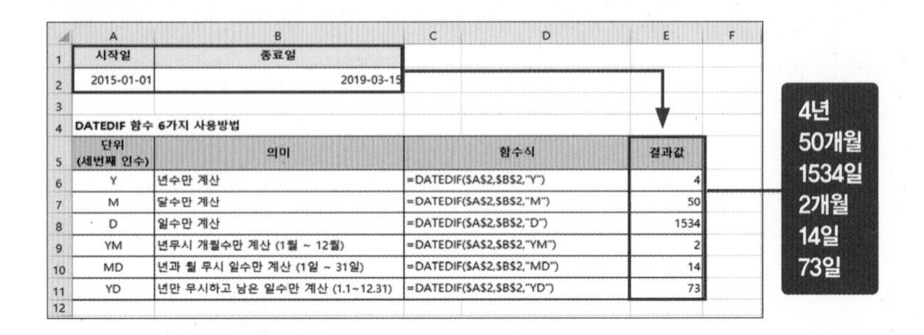

시작일	종료일
2015-01-01	2019-03-15

DATEDIF 함수 6가지 사용방법

단위 (세번째 인수)	의미	함수식	결과값
Y	년수만 계산	=DATEDIF($A$2,$B$2,"Y")	4
M	달수만 계산	=DATEDIF($A$2,$B$2,"M")	50
D	일수만 계산	=DATEDIF($A$2,$B$2,"D")	1534
YM	년무시 개월수만 계산 (1월 ~ 12월)	=DATEDIF($A$2,$B$2,"YM")	2
MD	년과 월 무시 일수만 계산 (1일 ~ 31일)	=DATEDIF($A$2,$B$2,"MD")	14
YD	년만 무시하고 남은 일수만 계산 (1.1~12.31)	=DATEDIF($A$2,$B$2,"YD")	73

② 근속연수표 만들기

위 사례에서 항목을 직원명, 부서, 입사일로 변경하면 직원의 근속연수표로 활용할 수 있습니다. 근속연수는 **=DATEDIF(입사일,현재날짜,"단위")**를 입력해 구합니다. 여기서는 "Y"를 입력해 연수로 나타냈습니다.

근속연수표

현재날짜 2021-01-01

사번	직원명	부서	입사일	근속연수
wa-1-1	이미리	총무부	2020-01-01	=DATEDIF(D6,$B$4,"Y")
wa-1-2	홍길동	총무부	2019-02-03	
wa-1-3	장사신	총무부	2010-05-10	
wa-1-4	유명한	총무부	2012-09-07	
wa-1-5	강력한	총무부	2019	

=DATEDIF(D6,$B$4,"Y")

현재 날짜는 변하지 않는 값이므로 F4 키를 눌러 절댓값으로 만든다

근속연수표

담당	과장	부장	사장

현재날짜 2021-01-01

사번	직원명	부서	입사일	근속연수
wa-1-1	이미리	총무부	2020-01-01	1
wa-1-2	홍길동	총무부	2019-02-03	1
wa-1-3	장사신	총무부	2010-05-10	10
wa-1-4	유명한	총무부	2012-09-07	8
wa-1-5	강력한	총무부	2019-02-06	1
wa-2-1	김준비	생산관리부	2017-04-15	3

기부금납부관리장부

— RANK 함수

업무 목표 | 기부금 납부 순위 표시하기

RANK 함수는 원하는 셀이 전체 데이터 중 몇 번째 순위인지 구하는 함수입니다. 기부금을 납부한 순위나 점수 순위, 급여액 순위 등 다양한 용도로 활용할 수 있습니다. RANK 함수식 인수 3에 **0**을 입력하면 위에서 몇 번째로 큰지, 인수 3에 **1**을 입력하면 아래에서 몇 번째로 큰지를 값으로 내보냅니다.

=RANK(순위를 구하려는 숫자①, 범위②, 순위결정 옵션③ '0' or '1') : 순위를 구하려는 숫자①가 범위②에서 몇 번째인지 구한다. 순위 결정 옵션③에서 '0'은 내림차순 순위, '1'은 오름차순 순위를 구하라는 명령이다

완성 서식 미리 보기

기부금납부관리장부

성명	주민번호	기부일	금액	납부순위액(내림차순0)	납부순위액(오름차순1)
강심장	690000-1111111	2019-12-08	550,000	1	26
오일만	690000-1111111	2019-12-03	260,000	2	25
김준비	730000-1111111	2019-12-01	250,000	3	23
홍길동	720000-1111111	2019-12-05	250,000	3	23
전부커	890000-1111111	2019-12-12	170,000	5	22
지영롱	850000-1111111	2019-12-04	150,000	6	21
유연하	740000-1111111	2019-12-11	130,000	7	20
진시황	850000-1111111	2019-12-12	110,000	8	19
미리내	730000-1111111	2019-12-02	100,000	9	17
민주리	940000-1111111	2019-12-08	100,000	9	17
주은별	690000-1111111	2019-12-12	88,000	11	16
강미소	720000-1111111	2019-12-08	80,000	12	15
김장철	740000-1111111	2019-12-06	50,000	13	12
손매력	890000-1111111	2019-12-13	50,000	13	12
이미리	690000-1111111	2019-12-01	50,000	13	12
유미래	940000-1111111	2019-12-07	45,000	16	11
주린배	890000-1111111	2019-12-12	44,000	17	10
오미리	730000-1111111	2019-12-08	35,000	18	9
강력한	940000-1111111	2019-12-03	33,000	19	7
김유리	720000-1111111	2019-12-12	33,000	19	7
지렁이	850000-1111111	2019-12-10	30,000	21	6
김장수	940000-1111111	2019-12-09	20,000	22	5
해맑은	720000-1111111	2019-12-06	15,000	23	4
장사신	850000-1111111	2019-12-01	10,000	24	2

큰 금액부터 내림차순 했을 때 순위와 작은 금액부터 오름차순 했을 때 순위를 구한다

도전 엑셀왕!

빅데이터 분석 함수

RANK 함수로 기부금 순위 나타내기

예제파일 : 3_41_기부금납부관리장부.xlsx

1. RANK 함수로 내림차순 정리하기

RANK 함수를 사용해 이미리 직원의 기부금이 전체 기부금 중 몇 번째로 많은지 구하려고 합니다. [E4] 셀에 =RANK를 입력(❶)합니다. 함수 추천 목록이 뜨면 〈RANK〉를 더블클릭(❷)합니다.

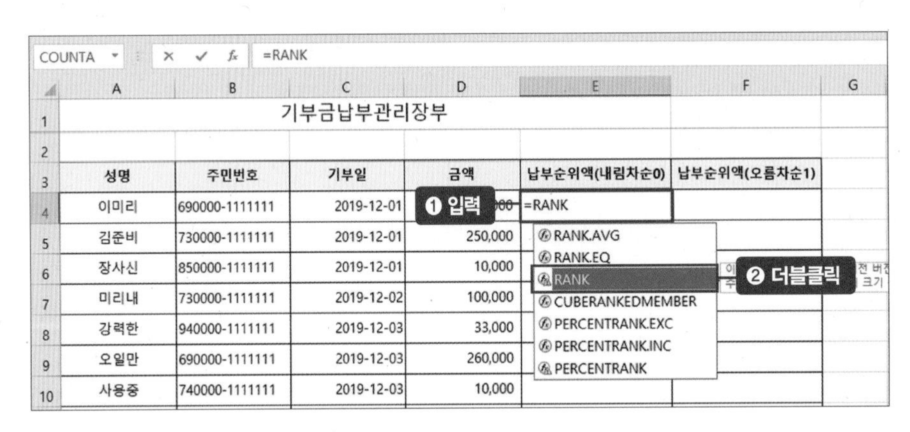

[E4] 셀에 '=RANK('가 표시되면 이미리의 기부금이 입력되어 있는 [D4] 셀을 클릭(❸)합니다. [E4] 셀에 쉼표 ,를 입력(❹)합니다.

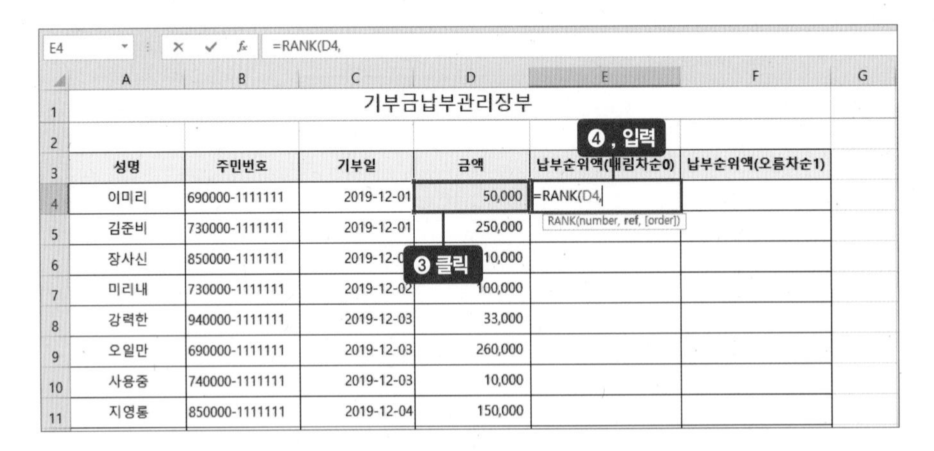

순위를 구하고자 하는 데이터의 범위를 설정하겠습니다. [D4] 셀을 클릭하고 Ctrl + Shift + ↓ 키(❺)를 누릅니다. [E4] 셀에 '=RANK(D4,D4:D29'가 나타납니다. F4 키(❻)를 눌러 [D4:D29]를 절댓값으로 설정합니다. [D4:D29]는 다른 직원의 기부금 순위를 구할 때도 변하지 않는 범위이기 때문입니다.

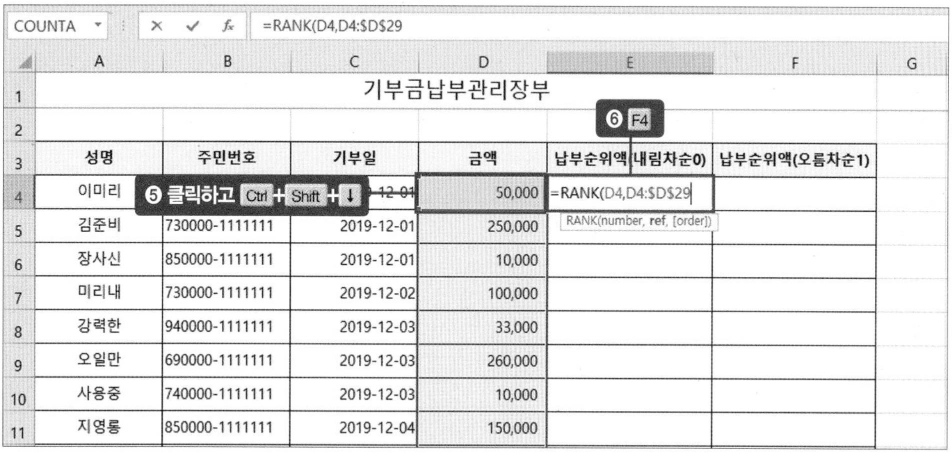

COUNTA | =RANK(D4,D4:$D$29

	A	B	C	D	E	F	G
1	기부금납부관리장부						
2					❻ F4		
3	성명	주민번호	기부일	금액	납부순위액(내림차순0)	납부순위액(오름차순1)	
4	이미리	❺ 클릭하고 Ctrl + Shift + ↓	-12-01	50,000	=RANK(D4,D4:$D$29		
5	김준비	730000-1111111	2019-12-01	250,000	RANK(number, ref, [order])		
6	장사신	850000-1111111	2019-12-01	10,000			
7	미리내	730000-1111111	2019-12-02	100,000			
8	강력한	940000-1111111	2019-12-03	33,000			
9	오일만	690000-1111111	2019-12-03	260,000			
10	사용중	740000-1111111	2019-12-03	10,000			
11	지영롱	850000-1111111	2019-12-04	150,000			

[E4] 셀에 '=RANK(D4,D$4:D$29'가 나타나면 쉼표 ,를 입력(❼)합니다. 마지막 인수 0과 1 중 하나를 선택하라는 창이 나타납니다. 제일 큰 금액을 1순위라고 할 때 [D4] 셀에 입력된 이미리의 기부금이 몇 번째로 큰 금액인지 구하는 것이므로 내림차순 순위를 구해야 합니다. 〈0–내림차순〉을 더블클릭(❽)합니다.

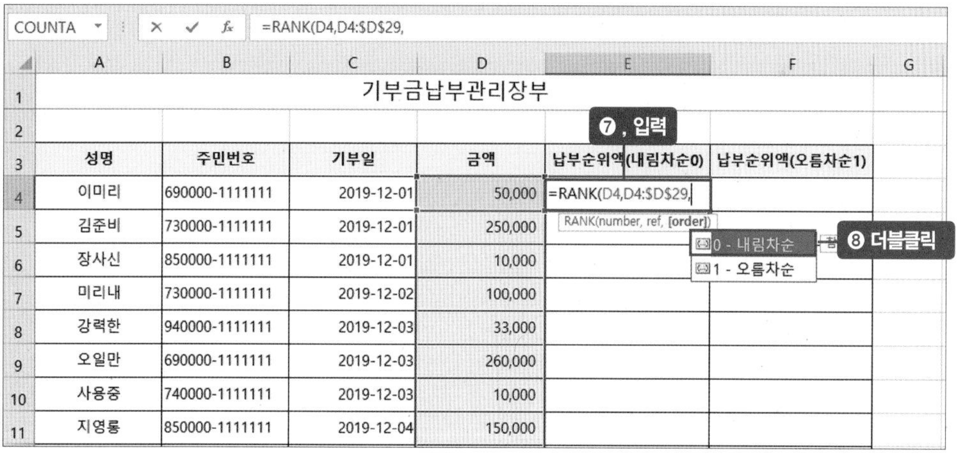

COUNTA | =RANK(D4,D4:$D$29,

	A	B	C	D	E	F	G
1	기부금납부관리장부						
2					❼ , 입력		
3	성명	주민번호	기부일	금액	납부순위액(내림차순0)	납부순위액(오름차순1)	
4	이미리	690000-1111111	2019-12-01	50,000	=RANK(D4,D4:$D$29,		
5	김준비	730000-1111111	2019-12-01	250,000	RANK(number, ref, [order])	0 - 내림차순	❽ 더블클릭
6	장사신	850000-1111111	2019-12-01	10,000		1 - 오름차순	
7	미리내	730000-1111111	2019-12-02	100,000			
8	강력한	940000-1111111	2019-12-03	33,000			
9	오일만	690000-1111111	2019-12-03	260,000			
10	사용중	740000-1111111	2019-12-03	10,000			
11	지영롱	850000-1111111	2019-12-04	150,000			

[E4] 셀에 닫는 괄호)를 입력하고 Enter 키(⑨)를 눌러 값을 구합니다. 13이 구해졌습니다. 이미리의 기부금은 전체 기부금 중에서 13번째로 큰 금액입니다.

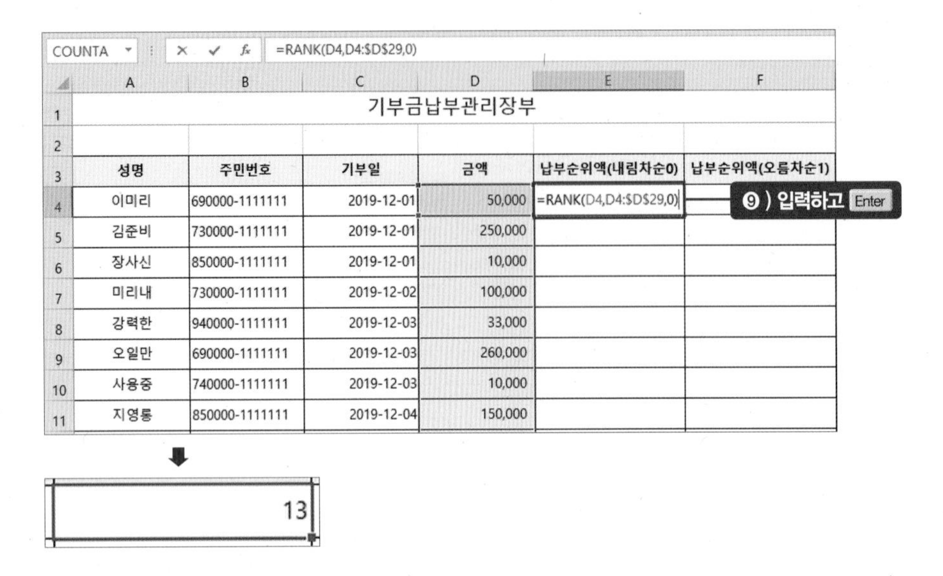

COUNTA | =RANK(D4,D4:$D$29,0)

	A	B	C	D	E	F
1	기부금납부관리장부					
2						
3	성명	주민번호	기부일	금액	납부순위액(내림차순0)	납부순위액(오름차순1)
4	이미리	690000-1111111	2019-12-01	50,000	=RANK(D4,D4:$D$29,0)	
5	김준비	730000-1111111	2019-12-01	250,000		
6	장사신	850000-1111111	2019-12-01	10,000		
7	미리내	730000-1111111	2019-12-02	100,000		
8	강력한	940000-1111111	2019-12-03	33,000		
9	오일만	690000-1111111	2019-12-03	260,000		
10	사용중	740000-1111111	2019-12-03	10,000		
11	지영롱	850000-1111111	2019-12-04	150,000		

이제 함수를 복사하겠습니다. [E4] 셀의 자동 채우기 핸들을 더블클릭(⑩)합니다. [E29] 셀까지 RANK 함수가 복사되면서 각 기부자의 납부 순위가 내림차순으로 매겨졌습니다.

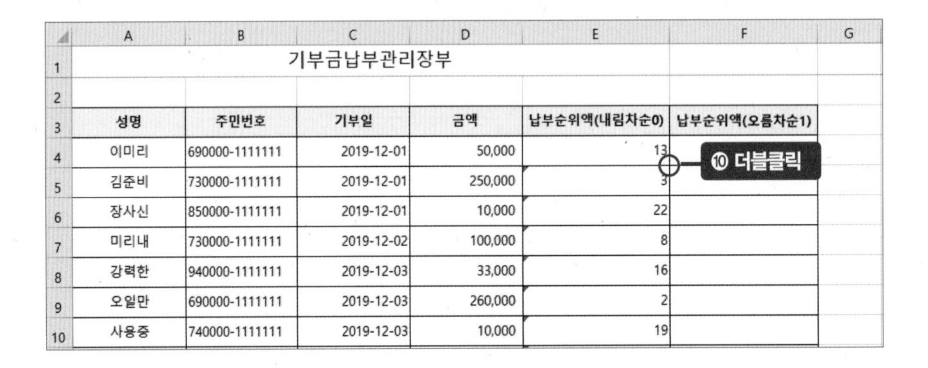

	A	B	C	D	E	F	G
1	기부금납부관리장부						
2							
3	성명	주민번호	기부일	금액	납부순위액(내림차순0)	납부순위액(오름차순1)	
4	이미리	690000-1111111	2019-12-01	50,000	13		
5	김준비	730000-1111111	2019-12-01	250,000	3		
6	장사신	850000-1111111	2019-12-01	10,000	22		
7	미리내	730000-1111111	2019-12-02	100,000	8		
8	강력한	940000-1111111	2019-12-03	33,000	16		
9	오일만	690000-1111111	2019-12-03	260,000	2		
10	사용중	740000-1111111	2019-12-03	10,000	19		

최종 함수식

=RANK(D4,$D$4:$D$29,0)

[D4] 셀이 [D4:D29] 셀 범위에서 위에서부터 몇 번째인지 구한다. 3번째 인수 '0'은 내림차순으로 몇 순위인지, '1'은 오름차순으로 몇 순위인지를 구하는 명령이다. 여기서는 '0'을 선택했다. 함수식에서 [D4:D29] 셀 범위는 고정된 범위이므로 F4 키를 눌러 절댓값으로 지정했다.

2. RANK 함수로 오름차순 정리하기

이번에는 RANK 함수를 사용해 이미리의 기부금이 아래에서 몇 번째로 많은지 구해보겠습니다. [F4] 셀에 =RANK를 입력(❶)한 다음 314~315쪽의 ❷~❼을 반복합니다.

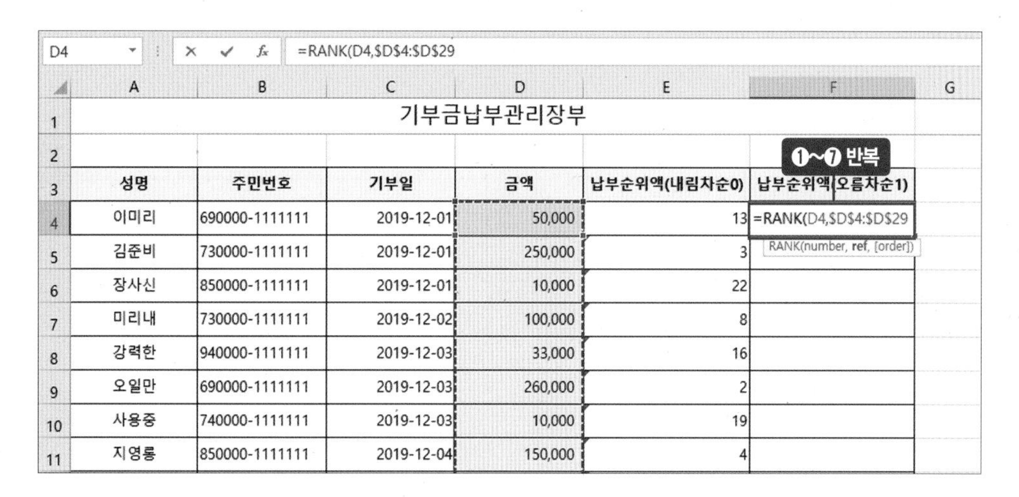
D4 | =RANK(D4,$D$4:$D$29

	A	B	C	D	E	F
1	기부금납부관리장부					
2						
3	성명	주민번호	기부일	금액	납부순위액(내림차순0)	납부순위액(오름차순1)
4	이미리	690000-1111111	2019-12-01	50,000	13	=RANK(D4,$D$4:$D$29
5	김준비	730000-1111111	2019-12-01	250,000	3	
6	장사신	850000-1111111	2019-12-01	10,000	22	
7	미리내	730000-1111111	2019-12-02	100,000	8	
8	강력한	940000-1111111	2019-12-03	33,000	16	
9	오일만	690000-1111111	2019-12-03	260,000	2	
10	사용중	740000-1111111	2019-12-03	10,000	19	
11	지영롱	850000-1111111	2019-12-04	150,000	4	

선택창이 나타나면 〈1-오름차순〉을 더블클릭(❽)합니다.

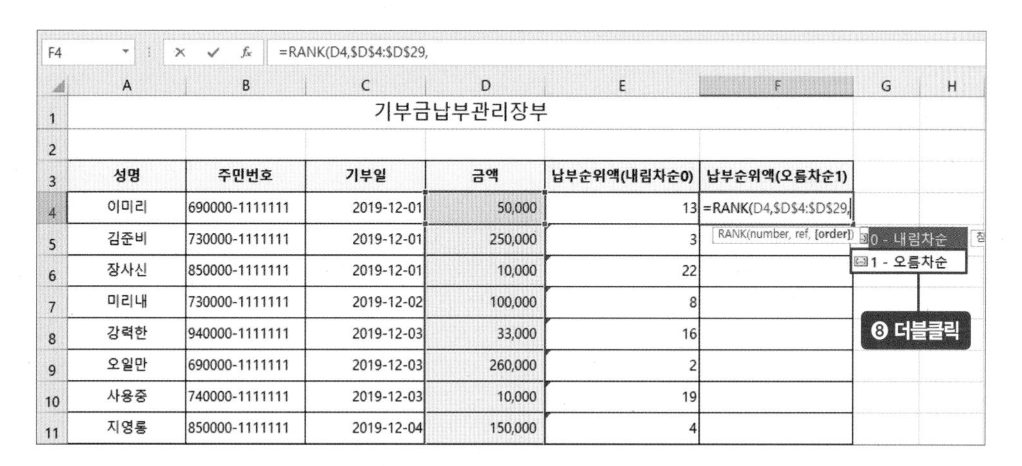
F4 | =RANK(D4,$D$4:$D$29,

	A	B	C	D	E	F
1	기부금납부관리장부					
2						
3	성명	주민번호	기부일	금액	납부순위액(내림차순0)	납부순위액(오름차순1)
4	이미리	690000-1111111	2019-12-01	50,000	13	=RANK(D4,$D$4:$D$29,
5	김준비	730000-1111111	2019-12-01	250,000	3	
6	장사신	850000-1111111	2019-12-01	10,000	22	
7	미리내	730000-1111111	2019-12-02	100,000	8	
8	강력한	940000-1111111	2019-12-03	33,000	16	
9	오일만	690000-1111111	2019-12-03	260,000	2	
10	사용중	740000-1111111	2019-12-03	10,000	19	
11	지영롱	850000-1111111	2019-12-04	150,000	4	

tip

RANK 함수와 LARGE 함수

두 함수 모두 순위를 구하는 함수라는 점에서 비슷하다. 차이점은, RANK 함수는 데이터의 순위를 결과값으로 가져오고, LARGE 함수는 원하는 순위의 데이터를 결과값으로 가져온다는 점이다. ★ **LARGE 함수 자세한 내용은 〈셋째마당〉 37장 참고**

[F4] 셀에 닫는 괄호)를 입력하고 Enter 키(⑨)를 눌러 값을 구합니다. 12가 구해졌습니다. 이미리의 기부금은 전체 기부금 중에서 아래부터 12번째로 많은 금액입니다.

COUNTA | =RANK(D4,$D$4:$D$29,1)

	A	B	C	D	E	F	G
1	기부금납부관리장부						
2							
3	성명	주민번호	기부일	금액	납부순위액(내림차순0)	납부순위액(오름차순1)	
4	이미리	690000-1111111	2019-12-01	50,000	13	=RANK(D4,$D$4:$D$29,1)	
5	김준비	730000-1111111	2019-12-01	250,000	3		
6	장사신	850000-1111111	2019-12-01	10,000	22		
7	미리내	730000-1111111	2019-12-02	100,000	8		
8	강력한	940000-1111111	2019-12-03	33,000	16		
9	오일만	690000-1111111	2019-12-03	260,000	2		
10	사용중	740000-1111111	2019-12-03	10,000	19		
11	지영롱	850000-1111111	2019-12-04	150,000	4		

⑨) 입력하고 Enter

12

이제 함수를 복사하겠습니다. [F4] 셀의 자동 채우기 핸들을 더블클릭(⑩)합니다. [E29] 셀까지 RANK 함수가 복사되면서 각 기부자의 납부 순위가 오름차순으로 매겨졌습니다.

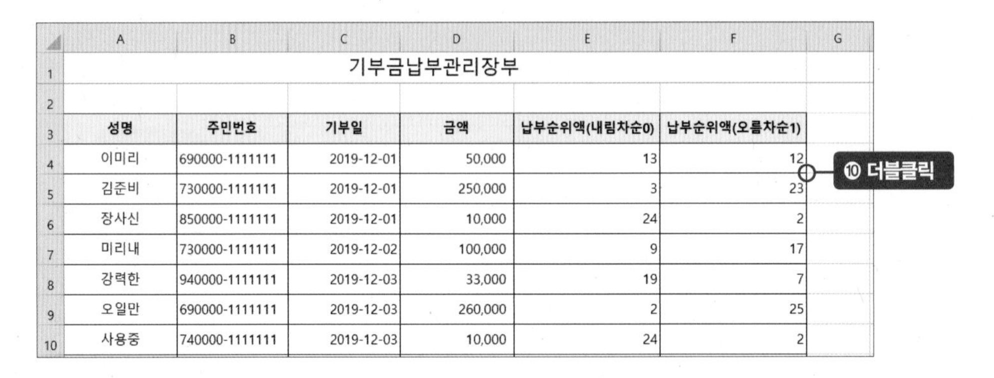

	A	B	C	D	E	F	G
1	기부금납부관리장부						
2							
3	성명	주민번호	기부일	금액	납부순위액(내림차순0)	납부순위액(오름차순1)	
4	이미리	690000-1111111	2019-12-01	50,000	13	12	
5	김준비	730000-1111111	2019-12-01	250,000	3	23	
6	장사신	850000-1111111	2019-12-01	10,000	24	2	
7	미리내	730000-1111111	2019-12-02	100,000	9	17	
8	강력한	940000-1111111	2019-12-03	33,000	19	7	
9	오일만	690000-1111111	2019-12-03	260,000	2	25	
10	사용중	740000-1111111	2019-12-03	10,000	24	2	

최종 함수식

=RANK(D4,$D$4:$D$29,1)

[D4] 셀이 [D4:D29] 셀 범위에서 아래부터 몇 번째인지 구한다. 세 번째 인수에 1을 입력해 오름차순으로 몇 순위인지 구했다. [D4:D29] 셀 범위는 고정된 범위이므로 절댓값으로 지정했다.

원가산출내역서
— INDEX, MATCH 함수

업무 목표 | **최저가 판매업체 찾기**

원가산출은 여러 업체로부터 견적을 받아서 그중 최저가를 찾아내는 작업입니다. 납품받을 물건이 여러 가지이고 재료들도 다양하다면 수작업보다는 함수식을 사용해 원가산출내역서를 만들어두면 편리합니다. INDEX 함수와 MATCH 함수를 중첩해서 사용해 특정 표에서 원하는 위치의 값을 찾아낼 수 있습니다. 공사를 진행하는 업체에서는 재료비, 노무비, 경비 등으로 만들어진 산출서를 사용하기도 합니다.

=INDEX(범위①, 행 번호②, 열 번호③) : 범위① 안에서 행 번호②와 열 번호③가 교차하는 곳에 있는 값을 불러온다

=MATCH(찾는 값①, 범위②, 옵션③ '–1', '0', '1') : 범위② 안에서 찾는 값①과 같은 데이터를 찾아 몇 번째 위치에 있는지 위치값을 불러온다. 마지막 옵션③은 정확한 값을 찾을 때 선택하는 0을 주로 사용한다

완성 서식 미리 보기

원가산출내역서

품목	업체명 (부가세 포함)							최저가입찰	최대가입찰
	여러나라	볼트전문	나사만한다	장비전문	가격싸다	볼트와나사	나사전문		
볼트	1,500	1,300	1,400	1,150	1,450	1,550	1,340	장비전문	볼트와나사
나사	750	650	700	575	725	775	550	나사전문	볼트와나사
망치	11,250	9,750	10,500	8,625	10,875	11,625	10,050	장비전문	볼트와나사
렌치	8,850	7,650	6,450	5,250	4,050	2,850	4,500	볼트와나사	여러나라
십자드라이버	2,500	2,400	2,350	2,450	2,550	2,200	2,300	볼트와나사	가격싸다
일자드라이버	2,350	2,250	2,200	2,300	2,400	2,050	1,950	나사전문	가격싸다
호스클램프	588	563	550	575	600	513	599	볼트와나사	가격싸다
줄	1,250	1,200	1,175	1,225	1,275	1,100	1,050	나사전문	가격싸다
케이블커터	2,500	2,400	2,350	2,450	2,050	2,200	2,100	가격싸다	여러나라
고무망치	10,750	9,250	10,000	8,125	10,375	11,125	9,550	장비전문	볼트와나사

부품별로 제일 싸거나 비싼 업체를 손쉽게 찾을 수 있다

INDEX 함수 익히기

예제파일 : 3_42_INDEX, MATCH 함수 익히기

INDEX 함수는 행 수와 열 수가 교차하는 데이터를 값으로 불러오는 함수입니다. 아래 화면에서는 [Q3] 셀에 **=INDEX(B3:K28,1,1)**를 입력했습니다. 해석하면 [B3:K28] 셀 범위에서 1행과 1열에 해당하는 값을 구하라는 뜻입니다. [B3:K28] 셀 범위에서 1행과 1열에 해당하는 값은 이미리이므로 결과값으로 '이미리'가 나타납니다.

인수 1(범위) : 값을 구할 범위인 [B3:K28]을 드래그해서 선택

인수 2(행 번호) : [B3:K28] 셀 범위에서 가져올 값이 위치한 행 번호를 지정하므로 1 입력

인수 3(열 번호) : [B3:K28] 셀 범위에서 가져올 값이 위치한 열 번호를 지정하므로 1 입력

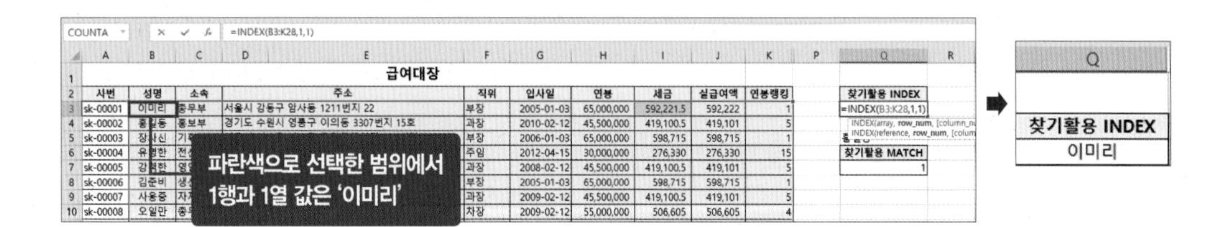

MATCH 함수 익히기

MATCH 함수는 찾고자 하는 값이 범위 내에서 어느 위치에 있는지 구하는 함수입니다. 아래 화면에서 [Q7] 셀에 **=MATCH(Q5,B3:B28,0)**를 입력했습니다. 해석하면 [Q5] 셀에 적힌 '홍길동'이 [B3:K28] 셀 범위에서 어느 위치에 있는지 정확한 값을 구하라는 뜻입니다. '홍길동'은 [B3:K28] 셀 범위의 2번째에 있으므로 결과값으로 '2'가 나타납니다.

인수 1(찾는 값) : 찾고자 하는 값이 [Q5] 셀이므로 [Q5] 셀 클릭

인수 2(범위) : 데이터를 찾을 범위는 이름이 입력된 [B3:K28] 셀 범위이므로 드래그해 선택

인수 3(옵션 '–1', '0', '1') : 정확하게 [Q5] 셀과 일치하는 값을 찾아야 하므로 '0' 입력

=MATCH(Q5,B3:B28,0)

급여대장

사번	성명	소속	주소	직위	입사일	연봉	세금	실급여액	연봉랭킹
sk-00001	이미리	총무부	서울시 강동구 암사동 1211번지 22	부장	2005-01-03	65,000,000	592,221.5	592,222	1
sk-00002	홍길동	홍보부	경기도 수원시 영통구 이의동 3307번지 15호	과장	2010-02-12	45,500,000	419,100.5	419,101	5
sk-00003	장사신	기획실	서울시 서초구 서초동 몽마르뜨언덕2700번길	부장	2006-01-03	65,000,000	598,715	598,715	1
sk-00004	유명한	전산실	인천시 남구 문학동 380-10003번지 큰빌라102호	주임	2012-04-15	30,000,000	276,330	276,330	15
sk-00005	강력한	영업부	서울시 송파구 잠실동 270번지 주공 100단지1000호	과장	2008-02-12	45,500,000	419,100.5	419,101	5
sk-00006	김준비	생산부	서울시 종로구 사직동 100-48 2층'	부장	2005-01-03	65,000,000	598,715	598,715	1

Q
찾기활용 INDEX
이미리
홍길동
찾기활용 MATCH
=MATCH(Q5,B3:B28,0)

→

홍길동
찾기활용 MATCH
2

INDEX 함수로 최저가 업체 선정해 계약하기

예제파일 : 3_42_원가산출내역서.xlsx 

1. INDEX 함수 입력하기

INDEX 함수는 원하는 행 번호와 열 번호가 교차하는 셀의 값을 불러오는 함수입니다. [I5] 셀에 볼트를 최저가로 판매하는 업체 이름을 불러오겠습니다. [I5] 셀에 **=INDEX(**를 입력(❶)합니다. INDEX 함수의 인수 1은 범위입니다. 결과값으로 업체 이름이 필요하므로 범위는 [B4:H4]입니다. [B4:H4] 셀 범위를 드래그(❷)합니다. F4 키(❸)를 눌러 [B4:H4] 셀 범위를 절댓값으로 설정합니다. 나머지 부품들의 최저가 업체를 찾을 [B4:H4] 셀 범위는 변하지 않고 계속 필요한 범위이기 때문입니다. 여기까지 인수 1 입력을 완료했습니다.

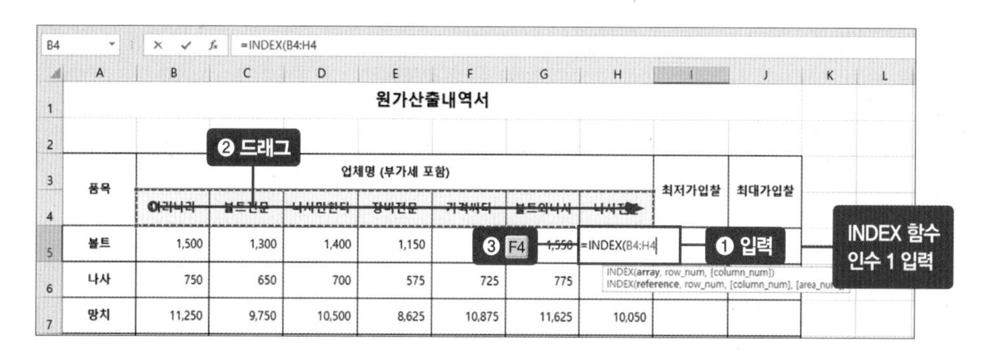

INDEX 함수의 인수 2는 범위 안에서 몇 번째 행의 데이터를 내보낼지 입력하는 것입니다. 업체명이 포함된 행은 범위로 지정한 [B4:H4]의 1행입니다. 따라서 인수 2는 1입니다. [I5] 셀 함수식에 이어서 ,1을 입력(❹)합니다.

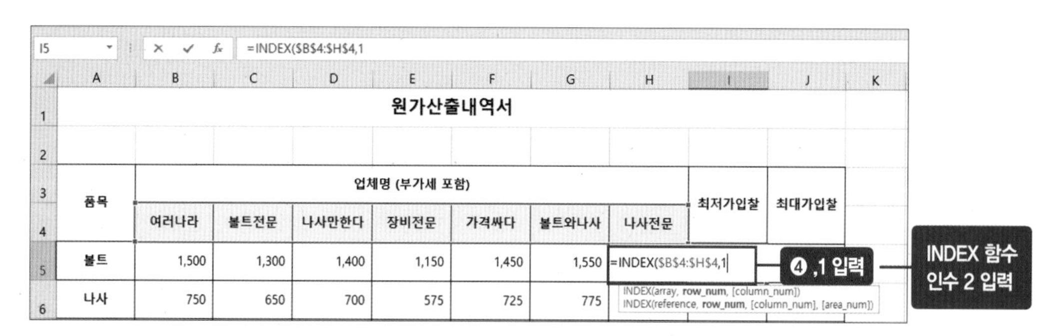

2. MATCH 함수 입력하기

INDEX 함수의 인수 3에는 범위 내에서 몇 번째 열의 데이터를 내보낼지 입력해야 합니다. MATCH 함수와 MIN 함수를 중첩해 필요한 열 번호를 구하겠습니다. 먼저 [I5] 셀의 INDEX 함수식에 이어서 **,MATCH(**를 입력(❶)합니다. MATCH 함수는 찾는 값이 어디에 있는지 숫자로 결과값을 내보냅니다.

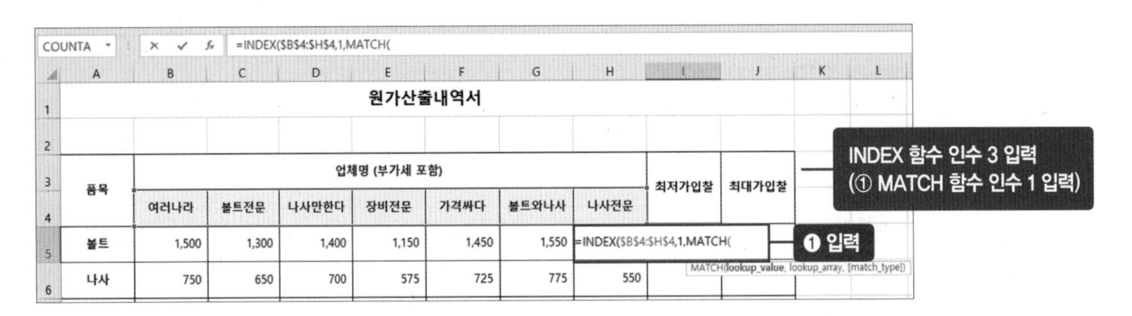

MATCH 함수의 인수 1은 '찾는 값'입니다. 지금 찾는 값은 볼트 가격 중 최솟값이므로 MIN 함수를 사용하겠습니다. [I5] 셀 함수식에 이어 최솟값을 찾는 함수인 **MIN(**을 입력(❷)합니다. ★ **MIN 함수 자세한 내용은 〈셋째마당〉 37장 참고**

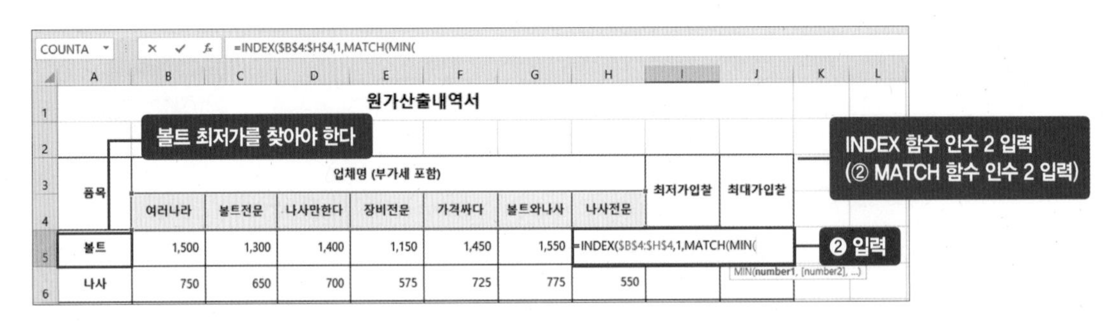

[I5] 셀에 '=INDEX($B$4:$H$4,1,MATCH(MIN('이 입력되어 있습니다. MIN 함수에 최솟값을 구할 범위를 입력해야 합니다. 볼트의 최솟값을 구하는 중이므로 최솟값을 구할 범위는 볼트의 가격이 입력되어 있는 [B5:H5]입니다. [B5:H5] 셀 범위를 드래그(❸)합니다. [I5] 셀에 [B5:H5] 셀 범위가 입력되면 닫는 괄호)를 입력(❹)해 MIN 함수를 완성합니다. MATCH 함수의 인수 1(찾는 값)을 완성했습니다.

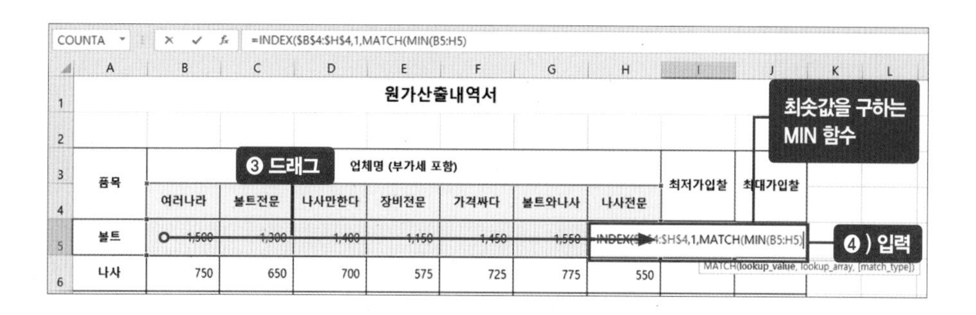

MATCH 함수의 인수 2는 값을 찾을 범위를 입력하는 것입니다. 볼트 가격의 최솟값을 찾을 범위는 [B5:H5]입니다. 쉼표 ,를 입력(❺)한 다음 [B5:H5] 셀 범위를 드래그(❻)합니다. MATCH 함수의 인수 2(범위)를 완성했습니다.

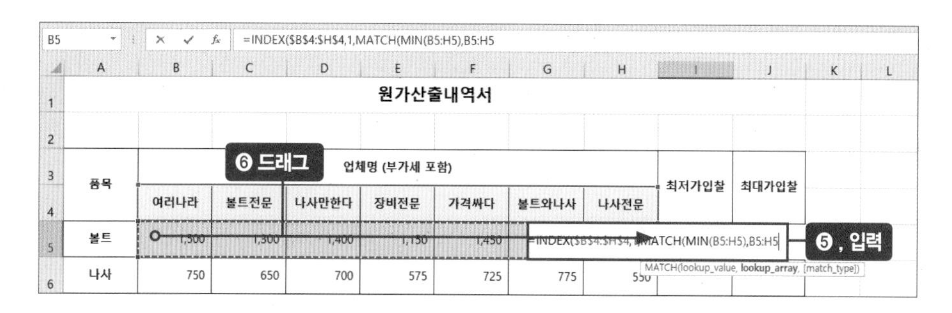

MATCH 함수의 인수 3은 옵션입니다. [I5] 셀에 입력되어 있는 '=INDEX($B$4:$H$4,1,MATCH(MIN(B5:H5), B5:H5' 함수식 뒤에 쉼표 ,를 입력(❼)하면 옵션 항목이 나타납니다. [B5:H5] 셀 범위에서 최솟값의 위치를 정확히 찾아야 하므로 〈0-정확히 일치〉를 더블클릭(❽)합니다.

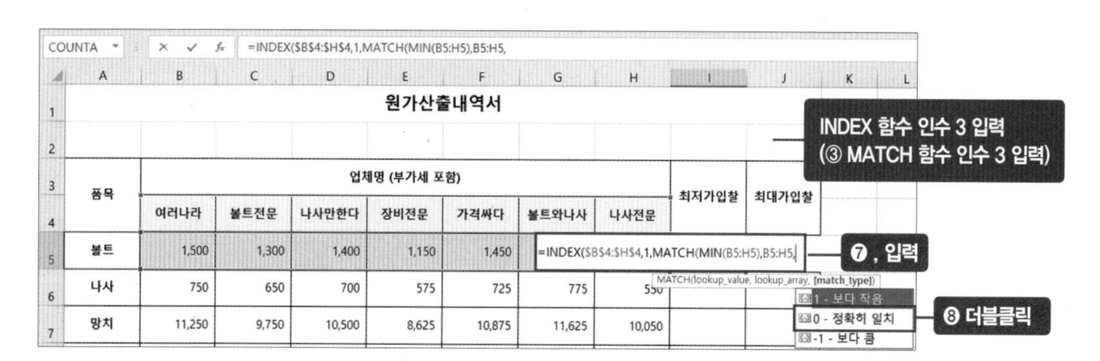

함수를 완성하기 위해 괄호를 닫아야 합니다. 괄호 개수는 열려 있는 괄호만큼 닫으면 됩니다. 열려 있는 괄호가 2개이므로))를 입력(❾)합니다. Enter 키(❿)를 눌러 값을 구합니다. 볼트를 가장 저렴하게 판매하는 업체는 '장비전문'입니다.

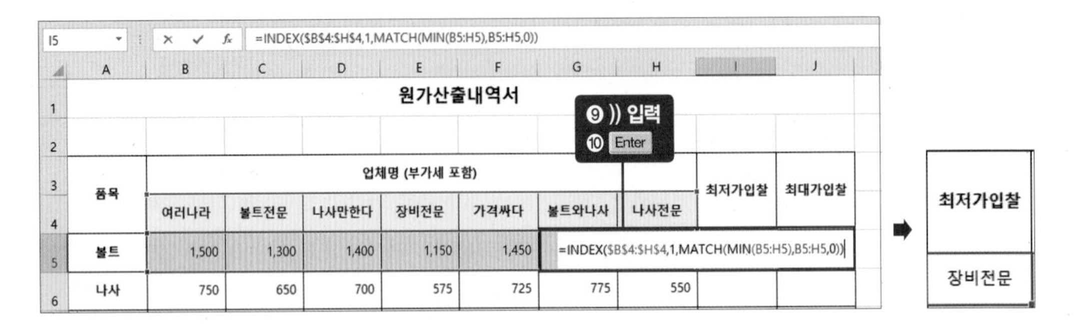

최종 함수식

=INDEX($B$4:$H$4,1,MATCH(MIN(B5:H5),B5:H5,0))

[B4:H4] 셀 범위 중 1번째 행과 [B5:H5] 셀 범위에서 최솟값의 위치값(여기서 최솟값은 4번째 셀이므로 위치값은 4)이 교차하는 곳의 데이터를 구한다

3. 함수식 복사하기

[I5] 셀 자동 채우기 핸들을 더블클릭해 입력한 함수를 나머지 셀에도 복사합니다. 각 부품별 최저가 업체가 구해졌습니다.

원가산출내역서

품목	업체명 (부가세 포함)							최저가입찰	최대가입찰
	여러나라	볼트전문	나사만한다	장비전문	가격싸다	볼트와나사	나사전문		
볼트	1,500	1,300	1,400	1,150	1,450	1,550	1,340	장비전문	
나사	750	650	700	575	725	775	550		
망치	11,250	9,750	10,500	8,625	10,875	11,625	10,050		
렌치	8,850	7,650	6,450	5,250	4,050	2,850	4,500		
십자드라이버	2,500	2,400	2,350	2,450	2,550	2,200	2,300		
일자드라이버	2,350	2,250	2,200	2,300	2,400	2,050	1,950		
호스클램프	588	563	550	575	600	513	599		
줄	1,250	1,200	1,175	1,225	1,275	1,100	1,050		
케이블커터	2,500	2,400	2,350	2,450	2,050	2,200	2,100		
고무망치	10,750	9,250	10,000	8,125	10,375	11,125	9,550		

더블클릭

최저가입찰
장비전문
나사전문
장비전문
볼트와나사
볼트와나사
나사전문
볼트와나사
나사전문
가격싸다
장비전문

tip 최대가 입찰업체 구하기

최대가 입찰업체는 앞서 사용한 INDEX, MATCH, MIN 중첩함수에서 MIN 함수 대신 선택한 범위 중 최댓값을 구하는 MAX 함수를 사용하면 됩니다. 다시 말해 [J5] 셀에 **=INDEX($B$4:$H$4,1,MATCH(MAX(B5:H5),B5:H5,0))**를 입력(❶)하면 됩니다. Enter 키를 눌러 값을 구하면 결과가 나타납니다.

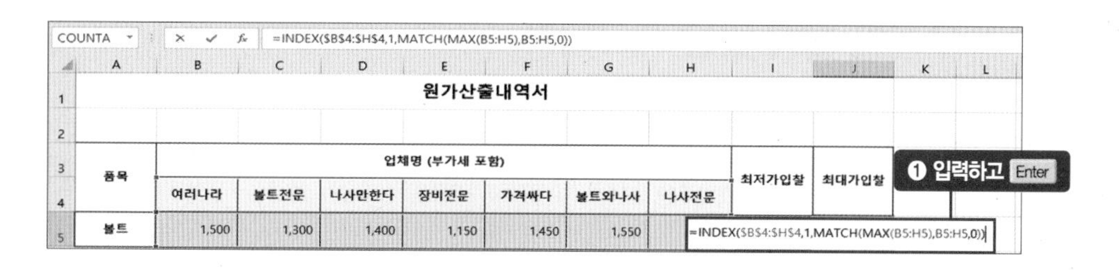

=INDEX($B$4:$H$4,1,MATCH(MAX(B5:H5),B5:H5,0))

	A	B	C	D	E	F	G	H	I	J
1	원가산출내역서									
2										
3	품목	업체명 (부가세 포함)							최저가입찰	최대가입찰
4		여러나라	볼트전문	나사만한다	장비전문	가격싸다	볼트와나사	나사전문		
5	볼트	1,500	1,300	1,400	1,150	1,450	1,550	=INDEX($B$4:$H$4,1,MATCH(MAX(B5:H5),B5:H5,0))		

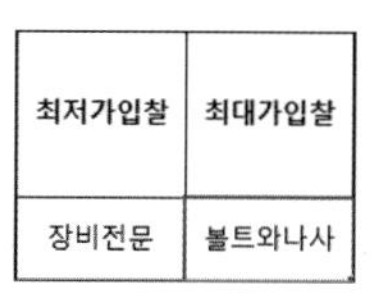

최저가입찰	최대가입찰
장비전문	볼트와나사

[I5] 셀 자동 채우기 핸들을 더블클릭(❷)해 입력한 함수를 나머지 셀에도 복사합니다. 각 부품별 최대가 업체가 구해졌습니다.

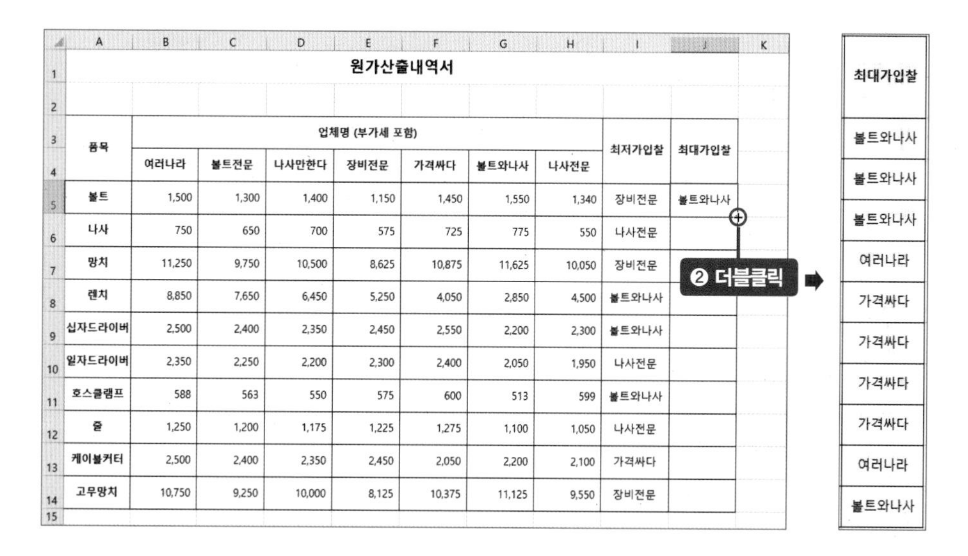

	A	B	C	D	E	F	G	H	I	J
1	원가산출내역서									
2										
3	품목	업체명 (부가세 포함)							최저가입찰	최대가입찰
4		여러나라	볼트전문	나사만한다	장비전문	가격싸다	볼트와나사	나사전문		
5	볼트	1,500	1,300	1,400	1,150	1,450	1,550	1,340	장비전문	볼트와나사
6	나사	750	650	700	575	725	775	550	나사전문	
7	망치	11,250	9,750	10,500	8,625	10,875	11,625	10,050	장비전문	
8	렌치	8,850	7,650	6,450	5,250	4,050	2,850	4,500	볼트와나사	
9	십자드라이버	2,500	2,400	2,350	2,450	2,550	2,200	2,300	볼트와나사	
10	일자드라이버	2,350	2,250	2,200	2,300	2,400	2,050	1,950	나사전문	
11	호스클램프	588	563	550	575	600	513	599	볼트와나사	
12	줄	1,250	1,200	1,175	1,225	1,275	1,100	1,050	나사전문	
13	케이블커터	2,500	2,400	2,350	2,450	2,050	2,200	2,100	가격싸다	
14	고무망치	10,750	9,250	10,000	8,125	10,375	11,125	9,550	장비전문	
15										

최대가입찰
볼트와나사
볼트와나사
볼트와나사
여러나라
가격싸다
가격싸다
가격싸다
가격싸다
여러나라
볼트와나사

세미나참가신청자명단
— COUNTIF, COUNTIFS 함수

업무 목표 | 부서별 참석 인원 체크하기

직원이 많은 회사는 교육 참석이나 세미나, 워크숍 등의 행사가 있을 때 참석 인원을 사전에 체크합니다. 이럴 때 COUNTIF, COUNTIFS 함수를 사용하면 참석, 불참석 인원을 부서별로 체크할 수 있습니다.

=COUNTIF(범위①, 찾을 값의 조건②) : 지정된 범위①에서 조건②에 맞는 셀의 개수를 구한다

=COUNTIFS(찾을 범위①, 찾으려는 항목②, 추가로 찾을 범위③, 추가로 찾으려는 항목④) : 지정된 범위①에서 여러 조건②~④에 맞는 셀의 개수를 구한다

완성 서식 미리 보기

부서별로 몇 명이 참석했는지 빠르게 정돈!

세미나 참가신청자 명단

번호	이름	부서	연령	참석 확인
1	이미리	총무부	50	
2	김준비	생산부	46	0
3	장사신	기획실	34	
4	미리내	생산부	46	0
5	강력한	영업부	25	0
6	오일만	총무부	50	0
7	사용중	자재부	45	
8	지영롱	기획실	34	0
9	홍길동	홍보부	47	0
10	김장철	자재부	45	
11	해맑은	총무부	47	0
12	유명한	전산실	30	
13	유미래	영업부	25	0
14	오미리	생산부	46	
15	강심장	총무부	50	0
16	민주리	영업부	25	
17	강미소	자재부	47	0
18	김장수	영업부	25	0
19	지렁이	홍보부	34	0
20	유연하	자재부	45	0
21	진시황	홍보부	34	0
22	김유리	총무부	47	
23	주은별	총무부	50	0
24	주린배	전산실	30	
25	전부켜	전산실	30	0

전체참석인원	14		
부서별	총인원	참석	불참
총무부	6	4	2
기획실	2	2	0
생산부	3	2	1
영업부	4	3	1
자재부	5	2	3
홍보부	3	1	2

참석 인원 바뀌면 자동으로 불참, 총인원 바뀌는 명단 만들기

예제파일 : 3_43_세미나참가신청자명단.xlsx 

1. 부서별 인원 구하기 — COUNTIF 함수

본격적으로 부서별 참석 현황을 구하기 전에 부서별 총인원이 몇 명인지 구하겠습니다. [C4:C29] 셀 범위에서 총무부가 몇 명인지 구해봅시다. 지정한 범위 안에서 원하는 항목이 있는 셀의 개수를 구하는 COUNTIF 함수를 사용합니다. [G4] 셀에 =COU를 입력(❶)합니다. 함수 추천 목록에서 〈COUNTIF〉를 더블클릭(❷)합니다.

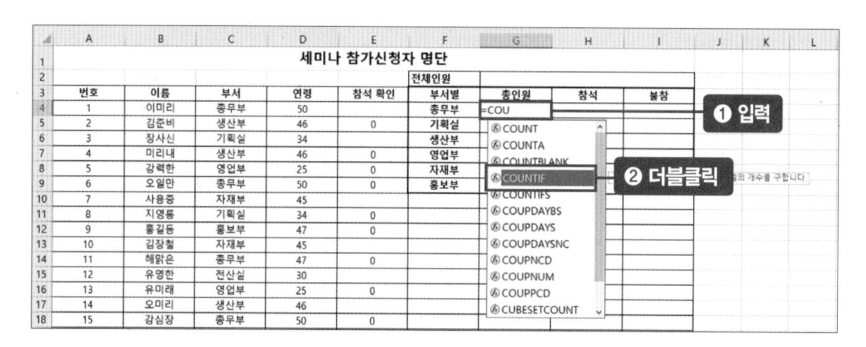

[G4] 셀에 '=COUNTIF('가 나타나면 [C4:C29] 셀 범위를 설정(❸)합니다. [G4] 셀에 '=COUNTIF(C4:C29'가 나타나면 F4 키(❹)를 눌러 절댓값으로 지정합니다. [C4:C29] 셀 범위는 다른 부서 총인원을 구할 때도 바뀌지 않기 때문입니다.

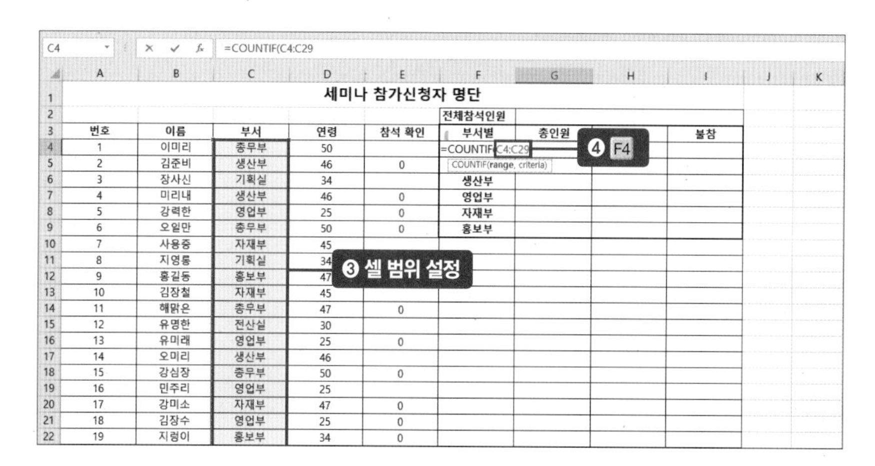

[G4] 셀에 '=COUNTIF($C$4:$C$29'가 나타나면 **,F4)**를 입력(❺)합니다. 찾으려는 항목이 총무부이므로 '총무부'라는 값이 입력된 [F4] 셀 주소를 입력하는 것입니다. Enter 키(❻)를 눌러 값을 구합니다.

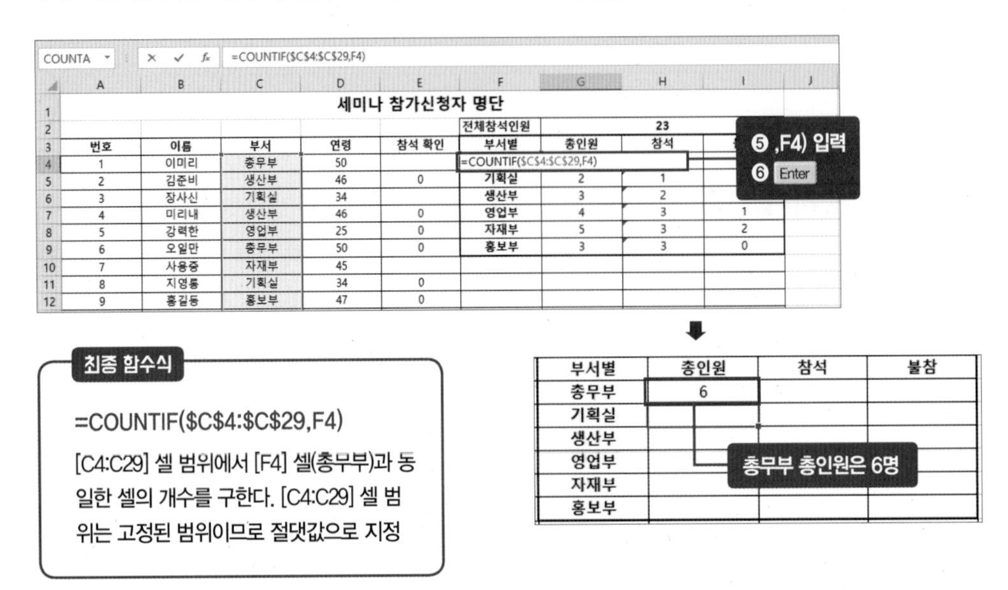

	A	B	C	D	E	F	G	H	I
1				세미나 참가신청자 명단					
2						전체참석인원		23	
3	번호	이름	부서	연령	참석 확인	부서별	총인원	참석	
4	1	이미리	총무부	50		=COUNTIF($C$4:$C$29,F4)			
5	2	김준비	생산부	46	0	기획실	2	1	
6	3	장사신	기획실	34		생산부	3	2	
7	4	미리내	생산부	46	0	영업부	4	3	1
8	5	강력한	영업부	25	0	자재부	5	3	2
9	6	오일만	총무부	50	0	홍보부	3	3	0
10	7	사용중	자재부	45					
11	8	지영롱	기획실	34	0				
12	9	홍길동	홍보부	47	0				

부서별	총인원	참석	불참
총무부	6		
기획실			
생산부			
영업부			
자재부			
홍보부			

2. 총무부 참석, 불참석 인원 구하기 — COUNTIFS 함수

그러면 이제 총무부의 참석 인원을 구하겠습니다. [H4] 셀에 **=COUNTIFS(**를 입력(❶)합니다. 전체 부서들 중 총무라는 조건에 해당하는 값을 구하는 것이니 찾으려는 범위는 '부서'입니다. '부서'가 입력되어 있는 [C4:C29] 셀 범위를 설정(❷)합니다. [H4] 셀에 '=COUNTIFS(C4:C29'가 입력되었습니다. [C4:C29] 셀 범위는 다른 부서의 참석 인원을 구할 때도 변하지 않는 값이므로 F4 키(❸)를 눌러 절댓값으로 만듭니다.

C4 | =COUNTIFS(C4:C29

	A	B	C	D	E	F	G	H	I
1				세미나 참가신청자 명단					
2						전체참석인원			
3	번호	이름	부서	연령	참석 확인	부서별	총인원	참석	불참
4	1	이미리	총무부	50		총무부	=COUNTIFS(C4:C29		
5	2	김준비	생산부	46	0	기획실	COUNTIFS(criteria_range1, criteria1, ...)		
6	3	장사신	기획실	34		생산부			
7	4	미리내	생산부	46	0	영업부			
8	5	강력한	영업부	25	0	자재부			
9	6	오일만	총무부	50					
10	7	사용중	자재부	45					
11	8	지영롱	기획실	34	0				
12	9	홍길동	홍보부	47	0				
13	10	김장철	자재부	45					
14	11	해맑은	총무부	47	0				
15	12	유명한	전산실	30					
16	13	유미래	영업부	25	0				
17	14	오미리	생산부	46					
18	15	강심장	총무부	50	0				
19	16	민주리	영업부	25					
20	17	강미소	자재부	47	0				
21	18	김장수	영업부	25	0				
22	19	지렁이	홍보부	34	0				
23	20	유연하	자재부	45	0				
24	21	진시황	홍보부	34	0				
25	22	김유리	총무부	47					
26	23	주은별	총무부	50	0				
27	24	주린배	전산실	30					
28	25	전부커	전산실	30	0				
29	26	손매력	자재부	30	0				
30									

❶ 입력
❷ 셀 범위 설정
❸ F4

다음 인수를 입력하기 위해 [H4] 셀에 쉼표 ,를 입력(❹)합니다. 부서 중 총무부 자료가 궁금한 것이므로 총무부가 입력되어 있는 [F4] 셀을 클릭(❺)합니다.

COUNTA | =COUNTIFS($C$4:$C$29,

❺ 클릭

❹ , 입력

COUNTIFS(criteria_range1, criteria1, ...

	A	B	C	D	E	F	G	H	I
1				세미나 참가신청자 명단					
2									
3	번호	이름	부서	연령	참석 확인	부서별	총인원	참석	
4	1	이미리	총무부	50		총무부		=COUNTIFS($C$4:$C$29,	
5	2	김준비	생산부	46	0	기획실			
6	3	장사신	기획실	34		생산부			
7	4	미리내	생산부	46	0	영업부			
8	5	강력한	영업부	25	0	자재부			
9	6	오일만	총무부	50	0	홍보부			
10	7	사용중	자재부	45					
11	8	지영롱	기획실	34	0				
12	9	홍길동	홍보부	47	0				
13	10	김장철	자재부	45					
14	11	해맑은	총무부	47	0				
15	12	유명한	전산실	30					
16	13	유미래	영업부	25	0				
17	14	오미리	생산부	46					
18	15	강심장	총무부	50	0				
19	16	민주리	영업부	25					
20	17	강미소	자재부	47	0				
21	18	김장수	영업부	25	0				
22	19	지렁이	홍보부	34	0				
23	20	유연하	자재부	45	0				
24	21	진시황	홍보부	34	0				
25	22	김유리	총무부	47					
26	23	주은별	총무부	50	0				
27	24	주린배	전산실	30					
28	25	전부켜	전산실	30	0				
29	26	손매력	자재부	30	0				
30									

이제 '참석 확인' 항목 중 참석을 표시한 범위를 입력합니다. [H4] 셀에 '=COUNTIFS ($C$4:$C$29,F4'가 입력되어 있는 것을 확인한 다음 쉼표 ,를 입력(❻)합니다. 참석 확인 항목인 [E4:E29] 셀 범위를 설정(❼)합니다. 참석 확인 항목도 다른 부서 참석 인원을 구할 때 변하지 않는 값이므로 F4 키(❽)를 눌러 절댓값으로 설정합니다.

F4 | =COUNTIFS($C$4:$C$29,F4

❼ 셀 범위 설정

❽ F4

❻ , 입력

COUNTIFS(criteria_range1, criteria1, ...

	A	B	C	D	E	F	G	H	I
1				세미나 참가신청자 명단					
2						전체인원			
3	번호	이름			참석 확인	부서별	총인원	참석	
4	1	이미리				총무부		=COUNTIFS($C$4:$C$29,F4	
5	2	김준비			0	기획실			
6	3	장사신				생산부			
7	4	미리내	생산부	46	0	영업부			
8	5	강력한	영업부	25	0	자재부			
9	6	오일만	총무부	50	0	홍보부			
10	7	사용중	자재부	45					
11	8	지영롱	기획실	34	0				
12	9	홍길동	홍보부	47	0				
13	10	김장철	자재부	45					
14	11	해맑은	총무부	47	0				
15	12	유명한	전산실	30					
16	13	유미래	영업부	25	0				
17	14	오미리	생산부	46					
18	15	강심장	총무부	50	0				
19	16	민주리	영업부	25					
20	17	강미소	자재부	47	0				
21	18	김장수	영업부	25	0				
22	19	지렁이	홍보부	34	0				
23	20	유연하	자재부	45	0				
24	21	진시황	홍보부	34	0				
25	22	김유리	총무부	47					
26	23	주은별	총무부	50	0				
27	24	주린배	전산실	30					
28	25	전부켜	전산실	30	0				
29	26	손매력	자재부	30	0				

[H4] 셀에 '=COUNTIFS(C4:C29,F4,$E$4:$E$29'가 입력되어 있는 것을 확인합니다. 총무부 부서에 참석 확인 표시인 0이 입력된 인원을 찾는 것이므로 마지막 인수로 ,0)을 입력(❽)합니다. Enter 키(❾)를 눌러 값을 구합니다.

H4 =COUNTIFS(C4:C29,F4,$E$4:$E$29,0)

	A	B	C	D	E	F	G	H	I
1	세미나 참가신청자 명단								
2						전체참석인원			
3	번호	이름	부서	연령	참석 확인	부서별	총인원	참석	불참
4	1	이미리	총무부	50		총무부	=COUNTIFS(C4:C29,F4,$E$4:$E$29,0)		
5	2	김준비	생산부	46	0	기획실			
6	3	장사신	기획실	34		생산부			
7	4	미리내	생산부	46	0	영업부			
8	5	강력한	영업부	25	0	자재부			
9	6	오일만	총무부	50	0	홍보부			
10	7	사용중	자재부	45					
11	8	지영롱	기획실	34	0				
12	9	홍길동	홍보부	47	0				
13	10	김장철	자재부	45					
14	11	해맑은	총무부	47	0				
15	12	유명한	전산실	30					
16	13	유미래	영업부	25	0				
17	14	오미리	생산부	46					
18	15	강심장	총무부	50	0				
19	16	민주리	영업부	25					
20	17	강미소	자재부	47	0				
21	18	김장수	영업부	25	0				

❺ ,0) 입력
❻ Enter

부서별	총인원	참석	불참
총무부	6	4	
기획실			
생산부			
영업부			
자재부			
홍보부			

'총무부'라는 조건과 '0'이라는 조건을 모두 만족한 총무부 참석 인원은 4명

최종 함수식

=COUNTIFS($C$4:$C$29,F4,$E$4:$E$29,0)

[C4:C29] 셀 범위에서 [F4] 셀과 같고, [E4:E29] 셀 범위에서 0이 입력되어 있는 셀의 개수를 구한다. [C4:C29]과 [E4:E29] 셀 범위는 고정된 범위이므로 절댓값으로 지정

이번에는 총무부의 불참 인원을 구해보겠습니다. 총인원에서 참석 인원을 빼면, 즉 마이너스(–) 연산을 하면 불참 인원을 구할 수 있습니다. [I4] 셀을 클릭해 =G4–H4를 입력한 다음 Enter 키(❿)를 눌러 값을 구합니다. 이렇게 연결해두면 추후에 참석 인원이 변경되어도 불참 인원은 자동으로 구할 수 있어서 편리합니다.

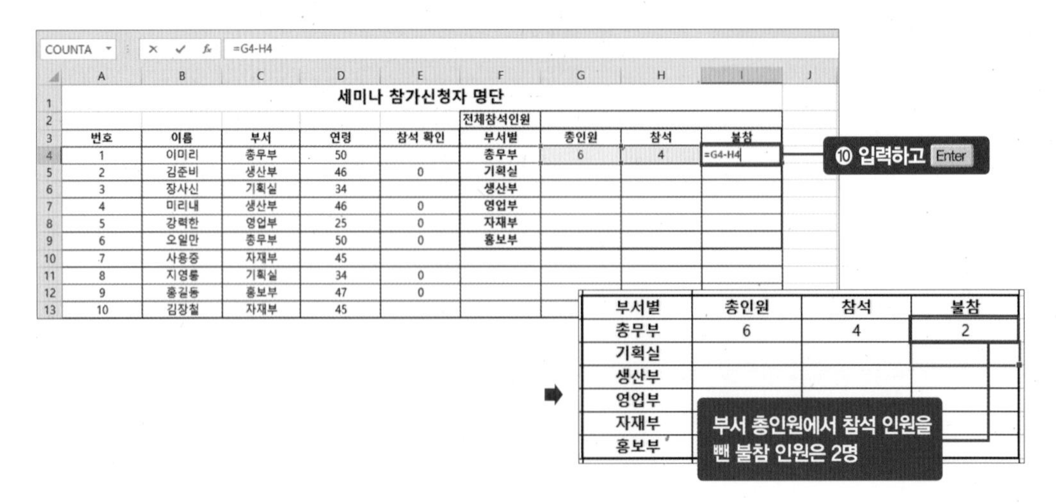

COUNTA =G4-H4

	A	B	C	D	E	F	G	H	I
1	세미나 참가신청자 명단								
2						전체참석인원			
3	번호	이름	부서	연령	참석 확인	부서별	총인원	참석	불참
4	1	이미리	총무부	50		총무부	6	4	=G4-H4
5	2	김준비	생산부	46	0	기획실			
6	3	장사신	기획실	34		생산부			
7	4	미리내	생산부	46	0	영업부			
8	5	강력한	영업부	25	0	자재부			
9	6	오일만	총무부	50	0	홍보부			
10	7	사용중	자재부	45					
11	8	지영롱	기획실	34	0				
12	9	홍길동	홍보부	47	0				
13	10	김장철	자재부	45					

부서별	총인원	참석	불참
총무부	6	4	2
기획실			
생산부			
영업부			
자재부			
홍보부			

3. 표 정돈과 마무리

나머지 부서의 총인원, 참석 인원, 불참 인원을 [G4], [H4], [I4] 셀에 입력한 함수와 수식을 복사해 채우겠습니다. [G4:I4] 셀 범위를 설정(❶)하고 채우기 핸들을 잡고 [I9] 셀까지 드래그(❷)합니다. 채우기 핸들을 더블 클릭하면 표 맨 아래까지 불필요하게 함수가 복사되므로 반드시 드래그해야 합니다.

부서별	총인원	참석	불참
총무부	6	4	2
기획실	2	2	0
생산부	3	2	1
영업부	4	3	1
자재부	5	2	3
홍보부	3	1	2

tip

자동 채우기 핸들 더블클릭과 드래그의 차이

- 자동 채우기 핸들 더블클릭 : 테두리를 그어둔 표의 맨 아래까지 데이터 복사
- 자동 채우기 핸들 드래그 : 원하는 영역까지만 데이터 복사

셀을 복사한 탓에 맨 아래 굵은 테두리가 얇게 변했습니다. 다시 굵은 테두리로 설정하겠습니다. [G9:I9] 셀 범위를 설정(❷)합니다. [홈] 탭 → 테두리( ) 아이콘(❸) → 〈굵은 아래쪽 테두리〉를 클릭(❹)합니다.

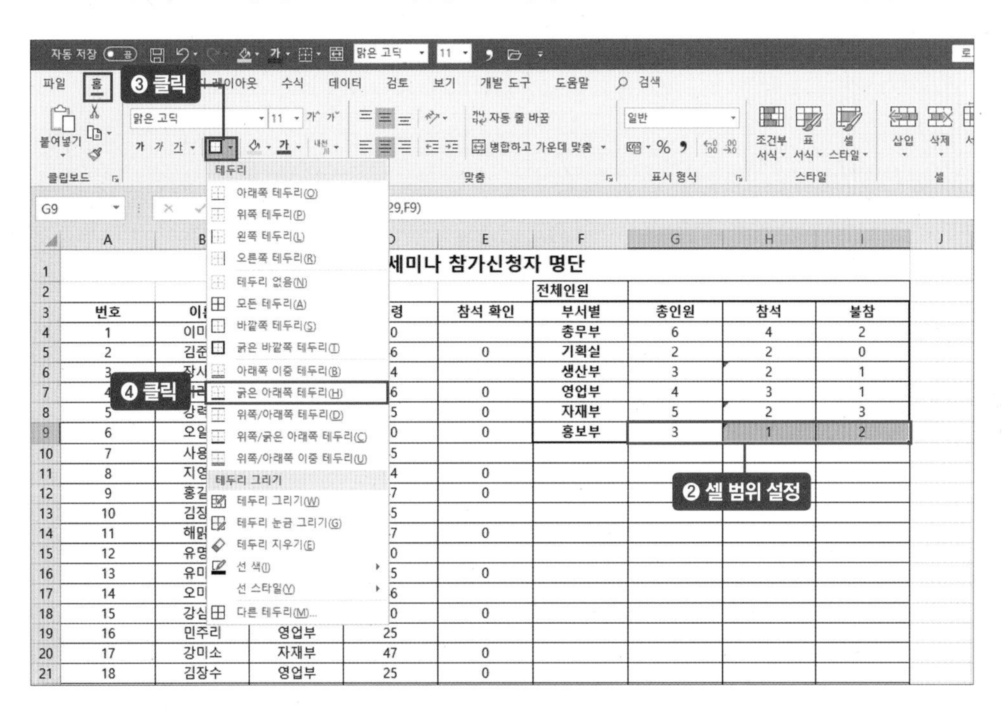

마무리로 전체 참석 인원을 구하겠습니다. [G2] 셀에 **=SUM(**을 입력(❺)합니다. [H4:H9] 셀을 SUM 함수의 범위로 설정(❻)합니다.

COUNTA | =SUM(

	A	B	C	D	E	F	G	H	I	J
1				세미나 참가신청자 명단						
2						전체참석인원	=SUM(			
3	번호	이름	부서	연령	참석 확인	부서별	SUM(number1, [number2], ...)		불참	
4	1	이미리	총무부	50		총무부	6	4	2	
5	2	김준비	생산부	46	0	기획실	2	2	0	
6	3	장사신	기획실	34		생산부	3	2		
7	4	미리내	생산부	46	0	영업부	4	3	1	
8	5	강력한	영업부	25	0	자재부	5	2	3	
9	6	오일만	총무부	50	0	홍보부	3	1	2	
10	7	사용중	자재부	45						
11	8	지영롱	기획실	34	0					
12	9	홍길동	홍보부	47	0					

❺ 입력

❻ 셀 범위 설정

[G2] 셀에 '=SUM(H4:H9'가 나타나면 닫는 괄호)를 입력한 다음 Enter 키(❼)를 눌러 값을 구합니다. 총 참석 인원은 14명입니다.

H4 | =SUM(H4:H9

	A	B	C	D	E	F	G	H	I	J
1				세미나 참가신청자 명단						
2						전체참석인원	=SUM(H4:H9)			
3	번호	이름	부서	연령	참석 확인	부서별	총인원			
4	1	이미리	총무부	50		총무부	6	4	2	
5	2	김준비	생산부	46	0	기획실	2	2	0	
6	3	장사신	기획실	34		생산부	3	2	1	
7	4	미리내	생산부	46	0	영업부	4	3	1	
8	5	강력한	영업부	25	0	자재부	5	2	3	
9	6	오일만	총무부	50	0	홍보부	3	1	2	
10	7	사용중	자재부	45						
11	8	지영롱	기획실	34	0					
12	9	홍길동	홍보부	47	0					
13	10	김장철	자재부	45						

❼) 입력하고 Enter

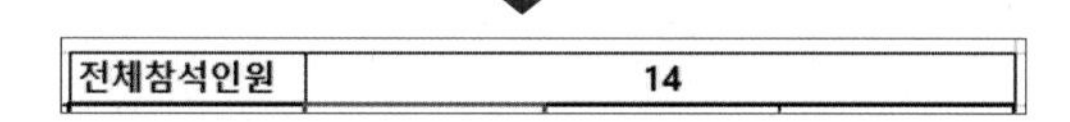

전체참석인원	14

COUNT가 들어가는 함수 총정리

- COUNT : 숫자가 들어간 셀의 개수를 구하는 함수
- COUNTA : 숫자와 인수 포함해서 비어 있지 않은 셀의 개수를 구하는 함수
- COUNTIF : 지정된 범위에서 조건에 맞는 셀의 개수를 구하는 함수. 보통 조건이 1개인 경우 사용
- COUNTIFS : 지정된 범위에서 여러 조건에 맞는 셀의 개수를 구하는 함수. 조건이 여러 개인 경우 사용

사내동아리가입자명단 — CHOOSE, MID 함수

업무 목표 | 주민번호에 따른 성별 표시하기

CHOOSE 함수는 실무에 자주 활용됩니다. 직원들의 주민등록번호에서 남녀를 구분하거나 물건의 코드에서 바로 상품명을 추출하는 용도로, 또는 날짜에서 요일을 추출하는 용도로 사용됩니다. 단독으로 사용되기보다는 다른 함수와 중첩으로 사용되며, 컴활 시험에서도 자주 볼 수 있습니다.

=CHOOSE(조건이 되는 숫자①, 변환할 값 1②, 변환할 값 2③, 변환할 값 3④, …) : 조건이 되는 숫자①와 같은 순서에 있는 변환할 값②~④으로 값을 변환한다

=MID(참조할 셀①, 추출할 문자의 시작 위치②, 추출할 문자 개수③) : 참조할 셀①에서 문자 시작 위치②부터 입력한 개수③만큼의 문자열을 추출한다

완성 서식 미리 보기

주민번호에 따라 성별을 한글로 표기

사내동아리 가입자 명단

사번	성명	연령	주민등록번호	성별	소속	주소	동아리
sk-00001	이미리	50	690000-1111111	남	총무부	서울시 강동구 암사동 1211번지 22	도서부
sk-00006	김준비	46	730000-1111111	남	생산부	서울시 종로구 사직동 100-48 2층	볼링부
sk-00003	장사신	34	850000-1111111	남	기획실	서울시 서초구 서초동 몽마르뜨언덕 2700번길	경제스터디부
sk-00013	미리내	46	730000-2111111	여	생산부	서울시 강북구 수유2동 1850-22	볼링부
sk-00005	강력한	25	940000-1111111	남	영업부	서울시 송파구 잠실동 270번지 주공 100단지1000호	영어스터디부
sk-00008	오일만	50	690000-1111111	남	총무부	서울시 강남구 논현동 3300-160 바이파크빌라 201호	도서부
sk-00007	사용중	45	740000-1111111	남	자재부	서울시 송파구 풍납동 풍납아파트 1022동 2004호	영어스터디부
sk-00022	지영롱	34	850000-2111111	여	기획실	서울시 금천구 시흥4동 8140-22	경제스터디부
sk-00002	홍길동	47	720000-1111111	남	홍보부	경기도 수원시 영통구 이의동 3307번지 15호	중국어스터디부
sk-00014	김장철	45	740000-2111111	여	자재부	서울시 강서구 염창동 2500-333 아파트 102동 2000호	중국어스터디부
sk-00009	해맑은	47	720000-2111111	여	총무부	서울시 강남구 논현동 770-120번지 오토바이빌라02호	도서부
sk-00004	유명한	30	890000-1111111	남	전산실	인천시 남구 문학동 380-10003번지 큰빌라102호	경제스터디부
sk-00012	유미래	25	940000-2111111	여	영업부	서울시 강북구 미아4동 980-5	볼링부
sk-00025	오미리	46	730000-2111111	여	생산부	서울시 강남구 역삼동 72120-38 B동 101동	중국어스터디부
sk-00015	강심장	50	690000-1111111	남	총무부	서울시 중랑구 면목2동 2004-22번지	도서부
sk-00024	민주리	25	940000-2111111	여	영업부	서울시 노원구 상계동 노원아파트 1200동101호	도서부
sk-00021	강미소	47	720000-2111111	여	자재부	서울시 구로구 구로2동 4120-222 노란빌라	볼링부
sk-00019	김장수	25	940000-1111111	남	영업부	사울시 광진구 자양동 1900-29 빌라 203호	영어스터디부
sk-00017	지민하	34	850000-2111111	여	홍보부	서울시 관악구 신림2동 4030-290 하우스	경제스터디부
sk-00026	유연하	45	740000-2111111	여	자재부	경기도 군포시 산본동 1123-2322	중국어스터디부
sk-00010	진시황	34	850000-1111111	남	홍보부	서울시 강남구신사동 5250-44 1층 단독주택	영어스터디부
sk-00016	김유리	47	720000-2111111	여	총무부	서울시 광진구 자양동 7650-70	도서부
sk-00020	주은별	50	690000-2111111	여	총무부	서울시 광진구 중곡3동 1900-290	경제스터디부
sk-00011	주린배	30	890000-1111111	남	전산실	서울시 강북구 미아3동 2003-5	영어스터디
sk-00018	전부켜	30	890000-1111111	남	전산실	서울시 관악구 신림5동 1431-190	도서부
sk-00023	손매력	30	890000-2111111	여	자재부	서울시 금천구 가산동디지털밸리 15차 707호	볼링부

CHOOSE 함수 익히기

=CHOOSE(조건이 되는 숫자, 변환할 값 1, 변환할 값 2, 변환할 값 3, …) 형태로 사용하며, 조건이 되는 숫자에 해당하는 순서로 값을 변환합니다. 예를 들어 **=CHOOSE(1,"남","여")**라고 입력하면 남녀 중 1번째 값인 '남'이 결과값으로 나타납니다.

	A	B	C	D	E
1					
2		=CHOOSE(1,"남","여")			
3					

➡

	A	B
1		
2		남
3		

MID 함수 익히기

=MID(참조할 셀 주소, 추출할 문자의 시작 위치, 추출할 문자 개수) 형태로 사용되며, 조건이 되는 셀에 입력한 데이터 중 중간 글자를 추출합니다. 아래 화면과 같이 '13279'가 입력된 [B2] 셀에서 데이터 가운데 글자를 추출하려고 합니다. **=MID(B2,3,1)**을 입력하면 [B2] 셀의 3번째 숫자부터 다음 1자리까지인 '2'가 결과값으로 나타납니다.

B3 | fx =MID(B2,3,1)

	A	B	C	D	E
1					
2		13279			
3		=MID(B2,3,1)			
4					

➡

	A	B	C
1			
2		13279	
3		2	
4			
5			

CHOOSE 함수와 MID 함수 함께 사용하기

CHOOSE 함수의 1번째 인수에 MID 함수를 넣어서 사용할 수 있습니다. MID 함수 결과값에 따라 CHOOSE 함수 인수 2, 인수 3을 결과로 내보냅니다. 예를 들어 아래 화면처럼 '13279'가 입력된 [B2] 셀에서 MID 함수를 사용해 3번째 숫자인 2를 뽑아낸 다음 CHOOSE 함수에서 1번째 인수를 제외한 2번째 값을 나타낼 수 있습니다.

B3 | fx =CHOOSE(MID(B2,3,1),"남","녀")

	A	B	C	D	E	F	G
1							
2		13279					
3		=CHOOSE(MID(B2,3,1),"남","여")					
4							

➡

	A	B	C
1			
2		13279	
3		여	
4			

도전 엑셀왕!

빅데이터 분석 함수

주민번호에 따라 남녀 표시하기

예제파일 : 3_44_사내동아리가입자명단.xlsx

1. 주민등록번호를 기반으로 남녀 표시하기

남녀는 주민등록번호 8번째 자리로 구분합니다. 남자면 1, 여자면 2입니다. MID 함수와 CHOOSE 함수를 중첩해 주민번호 8번째 자리가 1이면 '남'으로, 2면 '여'로 표시하겠습니다. [E3] 셀에 **=CHOOSE(MID(D3,8,1),"남","여")**를 입력(❶)합니다. CHOOSE 함수의 1번째 인수로 입력한 MID 함수 결과값은 1 혹은 2입니다. MID 함수의 값에 따라 [E3] 셀에 나타나는 결과값이 달라집니다.

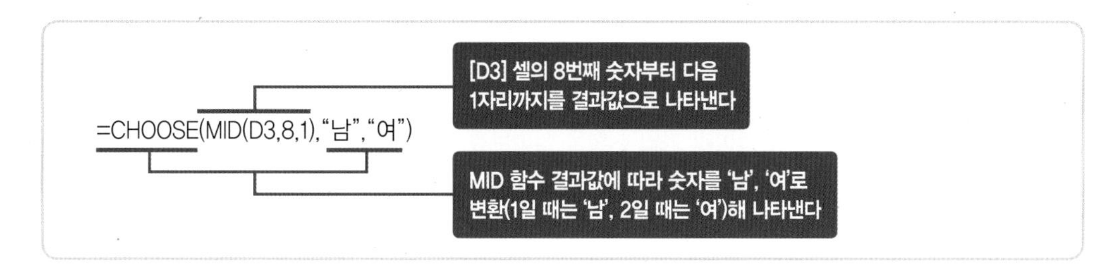

COUNTA | =CHOOSE(MID(D3,8,1),"남","여")

	A	B	C	D	E	F	G	H
1	사내동아리 가입자 명단							
2	사번	성명	연령	주민등록번호	성별	소속	주소	동아리
3	sk-00001	이미리	50	690000-1111111	=CHOOSE(MID(D3,8,1),"남","여")	총무부	서울시 강동구 암사동 1211번지 22	도서부
4	sk-00006	김준비	46	730000-1111111		생산부	서울시 종로구 사직동 100-48 2층	볼링부
5	sk-00003	장사신	34	850000-1111111		기획실	서울시 서초구 서초동 몽마르뜨언덕 2700번길	경제스터디부
6	sk-00013	미리내	46	730000-2111111		생산부	서울시 강북구 수유2동 1850-22	볼링부
7	sk-00005	강력한	25	940000-1111111		영업부	서울시 송파구 잠실동 270번지 주공 100단지1000호	영어스터디부
8	sk-00008	오일만	50	690000-1111111		총무부	서울시 강남구 논현동 3300-160 바이파크빌라 201호	도서부
9	sk-00007	사용중	45	740000-1111111		자재부	서울시 송파구 풍납동 풍납아파트 1022동 2004호	영어스터디부
10	sk-00022	지영롱	34	850000-2111111		기획실	서울시 금천구 시흥4동 8140-22	경제스터디부
11	sk-00002	홍길동	47	720000-1111111		홍보부	경기도 수원시 영통구 이의동 3307번지 15호	중국어스터디부
12	sk-00014	김장철	45	740000-2111111		자재부	서울시 강서구 염창동 2500-333 아파트 102동 2000호	중국어스터디부

❶ 입력

[D3] 셀의 8번째 자리는 1이므로 MID 함수의 결과는 1입니다. 따라서 '남', '여' 중 1번째 값인 '남'이 결과값으로 나타납니다.

E3 | =CHOOSE(MID(D3,8,1),"남","여")

	A	B	C	D	E	F	G	H
1	사내동아리 가입자 명단							
2	사번	성명	연령	주민등록번호	성별	소속	주소	동아리
3	sk-00001	이미리	50	690000-1111111	남	총무부	서울시 강동구 암사동 1211번지 22	도서부
4	sk-00006	김준비	46	730000-1111111		(Ctrl)	서울시 종로구 사직동 100-48 2층	볼링부
5	sk-00003	장사신	34	850000-1111111		기획실	서울시 서초구 서초동 몽마르뜨언덕 2700번길	경제스터디부
6	sk-00013	미리내	46	730000-2111111		생산부	서울시 강북구 수유2동 1850-22	볼링부
7	sk-00005	강력한	25	940000-1111111		영업부	서울시 송파구 잠실동 270번지 주공 100단지1000호	영어스터디부
8	sk-00008	오일만	50	690000-1111111		총무부	서울시 강남구 논현동 3300-160 바이파크빌라 201호	도서부
9	sk-00007	사용중	45	740000-1111111		자재부	서울시 송파구 풍납동 풍납아파트 1022동 2004호	영어스터디부
10	sk-00022	지영롱	34	850000-2111111		기획실	서울시 금천구 시흥4동 8140-22	경제스터디부

함수를 복사하겠습니다. [E3] 셀을 클릭하고 자동 채우기 핸들을 더블클릭(❷)해 [E28] 셀까지 값을 구합니다.

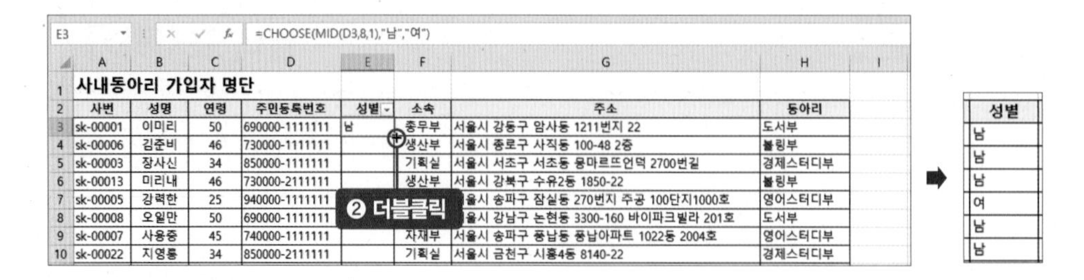

E3 =CHOOSE(MID(D3,8,1),"남","여")

	A	B	C	D	E	F	G	H
1	사내동아리 가입자 명단							
2	사번	성명	연령	주민등록번호	성별	소속	주소	동아리
3	sk-00001	이미리	50	690000-1111111	남	총무부	서울시 강동구 암사동 1211번지 22	도서부
4	sk-00006	김준비	46	730000-1111111		생산부	서울시 종로구 사직동 100-48 2층	볼링부
5	sk-00003	장사신	34	850000-1111111		기획실	서울시 서초구 서초동 몽마르뜨언덕 2700번길	경제스터디부
6	sk-00013	미리내	46	730000-2111111		생산부	서울시 강북구 수유2동 1850-22	볼링부
7	sk-00005	강력한	25	940000-1111111		[illegible]	울시 송파구 잠실동 270번지 주공 100단지1000호	영어스터디부
8	sk-00008	오일만	50	690000-1111111		[illegible]	울시 강남구 논현동 3300-160 바이파크빌라 201호	도서부
9	sk-00007	사용중	45	740000-1111111		자재부	서울시 송파구 풍납동 풍납아파트 1022동 2004호	영어스터디부
10	sk-00022	지영롱	34	850000-2111111		기획실	서울시 금천구 시흥4동 8140-22	경제스터디부

성별
남
남
남
여
남
남

최종 함수식

=CHOOSE(MID(D3,8,1),"남","여")

[D3] 셀 데이터의 8번째 글자부터 1자리까지 숫자가 1이면 '남'을, 1이 아니면 '여'를 값으로 내보낸다

2. 남자 직원만 추출하기

필터 기능을 사용해 남자 직원의 동아리 가입 현황을 살펴보겠습니다. [E2] 셀을 클릭하고 Ctrl+Shift+↓ 키(❶)를 눌러 [E2:E28] 셀 범위를 설정합니다. Ctrl+Shift+L 키(❷)를 눌러 자동 필터를 설정합니다.

	A	B	C	D	E	F	G	H
1	사내동아리 가입자 명단							
2	사번	성명	연령	주민등록번호	성별	소속		동아리
3	sk-00001	이미리	50	690000-1111111	남	총무부		도서부
4	sk-00006	김준비	46	730000-1111111	남	생산부	서울시 종로구 사직동 100-48 2층	볼링부
5	sk-00003	장사신	34	850000-1111111	남	기획실	서울시 서초구 서초동 몽마르뜨언덕 2700번길	경제스터디부
6	sk-00013	미리내	46	730000-2111111	여	생산부	서울시 강북구 수유2동 1850-22	볼링부
7	sk-00005	강력한	25	940000-1111111	남	영업부	서울시 송파구 잠실동 270번지 주공 100단지1000호	영어스터디부
8	sk-00008	오일만	50	690000-1111111	남	총무부	서울시 강남구 논현동 3300-160 바이파크빌라 201호	도서부
9	sk-00007	사용중	45	740000-1111111	남	자재부	서울시 송파구 풍납동 풍납아파트 1022동 2004호	영어스터디부
10	sk-00022	지영롱	34	850000-2111111	여	기획실	서울시 금천구 시흥4동 8140-22	경제스터디부

❶ 클릭하고 Ctrl+Shift+↓
❷ Ctrl+Shift+L

단축키

셀 범위 설정

Ctrl+Shift+방향 키

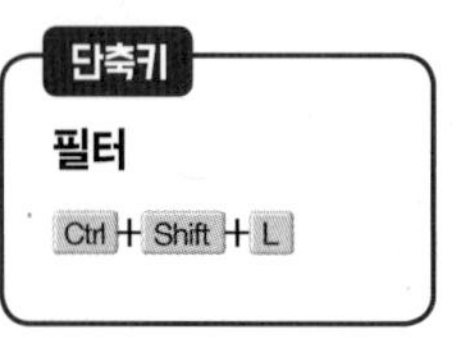

단축키

필터

Ctrl+Shift+L

'성별' 항목 옆에 생긴 〈필터〉(▾) 버튼을 클릭(❸)합니다. 《(모두 선택)》의 체크를 해제(❹)하고 〈남〉에 체크(❺)합니다. 〈확인〉 버튼을 클릭(❻)합니다. 남자 직원의 동아리 현황만 추출되었습니다.

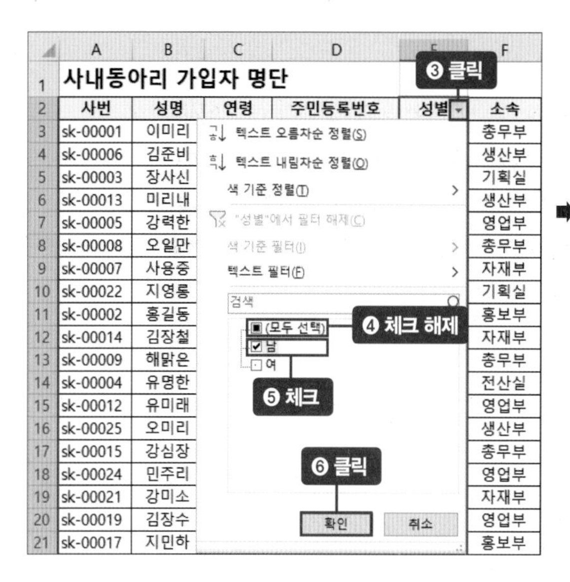

사내동아리 가입자 명단

사번	성명	소속
sk-00001	이미리	총무부
sk-00006	김준비	생산부
sk-00003	장사신	기획실
sk-00013	미리내	생산부
sk-00005	강력한	영업부
sk-00008	오일만	총무부
sk-00007	사용중	자재부
sk-00022	지영롱	기획실
sk-00002	홍길동	홍보부
sk-00014	김장철	자재부
sk-00009	해맑은	총무부
sk-00004	유명한	전산실
sk-00012	유미래	영업부
sk-00025	오미리	생산부
sk-00015	강심장	총무부
sk-00024	민주리	영업부
sk-00021	강미소	자재부
sk-00019	김장수	영업부
sk-00017	지민하	홍보부

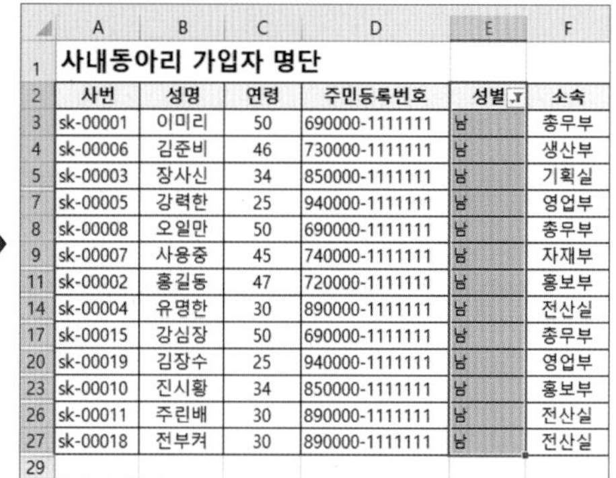

사내동아리 가입자 명단

사번	성명	연령	주민등록번호	성별	소속
sk-00001	이미리	50	690000-1111111	남	총무부
sk-00006	김준비	46	730000-1111111	남	생산부
sk-00003	장사신	34	850000-1111111	남	기획실
sk-00005	강력한	25	940000-1111111	남	영업부
sk-00008	오일만	50	690000-1111111	남	총무부
sk-00007	사용중	45	740000-1111111	남	자재부
sk-00002	홍길동	47	720000-1111111	남	홍보부
sk-00004	유명한	30	890000-1111111	남	전산실
sk-00015	강심장	50	690000-1111111	남	총무부
sk-00019	김장수	25	940000-1111111	남	영업부
sk-00010	진시황	34	850000-1111111	남	홍보부
sk-00011	주린배	30	890000-1111111	남	전산실
sk-00018	전부커	30	890000-1111111	남	전산실

나이가 자동으로 바뀌는 명단 만들기

총무팀에서 만드는 명단에는 직원들의 연령, 주민번호 등이 들어가는 경우가 많습니다. 이럴 때 아래 화면의 N열처럼 각 직원의 출생년도를 적어둔 다음 연령을 구할 표에 '올해 연도-N3'을 하면 편리합니다. 해가 바뀌면 연도만 수정하면 됩니다.

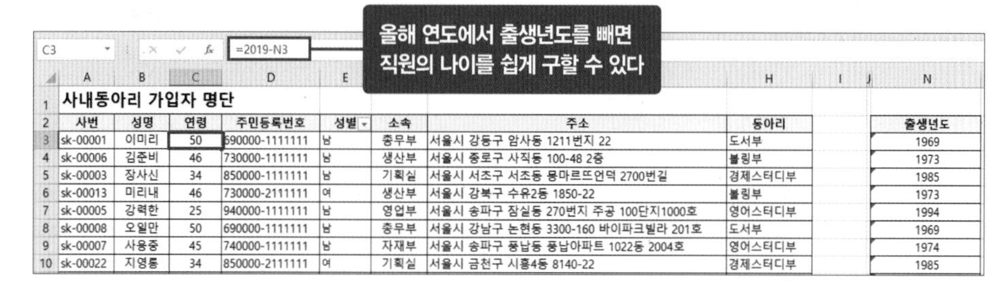

사내동아리 가입자 명단

사번	성명	연령	주민등록번호	성별	소속	주소	동아리	출생년도
sk-00001	이미리	50	690000-1111111	남	총무부	서울시 강동구 암사동 1211번지 22	도서부	1969
sk-00006	김준비	46	730000-1111111	남	생산부	서울시 종로구 사직동 100-48 2층	볼링부	1973
sk-00003	장사신	34	850000-1111111	남	기획실	서울시 서초구 서초동 몽마르뜨언덕 2700번길	경제스터디부	1985
sk-00013	미리내	46	730000-2111111	여	생산부	서울시 강북구 수유2동 1850-22	볼링부	1973
sk-00005	강력한	25	940000-1111111	남	영업부	서울시 송파구 잠실동 270번지 주공 100단지1000호	영어스터디부	1994
sk-00008	오일만	50	690000-1111111	남	총무부	서울시 강남구 논현동 3300-160 바이파크빌라 201호	도서부	1969
sk-00007	사용중	45	740000-1111111	남	자재부	서울시 송파구 풍납동 풍납아파트 1022동 2004호	영어스터디부	1974
sk-00022	지영롱	34	850000-2111111	여	기획실	서울시 금천구 시흥4동 8140-22	경제스터디부	1985

넷 | 째 | 마 | 당

자재 & 생산팀 엑셀왕

일일작업일지
불량률 차트 만들기

업무 목표 | 생산제품 불량률 낮추기

일일작업일지는 생산시설이 있는 기업에서 제품의 불량률을 낮추기 위해 작성하는 문서입니다. 시간별로 생산량과 불량품의 숫자를 기록한 다음 각 시간대의 불량률을 구합니다. 시간별 불량률을 차트화해 관리하면 데이터를 한눈에 파악하고 불량률 최소화에 집중할 수 있습니다.

완성 서식 미리 보기

일일작업일지

작업일자 년 월 일

근무시간	작성조	모델명	설비	생산량	불량	생산소계	불량소계	불량률
1:00	A	stki	AAA270	1,230	9			0.7%
2:00	A	stki	AAA270	1,190	11			0.9%
3:00	A	stki	AAA270	1,250	11			0.9%
4:00	A	stki	AAA270	1,170	12			1.1%
5:00	A	stki	AAA270	1,180	28			2.4%
6:00	A	stki	AAA270	1,190	14	7,210	85	1.2%
7:00	A	stki	AAA270	1,290	16			1.2%
8:00	A	stki	AAA270	1,230	18			1.5%
9:00	B	stki	AAA270	1,250	19			1.5%
10:00	B	stki	AAA270	1,150	27			2.3%
11:00	B	stki	AAA270	580	18			3.1%
12:00	B	stki	AAA270	585	4	6,085	102	0.7%
13:00	B	stki	AAA270	590	5			0.8%
14:00	B	stki	AAA270	640	6			0.9%
15:00	B	stki	AAA270	1,090	33			3.0%
16:00	B	stki	AAA270	1,170	27			2.3%
17:00	B	stki	AAA270	1,190	23			1.9%
18:00	B	stki	AAA270	1,270	12	5,950	106	0.9%
19:00	C	stki	AAA270	1,290	12			0.9%
20:00	C	stki	AAA270	1,250	9			0.7%
21:00	C	stki	AAA270	1,250	8			0.6%
22:00	C	stki	AAA270	1,230	8			0.7%
23:00	C	stki	AAA270	1,250	12			0.9%
0:00	C	stki	AAA270	1,290	3	7,560	51	0.2%
합계				26,805	344			1.3%

불량률을 차트화하면 한눈에 파악하기 쉽다

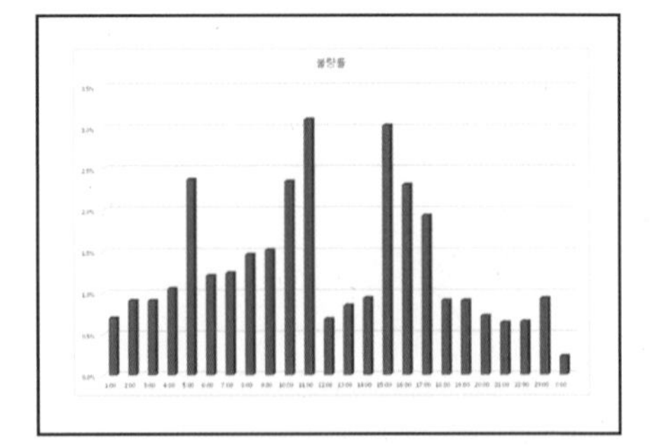

나누기 연산으로 불량률 구하기

예제파일 : 4_45_일일작업일지.xlsx 

1. 나누기 연산 입력하기

불량 개수를 생산량으로 나누면 전체 생산량 중에서 불량이 몇 퍼센트(%)인지 구할 수 있습니다. 수식으로 표현하면 '=불량/생산량'입니다. 1시에 근무한 작성조 A의 불량률을 구하겠습니다. [I5] 셀에 =를 입력(❶)합니다. 불량 개수가 입력되어 있는 [F5] 셀을 클릭(❷)합니다.

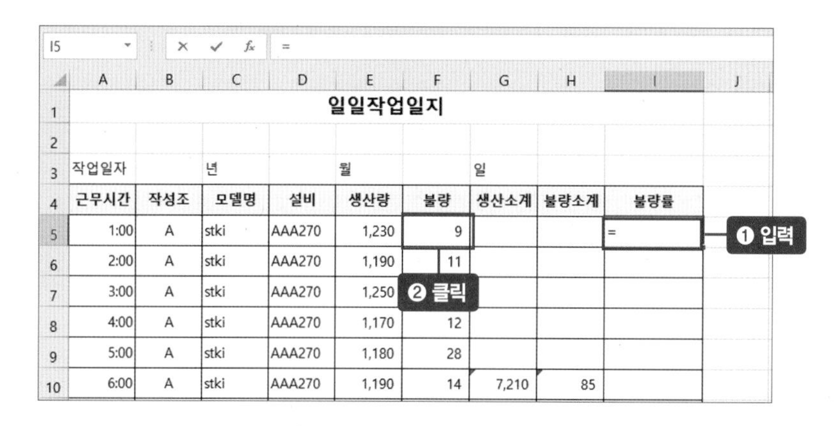

	A	B	C	D	E	F	G	H	I	J
1	일일작업일지									
2										
3	작업일자		년		월		일			
4	근무시간	작성조	모델명	설비	생산량	불량	생산소계	불량소계	불량률	
5	1:00	A	stki	AAA270	1,230	9			=	
6	2:00	A	stki	AAA270	1,190	11				
7	3:00	A	stki	AAA270	1,250					
8	4:00	A	stki	AAA270	1,170	12				
9	5:00	A	stki	AAA270	1,180	28				
10	6:00	A	stki	AAA270	1,190	14	7,210	85		

[I5] 셀에 '=F5'이 입력되었습니다. 이어서 나누기 /를 입력(❸)합니다. 생산량이 입력되어 있는 [E5] 셀을 클릭한 다음 Enter 키(❹)를 눌러 값을 구합니다.

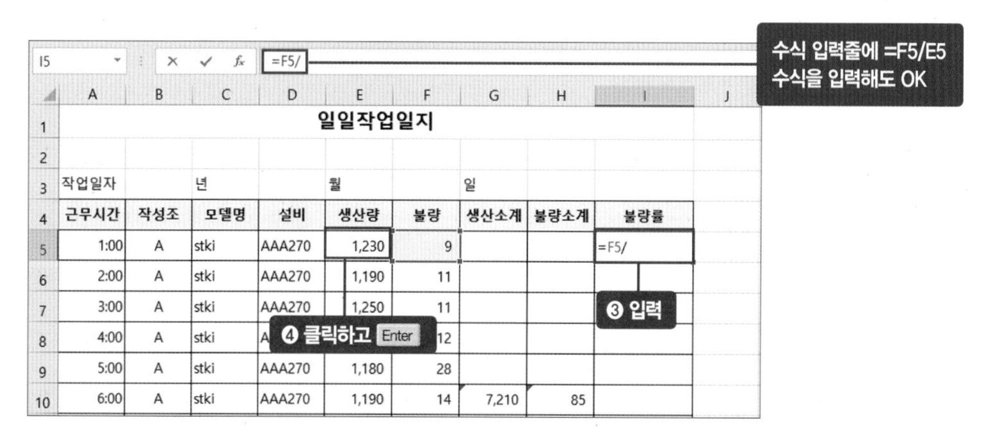

	A	B	C	D	E	F	G	H	I	J
1	일일작업일지									
2										
3	작업일자		년		월		일			
4	근무시간	작성조	모델명	설비	생산량	불량	생산소계	불량소계	불량률	
5	1:00	A	stki	AAA270	1,230	9			=F5/	
6	2:00	A	stki	AAA270	1,190	11				
7	3:00	A	stki	AAA270	1,250	11				
8	4:00	A	stki	A		12				
9	5:00	A	stki	AAA270	1,180	28				
10	6:00	A	stki	AAA270	1,190	14	7,210	85		

[I5] 셀에 '0.00697561'이라는 데이터가 나타났습니다. [I5] 셀을 선택(❺)한 상태에서 [홈] 탭 → [표시 형식] 그룹 → 백분율(%) 아이콘을 클릭(❻)합니다.

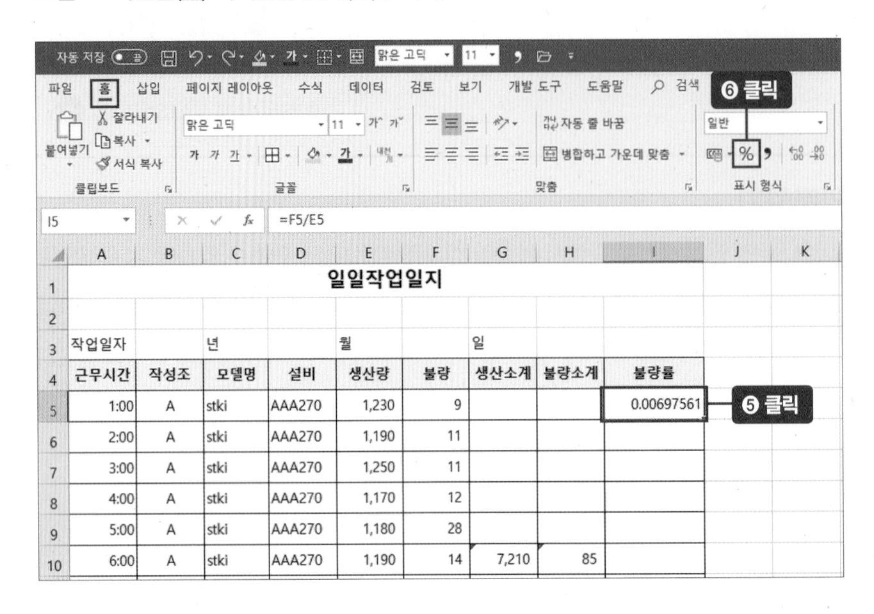

[I5] 셀에 '1%'가 나타납니다. 보다 정확한 불량률을 보기 위해 소수점 첫째자리까지 나타내겠습니다. [홈] 탭 → 자릿수 늘림(←.0 .00) 아이콘을 클릭(❼)해 1자리를 늘립니다.

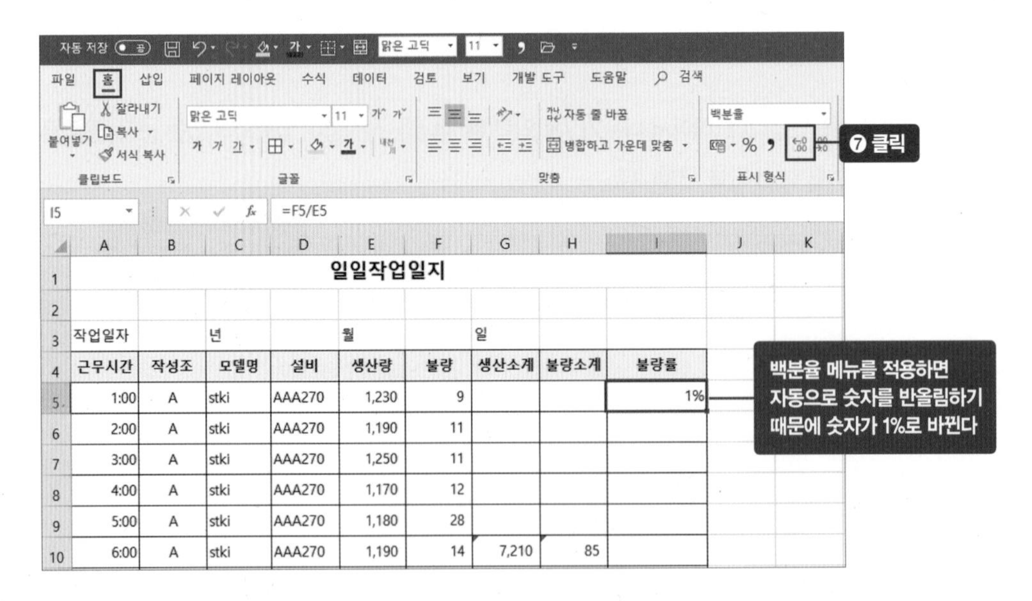

[I5] 셀에 '0.7%'가 나타납니다. 생산량 1,230개, 불량 9개의 불량률은 0.7%입니다.

I5 | fx =F5/E5

	A	B	C	D	E	F	G	H	I
1	일일작업일지								
2									
3	작업일자		년		월		일		
4	근무시간	작성조	모델명	설비	생산량	불량	생산소계	불량소계	불량률
5	1:00	A	stki	AAA270	1,230	9			0.7%
6	2:00	A	stki	AAA270	1,190	11			
7	3:00	A	stki	AAA270	1,250	11			
8	4:00	A	stki	AAA270	1,170	12			
9	5:00	A	stki	AAA270	1,180	28			
10	6:00	A	stki	AAA270	1,190	14	7,210	85	

나머지 조들의 분량률도 구하기 위해 수식을 복사하겠습니다. [I5] 셀에서 채우기 핸들을 잡고 [I29] 셀까지 드래그(❽)합니다. 각 조들의 분량률, 총 불량률이 구해집니다.

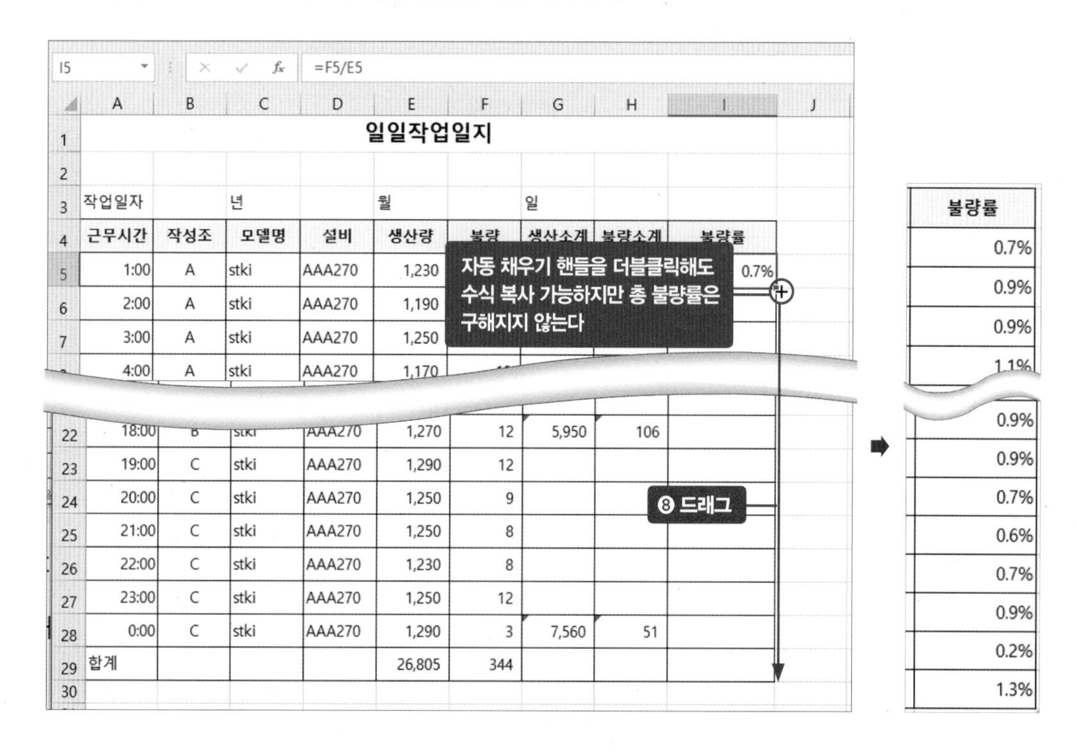

2. 총 불량률 검산하기

표의 하단 합계 부분의 [I29] 셀에 '1.3%'라는 값이 나타났습니다. 하루 종일 발생한 총 생산량 대비 총 불량률이 1.3%가 맞는지 검산하기 위해 [I5:I28] 셀 범위에서 구한 각 조 불량률의 평균을 구해보겠습니다. [I31] 셀에 평균을 구하는 함수인 **=AVERAGE(I5:I28)**를 입력(❶)한 다음 Enter 키(❷)를 눌러 값을 구합니다. 생산량 합계와 불량품 합계 값을 나눠서 구한 불량률 1.3%와 같은 '1.3%'가 나타났습니다.

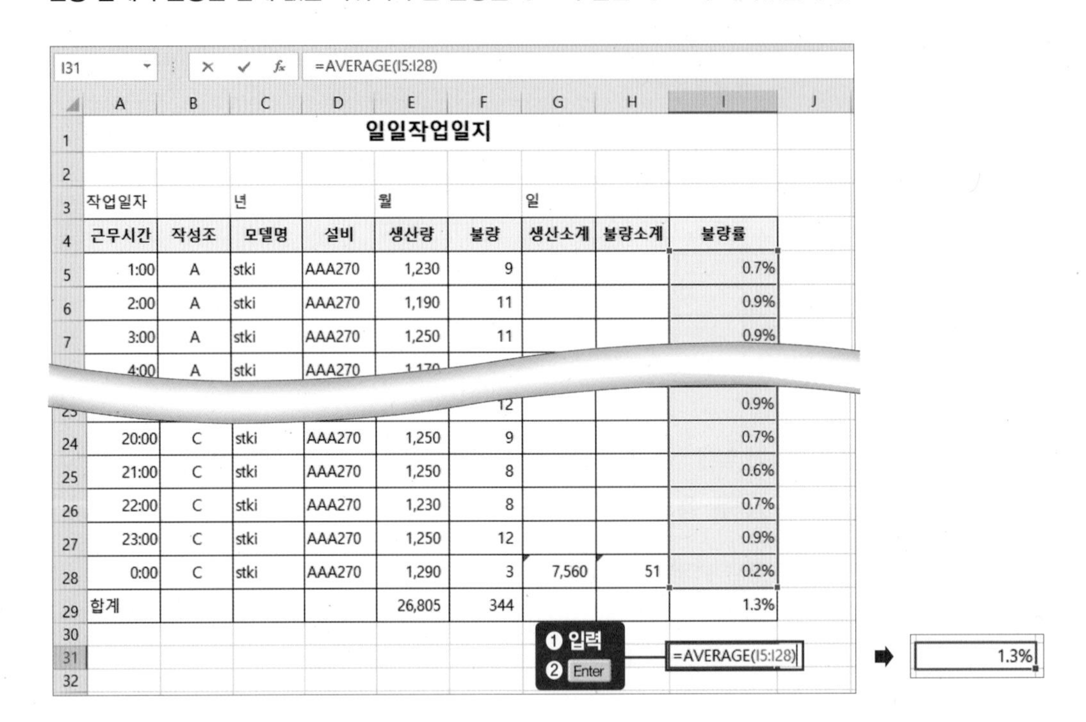

	A	B	C	D	E	F	G	H	I
4	근무시간	작성조	모델명	설비	생산량	불량	생산소계	불량소계	불량률
5	1:00	A	stki	AAA270	1,230	9			0.7%
6	2:00	A	stki	AAA270	1,190	11			0.9%
7	3:00	A	stki	AAA270	1,250	11			0.9%
8	4:00	A	stki	AAA270					
23						12			0.9%
24	20:00	C	stki	AAA270	1,250	9			0.7%
25	21:00	C	stki	AAA270	1,250	8			0.6%
26	22:00	C	stki	AAA270	1,230	8			0.7%
27	23:00	C	stki	AAA270	1,250	12			0.9%
28	0:00	C	stki	AAA270	1,290	3	7,560	51	0.2%
29	합계				26,805	344			1.3%

최종 함수식

=AVERAGE(I5:I28)

[I5:I28] 셀 범위의 평균값을 구한다

시간별 불량률 차트로 표시하기

예제파일 : 4_45_일일작업일지.xlsx 

1. 불량률 차트화하기

문서를 보고할 때 불량률을 차트와 같이 보고하면 한눈에 근무시간별 불량률을 파악할 수 있어서 좋습니다. 근무시간이 포함된 불량률을 차트로 만드는 방법을 알아봅시다. [A4:A28] 셀 범위를 설정(❶)합니다.

	A	B	C	D	E	F	G	H	I
1				일일작업일지					
2									
3	작업일자		년		월		일		
4	근무시간	[illegible]	❶ 셀 범위 설정	비	생산량	불량	생산소계	불량소계	불량률
5	1:00	A	stki	AAA270	1,230	9			0.7%
6	2:00	A	stki	AAA270	1,190	11			0.9%
7	3:00	A	stki	AAA270	1,250	11			0.9%
8	4:00	A	stki	AAA270	1,170	12			1.1%

tip

차트 만들 때는 항목 이름까지 선택

차트를 만들 때는 항목 이름까지 선택하자. 항목 이름은 차트에서 제목 등으로 나타난다.

[A4:A28] 셀 범위를 선택한 상태를 유지하기 위해서 Ctrl 키를 누른 상태로 [I4:I28] 셀 범위를 드래그(❷)해 설정합니다.

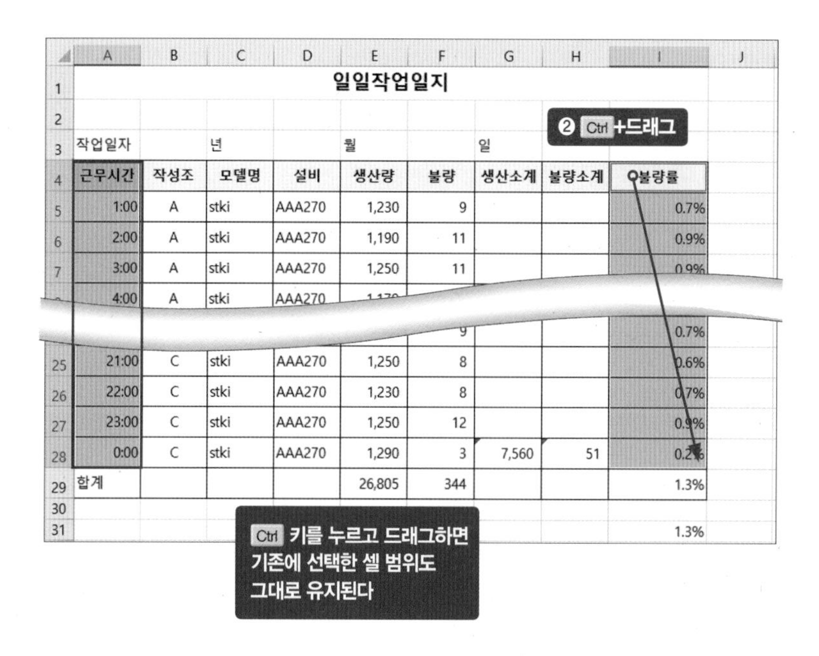

	A	B	C	D	E	F	G	H	I	J
1				일일작업일지						
2										
3	작업일자		년		월		일			
4	근무시간	작성조	모델명	설비	생산량	불량	생산소계	불량소계	불량률	
5	1:00	A	stki	AAA270	1,230	9			0.7%	
6	2:00	A	stki	AAA270	1,190	11			0.9%	
7	3:00	A	stki	AAA270	1,250	11			[illegible]	
[illegible]	4:00	A	stki	AAA270	[illegible]					
[illegible]						[illegible]			0.7%	
25	21:00	C	stki	AAA270	1,250	8			[illegible]	
26	22:00	C	stki	AAA270	1,230	8			[illegible]	
27	23:00	C	stki	AAA270	1,250	12			[illegible]	
28	0:00	C	stki	AAA270	1,290	3	7,560	51	[illegible]	
29	합계				26,805	344			1.3%	
30										
31									1.3%	

[삽입] 탭 → 차트 삽입(📊) 아이콘 옆 〈펼침〉(▾) 버튼을 클릭(❸)합니다. 〈2차원 세로 막대형〉을 클릭(❹)합니다.

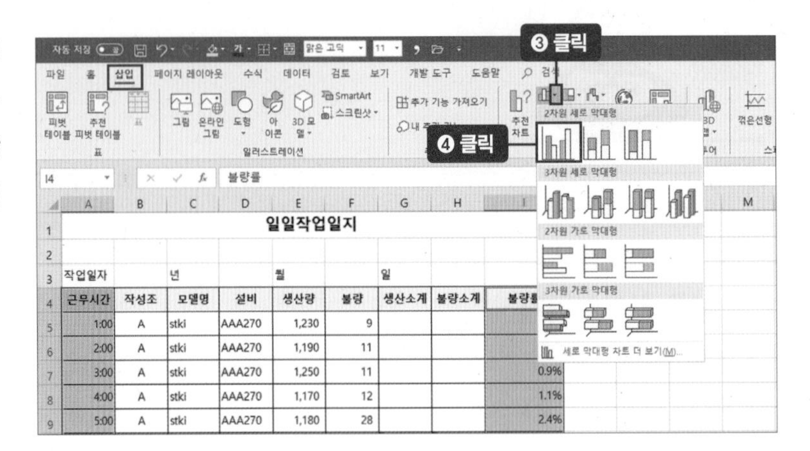

'불량률'이라는 제목의 차트가 만들어졌습니다.

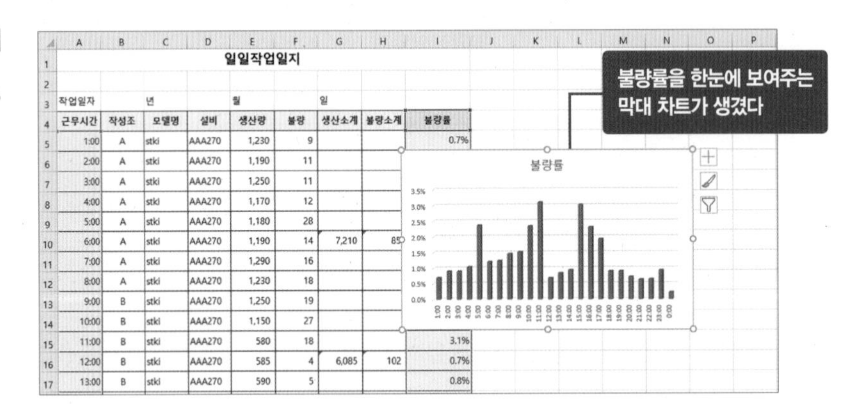

2. 다른 시트로 차트 옮기기

차트의 빈 곳을 마우스 우클릭(❶)합니다. [셀 명령] 도구창이 나타나면 〈차트 이동〉을 클릭(❷)합니다.

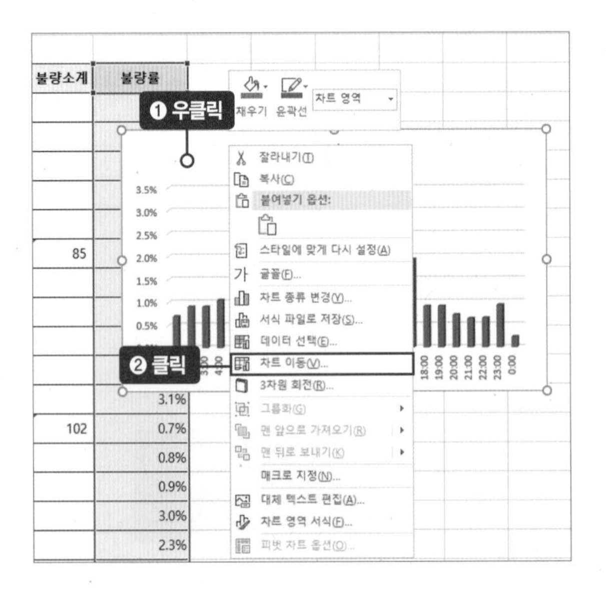

[차트 이동] 대화상자가 나타나면 새로운 시트에 차트를 넣는 것이므로 '새 시트'에 체크(❸)합니다. 〈확인〉 버튼을 클릭(❹)합니다.

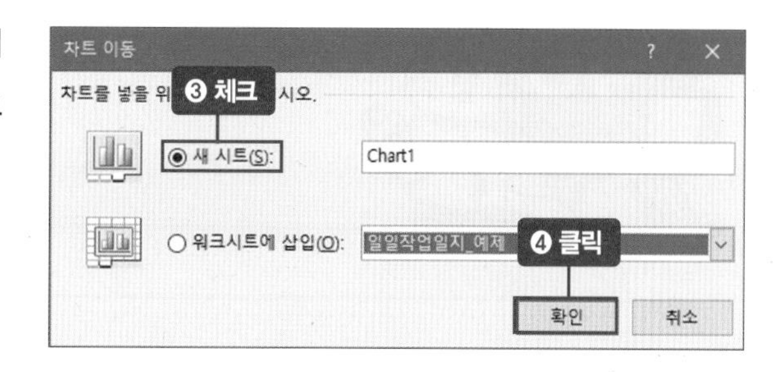

새 시트가 만들어지면서 차트가 꽉 차게 들어갑니다. 이 차트는 [일일작업일지_예제] 시트의 자료를 수정하면 함께 바뀝니다. 시트 이름을 '불량률그래프'로 변경(❺)합니다. 원래 차트가 있던 [일일작업일지_예제] 시트를 클릭(❻)해 돌아갑니다. 원래 있던 차트가 없어진 것을 확인할 수 있습니다.

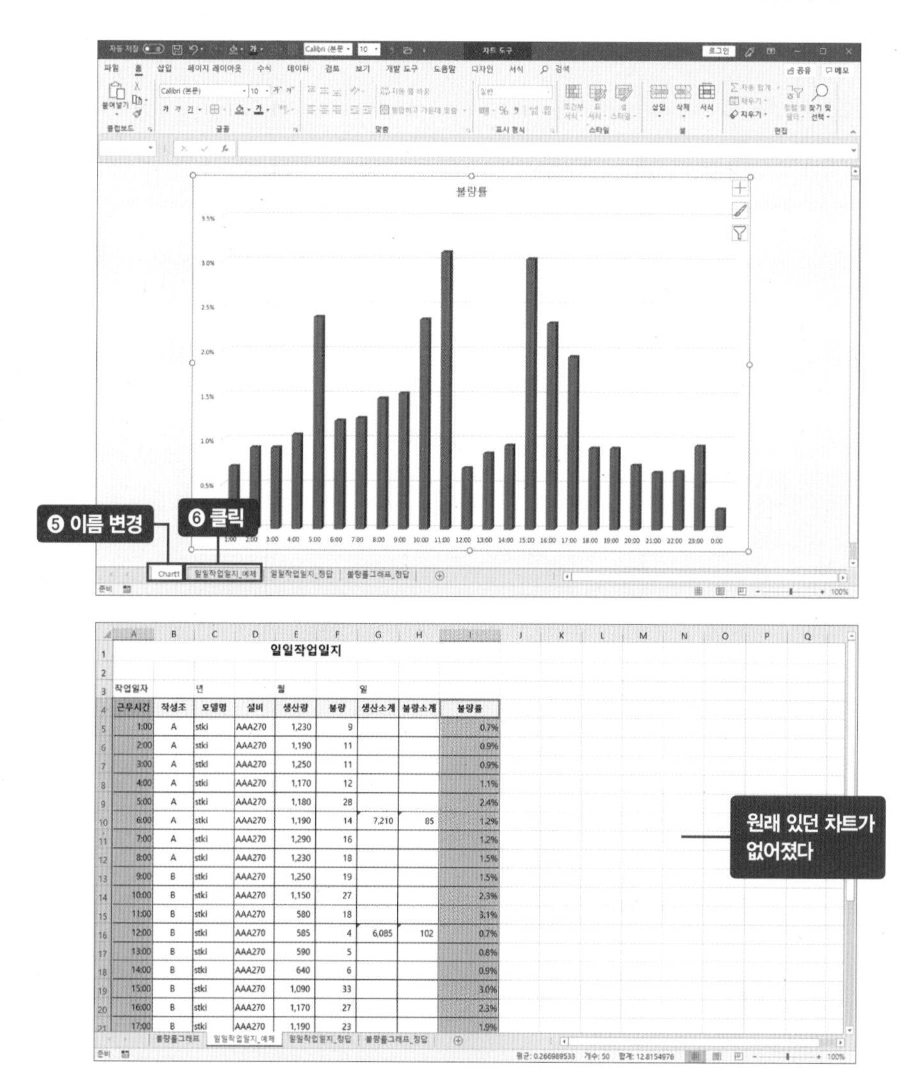

근무시간	작성조	모델명	설비	생산량	불량	생산소계	불량소계	불량률
1:00	A	stki	AAA270	1,230	9			0.7%
2:00	A	stki	AAA270	1,190	11			0.9%
3:00	A	stki	AAA270	1,250	11			0.9%
4:00	A	stki	AAA270	1,170	12			1.1%
5:00	A	stki	AAA270	1,180	28			2.4%
6:00	A	stki	AAA270	1,190	14	7,210	85	1.2%
7:00	A	stki	AAA270	1,290	16			1.2%
8:00	A	stki	AAA270	1,230	18			1.5%
9:00	B	stki	AAA270	1,250	19			1.5%
10:00	B	stki	AAA270	1,150	27			2.3%
11:00	B	stki	AAA270	580	18			3.1%
12:00	B	stki	AAA270	585	4	6,085	102	0.7%
13:00	B	stki	AAA270	590	5			0.8%
14:00	B	stki	AAA270	640	6			0.9%
15:00	B	stki	AAA270	1,090	33			3.0%
16:00	B	stki	AAA270	1,170	27			2.3%
17:00	B	stki	AAA270	1,190	23			1.9%

구매계획서

자동 계산 가능한 표 만들기

업무 목표 | 부품별 구매 총액 빠르게 파악하기

문서에 필요한 표를 만들 때 [삽입] 탭에서 표 만들기를 활용하면 필터를 따로 입력할 필요가 없습니다. 총액 계산도 별도의 채우기 핸들로 채우지 않아도 됩니다. 구조적 참조가 가능하기 때문이지요. '구조적 참조'란 표의 머리글, 즉 항목명을 기준으로 계산하는 것을 말합니다. 표 만들기 기능으로 필터와 구조적 참조를 익혀보겠습니다.

완성 서식 미리 보기

표 만들기의 구조적 참조 이용해 총액 자동 계산

구매계획서

부서 : 자재과

품명	단가	수량	사용부서	열1	열2	열3	열4	총액
			생산1공장	생산2공장	생산3공장	생산4공장	생산5공장	0
볼트	1,340	6,100	1,500	1,000	1,300	1,200	1,100	8174000
나사	550	6,100	1,500	1,000	1,300	1,200	1,100	3355000
망치	10,050	42	10	8	6	10	8	422100
렌치	4,500	24	6	8	-	4	6	108000
십자드라이버	2,300	46	10	8	10	8	10	105800
일자드라이버	1,950	42	10	10	6	6	10	81900
호스클램프	599	3,400	500	600	1,000	500	800	2036600
줄	1,050	32	8	8	6	4	6	33600
케이블커터	2,100	34	6	6	8	6	8	71400

덧셈 곱셈 혼합식 한 번에 계산하기

예제파일 : 4_46_구매계획서.xlsx 

1. 표 만들기

[A4:I14]를 드래그(❶)해 셀 범위로 설정합니다. [삽입] 탭 → [표] 그룹 → 표(▦) 아이콘을 클릭(❷)합니다.

[표 만들기] 대화상자가 나타나면 〈머리글 포함〉에 체크(❸)하고 〈확인〉 버튼을 클릭(❹)합니다.

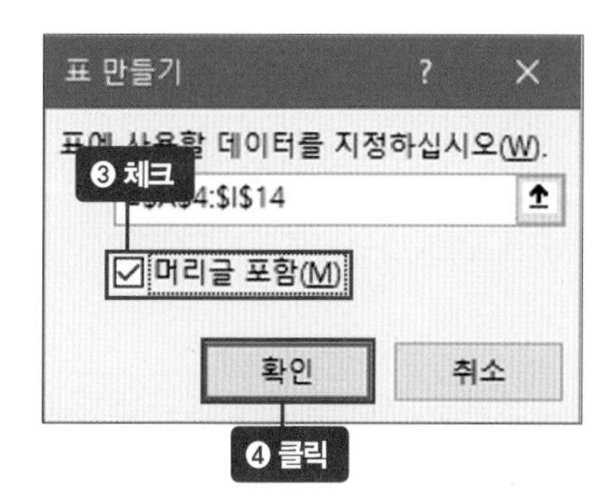

파란색 표가 만들어졌습니다. 이렇게 만들어진 표에는 〈필터〉(▾) 버튼이 자동으로 생성됩니다. 필터를 통해 특정 품명에 대한 데이터만 뽑아보거나, 특정 금액에 대한 데이터만 뽑아볼 수 있습니다.

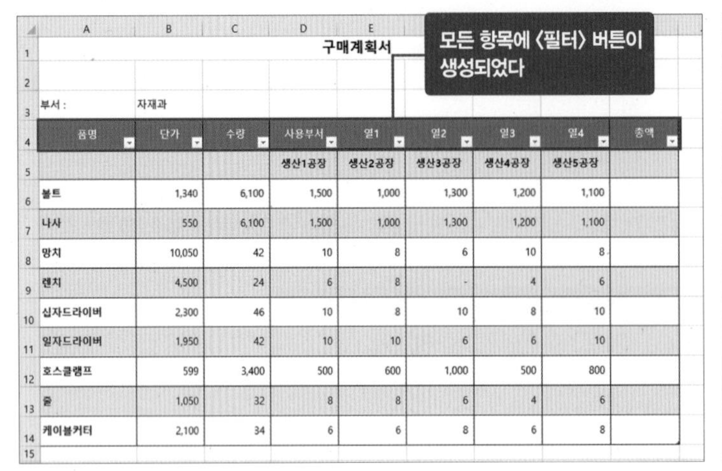

2. 표 만들기로 한 번만 계산해 총액 구하기

표 기능을 적용하면 구조적 참조를 통해 항목 하나만 계산해도 연관된 나머지 항목을 모두 계산해준다는 장점이 있습니다. 볼트 구매 총액을 계산해보겠습니다. [I6] 셀에 =를 입력(❶)합니다. 그다음 볼트의 단가가 입력되어 있는 [B6] 셀을 클릭(❷)합니다.

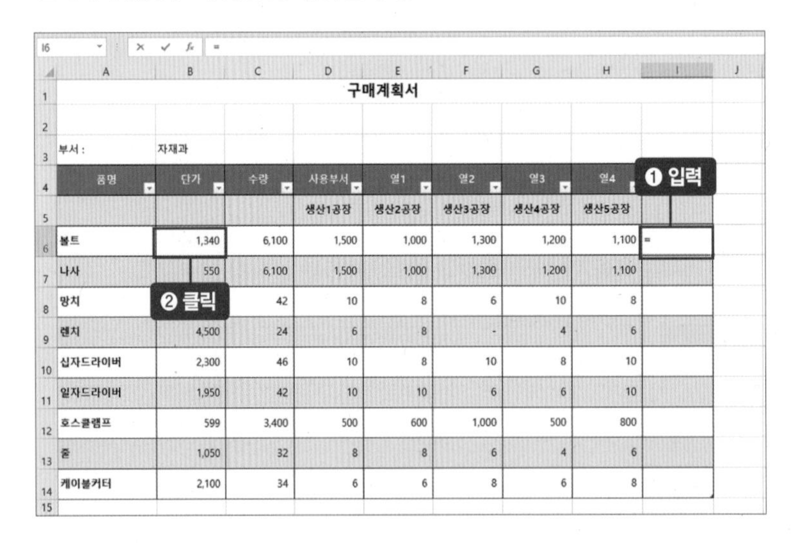

[I6] 셀에 '=[@단가]'라는 표시가 나타납니다. [I6] 셀에 곱하기 *를 입력(❸)하고 볼트 수량이 적힌 [C6] 셀을 클릭(❹)합니다.

	A	B	C	D	E	F	G	H	I
1	구매계획서								
2									
3	부서 :	자재과							
4	품명	단가	수량	사용부서	열1	열2	열3	열4	
5				생산1공장	생산2공장	생산3공장	생산4공장	생산5공장	
6	볼트	1,340	6,100	1,500	1,000	1,300	1,200	1,100	=[@단가]*
7	나사	550	6,100	1,500	1,000	1,300	1,200	1,100	
8	망치	10,050		10	8	6	10	8	
9	렌치	4,500	24	6	8	-	4	6	
10	십자드라이버	2,300	46	10	8	10	8	10	
11	일자드라이버	1,950	42	10	10	6	6	10	

'=[@단가]*[@수량]'이 나타나면 Enter 키(❺)를 누릅니다. 한 번의 계산으로 [I7:I14] 셀 범위의 단가와 수량을 곱한 값이 자동으로 구해집니다.

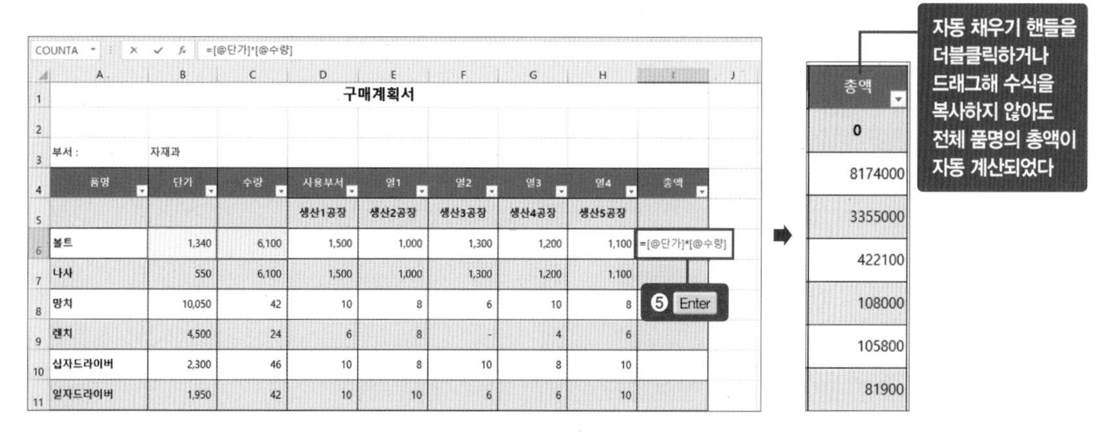

	A	B	C	D	E	F	G	H	I
1	구매계획서								
2									
3	부서 :	자재과							
4	품명	단가	수량	사용부서	열1	열2	열3	열4	총액
5				생산1공장	생산2공장	생산3공장	생산4공장	생산5공장	
6	볼트	1,340	6,100	1,500	1,000	1,300	1,200	1,100	=[@단가]*[@수량]
7	나사	550	6,100	1,500	1,000	1,300	1,200	1,100	
8	망치	10,050	42	10	8	6	10	8	
9	렌치	4,500	24	6	8	-	4	6	
10	십자드라이버	2,300	46	10	8	10	8	10	
11	일자드라이버	1,950	42	10	10	6	6	10	

tip [표 만들기] 대화상자에서 〈머리글 포함〉에 체크하지 않으면?

[표 만들기] 대화상자에서 〈머리글 포함〉에 체크하지 않으면 자동으로 표를 편집해 새로운 머리글을 만듭니다. 그러므로 되도록 〈머리글 포함〉에 체크하고 표를 만드세요.

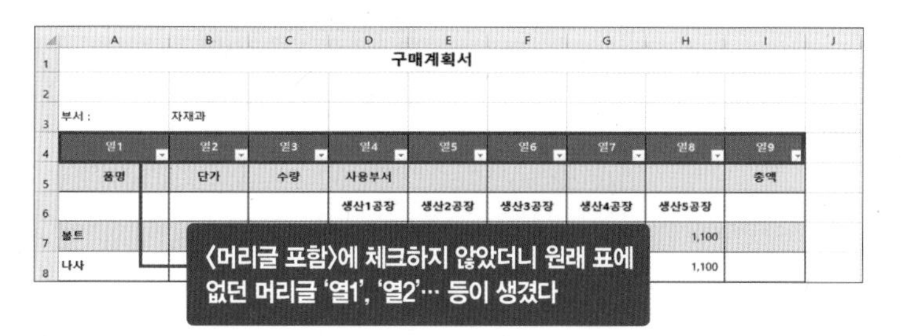

표 데이터 일반 데이터로 변경하기

예제파일 : 4_46_구매계획서.xlsx

표 데이터에는 필터나 구조적 참조(표 계산 기능)가 자동으로 설정되어 있어서 오히려 데이터를 가공하기 번거로울 때가 있습니다. 〈도전 엑셀왕!〉과는 반대로 표 서식을 사용하는 데이터를 일반 데이터로 변경해 보겠습니다. 바로 앞에서 사용한 예제파일 『4_46_구매계획서.xlsx』에서 [구매계획서_정답] 시트를 엽니다. 표 서식이 적용되어 있는 아무 셀이나 클릭(❶)한 다음 [표 디자인] 탭 → [도구] 그룹 → 범위로 변환(🗐) 아이콘을 클릭(❷)합니다. [Microsoft Excel] 대화상자가 나타나면 〈예〉 버튼을 클릭(❸)합니다.

② 클릭

구매계획서

부서 : 자재과

품명	단가	수량	사용부서	열1	열2	열3	열4	총액
			생산1공장	생산2공장	생산3공장	생산4공장	생산5공장	-
볼트	1,340	6,100				1,200	1,100	8,174,000
나사	550	6,100				1,200	1,100	3,355,000
망치		42				10	8	422,100
렌치	4,500	24		8	-	4	6	108,000
십자드라이버	2,300	46		8	10	8	10	105,800
일자드라이버	1,950	42	10	10	6	6	10	81,900
호스클램프	599	3,400	500	600	1,000	500	800	2,036,600
줄	1,050	32	8	8	6	4	6	33,600
케이블커터	2,100	34	6	6	8	6	8	71,400

Microsoft Excel
표를 정상 범위로 변환하시겠습니까?
예(Y) 아니요(N)

① 클릭

③ 클릭

표 서식 기능은 해제되고 데이터 서식만 남았습니다. 필터나 구조적 참조 기능이 필요하지 않을 때 활용해 보세요. 깔끔한 표를 만들 수 있습니다.

구매계획서

부서 : 자재과

품명	단가	수량	사용부서	열1	열2	열3	열4	총액
			생산1공장	생산2공장	생산3공장	생산4공장	생산5공장	-
볼트	1,340	6,100	1,500	1,000	1,300	1,200	1,100	8,1
나사	550	6,100	1,500	1,000	1,300	1,200	1,100	3,3
망치	10,050	42	10	8	6	10	8	4
렌치	4,500	24	6	8	-	4	6	108,000
십자드라이버	2,300	46	10	8	10	8	10	105,800
일자드라이버	1,950	42	10	10	6	6	10	81,900
호스클램프	599	3,400	500	600	1,000	500	800	2,036,600
줄	1,050	32	8	8	6	4	6	33,600
케이블커터	2,100	34	6	6	8	6	8	71,400

필터 버튼이 사라져 깔끔한 표가 되었다

생산계획실적표

3차원 그래프 입력하기

업무 목표 | 총생산량 비율 한눈에 보기

생산계획실적표는 생산한 공장의 자료를 문서화해서 분기별로 실적을 분석하거나 다음 분기를 예측하는 데 사용합니다. 숫자로만 이루어진 표는 한참 검토해야 맥락을 파악할 수 있습니다. 그래서 기계별로 총생산량 비율을 3D 원 그래프로 표시하겠습니다.

완성 서식 미리 보기

생산계획실적표

날짜	공장	제품명	제품번호	예정수량	생산수량	미달	소계	달성율
1월	기계1	PET1	2019_01_PET1	400,000	550,000	- 150,000		
	기계2	PP1	2019_01_PP1	480,000	500,000	- 20,000		
	기계3	PEPP1	2019_01_PEPP1	500,000	400,000	100,000		
	기계4	PC1	2019_01_PC1	500,000	350,000	150,000	80,000	104%
2월	기계1	PET2	2019_02_PET2	600,000	520,000	80,000		
	기계2	PP2	2019_02_PP2	450,000	480,000	- 30,000		
	기계3	PEPP2	2019_02_PEPP2	500,000	540,000	- 40,000		
	기계4	PC2	2019_02_PC2	550,000	450,000	100,000	110,000	106%
3월	기계1	PET3	2019_03_PET3	400,000	380,000	20,000		
	기계2	PP3	2019_03_PP3	200,000	210,000	- 10,000		
	기계3	PEPP3	2019_03_PEPP3	250,000	280,000	- 30,000		
	기계4	PC3	2019_03_PC3	700,000	650,000	50,000	30,000	102%
4월	기계1	PET4	2019_04_PET4	300,000	280,000	20,000		
	기계2	PP4	2019_04_PP4	500,000	520,000	- 20,000		
	기계3	PEPP4	2019_04_PEPP4	650,000	670,000	- 20,000		
	기계4	PC4	2019_04_PC4	600,000	550,000	50,000	30,000	101%
5월	기계1	PET5	2019_05_PET5	270,000	280,000	- 10,000		
	기계2	PP5	2019_05_PP5	500,000	430,000	70,000		
	기계3	PEPP5	2019_05_PEPP5	750,000	780,000	- 30,000		
	기계4	PC5	2019_05_PC5	500,000	440,000	60,000	90,000	105%
6월	기계1	PET6	2019_06_PET6	300,000	290,000	10,000		
	기계2	PP6	2019_06_PP6	500,000	450,000	50,000		
	기계3	PEPP6	2019_06_PEPP6	700,000	680,000	20,000		
	기계4	PC6	2019_06_PC6	480,000	490,000	- 10,000	70,000	104%

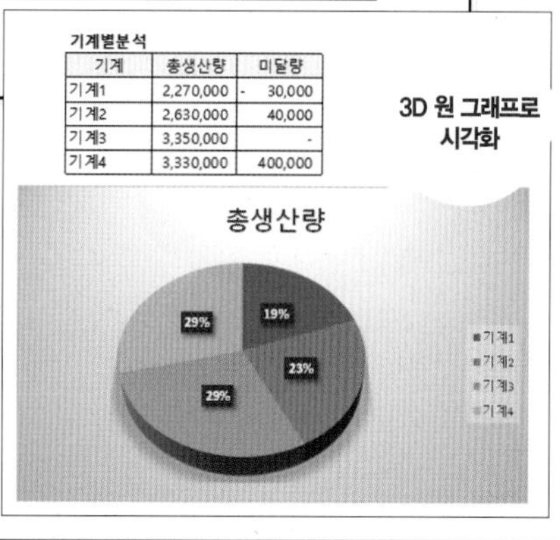
기계별분석

기계	총생산량	미달량
기계1	2,270,000	- 30,000
기계2	2,630,000	40,000
기계3	3,350,000	-
기계4	3,330,000	400,000

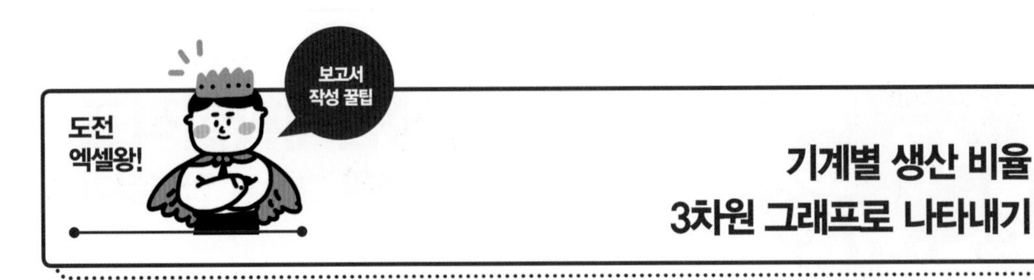

기계별 생산 비율 3차원 그래프로 나타내기

예제파일 : 4_47_생산계획실적표.xlsx 

1. 3D 원형 차트 만들기

표를 원형 차트로 바꾸어 한눈에 기계별 생산량과 미달량을 체크할 수 있도록 하겠습니다. [L3:N7] 셀 범위를 설정(❶)합니다. [삽입] 탭 → [차트] 그룹 → 원형( ) 아이콘 옆 〈펼침〉( ) 버튼을 클릭(❷)합니다. 〈3차원 원형〉을 클릭(❸)합니다.

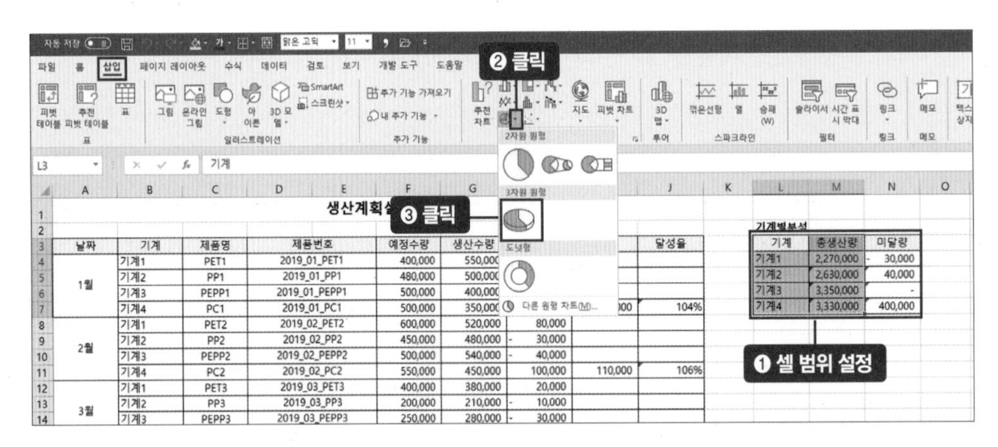

기계들 생산량을 모두 더한 값을 100%라고 했을 때 각 기계별 생산량 비율이 나타납니다.

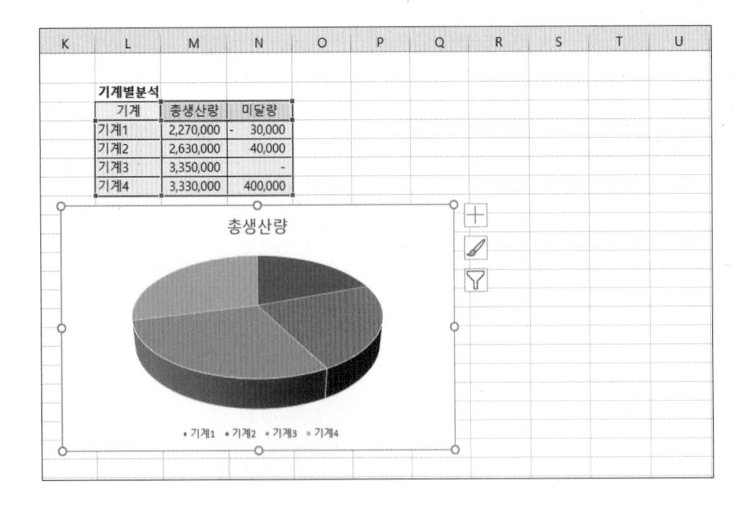

2. 차트 색상 변경하기

차트의 색상도 각각 변경할 수 있습니다. 왼쪽 위 노란색 조각을 초록색으로 바꾸겠습니다. 원형 차트를 클릭(❶)한 다음 주황색 조각을 클릭(❷)합니다. 노란색 조각만 선택된 것을 확인한 후 노란색 조각 위에서 우클릭(❸)합니다. 도구창 위쪽 〈채우기〉 → 〈초록색〉을 클릭(❹)합니다.

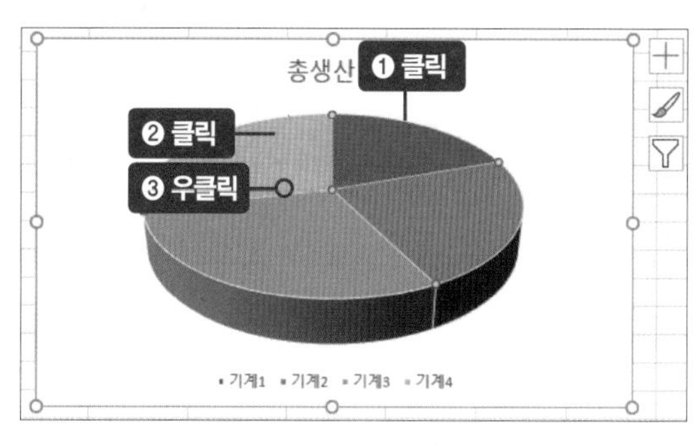

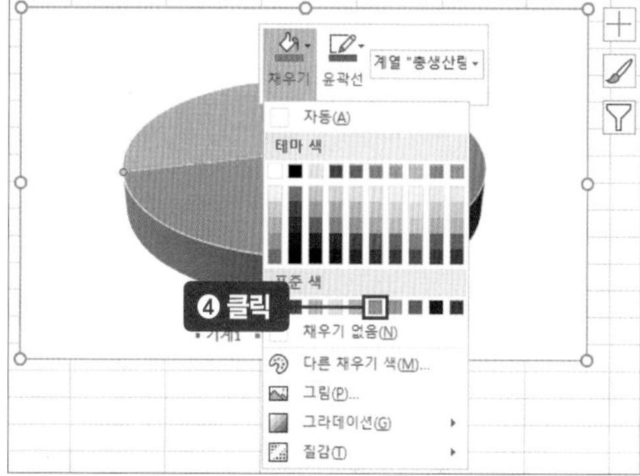

3. [디자인] 탭에서 차트 스타일 적용하기

[디자인] 탭 → [차트 스타일] 그룹에서 원하는 차트를 바로 설정하는 방법도 있습니다. 원형 차트를 클릭(❶) 한 다음 [차트 스타일] 그룹에서 3번째 디자인을 클릭(❷)합니다. 차트 위에 기계별 생산 비율이 자동으로 표시됩니다.

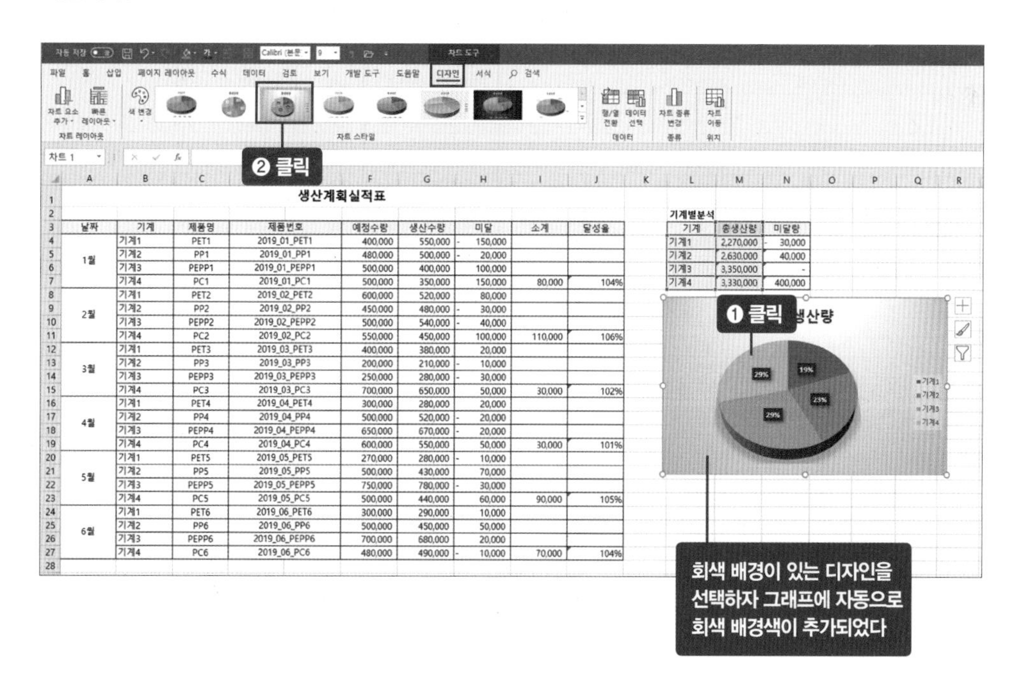

발주현황리스트

정보 세분화해 자동 분석하기

업무 목표 | 주문번호 분리해 모델명, 고유번호, 수량 정리하기

발주현황리스트를 통해 정보를 세분해 나눠서 분석할 수 있습니다. 수량, 컬러 등의 정보를 포함한 주문번호를 각 항목에 맞게 분류해 정리하겠습니다. 이 작업에는 [데이터] 탭의 '텍스트 나누기' 도구를 활용합니다.

완성 서식 미리 보기

발주현황리스트

년 월 일

번호	업체명	발주일	입고일	주문번호	모델명	고유번호	수량	컬러
1	도야지	2018-01-03	2019-01-16	stki-1100-16-w	stki	1100	16	w
2	캔들만들어	2018-01-04	2019-01-16	stki-1100-12-w	stki	1100	12	w
3	담넘어	2018-01-05	2019-01-16	stki-1100-18-w	stki	1100	18	w
4	지록위마	2018-01-05	2019-01-16	stkk-2100-01-b	stkk	2100	1	b
5	㈜토종	2018-01-06	2019-01-16	stki-1100-24-w	stki	1100	24	w
6	담넘어	2018-01-07	2019-01-16	stkt-3100-02-w	stkt	3100	2	w
7	이불팔어	2018-01-03	2019-01-16	stkt-3100-01-w	stkt	3100	1	w
8	백만권	2018-01-10	2019-01-23	stki-1100-08-w	stki	1100	8	w
9	십만권	2018-01-10	2019-01-24	stki-1100-21-w	stki	1100	21	w
10	오피스텔	2018-01-10	2019-01-25	stkp-4100-02-w	stkp	4100	2	w
11	불도장	2018-01-03	2019-01-26	stkp-4100-16-w	stkp	4100	16	w
12	아름다운	2018-01-04	2019-01-27	stki-1100-27-w	stki	1100	27	w
13	강남땅	2018-01-06	2019-01-27	stki-1100-60-w	stki	1100	60	w
14	간판없는 식당	2018-01-07	2019-01-27	stki-1100-65-w	stki	1100	65	w
15	불도장	2018-01-10	2019-01-27	stki-1100-84-w	stki	1100	84	w
16	유밍장	2018-01-03	2019-01-27	stki-1100-96-w	stki	1100	96	w
17	우리이웃㈜	2018-01-04	2019-02-01	stki-1100-14-w	stki	1100	14	w
18	가물치	2018-01-03	2019-02-01	stkk-2100-01-o	stkk	2100	1	o
19	미래로가는길	2018-01-04	2019-02-01	stkk-2100-01-r	stkk	2100	1	r
20	아름다운	2018-03-10	2019-02-01	stkt-3100-04-w	stkt	3100	4	w
21	영원한㈜	2018-03-10	2019-02-01	stkt-3100-08-w	stkt	3100	8	w
22	㈜더넓은땅	2018-03-10	2019-02-01	skk-4200-04-A	skk	4200	4	A
23	잘팔자	2018-01-03	2019-02-01	skk-4300-05-B	skk	4300	5	B
24	새활용	2018-01-03	2018-01-03	skk-4400-05-C	skk	4400	5	C
25	막팔어	2018-01-03	2018-01-03	skk-4500-06-C	skk	4500	6	C

복잡한 텍스트 4등분해 나누기

예제파일 : 4_48_발주현황리스트.xlsx 

1. 텍스트 분리하기

모델 정보가 입력된 [H4:H28] 셀 범위의 텍스트를 '–' 기호를 기준으로 4등분해 나누겠습니다. [H4] 셀을 클릭(❶)하고 Ctrl + Shift + ↓ 키(❷)를 눌러 데이터가 있는 [H4:H28] 셀 범위를 설정합니다.

	A	B	C	D	E	F	G	H	I
1	발주현황리스트								
2		년		월		일			
3	번호	업체명		발				모델명	
4	1	도야지		2018		16		stki-1100-16-w	
5	2	캔들만들어		2018		16		stki-1100-12-w	
6	3	담넘어		2018-01-05		2019-01-16		stki-1100-18-w	
7	4	지록위마		2018-01-05		2019-01-16		stkk-2100-01-b	
8	5	㈜토종		2018-01-06		2019-01-16		stki-1100-24-w	
9	6	담넘어		2018-01-07		2019-01-16		stkt-3100-02-w	
10	7	이불팔어		2018-01-03		2019-01-16		stkt-3100-01-w	
11	8	백만권		2018-01-10		2019-01-23		stki-1100-08-w	
12	9	십만권		2018-01-10		2019-01-24		stki-1100-21-w	
13	10	오피스텔		2018-01-10		2019-01-25		stkp-4100-02-w	

❶ 클릭
❷ Ctrl + Shift + ↓

Ctrl + C 키(❸)를 눌러 [H4:H28] 셀 범위를 복사합니다. 인쇄 영역 밖인 [K4] 셀 위에서 마우스 우클릭(❹)합니다.

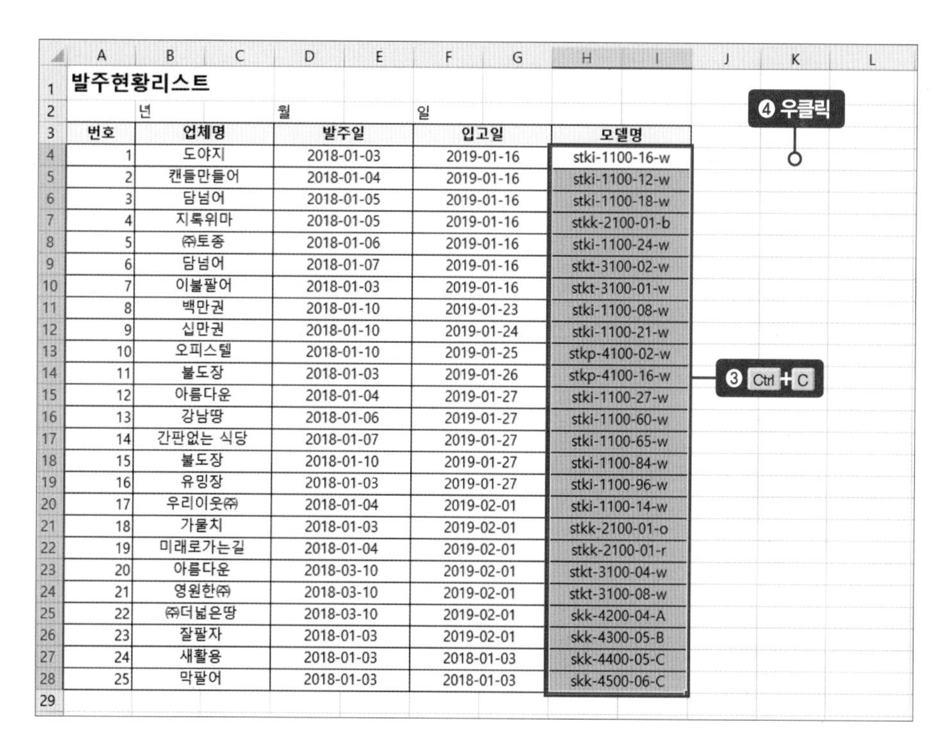

	A	B	C	D	E	F	G	H	I
1	발주현황리스트								
2		년		월		일			
3	번호	업체명		발주일		입고일		모델명	
4	1	도야지		2018-01-03		2019-01-16		stki-1100-16-w	
5	2	캔들만들어		2018-01-04		2019-01-16		stki-1100-12-w	
6	3	담넘어		2018-01-05		2019-01-16		stki-1100-18-w	
7	4	지록위마		2018-01-05		2019-01-16		stkk-2100-01-b	
8	5	㈜토종		2018-01-06		2019-01-16		stki-1100-24-w	
9	6	담넘어		2018-01-07		2019-01-16		stkt-3100-02-w	
10	7	이불팔어		2018-01-03		2019-01-16		stkt-3100-01-w	
11	8	백만권		2018-01-10		2019-01-23		stki-1100-08-w	
12	9	십만권		2018-01-10		2019-01-24		stki-1100-21-w	
13	10	오피스텔		2018-01-10		2019-01-25		stkp-4100-02-w	
14	11	불도장		2018-01-03		2019-01-26		stkp-4100-16-w	
15	12	아름다운		2018-01-04		2019-01-27		stki-1100-27-w	
16	13	강남땅		2018-01-06		2019-01-27		stki-1100-60-w	
17	14	간판없는 식당		2018-01-07		2019-01-27		stki-1100-65-w	
18	15	불도장		2018-01-10		2019-01-27		stki-1100-84-w	
19	16	유밍장		2018-01-03		2019-01-27		stki-1100-96-w	
20	17	우리이웃㈜		2018-01-04		2019-02-01		stki-1100-14-w	
21	18	가물치		2018-01-03		2019-02-01		stkk-2100-01-o	
22	19	미래로가는길		2018-01-04		2019-02-01		stkk-2100-01-r	
23	20	아름다운		2018-03-10		2019-02-01		stkt-3100-04-w	
24	21	영원한㈜		2018-03-10		2019-02-01		stkt-3100-08-w	
25	22	㈜더넓은땅		2018-03-10		2019-02-01		skk-4200-04-A	
26	23	잘팔자		2018-01-03		2019-02-01		skk-4300-05-B	
27	24	새활용		2018-01-03		2018-01-03		skk-4400-05-C	
28	25	막팔어		2018-01-03		2018-01-03		skk-4500-06-C	
29									

[셀 명령] 도구창이 나타나면 '붙여넣기 옵션' 중 값 붙여넣기(📋) 아이콘을 클릭(❺)합니다.

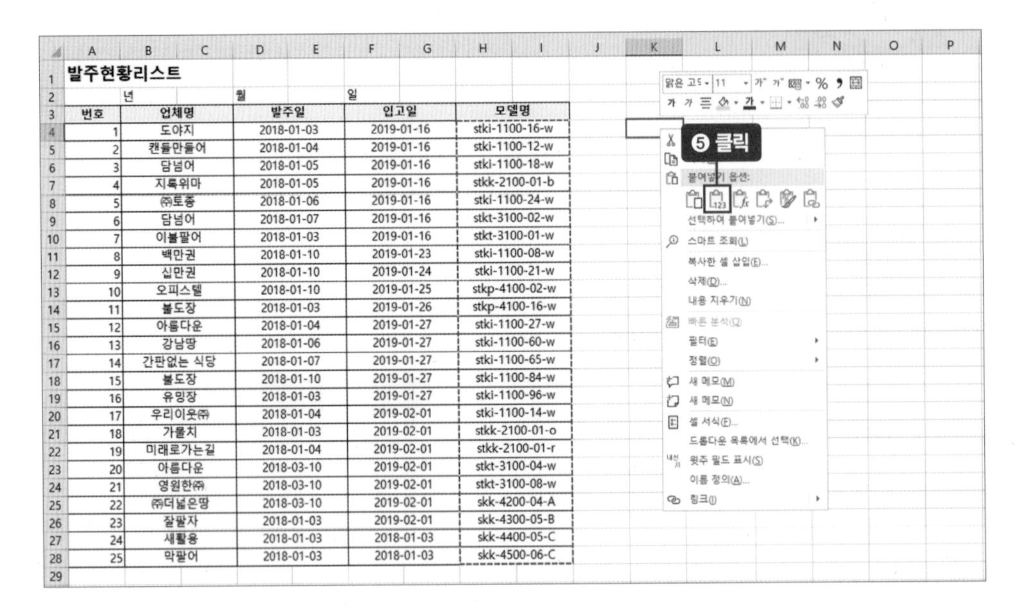

발주현황리스트

번호	업체명	발주일	입고일	모델명
1	도야지	2018-01-03	2019-01-16	stki-1100-16-w
2	캔들만들어	2018-01-04	2019-01-16	stki-1100-12-w
3	담넘어	2018-01-05	2019-01-16	stki-1100-18-w
4	지록위마	2018-01-05	2019-01-16	stkk-2100-01-b
5	㈜토종	2018-01-06	2019-01-16	stki-1100-24-w
6	담넘어	2018-01-07	2019-01-16	stkt-3100-02-w
7	이불팔어	2018-01-03	2019-01-16	stkt-3100-01-w
8	백만권	2018-01-10	2019-01-23	stki-1100-08-w
9	십만권	2018-01-10	2019-01-24	stki-1100-21-w
10	오피스텔	2018-01-10	2019-01-25	stkp-4100-02-w
11	불도장	2018-01-03	2019-01-26	stkp-4100-16-w
12	아름다운	2018-01-04	2019-01-27	stki-1100-27-w
13	강남땅	2018-01-06	2019-01-27	stki-1100-60-w
14	간판없는 식당	2018-01-07	2019-01-27	stki-1100-65-w
15	불도장	2018-01-10	2019-01-27	stki-1100-84-w
16	유밍장	2018-01-03	2019-01-27	stki-1100-96-w
17	우리이웃㈜	2018-01-04	2019-02-01	stki-1100-14-w
18	가물치	2018-01-03	2019-02-01	stkk-2100-01-o
19	미래로가는길	2018-01-04	2019-02-01	stkk-2100-01-r
20	아름다운	2018-03-10	2019-02-01	stkt-3100-04-w
21	영원한㈜	2018-03-10	2019-02-01	stkt-3100-08-w
22	㈜더넓은땅	2018-03-10	2019-02-01	skk-4200-04-A
23	잘팔자	2018-01-03	2019-02-01	skk-4300-05-B
24	새활용	2018-01-03	2018-01-03	skk-4400-05-C
25	막팔어	2018-01-03	2018-01-03	skk-4500-06-C

값 붙여넣기를 했으므로 서식은 복사되지 않고 텍스트만 복사되었습니다. 아무 셀이나 클릭(❻)해 붙여넣기 한 범위를 해제합니다.

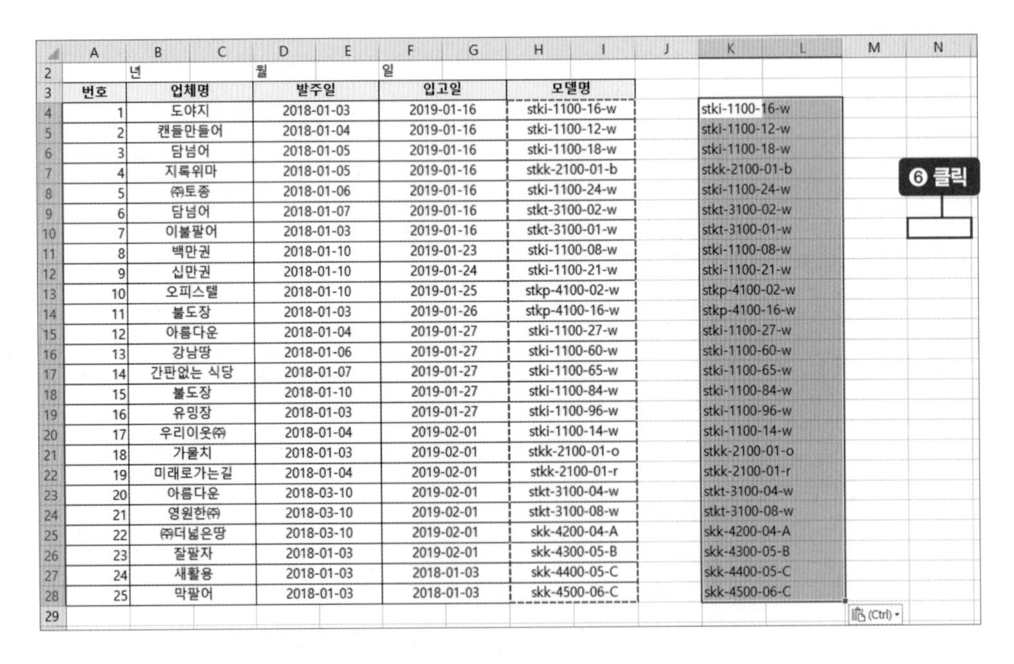

번호	업체명	발주일	입고일	모델명	K
1	도야지	2018-01-03	2019-01-16	stki-1100-16-w	stki-1100-16-w
2	캔들만들어	2018-01-04	2019-01-16	stki-1100-12-w	stki-1100-12-w
3	담넘어	2018-01-05	2019-01-16	stki-1100-18-w	stki-1100-18-w
4	지록위마	2018-01-05	2019-01-16	stkk-2100-01-b	stkk-2100-01-b
5	㈜토종	2018-01-06	2019-01-16	stki-1100-24-w	stki-1100-24-w
6	담넘어	2018-01-07	2019-01-16	stkt-3100-02-w	stkt-3100-02-w
7	이불팔어	2018-01-03	2019-01-16	stkt-3100-01-w	stkt-3100-01-w
8	백만권	2018-01-10	2019-01-23	stki-1100-08-w	stki-1100-08-w
9	십만권	2018-01-10	2019-01-24	stki-1100-21-w	stki-1100-21-w
10	오피스텔	2018-01-10	2019-01-25	stkp-4100-02-w	stkp-4100-02-w
11	불도장	2018-01-03	2019-01-26	stkp-4100-16-w	stkp-4100-16-w
12	아름다운	2018-01-04	2019-01-27	stki-1100-27-w	stki-1100-27-w
13	강남땅	2018-01-06	2019-01-27	stki-1100-60-w	stki-1100-60-w
14	간판없는 식당	2018-01-07	2019-01-27	stki-1100-65-w	stki-1100-65-w
15	불도장	2018-01-10	2019-01-27	stki-1100-84-w	stki-1100-84-w
16	유밍장	2018-01-03	2019-01-27	stki-1100-96-w	stki-1100-96-w
17	우리이웃㈜	2018-01-04	2019-02-01	stki-1100-14-w	stki-1100-14-w
18	가물치	2018-01-03	2019-02-01	stkk-2100-01-o	stkk-2100-01-o
19	미래로가는길	2018-01-04	2019-02-01	stkk-2100-01-r	stkk-2100-01-r
20	아름다운	2018-03-10	2019-02-01	stkt-3100-04-w	stkt-3100-04-w
21	영원한㈜	2018-03-10	2019-02-01	stkt-3100-08-w	stkt-3100-08-w
22	㈜더넓은땅	2018-03-10	2019-02-01	skk-4200-04-A	skk-4200-04-A
23	잘팔자	2018-01-03	2019-02-01	skk-4300-05-B	skk-4300-05-B
24	새활용	2018-01-03	2018-01-03	skk-4400-05-C	skk-4400-05-C
25	막팔어	2018-01-03	2018-01-03	skk-4500-06-C	skk-4500-06-C

[K4] 셀을 클릭(❼)하고 Ctrl + Shift + ↓ 키(❽)를 눌러 다시 [K4:K28] 셀 범위를 설정합니다. [데이터] 탭 → 텍스트 나누기( ) 아이콘을 클릭(❾)합니다.

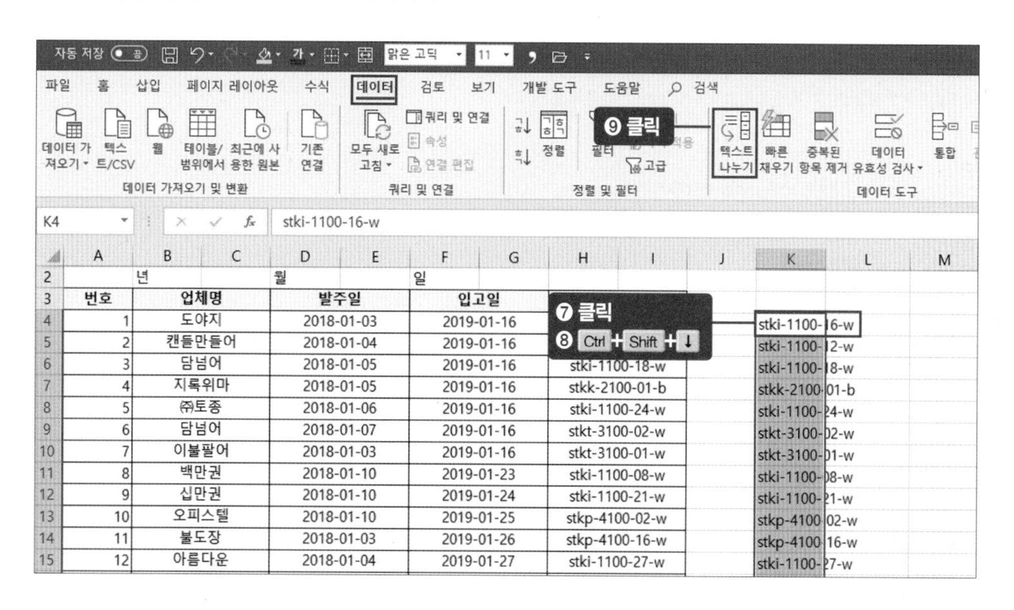

[텍스트 마법사] 대화상자가 나타났습니다. 1단계에서는 원본 데이터의 유형을 선택합니다. 분리하고자 하는 [K4:K28] 셀 범위 데이터는 '–' 기호로 연결되어 있으므로 〈구분 기호로 분리됨〉을 클릭(❿)합니다.

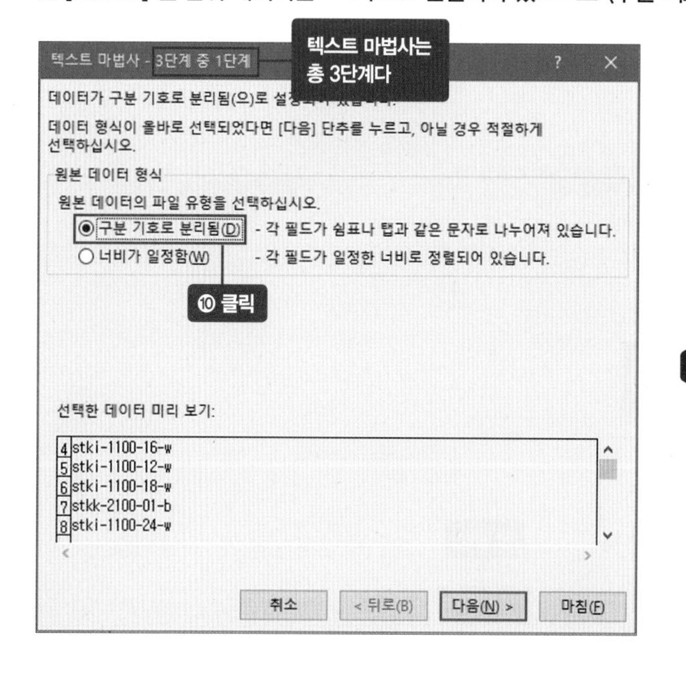

tip

데이터 형식을 띄어쓰기 단위로 구분하려면?

만약 띄어쓰기를 기준으로 데이터를 분리하고 싶다면 텍스트 마법사 1단계에서 〈너비가 일정함〉을 선택한다.

텍스트 마법사 2단계에서는 데이터의 구분 기호를 설정합니다. 구분 기호로 제시되어 있는 것들 중에 '–' 기호가 없으므로 〈기타〉에 체크(⑩)합니다. 그리고 박스에 –를 입력(⑪)합니다. 〈다음〉 버튼을 클릭(⑫)합니다.

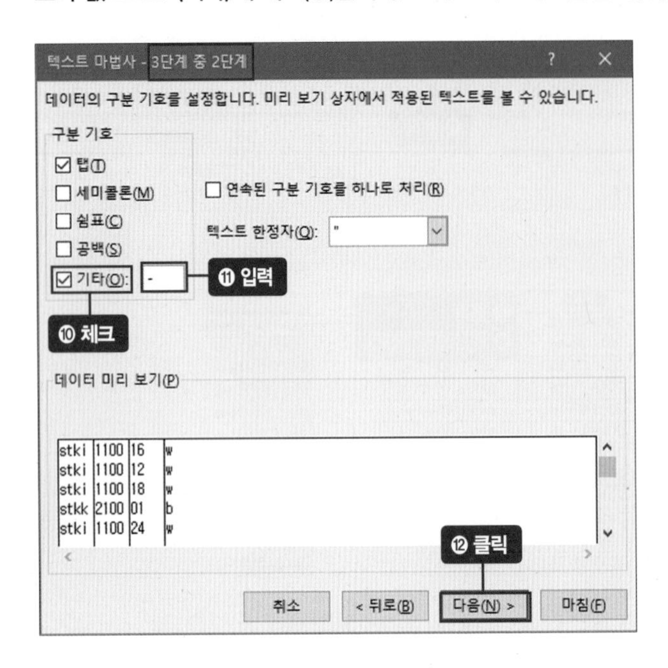

'데이터 미리 보기'에 –를 기준으로 텍스트가 분리된 것이 보입니다. 〈마침〉 버튼을 클릭(⑬)합니다.

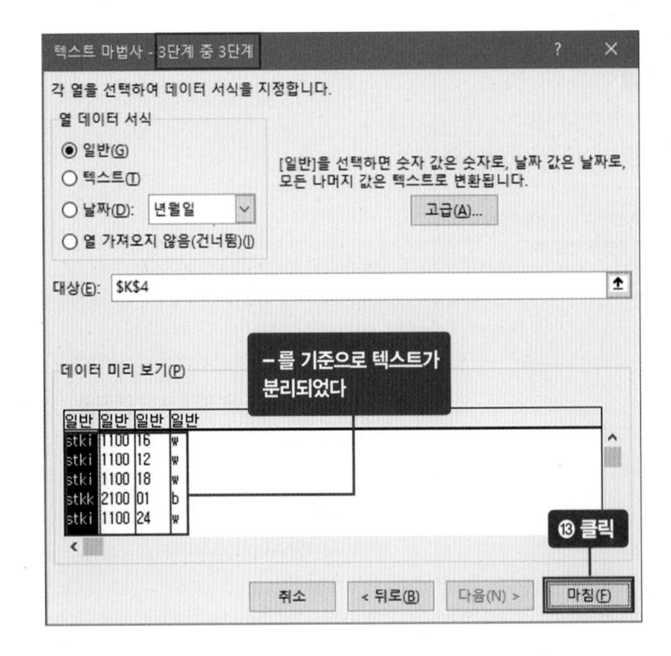

워크시트로 돌아오면 [H4] 셀에 길게 입력되어 있는 모델명 항목이 '–'를 기준으로 분리되어 있는 것을 볼 수 있습니다.

발주현황리스트

	년	월	일					
번호	업체명	발주일	입고일	주문번호				
1	도야지	2018-01-03	2019-01-16	stki-1100-16-w	stki	1100	16	w
2	캔들만들어	2018-01-04	2019-01-16	stki-1100-12-w	stki	1100	12	w
3	담넘어	2018-01-05	2019-01-16	stki-1100-18-w	stki	1100	18	w
4	지록위마	2018-01-05	2019-01-16	stkk-2100-01-b	stkk	2100	1	b
5	㈜토종	2018-01-06	2019-01-16	stki-1100-24-w	stki	1100	24	w
6	담넘어	2018-01-07	2019-01-16	stkt-3100-02-w	stkt	3100	2	w
7	이불팔어	2018-01-03	2019-01-16	stkt-3100-01-w	stkt	3100	1	w
8	백만권	2018-01-10	2019-01-23	stki-1100-08-w	stki	1100	8	w
9	십만권	2018-01-10	2019-01-24	stki-1100-21-w	stki	1100	21	w
10	오피스텔	2018-01-10	2019-01-25	stkp-4100-02-w	stkp	4100	2	w
11	불도장	2018-01-03	2019-01-26	stkp-4100-16-w	stkp	4100	16	w
12	아름다운	2018-01-04	2019-01-27	stki-1100-27-w	stki	1100	27	w
13	강남땅	2018-01-06	2019-01-27	stki-1100-60-w	stki	1100	60	w
14	간판없는 식당	2018-01-07	2019-01-27	stki-1100-65-w	stki	1100	65	w
15	불도장	2018-01-10	2019-01-27	stki-1100-84-w	stki	1100	84	w
16	유밍장	2018-01-03	2019-01-27	stki-1100-96-w	stki	1100	96	w
17	우리이웃㈜	2018-01-04	2019-02-01	stki-1100-14-w	stki	1100	14	w
18	가물치	2018-01-03	2019-02-01	stkk-2100-01-o	stkk	2100	1	o
19	미래로가는길	2018-01-04	2019-02-01	stkk-2100-01-r	stkk	2100	1	r
20	아름다운	2018-03-10	2019-02-01	stkt-3100-04-w	stkt	3100	4	w
21	영원한㈜	2018-03-10	2019-02-01	stkt-3100-08-w	stkt	3100	8	w
22	㈜더넓은땅	2018-03-10	2019-02-01	skk-4200-04-A	skk	4200	4	A
23	잘팔자	2018-01-03	2019-02-01	skk-4300-05-B	skk	4300	5	B
24	새활용	2018-01-03	2018-01-03	skk-4400-05-C	skk	4400	5	C
25	막팔어	2018-01-03	2018-01-03	skk-4500-06-C	skk	4500	6	C

– 기준으로 분리 완료

2. 문서 정돈하기

배경과 테두리를 적절히 지정해 문서를 정돈합니다. ★ 셀 테두리 자세한 내용은 93쪽 참고

발주현황리스트

	년	월	일					
번호	업체명	발주일	입고일	주문번호	모델명	고유번호	수량	컬러
1	도야지	2018-01-03	2019-01-16	stki-1100-16-w	stki	1100	16	w
2	캔들만들어	2018-01-04	2019-01-16	stki-1100-12-w	stki	1100	12	w
3	담넘어	2018-01-05	2019-01-16	stki-1100-18-w	stki	1100	18	w
4	지록위마	2018-01-05	2019-01-16	stkk-2100-01-b	stkk	2100	1	b
5	㈜토종	2018-01-06	2019-01-16	stki-1100-24-w	stki	1100	24	w
6	담넘어	2018-01-07	2019-01-16	stkt-3100-02-w	stkt	3100	2	w
7	이불팔어	2018-01-03	2019-01-16	stkt-3100-01-w	stkt	3100	1	w
8	백만권	2018-01-10	2019-01-23	stki-1100-08-w	stki	1100	8	w
9	십만권	2018-01-10	2019-01-24	stki-1100-21-w	stki	1100	21	w
10	오피스텔	2018-01-10	2019-01-25	stkp-4100-02-w	stkp	4100	2	w
11	불도장	2018-01-03	2019-01-26	stkp-4100-16-w	stkp	4100	16	w
12	아름다운	2018-01-04	2019-01-27	stki-1100-27-w	stki	1100	27	w
13	강남땅	2018-01-06	2019-01-27	stki-1100-60-w	stki	1100	60	w
14	간판없는 식당	2018-01-07	2019-01-27	stki-1100-65-w	stki	1100	65	w
15	불도장	2018-01-10	2019-01-27	stki-1100-84-w	stki	1100	84	w
16	유밍장	2018-01-03	2019-01-27	stki-1100-96-w	stki	1100	96	w
17	우리이웃㈜	2018-01-04	2019-02-01	stki-1100-14-w	stki	1100	14	w
18	가물치	2018-01-03	2019-02-01	stkk-2100-01-o	stkk	2100	1	o
19	미래로가는길	2018-01-04	2019-02-01	stkk-2100-01-r	stkk	2100	1	r
20	아름다운	2018-03-10	2019-02-01	stkt-3100-04-w	stkt	3100	4	w
21	영원한㈜	2018-03-10	2019-02-01	stkt-3100-08-w	stkt	3100	8	w
22	㈜더넓은땅	2018-03-10	2019-02-01	skk-4200-04-A	skk	4200	4	A
23	잘팔자	2018-01-03	2019-02-01	skk-4300-05-B	skk	4300	5	B
24	새활용	2018-01-03	2018-01-03	skk-4400-05-C	skk	4400	5	C
25	막팔어	2018-01-03	2018-01-03	skk-4500-06-C	skk	4500	6	C

자재목록표

— VLOOKUP 함수

업무 목표 | 관련 정보 빠르게 찾기

규모가 큰 기업에서는 재고관리와 자재관리가 상당히 중요한 일이지만, 품목과 종류가 다양해 문서에 표기된 보관장소를 찾는 것도 쉽지 않습니다. 엑셀 함수의 꽃이라는 VLOOKUP 함수를 사용해서 문서에서 자재의 '규격', '수량', '보관장소'를 찾는 기능을 만들어봅시다. VLOOKUP 함수는 컴활 1~2급에 잘 나오는 함수입니다.

=VLOOKUP(찾을 값①, 범위②, 가져올 열 번호③, 0 or 1) : 설정한 범위② 중 찾을 값①을 찾아 원하는 열에 입력한 값③을 결과값으로 내보낸다

완성 서식 미리 보기

자재 목록표

월일	자재명	규격	수량	보관장소	비고
2018-01-03	볼트10	10mm	6100	1공장	
2018-01-04	나사10	10mm	6100	2공장	
2018-01-05	망치	일반	42	3공장	
2018-01-05	렌치	일반	24	4공장	
2018-01-06	십자드라이버20	20cm	46	5공장	
2018-01-07	일자드라이버20	20cm	42	1공장	
2018-01-03	호스클램프	일반	3400	2공장	
2018-01-10	줄30	30cm	32	3공장	
2018-01-10	케이블커터	일반	34	1공장	
2018-01-10	고무망치	일반	32	2공장	
2018-01-03	볼트20	20mm	3200	3공장	
2018-01-04	나사20	20mm	3200	4공장	
2018-01-06	십자드라이버30	30cm	10	1공장	
2018-01-07	일자드라이버30	30cm	10	2공장	
2018-01-10	줄15	15cm	15	1공장	
2018-01-03	볼트5	5mm	1500	2공장	
2018-01-04	나사5	5mm	1500	3공장	
2018-01-03	볼트15	15mm	800	1공장	
2018-01-04	나사15	15mm	800	2공장	
2018-03-10	공구함	일반	10	3공장	
2018-03-10	육각렌치	6종	10	1공장	
2018-03-10	멀티탭3	3구	30	2공장	
2018-01-03	와셔5	5mm	1500	3공장	
2018-01-03	와셔10	10mm	6100	4공장	
2018-01-03	와셔15	15mm	800	5공장	
2018-01-03	와셔20	20mm	3200	1공장	
2018-02-16	멀티탭5	5구	50	2공장	
2018-02-17	멀티탭2	2구	20	1공장	
2018-02-18	오일링5	5mm	1500	2공장	
2018-02-18	오일링10	10mm	6100	3공장	
2018-02-18	오일링15	15mm	800	1공장	
2018-02-18	오일링20	20mm	3200	1공장	
2018-03-11	몽키스패너	30cm	50	2공장	
2018-03-12	바이스	일반	10	1공장	
2018-03-13	전동드라이버	일반	50	2공장	
2018-03-13	장갑	일반	1000	3공장	
2018-03-13	코팅장갑	일반	500	4공장	
2018-03-13	안전모	일반	100	5공장	

노란색 셀에 검색어 넣으면 정보가 자동으로 검색된다

자재명	규격	수량	보관장소
망치	일반	42	3공장

도전 엑셀왕!

업무자동화 함수

컴활 1~2급

VLOOKUP 함수로 원하는 데이터 가져오기

예제파일 : 4_49_자재목록표.xlsx 

1. '규격' 데이터 가져오기

노란색 [K4] 셀에 자재명을 입력하면 규격, 수량, 보관장소가 나타나는 문서를 만들고자 합니다. [L4] 셀에 =VLOOK을 입력(❶)합니다. 함수 추천 목록에 〈VLOOKUP〉이 나타나면 더블클릭(❷)합니다.

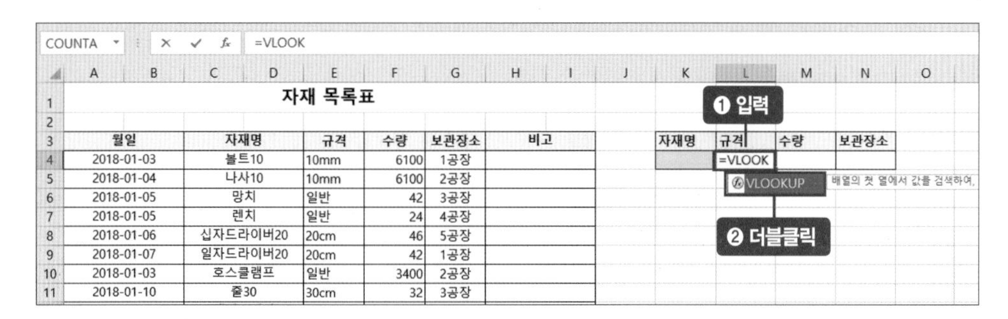

월일	자재명	규격	수량	보관장소	비고
2018-01-03	볼트10	10mm	6100	1공장	
2018-01-04	나사10	10mm	6100	2공장	
2018-01-05	망치	일반	42	3공장	
2018-01-05	렌치	일반	24	4공장	
2018-01-06	십자드라이버20	20cm	46	5공장	
2018-01-07	일자드라이버20	20cm	42	1공장	
2018-01-03	호스클램프	일반	3400	2공장	
2018-01-10	줄30	30cm	32	3공장	

[L4]셀에 '=VLOOKUP('이 표시되면 기준값인 [K4] 셀을 클릭(❸)합니다. [K4] 셀에 입력되는 항목에 따라 나머지 셀들의 값을 결정한다는 뜻입니다.

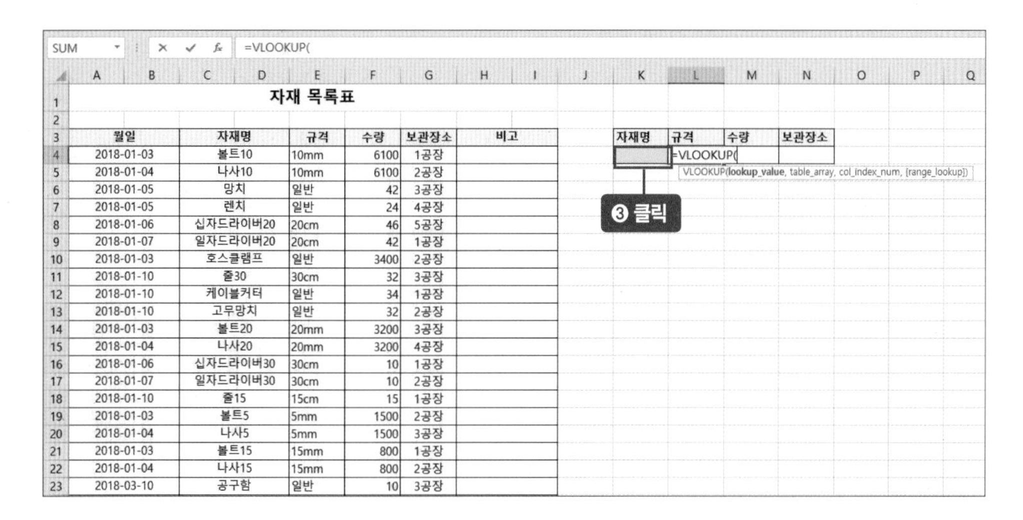

월일	자재명	규격	수량	보관장소	비고
2018-01-03	볼트10	10mm	6100	1공장	
2018-01-04	나사10	10mm	6100	2공장	
2018-01-05	망치	일반	42	3공장	
2018-01-05	렌치	일반	24	4공장	
2018-01-06	십자드라이버20	20cm	46	5공장	
2018-01-07	일자드라이버20	20cm	42	1공장	
2018-01-03	호스클램프	일반	3400	2공장	
2018-01-10	줄30	30cm	32	3공장	
2018-01-10	케이블커터	일반	34	1공장	
2018-01-10	고무망치	일반	32	2공장	
2018-01-03	볼트20	20mm	3200	3공장	
2018-01-04	나사20	20mm	3200	4공장	
2018-01-06	십자드라이버30	30cm	10	1공장	
2018-01-07	일자드라이버30	30cm	10	2공장	
2018-01-10	줄15	15cm	15	1공장	
2018-01-03	볼트5	5mm	1500	2공장	
2018-01-04	나사5	5mm	1500	3공장	
2018-01-03	볼트15	15mm	800	1공장	
2018-01-04	나사15	15mm	800	2공장	
2018-03-10	공구함	일반	10	3공장	

[L4] 셀에 '=VLOOKUP(K4'라고 표시되면 쉼표 ,를 입력(❹)합니다. 이번에는 값을 찾을 범위를 입력할 차례입니다. 규격, 수량, 보관장소가 입력되어 있는 [C4:G41] 셀 범위를 드래그해 설정(❺)합니다.

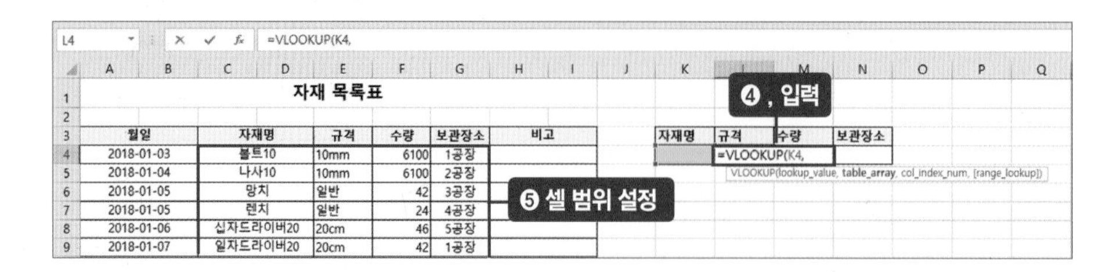

[L4] 셀에 '=VLOOKUP(K4,C4:G41'가 표시됩니다. 다음 인수로 '규격' 항목이 원본 데이터 표에서 빨간색으로 선택된 영역 중 몇 번째 열인지 입력해야 합니다. '규격'이 입력된 E열은 빨간색 범위 중 C, D열에 이어 3번째 열이므로 ,3을 입력(❻)합니다.

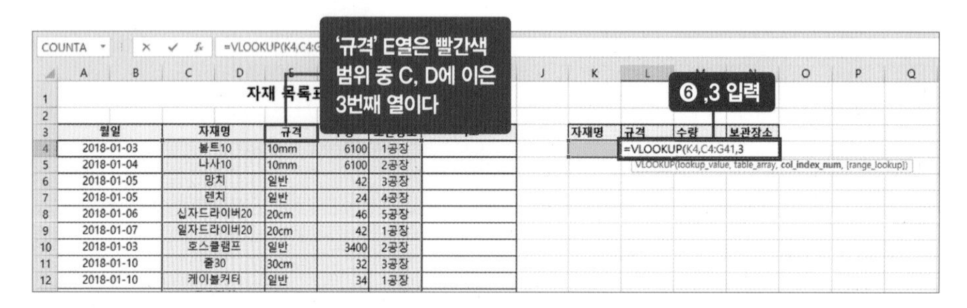

[L4] 셀에 '=VLOOKUP(K4,C4:G41,3'이 표시되었습니다. VLOOKUP 함수의 마지막 인수로는 0 혹은 1이 들어갑니다. 0은 정확한 값을 가져와야 할 때, 1은 비슷한 값을 가져와도 될 때 사용합니다. 지금은 자재명이라는 정확한 값을 가져와야 하므로 ,0)를 입력하고 Enter 키(❼)를 눌러 값을 구합니다. '#N/A'라는 오류값이 나타납니다.

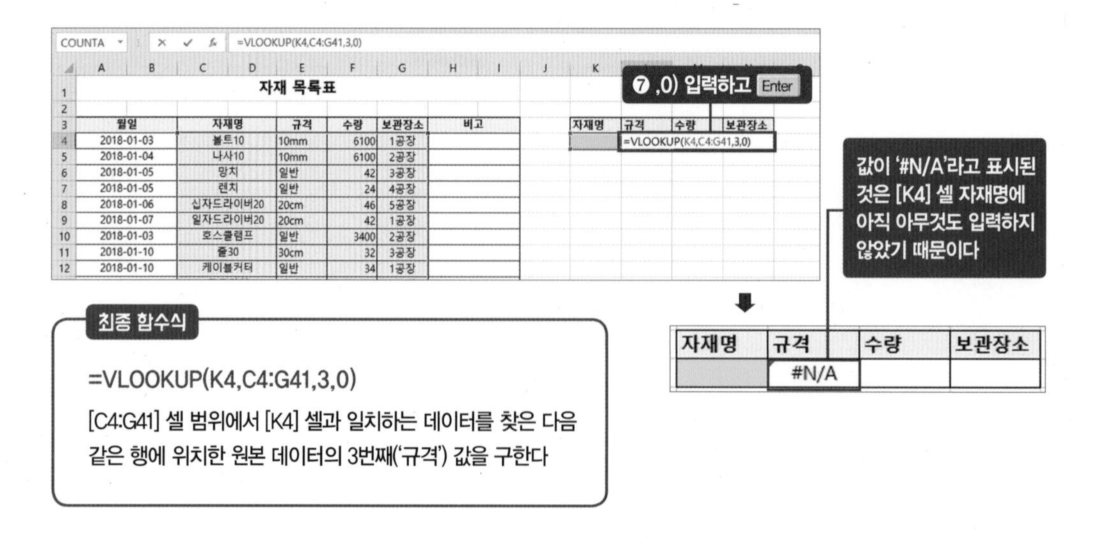

2. '수량' 데이터 가져오기

같은 과정을 [M4] 셀에도 반복합니다. 다만 [M4] 셀에는 '수량' 데이터를 가져와야 합니다. '수량'이 입력된 F열은 빨간색 범위 중 C, D, E열에 이은 4번째 열이므로 VLOOKUP 함수의 3번째 인수를 4로 변경해서 입력해야 합니다. [M4] 셀에 **=VLOOKUP(K4,C4:G41,④,0)**를 입력하고 Enter 키를 눌러 값을 구합니다. 역시 '#N/A'라는 오류값이 나타납니다.

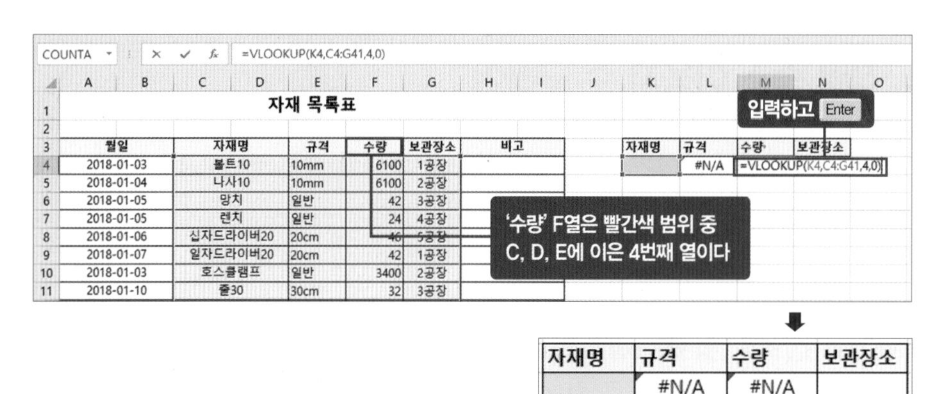

자재명	규격	수량	보관장소
	#N/A	#N/A	

3. '보관' 데이터 가져오기

마지막으로 VLOOKUP 함수를 사용해 보관장소를 구하겠습니다. 보관장소는 빨간색 범위 중 5번째 열이므로 3번째 인수를 5로 바꾸어 입력합니다. [N4] 셀에 **=VLOOKUP(K4,C4:G41,⑤,0)**를 입력하고 Enter 키를 눌러 값을 구합니다. 역시 '#N/A'라는 오류값이 나타납니다.

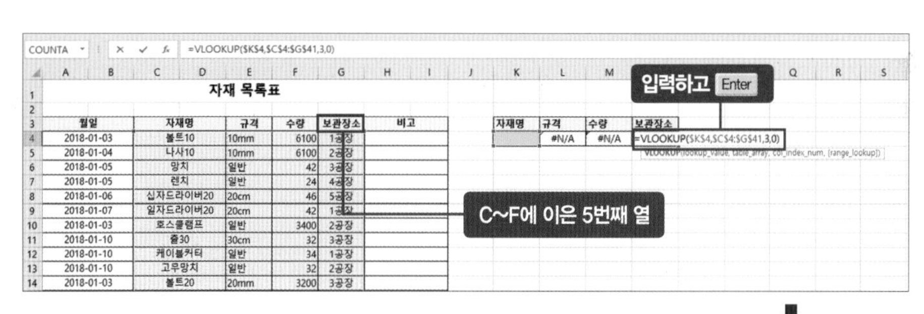

자재명	규격	수량	보관장소
	#N/A	#N/A	#N/A

4. VLOOKUP 함수 검색하기

[K4] 셀에 **망치**를 입력한 다음 Enter 키를 누릅니다. 망치에 대한 규격, 수량, 보관장소가 각각 나타납니다.

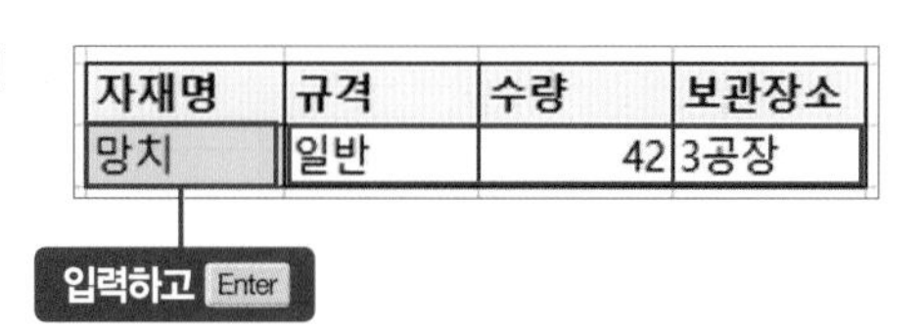

자재명	규격	수량	보관장소
망치	일반	42	3공장

생산직숙소제공명부
— SUMIF 함수

업무 목표 | 국적별 숙소 이용자 수 구하기

SUMIF 함수는 실무에서 가장 많이 사용하는 3대 함수 중 하나입니다. 조건에 맞는 값을 찾아 더할 때 사용합니다. 인원 체크, 가계부 항목별 금액 계산 등에도 사용됩니다. 컴활 2급에서도 자주 출제될 만큼 필수 함수입니다.

=SUMIF(조건 범위①, 조건②, 합계를 구할 범위③) : 조건 범위①에서 조건②에 해당하는 값을 합계를 구할 범위③에서 찾아 더한다

완성 서식 미리 보기

생산직 숙소 제공 명부

총인원 246

	국적	소계	생산1공장	생산2공장	생산3공장	생산4공장	생산5공장
숙소1	네팔	5	1		2		2
	베트남	4	4				
	인도	2		2			
	캄보디아	6	4			2	
	라오스	4					4
	칠레	8	1		4	3	
	중국	4	4				
숙소2	네팔	7			2	4	1
	베트남	8		8			
	인도	1		1			
	캄보디아	12	2		6	4	
	라오스	6		6			
	칠레	8		2		2	4
	중국	6		6			
숙소3	네팔	4	4		0		
	베트남	13	6		4	3	
	인도	4		4			
	캄보디아	10			6	4	
	라오스	6			6		
	칠레	8		4	2		2
	중국	6			6		
숙소4	네팔	8		2		6	
	베트남	4					4
	인도	5		3		2	
	캄보디아	8				8	
	라오스	13		5			8
	칠레	2				2	
	중국	14		6		8	
숙소5	네팔	4					4
	베트남	11		2		4	5
	인도	6					6
	캄보디아	18		5		5	8
	라오스	4					4
	칠레	8		3	3		2
	중국	9			6		3

국적별, 숙소별 인원 체크는 SUMIF 함수 활용!

국적별 근무현황	
네팔	28
베트남	40
인도	18
캄보디아	54
라오스	33
칠레	34
중국	39

숙소별 근무현황	
숙소1	33
숙소2	48
숙소3	51
숙소4	54
숙소5	60

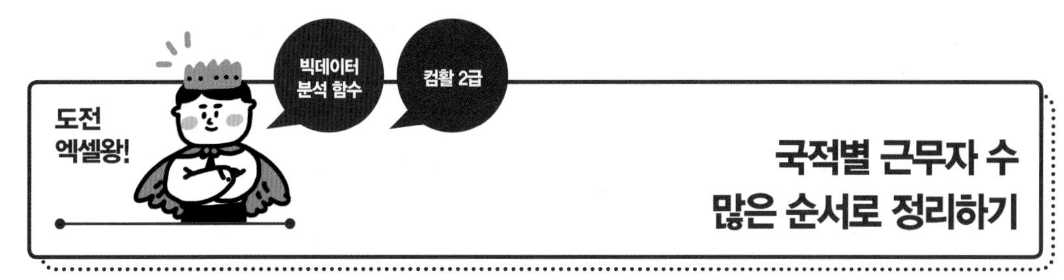

예제파일 : 4_50_생산직숙소제공명부.xlsx 

1. SUMIF 함수 입력하기

예제파일에서 [국적별(예제)] 시트를 선택(❶)해서 진행하세요.

생산직 숙소에서 근무하는 직원들의 국적을 인원별로 체크하려고 합니다. 먼저 네팔 국적 직원들의 인원수를 구하겠습니다. [K4] 셀에 =SUMIF(B4:B38,J4,C4:C38)를 입력(❷)합니다. 함수식을 해석하면 국적이 입력된 [B4:B38] 셀 범위에서 [J4] 셀 조건(네팔)에 맞는 인원만 추출해 [C4:C38] 셀 범위에서 합계를 구하는 뜻입니다. Enter 키(❸)를 눌러 값을 구하면 '28'입니다. 네팔 직원은 28명입니다.

COUNTA | =SUMIF(B4:B38,J4,C4:C38)

	A	B	C	D	E	F	G	H	I	J	K	L	M
1	생산직 숙소 제공 명부												
2							총인원	246					
3	배정	국적	소계	생산1공장	생산2공장	생산3공장	생산4공장			국적별 근무현황			
4	숙소1	네팔	5	1		2				네팔	=SUMIF(B4:B38,J4,C4:C38)		
5		베트남	4	4						베트남			
6		인도	2		2					인도			
7		캄보디아	6	4			2			캄보디아			
8		라오스	4					4		라오스			
9		칠레	8	1		4	3			칠레			
10		중국	4	4						중국			
11	숙소2	네팔	7			2	4	1					
12		베트남	8		8								

❷ 입력
❸ Enter

➡

국적별 근무현황	
네팔	28
베트남	
인도	
캄보디아	
라오스	
칠레	
중국	

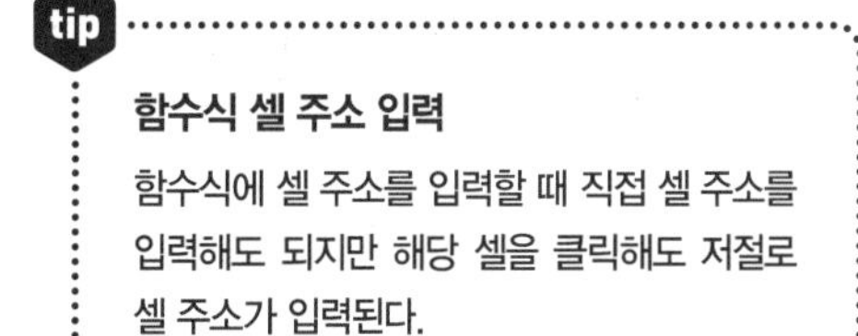

tip

함수식 셀 주소 입력

함수식에 셀 주소를 입력할 때 직접 셀 주소를 입력해도 되지만 해당 셀을 클릭해도 저절로 셀 주소가 입력된다.

2. 절댓값 설정하기

나머지 국적 직원이 몇 명인지 자동 채우기 핸들로 함수를 복사하기 전에 '=SUMIF(B4:B38,J4,C4:C38)' 함수의 1번째 인수(B4:B38)와 3번째 인수(C4:C38)에 각각 F4 키(❶)를 눌러 절댓값으로 변경합니다. 함수식에 '$' 기호가 생기면서 '=SUMIF($B$4:$B$38,J4,$C$4:$C$38)'로 변경됩니다. Enter 키(❷)를 눌러 다시 값을 구합니다.

	A	B	C	D	E	F	G	H	I	J	K
1		생산직 숙소 제공 명부									
2							총인원	246			
3	배정	국적	소계	생산1공장	생산2공장	생산3공장	생산4공장	생산5공장		국적별 근무현황	
4	숙소1	네팔	5	1		2		2		네팔	C4:C38)
5		베트남	4	4						베트남	
6		인도	2		2					인도	
7		캄보디아	6	4			2			캄보디아	
8		라오스	4					4		라오스	
9		칠레	8	1		4	3			칠레	
10		중국	4	4						중국	
11	숙소2	네팔	7			2	4	1			
12		베트남	8		8						
13		인도	1		1						

tip

절댓값으로 바꾸기

함수에서 바뀌는 것은 국적이 입력된 2번째 인수다.
1번째, 3번째 인수는 변하지 않는 값이므로 절댓값으로 설정한다

3. 함수식 복사하기

[K4] 셀부터 [K10] 셀까지 채우기 핸들을 드래그해서 채웁니다. 국적별 근무 현황표가 완성되었습니다.

	A	B	C	D	E	F	G	H	I	J	K
1		생산직 숙소 제공 명부									
2							총인원	246			
3	배정	국적	소계	생산1공장	생산2공장	생산3공장	생산4공장	생산5공장		국적별 근무현황	
4	숙소1	네팔	5	1		2		2		네팔	28
5		베트남	4	4						베트남	
6		인도	2		2					인도	
7		캄보디아	6	4			2			캄보디아	
8		라오스	4					4		라오스	
9		칠레	8	1		4	3			칠레	
10		중국	4	4						중국	
11	숙소2	네팔	7			2	4	1			
12		베트남	8		8						
13		인도	1		1						
14		캄보디아	12	2		6	4				
15		라오스	6		6						

국적별 근무현황	
네팔	28
베트남	40
인도	18
캄보디아	54
라오스	33
칠레	34
중국	39

4. 근무자 수 많은 순서로 정리하기

근무자 수가 많은 순서대로 표를 정리하면 데이터를 더 쉽게 해석할 수 있습니다. 인원수가 입력되어 있는 [K4:K10] 셀 범위를 설정(❶)합니다. 가장 많은 인원수가 맨 위에 나오게 하려면 내림차순으로 정렬해야 합니다. [홈] 탭 → 정렬 및 필터() 아이콘(❷) → 〈숫자 내림차순 정렬〉을 클릭(❸)합니다.

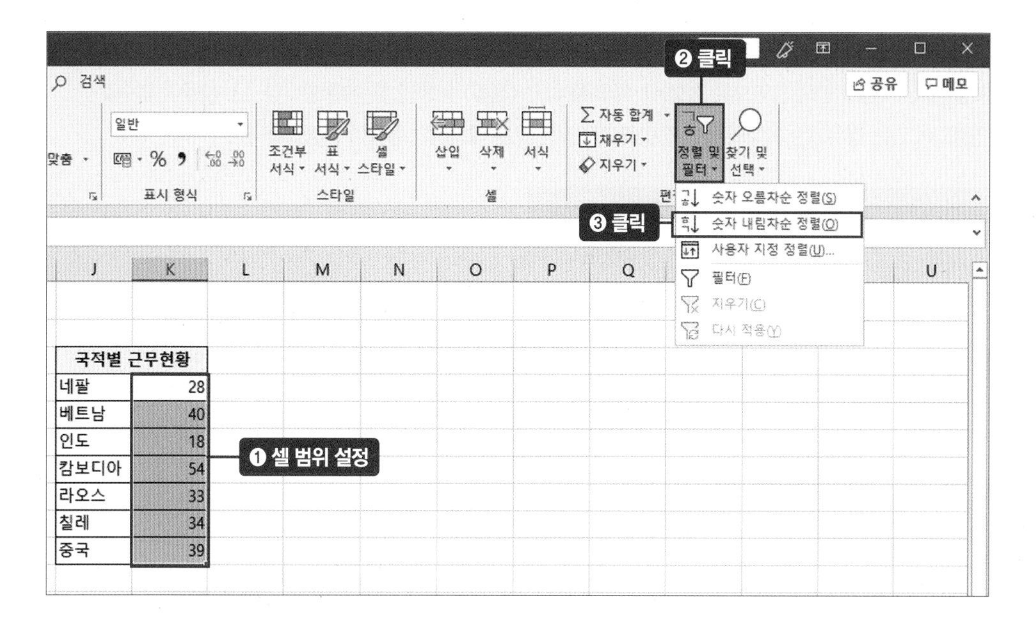

[정렬 경고] 대화상자가 나타나면 '선택영역 확장'을 선택(❹)한 다음 〈정렬〉을 클릭(❺)합니다. 국적별 근무현황표가 내림차순으로 정리되었습니다. 캄보디아 국적 직원이 54명으로 가장 많습니다.

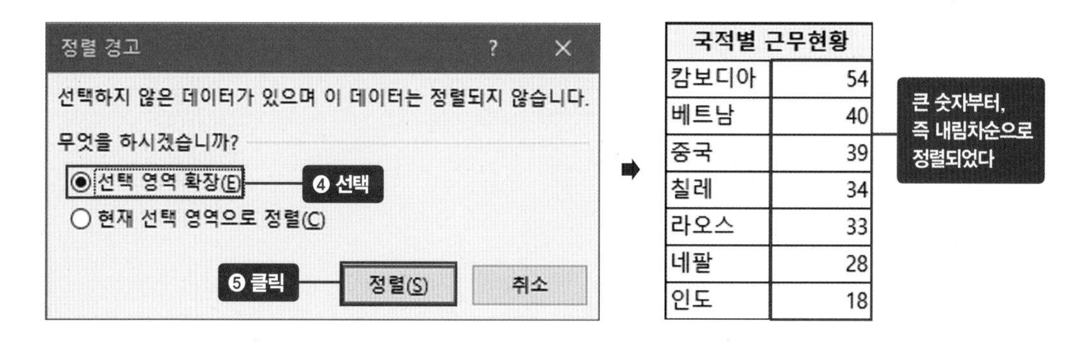

선택 영역만 내림차순으로 정렬하고 싶다면?

[정렬 경고] 대화상자가 나타났을 때 〈현재 선택 영역으로 정렬〉에 체크하면 나머지 데이터는 그대로 두고 선택한 영역만 새로운 순서로 정렬됩니다. 예를 들어 아래 화면처럼 K열의 1, 2, 3, 4만 내림차순으로 정렬하려면 [홈] 탭 → 정렬 및 필터( ) 아이콘(❶) → 〈숫자 내림차순 정렬〉을 클릭(❷)한 다음 [정렬 경고] 대화상자에서 〈현재 선택 영역으로 정렬〉에 체크(❸)하고 〈정렬〉 버튼을 클릭(❹)합니다. 단, 셀들이 함수로 연결되어 있는 경우에는 하나의 셀만 정렬해도 연결된 모든 데이터의 정렬이 변경됩니다.

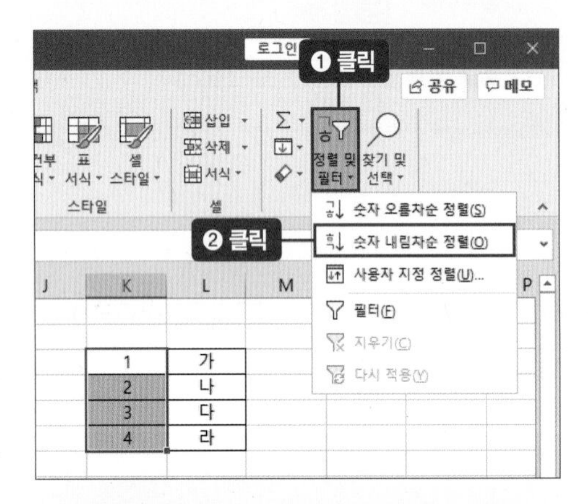

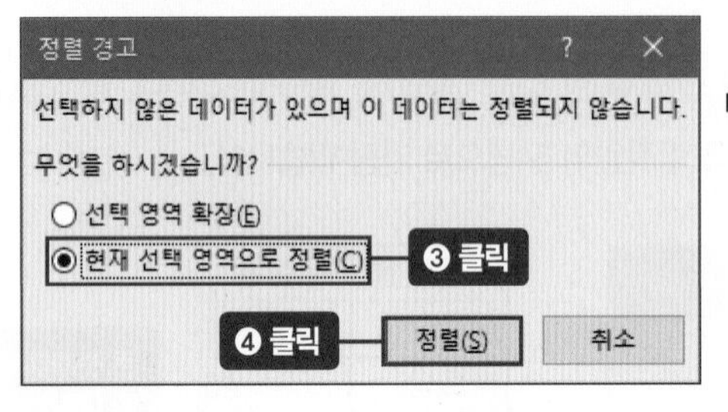

➡

4	가
3	나
2	다
1	라

글자는 그대로이고 옆 셀의 숫자만 바뀌었다

숙소별 사용자 수 구하기

예제파일 : 4_50_생산직숙소제공명부.xlsx 

1. SUMIF 함수 입력하기

예제파일에서 [숙소별(예제)] 시트를 클릭(❶)합니다.

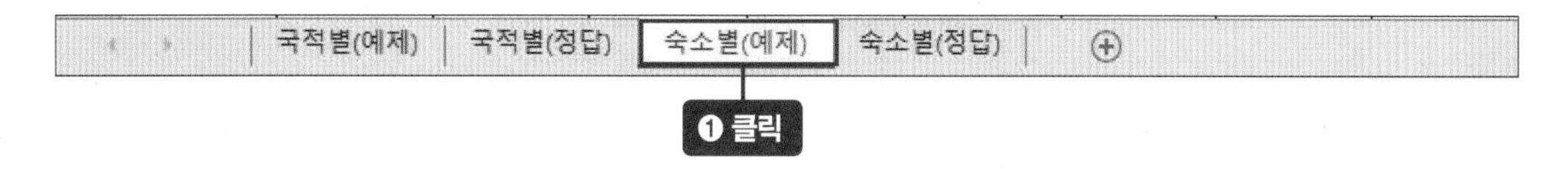

숙소별로 몇 명이 근무하고 있는지 숙소별 근무현황표를 만들려고 합니다. 국적별 근무현황을 구한 것처럼 SUMIF 함수를 사용하겠습니다. [N4] 셀에 **=SUMIF(A4:A38,M4,C4:C38)**를 입력(❷)합니다. 해석하면 숙소 번호가 입력되어 있는 [A4:A38] 셀 범위에서 [M4], 즉 '숙소1'에 해당하는 항목만 추출해 [C4:C38] 셀 범위에서 합계를 구하라는 뜻입니다. Enter 키(❸)를 눌러 값을 구합니다.

COUNTA | =SUMIF(A4:A38,M4,C4:C38)

	A	B	C	D	E	F	G	H
1			생산직 숙소 제공 명부					
2							총인원	246
3	배정	국적	소계	생산1공장	생산2공장	생산3공장	생산4공장	생산5공장
4	숙소1	네팔	5	1		2		2
5		베트남	4	4				
6		인도	2		2			
7		캄보디아	6	4			2	
8		라오스	4					4
9		칠레	8	1		4	3	
10		중국	4	4				
11	숙소2	네팔	7			2	4	1
12		베트남	8		8			

J	K
국적별 근	
캄보디아	
베트남	
중국	39
칠레	34
라오스	33
네팔	28
인도	18

M	N
숙소별 근무현황	
숙소1	=SUMIF(A4:A38,M4,C4:C38)
숙소2	
숙소3	
숙소4	
숙소5	

❷ 입력
❸ Enter

➡

숙소별 근무현황	
숙소1	5
숙소2	
숙소3	
숙소4	
숙소5	

[N4] 셀에 '5'가 나타납니다. 하지만 구하려는 값은 숙소1에 묶는 [C4:C9] 셀 범위의 합을 구하는 것이므로 데이터 가공이 필요합니다. SUMIF 함수는 같은 행에 있는 데이터를 가져와 더하는 함수입니다. 따라서 '숙소1'이라는 데이터가 [A4] 셀에만 있으므로 같은 행에 입력되어 있는 [C4] 셀의 값만 구한 것이지요.

	A	B	C	D	E	F	G	H
1	생산직 숙소 제공 명부							
2							총인원	246
3	배정	국적	소계	생산1공장	생산2공장	생산3공장	생산4공장	생산5공장
4	숙소1	네팔	5	1		2		2
5		베트남	4					
6		인도	2					
7		캄보디아	6					
8		라오스	4					4
9		칠레	8	1		4	3	
10		중국	4	4				
11	숙소2	네팔				2	4	1
12		베트남						
13		인도						

숙소1을 사용하는 직원 수는 [C4:C10] 셀 범위의 합이어야 한다

표를 깔끔하게 하려고 '숙소1'을 반복해 적지 않았다

2. 데이터 추가 입력하기

[A4] 셀을 클릭(❶)한 다음 Ctrl 키를 누른 채로 자동 채우기 핸들을 [A10] 셀까지 드래그(❷)합니다.

숙소2~5도 같은 방법으로 칸을 채웁니다. Ctrl 키를 누른 상태에서 자동 채우기 핸들을 드래그(❸)합니다.

	A	B	C	D	E	F	G	H
1	생산직 숙소 제공 명부							
2							총인원	246
3	배정	국적	소계	생산1공장	생산2공장	생산3공장	생산4공장	생산5공장
4	숙소1	네팔	5	1		2		2
5	숙소1	베트남	4	4				
6	숙소1	인도	2		2			
7	숙소1	캄보디아	6	4			2	
8	숙소1	라오스	4					4
9	숙소1	칠레	8	1		4	3	
10	숙소1	중국	4	4				
11	숙소2	네팔	7			2	4	1
12	숙소2	베트남	8		8			
13	숙소2	인도			1			
14	숙소2	캄보디아		2		6	4	
15	숙소2	라오스	6		6			
16	숙소2	칠레	8		2		2	4

국적별 근무현황	
캄보디아	54
베트남	40
중국	39
칠레	34
라오스	33
네팔	28
인도	18

숙소별 근무현황	
숙소1	33
숙소2	
숙소3	
숙소4	
숙소5	

❸ 드래그

3. 절댓값 설정하기

[N4] 셀을 더블클릭(❶)해 입력해놓은 함수식을 확인합니다. 입력한 함수 인수들 중 나머지 숙소2~5를 구할 때 변하는 값은 가운데 인수인 'M4'입니다. 따라서 나머지 1번째 인수(A4:A38)와 3번째 인수(C4:C38)는 각각 F4 키(❷)를 눌러 절댓값으로 설정합니다.

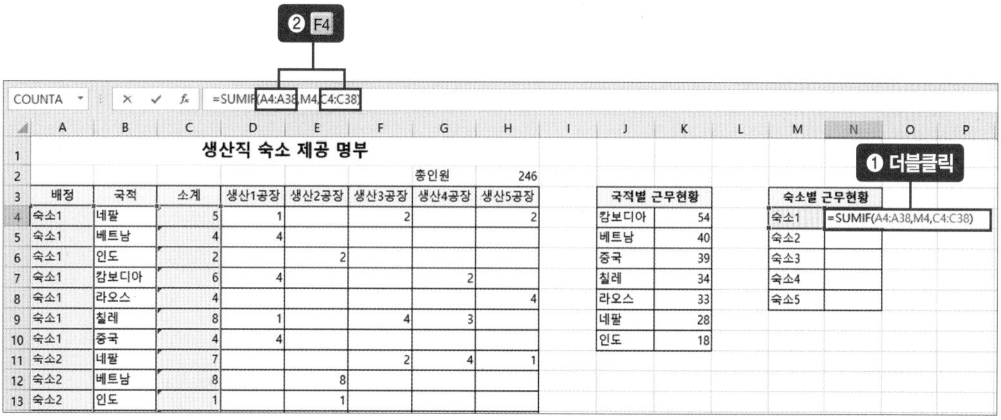

4. 함수식 복사하기

Enter 키를 눌러 값을 구하면 [N4] 셀에 '33'이 구해집니다. 자동 채우기 핸들을 [N10] 셀까지 드래그해 채웁니다. 숙소별 근무현황표가 완성되었습니다.

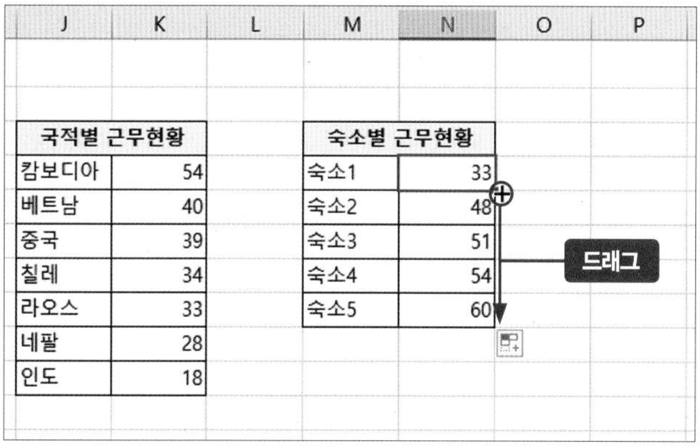

tip 반복되는 표 항목 정돈하려면?

합계를 구하기 위해 숙소1~5를 복사했습니다만, 완성된 화면을 보면 숙소 이름이 계속 반복되어서 보기가 안 좋습니다. 이럴 때는 숙소 이름 중 하나만 남기고 나머지는 흰색으로 글꼴 색을 변경하면 표가 깔끔하게 정돈됩니다.

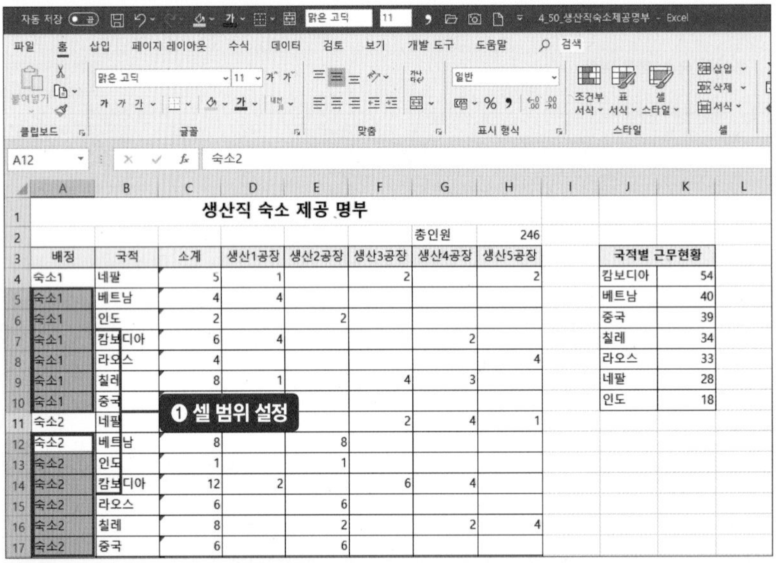

생산직 숙소 제공 명부

배정	국적	소계	생산1공장	생산2공장	생산3공장	생산4공장	생산5공장
					총인원		246
숙소1	네팔	5	1		2		2
숙소1	베트남	4	4				
숙소1	인도	2		2			
숙소1	캄보디아	6	4			2	
숙소1	라오스	4					4
숙소1	칠레	8	1		4	3	
숙소1	중국						
숙소2	네팔				2	4	1
숙소2	베트남	8		8			
숙소2	인도	1		1			
숙소2	캄보디아	12	2		6	4	
숙소2	라오스	6		6			
숙소2	칠레	8		2		2	4
숙소2	중국	6		6			

국적별 근무현황	
캄보디아	54
베트남	40
중국	39
칠레	34
라오스	33
네팔	28
인도	18

배정	국적	소계	생산1공장	생산2공장	생산3공장	생산4공장	생산5공장
						총인원	246
숙소1	네팔	5			2		2
	베트남	4					
	인도	2					
	캄보디아	6	4			2	
	라오스	4					4
	칠레	8	1		4	3	
	중국	4	4				
숙소2	네팔	7			2	4	1
	베트남	8		8			
	인도	1		1			
	캄보디아	12	2		6	4	
	라오스	6		6			
	칠레	8		2		2	4
	중국	6		6			

국적별 근무현황	
캄보디아	54
베트남	40
중국	39
칠레	34
라오스	33
네팔	28
인도	18

발주서
— IF, RIGHT 함수

업무 목표 | 영문 색상명 한글로 나타내기

영문으로 된 복잡한 부자재명만 봤을 때는 색상 구분이 잘 되지 않습니다. 색상 유추가 가능한 영문 약자를 뽑아 한글 색상명으로 바꿔 혼선을 줄이겠습니다.

=IF(조건①, 조건을 만족한 경우의 값②, 조건을 만족하지 못한 경우의 값③) : 조건①에 따라 조건을 만족하면 조건을 만족한 경우의 값②을, 조건을 만족하지 못하면 조건을 만족하지 못한 경우의 값③을 내보낸다

=RIGHT(참조할 셀① 주소, 추출할 문자 개수②) : 참조할 셀①의 오른쪽부터 입력한 개수②만큼의 문자열을 추출한다

완성 서식 미리 보기

발 주 서

결재	담당	과장	부장

발신 제 목 부자재 발주서
회사명 ㈜ 왕조보
담당자 김발주
주 소 서울시 직장인로 10길 왕조보 빌딩 10층
연락처 02-1234-5678
발송일자 2020 년 1 월 1 일
입고일자 2020 년 1 월 5 일

수신 ㈜ 엑셀왕

번호	부자재명	규격	단위	발주수량	비고
1	stki-1100-16-w	stki	16		화이트
2	stki-1100-12-w	stki	12		화이트
3	stki-1100-18-w	stki	18		화이트
4	stkk-2100-01-b	stkk	01		블루
5	stki-1100-24-w	stki	24		화이트
6	stkt-3100-02-w	stkt	02		화이트
7	stkt-3100-01-w	stkt	01		화이트
8	stki-1100-08-w	stki	08		화이트
9	stki-1100-21-w	stki	21		화이트
10	stkp-4100-02-w	stkp	02		화이트
11	stkp-4100-16-w	stkp	16		화이트
12	stki-1100-27-w	stki	27		화이트
13	stki-1100-60-w	stki	60		화이트
14	stki-1100-65-w	stki	65		화이트
15	stki-1100-84-w	stki	84		화이트
16	stki-1100-96-w	stki	96		화이트
17	stki-1100-14-w	stki	14		화이트
18	stkk-2100-01-o	stkk	01		오렌지
19	stkk-2100-01-r	stkk	01		레드
20	stkt-3100-04-w	stkt	04		화이트
21	stkt-3100-08-w	stkt	08		화이트

위와 같이 발주 드리오니 작업 진행 부탁드립니다. 감사합니다.

IF, RIGHT 함수 이용해 부자재명의 가장 끝 글자에 따라 색상을 한글로 표시한다

IF, RIGHT 중첩함수로 색상명 추출하기

예제파일 : 4_51_발주서.xlsx

[B16] 셀의 맨 마지막 글자가 w면 '화이트'로 b면, '블루'로, r이면 '레드'로, o면 오렌지로 결과값을 내려고 합니다. [H16] 셀에 IF와 RIGHT 중첩함수를 입력하겠습니다. [H16] 셀에 **=IF(RIGHT(B16,1)="w","화이트",IF(RIGHT(B16,1)="b","블루",IF(RIGHT(B16,1)="r","레드",IF(RIGHT(B16,1)="o","오렌지"))))**를 입력(❶)합니다. RIGHT 함수를 사용해서 [B16] 셀의 오른쪽 1번째 글자가 무엇인지 그 값에 따라 결과값을 내보낸다는 뜻입니다. ★ 중첩함수 괄호 자세한 내용은 307쪽 참고

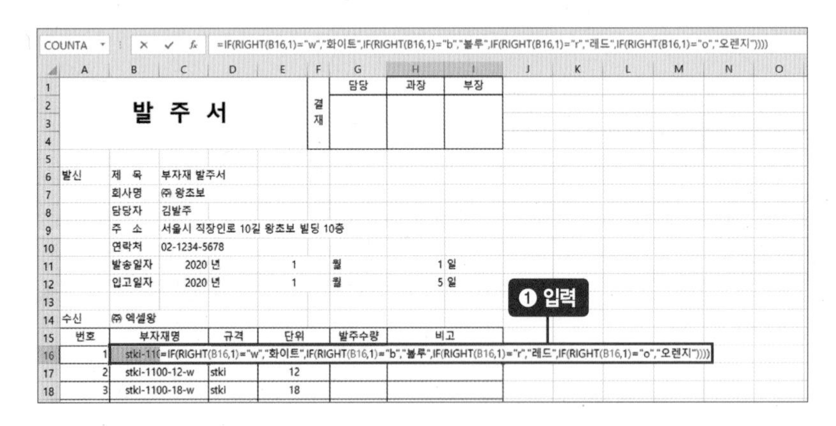

'화이트'가 나타납니다. 자동 채우기 핸들을 드래그(❷)해 함수를 복사합니다. [H16:H36] 셀 범위에서 부자재명에 따른 색상이 한글로 나타났습니다.

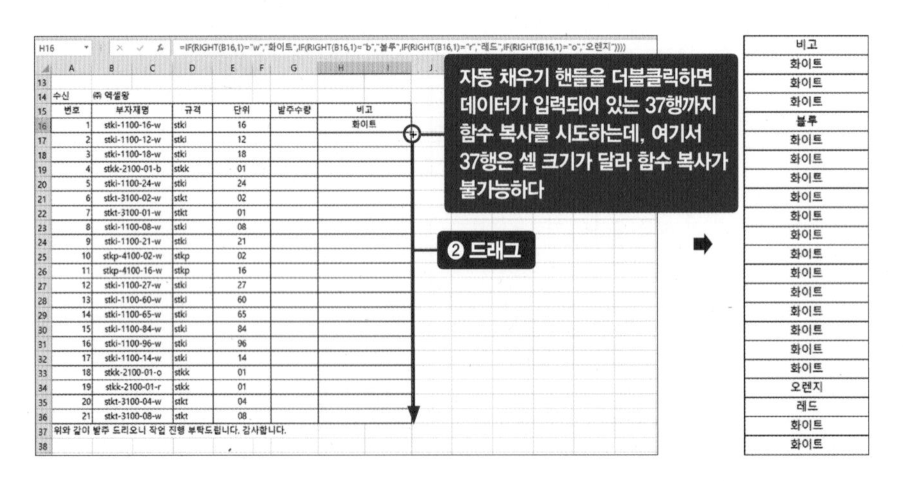

번호	부자재명	규격	단위	발주수량	비고
1	stki-1100-16-w	stki	16		화이트
2	stki-1100-12-w	stki	12		
3	stki-1100-18-w	stki	18		
4	stkk-2100-01-b	stkk	01		
5	stki-1100-24-w	stki	24		
6	stkt-3100-02-w	stkt	02		
7	stkt-3100-01-w	stkt	01		
8	stki-1100-08-w	stki	08		
9	stki-1100-21-w	stki	21		
10	stkp-4100-02-w	stkp	02		
11	stkp-4100-16-w	stkp	16		
12	stki-1100-27-w	stki	27		
13	stki-1100-60-w	stki	60		
14	stki-1100-65-w	stki	65		
15	stki-1100-84-w	stki	84		
16	stki-1100-96-w	stki	96		
17	stki-1100-14-w	stki	14		
18	stkk-2100-01-o	stkk	01		
19	stkk-2100-01-r	stkk	01		
20	stkt-3100-04-w	stkt	04		
21	stkt-3100-08-w	stkt	08		

비고
화이트
화이트
화이트
블루
화이트
화이트
화이트
화이트
화이트
화이트
화이트
화이트
화이트
화이트
화이트
화이트
화이트
오렌지
레드
화이트
화이트

자재입고관리대장
— FIND, IFERROR 함수

업무 목표 | 오류값(#VALUE) 텍스트로 변경하기

함수를 사용하다 보면 종종 오류값(#VALUE)이 뜹니다. 오류값을 원하는 텍스트로 표시하려고 합니다. IFERROR 함수는 오류값을 원하는 데이터로 바꿔주는 함수입니다. FIND 함수, IFERROR 함수를 함께 사용해 오류값인 '#VALUE'를 '확인'으로 바꿀 수 있습니다.

=FIND(찾을 문자①, 문자가 포함된 셀 주소②) : 문자가 포함된 셀 주소②에서 찾을 문자①가 몇 번째 글자부터 시작하는지 구한다

=IFERROR(오류값을 검사할 수식①, 오류값을 나타낼 값②) : 오류값을 검사할 수식①의 결과를 오류값을 나타낼 값②으로 바꾼다

완성 서식 미리 보기

#VALUE 오류값을 '확인'으로 변경

자재입고 관리대장

서: 구매부
담당자 :

No.	품목	제조사	입고일	규격	수량	출고예정일	수량	재고	확인
1	볼트	㈜나사전문	2018-01-03	10mm	6100	2019-01-16	6000	부족	확인
2	나사	㈜나사전문	2018-01-04	10mm	6100	2019-01-16	5900	여유	1
3	망치	연장전문㈜	2018-01-05	일반	42	2019-01-16	40	부족	확인
4	렌치	연장전문㈜	2018-01-05	일반	24	2019-01-16	20	부족	확인
5	십자드라이버	연장전문㈜	2018-01-06	20cm	46	2019-01-16	40	부족	확인
6	일자드라이버	연장전문㈜	2018-01-07	20cm	42	2019-01-16	38	부족	확인
7	호스클램프	㈜나사전문	2018-01-03	일반	3400	2019-01-16	3300	부족	확인
8	줄	연장전문㈜	2018-01-10	30cm	32	2019-01-23	30	부족	확인
9	케이블커터	연장전문㈜	2018-01-10	일반	34	2019-01-24	25	부족	확인
10	고무망치	연장전문㈜	2018-01-10	일반	32	2019-01-25	30	부족	확인
11	볼트	㈜나사전문	2018-01-03	20mm	3200	2019-01-26	3000	여유	1
12	나사	㈜나사전문	2018-01-04	20mm	3200	2019-01-27	2900	여유	1
13	십자드라이버	연장전문㈜	2018-01-06	30cm	10	2019-01-27	10	부족	확인
14	일자드라이버	연장전문㈜	2018-01-07	30cm	10	2019-01-27	8	부족	확인
15	줄	연장전문㈜	2018-01-10	15cm	15	2019-01-27	13	부족	확인
16	볼트	㈜나사전문	2018-01-03	5mm	1500	2019-01-27	1250	여유	1
17	나사	㈜나사전문	2018-01-04	5mm	1500	2019-02-01	1400	부족	확인
18	볼트	㈜나사전문	2018-01-03	15mm	800	2019-02-01	500	여유	1
19	나사	㈜나사전문	2018-01-04	15mm	800	2019-02-01	690	여유	1
20	공구함	연장전문㈜	2018-03-10	일반	10	2019-02-01	8	부족	확인
21	육각렌치	연장전문㈜	2018-03-10	6종	10	2019-02-01	10	부족	확인
22	멀티탭	연장전문㈜	2018-03-10	3구	30	2019-02-01	20	부족	확인
23	와셔	㈜나사전문	2018-01-03	15mm	800	2019-02-01	700	부족	확인

오류값(#VALUE)을 '확인'으로 변경하기

예제파일 : 4_52_자재입고관리대장.xlsx 

1. 재고 여유 확인하기

자재입고관리대장의 '재고' 항목에 입고 수량과 출고 수량의 차이가 100 이하면 '부족', 100 이상이면 '여유'로 표시되도록 IF 함수를 입력해두었습니다. [M6] 셀을 더블클릭하면 입력해놓은 함수식 '=IF((I6−L6)<=100, "부족","여유")'을 볼 수 있습니다. 이렇게 함수를 입력해두면 입고 수량과 출고 수량이 달라져도 재고가 여유인지 부족인지 자동으로 계산해서 보여줍니다. ★ IF 함수 자세한 내용은 305쪽 참고

COUNTA | =IF((I6-L6)<=100,"부족","여유")

자재입고 관리대장

부 서: 구매부

담당자:

No.	품목	제조사	입고일	규격	수량	출고예정일	수량	재고	확인
1	볼트	㈜나사전문	2018-01-03	10mm	6100	2019-01-16	6000	=IF((I6-L6)<=100,"부족","여유")	
2	나사	㈜나사전문	2018-01-04	10mm	6100	2019-01-16	5900	여유	
3	망치	연장전문㈜	2018-01-05	일반	42	2019-01-16	40	부족	
4	렌치	연장전문㈜	2018-01-05	일반	24	2019-01-16	20	부족	
5	십자드라이버	연장전문㈜	2018-01-06	20cm	46	2019-01-16	40	부족	
6	일자드라이버	연장전문㈜	2018-01-07	20cm	42	2019-01-16	38	부족	
7	호스클램프	㈜나사전문	2018-01-03	일반	3400	2019-01-16	3300	부족	

더블클릭해 함수식 확인

2. FIND 함수 입력하기

여기서 더 나아가 재고 항목이 '부족'이라고 표시되어 있으면 확인 항목에 '확인'이 나타나도록 표시하고자 합니다. 문서에 '확인'이 나타나면 해당 자재를 확인하면 되므로 편리합니다. [N6] 셀에 =FIND("여유",M6)을 입력(❶)합니다. FIND 함수를 사용하면 [M6] 셀에서 '여유'라는 문자가 몇 번째 글자부터 시작하는지 값으로 나타납니다. 여기에서는 '여유'라는 글자가 [M6] 셀에 포함되어 있는지 확인하는 용도로 FIND 함수를 사용했습니다. 함수가 모두 입력되면 Enter 키(❷)를 눌러 값을 구합니다.

COUNTA | =FIND("여유",M6)

자재입고 관리대장

부 서: 구매부

담당자:

No.	품목	제조사	입고일	규격	수량	출고예정일	수량	재고	확인
1	볼트	㈜나사전문	2018-01-03	10mm	6100	2019-01-16	6000	=FIND("여유",M6)	
2	나사	㈜나사전문	2018-01-04	10mm	6100	2019-01-16	5900	여유	
3	망치	연장전문㈜	2018-01-05	일반	42	2019-01-16	40	부족	
4	렌치	연장전문㈜	2018-01-05	일반	24	2019-01-16	20	부족	
5	십자드라이버	연장전문㈜	2018-01-06	20cm	46	2019-01-16	40	부족	
6	일자드라이버	연장전문㈜	2018-01-07	20cm	42	2019-01-16	38	부족	
7	호스클램프	㈜나사전문	2018-01-03	일반	3400	2019-01-16	3300	부족	

❶ 입력
❷ Enter

원래는 숫자가 표시되어야 하는데 [N6] 셀에 '#VALUE!'라는 오류값이 나타납니다. [M6] 셀에 '여유'라는 문자가 없기 때문에 오류값이 나타난 것입니다. 우선 자동 채우기 핸들을 더블클릭(❸)해 함수를 복사합니다.

N6 =FIND("여유",M6)

자재입고 관리대장

부 서 : 구매부
담당자 :

No.	품목	제조사	입고일	규격	수량	출고예정일	수량	재고	확인
1	볼트	㈜나사전문	2018-01-03	10mm	6100	2019-01-16	6000	부족	#VALUE!
2	나사	㈜나사전문	2018-01-04	10mm	6100	2019-01-16	5900	여유	
3	망치	연장전문㈜	2018-01-05	일반	42	2019-01-16	40	부족	
4	렌치	연장전문㈜	2018-01-05	일반	24	2019-01-16	20	부족	
5	십자드라이버	연장전문㈜	2018-01-06	20cm	46	2019-01-16	40	부족	
6	일자드라이버	연장전문㈜	2018-01-07	20cm	42	2019-01-16	38	부족	

'여유' 글자가 없어서 [N6] 셀에 오류값 #VALUE가 나타났다

❸ 더블클릭

최종 함수식

=FIND("여유",M6)

[M6] 셀의 '여유'가 몇 번째 글자부터 시작하는지 구한다. [M6] 셀에 '여유'가 없으면 #VALUE라는 오류값이 나타난다

3. IFERROR 함수 입력하기

'여유'라는 글자가 포함된 셀은 '여유'가 1번째 글자라는 의미로 1이, 글자가 없는 셀은 오류로 판단해 '#VALUE!'가 나타났습니다. '#VALUE!'가 나타난 셀을 IFERROR 함수를 사용해 '확인' 글자로 바꿔서 나타내도록 하겠습니다. [N6] 셀에 **=IFERROR(FIND("여유",M6),"확인")**을 입력(❶)합니다. 해석하면 인수 1로 입력한 FIND 함수에서 오류값인 '#VALUE!'가 결과로 나오면 '확인'을 최종 결과값으로 내보내라는 명령입니다. Enter 키(❷)를 눌러 값을 구합니다.

COUNTA =IFERROR(FIND("여유",M6),"확인")

자재입고 관리대장

부 서 : 구매부
담당자 :

No.	품목	제조사	입고일	규격	수량	출고예정일	수량	재고	확인
1	볼트	㈜나사전문	2018-01-03	10mm	6100	2019-	=IFERROR(FIND("여유",M6),"확인")		
2	나사	㈜나사전문	2018-01-04	10mm	6100	2019-01-16	5900	여유	1
3	망치	연장전문㈜	2018-01-05	일반	42	2019-01-16	40	부족	#VALUE!
4	렌치	연장전문㈜	2018-01-05	일반	24	2019-01-16	20	부족	#VALUE!
5	십자드라이버	연장전문㈜	2018-01-06	20cm	46	2019-01-16	40	부족	#VALUE!
6	일자드라이버	연장전문㈜	2018-01-07	20cm	42	2019-01-16	38	부족	#VALUE!
7	호스클램프	㈜나사전문	2018-01-03	일반	3400	2019-01-16	3300	부족	#VALUE!

❶ 입력
❷ Enter

[N6] 셀에 '확인'이 결과값으로 구해집니다. [M6] 셀에 입력한 IFERROR 함수의 1번째 인수 =FIND("여유",M6) 함수식의 결과값은 '#VALUE!'를 '확인'으로 바꾼 것이지요. 채우기 핸들을 더블클릭(❸)해 나머지 셀에도 함수를 복사합니다. '#VALUE!'로 오류값이 나던 부분이 '확인'으로 변경되었습니다. 이제부터 재고가 부족하면 '확인'이라고 나타납니다. 입고수량과 재고수량 데이터를 변경하면 '재고' 항목과 '확인' 항목의 데이터 역시 변경됩니다.

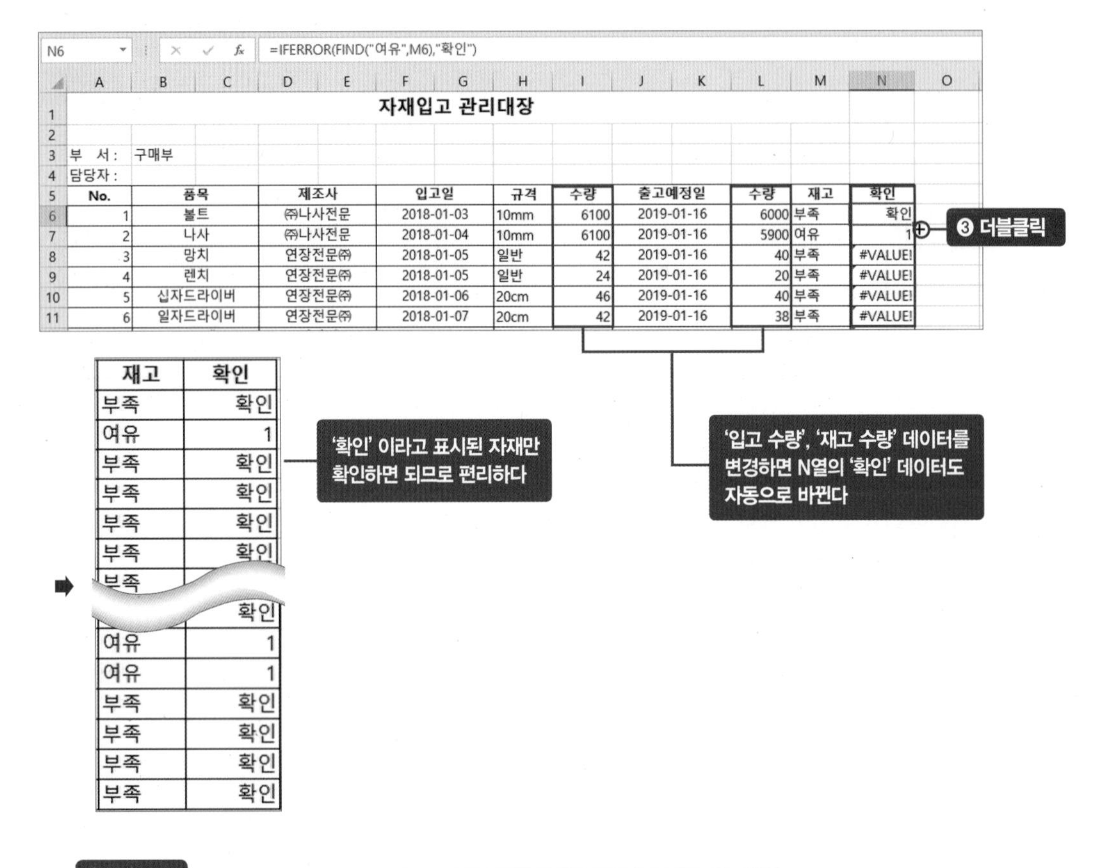

No.	품목	제조사	입고일	규격	수량	출고예정일	수량	재고	확인
1	볼트	㈜나사전문	2018-01-03	10mm	6100	2019-01-16	6000	부족	확인
2	나사	㈜나사전문	2018-01-04	10mm	6100	2019-01-16	5900	여유	1
3	망치	연장전문㈜	2018-01-05	일반	42	2019-01-16	40	부족	#VALUE!
4	렌치	연장전문㈜	2018-01-05	일반	24	2019-01-16	20	부족	#VALUE!
5	십자드라이버	연장전문㈜	2018-01-06	20cm	46	2019-01-16	40	부족	#VALUE!
6	일자드라이버	연장전문㈜	2018-01-07	20cm	42	2019-01-16	38	부족	#VALUE!

재고	확인
부족	확인
여유	1
부족	확인
부족	확인
부족	확인
부족	확인
부족	
	확인
여유	1
여유	1
부족	확인
부족	확인
부족	확인
부족	확인

최종 함수식

=IFERROR(FIND("여유",M6),"확인")

FIND 함수의 결과값 오류(#VALUE)를 IFERROR 함수를 중첩해 "확인"이라고 변경한다

신규업체선정보고서

— AND 함수

업무 목표 | 조건을 만족하는 업체 선정하기

AND 함수를 사용하면 2가지 조건을 모두 만족하는 업체를 선정할 수 있습니다. AND 함수는 2가지 조건을 모두 만족하면 'TRUE'로 표시하고, 하나라도 만족시키지 못하면 'FALSE'로 표시합니다. AND 함수는 시험 성적이 모두 몇 점 이상일 때만 '합격'이라고 표시하는 용도로도 사용할 수 있습니다.

=AND(조건 1, 조건 2, 조건 3, 조건 4, …) : 제시된 모든 조건을 만족해야만 TRUE를, 하나라도 만족하지 못하면 FALSE 값을 나타낸다

완성 서식 미리 보기

신규업체 선정보고서	결재	담당	팀장	부장	사장
평가부서	생산팀				
담당자	김담당				

업체명	업태	제조A	기타B				A	B	평가최종
			생산관리	공정관리	품질관리	운송정보			
도야지	도매업				1	1	0	2	FALSE
캔들장사	인쇄업			1	1		0	2	FALSE
담넘어	제조업	5	1	1	1	1	5	4	TRUE
지록위마	전자거래						0	0	FALSE
㈜토종	전자거래						0	0	FALSE
이불팔어	제조업	5	1	1		1	5	3	FALSE
백만권	교육사업						0	0	FALSE
십만권	부동산업						0	0	FALSE
오피스텔	임대업						0	0	FALSE
강남땅	제조업	5	1		1		5	2	FALSE
간판없는	음식점업						0	0	FALSE
볼도장	제조업	5	1	1	1	1	5	4	TRUE
유밍장	인쇄업						0	0	FALSE
우리이웃	전자거래						0	0	FALSE
가물치	제조업	5	1		1		5	2	FALSE
미래로	교육사업						0	0	FALSE
아름다운	부동산업						0	0	FALSE
영원한㈜	구매대행						0	0	FALSE
㈜넓은땅	임대업						0	0	FALSE
잘팔자	제조업	5	1	1	1	1	5	4	TRUE
새활용	재활용						0	0	FALSE
막팔어	도소매업						0	0	FALSE

'TRUE'라고 표시된 업체와 계약하면 된다

제조 5점, 기타 3점 이상인 업체 선정하기

예제파일 : 4_53_신규업체선정보고서.xlsx 

1. AND 함수 입력하기

신규업체를 선정할 때 제조 점수 5점 이상, 기타 점수 3점 이상인 곳을 선정하려고 합니다. [K10] 셀에 =AND(I10〉=5,J10〉3)를 입력(❶)합니다. 해석하면 제조A 점수인 [I10] 셀이 5보다 크거나 같고, 기타B 점수의 합인 [J10] 셀이 3보다 크면 'TRUE'를, 이 조건을 하나라도 만족하지 못하면 'FALSE'를 내보낸다는 뜻입니다. Enter 키(❷)를 눌러 값을 구합니다. ★ 〉, 〈 등 연산자 자세한 내용은 242쪽 참고

COUNTA | =AND(I10>=5,J10>3)

	A	B	C	D	E	F	G	H	I	J	K
1	신규업체 선정보고서					결재	담당	팀장	부장		사장
2–4											
5	평가부서	생산팀									
6	담당자	김담당									
7											
8	업체명	업태	제조A	기타B					A	B	평가최종
9				생산관리	공정관리		품질관리	운송정보			
10	도야지	도매업					1	1	0	2	=AND(I10>=5,J10>3)
11	캔들장사	인쇄업			1		1		0	2	
12	담넘어	제조업	5	1	1		1	1	5	4	

❶ 입력
❷ Enter

[I10] 셀은 '0'으로 5보다 작고, [J10] 셀은 '2'로 3보다 작으므로 AND 함수식에 입력한 두 조건을 모두 충족하지 않습니다. 그러므로 [K10] 셀에 'FALSE'가 나타납니다. 자동 채우기 핸들을 더블클릭(❸)해 나머지 셀을 채웁니다. 제조 점수가 5점 이상이고 기타 점수가 3점 초과면 'TRUE', 두 조건 중 하나라도 충족하지 못하면 'FALSE'가 나타납니다.

K10 | =AND(I10>=5,J10>3)

	A	B	C	D	E	F	G	H	I	J	K
1–4	신규업체 선정보고서					결재	담당	팀장	부장		사장
5	평가부서	생산팀									
6	담당자	김담당									
7											
8–9	업체명	업태	제조A	기타B 생산관리	공정관리		품질관리	운송정보	A	B	평가최종
10	도야지	도매업					1	1	0	2	FALSE
11	캔들장사	인쇄업			1		1		0	2	
12	담넘어	제조업	5	1	1		1	1	5	4	

❸ 더블클릭

두 조건을 모두 만족하면 'TRUE'

평가최종
FALSE
FALSE
TRUE
FALSE
FALSE
FALSE

최종 함수식

=AND(I10〉=5,J10〉3)

[I10] 셀이 5보다 크거나 같고, [J10] 셀이 3보다 크면 'TURE'를, 조건을 하나라도 만족하지 못하면 'FALSE'를 내보낸다

2. 'TRUE' 나타난 셀 잘 보이도록 조건부 서식 적용하기

두 조건을 모두 충족하는 업체는 'TRUE'로 표시되었습니다. 'TRUE'로 표시된 셀이 잘 보이도록 조건부 서식을 적용하겠습니다. [K10] 셀을 클릭(❶)한 다음 Ctrl + Shift + ↓ 키(❷)를 눌러 [K10:K31] 셀 범위를 설정합니다. [홈] 탭 → 조건부 서식(▦) 아이콘 → 〈셀 강조 규칙〉 → 〈텍스트 포함〉을 클릭(❸)합니다.

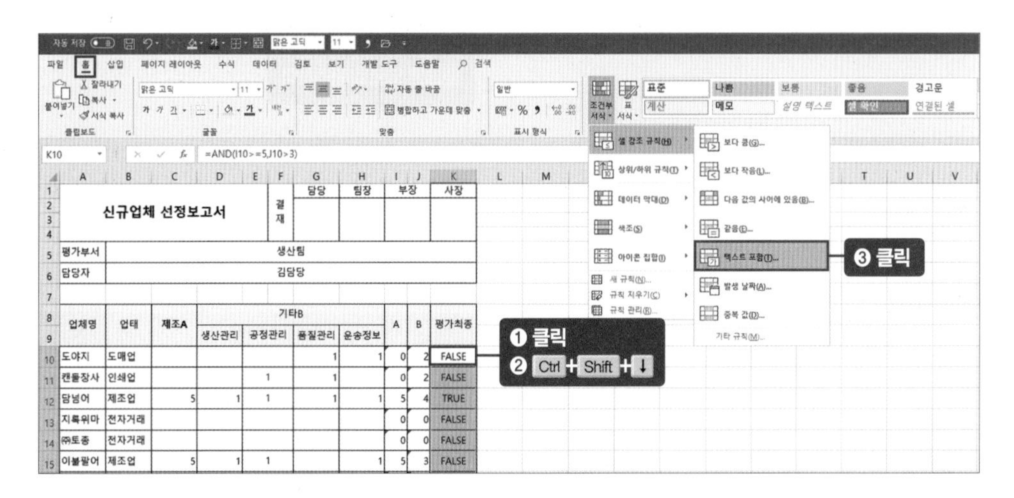

[텍스트 포함] 대화상자가 나타나면 **TRUE**를 입력(❹)합니다. '적용할 서식'은 기본 서식인 〈진한 빨강 텍스트가 있는 연한 빨강 채우기〉입니다. 〈확인〉 버튼을 클릭(❺)해 적용합니다.

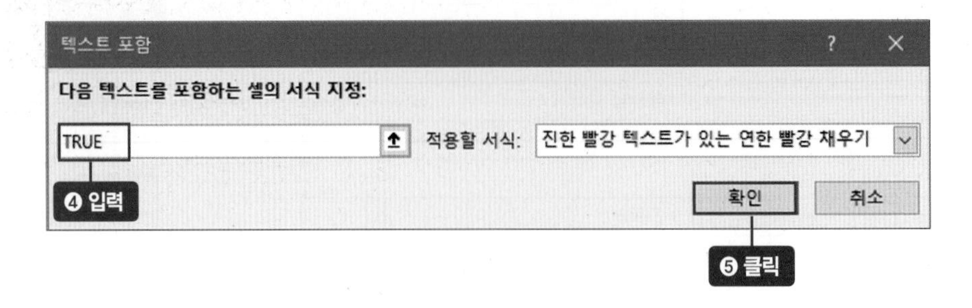

제조와 기타 2가지 조건에 모두 합격한 신규업체는 TRUE에 색상 표시가 되어 나타납니다.

신규업체 선정보고서						결재	담당	팀장	부장	사장
평가부서	생산팀									
담당자	김담당									
업체명	업태	제조A	기타B				A	B	평가최종	
			생산관리	공정관리	품질관리	운송정보				
도야지	도매업				1	1	0	2	FALSE	
캔들장사	인쇄업			1	1		0	2	FALSE	
담넘어	제조업	5	1	1	1	1	5	4	TRUE	
지록위마	전자거래						0	0	FALSE	

최종 평가가 TRUE로 나타난 업체와 계약을 맺으면 되므로 편리하다

품질일지

— FREQUENCY 함수

업무 목표 | 불량품 개수가 가장 많은 구간 찾기

생산부서의 업무 중 비중이 큰 부분은 불량률을 낮추는 것입니다. 배열수식과 FREQUENCY 함수를 활용해 불량률 빈도수를 구할 수 있습니다. 컴활 1급용 함수이기도 합니다.

=FREQUENCY(데이터 범위①, 구간 범위②) : 데이터 범위①에서 구간 범위②의 각 구간 데이터가 몇 개인지 구한다

완성 서식 미리 보기

품 질 일 지

결재	담당	주임	과장

년

월 일

생산시간	담당라인	생산량1	생산량2	불량1	불량2	비고
1:00	A	620	610	6	3	
2:00	A	600	590	5	5	
3:00	B	630	620	6	6	
4:00	B	590	580	5	7	
5:00	C	595	585	14	14	
6:00	C	600	590	5	9	
7:00	A	650	640	8	8	
8:00	A	620	610	9	9	
9:00	B	630	620	10	9	
10:00	B	580	570	12	15	
11:00	C		580	15	3	
12:00	C		585		4	
13:00	A		590		5	
14:00	A		640		6	
15:00	B	550	540	17	16	
16:00	B	590	580	14	13	
17:00	C	600	590	11	12	
18:00	C	640	630	6	6	
19:00	A	650	640	6	6	
20:00	A	630	620	5	4	
21:00	B	630	620	4	4	
22:00	B	620	610	3	5	
23:00	C	630	620	6	6	
0:00	C	650	640	2	1	

FREQUENCY 함수로 불량 빈도수 구하기

불량 수량	빈도수
20	2
15	9
10	22
5	11
1	1

FREQUENCY 함수와 짝꿍인 배열수식 익히기

배열수식을 사용하면 복잡한 계산을 한 번으로 끝낼 수 있습니다. 간단한 예제를 통해 배열수식을 익히겠습니다. 다음 <도전 엑셀왕!>에서 배울 FREQUENCY 함수는 배열수식을 사용해야만 적용할 수 있습니다.

1 | 일반적인 방법으로 계산

아래 예제는 일반적인 방법으로 계산한 것입니다. 일반적인 계산으로 [D8] 셀에 4개 항목의 판매금액 합계를 구하려면 5번의 계산이 필요합니다. [D4] 셀 8,400원은 [B4] 셀의 단가와 [C4] 셀의 판매수량을 곱한 값입니다. 나머지 [D5], [D6], [D7] 셀들의 값도 단가와 판매수량을 곱해 계산합니다. 마지막으로 [D8] 셀에 각 소계를 SUM 함수로 더합니다.

	A	B	C	D	E	F	G	H
1	**배열수식의 이해**							
2	*일반적인 방법으로 계산							
3		단가	판매수량	소계				
4		₩ 1,200.00	7	₩ 8,400	①	=B4*C4		
5		₩ 15,000.00	5	₩ 75,000	②	=B5*C5		
6		₩ 5,000.00	13	₩ 65,000	③	=B6*C6		
7		₩ 2,000.00	25	₩ 50,000	④	=B7*C7		
8		합계		₩ 198,400	⑤	=SUM(D4:D7)		
9								

다섯 번의 계산이 필요하다

2 | 배열수식에 의한 계산

아래 예제는 배열수식을 사용해 계산한 것입니다. 배열수식을 사용하면 1번의 계산으로 4개 항목의 판매금액 합계를 구할 수 있습니다. 배열수식은 함수식 양 끝에 대괄호({ })를 넣은 형태로 이루어져 있습니다. [D17] 셀에 **=SUM(B13:B16*C13:C16)**을 입력한 다음 Ctrl+Shift+Enter 키를 누르면 자동으로 대괄호가 입력되고 결과값이 구해집니다. 함수식을 해석하면 단가 항목과 판매수량 항목을 곱하고 그 곱한 값을 더한 값을 구하라는 뜻입니다.

	A	B	C	D	E	F	G
10							
11	*배열수식에 의한 계산						
12		단가	판매수량				
13		₩ 1,200	7				
14		₩ 15,000	5				
15		₩ 5,000	13				
16		₩ 2,000	25				
17		합계		₩ 198,400	①	{=SUM(B13:B16*C13:C16)}	
18							

한 번의 계산으로 끝나 편리하다

단축키

배열수식

Ctrl+Shift+Enter

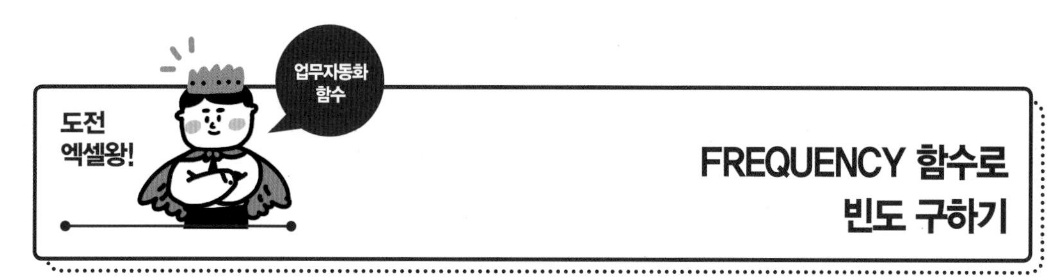

FREQUENCY 함수로 빈도 구하기

예제파일 : 4_54_품질일지.xlsx

1. 불량품 발생 빈도 구하기

예제파일에 시간별로 발생하는 불량품 개수가 입력되어 있습니다. 1시간에 불량품이 16~20개 발생하는 횟수를 구하려고 합니다. [L10] 셀에 **=FRE**를 입력(❶)합니다. 함수 추천 목록에 〈FREQUENCY〉가 뜨면 더블클릭(❷)합니다.

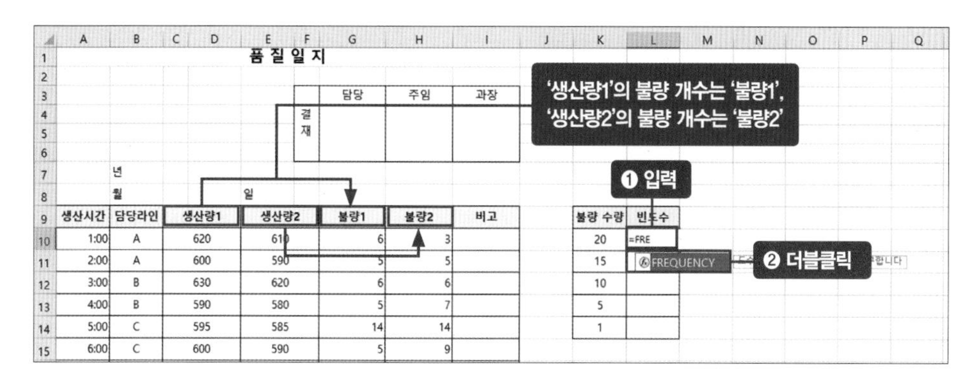

FREQUENCY 함수에 1번째로 입력해야 하는 인수는 데이터 범위입니다. [G10:H33] 셀 범위를 설정(❸)합니다. 이 영역은 16~20개의 빈도 외에 나머지 구간의 빈도를 구할 때도 변하지 않는 값이므로 F4 키(❹)를 눌러 절댓값으로 설정합니다.

=FREQUENCY(G10:H33

이 범위에서 계속 불량 빈도를 구하므로 절댓값으로 설정한다

❸ 셀 범위 설정
❹ F4

FREQUENCY 함수의 2번째 인수는 구간 범위입니다. 쉼표 ,를 입력(❺)한 다음 [K10:K14] 셀 범위를 드래그(❻)합니다. 마지막으로 괄호를 닫아 마무리합니다.

K10 =FREQUENCY($G$10:$H$33,K10:K14

품 질 일 지

결재	담당	주임	과장

년
월 일

생산시간	담당라인	생산량1	생산량2	불량1	불량2	비고		불량 수량	빈도수
1:00	A	620	610	6	3			20	=FREQUENCY($G$10:$H$33,K10:K14
2:00	A	600	590	5	5			15	
3:00	B	630	620	6	6			10	
4:00	B	590	580	5	7			5	
5:00	C	595	585	14	14			1	
6:00	C	600	590	5	9				

FREQUENCY(data_array, bins_array)

❺ , 입력

❻ 드래그

2. 배열수식 설정하기

[L4] 셀에 '=FREQUENCY($G$10:$H$33,K10:K14)'가 입력되었습니다. Ctrl + Shift + Enter 키(❶)를 눌러 배열수식으로 설정합니다. FREQUENCY 함수는 배열수식으로만 사용할 수 있는 함수입니다.

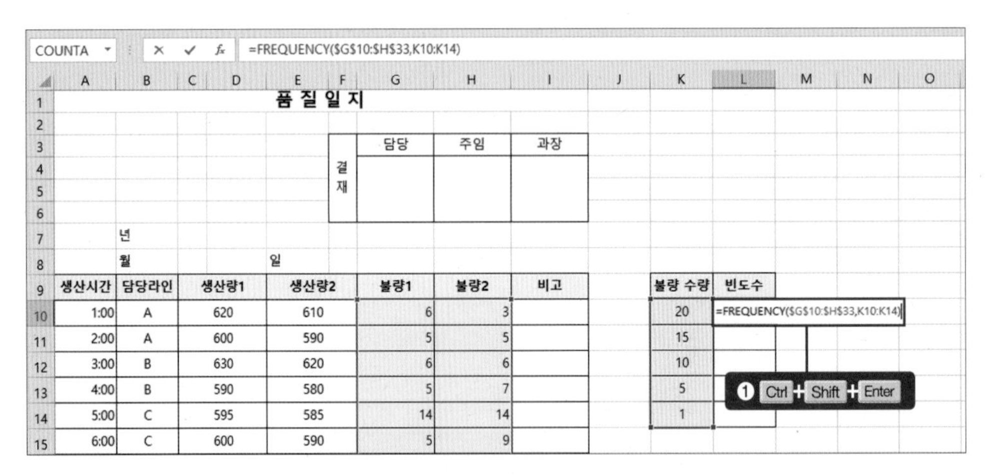

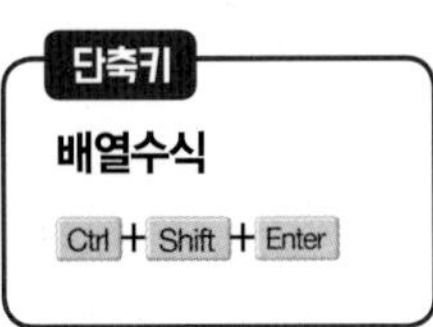

배열수식으로 설정되면 수식 입력줄에 대괄호가 씌워진 함수식 '{=FREQUENCY($G$10:$H$33,K10:K14)}'을 확인(❷)할 수 있습니다.

L10 {=FREQUENCY($G$10:$H$33,K10:K14)} ❷ 확인

품 질 일 지

	담당	주임	과장
결재			

년 월 일

생산시간	담당라인	생산량1	생산량2	불량1	불량2	비고
1:00	A	620	610	6	3	
2:00	A	600	590	5	5	
3:00	B	630	620	6	6	
4:00	B	590	580	5	7	
5:00	C	595	585	14	14	
6:00	C	600	590	5	9	

불량 수량	빈도수
20	2
15	
10	
5	
1	

3. 함수식 복사하기

자동 채우기 핸들을 더블클릭해 [L4] 셀에 입력한 함수식을 복사해 나머지 구간의 빈도수도 구합니다.

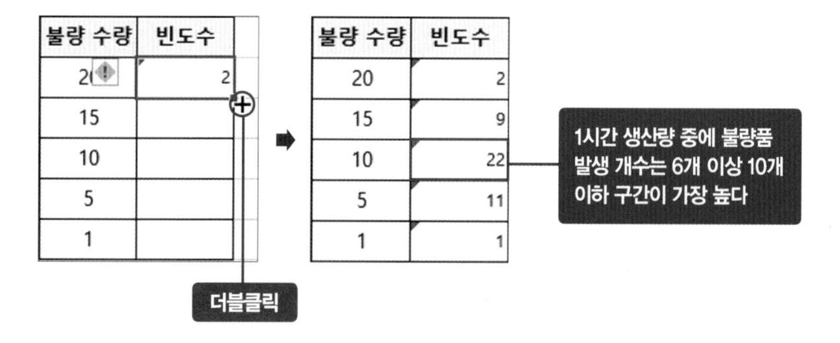

불량 수량	빈도수
20	2
15	9
10	22
5	11
1	1

최종 함수식

{=FREQUENCY($G$10:$H$33,K10:K14)}

불량 개수인 [G10:H33] 셀 범위에서 [K10:K14] 셀 범위의 각 구간에 해당하는 값을 구한다

다 | 섯 | 째 | 마 | 당

영업팀 엑셀왕

주간일정표

행, 열 내용 맞바꾸기

업무 목표 | 영업부 주간일정표 팀원들과 공유하기

영업부는 다른 부서보다 거래업체 방문 등 외근이 많아 1주일 전 주간일정을 미리 짜서 공유합니다. 영업부서의 각 직원별 스케줄을 모아 영업부 주간일정표를 만들려고 합니다. 문서를 만들던 중 표의 행과 열을 서로 바꾸는 것이 좋겠다는 판단이 들었을 때 손쉽게 행열을 바꾸는 방법을 익혀보겠습니다.

완성 서식 미리 보기

영업부 주간일정표

부서	담당자	월	화	수	목	금	토	일
영업1	강력한	영업회의		울산공장방문				
영업1	민주리		매장진열 상태점검					
영업1	강심장	거래처미팅				업체회의		
영업2	유미래		거래처방문		일본출장	일본출장		
영업2	김장수		거래처방문					
영업3	사용중				거래처방문			
영업3	잠시만		거래처미팅					

⬇

가독성을 높이기 위해 행과 열을 서로 바꾸었다

영업부 주간일정표

부서	영업1	영업1	영업1	영업2	영업2	영업3	영업3
담당자	강력한	민주리	강력한	유미래	김장수	사용중	잠시만
월	영업회의		거래처미팅				
화		매장진열상태점검		거래처방문	거래처방문		거래처미팅
수	울산공장방문						
목				일본출장		거래처방문	
금			업체회의	일본출장			
토							
일							

행열바꿈 아이콘으로 표 바꾸기

예제파일 : 5_55_주간일정표.xlsx 

1. 행, 열 바꾸어 붙여넣기

영업부 주간일정표의 행과 열을 서로 바꾸려고 합니다. [A3:I10] 셀 범위를 설정(❶)합니다. Ctrl+C 키(❷)를 눌러 복사합니다. 하단 [시트] 탭에서 〈새 시트〉(⊕) 버튼을 클릭(❸)해 새 시트를 만듭니다.

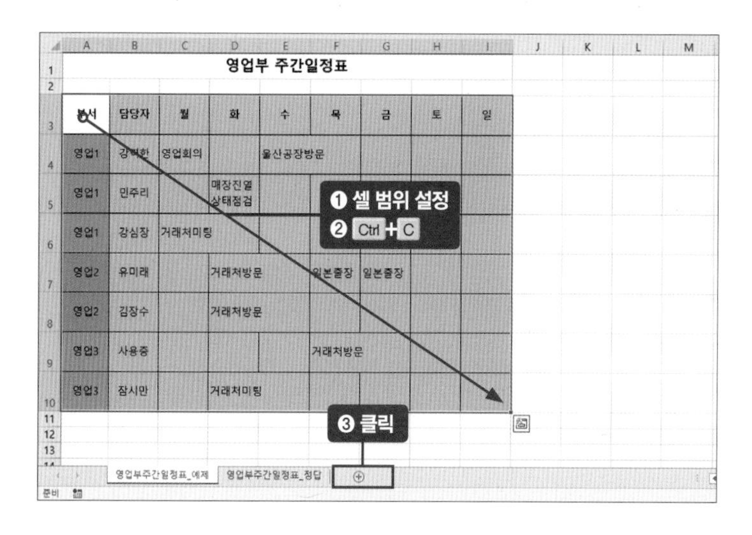

새로 만든 시트의 [A3] 셀을 우클릭(❹)해 [셀 명령] 도구창을 엽니다. '붙여넣기 옵션' 중 행열바꿈(📋) 아이콘을 클릭(❺)합니다.

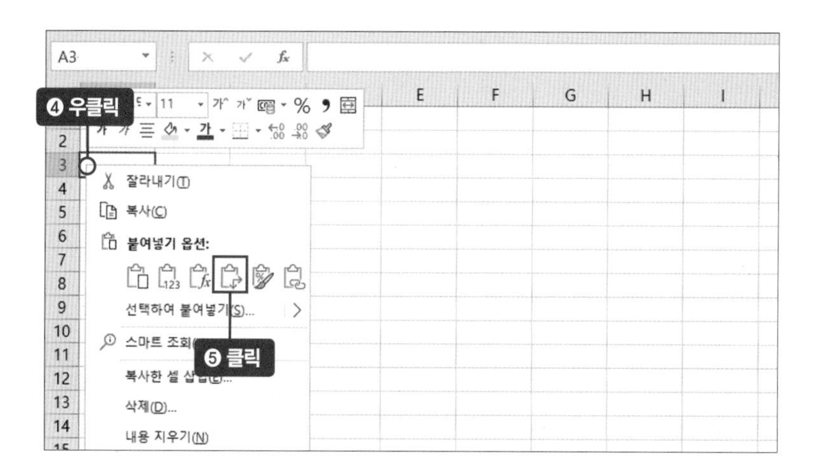

2. 행, 열 크기 변경하기

기존 데이터의 열과 행이 바뀌어서 복사되었습니다. 열 너비가 좁아 잘리는 글자들이 있습니다. 셀 너비를 보기 좋게 변경하겠습니다. A~H열 머리글을 드래그(❶)해 선택합니다. H와 I열 머리글 사이에 마우스 커서를 올리면 모양이 화살표 달린 십자(✛)로 변합니다. 열 너비가 '9.63(82픽셀)'이 될 때까지 드래그(❷)합니다.

A1 | 너비: 9.63 (82 픽셀) | ❶ 드래그 | ❷ 드래그

	A	B	C	D	E	F	G	H
1								
2								
3	부서	영업1	영업1		업2	영업2	영업3	영업3
4	담당자	강력한	민주리	강심장	유미래	김장수	사용중	잠시만
5	월	영업회의		거래처미팅				
6	화		매장진열 상태점검		거래처방문	거래처방문		거래처미팅
7	수	울산공장방문						
8	목				일본출장		거래처방문	
9	금			업체회의	일본출장			
10	토							
11	일							
12								
13								

> **tip**
>
> **열 너비 조절**
>
> 열 너비는 화면을 보며 적절히 조절하면 된다. 너비 조절이 완료되면 Ctrl+F2 키를 눌러 인쇄되는 영역을 확인하자. ★ **인쇄 영역 자세한 내용은 〈준비마당〉 11장 참고**

이번에는 행 높이를 변경하겠습니다. 3~4행 머리글을 드래그(❸)해 선택한 다음 높이가 '24(32픽셀)'이 될 때까지 아래로 드래그(❹)합니다.

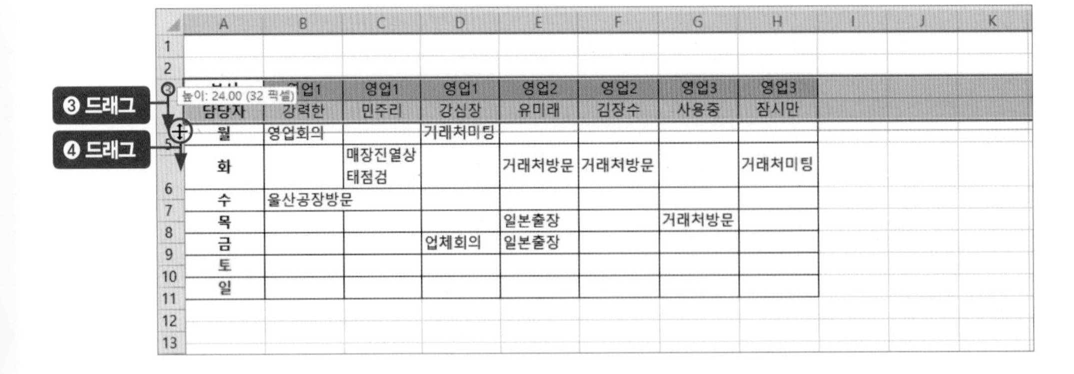

	A	B	C	D	E	F	G	H
3		업1	영업1	영업1	영업2	영업2	영업3	영업3
4	담당자	강력한	민주리	강심장	유미래	김장수	사용중	잠시만
5	월	영업회의		거래처미팅				
6	화		매장진열상태점검		거래처방문	거래처방문		거래처미팅
7	수	울산공장방문						
8	목				일본출장		거래처방문	
9	금			업체회의	일본출장			
10	토							
11	일							

나머지 5~11행도 행 머리글을 드래그(❺)해 선택한 다음 '41.25(55픽셀)'이 될 때까지 드래그(❻)합니다.

부서	영업1	영업1	영업1	영업2	영업2	영업3	영업3
담당자	강력한	민주리	강심장	유미래	김장수	사용중	잠시만
월	영업회의		거래처미팅				
화		매장진열상 태점검		거래처방문	거래처방문		거래처미팅
수	울산공장방문						
목				일본출장		거래처방문	
금			업체회의	일본출장			
토							
일							

❺ 드래그

높이: 41.25 (55 픽셀)

❻ 드래그

[B5:H11]를 드래그(❼)해 셀 범위를 설정합니다. [홈] 탭 → 자동 줄 바꿈(가나다) 아이콘을 클릭(❽)합니다. 이렇게 하면 내용이 긴 글자는 자동으로 1줄 아래로 내려갑니다.

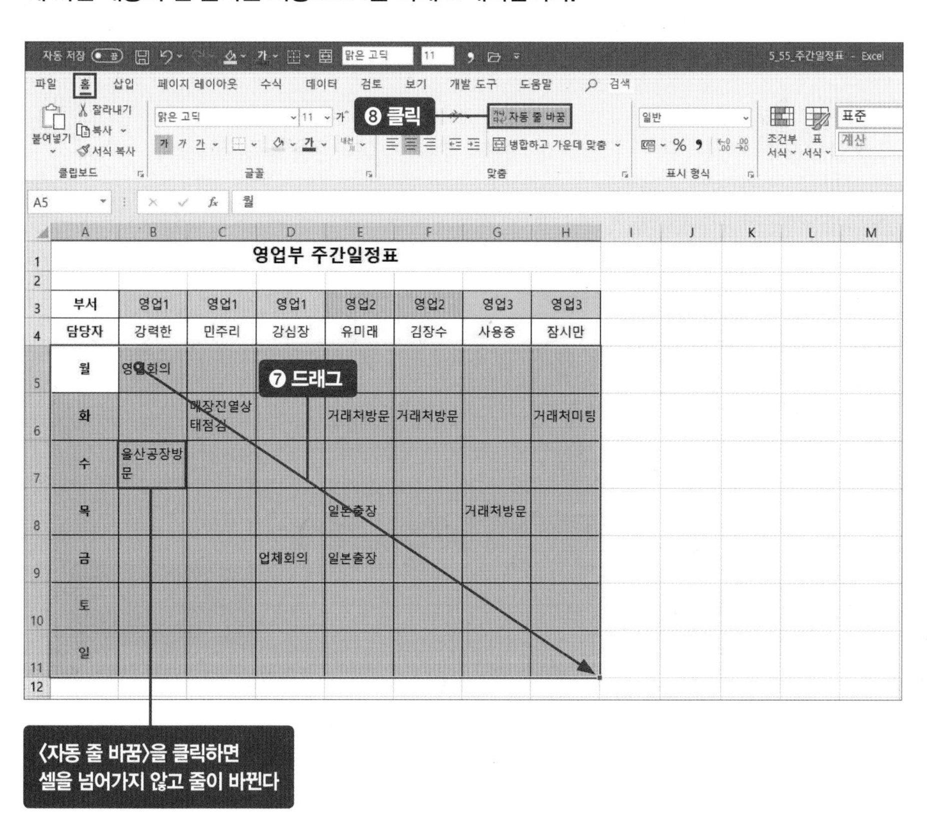

3. 제목 보기 좋게 입력하기

제목을 넣어봅시다. [A1] 셀에 **영업부 주간 일정표**를 입력(❶)하고 글자 크기 16(❷), 굵은 글씨(❸)로 변경합니다.

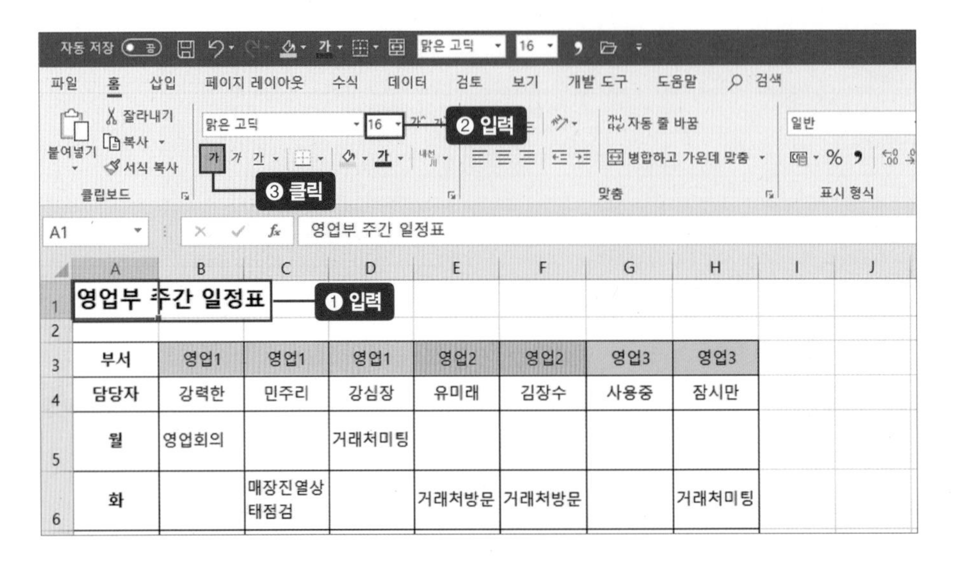

[A1:H1] 셀 범위를 설정(❹)한 후 [홈] 탭 → 병합하고 가운데 맞춤(⊡) 아이콘을 클릭(❺)합니다.

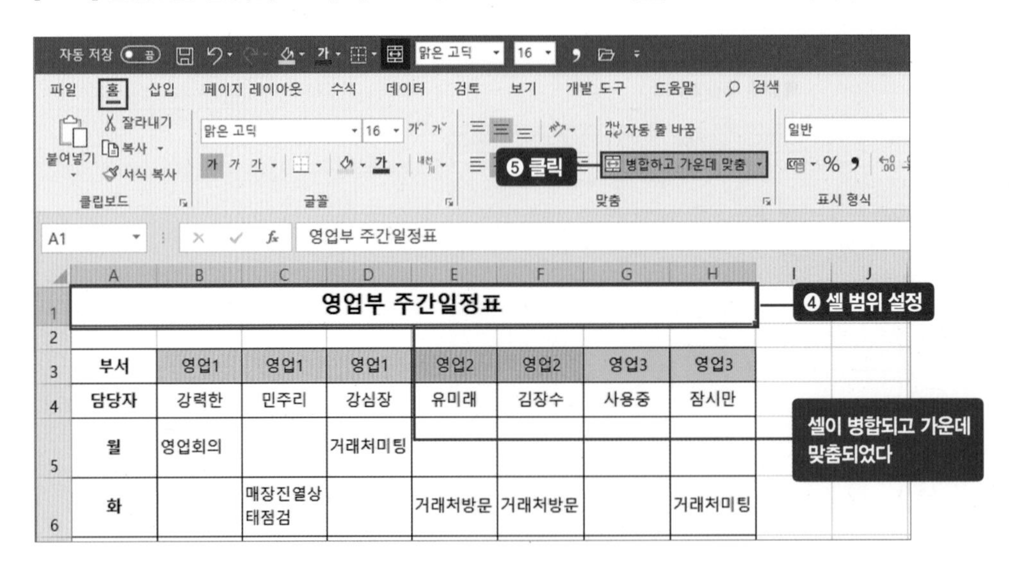

영업지점관리현황
— REPLACE 함수

업무 목표 | 알쏭달쏭 데이터 '–' 추가해 가독성 높이기

REPLACE 함수를 사용해 데이터 중간에 일정한 문자를 넣는 방법을 익히겠습니다. 컴활 시험에서도 대체문자로 바꾸라는 내용의 문제가 나올 정도로 빈번하고 유용하게 사용하는 함수입니다.

=REPLACE(기존 문자①가 있는 셀 주소, 문자 시작 위치②, 바꿀 문자 개수③, "새로 넣을 문자④") : 기존 문자①가 있는 셀을 선택한 다음, 문자 시작 위치②를 입력하고, 바꿀 문자 개수③를 입력한 다음 새로 넣을 문자④를 입력한다

완성 서식 미리 보기

'–'를 일괄 추가하면 영업소 코드의 알파벳과 숫자 구분이 쉬워진다

영업지점관리현황

영업소코드(-)	지역	업체명	매출액	미수	미수율	관리
DO-0001	인천	도야지	52,500,000	7,875,000	15%	
CA-0007	서울	캔들만들어	40,500,000	6,885,000	17%	
DN-A0004	서울	담넘어	111,000,000	11,100,000	10%	
JI-RO0015	서울	지록위마	225,900,000	42,921,000	19%	대상
TJ-0025	부산	㈜토종	63,000,000	315,000	1%	
IB-PA0120	광주	이불팔어	187,500,000	28,125,000	15%	
ML-I0011	대구	백만권	38,850,000	4,662,000	12%	
KA-NG0111	서울	강남땅	85,500,000	128,250	0%	
JJ-0024	울산	잡종㈜	22,875,000	2,058,750	9%	
SS-0005	목포	십만권	262,800,000	65,700,000	25%	대상
JD-C0237	통영	자동차고쳐	25,500,000	3,825,000	15%	
OM-0099	부산	㈜오만	131,400,000	17,082,000	13%	
UR-0149	대전	울등	43,800,000	3,504,000	8%	
LU-0028	태국	LULU	85,500,000	128,250	0%	
AP-P0117	일본	APP72	22,875,000	2,058,750	9%	
YY-0003	강릉	YY웍스	262,800,000	65,700,000	25%	대상
ZZ-0077	부산	Z747Z	25,500,000	3,825,000	15%	
MR-0088	대전	88물류	131,400,000	17,082,000	13%	
MR-0123	서울	123물류	43,800,000	3,504,000	8%	

영문 글자 사이에 대체문자 '–' 추가하기

예제파일 : 5_56_영업지점관리현황.xlsx 

1. 새로운 열 삽입하기

A열과 B열 사이에 열을 하나 삽입해 복잡한 영업소 코드를 새로 정리하겠습니다. [B3] 셀에서 우클릭(❶)해 [셀 명령] 도구창을 엽니다. 〈삽입〉을 클릭(❷)합니다.

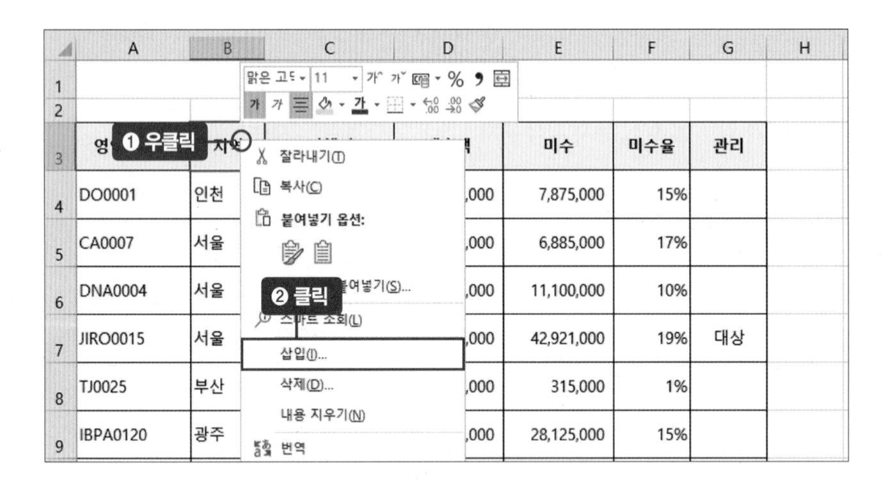

[삽입] 대화상자가 나타나면 '열 전체'에 체크(❸)한 다음 〈확인〉 버튼을 클릭(❹)합니다.

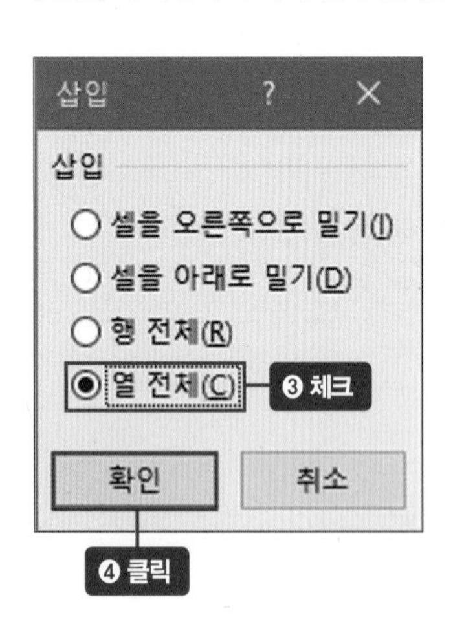

삽입의 종류

- 셀을 오른쪽으로 밀기 : 선택한 셀을 오른쪽으로 밀기
- 셀을 아래로 밀기 : 선택한 셀을 아래로 밀기
- 행 전체 : 전체 행을 아래로 내리기
- 열 전체 : 전체 열을 오른쪽으로 밀기

B열에 비어 있는 열이 추가되었습니다. [B3] 셀에 **영업소코드(–)**라는 항목 이름을 입력(❺)합니다.

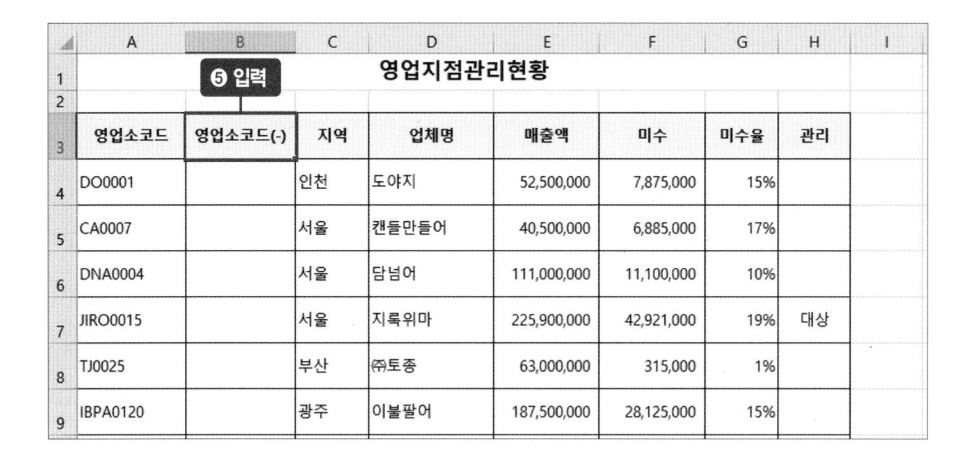

❺ 입력

영업지점관리현황

영업소코드	영업소코드(-)	지역	업체명	매출액	미수	미수율	관리
DO0001		인천	도야지	52,500,000	7,875,000	15%	
CA0007		서울	캔들만들어	40,500,000	6,885,000	17%	
DNA0004		서울	담넘어	111,000,000	11,100,000	10%	
JIRO0015		서울	지록위마	225,900,000	42,921,000	19%	대상
TJ0025		부산	㈜토종	63,000,000	315,000	1%	
IBPA0120		광주	이불팔어	187,500,000	28,125,000	15%	

2. REPLACE 함수 입력하기

[B4] 셀에 **=REPLACE(A4,3,0,"–")**를 입력(❶)합니다. 함수식을 해석하면 [A4] 셀의 3번째 문자부터 0번째 문자 부분에 '–'를 입력하라는 뜻입니다. 즉 2번째와 3번째 문자 사이에 '–'가 입력됩니다.

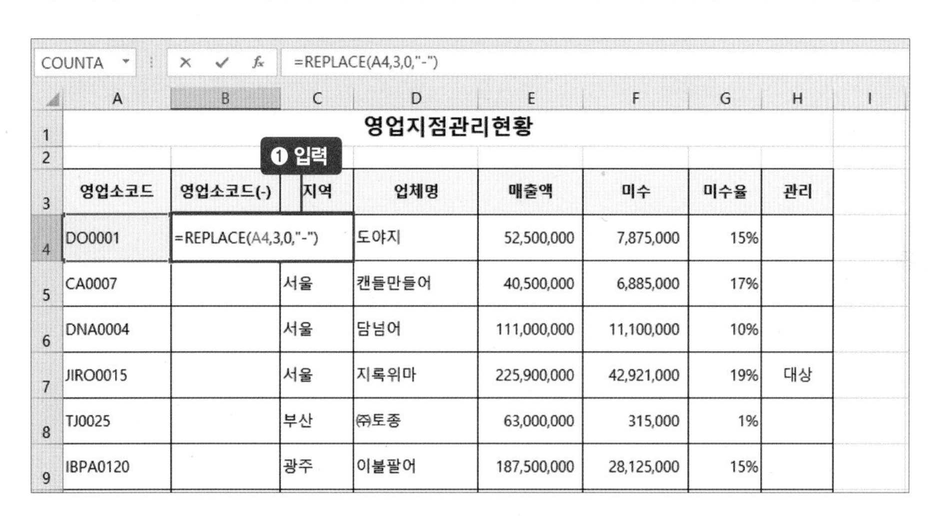

COUNTA | =REPLACE(A4,3,0,"-")

❶ 입력

영업지점관리현황

영업소코드	영업소코드(-)	지역	업체명	매출액	미수	미수율	관리
DO0001	=REPLACE(A4,3,0,"-")		도야지	52,500,000	7,875,000	15%	
CA0007		서울	캔들만들어	40,500,000	6,885,000	17%	
DNA0004		서울	담넘어	111,000,000	11,100,000	10%	
JIRO0015		서울	지록위마	225,900,000	42,921,000	19%	대상
TJ0025		부산	㈜토종	63,000,000	315,000	1%	
IBPA0120		광주	이불팔어	187,500,000	28,125,000	15%	

최종 함수식

=REPLACE(A4,3,0,"–")

[A4] 셀의 3번째에 –를 입력한다

tip

REPACE 함수로 여러 문자를 바꾸려면?

[B4] 셀에 REPLACE 함수를 입력할 때 3번째 인수 '0'을 '2'로 바꾸어 입력하면 [A4] 셀 'DO0001'를 'DO–01'로 만든다. 'DO0001'의 3번째부터 2개 문자를 '–'로 바꾸라는 명령이기 때문이다.

Enter 키를 눌러 값을 구하면 영업소코드 항목의 'DO0001' 이 'DO-0001'로 변경된 것을 확인할 수 있습니다. 자동 채우기 핸들을 더블클릭(❷)해 REPLACE 함수를 [B4:B22] 셀 범위에 복사합니다. 나머지 영업소코드도 3번째 문자에 '-'가 생겼습니다.

B4 =REPLACE(A4,3,0,"-")

영업지점관리현황

영업소코드	영업소코드(-)	지역	업체명	매출액	미수	미수율	관리
DO0001	DO-0001	인천	도야지	52,500,000	7,875,000	15%	
CA0007		서울		40,500,000	6,885,000	17%	
DNA0004		서울	담넘어	111,000,000	11,100,000	10%	
JIRO0015		서울	지록위마	225,900,000	42,921,000	19%	대상
TJ0025		부산	㈜토종	63,000,000	315,000	1%	
IBPA0120		광주	이불팔어	187,500,000	28,125,000	15%	

❷ 더블클릭

영업소코드(-)
DO-0001
CA-0007
DN-A0004
YY-0003
ZZ-0077
MR-0088
MR-0123

3번째 문자에 '-'가 생겼다

3. 문서 정돈하기

A열 내용이 정돈되어 B열에 나타났습니다. 사용하지 않을 A열을 워크시트에서 숨기겠습니다. 필요 없는 셀을 완전히 삭제하지 않는 이유는 B열에 입력한 함수에 A열이 포함되어 있기 때문입니다. A열을 완전히 삭제하면 B열에 오류값이 나타납니다. A열 머리글에서 마우스 우클릭(❶)합니다. [셀 명령] 도구창에서 〈숨기기〉를 클릭(❷)합니다.

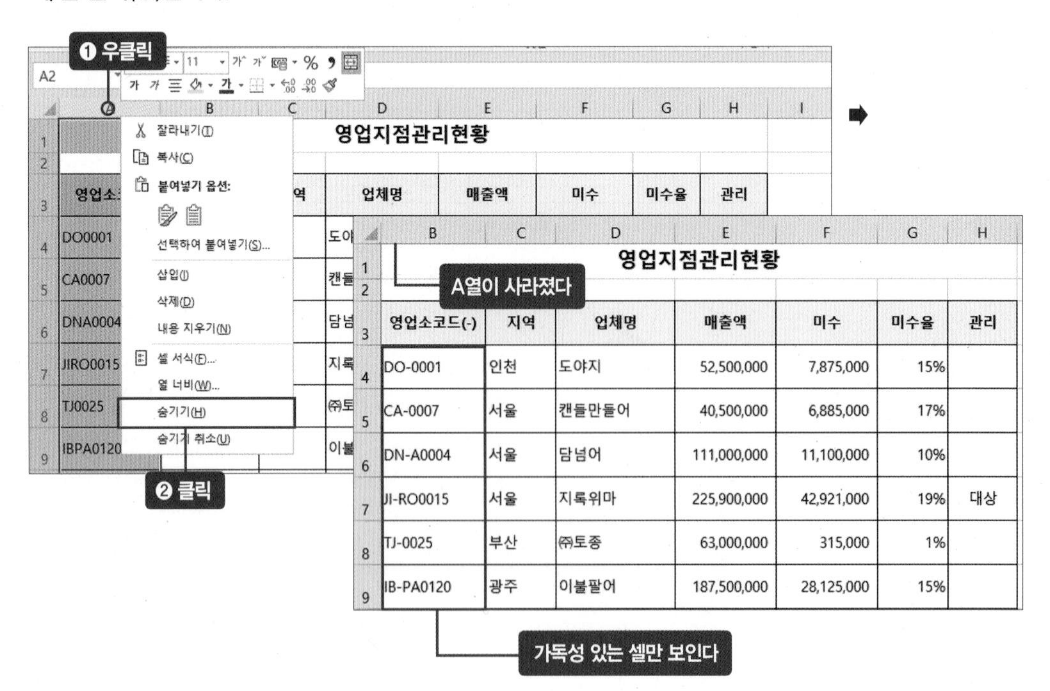

직원별매출현황 — SUMIFS 함수

업무 목표 | 직원별 성과 총매출액으로 관리하기

영업부가 여러 팀으로 나뉘어 있는 경우 2개 이상의 조건을 찾을 수 있는 SUMIFS 함수를 사용해 매출에 대한 결과가 나오는 엑셀 문서을 만들어보겠습니다. SUMIFS 함수는 컴활 등 시험에도 자주 출제되는 함수입니다.

=SUMIF(조건 범위①, 조건②, 합계를 구할 범위③) : 조건 범위①에서 조건②에 해당하는 값을 합계를 구할 범위③에서 찾아 더한다

=SUMIFS(조건 1, 2가 포함된 합계 범위①, 조건 1 범위②, 조건 1③, 조건 2 범위④, 조건 2⑤) : 조건 1③과 조건 2⑤를 만족하는 데이터를 조건 1, 2가 포함된 합계 범위①에서 선택해 더한다

완성 서식 미리 보기

영업부 직원별 매출현황

월별	부서	담당자	거래처	입금처리	매출액
1월	영업1	강력한	도야지	완료	3,500,000
1월	영업2	유미래	캔돌만돌어	완료	2,700,000
1월	영업1	민주리	담넘어	완료	7,400,000
1월	영업1	강력한	지록위마	완료	15,060,000
1월	영업2	유미래	㈜토종	완료	4,200,000
1월	영업1	민주리	이불팔어	완료	12,500,000
1월	영업2	김장수	백만권	완료	2,590,000
1월	영업3	사용중	강남땅	완료	5,700,000
1월	영업3	잠시만	잡종㈜	완료	1,525,000
1월	영업1	강력한	십만권	완료	17,520,000
1월	영업2	유미래	캔돌만돌어	완료	1,700,000
1월	영업1	민주리	담넘어	완료	9,900,000
1월	영업2	김장수	자동차고쳐	완료	8,500,000
1월	영업1	강력한	도야지	완료	5,500,000
1월	영업2	유미래	캔돌만돌어	완료	2,400,000
1월	영업1	민주리	담넘어	완료	4,500,000
2월	영업1	강력한	지록위마	완료	13,500,000
2월	영업2	유미래	㈜토종	완료	3,995,000
2월	영업1	민주리	이불팔어	완료	13,900,000
2월	영업2	김장수	백만권	완료	3,540,000
2월	영업1	강력한	십만권	완료	14,900,000
2월	영업2	유미래	㈜토종	완료	5,100,000
2월	영업1	민주리	담넘어	완료	8,880,000
2월	영업2	김장수	자동차고쳐	완료	7,945,000
2월	영업3	잠시만	잡종㈜	완료	1,375,000

구분	성명	총매출액
1월	강력한	41,580,000

구분	성명	총매출액
1월	영업1	75,880,000

1월		2월	
영업1	75,880,000	영업1	51,180,000
영업2	22,090,000	영업2	20,580,000
영업3	7,225,000	영업3	1,375,000

1월		2월	
강력한	41,580,000	강력한	28,400,000
유미래	11,000,000	유미래	9,095,000
민주리	34,300,000	민주리	22,780,000
김장수	11,090,000	김장수	11,485,000
사용중	5,700,000	사용중	-
잠시만	1,525,000	잠시만	1,375,000

SUMIFS 함수를 활용해 다양한 조건을 충족하는 데이터의 합을 구할 수 있다

SUMIFS 함수로 사원별 1월 총매출액 구하기

예제파일 : 5_57_직원별매출현황.xlsx 

1. 2개 이상 조건 합을 구하는 SUMIFS 함수 입력하기

SUMIFS 함수는 2개 이상 조건에 맞는 데이터들의 합을 구하는 함수입니다. '강력한' 사원의 1월 매출액 합계를 구해보겠습니다. [H4] 셀 '구분'에는 1월을, [I4] 셀 '성명'에는 **강력한**을 입력(❶)합니다.

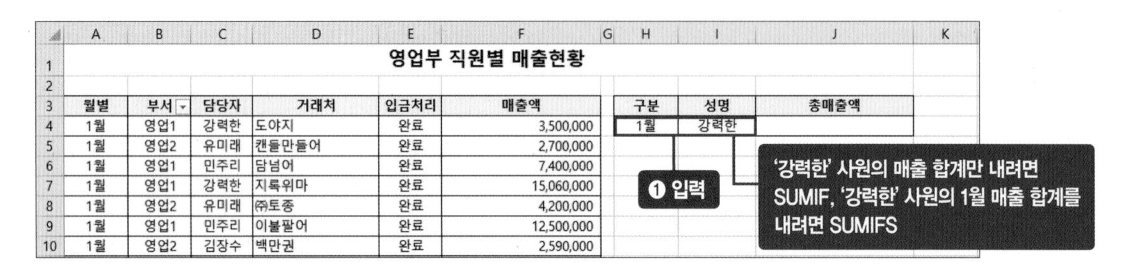

	A	B	C	D	E	F	G	H	I	J	K
1	영업부 직원별 매출현황										
2											
3	월별	부서	담당자	거래처	입금처리	매출액		구분	성명	총매출액	
4	1월	영업1	강력한	도야지	완료	3,500,000		1월	강력한		
5	1월	영업2	유미래	캔들만들어	완료	2,700,000					
6	1월	영업1	민주리	담넘어	완료	7,400,000					
7	1월	영업1	강력한	지록위마	완료	15,060,000					
8	1월	영업2	유미래	㈜토종	완료	4,200,000					
9	1월	영업1	민주리	이불팔어	완료	12,500,000					
10	1월	영업2	김장수	백만권	완료	2,590,000					

[J4] 셀에 **=SUMIFS(**를 입력(❷)합니다.

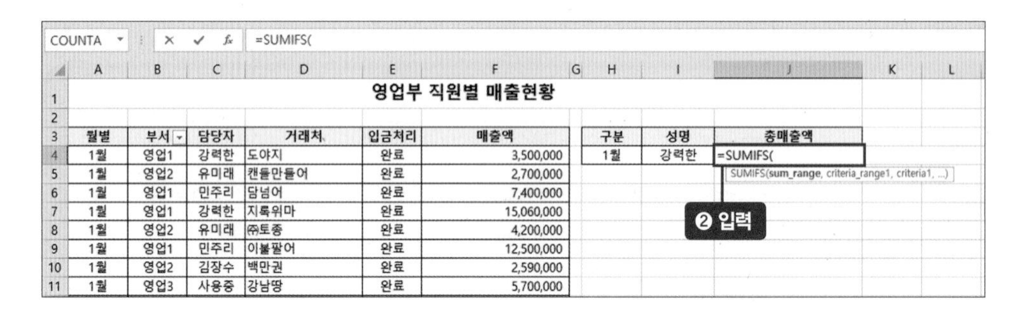

COUNTA | =SUMIFS(

	A	B	C	D	E	F	G	H	I	J	K	L
1	영업부 직원별 매출현황											
2												
3	월별	부서	담당자	거래처	입금처리	매출액		구분	성명	총매출액		
4	1월	영업1	강력한	도야지	완료	3,500,000		1월	강력한	=SUMIFS(		
5	1월	영업2	유미래	캔들만들어	완료	2,700,000						
6	1월	영업1	민주리	담넘어	완료	7,400,000						
7	1월	영업1	강력한	지록위마	완료	15,060,000						
8	1월	영업2	유미래	㈜토종	완료	4,200,000						
9	1월	영업1	민주리	이불팔어	완료	12,500,000						
10	1월	영업2	김장수	백만권	완료	2,590,000						
11	1월	영업3	사용중	강남땅	완료	5,700,000						

2. 전직원의 1, 2월 매출액 범위 지정하기

합을 구할 실제 금액이 입력되어 있는 [F4:F28] 셀 범위를 설정합니다.

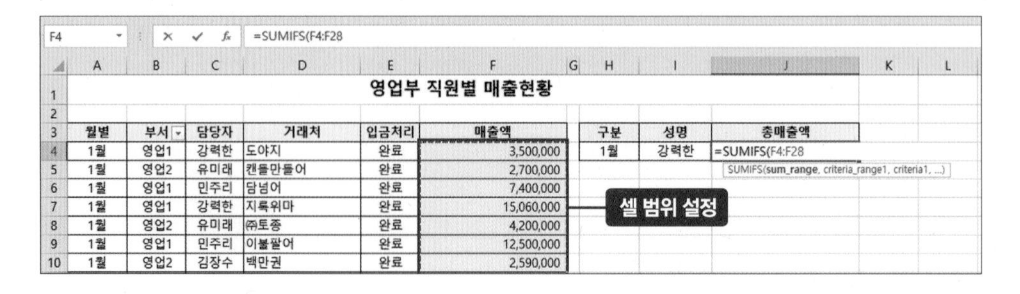

F4 | =SUMIFS(F4:F28

	A	B	C	D	E	F	G	H	I	J	K	L
1	영업부 직원별 매출현황											
2												
3	월별	부서	담당자	거래처	입금처리	매출액		구분	성명	총매출액		
4	1월	영업1	강력한	도야지	완료	3,500,000		1월	강력한	=SUMIFS(F4:F28		
5	1월	영업2	유미래	캔들만들어	완료	2,700,000						
6	1월	영업1	민주리	담넘어	완료	7,400,000						
7	1월	영업1	강력한	지록위마	완료	15,060,000						
8	1월	영업2	유미래	㈜토종	완료	4,200,000						
9	1월	영업1	민주리	이불팔어	완료	12,500,000						
10	1월	영업2	김장수	백만권	완료	2,590,000						

3. 1번째 조건 지정하기

구하려고 하는 값은 강력한 사원의 1월 매출액 합입니다. 1월, 2월 데이터가 포함된 범위를 원본 데이터에서 지정합니다. [J4] 셀에 쉼표 ,를 입력(❶)한 다음 '월별' 항목이 있는 [A4:A28] 셀 범위를 설정(❷)합니다.

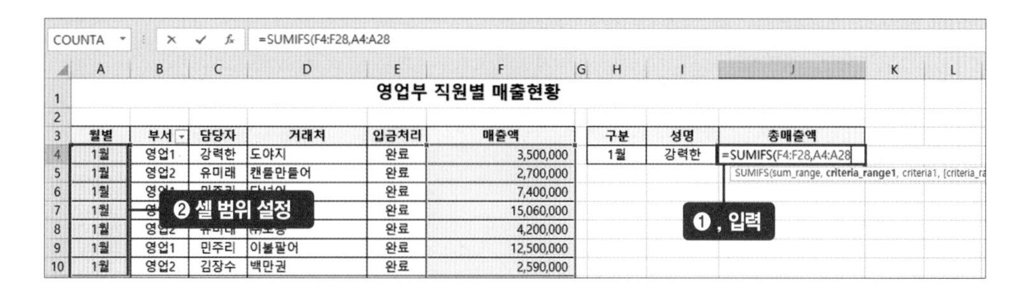

이번에는 '1월' 조건을 지정합니다. 쉼표 ,를 입력(❸)한 다음 1번째 조건인 '1월' 데이터가 속한 [H4] 셀을 클릭(❹)합니다.

4. 2번째 조건 지정하기

1월 매출액만 뽑아내기 위해 '월별' 셀 전체를 선택하고 '1월' 조건도 지정했습니다. 다음으로 2번째 조건 범위인 '담당자' 항목을 선택해야 합니다. [J4] 셀에 쉼표 ,를 입력(❶)한 다음 '담당자' 항목이 있는 [C4:C28] 셀 범위를 설정(❷)합니다.

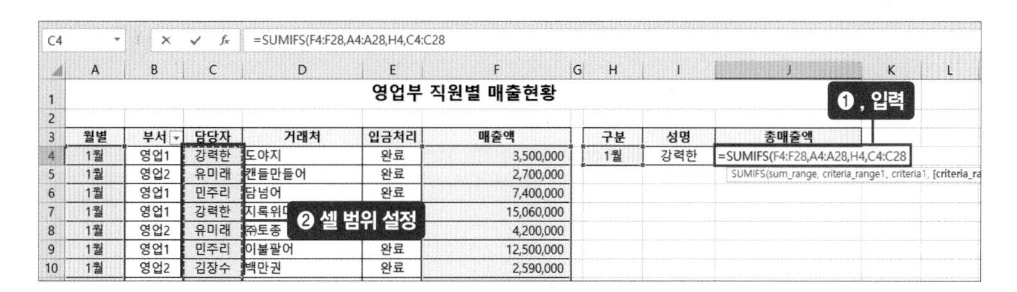

마지막으로 구할 2번째 조건을 입력합니다. [J4] 셀에 쉼표 ,를 입력(❸)한 다음 강력한 사원의 매출액을 구하는 것이므로 '강력한'이 입력되어 있는 [I4] 셀을 클릭(❹)합니다. 닫는 괄호)를 입력(❺)해 함수식을 마무리하고 Enter 키(❻)를 눌러 값을 구합니다.

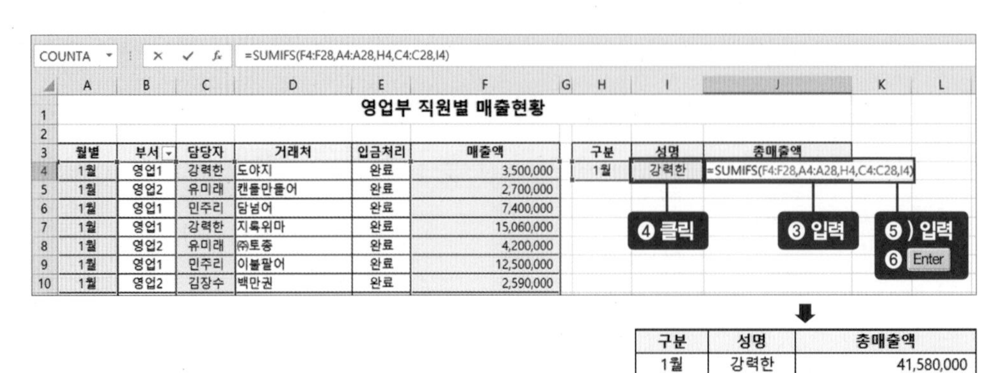

구분	성명	총매출액
1월	강력한	41,580,000

최종 함수식

=SUMIFS(F4:F28,A4:A28,H4,C4:C28,I4)

[F4:F28] 셀 범위에서 '1월' [H4] 셀('1월'이 있는 셀 범위는 [A4:A28])에 해당하고 '강력한'이 있는 [I4] 셀('강력한'이 있는 셀 범위는 [C4:C28])에 해당하는 값의 합계를 구한다

SUMIFS 함수로 월별 부서 매출 구하기

① 1월 영업1부 총매출액 구하기

함수식을 =SUMIFS(F4:F28,A4:A28,H7,B4:B28,I7)로 변경해주면 1월 영업1부의 총매출액을 추출할 수도 있습니다.

1월 (H7) / 부서 범위 (B4:B28) / 영업1부 (I7)

J7 =SUMIFS(F4:F28,A4:A28,H7,B4:B28,I7)

영업부 직원별 매출현황

월별	부서	담당자	거래처	입금처리	매출액
1월	영업1	강력한	도야지	완료	3,500,000
1월	영업2	유미래	캔들만들어	완료	2,700,000
1월	영업1	민주리	담넘어	완료	7,400,000
1월	영업1	강력한	지록위마	완료	15,060,000
1월	영업2	유미래	㈜토종	완료	4,200,000
1월	영업1	민주리	이불팔어	완료	12,500,000
1월	영업2	김장수	백만권	완료	2,590,000

구분	성명	총매출액
1월	강력한	41,580,000

구분	성명	총매출액
1월	영업1	=SUMIFS(F4:F28,A4:A28,H7,B4:B28,I7)

② 절댓값 설정해 영업1~3부 월매출 자동으로 구하기

부서별 월별 총매출액을 구할 때 함수식에서 변하지 않는 범위인 매출액, 월별, 1월, 2월의 범위를 절댓값으로 변경하면 자동 채우기 핸들로 영업1~3부의 월별 매출을 구할 수 있습니다. 예를 들어 아래 화면처럼 1월, 2월 표를 각각 만들어 변하지 않는 항목을 절댓값으로 변경해 1월 영업1부의 총매출액을 구하면 함수식은 =SUMIFS($F$4:$F$28,$A$4:$A$28,$H$9,$B$4:$B$28,H10)이 됩니다.

부서 이름만 바꾸면 부서별 월매출이 구해진다

COUNTA =SUMIFS($F$4:$F$28,$A$4:$A$28,$H$9,$B$4:$B$28,H10)

영업부 직원별 매출현황

월별	부서	담당자	거래처	입금처리	매출액
1월	영업1	강력한	도야지	완료	3,500,000
1월	영업2	유미래	캔들만들어	완료	2,700,000
1월	영업1	민주리	담넘어	완료	7,400,000
1월	영업1	강력한	지록위마	완료	15,060,000
1월	영업2	유미래	㈜토종	완료	4,200,000
1월	영업1	민주리	이불팔어	완료	12,500,000
1월	영업2	김장수	백만권	완료	=SUMIFS($F$4:$F$28,$A$4:$A$28,$H$9,$B$4:$B$28,H10)
1월	영업3	사용중	강남땅	완료	5,700,000
1월	영업3	잠시만	잡종㈜	완료	1,525,000
1월	영업1	강력한	십만권	완료	17,520,000
1월	영업2	유미래	캔들만들어	완료	1,700,000
1월	영업1	민주리	담넘어	완료	9,900,000
1월	영업2	김장수	자동차고쳐	완료	8,500,000
1월	영업1	강력한	도야지	완료	5,500,000
1월	영업2	유미래	캔들만들어	완료	2,400,000
1월	영업1	민주리	담넘어	완료	4,500,000
2월	영업1	강력한	지록위마	완료	13,500,000
2월	영업2	유미래	㈜토종	완료	3,995,000
2월	영업1	민주리	이불팔어	완료	13,900,000
2월	영업2	김장수	백만권	완료	3,540,000
2월	영업1	강력한	십만권	완료	14,900,000
2월	영업2	유미래	㈜토종	완료	5,100,000
2월	영업1	민주리	담넘어	완료	8,880,000
2월	영업2	김장수	자동차고쳐	완료	7,945,000
2월	영업3	잠시만	잡종㈜	완료	1,375,000

구분	성명	총매출액
1월	강력한	41,580,000

구분	성명	총매출액
1월	영업1	75,880,000

1월		2월	
영업2	22,090,000	영업2	20,580,000
영업3	7,225,000	영업3	1,375,000

함수식으로 여러 개의 값을 구할 때 변하지 않아야 하는 인수는 무엇인지 구분하는 연습을 하자

③ 직원별 월별 총매출액 구하기

직원별 월별 총매출액을 구할 때 변하지 않는 값인 매출액, 월별, 1월, 2월의 범위를 절댓값으로 지정해 직원별 월별 총매출액을 구할 수 있습니다. 아래 화면에서 1월 강력한 사원의 총매출액을 구하는 함수식은 **=SUMIFS($F$4:$F$28,$A$4:$A$28,$H$14,$C$4:$C$28,H15)**입니다. 맨 끝 인수를 H16으로 지정하면 '유미래', H17로 지정하면 '임주리' 사원의 월별 총매출액을 구할 수 있습니다.

COUNTA | =SUMIFS($F$4:$F$28,$A$4:$A$28,$H$14,$C$4:$C$28,H15)

직원 이름만 바꾸면 직원별 월매출이 구해진다

영업부 직원별 매출현황

월별	부서	담당자	거래처	입금처리	매출액
1월	영업1	강력한	도야지	완료	3,500,000
1월	영업2	유미래	캔들만들어	완료	2,700,000
1월	영업1	민주리	담넘어	완료	7,400,000
1월	영업1	강력한	지룩위마	완료	15,060,000
1월	영업2	유미래	㈜토종	완료	4,200,000
1월	영업1	민주리	이불팔어	완료	12,500,000
1월	영업2	김장수	백만권	완료	2,590,000
1월	영업3	사용중	강남땅	완료	5,700,000
1월	영업3	잠시만	잡종㈜	완료	1,525,000
1월	영업1	강력한	십만권	완료	17,520,000
1월	영업2	유미래	캔들만들어	완료	1,700,000
1월	영업1	민주리	담넘어	완료	9,900,000
1월	영업2	김장수	자동차고쳐	완료	8,500,000
1월	영업1	강력한	도야지	완료	5,500,000
1월	영업2	유미래	캔들만들어	완료	2,400,000
1월	영업1	민주리	담넘어	완료	4,500,000
2월	영업1	강력한	지룩위마	완료	13,500,000
2월	영업2	유미래	㈜토종	완료	3,995,000
2월	영업1	민주리	이불팔어	완료	13,900,000
2월	영업2	김장수	백만권	완료	3,540,000
2월	영업1	강력한	십만권	완료	14,900,000
2월	영업2	유미래	㈜토종	완료	5,100,000
2월	영업1	민주리	담넘어	완료	8,880,000
2월	영업2	김장수	자동차고쳐	완료	7,945,000
2월	영업3	잠시만	잡종㈜	완료	1,375,000

구분	성명	총매출액
1월	강력한	41,580,000

구분	성명	총매출액
1월	영업1	75,880,000

1월		2월	
영업1	75,880,000	영업1	51,180,000
영업2	22,090,000	영업2	20,580,000
영업3	7,225,000	영업3	1,375,000

1월		2월	
강력한	=SUMIFS($F$4:$F$28,$A$4:$A$28,$H$14,$C$4:$C$28,H15)		
유미래	11,000,000	유미래	9,095,000
민주리	34,300,000	민주리	22,780,000
김장수	11,090,000	김장수	11,485,000
사용중	5,700,000	사용중	-
잠시만	1,525,000	잠시만	1,375,000

부 | 록 | 1

로또 당첨번호 추적기

1 | 엑셀로 즐기는 로또 분석

① 1주일의 즐거움, 로또!

기본적으로 로또를 해서 얻는 금전적인 이익보다는 심리적인 측면의 이익이 더 크지요. 아무리 어렵고 힘든 일을 해도 1주일 중 주말이 되면 보상을 받을 수도 있는 기회가 온다는 즐거움이 있으니까요. 혹시 이번에 당첨되지 않아도 또 다음 1주일을 희망을 가지고 기다릴 수 있는 재미있는 스포츠입니다. 실제로 필자의 블로그 이웃들 중에서 여러 실패로 가슴아파하다가 로또를 사는 즐거움으로 회복한 분들도 보았습니다. 로또는 수익금의 50%를 기부하니 일석이조의 즐거움입니다.

② 로또 1등에 당첨될 확률은 $\frac{1}{8,145,060}$

로또는 1부터 45까지의 숫자 중 6개를 맞추는 게임입니다. 로또 1등에 당첨될 확률을 구해보면 첫 숫자가 당첨 숫자 중 하나일 확률은 $\frac{6}{45}$입니다. 그다음 숫자가 나머지 5개 당첨 숫자 중 하나일 확률은 $\frac{5}{44}$이지요. 그다음 숫자가 나머지 4개 숫자 중 하나일 확률은 $\frac{4}{43}$입니다. 이런 식으로 로또 1등에 당첨될 확률을 구하면 $\frac{6}{45}\times\frac{5}{44}\times\frac{4}{43}\times\frac{3}{42}\times\frac{2}{41}\times\frac{1}{40}=\frac{1}{8,145,060}$ 입니다.

엑셀에서 이 식을 계산하면 아래 화면과 같습니다. [H4] 셀은 [B4] 셀부터 [G4] 셀까지 곱한 값이고, [H5] 셀은 [B5] 셀부터 [G5] 셀까지 곱한 값, [H6] 셀은 [H5] 셀을 [H4] 셀로 나눈 값입니다. 이 식을 계산해보면 로또 1등에 당첨될 확률은 $\frac{1}{8,145,060}$ 로, 매우 낮습니다.

	A	B	C	D	E	F	G	H
1	한국 로또 번호		1~45	6개가 맞으면 1등				
2								
3		엑셀로 확인해보는 로또 당첨 확률						
4		6	5	4	3	2	1	720
5		45	44	43	42	41	40	5,864,443,200
6				1등				8,145,060

로또 1등에 당첨될 확률은 $\frac{1}{8,145,060}$

③ 당첨 확률을 높이는 로또 조합기

실제 당첨 확률은 낮지만 엑셀로 만든 로또 조합기를 사용하면 불가능에 도전하는 것을 즐길 수 있습니다. 엑셀 수식을 활용해 요즘 자주 나오는 숫자가 무엇인지 분석하고 지난 로또 당첨번호를 토대로 이번 주 당첨번호를 예측할 수 있습니다. 한국 로또는 45개 번호에서 6개를 맞추면 1등입니다. 45개 번호에서 6개를 고르는 것보다 당첨 확률이 있는 번호 15~21개 정도를 골라내 조합하면 전체적인 당첨 확률을 높일 수 있지요. 45개에서 18개 번호를 골라 조합한 경우의 수는 18,564개이며, 당첨 확률은 $\frac{1}{18,564}$ 입니다. 물론 18개 번호에 당첨번호가 포함되어 있을 때 말이지요. 조합기에 불필요한 수의 조합을 줄이는 노하우를 담아 당첨 확률을 높이는 것입니다.

	A	B	C	D	E	F	G	
1	한국 로또 번호		1~45	6개가 맞으면 1등				
2								
3		엑셀로 확인해보는 로또 당첨 확률						
4		6	5	4	3	2	1	720
5		18	17	16	15	14	13	13,366,080
6		1등(18개 중 6개를 뽑아 조합했을 때)						18,564

엑셀 로또 조합기를 사용하면 당첨 확률이 $\frac{1}{18,564}$ 로 올라간다

④ 엑셀 활용 로또 분석! '한방에 십억 모으기 연구모임' 카페

'한방에 십억 모으기 연구모임' 네이버 카페에서 로또 초보자를 위한 용어 설명부터 로또 관련 자료, 로또를 좀더 쉽게 할 수 있는 여러 조합기를 다운받을 수 있습니다. 실제로 당첨된 분들의 체험기도 종종 올라오니 한번 읽어보세요.

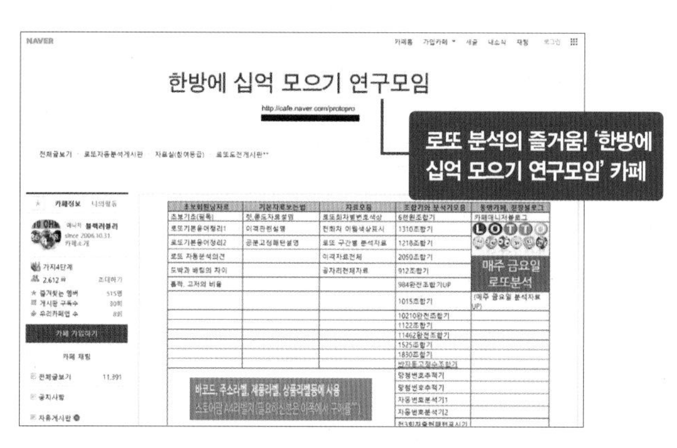

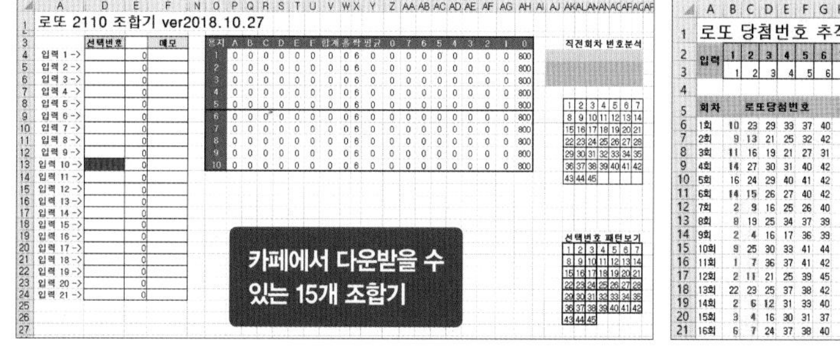

2 | 원하는 당첨번호 색깔로 표시하기

예제파일 : 로또당첨번호추적기.xlsx

① 조건부 서식과 COUNTIF 함수만 알면 OK!

숫자를 사용하는 데이터는 모두 엑셀로 분석할 수 있는 대상입니다. 로또 당첨번호도 그렇지요. 이미 지나간 당첨번호가 어떤 것들이었는지 로또 당첨번호 추적기를 소개합니다. 추적기 작동 원리에 대해 질문하는 분들이 많은데, 아래 방법을 참고하면 됩니다. 조건부 서식과 COUNTIF 함수로 입력 칸에 입력한 번호만 골라서 색상을 바꿔보겠습니다.

② 당첨번호 검색하면 해당 숫자에 표시하기

입력 번호에 따라 색이 달라져야 하는 범위는 [B6:G866]이므로 먼저 [B6:G866] 셀 범위를 지정합니다. [B6] 셀을 클릭(❶)한 다음 Ctrl + Shift + ↓ + → 키(❷)를 누르면 쉽게 넓은 범위를 지정할 수 있습니다.

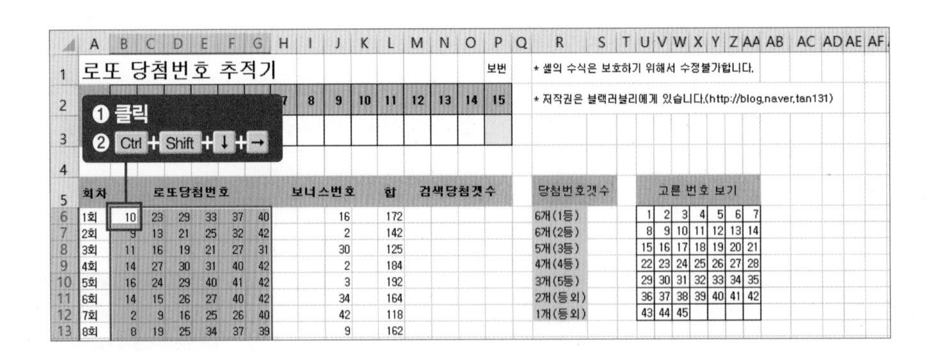

[홈] 탭 → 조건부 서식(▦) 아이콘 → 〈새 규칙〉을 클릭(❸)합니다.

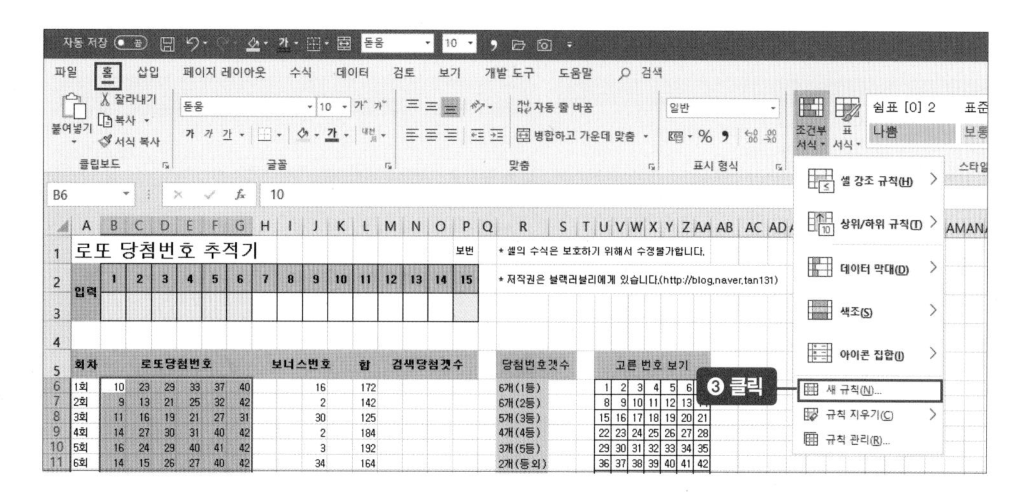

'규칙 유형 선택'에서 〈수식을 사용하여 서식을 지정할 셀 결정〉을 클릭(❹)합니다. '다음 수식이 참인 값의 서식 지정'에 **=COUNTIF($B$3:$G$3,B6)**를 입력(❺)합니다. 번호를 입력하는 [B3:G3] 셀 범위는 $가 있는 절댓값으로 설정($ 직접 입력 혹은 셀 이름 위에 마우스 커서를 두고 F4)하고 당첨번호가 입력되어 있는 [B6] 셀은 절댓값으로 설정하지 않아야 합니다. 〈서식〉 버튼을 클릭(❻)합니다.

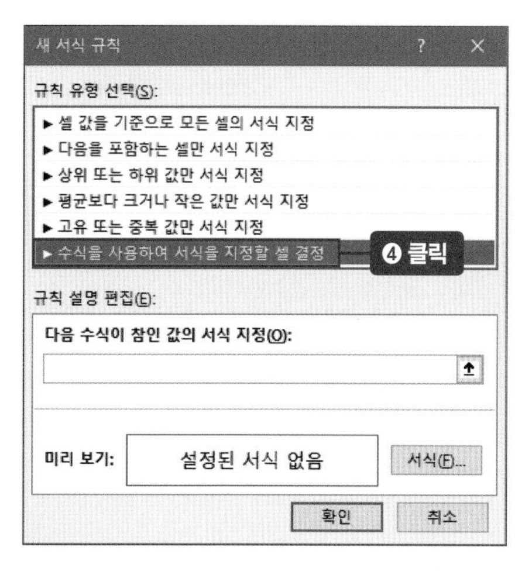

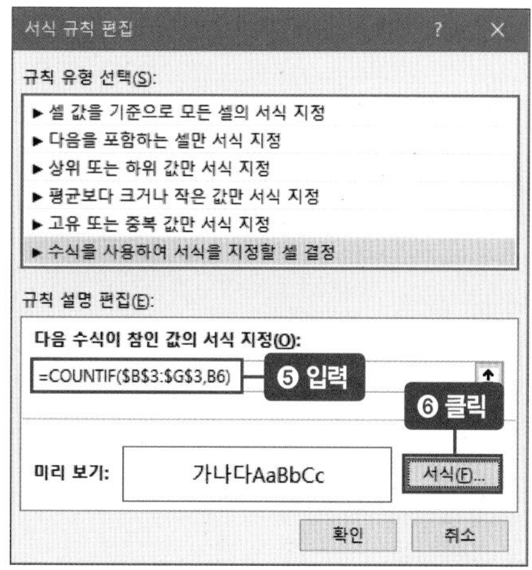

tip

셀 주소는 드래그해 입력

[서식 규칙 편집] 대화상자가 나타나면 **=COUNTIF(**를 입력한 다음 워크시트에서 [B3:G3] 셀 범위를 드래그한다. 함수식에 자동으로 절댓값이 지정된다.

[셀 서식] 대화상자가 나타나면 [채우기] 탭을 클릭(❼)해 빨간색을 선택(❽)하고 〈확인〉 버튼을 클릭(❾)합니다. [서식 규칙 편집] 대화상자에서도 미리보기의 빨간색 배경을 확인하고 〈확인〉 버튼을 클릭(❿)합니다.

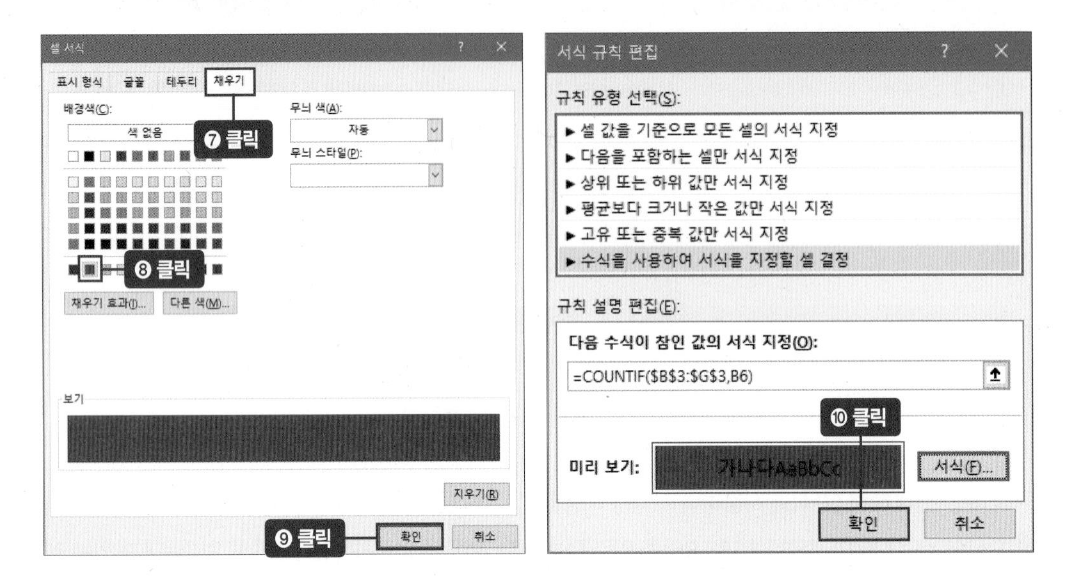

조건부 서식이 잘 지정되었는지 확인하기 위해 임의의 숫자 2를 [B3] 셀 입력창에 입력한 다음 Enter 키(⓫)를 누릅니다. 2가 나온 로또 번호들이 빨간색으로 표시됩니다.

회차	로또당첨번호						보너스번호	합	검색당첨갯수
1회	10	23	29	33	37	40	16	172	
2회	9	13	21	25	32	42	2	142	
3회	11	16	19	21	27	31	30	125	
4회	14	27	30	31	40	42	2	184	
5회	16	24	29	40	41	42	3	192	
6회	14	15	26	27	40	42	34	164	
7회	2	9	16	25	26	40	42	118	
8회	8	19	25	34	37	39	9	162	
9회	2	4	16	17	36	39	14	114	
10회	9	25	30	33	41	44	6	182	
11회	1	7	36	37	41	42	14	164	
12회	2	11	21	25	39	45	44	143	
13회	22	23	25	37	38	42	26	187	
14회	2	6	12	31	33	40	15	124	

나머지 칸에도 각각 1~45 사이(로또 번호) 숫자를 넣었더니 해당 숫자가 빨간색으로 표시됩니다.

③ 보너스 번호 검색하면 해당 숫자에 표시하기

보너스 번호에도 같은 방법으로 색상을 표시할 수 있습니다. [J6:J866] 셀 범위를 설정(❶)합니다.

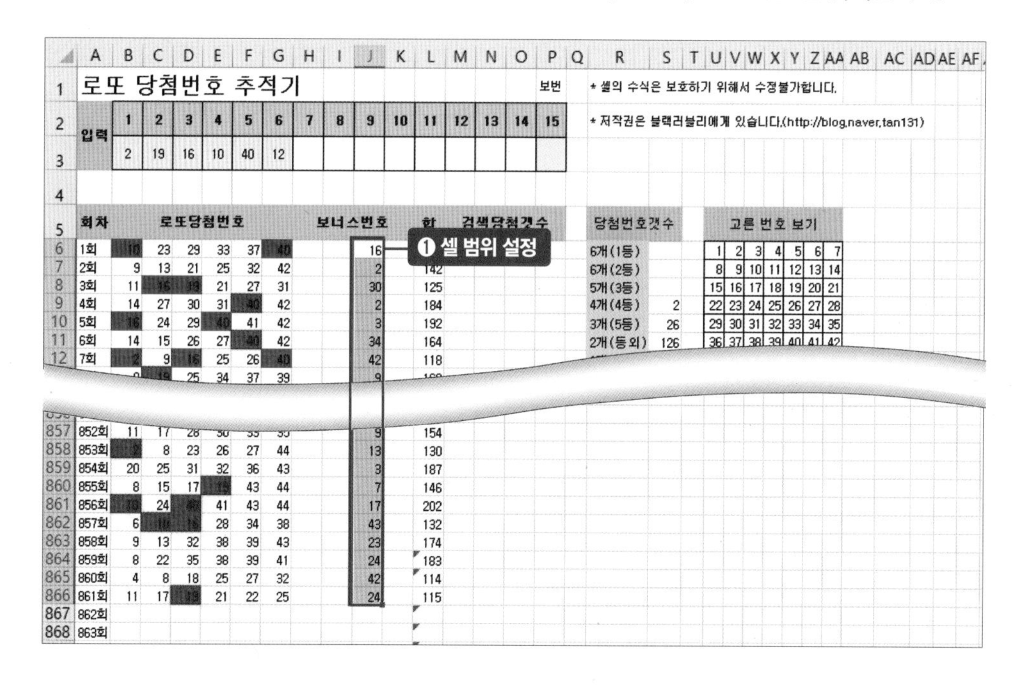

[홈] 탭 → 조건부 서식(▦) 아이콘 → 〈새 규칙〉을 클릭(❷)합니다.

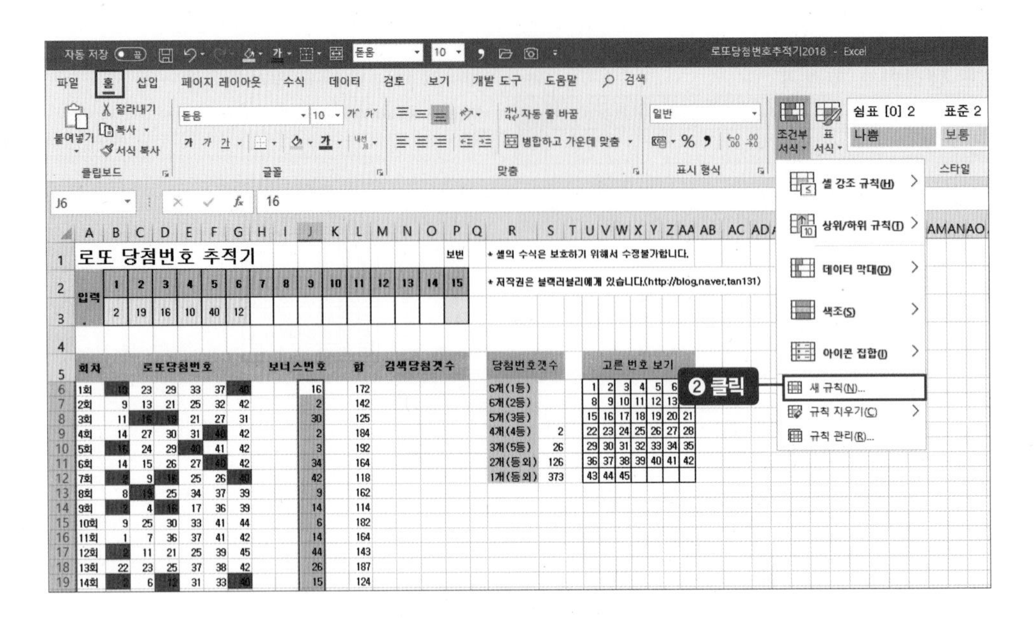

[새 서식 규칙] 대화상자가 나타나면 〈수식을 사용하여 서식을 지정할 셀 결정〉을 선택(❸)한 다음 '다음 수식이 참인 값의 서식 지정'에 =COUNTIF($P$3,J6)을 입력(❹)합니다. 이번에도 번호를 입력하는 [P3] 셀은 $를 포함한 절댓값으로 설정하고 당첨번호가 있는 [J6] 셀은 절댓값으로 설정하지 않습니다. 〈서식〉을 클릭(❺)합니다.

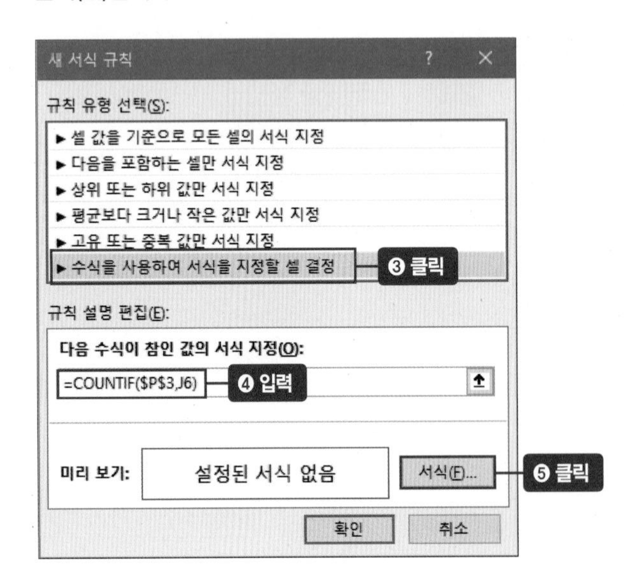

[셀 서식] 대화상자가 나타나면 [채우기] 탭(❻)에서 파란색을 선택(❼)하고 〈확인〉 버튼을 클릭(❽)합니다. [새 서식 규칙] 대화상자를 보면 서식을 적용하기 전 '미리 보기'에 색상이 적용된 것이 보입니다. 〈확인〉 버튼을 클릭(❾)합니다.

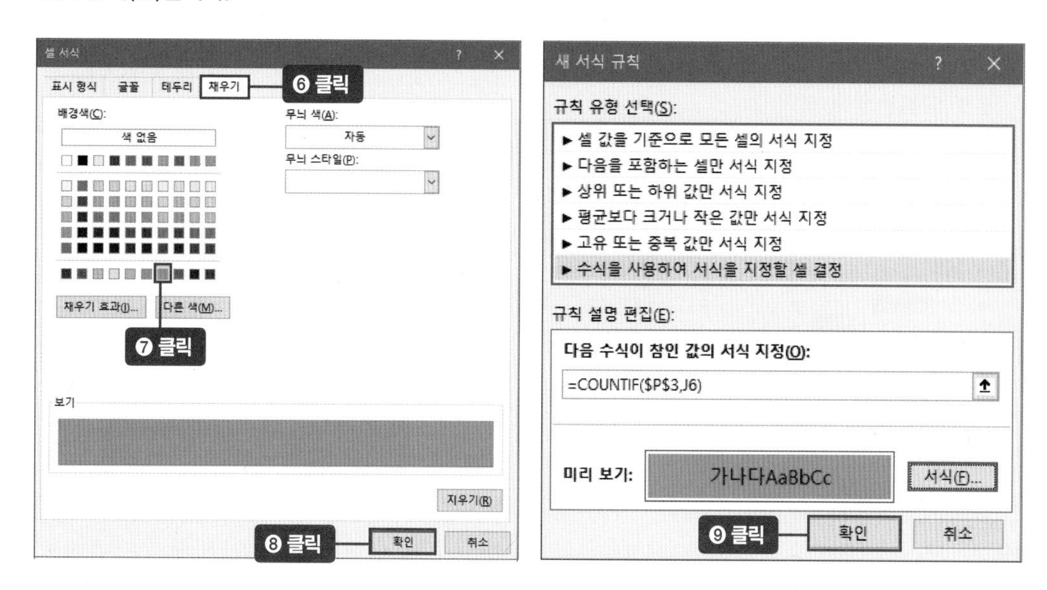

[P3] 셀 보너스 번호 입력 칸에 14를 입력하고 Enter 키(❿)를 누릅니다. [J6:J866] 셀 범위에서 보너스 번호 중 14가 있으면 파란색으로 표시됩니다.

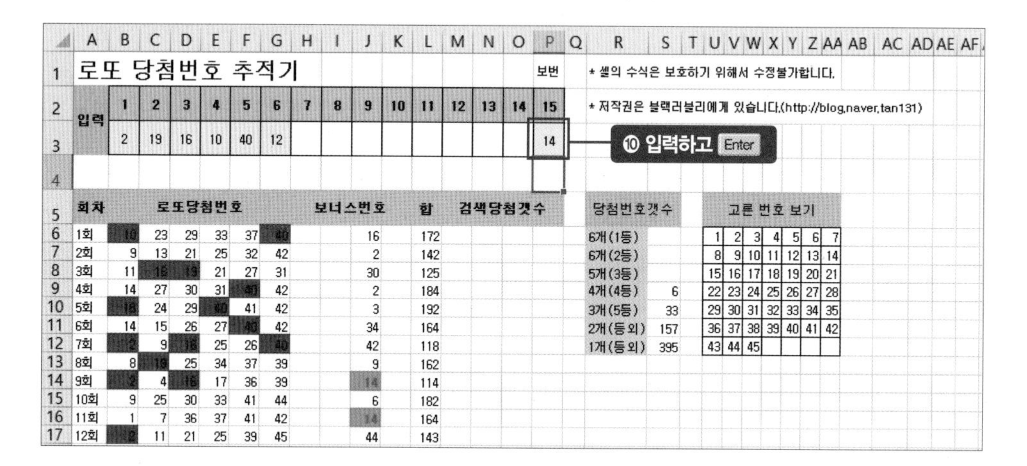

④ 고른 번호 보기

입력한 숫자가 무엇인지 한눈에 볼 수 있도록 '고른 번호 보기'에도 앞의 과정을 반복해 조건부 서식을 입력합니다. 로또 당첨번호 추적기가 완성되었습니다.

로또 당첨번호 추적기

입력	1	2	3	4	5	6	7	8	9	10	11	12	13	14	15 (보번)
	2	19	16	10	40	12									14

* 셀의 수식은 보호하기 위해서 수정불가합니다.
* 저작권은 블랙러블리에게 있습니다.(http://blog.naver.tan131)

회차	로또당첨번호						보너스번호	합	검색당첨갯수
1회	10	23	29	33	37	40	16	172	
2회	9	13	21	25	32	42	2	142	
3회	11	16	19	21	27	31	30	125	
4회	14	27	30	31	40	42	2	184	
5회	16	24	29	40	41	42	3	192	
6회	14	15	26	27	40	42	34	164	
7회	2	9	16	25	26	40	42	118	
8회	8	19	25	34	37	39	9	162	
9회	2	4	16	17	36	39	14	114	
10회	9	25	30	33	41	44	6	182	
11회	1	7	36	37	41	42	14	164	
12회	2	11	21	25	39	45	44	143	

당첨번호갯수	
6개(1등)	
6개(2등)	
5개(3등)	
4개(4등)	6
3개(5등)	33
2개(등외)	157
1개(등외)	395

고른 번호 보기						
1	2	3	4	5	6	7
8	9	10	11	12	13	14
15	16	17	18	19	20	21
22	23	24	25	26	27	28
29	30	31	32	33	34	35
36	37	38	39	40	41	42
43	44	45				

상단에 입력한 번호로 당첨된 적이 몇 번 있었는지를 등수별로 보여준다

tip 엑셀 로또 분석 카페에서 정보 얻기

제가 운영하는 '한방에 십억 모으기 연구모임' 카페(cafe.naver.com/protopro)에는 로또와 관련된 다양한 자료들이 있습니다. 방금 배운 당첨번호 추적기부터, 뽑은 숫자를 원하는 게임 횟수만큼 조합해주는 조합기도 있습니다. 특히 엑셀 로또 조합기에는 제가 오랜 시간 분석한 노하우가 담겨 있습니다. 카페에 업로드되어 있는 엑셀 로또 조합기를 사용해 당첨 확률이 올라갔다는 회원들의 생생한 후기도 들을 수 있으니 한 번 방문해보세요.

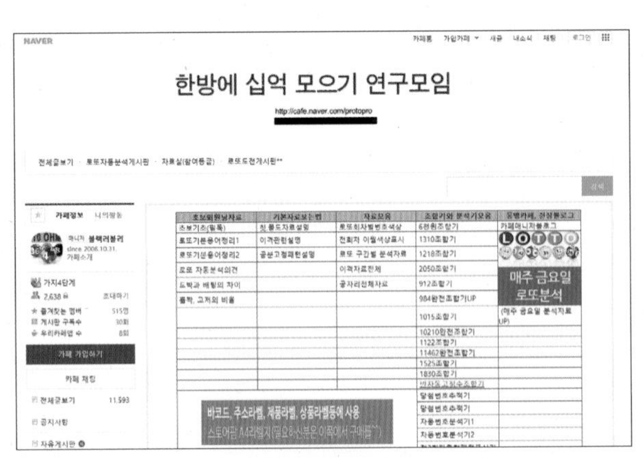

로또 관련 정보를 공유하는 카페

부 | 록 | 2

엑셀의 신에게 물어보세요!

블랙러블리 QNA

1 | 로또와 엑셀로 만든 조합기?

Q1 로또에 관심을 갖게 된 계기와 엑셀 로또 조합기를 만들게 된 계기는 무엇인가요?

엑셀을 하다 보니 자료 분석에 대한 경험이 많습니다. 특히 가계부를 만들어서 과다한 지출을 줄여 본 경험으로 분석이 중요하다는 것을 알았습니다. 가장 분석이 안될 것 같은 로또도 분석이 될까 하는 궁금증으로 현재까지의 당첨번호를 모아 분석해보니 공통된 흐름과 패턴이 나오는 곳들이 있었습니다. 01 숫자가 반복해서 나온 것처럼요. 재미를 느끼고 계속 분석하다 보니 어느새 조합기까지 만들었더라고요.

Q2 로또 조합기를 사용하면 정말 당첨 확률이 올라가나요?

로또는 45개 번호를 6개씩 골라서 조합해 1등 번호를 맞추는 것입니다. 순서는 상관없이 번호만 맞추면 되는 것이지요. 이때 6개 번호로 8,145,060개 조합을 만들 수 있습니다. 그중 1등에 당첨될 조합은 단 1개이지요. 6개 번호를 모두 맞춰 1등이 될 확률은 $\frac{1}{8,145,060}$ 입니다.
만약 45개가 아니라 10개 번호를 고른 다음 조합기를 사용해 조합하면 $\frac{1}{814,506}$ 로, 확률이 대폭 줄어듭니다. 분석을 통해 45개 번호 중 15개 정도를 고릅니다. 설사 무작위로 골라도 45개에서 6개 고르는 것에 비해 유리합니다. 골라낸 번호를 조합기에 입력하면 자동으로 6개씩 15~20게임으로 나눠줍니다.

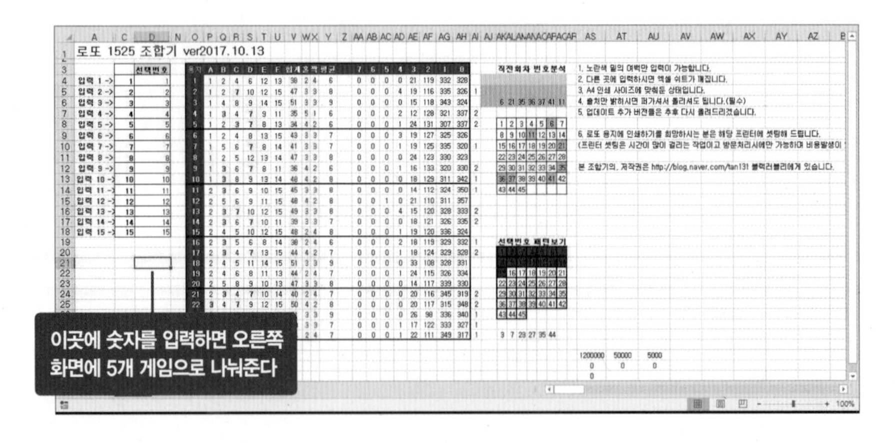

45개 중에 15개를 조합하는 조합기를 사용하면 총 5,005개 조합이 나옵니다. 5,005개 조합을 모두 구매하면 5,005,000원이 듭니다. 1게임에 1,000원이니까요. 하지만 이렇게 로또를 구입할 수는 없기 때문에 15~30개로 최적인 조합을 만드는 것이 필요합니다. 물론 이렇게 하려면 분석이 필요합니다. 조합기에 골라낸 15개를 입력하면 앞의 그림처럼 로또 용지에 찍을 수 있는 6개의 번호로 분리해줍니다.

조합기는 15개의 번호를 골라내서 입력하면 모두 25개의 조합을 만들어줍니다. 조합기의 형태는 다양합니다. 필자가 운영하는 '한방에 십억 모으기 연구 모임'(cafe.naver.com/protopro) 카페를 방문하면 수많은 엑셀 조합기를 사용할 수 있습니다.

Q3 로또 데이터를 분석하는 이유는 무엇인가요?

모든 데이터는 패턴이 있습니다. 이것은 암호를 만들 때도 동일한 이유가 되어 해독할 수 없는 암호를 만들기가 매우 어렵다고 합니다. 심지어 바닷가의 파도도 일정한 패턴을 가지고 있습니다. 로또 역시 분석으로 6개 번호를 모두 맞출 수는 없으나 2~4개 번호를 골라낼 수는 있습니다.

Q4 로또 데이터는 어떤 것을 분석하나요?

기존에 나온 번호를 기준으로 분석합니다. 수학의 독립시행 법칙에 의해 각각의 시행은 별개의 것이므로 분석이 의미 없다고 하는 분들도 있지만, 엑셀의 자동 필터를 사용해 분석한 다음 자료를 보면 이런 분석이 의미가 있다는 것이 증명됩니다.

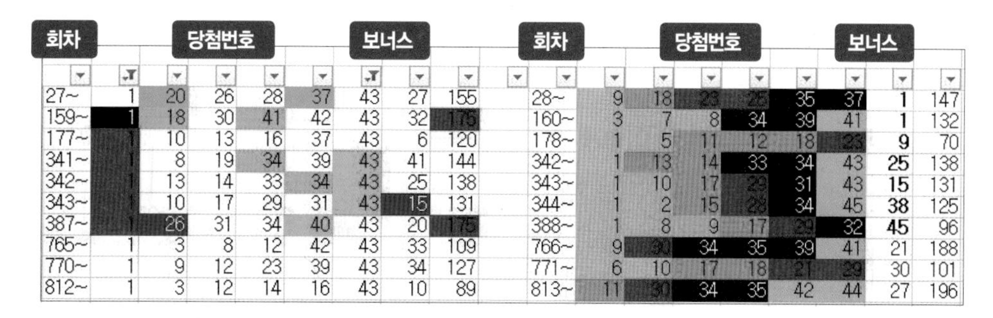

회차	당첨번호						보너스	
27~	1	20	26	28	37	43	27	155
159~	1	18	30	41	42	43	32	175
177~	1	10	13	16	37	43	6	120
341~	1	8	19	34	39	43	41	144
342~	1	13	14	33	34	43	25	138
343~	1	10	17	29	31	43	15	131
387~	1	26	31	34	40	43	20	175
765~	1	3	8	12	42	43	33	109
770~	1	9	12	23	39	43	34	127
812~	1	3	12	14	16	43	10	89

회차	당첨번호						보너스	
28~	9	18	23	25	35	37	1	147
160~	3	7	8	34	39	41	1	132
178~	1	5	11	12	18	23	9	70
342~	1	13	14	33	34	43	25	138
343~	1	10	17	29	31	43	15	131
344~	1	2	15	28	34	45	38	125
388~	1	8	9	17	29	32	45	96
766~	9	30	34	35	39	41	21	188
771~	6	10	17	18	21	29	30	101
813~	11	30	34	35	42	44	27	196

당첨번호 1번째에 01번이 나오고 마지막 숫자로 43번이 나온 것은 모두 열 번입니다. 로또 27회에서 당첨번호가 01번으로 시작하고 43번으로 끝납니다. 다음 28회에는 01번이 보너스 번호로 나옵니다. 우연의 일치로 여기는 분도 있지만 159~160회, 177~178회, 387~388회까지 모두 동일한 조건으로 01번이 다음 회차에 연속으로 나옵니다. 앞 회차가 01로 시작했다면 다음 회차에 01이 나올 확률이 높다는 의미이지요. 이런 패턴이라면 01번 1개는 이미 알고 찍는 것이 됩니다.

이 방법 외에도 최근에 자주 나온 번호, 전회차 좌우의 번호(10번이면 09번과 11번), 자주 나오는 번호(핫이라고 부릅니다), 자주 나오지 않는 번호(콜드라고 부릅니다)로 구분하는 방법이 있습니다. 그리고 5분법(번호군을 5개씩, 즉 1~5, 6~10, 11~15, 16~20, 21~25 등으로 나누는 것)으로 분석하기도 합니다.

Q5 많은 분석으로 완성한 로또 조합기! 카페 활동으로 나눔하는 이유는 무엇인가요?

로또의 가장 큰 목적은 당첨이겠지만, 그보다는 삶의 어려움에 처한 사람들에게 희망을 주는 것이 클 것입니다. 카페 회원분들 중에는 취미로 로또를 하는 분들도 있고 여러 어려움에 처해서 로또를 하는 분들도 있습니다. 취미로 한다면 로또는 엑셀을 꾸준하게 연마하기에 좋은 방법이 됩니다. 어려운 상황에 있다면 로또 분석이 그 어려움을 바로 해결해주는 것은 아니지만 어렵고 힘든 한 주, 한 주를 견딜 수 있게 디딤돌이 되어주는 것이 로또입니다. 재미와 희망으로 로또를 하는 분들께 도움이 되고자 조합기를 나눔하게 되었습니다.

2 | 엑셀, 왜 배워야 하나요?

Q1 엑셀의 매력은 무엇인가요?

① 업무를 빠르게 처리 가능한 점, ② 계산 수식만 배우면 많은 업무도 처리 가능한 점, ③ 간단한 프로그램이 가능한 점입니다. 정리하면, 엑셀은 업무 처리에 가장 큰 도움이 됩니다. 실제로 대부분의 사무실에서 엑셀을 사용합니다.

Q2 엑셀 너무 어려워요! 왜 이렇게 어려운 걸 배워야 하죠?

엑셀이 워드보다 어려운 이유는 기능이 복잡하고 많기 때문입니다. 이 말은 다시 말하면 엑셀로 못 하는 것은 거의 없다는 말이기도 합니다. 엑셀을 만든 분의 능력은 그야말로 전지전능하다고 생각합니다. 워드로는 회사에서 필요한 여러 조건의 데이터를 조합해 출력하는 것이 불가능하지만 엑셀에서는 대부분 구현이 됩니다.

Q3 엑셀의 주요 기능은 무엇인가요?

무엇보다 엑셀의 매력은 워드에서 할 수 없는 계산 기능입니다. 이 계산 기능은 아주 강력하고 엄청난 것이라서, 한 번에 몇 년치 자료도 간단하게 계산할 수 있습니다. 더 중요한 것은 이런 기능에 더해 향후 예측이나 원하는 데이터 추출도 가능하다는 것입니다. 그리고 특정한 기능이 반복될 경우 매크로를 만들거나 프로그램을 만들어 같은 일을 다시 반복하지 않을 수도 있습니다. 한마디로, 회사처럼 반복 작업이 많은 곳에서는 엑셀이 최고입니다. 그래서 많은 사무실에서 엑셀을 사용합니다. 때문에 엑셀의 매력에 빠진 분들은 종종 엑셀은 종교와 같다는 농담을 합니다.

Q4 엑셀을 재미있게 활용하는 법, 무엇이 있을까요?

엑셀로 할 수 있는 일은 많습니다. 가계부 프로그램을 만들어 정리한다면 매월 나가는 지출 규모를 정확하게 파악할 수 있어 지출 절감에 큰 도움이 됩니다. 또한 스포츠를 좋아한다면 게임별 점수를 정리하거나 자료를 파악할 때 좋습니다. 자영업자는 판매하는 물건의 손익계산을 정확하게 할 수 있고, 가게 운영에 필요한 여러 가지 판매 정보를 사전에 입력해 샘플링해볼 수도 있습니다. 창업하는 경우 스타트업에 필요한 여러 정보를 입력해 테스트를 해볼 수도 있습니다.

Q5 엑셀로 해본 업무 중 엑셀 능력을 가장 향상시킨 업무는 무엇인가요?

공무원 시절 데이터 정리, 분석(해당 사업소 최초로 업무에 컴퓨터 적용)으로 업무시간을 획기적으로 단축시킨 경험이 있습니다. 관련 업무 전반에 엑셀을 적용해 데이터 축적, 관리한 경험이었죠.

공무원 생활을 접고 중소기업 업무(총괄부장)로 월간매출보고서, 연간사업계획서를 작성하기도 했습니다. 특히 연간사업계획서를 작성할 때 엑셀의 도움을 많이 받았습니다. 사전에 충분한 자료 입력과 정보가 없으면 사업계획서의 진행을 예측하는 것이 어려운데, 엑셀로 이 모든 정보와 분석이 가능했기 때문이지요. 판매하는 모든 제품 정보를 입력해 마케팅, 판매 증가에 획기적인 분석을 할 수 있었습니다.

그다음 몸담은 회사는 출력용지를 판매하는 회사였는데, 출력용지에 맞는 엑셀 서식을 제공했습니다. 주소록, 상표, 제품정보, 키보드레터링 등이었지요. 출력용지와 함께 엑셀 프로그램까지 제공하니 제품 재구매 비율이 높아지는 효과가 있었습니다. 이렇게 엑셀을 잘 다룰 줄 아는 것만으로도 몸담은 회사에서 저마다 제 역할을 톡톡히 할 수 있었습니다.

Q6 블로그로 워낙 유명하신데, 블로그에 엑셀 자료를 업로드할 때 가장 많이 신경쓰는 부분은 무엇인가요?

블로그에는 되도록 쉽게, 그리고 기초적인 기능 위주로 반복해서 올리고 있습니다. 자주 하는 질문이 엑셀을 배우고 나면 잘 잊어버린다는 것이어서 비슷한 예제를 반복하는 경우가 많습니다. 엑셀을 배울 때 제일 어려운 게, 처음에 기초가 제대로 닦여 있지 않으면 응용이 되지 않기 때문에 되도록 블로그 자료는 함수보다 응용에 필요한 기초 자료를 반복해서 올리는 경우가 많습니다.

전체적인 내용은 기초부터 조금씩 어려운 부분도 포함하고 있습니다. 특히 제가 실제로 겪은 부분을 정리해서 올리고, 예제파일을 포함해서 올리므로 처음 배우는 분들은 연습하기에 좋습니다. 올린 자료들은 주기적으로 정리해서 아래 화면처럼 클릭하면 바로 갈 수 있도록 초급, 중급, 고급 등으로 카테고리 목차를 만들어 관리합니다.

Q7 엑셀에서 단축키 사용이 중요할까요?

비단 엑셀뿐만 아니라 워드나 포토샵 등 프로그램을 배운다면 어떤 경우든지 단축키를 사용할 줄 아는 것이 좋습니다. 예를 들어 자동필터를 단축키 없이 실행하려면 ① 범위 설정 → ② 데이터 탭 → ③ 필터 설정이라는 순서를 거쳐야 하지만, 단축키를 사용하면 ① 범위 설정 → ② 단축키(Ctrl+Shift+L) 한 번으로 설정과 해제가 가능합니다. 기능상으로는 과정이 하나 줄어드는 것뿐이지만 하루 종일 같은 업무를 하는 사람 입장에서는 수십~수백 번의 마우스 클릭이 줄어드는 효과가 생깁니다.

Q8 엑셀 함수는 꼭 배워야 하나요?

기본적으로 사칙연산만 알면 일하는 데는 무리가 없습니다. 문제는, 단순해 보이지만 복잡한 업무를 해야 할 때죠. 예를 들어 주요 거래 은행이 있는데 5년 이상 된 거래내역에서 특정 업체의 자료만 뽑으려고 합니다.

일반적인 엑셀 사용이라면 '① 해당 은행에 접속해서 엑셀로 된 자료 다운 → ② 다운받은 자료에서 하나씩 해당되는 업체 찾기 → ③ 찾은 업체 정리'라는 3단계로 작업하면 됩니다.

하지만 엑셀을 잘 사용하는 분이라면 '① 해당 은행에 접속해서 엑셀로 된 자료 다운 → ② 다운받은 자료를 범위 설정해서 필터로 묶기 → ③ 함수로 원하는 데이터 찾기' 과정으로 작업합니다.

자료를 처리하는 과정은 같아 보이지만 앞은 하루 종일 작업해야 하는 일이고, 뒤의 엑셀을 잘 사용하는 분은 1시간도 안 걸리는 일입니다. 여러분도 엑셀을 통해 업무, 취미활동까지 다양한 경험을 할 수 있으면 좋겠습니다. 이제 기본기를 떼고 업무 능력자가 되었으니, 엑셀의 다양한 기능을 조합해 응용하며 실력을 키워보세요!

부 | 록 | 3

업무직결 함수 28개 총정리

※ 지금까지 배운 함수를 모두 모았습니다. ABC순으로 비슷한 함수끼리 정리했습니다.
필요한 함수를 찾아 본문으로 이동해 익혀보세요.

1 AND | 381쪽

=AND(조건 1, 조건 2, 조건 3, 조건 4, …) : 제시된 모든 조건을 만족해야만 TRUE를, 하나라도 만족하지 못하면 FALSE 값을 나타낸다

예제 〈신규업체선정보고서〉에서 제조 5점, 기타 3점 이상인 업체 선정하기

=AND(I10>=5,J10>3)

신규업체 선정보고서

업체명	업태	제조A	기타B 생산관리	공정관리	품질관리	운송정보	A	B	평가최종
도야지	도매업				1	1	0	2	FALSE
캔들장사	인쇄업			1	1		0	2	FALSE
담넘어	제조업	5	1	1	1	1	5	4	TRUE
지록위마	전자거래						0	0	FALSE

두 조건을 만족하면 TRUE, 하나의 조건이라도 만족 못하면 FALSE

2 CHOOSE | 333쪽

=CHOOSE(조건이 되는 숫자①, 변환할 값 1②, 변환할 값 2③, 변환할 값 3④, …) : 조건이 되는 숫자①와 같은 순서에 있는 변환할 값②~④으로 값을 변환한다

예제 〈사내동아리가입자명단〉에서 주민번호에 따라 "남", "여"로 표시하기

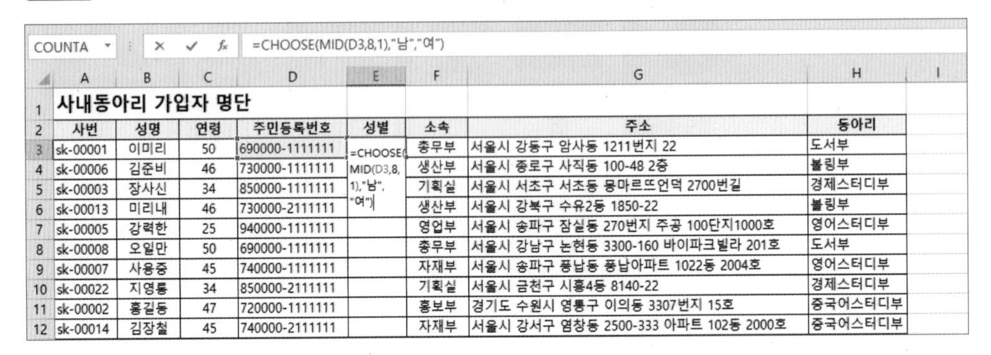
=CHOOSE(MID(D3,8,1),"남","여")

사내동아리 가입자 명단

사번	성명	연령	주민등록번호	성별	소속	주소	동아리
sk-00001	이미리	50	690000-1111111	=CHOOSE(MID(D3,8,1),"남","여")	총무부	서울시 강동구 암사동 1211번지 22	도서부
sk-00006	김준비	46	730000-1111111		생산부	서울시 종로구 사직동 100-48 2층	볼링부
sk-00003	장사신	34	850000-1111111		기획실	서울시 서초구 서초동 몽마르뜨언덕 2700번길	경제스터디부
sk-00013	미리내	46	730000-2111111		생산부	서울시 강북구 수유2동 1850-22	볼링부
sk-00005	강력한	25	940000-1111111		영업부	서울시 송파구 잠실동 270번지 주공 100단지1000호	영어스터디부
sk-00008	오일만	50	690000-1111111		총무부	서울시 강남구 논현동 3300-160 바이파크빌라 201호	도서부
sk-00007	사용중	45	740000-1111111		자재부	서울시 송파구 풍납동 풍납아파트 1022동 2004호	영어스터디부
sk-00022	지영롱	34	850000-2111111		기획실	서울시 금천구 시흥4동 8140-22	경제스터디부
sk-00002	홍길동	47	720000-1111111		홍보부	경기도 수원시 영통구 이의동 3307번지 15호	중국어스터디부
sk-00014	김장철	45	740000-2111111		자재부	서울시 강서구 염창동 2500-333 아파트 102동 2000호	중국어스터디부

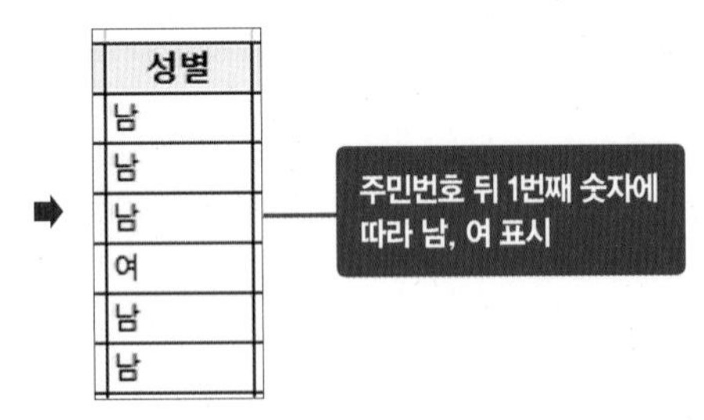

성별
남
남
남
여
남
남

3 COUNTA | 244쪽

=COUNTA(범위) : 숫자, 문자가 입력된 셀의 개수를 구한다

예제 〈월간교육참석현황〉에서 교육에 참여한 총인원 구하기

	A	B	C	D	E	F	G	H	I	J
33	총무부	김영웅	o	o	o		o	o		
34	자재부	정동진	o	o	o	o	o	o		
35	기획실	조은나라	o	o	o	o	o	o		
36	자재부	홍길영	o				o	o		
37	영업부	사오정	o				o	o		
38	생산부	김철수	o				o	o		
39	생산부	이영희	o				o	o		
40	자재부	민영화	o	o	o	o	o	o		
41	출석									
42	불참									
43	총인원		=COUNTA(B7:B40							
44			COUNTA(value1, [value2], ...)							
45										

파란색으로 선택된 데이터의 개수를 구한다

⬇

	A	B	C	D	E	F	G	H	I	J
38	생산부	김철수	o	o	o		o	o		
39	생산부	이영희	o	o	o	o	o	o		
40	자재부	민영화	o	o	o	o	o	o		
41	출석									
42	불참									
43	총인원		34							
44										
45										

4 COUNTBLANK | 244쪽

=COUNTBLANK(범위) : 숫자, 문자가 없는 셀의 개수를 구한다

예제 〈월간교육참석현황〉에서 데이터가 없는 셀의 개수 구하기

	A	B	C	D	E	F	G	H	I	J
1	월간교육참석현황									
2										
3					담당	과장	부장	사장		
4										
5										
6	소속	성명	1월	2월	3월	4월	5월	6월		
7	총무부	이미리	o	o		o	o	o		
8	홍보부	홍길동	o	o	o	o	o	o		
9	기획실	장사신	o	o	o	o	o	o		
10	전산실	유명한	o	o						
11	영업부	강력한	o	o						
12	생산부	김준비	o	o						
13	자재부	사용중	o	o	o	o	o	o		
14	총무부	오일만	o	o	o	o	o	o		
15	총무부	해맑은	o	o	o	o		o		

파란색으로 선택된 셀 중 데이터가 없는 셀의 개수를 구한다

5 COUNTIF | 249쪽, 326쪽

=COUNTIF(범위①, 찾을 값의 조건②) : 지정된 범위①에서 조건②에 맞는 셀의 개수를 구한다

예제 〈출퇴근기록부〉에서 출근, 퇴근, 조퇴일수 점수화하기(249쪽)

AG4 =COUNTIF(B4:AF4,3)

출퇴근기록부 평가

일별	월	화	수	목	금	토	일	월	화	수	목	금	토	일	월	화	수	목	금	토	일	월	화	수	목	금	토	일	월	화	수	출근	결근	조퇴
이름	1	2	3	4	5	6	7	8	9	10	11	12	13	14	15	16	17	18	19	20	21	22	23	24	25	26	27	28	29	30	31	3점	2점	1점
이미리	3	3	3	3	3				3	3	3	3			2	3	3	3	3			3	3	3	3	3			3	3	3	=COUNTIF(B4:AF4,3)		
홍길동	3	3	3	3	3				3	3	3	3			3	3	3	3	3			3	3	3	3	3			3	3	3			
장사신	3	3	3	3	3				3	3	3	3			3	3	3	3	3			3	3	3	3	3			2	3	3			
유명한	3	3	3	3	3				3	3	3	3			3	3	1	3	3			3	3	1	3	3			3	1	3			
강력한	3	3	3	3	3				3	3	3	3			3	3	3	3	3			3	3	3	3	3			3	3	3			
김준비	3	3	3	3	3				3	3	3	3			3	3	3	3	3			2	3	3	3	3			3	3	3			
사용중	3	3	3	3	3				3	3	3	3			3	3	3	3	3			3	3	3	3	3			2	3	3			
오일만	3	3	3	3	3				3	3	3	3			3	3	3	3	3			3	3	3	3	3			3	1	3			

파란색으로 선택된 셀에서 '3'이 입력된 셀의 개수를 구한다

출근	결근	조퇴
3점	2점	1점
21		

예제 〈세미나참가신청자명단〉에서 총무부 신청 인원 구하기(326쪽)

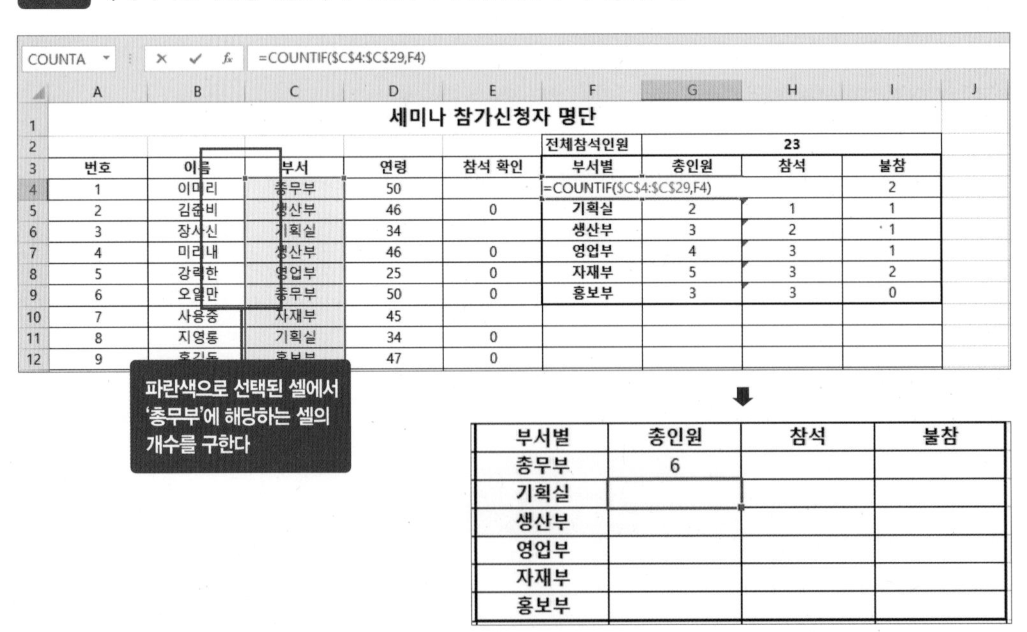

COUNTA =COUNTIF($C$4:$C$29,F4)

세미나 참가신청자 명단

번호	이름	부서	연령	참석 확인
1	이미리	총무부	50	
2	김준비	생산부	46	0
3	장사신	기획실	34	
4	미리내	생산부	46	0
5	강력한	영업부	25	0
6	오일만	총무부	50	0
7	사용중	자재부	45	
8	지영롱	기획실	34	0
9	[illegible]	[illegible]	47	0

전체참석인원	23		
부서별	총인원	참석	불참
=COUNTIF($C$4:$C$29,F4)			2
기획실	2	1	1
생산부	3	2	1
영업부	4	3	1
자재부	5	3	2
홍보부	3	3	0

부서별	총인원	참석	불참
총무부	6		
기획실			
생산부			
영업부			
자재부			
홍보부			

6 COUNTIFS | 326쪽

=COUNTIFS(찾을 범위①, 찾으려는 항목②, 추가로 찾을 범위③, 추가로 찾으려는 항목④) : 지정된 범위①에서 여러 조건②~④에 맞는 셀의 개수를 구한다

예제 〈세미나참가신청자명단〉에서 총무부의 참여 인원 구하기

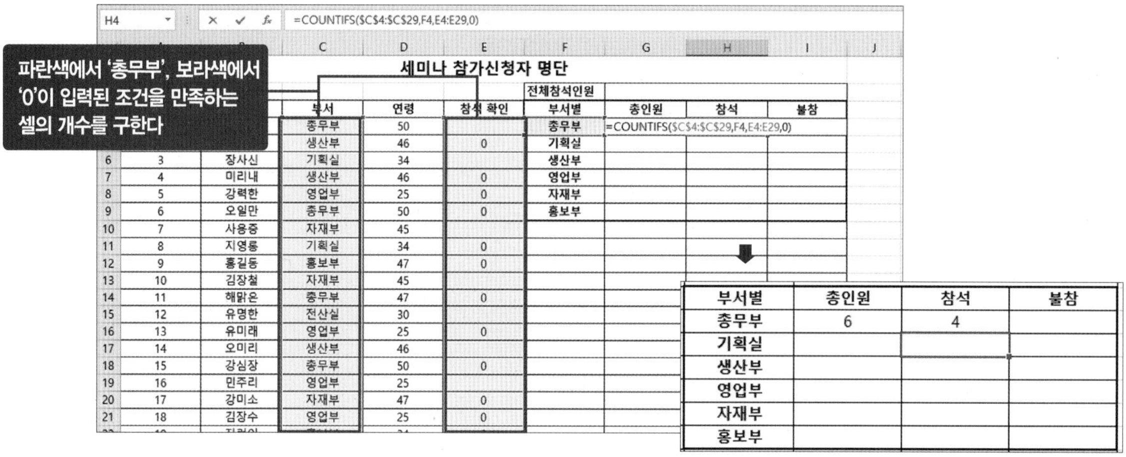

H4 =COUNTIFS($C$4:$C$29,F4,E4:E29,0)

파란색에서 '총무부', 보라색에서 '0'이 입력된 조건을 만족하는 셀의 개수를 구한다

세미나 참가신청자 명단

	A	B	C 부서	D 연령	E 참석 확인
4			총무부	50	
5			생산부	46	0
6	3	장사신	기획실	34	
7	4	미리내	생산부	46	0
8	5	강력한	영업부	25	0
9	6	오일만	총무부	50	0
10	7	사용중	자재부	45	
11	8	지영룡	기획실	34	0
12	9	홍길동	홍보부	47	0
13	10	김장철	자재부	45	
14	11	해맑은	총무부	47	0
15	12	유명한	전산실	30	
16	13	유미래	영업부	25	0
17	14	오미리	생산부	46	
18	15	강심장	총무부	50	0
19	16	민주리	영업부	25	
20	17	강미소	자재부	47	0
21	18	김장수	영업부	25	0

전체참석인원

부서별	총인원	참석	불참
총무부	=COUNTIFS($C$4:$C$29,F4,E4:E29,0)		
기획실			
생산부			
영업부			
자재부			
홍보부			

부서별	총인원	참석	불참
총무부	6	4	
기획실			
생산부			
영업부			
자재부			
홍보부			

7 DATEDIF | 308쪽

=DATEDIF(오래된 날짜①, 최근 날짜②, "단위③") : 오래된 날짜①와 최근 날짜② 사이의 간격을 구해 단위③에 따라 연, 월, 일로 값을 내보낸다

예제 〈재물조사표〉에서 현재 날짜와 보존기간의 차이를 구해 폐기 여부 결정하기

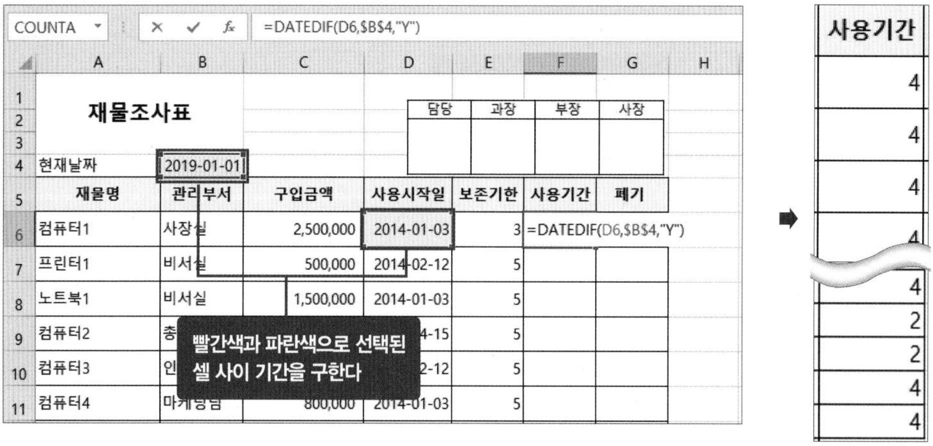

COUNTA =DATEDIF(D6,$B$4,"Y")

재물조사표

담당	과장	부장	사장

현재날짜 2019-01-01

	재물명	관리부서	구입금액	사용시작일	보존기한	사용기간	폐기
6	컴퓨터1	사장실	2,500,000	2014-01-03	3	=DATEDIF(D6,$B$4,"Y")	
7	프린터1	비서실	500,000	2014-02-12	5		
8	노트북1	비서실	1,500,000	2014-01-03	5		
9	컴퓨터2	총		4-15	5		
10	컴퓨터3	인		2-12	5		
11	컴퓨터4	마케팅팀	800,000	2014-01-03	5		

빨간색과 파란색으로 선택된 셀 사이 기간을 구한다

사용기간
4
4
4
4
4
2
2
4
4

8 FREQUENCY | 385쪽

=FREQUENCY(데이터 범위①, 구간 범위②) : 데이터 범위①에서 구간 범위②의 각 구간 데이터가 몇 개인지 구한다

예제 **〈품질일지〉에서 배열수식 이용해 불량률 빈도가 가장 높은 구간 찾기**

K10 =FREQUENCY($G$10:$H$33,K10:K14)

품 질 일 지

담당

결재

년

월 일

파란색 데이터 중 빨간색 구간에 해당하는 값의 개수를 구한다

생산시간	담당라인	생산량1	생산량2	불량1	불량2	비고
1:00	A	620	610	6	3	
2:00	A	600	590	5	5	
3:00	B	630	620	6	6	
4:00	B	590	580	5	7	
5:00	C	595	585	14	14	
6:00	C	600	590	5	9	

불량 수량	빈도수
20	=FREQUENCY($G$10:$H$33,K10:K14
15	FREQUENCY(data_array, bins_array)
10	
5	
1	

➡

불량 수량	빈도수
20	2
15	9
10	22
5	11
1	1

9 FIND | 377쪽

=FIND(찾을 문자①, 문자가 포함된 셀 주소②) : 문자가 포함된 셀 주소②에서 찾을 문자①가 몇 번째 글자부터 시작하는지 구한다

예제 **〈자재입고관리대장〉에서 재고 칸에 "여유"가 있으면 1을, 없으면 #VALUE라는 오류값 내보내기**

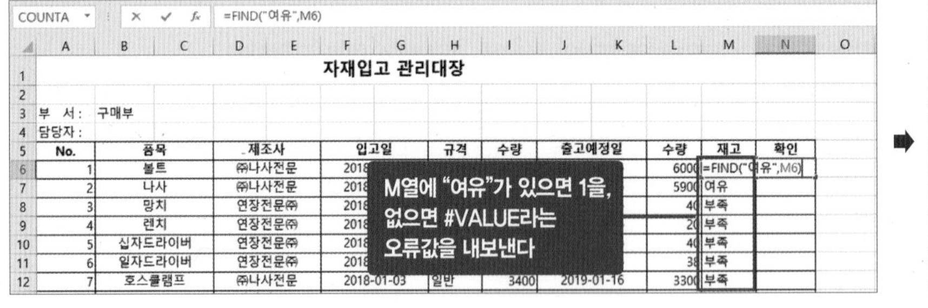

COUNTA =FIND("여유",M6)

자재입고 관리대장

부 서 : 구매부

담당자 :

No.	품목	제조사	입고일	규격	수량	출고예정일	수량	재고	확인
1	볼트	㈜나사전문	2018				6000	=FIND("여유",M6)	
2	나사	㈜나사전문	2018				5900	여유	
3	망치	연장전문㈜	2018				40	부족	
4	렌치	연장전문㈜	2018				20	부족	
5	십자드라이버	연장전문㈜	2018				40	부족	
6	일자드라이버	연장전문㈜	2018				38	부족	
7	호스클램프	㈜나사전문	2018-01-03	일반	3400	2019-01-16	3300	부족	

➡

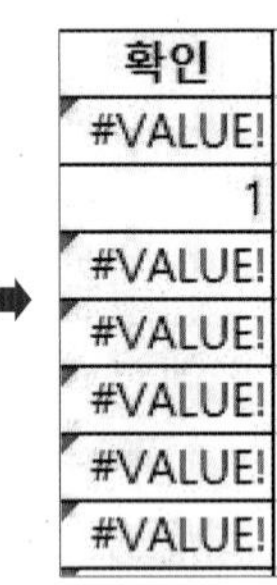

확인
#VALUE!
1
#VALUE!
#VALUE!
#VALUE!
#VALUE!
#VALUE!

10 IF | 236쪽, 304쪽

=IF(조건①, 조건을 만족한 경우의 값②, 조건을 만족하지 못한 경우의 값③) : 조건①에 따라 조건을 만족하면 조건을 만족한 경우의 값②을, 조건을 만족하지 못하면 조건을 만족하지 못한 경우의 값③을 내보낸다

예제 〈인사평가카드〉에서 평가 점수 합계가 13점 이상인 직원 표시하기(236쪽)

COUNTA =IF(K3>=13,"승진",IF(K3>=10,"보류"))

사번	성명	소속	주소	직위	입사일	사장	이사1	이사2	점수	평가결과
sk-00001	이미리	총무부	서울시 강동구 암사동 1211번지 22	부장	2005-01-03	5	5	=IF(K3>=13,"승진",IF(K3>=10,"보류"))		
sk-00002	홍길동	홍보부	경기도 수원시 영통구 이의동 3307번지 15호	과장	2010-02-12	4	3	3	10	
sk-00003	장사신	기획실	서울시 서초구 서초동 몽마르뜨언덕2700번길	부장	2006-01-03	3	5	3	11	
sk-00004	유명한	전산실	인천시 남구 문학동 380-10003번지 큰빌라102호	주임	2012-04-15	3	3	3	9	
sk-00005	강력한	영업부	서울시 송파구 잠실동 270번지 주공 100단지1000호	과장	2008-02-12	4	3	3	10	
sk-00006	김준비	생산부	서울시 종로구 사직동 100-48 2층'	부장	2005-01-03	5	5	3	13	
sk-00007	사용중	자재부	서울시 송파구 풍납동 풍납아파트 1022동 2004호	과장	2009-02-12	4	3	4	11	
sk-00008	오일만	총무부	서울시 강남구 논현동 3300-160 바이크빌라201호	차장	2009-02-12	5	4	4	13	
sk-00009	해맑은	총무부	서울시 강남구 논현동 770-120번지 오토바이빌라02호	과장	2011-02-12	5	4	3	12	

점수가 13점 이상인 직원에 승진 표시하기

예제 〈인턴직원교육일지〉에서 평가 점수 합계 18점 이상인 직원을 최우수 직원으로 표시하기(304쪽)

인턴직원교육일지

입교일	성명	평가				합계점수	평가결과
		김부장	이부장	윤부장	김이사		
2019-01-03	이미리	5	5	5	5	20	=IF(L4>=18,"최우수")
2019-01-03	홍길동	4	3	3	4	14	
2019-01-03	장사신	3	5	3	3	14	

➡

합계점수	평가결과
20	최우수
14	
14	

합계 점수가 18점 이상이면 "최우수"로 표시하기

11 IFERROR | 377쪽

=IFERROR(오류값을 검사할 수식①, 오류값을 나타낼 값②) : 오류값을 검사할 수식①의 결과를 오류값을 나타낼 값②으로 바꾼다

예제 〈자재입고관리대장〉에서 오류값을 '확인' 글자로 변경하기

COUNTA =IFERROR(FIND("여유",M6),"확인")

자재입고 관리대장

부 서: 구매부
담당자:

No.	품목	제조사	입고일	규격	수량	출고예정일	수량	재고	확인
1	볼트	㈜나사전문	2018-01-03	10mm	6100	2019-			=IFERROR(FIND("여유",M6),"확인")
2	나사	㈜나사전문	2018-01-04	10mm			5900	여유	1
3	망치	연장전문㈜	2018-01-05	일반			40	부족	#VALUE!
4	렌치	연장전문㈜	2018-01-05	일반			20	부족	#VALUE!
5	십자드라이버	연장전문㈜	2018-01-06	20cm			40	부족	#VALUE!
6	일자드라이버	연장전문㈜	2018-01-07	20cm			38	부족	#VALUE!
7	호스클램프	㈜나사전문	2018-01-03	일반			3300	부족	#VALUE!

#VALUE 오류값을 '확인'이라는 글자로 바꾸어준다

➡

재고	확인
부족	확인
여유	1
부족	확인
부족	확인
부족	확인
부족	확인
부족	확인

12 INDEX | 319쪽

=INDEX(**범위**①, **행 번호**②, **열 번호**③) : 범위① 안에서 행 번호②와 열 번호③가 교차하는 곳에 있는 값을 불러온다

예제 〈급여대장〉에서 1행, 1열에 위치한 값 구하기. MATCH 함수와 자주 함께 쓰인다

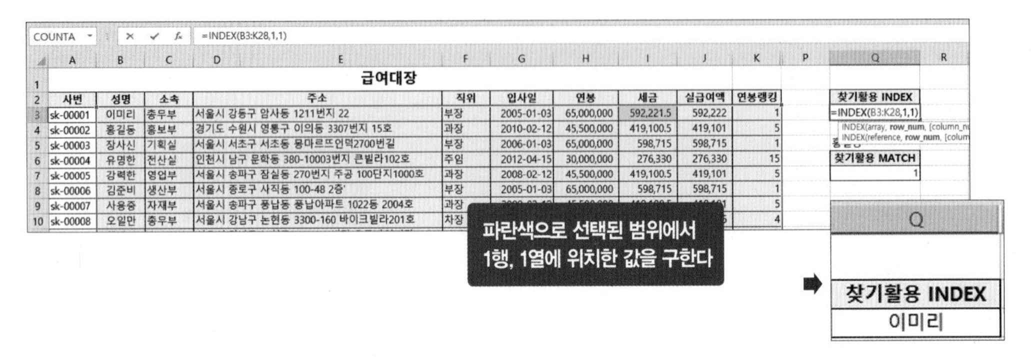

COUNTA | =INDEX(B3:K28,1,1)

급여대장

사번	성명	소속	주소	직위	입사일	연봉	세금	실급여액	연봉랭킹
sk-00001	이미리	총무부	서울시 강동구 암사동 1211번지 22	부장	2005-01-03	65,000,000	592,221.5	592,222	1
sk-00002	홍길동	홍보부	경기도 수원시 영통구 이의동 3307번지 15호	과장	2010-02-12	45,500,000	419,100.5	419,101	5
sk-00003	장사신	기획실	서울시 서초구 서초동 몽마르뜨언덕2700번길	부장	2006-01-03	65,000,000	598,715	598,715	1
sk-00004	유명한	전산실	인천시 남구 문학동 380-10003번지 큰빌라102호	주임	2012-04-15	30,000,000	276,330	276,330	15
sk-00005	강력한	영업부	서울시 송파구 잠실동 270번지 주공 100단지1000호	과장	2008-02-12	45,500,000	419,100.5	419,101	5
sk-00006	김준비	생산부	서울시 종로구 사직동 100-48 2층'	부장	2005-01-03	65,000,000	598,715	598,715	1
sk-00007	사용중	자재부	서울시 송파구 풍납동 풍납아파트 1022동 2004호	과장	[illegible]	[illegible]	[illegible]	[illegible]	5
sk-00008	오일만	총무부	서울시 강남구 논현동 3300-160 바이크빌라201호	차장	[illegible]	[illegible]	[illegible]	[illegible]	4

찾기활용 INDEX
=INDEX(B3:K28,1,1)

찾기활용 MATCH
1

찾기활용 INDEX
이미리

13 LARGE | 290쪽

=LARGE(**범위**①, **순위**②) : 범위①에서 원하는 순위②에 해당하는 값을 불러온다

예제 〈차량관리대장〉에서 주행거리를 순위별로 정렬하기

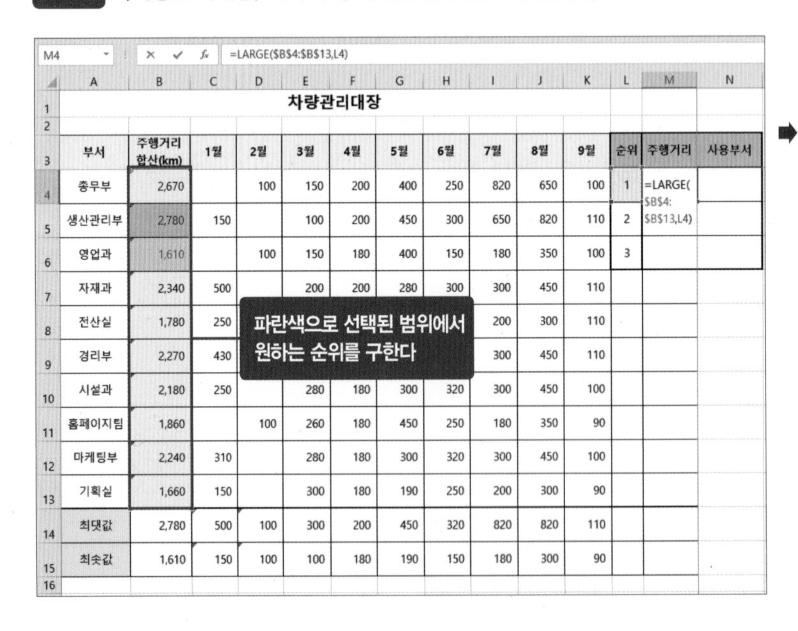

M4 | =LARGE($B$4:$B$13,L4)

차량관리대장

부서	주행거리 합산(km)	1월	2월	3월	4월	5월	6월	7월	8월	9월	순위	주행거리	사용부서
총무부	2,670		100	150	200	400	250	820	650	100	1	=LARGE($B$4: $B$13,L4)	
생산관리부	2,780	150		100	200	450	300	650	820	110	2		
영업과	1,610		100	150	180	400	150	180	350	100	3		
자재과	2,340	500		200	200	280	300	300	450	110			
전산실	1,780	250						200	300	110			
경리부	2,270	430						300	450	110			
시설과	2,180	250		280	180	300	320	300	450	100			
홈페이지팀	1,860		100	260	180	450	250	180	350	90			
마케팅부	2,240	310		280	180	300	320	300	450	100			
기획실	1,660	150		300	180	190	250	200	300	90			
최댓값	2,780	500	100	300	200	450	320	820	820	110			
최솟값	1,610	150	100	100	180	190	150	180	300	90			

순위	주행거리	사용부서
1	2780	
2	2670	
3	2340	

14~16 LEFT, RIGHT, MID | 299쪽

=LEFT(참조할 셀① 주소, 추출할 문자 개수②) : 참조할 셀①의 왼쪽부터 입력한 개수②만큼의 문자열을 추출한다

=RIGHT(참조할 셀① 주소, 추출할 문자 개수②) : 참조할 셀①의 오른쪽부터 입력한 개수②만큼의 문자열을 추출한다

=MID(참조할 셀① 주소, 추출할 문자의 시작 위치②, 추출할 문자 개수③) : 참조할 셀①에서 문자 시작 위치②부터 입력한 개수③만큼의 문자열을 추출한다

예제 〈부품목록대장〉에서 복잡한 정보가 포함된 부품명을 분류하기

D4 =LEFT(B4,4)

	A	B	C	D	E	F	G	H
1	부품목록대장							
2						담당자 :	홍길동	
3	관리부서	부품명		규격	단위	생산년도	타입	
4	자재과	stki-1100-06-C		=LEFT(B4,4)				
5	자재과	stki-1100-02-P						
6	자재과	stki-1100-08-						
7	자재과	stkk-2100-01-						

복잡한 부품명을 각 항목에 맞게 나눈다

규격
stki
stki
stki

17 MATCH | 319쪽

=MATCH(찾는 값①, 범위②, 옵션③ '–1', '0', '1') : 범위② 안에서 찾는 값①과 같은 데이터를 찾아 몇 번째 위치에 있는지 위치값을 불러온다. 마지막 옵션③은 정확한 값을 찾을 때 선택하는 0을 주로 사용한다

예제 〈급여대장〉에서 '홍길동'이 범위에서 몇 번째에 있는지 구하기. INDEX 함수와 자주 함께 쓰임

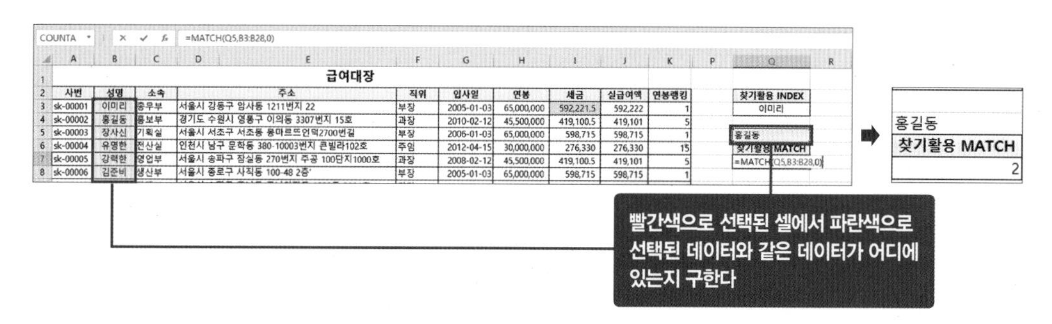

18~19 MAX, MIN | 290쪽

=MAX(범위①) : 범위①에서 가장 큰 값을 구한다

=MIN(범위①) : 범위①에서 가장 작은 값을 구한다

예제 〈차량관리대장〉에서 자동차 주행거리가 가장 길거나, 짧은 차량 찾기

COUNTA | =MAX(B4:B13)

차량관리대장

부서	주행거리 합산(km)	1월	2월	3월	4월	5월	6월	7월	8월	9월	순위	주행거리
총무부	2,670		100	150	200	400	250	820	650	100		
생산관리부	2,780	150		100								
영업과	1,610		100	150								
자재과	2,340	500		200								
전산실	1,780	250		200								
경리부	2,270	430		200								
시설과	2,180	250		280								
홈페이지팀	1,860		100	260	180	450	250	180	350	90		
마케팅부	2,240	310		280	180	300	320	300	450	100		
기획실	1,660	150		300	180	190	250	200	300	90		
최댓값	=MAX(B4:B13)											
최솟값												

파란색으로 선택한 데이터 중 최댓값(MAX)과 최솟값(MIN)을 구한다

B15 | =MIN(B4:B13)

차량관리대장

부서	주행거리 합산(km)	1월	2월	3월	4월	5월	6월	7월	8월	9월	순위	주행거리
총무부	2,670		100	150	200	400	250	820	650	100		
생산관리부	2,780	150		100	200	450	300	650	820	110		
영업과	1,610		100	150	180	400	150	180	350	100		
자재과	2,340	500		200	200	280	300	300	450	110		
전산실	1,780	250		200	190	280	250	200	300	110		
경리부	2,270	430		200	200	280	300	300	450	110		
시설과	2,180	250		280	180	300	320	300	450	100		
홈페이지팀	1,860		100	260	180	450	250	180	350	90		
마케팅부	2,240	310		280	180	300	320	300	450	100		
기획실	1,660	150		300	180	190	250	200	300	90		
최대값	2,780											
최소값	=MIN(B4:B13)											

20 NUMBERSTRING | 209쪽

=NUMBERSTRING(셀 주소①, 인수②) : 셀 주소①에 입력한 숫자를 인수②(한글 혹은 한자)로 변경한다

예제 〈가불증〉에서 중요 금액 한글로 자동 변환하기

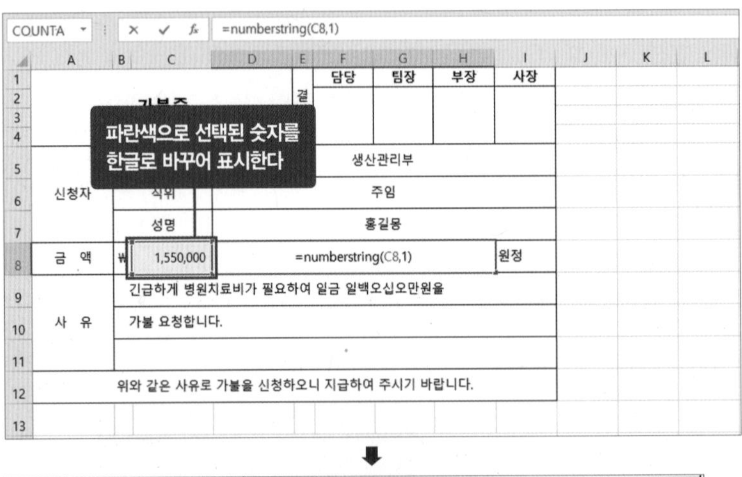

금 액	₩	1,550,000	일백오십오만	원정

21 RANK | 313쪽

=RANK(순위를 구하려는 숫자①, 범위②, 순위결정 옵션③ '0' or '1') : 순위를 구하려는 숫자①가 범위②에서 몇 번째인지 구한다. 순위 결정 옵션③에서 '0'은 내림차순 순위, '1'은 오름차순 순위를 구하라는 명령이다

예제 〈기부금납부관리장부〉에서 기부금이 큰 순서로 순위 매기기

COUNTA | =RANK(D4,D4:$D$29,0)

	A	B	C	D	E	F
1	기부금납부관리장부					
2						
3	성명	주민번호	기부일	금액	납부순위액(내림차순0)	납부순위액(오름차순1)
4	이미리	690000-1111111	2019-12-01	50,000	=RANK(D4,D4:$D$29,0)	
5	김준비	730000-1111111	2019-12-01	250,000		
6	장사신	850000-1111111	2019-12-01	10,000		
7	미리내	730000-1111111	2019-12-02	100,000		
8	강력한	940000-1111111	2019-12-03	33,000		
9	오일만	690000-1111111	2019-12-03	260,000		
10	사용중	740000-1111111	2019-12-03	10,000		
11	지영롱	850000-1111111	2019-12-04	150,000		

빨간색으로 선택된 숫자를 큰 순서대로 순위를 매긴다

납부순위액(내림차순0)
13
3
22
8
16
2
19
4

22 REPLACE | 397쪽

=REPLACE(기존 문자①가 있는 셀 주소, 문자 시작 위치②, 바꿀 문자 개수③, "새로 넣을 문자④") : 기존 문자①가 있는 셀을 선택한 다음, 문자 시작 위치②를 입력하고, 바꿀 문자 개수③를 입력한 다음 새로 넣을 문자④를 입력한다

예제 〈영업지점관리현황〉에서 복잡한 영업소 코드에 '–' 표시 넣기

COUNTA | =REPLACE(A4,3,0,"-")

	A	B	C	D	E	F	G	H
1	영업지점관리현황							
2								
3	영업소코드	영업소코드(-)	지역	업체명	매출액	미수	미수율	관리
4	DO0001	=REPLACE(A4,3,0,"-")		도야지	52,500,000	7,875,000	15%	
5	CA0007		서울	캔들만들어	40,500,000	6,885,000	17%	
6			서울	담넘어	111,000,000	11,100,000	10%	
7			서울	지록위마	225,900,000	42,921,000	19%	대상
8	TJ0025		부산	㈜토종	63,000,000	315,000	1%	
9	IBPA0120		광주	이불팔어	187,500,000	28,125,000	15%	

파란색으로 선택된 데이터 3번째 글자에 '–'를 추가한다

영업소코드(-)
DO-0001
CA-0007
DN-A0004
YY-0003
ZZ-0077
MR-0088
MR-0123

23 ROUND | 255쪽

=ROUND(**셀 주소①, 자릿수②**) : 셀 주소①의 데이터를 반올림해 지정한 자릿수②까지만 표시한다

예제 〈급여대장〉에서 소수점 자리 절상해 세후 연봉 구하기

H3 =ROUND(G3,0)

급여대장

사번	성명	소속	직위	입사일	연봉	세금	실 세금 납부액	세후 연봉
sk-00001	이미리	총무부	부장	2005-01-03	65,000,000	592,221.5	=ROUND(G3,0)	
sk-00002	홍길동	홍보부	과장	2010-02-12	45,500,000	419,100.5		
sk-00003	장사신	기획실	부장	2006-01-03	65,000,000	598,715		
sk-00004	유명한	전산실	주임	2012-04-15	30,000,000	276,330		
sk-00005	강력한	영업부	과장	2008-02-12	45,			
sk-00006	김준비	생산부	부장	2005-01-03	65,			
sk-00007	사용중	자재부	과장	2009-02-12	45,			
sk-00008	오일만	총무부	차장	2009-02-12	55,			
sk-00009	해맑은	총무부	과장	2011-02-12	45,			
sk-00010	진시황	홍보부	사원	2018-07-05	20,000,000	170,220		
sk-00011	주린배	전산실	사원	2018-08-05	20,000,000	170,220		

노란색 셀의 소수점 아랫자리를 반올림해 일의 자리까지만 남긴다

➡

세금	실 세금 납부액
592,221.5	592,222
419,100.5	419,101
598,715	598,715
276,330	276,330
419,100.5	419,101
598,715	598,715
419,100.5	419,101
506,605	506,605
419,100.5	419,101
170,220	170,220
170,220	170,220

24 ROW | 284쪽

=ROW( ) : 행 번호를 그대로 값으로 내보낸다

예제 〈A/S고객관리대장〉에서 삭제해도 행 머리글 숫자를 그대로 유지하기

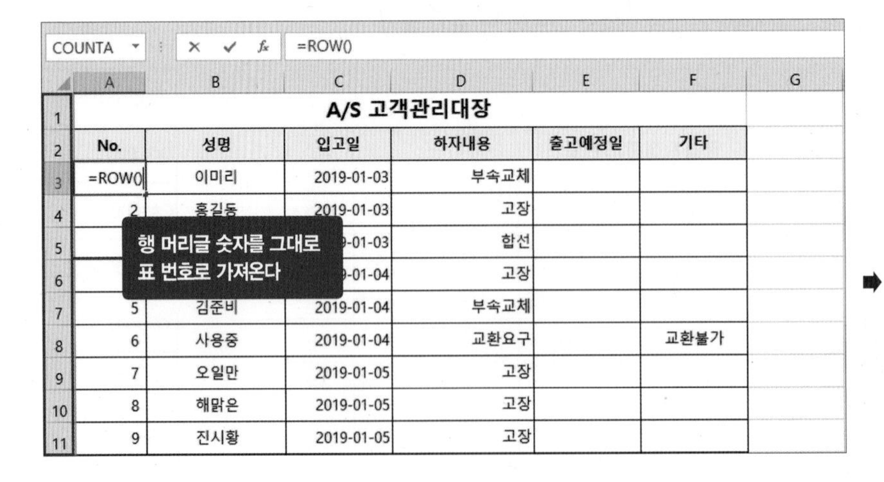

➡

	No.
3	1
4	2
5	3
6	4
7	5
8	6
9	7

25 SUM | 202, 260쪽

=SUM(범위①) : 범위①에 포함된 데이터의 합을 구한다

예제 〈거래명세표〉에서 거래금액 총합 구하기(202쪽)

COUNTA | =SUM(E9:M38)

	A	B	C	D	E~M	N~V	W	X
27	za4000	4,000	30	10,000	300,000	30,000		
28	za5000-1	5,000	30	11,000	330,000	33,000		
29	y4000-a	-	10	10,000	100,000	10,000		
30	y4001-a	1	10	15,000	150,000	15,000		
31	y4002-a	2	10	20,000	200,000			
32	y4003-a	3	10	25,000	250,000			
33	y4004-a	4	10	30,000	300,000			
34	y4005-a	5	10	35,000	350,000			
35	견출지	장	100	100	10,000	1,000		
36	특수지	장	50	300	15,000	1,500		
37	세척액	통	5	10,000	50,000	5,000		
38	도료	통	10	20,000	200,000	20,000		
39	계				=SUM(E9:M38)			
40	* 본거래명세표는 제품을 배송, 인도할때 사용하는 거래명세표이며 세금계산서를 발행할 경우, 해당 거래대금을 계좌 입금 부탁드립니다.							
41								
42								
43								

파란색으로 선택된 숫자들의 총합을 구한다

⬇

39	계				3,582,500	358,250

예제 〈아르바이트급여대장〉에서 주휴수당 적용한 급여 구하기(260쪽)

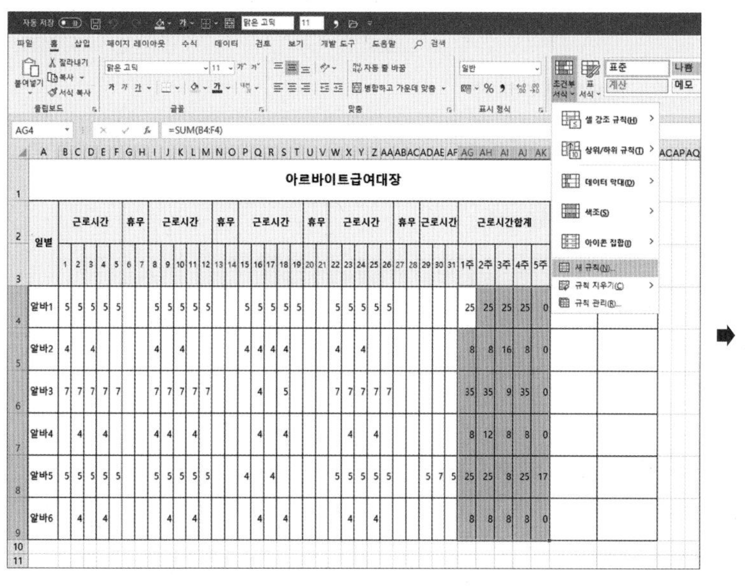

➡

주휴수당(개수함수)	급여액
4	1,056,000
1	384,000
3	1,104,000
	288,000
4	1,056,000
	256,000

26 SUMIF | 366쪽

=SUMIFS(조건 범위①, 조건②, 합계를 구한 범위③) : 조건 범위①에서 조건②에 해당하는 값을 합계를 구할 범위③에서 찾아 더한다

예제 〈생산직숙소제공명부〉에서 국적별 숙소 이용자 수 구하기

COUNTA | =SUMIF(B4:B38,J4,C4:C38)

생산직 숙소 제공 명부

총인원 246

배정	국적	소계	생산1공장	생산2공장	생산3공장	생산4공장	생산5공장
숙소1	네팔	5	1		2		2
	베트남	4	4				
	인도	2		2			
	캄보디아	6	4			2	
	라오스	4					4
	칠레	8	1		4	3	
	중국	4	4				
숙소2	네팔	7			2	4	1
	베트남	8		8			

국적별 근무현황	
네팔	=SUMIF(B4:B38,J4,C4:C38)
베트남	
인도	
캄보디아	
라오스	
칠레	
중국	

➡

국적별 근무현황	
네팔	28
베트남	
인도	
캄보디아	
라오스	
칠레	
중국	

27 SUMIFS | 401쪽

=SUMIFS(조건 1, 2가 포함된 합계 범위①, 조건 1 범위②, 조건 1③, 조건 2 범위④, 조건 2⑤) : 조건 1③과 조건 2⑤를 만족하는 데이터를 조건 1, 2가 포함된 합계 범위①에서 선택해 더한다

예제 〈직원별매출현황〉에서 직원별 월매출액 구하기

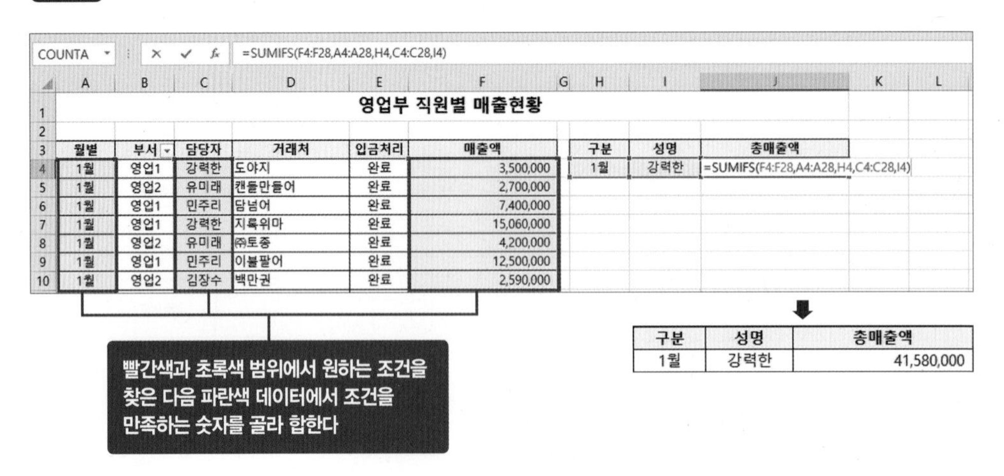

COUNTA | =SUMIFS(F4:F28,A4:A28,H4,C4:C28,I4)

영업부 직원별 매출현황

월별	부서	담당자	거래처	입금처리	매출액
1월	영업1	강력한	도야지	완료	3,500,000
1월	영업2	유미래	캔들만들어	완료	2,700,000
1월	영업1	민주리	담널어	완료	7,400,000
1월	영업1	강력한	지록위마	완료	15,060,000
1월	영업2	유미래	㈜토종	완료	4,200,000
1월	영업1	민주리	이불팔어	완료	12,500,000
1월	영업2	김장수	백만권	완료	2,590,000

구분	성명	총매출액
1월	강력한	=SUMIFS(F4:F28,A4:A28,H4,C4:C28,I4)

⬇

구분	성명	총매출액
1월	강력한	41,580,000

28 VLOOKUP | 362쪽

=VLOOKUP(찾을 값①, 범위②, 가져올 열 번호③, 0 or 1) : 설정한 범위② 중 찾을 값①을 찾아 원하는 열에 입력한 값③을 결과값으로 내보낸다

예제 〈자재목록표〉에서 관련 정보 빠르게 찾기

COUNTA | =VLOOK

자재 목록표

월일	자재명	규격	수량	보관장소	비고
2018-01-03	볼트10	10mm	6100	1공장	
2018-01-04	나사10	10mm	6100	2공장	
2018-01-05	망치	일반	42	3공장	
2018-01-05	렌치	일반	24	4공장	
2018-01-06	십자드라이버20	20cm	46	5공장	
2018-01-07	일자드라이버20	20cm	42	1공장	
2018-01-03	호스클램프	일반	3400	2공장	
2018-01-10	줄30	30cm	32	3공장	

자재명	규격	수량	보관장소
	=VLOOK		

VLOOKUP 배열의 첫 열에서 값을 검색하여,

자재명	규격	수량	보관장소
망치	일반	42	3공장

찾아보기

내용 찾아보기

단축키 찾아보기

아이콘 찾아보기